KB117524

인조이 **타이완**

인조이 타이완

지은이 양소희
펴낸이 임상진
펴낸곳 (주)넥서스

초판 1쇄 발행 2014년 9월 15일
2판 28쇄 발행 2018년 2월 20일

3판 1쇄 발행 2019년 2월 15일
3판 3쇄 발행 2019년 9월 16일

출판신고 1992년 4월 3일 제331-2002-2호
주소 10880 경기도 파주시 지목로 5
전화 (02) 3530-5500 팩스 (02) 330-5555

ISBN 979-11-89432-54-6 13980

가격은 뒤표지에 있습니다.
잘못 만들어진 책은 구입처에서 바꾸어 드립니다.

www.nexusbook.com

여행을 즐기는 가장 빠른 방법

ENJOY TRAVEL

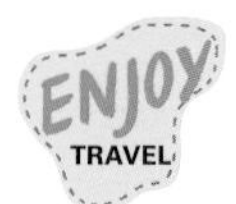

인조이
타이완
TAIWAN

양소희 지음

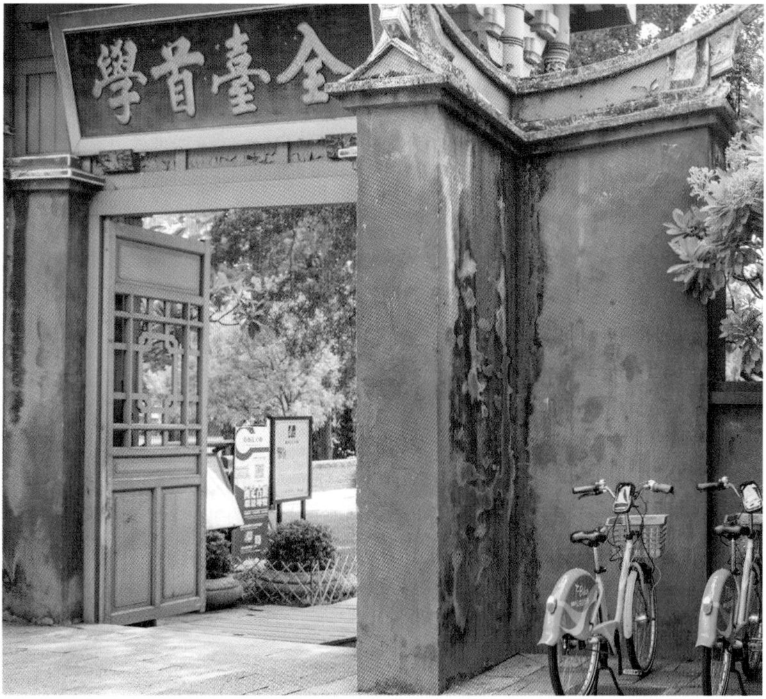

넥서스BOOKS

Fall in love with TAIWAN!

타이완을 사랑합니다!

그 사랑도 벌써 10년이 넘었네요. 한국 사람들이 타이완에 대해 별 관심이 없었을 때부터 하루가 멀다 하고 타이완을 여행했고, 비행기를 타고 오가는 것으로는 부족해서 타이완에 대한 넘치는 호기심과 궁금증을 해소하고자 일 년을 타이완에 눌러 살면서 전국을 돌아다녔습니다. 주위 사람들이 혀를 내두를 정도로 타이완에 집착하고 있었을 때 에세이 〈타이완 홀릭〉을 출판한 것을 시작으로 벌써 타이완 관련 서적으로는 네 번째 책인 〈인조이 타이완〉을 세상에 내놓게 되었습니다. 저는 한국인 작가로 타이완 관련 책을 가장 많이 출판한 타이완 전문 여행 작가이기도 합니다.

TV 프로그램 '꽃보다 할배' 타이완 편이 인기몰이를 해 준 덕에 최근 타이완은 여행지로 급부상하고 여행업계가 들썩이고 있으며 서점에 가면 하루가 멀다 하고 타이완 관련 서적들이 쏟아져 나오고 있습니다.

요즘 많은 사람들이 저에게 물어 옵니다. "왜 타이완 여행이 이렇게 폭발적인 인기가 있는 걸까요?" TV 프로그램이 계기가 된 것은 맞지만 그것은 타이완이 원래 가지고 있는 매력을 방송을 통해 이제야 알게 되었기 때문입니다. 제가 타이완의 매력을 조목조목 설명하자면 일 년이라는 시간이 있어도 부족하답니다.

저는 타이완을 알게 되고 타이완의 매력에 푹 빠지게 되면서 급기야 직업도 바꿔 타이완을 소개하는 여행 작가가 되었고 TV 여행 프로그램 코디, 신문·잡지 여행 칼럼니스트, 여행·문화 관련 강사 일을 열정적으로 하고 있답니다. 타이완 전문 여행 작가로서

타이완을 누구보다도 잘 알고 있지만 〈인조이 타이완〉 출판을 위해 다시 타이완을 들어가 전국을 샅샅이 다시 돌아보았습니다. 그리고 이 책의 자료를 수집하고 정리해 출판을 하기까지 꼬박 2년의 시간이 걸렸습니다. 많은 사람들이 저의 타이완 여행서가 나오기를 애타게 기다리며, 눈 감고도 다니는 타이완인데 뭘 그렇게 오랜 시간 공을 들이느냐고 답답해하기도 했습니다. 제 생각은 다른 나라 사람이 아닌 한국인이 타이완을 여행할 때 가장 좋은 곳을 소개해야 한다고 생각했습니다. 막상 어렵게 준비해서 떠난 여행인데 도착해 보니 한국인이 보기에는 전혀 흥미를 느낄 수 없는 곳이면 안 되기 때문에 철저하게 여행자의 입장에서 꼭 필요한 타이완 여행 안내서를 만들고 싶어 시간이 오래 걸렸습니다.

이 책이 나오기까지 도움을 주신 타이완 관광청 서울 사무소 陳佩岑 소장님, 타이완 그랜드투어 王全玉 대표님, 타이완의 오랜 친구들 張熙強, 楊介強, 張方禹, 薛展汾, 杜彦文과 넥서스 출판사의 임상진 대표님, 정호준 이사님, 김지운 과장님 그리고 늘 부재중인 아내와 엄마를 항상 응원해 주는 나의 가족에게 깊은 감사와 고마움을 전합니다.

끝으로 타이완으로 곧 떠날 여러분에게 〈인조이 타이완〉이 가장 사랑받는 여행 길잡이가 되길 기대해 봅니다.

양소희

이 책의 구성

미리 만나는 타이완

타이완은 어떤 나라인지 기본적인 정보를 알아본다.
또한 타이완의 대표 관광지와 음식, 쇼핑 아이템, 즐길 거리를
사진으로 보면서 타이완 여행의 큰 그림을 그려 보자.

추천 코스

여행 전문가가 추천하는 타이완 여행 코스를
여행 스타일과 일정, 지역에 따라 다양하게 소개한다.
참고하여 자신에게 맞는 일정을 세워 보자.

지역 여행

타이베이 시내 11개 지역과 전국 38개 지역을 구석구석 소개한다.
타이완을 찾는 여행자라면 꼭 가 봐야 할 관광 명소의 핵심 정보를 꼼꼼하게 담았다.

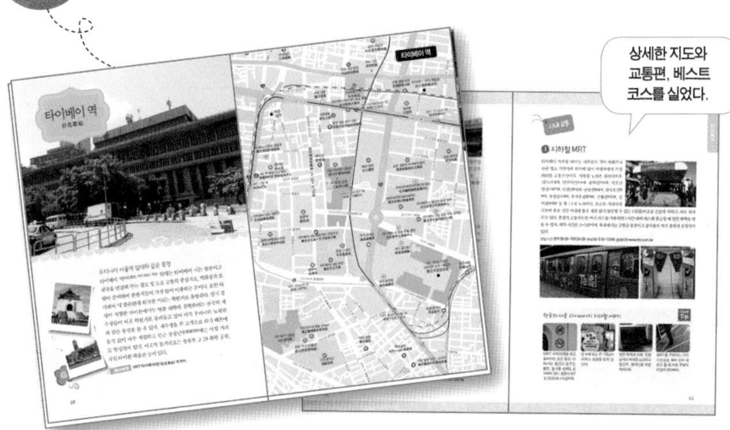

상세한 지도와 교통편, 베스트 코스를 실었다.

문화적 배경 지식과 유용한 여행 팁이 곳곳에 숨어 있다.

입소문 자자한 맛집과 편안한 숙소를 소개하였다.

가이드북 최초 자체 제작 **맵코드 서비스**

인조이맵 enjoy.nexusbook.com

★ '인조이맵'에서 간단히 맵코드를 입력하면 책 속에 소개된 스팟이 스마트폰으로 쏙!
★ 위치 서비스를 기반으로 한 길 찾기 기능과 스폿간 경로 검색까지!
★ 즐겨찾기 기능을 통해 내가 원하는 스폿만 저장!
★ 각 지역 목차에서 간편하게 위치 찾기 가능!

테마 여행

타이완의 영화 · 드라마 촬영지, 요리, 차, 야시장, 온천, 축제 등
타이완에서만 경험할 수 있는 특별한 테마를 소개한다.

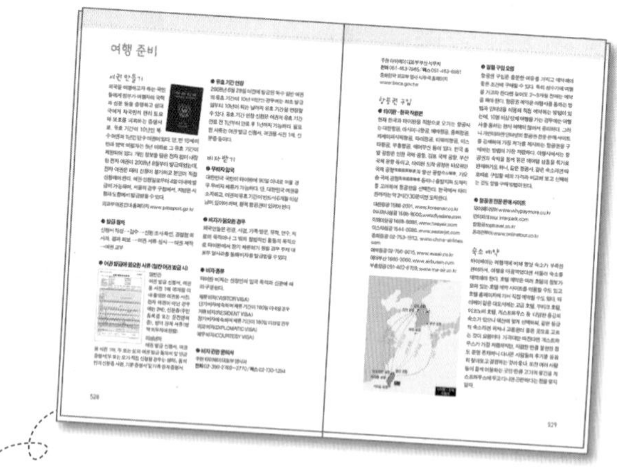

여행 정보

여행 전 준비할 사항들부터 출입국 수속에 필요한 정보,
타이완에서의 교통 이용법 등, 여행 전에 알아 두어야 할 유용한 정보들을 담았다.

휴대용 여행 가이드북

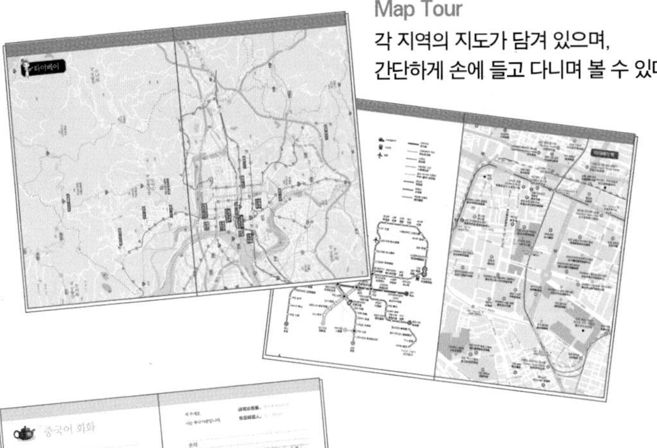

Map Tour

각 지역의 지도가 담겨 있으며,
간단하게 손에 들고 다니며 볼 수 있다.

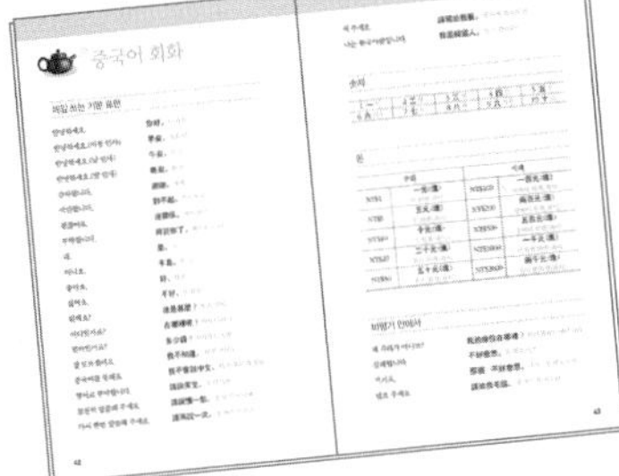

여행 회화

여행에 꼭 필요한
상황별 중국어 회화를 정리했다.

Notice 1 타이완의 최신 정보를 정확하고 자세하게 담고자 하였으나, 시시각각 변화하는 타이완의 특성상 현지 사정에 의해 정보가 달라질 수 있음을 사전에 알려 드립니다.

Notice 2 중국어 발음의 표기는 전적으로 외래어 표기법을 따랐습니다.

CONTENTS

미리 만나는 타이완

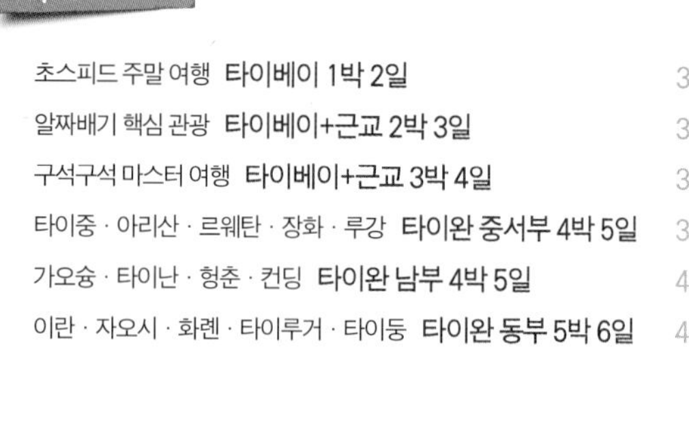

추천 코스

지역 여행

타이완에서
만나요~

테마 여행

여행 정보

미리 만나는 타이완

타이완 기본 정보

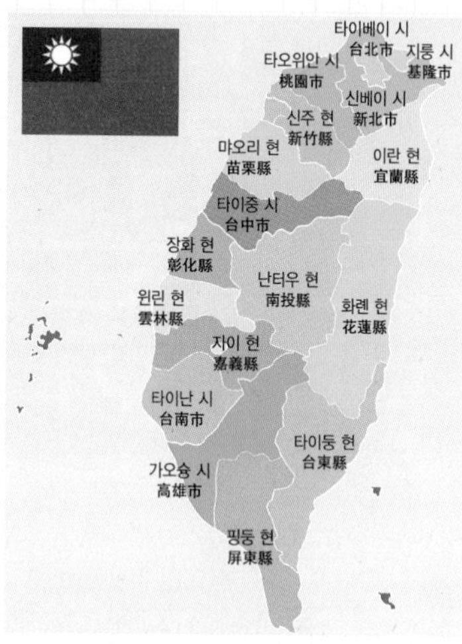

개요

국명 : 중화민국中華民國
수도 : 타이베이台北
면적 : 36,000km²
인구 : 약 2천 3백만 명
종족 : 한인, 신주민, 원주민
언어 : 중국어, 타이완어(민난어), 하카어(객가어), 기타 원주민 언어
종교 : 불교, 도교, 기독교, 천주교, 이슬람교
별칭 : 포모사Formosa, 보물섬寶島

아시아 대륙의 남동쪽, 태평양의 서쪽 가장자리에 위치한 타이완의 총 면적은 36,000km²이며 남북으로 길쭉한 고구마 모양을 하고 있다. 중국 본토와는 타이완 해협을 사이에 두고 마주 보고 있으며 북쪽으로는 일본 오키나와 섬, 남쪽으로는 필리핀이 위치해 있다. 행정 구역상으로는 타이베이台北, 신베이新北, 타이중台中, 타이난台南, 가오슝高雄, 타오위안桃園 6개의 직할시와 지룽基隆, 신주新竹, 자이嘉義 3개의 시, 그리고 13개의 현으로 이루어져 있다.

타이완은 먼 옛날부터 지속되어 온 지각 운동으로 인해서 웅대한 산봉우리와 언덕, 평평한 분지, 구불구불 이어지는 해안선 등 아름다운 자연 경관을 갖게 되었다. 또한 타이완에는 열대, 난대, 온대 등 여러 유형의 기후가 공존하고 있어서 여러 계절의 풍경을 한꺼번에 만나 볼 수 있다. 이러한 자연 환경 덕분에 타이완에는 약 18,400개의 야생종이 번식하고 있으며, 그중에는 멸종 위기종인 희귀 동식물도 다수 포함되어 있다. 이에 타이완 정부는 6곳의 국립 공원과 11곳의 국립 경관 지역을 지정하고 타이완의 자연 생태 환경과 문화 유물들을 보호하기 위해 노력하고 있다.

천혜의 자연 환경은 그대로 타이완의 관광 자원이 되고 있다. 관광객들은 타이루거太魯閣 협곡에서 순수한 대자연의 모습을 만끽할 수 있으며, 세계 3대 산악 열차 중 하나인 아리산阿里山 기차를 타고 영원히 잊을 수 없는 아름다움을 간직한 일출과 운해를 감상할 수 있고, 동북아시아에서 가장 높은 봉우리인 위산玉山을 등반할 수도 있다. 또한 아시아의 하와이로 불리는 컨딩墾丁에서 해양 스포츠를 즐길 수 있으며, 신비로운 안개에 싸인 르웨탄日月潭과 푸른 물결 넘실대는 화둥花東 해안을 둘러볼 수 있다. 본섬을 떠나 펑후澎湖, 진먼金門, 마쭈馬祖 등으로 이어지는 아름다운 근해의 섬들을 찾아갈 수도 있다.

타이완 문화는 중국 본토에서 넘어온 한족 문화가 중심을 이루고 있으나, 타이완 섬 자체의 문화가 결합되어 자신만의 고유한 문화적 색깔을 형성하고 있다. 또한 50년의 일제 강점기를 거치면서 일본 문화의 영향도 많이 남아 있고, 최근에는 한류의 영향으로 한국 문화에 관심을 갖는 타이완 젊은이들도 늘고 있다. 이렇게 다양한 문화가 공존하면서, 종교, 건축, 언어, 생활, 음식 등 모든 분야에 걸쳐 다채롭고 풍성한 문화 스펙트럼을 보여 주고 있는 점이 또 하나의 특징이라고 할 수 있다.

기후

연평균 기온
1월 16.1도 2월 17.8도 3월 21.1도 4월 23.8도
5월 26.6도 6월 28.6도 7월 29.6도 8월 30.1도
9월 27.1도 10월 25.1도 11월 20.8도 12월 18.9도

연평균 강수량 : 2,515mm

연평균 습도 : 77%

타이완은 아열대 기후로 연중 따뜻한 기온 분포를 보인다. 연중 평균 기온은 약 22℃이며 최저 기온은 약 12~17℃이다. 하지만 햇빛은 밝기에 비해 뜨겁지 않은 편이니, 이글거리는 태양에 화상을 입을 것이라는 걱정은 하지 않아도 된다. 타이완은 사면이 바다로 둘러싸여 있어 선선한 해풍이 자주 불고 습도가 높기 때문이다.

봄과 겨울에는 날씨 변화가 심한 편이지만 여름과 가을은 비교적 고른 날씨를 보인다. 겨울에도 몇몇 산악 지역을 제외하면 타이완 어디서든 눈을 보는 것은 매우 힘들며, 봄이 지나고 여름이 들어설 무렵인 3~5월에는 비가 자주 내린다. 따라서 이 시기에 타이완을 방문하는 여행객들은 반드시 우산을 가방에 넣고 다니는 것이 좋다. 여름 시즌인 6~8월에는 가끔씩 태풍의 영향을 받기도 한다. 특히 이 기간에는 태풍의 영향으로 파도가 높게 일기 때문에 항상 일기 예보에 귀를 기울여야 한다. 가을인 9~10월은 천고마비의 계절로 시원하고 쾌적한 날씨가 계속되어 여행하기에 가장 좋은 계절이라고 할 수 있다. 겨울인 11~2월도 우리나라에 비하면 아주 따뜻한 기온이지만, 타이베이 쪽은 의외로 체감 온도가 낮아 두툼하게 챙겨 입은 타이완 사람들을 볼 수 있다.

언어

타이완은 중국 본토와 마찬가지로 중국어 보통화普通話를 표준어로 사용하고 있으며, 일부는 민남어閩南語라는 방언을 사용하기도 한다. 글자는 한자를 사용하는데, 중국 본토와 타이완의 글자 표기는 약간 차이가 있다. 중국 본토에서는 한자를 배우기 쉽게 간단한 형태로 바꾼 약자인 간체자簡體字를 사용하는 데 비해, 타이완에서는 원래의 한자인 번체자繁體字를 그대로 사용하고 있다.

시차

타이완의 표준 시각은 홍콩, 싱가포르, 베이징과 같으며 한국보다 1시간이 늦다. 예를 들어 한국이 오후 3시라면 타이완은 오후 2시가 된다.

물

타이완의 수돗물은 마시기에 적당하지 않다. 반드시 끓여 마시거나 편의점에서 사서 마시는 것이 좋다. 마실 물을 끓일 때에는 꼭 5분 이상 끓여 먹어야 한다.

전압

타이완에서 전자 제품을 사용할 때는 반드시 전압과 주파수를 확인해야 한다. 타이완은 보통 60Hz, 110V를 사용하기 때문에, 대부분 220V인 우리나라의 전자 제품과 맞지 않다. 따라서 우리나라 전자 제품을 사용하려면 어댑터나 변압기가 필요하다. 노트북을 사용하거나 카메라, 휴대전화를 충전하려면 간단한 변압기를 준비하는 것이 좋다.

화폐

타이완의 통화 단위는 'New Taiwan dollar (NT$)'이다. 중국어로는 '위안元'이라고 부른다. 지폐는 NT$2000, NT$1000, NT$500,

NT$200, NT$100이 있고, 주화는 NT$50, NT$20, NT$10, NT$5, NT$1가 있다. 환전은 타이완 정부 지정 은행이나 호텔에서 할 수 있으며, 환전할 때 받은 영수증을 가지고 있다가 나중에 남은 타이완 화폐를 다시 환전할 때 제시하면 수수료 손실을 줄일 수 있다. 호텔이나 공항 등에서는 아메리칸 익스프레스, 마스터 카드, 비자 카드 같은 신용 카드도 사용할 수 있지만, 일반 상점이나 식당은 카드를 받지 않는 곳이 많아 현금이 필요하다.

팁

타이완도 한국과 마찬가지로 팁 문화가 없다. 다만 호텔과 레스토랑에서는 10%에 해당하는 봉사료가 요금에 포함되어 있다. 그 이외에는 특별히 팁에 대한 규정이 없지만, 양호한 서비스를 받았을경우 자신의 판단에 따라 팁을 줄 수도 있다.

공휴일·영업 시간

공휴일

1월 1일 : 중화민국 개국 기념일 / 원단(신년)
음력 12월 30일~1월 3일 : 춘절(설날)
2월 28일 : 2·28 화평 기념일
4월 4일 : 부녀절(여성의 날) / 아동절(어린이날)
4월 5일 : 청명절
음력 5월 5일 : 단오절
음력 8월 15일 : 중추절
10월 10일 : 쌍십절(국경일)

영업 시간

은행 : 월~금 09:00~15:30
정부 기관 : 월~금 08:30~17:30
백화점 : 11:00~21:30(휴일은 22:00)
일반 상점 : 10:00/11:00~21:00/22:00

여행 시즌

타이완은 연중 여행하기 좋은 관광지이지만, 가장 좋은 시즌은 10월과 11월경이다. 이 기간에는 아주 맑고 화창한 날씨가 지속되기 때문에 여행하기에 최적기라고 할 수 있다.
2월경의 춘절(설)과 9월경의 중추절(추석) 같은 명절 연휴 기간에는 거의 모든 상점과 음식점이 영업을 하지 않으며 주요 도로가 귀향길에 오른 차들로 심한 정체 현상을 빚는다. 어떤 경우에는 숙박비가 2배 이상 오를 수도 있으므로 이 기간에는 가능하면 타이완 여행을 피하는 것이 좋다.
음력 7월은 타이완에서는 '유령의 달鬼月 Ghost Month'이라고 칭하는데, 현지인들은 이 기간에 여행하는 것을 금기시하기 때문에 타이완 내에서는 이 시기가 여행 비수기이다. 그래서 이 기간에는 여행 경비가 상대적으로 적게 드는 편이라서, 외국인에게는 오히려 타이완을 저렴하게 관광할 수 있는 좋은 기회가 될 수 있다.

우편

여행 준비를 잘못해서 불필요한 짐이 있거나(예를 들면, 더운 날씨에 맞지 않는 긴 옷) 현지에서 산 물건들이 제법 많다면 여행 중 이동하기 불편하다. 이럴 때는 가까운 우체국에 들러 불필요한 짐들을 한국의 집으로 보내고 가볍게 여행을 다녀 보자.
타이완에는 전국 곳곳에 우체국이 있어 이용이 편리하며, 야간 우편 서비스를 제공하는 우체국도 있다. 일반 편지는 우체통을 이용해도 되고, 우표는 편의점이나 우체국에서 구입할 수 있다. 국내 우편 요금은 속달일 경우 NT$5~12이고, 가장 비싼 국내 우편으로 슈퍼 익스프레스super-express도 있는데, 불과 몇 시간 만에 배달이 완료된다. 한국으로 보낼 때는 국제 속달 우편 서비스를 이용하면

되며, EMS 서비스 전화로 요금 정보를 확인할 수 있다.

24시간 국제 우편 EMS 서비스
03-383-3788, 03-383-3776, 팩스 03-383-3379

전화

타이완에서 휴대전화 이용하기

타오위안 국제 공항이나 쑹산 국제 공항에 도착하여 입국 수속을 마치고 입국장으로 나오면, 중화전신中華電信 부스로 가서 3G 무제한 데이터 신청을 한다. 1일, 3일 , 5일, 일주일 등 원하는 기간만큼 신청하면 유심USIM 칩을 주는데, 이 칩을 본인의 휴대전화에 끼우면 된다. 이때 원래 본인의 휴대전화에 있던 칩은 잘 보관했다가 한국으로 돌아갈 때 다시 바꾸어 끼우면 된다. 요금은 24시간 NT$100, 72시간 NT$250이다.

이 방식은 한국에서 신청하는 1일 해외 무제한 데이터 로밍(9,000원)보다 싸지만, 2일 이상 데이터를 이용해야 한다면 한국에서 해외 데이터 로밍을 신청하고 오는 편이 더 경제적이다. 짧은 일정 중에 공항에서 데이터 신청을 하느라 줄서서 기다리는 시간도 만만치 않아서, 시간을 절약하려면 한국에서 해외 데이터 로밍을 신청하는 것을 권한다. 또한 타이완 유심 칩으로 교체하면 한국에서 사용하던 번호는 통화 정지가 되기 때문에 자신의 한국 번호로 걸려오는 전화를 받을 수 없다는 점도 감안해야 한다.

그 밖에도 공항에서 무료 와이파이를 신청할 수 있는데, 타이베이 곳곳에서 된다고 홍보하고 있지만 실제로는 안 되는 곳이 많다. 제약 없이 타이완에서 인터넷을 사용하려면 휴대용 무선 인터넷 공유기를 대여하는 것이 좋다.

국제 전화 걸기

핸드폰, 공중전화 IDD폰, 호텔 IDD폰으로 국제 전화를 할 수 있다. 국제 전화 요금은 6초 단위로 계산된다.

타이완에서 한국으로 국제 전화할 때

① 국제 전화 식별 번호를 누른다.(001, 002 등)
② 한국 국가 번호 82를 누른다.
③ 앞자리 '0'을 뺀 지역 번호를 누른다.
④ 해당 전화번호를 누른다.

예를 들어, 서울 02-123-4567로 전화할 경우에는 002(국제 전화 식별 번호)-82(국가 번호)-2(지역 번호)-123-4567 순서로 걸면 된다.

인터넷

휴대용 무선 인터넷 공유기 대여하기

타이완 전국에서 4G LTE 인터넷을 무제한으로 사용할 수 있는 '포켓타이완' 공유기를 추천한다. 유심 칩과는 달리 한국에서 오는 전화 및 문자 연락을 받을 수 있으며 1대를 대여해 최대 5명까지 함께 이용할 수 있다. 사용 요금은 하루 4,300원으로 로밍이나 유심 칩 구입보다 저렴하다. 공항에 도착해 유심 칩 구입을 위해 줄서 시간 낭비할 필요도 없고, 복잡한 설정에 애를 먹지 않아도 되며 다양한 현지 할인 쿠폰이 제공한다. 타이완 도착 1일 전까지 웹사이트를 통해 예약하면 타이완 현지 공항에서 수령 / 반납할 수 있다. 포켓 타이완 관련 자세한 내용은 홈페이지(www.pockettaiwan.com)나, 카카오톡 플러스 친구에 '포켓타이완'으로 문의하면 된다.

와이파이 사용하기

타이완의 호텔은 대부분 인터넷 시설이 잘 되어 있어 호텔 룸이나 로비 등에서 무료로 무제한 인터넷 이용이 가능하다.(인터넷 사용료를 받는 호텔도 있다.) 그 밖에 왕카網咖라고 하는 PC방에서 인터넷을 이용할 수도 있고, 스타벅스 등의 커피 숍에서도 와이파이를 이용해서 인터넷에 접속할 수 있다.

타이완의 볼거리 BEST 11

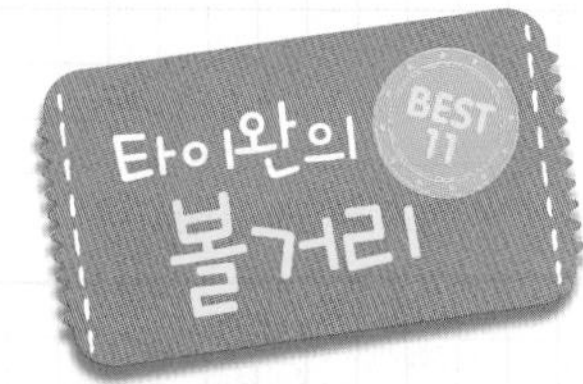

타이완은 오래전부터 아름다운 섬이라는 뜻의 '포모사(Formosa)'라고 불렸을 만큼 천혜의 풍경을 자랑한다. 바다로 둘러싸인 섬나라이고 전체 면적의 64%가 산지로, 바다와 산이 어우러진 그림 같은 명소들이 여행자들을 타이완의 매력 속으로 푹 빠지게 한다.

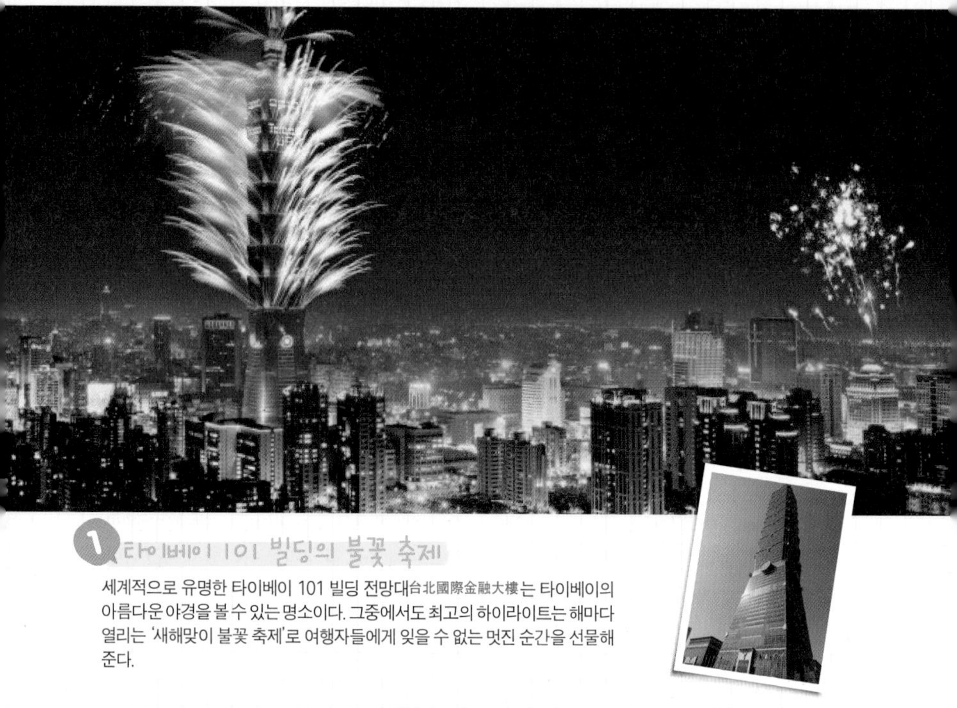

1 타이베이 101 빌딩의 불꽃 축제

세계적으로 유명한 타이베이 101 빌딩 전망대台北國際金融大樓는 타이베이의 아름다운 야경을 볼 수 있는 명소이다. 그중에서도 최고의 하이라이트는 해마다 열리는 '새해맞이 불꽃 축제'로 여행자들에게 잊을 수 없는 멋진 순간을 선물해 준다.

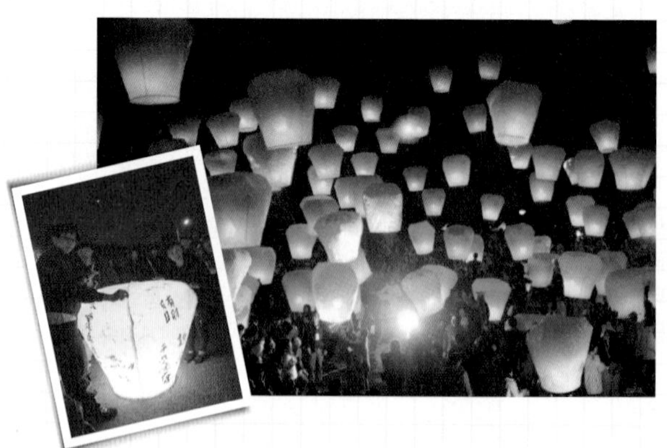

핑시의 천등 2

원소절(음력 정월 보름날)이 되면 타이완 곳곳에서 천등 축제가 열리는데, 가장 대표적인 곳이 핑시平溪 지역이다. 수많은 사람들이 기차를 타고 와서 날리는 천등은 밤하늘의 별처럼 아름답다. 이곳의 간이역 주변에서는 평소에도 언제든지 천등을 날릴 수 있어 많은 관광객들이 즐겨 찾고 있다.

3 타이루거의 협곡

화롄花蓮에 있는 타이루거太魯閣는 웅장한 대리석 절벽으로 이루어진 협곡이다. 경이로운 자연 경관은 물론이고 동식물의 생태계도 잘 보존되어 있어 국제적으로 인정받는 자연 공원이다. 이곳에서 고산 협곡의 진면목을 경험할 수 있다.

4 고궁 박물원의 보물

타이베이에 있는 국립 고궁 박물원國立故宮博物院은 세계 3대 박물관 중 하나로, 값으로 매길 수 없는 국보급 유물과 미술품으로 꽉 차 있다. 3개월마다 순환 전시를 하는데 75만여 점에 이르는 소장품을 전부 보려면 8년이 걸린다고 한다.

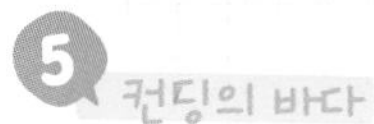

5 컨딩의 바다

컨딩墾丁은 싱그러운 열대 경관과 풍부한 해산물로 유명하며 국제적인 휴양 시설을 갖춘 휴양지이다. 해안에는 신비한 색깔의 산호초 군락과 고운 모래가 깔린 해수욕장들이 즐비하며 수영, 서핑, 다이빙, 요트 등 수상 스포츠를 즐기기에도 더없이 좋다.

6 르웨탄의 안개

난터우 현南投縣의 깊은 산중, 해발 870m에 위치한 르웨탄日月潭은 해와 달을 품은 호수이다. 마치 갈고 닦은 거울처럼 아름다운 르웨탄은 해 질 녘의 붉은 노을도 좋지만, 이른 아침 호수 위에 피어오르는 안개는 보는 이에게 평화로운 고요함을 선물해 준다.

7 충렬사 · 중정 기념당의 위병 교대식

충렬사忠烈祠나 중정 기념당國立中正紀念堂에서는 매 시간 절도 있고 멋진 위병 교대식을 볼 수 있다. 의장대의 절도 있는 예식을 관람하면서 타이완 군대의 엄격한 규율과 위용을 느낄 수 있어 볼 만한 가치가 있다.

8 아리산의 일출

세계3대 고산 철도 중의 하나인 아리산阿里山의 고산 철도를 타고 산에 오르면 주산祝山의 장엄한 일출을 볼 수 있다. 타이완에서 절대로 놓쳐서는 안 되는 신비로운 경치이다. 높게 솟은 산봉우리마다 장식처럼 두르고 있는 구름바다는 여행자의 마음을 사로잡는다.

9 주펀의 홍등

타이완의 옛 정취가 가득한 주펀九份은 언제나 젊은 연인들로 붐빈다. 저녁 무렵 주펀에 홍등이 켜지면 마치 영화 〈비정성시〉 속으로 들어와 있는 듯 아름답기 때문이다. 언덕 위 찻집들을 따라 붉은 등이 반짝이면 누구나 로맨틱한 꿈을 꾸게 된다.

10 예류의 여왕

예류野柳는 바람과 비가 빚어 낸 조각 공원이다. 오랜 세월 풍화 작용으로 만들어진 바닷가의 기암괴석들은 아이스크림, 송이버섯, 고릴라 등 다양한 모양을 하고 있어 찾아보는 재미가 있는데, 그중에서도 이집트의 네페르티티 여왕을 닮은 바위는 빠뜨리지 말아야 할 볼거리이다.

11 아이허의 야경

아이허愛河는 가오슝高雄 사람들에게 각별한 사랑을 받는 강이다. 강변을 따라 이어진 카페촌과 산책로에는 가족과 연인들의 웃음소리가 끊이지 않으며 유람선 위에서 바라보는 아이허의 밤 풍경은 잊을 수 없는 추억이 된다.

타이완의 BEST 8 즐길 거리

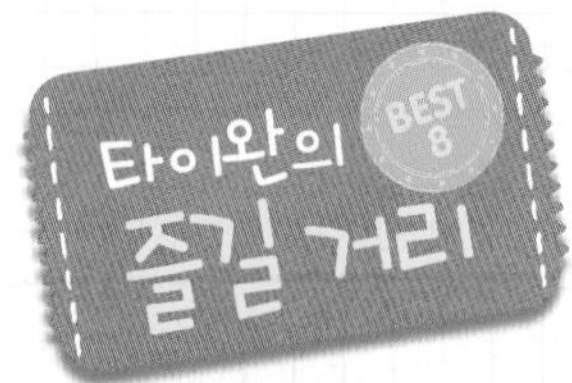

누군가 타이완을 여행할 기회가 있다면 아주 운이 좋은 여행자이다. 타이완은 단순히 눈으로만 구경하는 것이 아니라 체험하고 즐길 수 있는 것이 넘치는 재미있는 여행지이기 때문이다. . 타이완이 가지고 있는 매력을 온몸으로 한껏 느껴 보자.

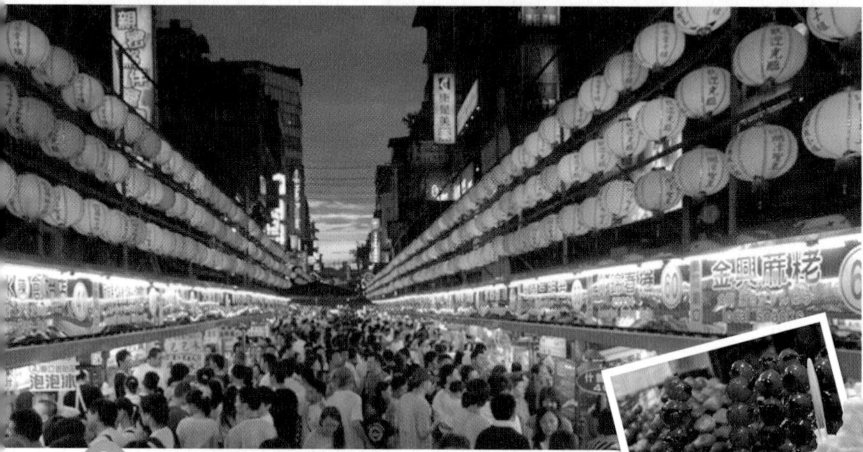

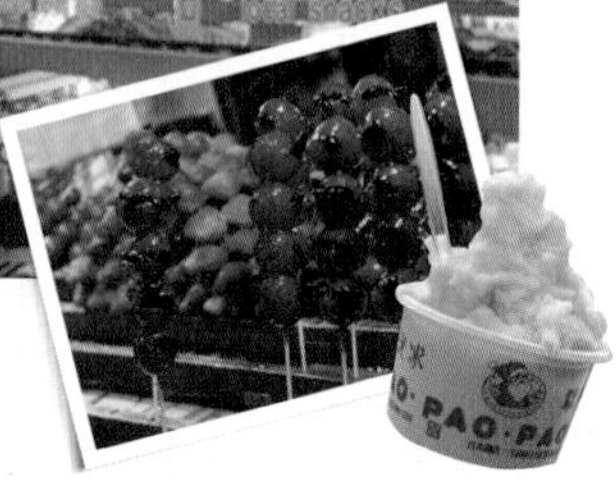

1 야시장 탐방

타이완을 다녀온 사람이라면 꼭 다시 가고 싶은 곳으로 야시장을 꼽는다. 타이완은 전국 어느 지역을 가든 크고 작은 야시장이 있어 왁자지껄 흥겨운 분위기를 즐기며 싸고 맛있는 음식을 실컷 맛볼 수 있다.

2 발 마사지

타이완의 발 마시지는 혈액 순환을 돕고 스트레스를 풀어 주는 효과가 있다. 발 마사지 30분으로 여행의 피로를 확 날려 보자.

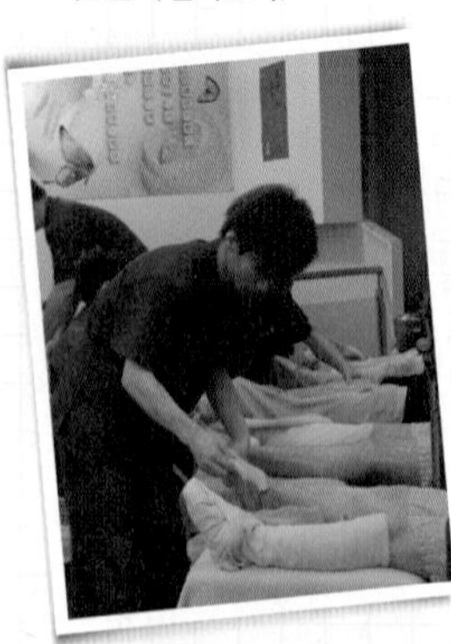

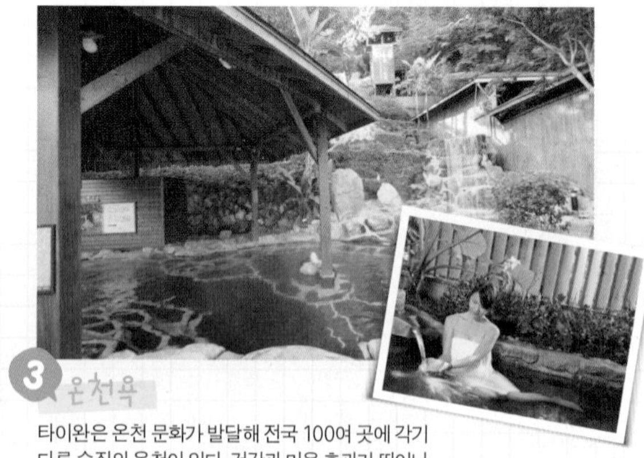

3 온천욕

타이완은 온천 문화가 발달해 전국 100여 곳에 각기 다른 수질의 온천이 있다. 건강과 미용 효과가 뛰어난 온천욕으로 최고의 웰빙 여행을 즐겨 보자.

4 자전거 여행

타이완은 자전거 여행을 위한 시스템이 잘 갖춰져 있다. 특히 타이루거太魯閣 협곡은 세계적으로 유명한 자전거 여행의 명소로 자전거 마니아들의 마음을 설레게 한다.

5 핑시선 기차 여행

장난감 같은 기차를 타고 타이완에서 가장 오래된 핑시선의 간이역 여행을 해 보자. 1일권을 구입하면 기차를 타고 가다가 마음에 드는 역에서 내려서 구경하고 다시 다른 역으로 이동할 수 있다.

6 원주민 축제

타이완 전국에 14개의 원주민 부락이 있으며 각기 다른 전통과 문화를 가지고 독특한 축제를 펼치고 있어 매우 흥미롭다.

7 경극 관람

타이베이 아이Taipei Eye에서는 중국 문화의 진수인 경극 공연을 감상할 수 있다. 타이완 전통 인형극인 포대희布袋戲와 원주민 공연도 함께 공연되고 있어 이채로운 타이완 문화를 경험할 수 있다.

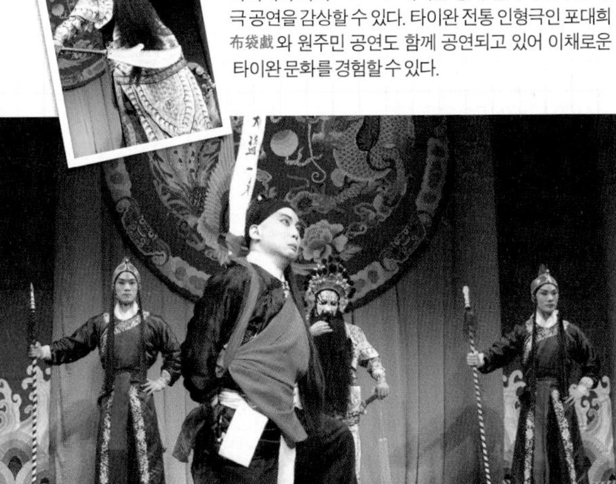

8 골프 투어

일 년 내내 온화한 타이완은 골프를 치기에 환상적인 조건을 갖추고 있다. 골프를 좋아하는 사람이라면 타이완의 아름다운 자연 속에서 휴양과 골프를 함께 즐겨 보자.

타이완의 음식에 대해 글로 쓴다는 것은 무모한 시도이다. 음식 천국인 타이완의 음식을 소개하려면 몇 년이 걸려도 끝이 안 날 만큼 그 가짓수가 많기 때문이다. 백문이 불여일견! 직접 타이완에 가서 맛있는 타이완 음식을 맛보길 권한다.

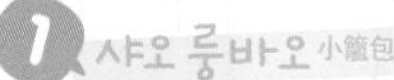

샤오룽바오는 다진 고기를 얇은 만두피로 싸서 찜통에 찐 딤섬으로, 얇은 만두피에 담긴 육즙이 생명이다. 한 입 베어 물었을 때 육즙의 향이 입안에 가득 퍼져, 생각만 해도 침이 고이는 맛있는 만두이다.

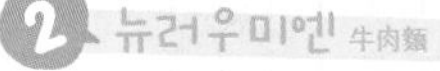

뉴러우미엔은 타이완 서민들이 가장 좋아하는 대중적인 음식이다. 얼큰하고 매콤한 육개장 국물에 국수를 말아 먹는데, 고기가 국수만큼 많이 들어 있어서 한 끼 식사로 든든하다.

3 버블티 珍珠奶茶 전주나이차

버블티의 원조는 타이완이다. 신선한 우유를 넣은 밀크티에 타피오카 알갱이를 넣어, 은은한 차향과 찹쌀떡처럼 쫀득쫀득한 알갱이의 조화가 훌륭하다.

4 처우더우푸 臭豆腐

멀리서도 존재감을 과시하는 강력한 악취로 유명하다. 발효시킨 두부를 튀겨서 만든 음식으로, 조리 후에는 의외로 냄새가 나지 않아 먹을 만하다.

5 루웨이 滷味

루웨이 식당 앞에는 신선한 야채, 두부, 고기, 소시지, 당면, 굵은 국수, 얇은 국수 등 다양한 재료가 가지런히 쌓여 있다. 손님이 먹고 싶은 재료들을 직접 골라서 점원에게 주면 재료를 국물에 넣고 살짝 데쳐 소스를 얹어 준다.

6 훠궈 火鍋

중국식 샤부샤부인 훠궈는 타이완 남부 가오숑 사람들이 가장 좋아하는 음식이다. 얼큰한 국물에 싱싱한 채소와 해산물, 각종 육류를 넣어 끓여 먹는다.

7 빙수 冰品 빙핀

생과일이 가득 담긴 빙수는 눈과 입을 모두 즐겁게 해 준다. 얼음을 갈아 만든 빙수 위에 원하는 재료를 선택하면 되며, 망고와 딸기 등 신선한 과일을 사용하기 때문에 천연 과일의 달콤하고 상큼한 맛을 느낄 수 있다.

8 쭝쯔 粽子

찹쌀에 돼지고기, 땅콩, 찐 계란 등을 넣어 대나무 잎으로 단단히 싸서 끈으로 동여매고 찐 주먹밥이다. 고기가 들어 있는 것은 러우쭝肉粽, 야채가 들어 있는 차이쭝菜粽이라고 한다.

9 닭튀김 鷄排 지파이

시장마다 닭튀김을 파는 곳은 어김없이 줄이 길게 늘어서 있다. 막 튀겨 낸 닭에 후추 양념을 뿌려 포장해 주는데 한 조각의 크기가 무척 크다. 특히 아이들이 좋아하니, 아이와 함께 여행 중이라면 닭튀김을 지나치지 말고 꼭 먹어 보자.

10 커짜이젠 蚵仔煎

야시장에서 가장 인기 있는 메뉴는 '커짜이젠'이라고 하는 굴전이다. 싱싱한 굴을 주재료로 감자 전분과 타피오카 가루, 달걀, 각종 야채를 버무려 즉석에서 부쳐 내며, 야채와 달콤한 간장 소스를 곁들여 준다. 시원한 맥주와 함께 먹으면 더위는 어디에 갔는지 금세 잊게 된다.

타이완으로 여행을 갈 때는 여분의 가방을 준비하자. 가는 곳마다 싸고 좋은 아이템이 많아 쇼핑을 많이 하게 되므로 어느새 짐이 늘어 있는 것을 발견하게 된다. 귀국 후에 후회하지 말고 타이완의 쇼핑 아이템을 미리미리 체크하자.

1 펑리쑤鳳梨酥

파인애플 케이크인 펑리쑤는 한 조각 한 조각을 정성껏 구워 잘 식혀서 포장한다. 빵의 겉은 바삭하고 속은 부드러우며, 파인애플 본래의 맛을 그대로 느낄 수 있다. 타이완 여행 시 빠지지 않는 쇼핑 품목이다.

2 차

타이완의 차는 맛과 향이 매우 깊고 끝 맛이 감미로워서 세계적으로 손꼽히는 품질을 자랑한다. 반만 발효시킨 우롱차와 포종차, 완전히 발효시킨 홍차, 발효시키지 않은 녹차, 동방미인차 등이 유명하다.

3 도자기

중국 도자기의 전통을 이은 타이완 도자기는 아주 유명하다. 찻잔같이 저렴한 실용 자기부터 고가의 예술 작품까지 수준 높은 타이완 도자기를 만날 수 있다.

4 전통주

타이완 전통주는 대체로 도수가 높은데, 특히 타이완을 대표하는 금문고량주金門高粱酒는 58도의 높은 도수를 자랑한다. 우리나라의 소주에 비해 독하게 느껴질 수도 있지만 뒷맛이 깔끔하고 숙취가 없어서 사랑받고 있다.

5 전통 과자

타이완 각지의 농산물로 만든 전통 과자는 100% 수작업으로 만들어 천연 재료의 맛을 잘 살려 내는 것이 특징이다. 가격도 부담 없어서 선물용으로는 그만이다.

6 옥

타이완은 세계에서 손꼽는 보석 생산국이다. 옥 이외에도 루비, 진주, 사파이어 등을 한국보다 싸게 구입할 수 있다.

7 디자이너 아트 상품

타이완의 청년 디자이너들이 만든 아트 상품은 톡톡 튀는 아이디어가 가득해 구경하는 것만으로도 시간이 훌쩍 지나간다. 타이베이의 화산華山, 중산베이루中山北路, 시먼西門의 주말 벼룩시장 등지에서 구입할 수 있다.

8 민속 공예품

타이완의 민속 공예품은 전통적이면서도 세련된 감각을 자랑한다. 특히 원주민의 수공예품은 중국 스타일과는 다른 독특한 색감과 디자인으로 여행자들을 사로잡는다.

9 타이완 기념품

여행을 하다 보면 여행지를 추억할 만한 기념품을 찾게 된다. 가격 부담이 없으면서도 타이완을 오롯이 기억하게 해 주는 귀여운 기념품은 선물용으로도 그만이다.

10 자전거 용품

자전거의 나라 타이완은 자전거와 관련 용품도 유명하다. 전 세계 시장의 10%를 점유하는 자전거 브랜드 자이언트의 매장이 곳곳에 있다. 자전거 마니아라면 신나는 쇼핑을 즐길 수 있을 것이다.

추천 코스

초스피드 주말 여행 **타이베이 1박 2일**

알짜배기 핵심 관광 **타이베이+근교 2박 3일**

구석구석 마스터 여행 **타이베이+근교 3박 4일**

타이중·아리산·르웨탄·장화·루강 **타이완 중서부 4박 5일**

가오슝·타이난·헝춘·컨딩 **타이완 남부 4박 5일**

이란·자오시·화롄·타이루거·타이둥 **타이완 동부 5박 6일**

타이베이 1박 2일

한국에서 타이베이까지는 약 2시간 반이면 도착! 서울에서 부산까지 KTX를 타고 가는 시간이면 충분하다. 바쁜 일상에서 잠시 틈을 내 타이완으로 향하는 여행자들을 위한 초스피드 1박 2일 여행 코스를 추천한다.

첫째 날

공항 리무진 버스 1시간
(타오위안 공항일 때)
MRT 30분(쑹산 공항일 때)

12:00
타오위안 국제 공항
또는 쑹산공항 도착

버스 30분

13:00
숙소에 들러 짐 맡기기

13:30
세계 3대 박물관 중 하나인
고궁 박물원 유물 관람하기 **p.152**

버스+MRT
30분

16:30
용산사의 신들에게
소원 빌기 **p.81**

도보 10분

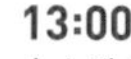

18:00
톡톡 튀는 젊음의 거리
시먼 구경하고 저녁 먹기
p.76

MRT 20분

19:30
타이베이 101 빌딩 전망대에서
아름다운 야경 감상 **p.136**

MRT 15분

21:00
둥취의 백화점과 편집 숍 구경하고
24시간 여는 성품 서점 들르기 **p.110**

숙소

둘째 날

MRT+도보 30분
(타이베이 역 출발 기준)

09:30
숙소 체크아웃하기

10:00
타이베이의 명소
중정 기념당 둘러보기 p.73

도보 15분 또는
MRT 10분

12:00
유명 맛집이 즐비한
융캉제에서 딘타이펑 딤섬과
망고 빙수 맛보기 p.120

공항 리무진 버스 1시간
(타오위안 공항일 때)
MRT 30분(쑹산 공항일 때)

14:00
타오위안 국제 공항
또는 쑹산 공항 도착

예상경비 (1인 기준)

교통비	NT$100
간식비	NT$250
식사비	NT$1,025
입장료	NT$560 (고궁 박물원, 101 빌딩 전망대)
숙박비	NT$500 (게스트하우스 도미토리 기준)
합계	**NT$2,435 (왕복 항공료, 기타 잡비 제외)**

타이베이+근교 2박 3일

타이베이의 화려한 도심을 즐겼다면 북적이는 도시를 조금만 벗어나 탁 트인 아름다운 풍경 속으로 들어가 보자. 타이베이에서 근교까지 알차게 즐기고 올 수 있는 핵심 여행 일정을 소개한다.

첫째 날

공항 리무진 버스 1시간
(타오위안 공항일 때)
MRT 30분(쑹산 공항일 때)

12:00
타오위안 국제 공항
또는 쑹산 공항 도착

타이베이

버스 30분

13:00
숙소에 들러
짐 맡기기

MRT 20분

13:30
타이베이의 명소
중정 기념당 둘러보기 **p.73**

16:00
둥취의 백화점과
편집 숍 구경하기
p.110

MRT 20분

18:00
타이베이 101 빌딩 전망대에서
야경 감상하고 저녁 먹기 **p.136**

21:00
숙소에 들러
짐 풀고 휴식

22:00
린썬베이루에서
맛있는 안주와 맥주 한잔!
p.94

숙소

둘째 날

MRT 1시간
(타이베이 역 출발 기준)

09:00
숙소 출발

단수이

10:00
바다와 강이 만나는
단수이 강변 산책하기 **p.188**

도보 5분

12:00
단수이 옛 거리에서
싸고 푸짐한 점심 **p.191**

도보 20분

13:00
영화 〈말할 수 없는 비밀〉
촬영지 담강 고등학교 속으로
p.192

MRT 20분

15:00
피로가 싹 풀리는
베이터우 공원 산책 p.164

도보 10분

16:00
흥미로운 온천 박물관 구경
p.166

도보 5분

17:00
연기를 뿜는 지열곡
신비한 풍경 걸어 보기
p.168

도보+MRT 30분

18:30
타이완에서 가장 유명한
스린 야시장에서 저녁 식사
p.160

숙소

셋째 날

09:30
숙소 체크아웃하기

MRT+도보 30분
(타이베이 역 출발 기준)

10:00
화산 1914 문화 창의 단지에서
기념품 장만하기 p.112

MRT 10분

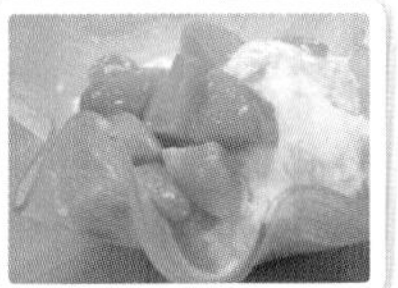

12:00
맛집이 즐비한 시먼에서
점심 골라 먹기 p.76

공항 리무진 버스 1시간(타오위안 공항일 때)
또는 MRT 30분(쑹산 공항일 때)

14:00
타오위안 국제 공항
또는 쑹산 공항 도착

예상경비
(1인 기준)

교통비	NT$200
간식비	NT$500
식사비	NT$1,300
입장료	NT$600 (101 빌딩 전망대)
숙박비	NT$1,000 (게스트하우스 도미토리 기준)
합계	**NT$3,600 (왕복 항공료, 기타 잡비 제외)**

타이베이+근교 3박 4일

타이베이는 편리한 교통 시스템을 가지고 있어 일정만 잘 짜면 짧은 시간에 여러 곳을 둘러볼 수 있다. 3박 4일의 여유로운 일정으로 타이베이와 근교를 완전히 정복해 보자.

첫째 날

공항 리무진 버스 1시간 (타오위안 공항일 때)
MRT 30분(쑹산 공항일 때)

12:00
타오위안 국제 공항
또는 쑹산 공항 도착

13:00
숙소에 들러
짐 맡기기

버스 30분

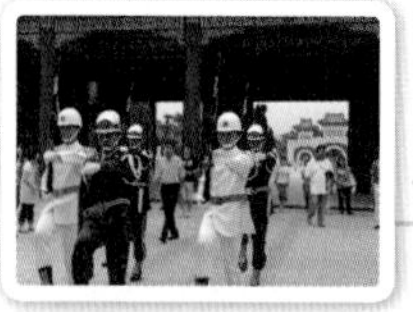

13:30
충렬사에서 멋진 위병의
교대 의식 관람 **p.107**

버스 10분

15:00
아름다운 장미 동산
스린 관저 공원 산책 **p.158**

버스 20분

16:00
미라마 엔터테이먼트 파크
에서 신나게 놀기! **p.157**

버스 30분

19:00
맛으로 똘똘 뭉친
스린 야시장에서 저녁 식사 **p.160**

숙소

둘째 날

기차+버스 1시간 20분
또는 직행 버스 1시간

09:00
타이베이 역 출발

10:00
황금 시대를 기억하게 하는
진과스 둘러보기 **p.227**

도보 10분

12:00
황금 박물관에서 영양 만점
광부 도시락 먹기 **p.233**

버스 15분

14:00
홍등이 걸린 주펀
낭만 찻집에서 차 한잔! **p.218**

버스+MRT
약 1시간 20분

19:00
융캉제 거리 둘러보고
푸짐한 저녁 식사 **p.120**

숙소

셋째 날

MRT 30분
(타이베이 역 출발 기준)

09:00
숙소 출발

10:00
세계 3대 박물관 중 하나인 고궁 박물원 유물 관람하기 p.152

버스+MRT 50분

15:00
양밍산에서 피로를 풀어 주는 온천욕과 점심 식사 p.171

버스 50분

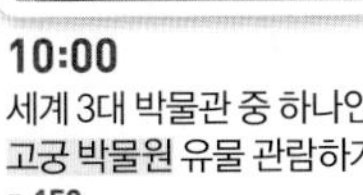

16:00
고풍스러운 타이완 대학 캠퍼스 걷기 p.125

도보 5분

18:00
타이베이 101 빌딩에서 저녁 식사 후 전망대에서 야경 감상 p.136

도보 5분

22:00
궁관의 핫한 라이브 카페에서 시원한 맥주 한잔! p.120

숙소

넷째 날

MRT+도보 30분
(타이베이 역 출발 기준)

09:30
숙소 체크아웃하기

10:00
공부의 신 공자묘 산책하기 또는 타이베이 시립 미술관 관람하기 p.102, p.104

도보 10분

12:00
저렴한 다룽 야시장에서 점심 식사 p.102

공항 리무진 버스 1시간(타오위안 공항일 때)
또는 MRT 30분(쑹산 공항일 때)

14:00
타오위안 국제 공항 또는 쑹산 공항 도착

예상경비 (1인 기준)

교통비	NT$250
간식비	NT$900
식사비	NT$1,950
입장료	NT$950 (고궁 박물원, 101 빌딩 전망대)
숙박비	NT$1,500 (게스트하우스 도미토리 기준)
합계	**NT$5,550 (왕복 항공료, 기타 잡비 제외)**

타이중
아리산·르웨탄
장화·루강

타이완 중서부 4박 5일

타이완의 깊숙한 곳으로 쑥 들어가는 여행으로, 타이완 중서부 코스에 남부의 아리산까지 묶은 일정이다. 천 년의 숲이 있는 아리산과 고요한 호수 르웨탄, 그리고 고색창연한 옛 도시 루강으로 이어지는 코스는 여행자들의 마음을 두근거리게 만든다.

첫째 날

공항 리무진 버스 1시간
(타오위안 공항일 때)
MRT 30분(쑹산 공항일 때)

12:00
타오위안 국제 공항
또는 쑹산 공항 도착

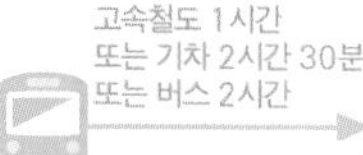

고속철도 1시간
또는 기차 2시간 30분
또는 버스 2시간

13:00
타이베이 역 출발

타이중

14:00
타이중 도착

버스
30분

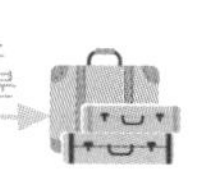

14:30
숙소에 들러
짐 맡기기

버스 30분

달콤한
버블티 한잔~

15:00
버블티의 원조
춘수당 본점에서
늦은 점심 p.297

도보
5분

16:00
국립 타이완 미술관에서
예술적 분위기에 흠뻑 취하기
p.293

도보
10분

18:00
이국적인 레스토랑이 가득한
미술원길에서 저녁 식사 p.294

도보 10분

20:00
살아 있는 식물로 뒤덮인 건물
근미성품 녹원길 산책 p.294

버스
30분

22:00
펑자 야시장에서
인기 먹거리 맛보기 p.296

숙소

둘째 날

기차 15~20분
또는 시외버스 1시간
장화
도보
10분
09:00
타이중 출발
10:00
장화 역 도착
10:30
독특한 형태의
장화 부채꼴 차고 구경하기
p.322
버스 50분
루강
도보
3분
버스
30분
老龍師肉包
11:30
장화 역 출발
12:00
루강의 만두 맛집
노룡사에서 점심
p.333
13:00
인력거를 타고 전통이
살아 숨 쉬는 루강 둘러보기
p.332
도보 10분
옥진재
전통 과자
도보
10분
버스+기차
1시간 30분
타이중
16:00
굽이굽이 골목길
모유항과 구곡항 산책하기
p.330
18:00
저녁 식사하고
옥진재에서 전통 과자 사기
p.333
20:00
타이중
숙소

셋째 날

고속철도 40분
또는 기차 2시간
또는 버스 1시간 40분

08:00
타이중 출발

아리산행 버스
2~3시간

09:00
자이 역 도착

아리산

11:00
타이완 최고의 명산 아리산 역 도착 **p.336**

고산 철도 20분

12:00
선무 역에 도착하여
천년의 숲 거목군 잔도 산책
p.340

버스 40분

15:00
산속 기차 마을 펀치후 구경하고
기차 도시락 맛보기 **p.342**

버스+기차
2시간 30분~3시간

20:00
타이중
숙소

넷째 날

시외버스 1시간

09:00
타이중 출발

10:00
해와 달을 품은 호수
르웨탄의 비경 감상 **p.300**

도보 10분

11:00
황금색 기와가 장엄한
문무묘 둘러보기 **p.303**

버스 10분
또는
도보 15분

케이블카 10분

버스
1시간 30분

12:00
르웨탄 식당가에서
해산물 요리로 점심 식사

13:00
테마파크
구족 문화촌에서
신나게 놀기 **p.304**

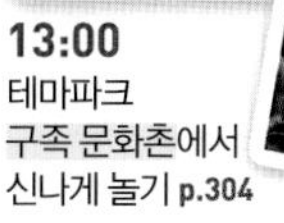

20:00
타이중
숙소

다섯째 날

버스
30분

고속철도 40분

공항 리무진 버스 1시간
(타오위안 공항일 때)
MRT 30분(쑹산 공항일 때)

09:00
숙소 체크아웃하기

10:00
타이중 출발

12:00
타이베이 역 도착

13:00
타오위안 국제 공항
또는 쑹산 공항 도착

공항 버스 2시간

Tip 오후 3시 이후 비행기라면 타이중에서 이른 시간에 출발해 타오위안 국제 공항 또는 쑹산 공항으로 가면된다. 그러나 오전 비행기라면 하루 전날 타이베이로 올라가 숙박을 하고 출발하는 것이 안전하다. 또한 주말에는 공항으로 가는 길이 막힐 수 있으니 타이베이에서 출발할 때도 3시간 전에는 타오위안 국제 공항으로 가는 리무진을 타야 하며, 쑹산 공항일 경우는 최소 2시간 전에는 출발해야 한다.

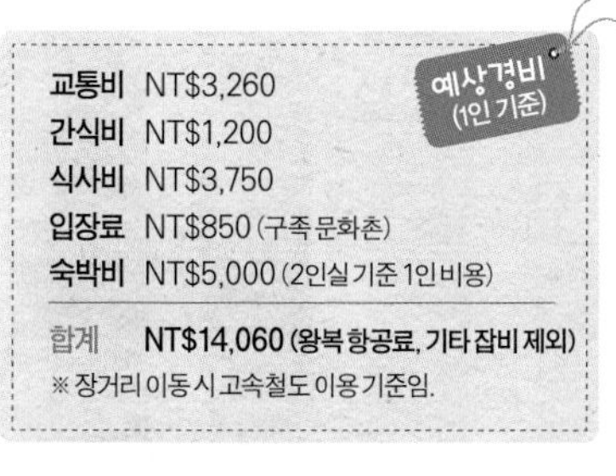
예상경비 (1인 기준)

교통비	NT$3,260
간식비	NT$1,200
식사비	NT$3,750
입장료	NT$850 (구족 문화촌)
숙박비	NT$5,000 (2인실 기준 1인 비용)
합계	**NT$14,060 (왕복 항공료, 기타 잡비 제외)**

※ 장거리 이동 시 고속철도 이용 기준임.

타이완 남부 4박 5일

타이완의 진주라고 불리는 남부 해안 도시들을 여행하는 코스이다. 타이완 제1의 항구 도시 가오슝의 화려함과 옛 수도 타이난의 고즈넉한 향기, 그리고 산호초와 열대 우림이 있는 해변 휴양지 컨딩까지 타이완의 숨겨진 보물을 이 여행에서 찾아볼 수 있다.

MRT 30분

MRT 30분

12:00
가오슝 공항
출발

13:00
가오슝 시내 숙소에
들러 짐 맡기기

13:30
보얼 예술 특구에서
자전거 타고 하이킹 **p.379**

자전거 10분
또는 도보 20분

15:30
영화 도서관에서
기념품 구입하고
차 한잔 **p.378**

자전거 10분
또는
도보 20분

18:00
아이허 유람선 타고
가오슝의 야경 감상 **p.377**

MRT
10분

19:00
먹거리 가득한 류허 야시장에서
맛의 유혹에 빠져 보기
p.390

숙소

둘째 날

버스 50분

09:00
숙소 출발

10:00
롄츠탄에서 용의 입으로 들어가
호랑이 입으로 나오기 **p.385**

버스+MRT+페리
1시간 15분

13:00
치진 섬 둘러보기 **p.382**

페리+도보
20분

17:00
다거우 영국 영사관에서
시쯔완의 석양을 보며
영국 차 한잔 **p.380**

버스 또는 MRT
30분

18:30
위런 부두 카페 거리에서
항구 풍경 만끽하며 저녁 식사 **p.380**

숙소

셋째 날

고속철도 20분
또는 기차 1시간
또는 버스 50분

09:00
가오슝 출발

10:00
옛 정취가 물씬 풍기는
문화의 도시 타이난 도착
p.346

버스
20분

11:00
타이난 제1의 명소
적감루 둘러보기
p.350

도보 10분

12:00
타이난 유명 맛집 도소월에서
단짜이미엔 맛보기 **p.363**

도보
10분

13:30
공자묘에서
조용히 산책하며 사색하기
p.351

버스
30분

15:00
안핑 고보에서
신기한 안핑 수옥 구경
p.357, p.359

버스 30분

17:00
선눙제 예술 거리의
카페 태고 2층에서
거리를 내려다보며 차 한잔
p.364

도보
10분

18:00
화위안 야시장에서
다양한 먹거리 맛보기 **p.356**

고속철도 20분
또는 기차 1시간
또는 버스 50분

가오슝
숙소

넷째 날

시외버스 2시간 30분

08:00
가오슝 출발

Tip 기차역 맞은편 버스 터미널에서 가오슝 객운 버스를 타면 국립 해양 생물 박물관까지 직행한다.

컨딩

10:30
볼거리와 즐길 거리가 가득한 국립 해양 생물 박물관 구경하기
p.405

버스 20분

헝춘

13:00
고색창연한 성곽 마을 헝춘 둘러보고 옛 거리에서 타이완식 스테이크로 점심
p.396

버스 20분

컨딩

15:00
산과 바다를 모두 즐길 수 있는 컨딩 국가 공원 산책
p.406

버스 30분

16:00
난완에서 남국의 바다 감상하기
p.406

버스 30분

17:00
타이완 최남단 어롼비 등대에서 기념사진 찍기 p.408

버스 2시간 30분

가오슝

가오슝 숙소

다섯째 날

MRT 20분

09:00
숙소 체크아웃하기

09:30
아름다운 MRT 메이리다오 역에서 빛의 돔 감상
p.375

MRT 20분

10:00
가오슝 시내에서 쇼핑

MRT 30분

12:00
가오슝 공항 도착

Tip 가오슝 공항에서 인천 국제 공항과 김해 국제 공항으로 가는 직항편이 있다. 따라서 굳이 타이베이를 경유하지 말고 가오슝 공항에서 한국으로 직접 가는 항공편을 이용한다면 시간과 비용을 절약할 수 있다.

예상경비 (1인 기준)

교통비	NT$4,275
간식비	NT$1,700
식사비	NT$3,750
입장료	NT$450 (국립 해양 생물 박물관)
숙박비	NT$5,000 (2인실 기준 1인 비용)
합계	**NT$15,175 (왕복 항공료, 기타 잡비 제외)**

※ 장거리 이동 시 고속철도 이용 기준임.

타이완 동부 5박 6일

이란의 온천에서 몸과 마음의 피로를 날려 버리고, 억겁의 시간을 보여 주는 화롄의 타이루거 협곡을 지나, 동부 해변을 따라 걸으며 원주민의 다채로운 색과 리듬을 만나는 코스이다. 도시를 떠나 자연 속으로 들어가는 타이완 동부 여행에서는 마음의 평화를 선물로 받을 수 있다.

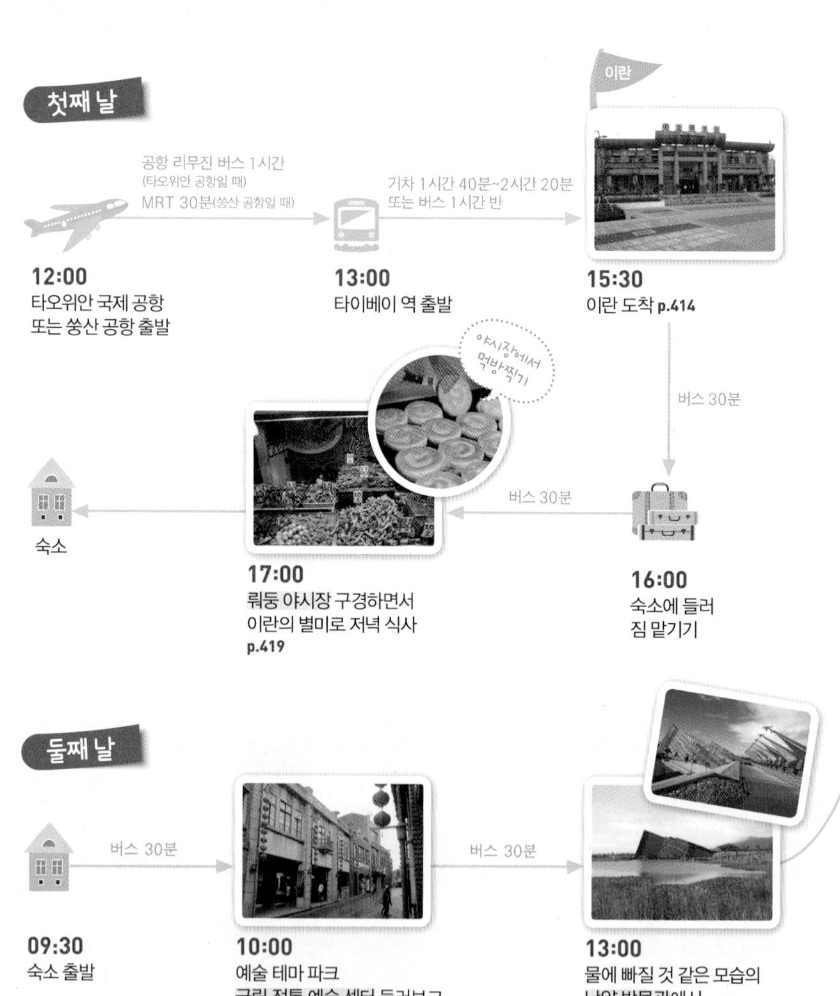

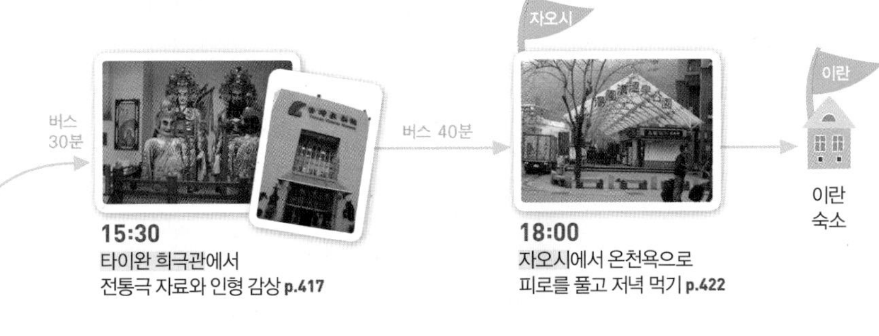

버스 30분

15:30
타이완 희극관에서
전통극 자료와 인형 감상 p.417

버스 40분

자오시

18:00
자오시에서 온천욕으로
피로를 풀고 저녁 먹기 p.422

이란

이란
숙소

셋째 날

기차 1시간~1시간 40분

09:00
이란 출발

화롄

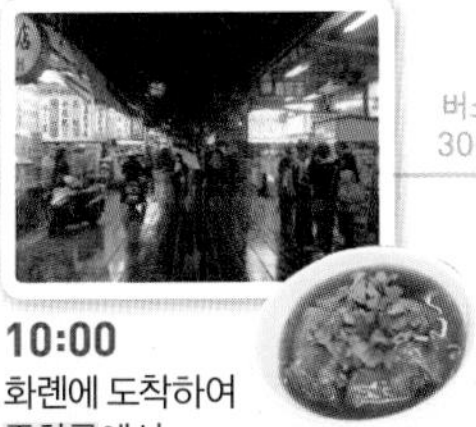

10:00
화롄에 도착하여
중화루에서
시내 관광을 하며 점심 식사
p.428

버스 30분

타이루거

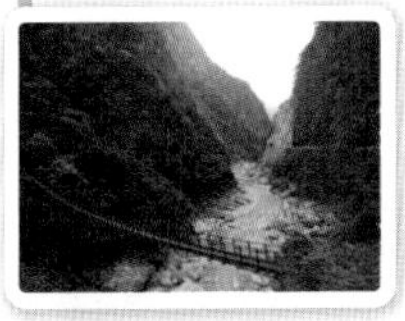

13:00
한 폭의 산수화 같은
타이루거 협곡 도착 p.431

도보 30분

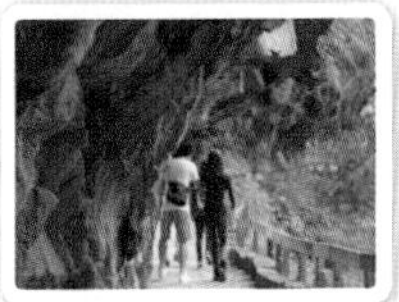

14:00
예술가의 벽화처럼 아름다운
사카당 보도 걷기 p.433

도보 30분

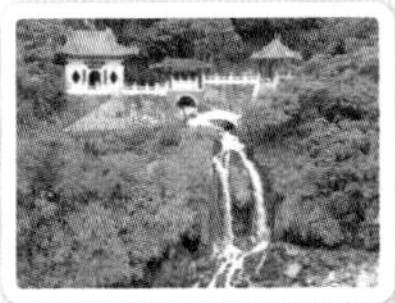

13:30
장춘사 옆 폭포에서
기념사진 찍기 p.433

도보 30분

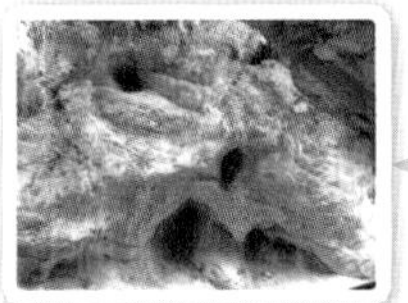

15:00
제비들이 집을 짓는
연자구 경치 감상 p.434

도보 30분

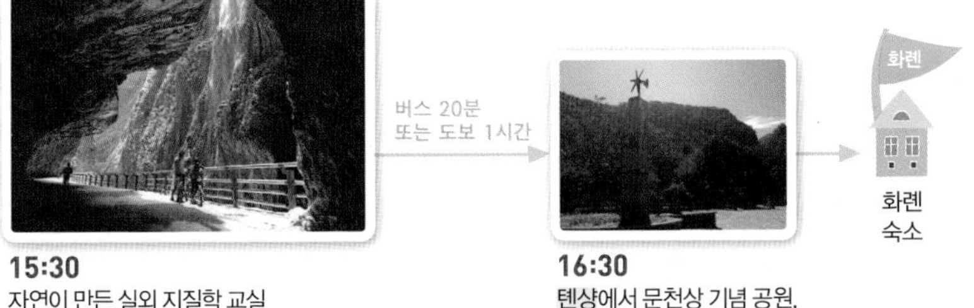

15:30
자연이 만든 실외 지질학 교실
구곡동 걷기 p.434

버스 20분
또는 도보 1시간

16:30
톈샹에서 문천상 기념 공원,
상덕사, 천봉탑 구경하기
p.435

화롄

화롄
숙소

넷째 날

기차 2시간 반~3시간
또는 버스 4시간~4시간 반

08:00
화롄 출발

12:00
타이둥 도착 **p.436**

버스 30분

12:30
숙소에 들러 짐 맡기고
근처에서 간단한 점심 식사

버스 30분

13:30
국립 선사 문화 박물관에서
선사 시대 유물과
원주민 문화 살펴보기 **p.439**

버스 30분

15:00
예술촌으로 변신한 타이둥 설탕 공장에서
예술적 감성 느껴 보기 **p.440**

버스 30분

17:00
테마 마을 철화촌에서
라이브 공연 감상
p.438

버스
40분

신선한 회를
냠냠~!

19:00
청새치 떼가 몰려드는
청궁 어항에서 저녁 식사
p.442

숙소

버스 1시간

도보 10분

09:00
타이둥 출발

10:00
즈번 온천에 도착하여 온천욕 즐기기 **p.441**

12:00
즈번의 원주민 구역에서 특색 있는 먹거리로 점심 식사 **p.441**

도보 10분

기차 5시간 반~7시간 반
또는 비행기 50분

버스
1시간

숙소

20:30
타이베이 도착

15:00
타이둥 출발

13:00
타이완 동부의 절경 아름다운 즈번 지역 산책 **p.441**

공항 리무진 버스 1시간
(타오위안 공항일 때)
또는 MRT 30분(쑹산 공항일 때)

09:00
숙소
체크아웃하기

10:00
타오위안 국제 공항 또는 쑹산 공항 도착

Tip 만약 오후 6시 이후 비행기라면 동부 지역에서 오전 일찍 출발해 타오위안 국제 공항 또는 쑹산 공항까지 갈 수 있다. 그러나 오전 비행기라면 하루 전날 타이베이로 올라가 숙박을 하고 출발하는 것이 안전하다. 만일 귀국 항공편이 쑹산 공항 출발이라면 타이베이로 갈 때도 비행기를 이용하는 것이 효율적이다. 타이둥 공항에서 쑹산 공항으로 가는 항공편이 많아서, 쑹산 공항에서 바로 한국행 비행기로 갈아탈 수 있기 때문이다.

예상경비 (1인 기준)

교통비 NT$2,846
간식비 NT$1,000
식사비 NT$3,750
입장료 NT$230 (국립전통예술센터, 국립선사문화박물관)
숙박비 NT$5,000 (2인실 기준 1인 비용)

합계 **NT$12,826 (왕복 항공료, 기타 잡비 제외)**
※ 장거리 이동 시 고속철도 이용 기준임.

지역 여행

西門紅樓

마쭈다오 馬祖島
진먼다오 金門島
金沙鎮
金湖鎮
金城鎮
진산 金山
지룽 시
基隆市
단수이 淡水
예류 野柳
타이베이 시
台北市
지룽 基隆
주펀 九份
진과스 金瓜石
타오위안 시
桃園市
타이베이 台北
타오위안 桃園
핑시 平溪
中壢區
잉거 鶯歌
신뎬 新店
핑린 坪林
싼샤 三峽
楊梅區
八德區
竹北市
大溪區
우라이 烏來
頭城鎮
新埔鎮
신주 시
新竹市
關西鎮
신베이 시
新北市
자오시 礁溪
신주 新竹
치커산
赤柯山
이란 宜蘭
竹東鎮
네이완 內灣
頭份鎮
베이푸 北埔
羅東鎮
신주 현
新竹縣
蘇澳鎮
後龍鎮
이란 현
宜蘭縣
먀오리 苗栗
通霄鎮
먀오리 현
苗栗縣
쉐산
雪山
난후다산
南湖大山
苑裡鎮
卓蘭鎮
타이중 시
台中市
타이루거 太魯閣
타이중 台中
和美鎮
장화 彰化
치라이주산 북봉
奇萊主山北峰
난터우 南投
루강 鹿港
장화 현
彰化縣
草屯鎮
溪湖鎮
員林鎮
화롄 花蓮
二林鎮
푸리 埔里
南投市
르웨탄 日月潭
화롄 현
花蓮縣
난터우 현
南投縣
北斗鎮
田中鎮
集集鎮
윈린 현
西螺鎮
鳳林鎮

타이완 전도

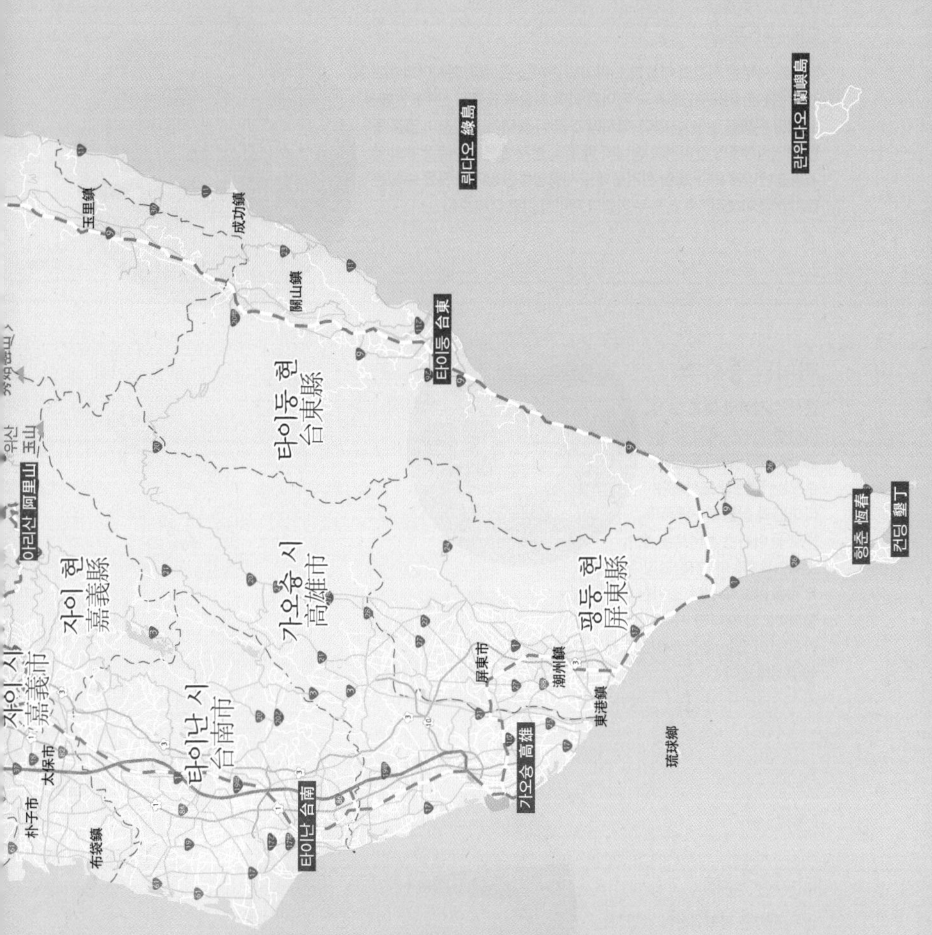

뤼다오 綠島
란위다오 蘭嶼島
王里鎮
成功鎮
關山鎮
타이둥 台東
타이둥 현 台東縣
아리산 阿里山
위산 玉山
자이 현 嘉義縣
가오슝 시 高雄市
평둥 현 屏東縣
헝춘 恆春
컨딩 墾丁
자이 시 嘉義市
타이난 시 台南市
屏東市
潮州鎮
東港鎮
琉球鄉
가오슝 高雄
타이난 台南
太保市
朴子市
布袋鎮

타이완의 지역 구분

타이완 북부

타이완 북부는 시간의 빠름과 느림이 공존하는 곳이다. 아시아의 허브 공항이 위치한 타오위안桃園과 타이완 과학 기술의 요충지 신주新竹에서는 첨단 문명을 만날 수 있다. 하지만 조금 더 들어가면 시간이 멈춘 듯한 네이완內灣의 간이역과 청나라 때부터 존재해 온 베이푸北埔의 옛 거리를 만나게 된다. 또한 한겨울에도 새콤달콤한 딸기를 맛볼 수 있는 딸기 천국 먀오리苗栗가 북부 여행의 재미를 한층 더해 준다.

타이완 중서부

중서부 지역의 대표 도시 타이중台中은 국립 미술관과 원조 버블티를 만날 수 있는 낭만의 도시이다. 타이완의 심장부 난터우南投로 들어가면 신비로운 호수 르웨탄日月潭과 술의 고장 푸리埔里 등을 만날 수 있다. 소박한 매력이 있는 장화彰化와 청나라 시대의 유적이 고스란히 남아 있는 루강鹿港도 중서부 지역에 위치해 있다.

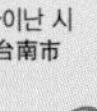

타이완 남부

남부 지방은 북회귀선이 통과하는 열대권으로 일 년 내내 따뜻한 기후를 자랑한다. 타이완에서 가장 아름다운 명산인 아리산阿里山이 우뚝 솟아 있으며, 타이완의 옛 수도인 타이난台南과 타이완 제1의 항구 도시 가오슝高雄 등 대도시들이 포진해 있다. 타이완 최남단으로 내려가면 산호초와 열대 우림이 펼쳐진 컨딩墾丁 국가 공원이 있다.

타이베이

타이완의 수도 타이베이는 타이완 정치 · 경제 · 문화의 중심지이다. 중국 역사의 보고인 고궁 박물원, 현대적인 타이베이 101 빌딩, 화려하게 장식된 사원들과 야시장의 음식은 여행자의 눈과 입을 사로잡는다. 복잡한 도심을 푸르게 수놓는 공원과 편안한 휴식이 있는 온천은 또 하나의 매력 포인트이다. 중국의 전통 문화와 세련된 현대 문화가 섞여 다양한 볼거리를 제공하는 매력적인 국제 도시이다.

타이베이 근교

타이베이를 둘러싼 근교 지역은 타이베이에서 당일치기로 다녀올 수 있어 각광을 받고 있다. 붉은 노을에 취하는 단수이淡水, 태평양 바다를 안고 자전거길을 달리는 진산金山, 신비한 자연 경관을 자랑하는 예류野柳, 홍등이 아름다운 주펀九份, 기차에 소원을 싣고 떠나는 핑시平溪, 옛 거리가 운치 있는 싼샤三峽, 차의 고장 핑린坪林, 온천의 명소 우라이烏來 등 다채로운 여행지가 타이베이 시내에서 불과 1~2시간 거리에 있다.

타이완 동부

중앙 산맥과 높은 산들로 인해 다른 지역으로부터 고립되어 있는 타이완 동부에서는 자연의 아름다움을 만끽할 수 있다. 화롄花蓮과 타이둥台東을 잇는 해안 도로를 달리다 보면, 깎아지른 듯한 대리석 계곡과 시간마다 색을 바꾸는 태평양 바다의 절경을 만날 수 있다. 아름다운 자연과 독특한 원주민 문화의 매력에 푹 빠질 수 있는 곳이 바로 이 지역이다.

타이완의 섬

타이완의 섬에는 푸른 바다와 하얀 등대, 아름다운 돌담길, 자연이 빚어 낸 비경이 있다. 최근 영화, 드라마, CF 촬영지로 관심을 끌고 있는 마쭈다오馬祖島, 중국과의 최전선으로 외부의 출입이 통제되었던 진먼다오金門島, 해양 스포츠로 사랑받고 있는 펑후다오澎湖島, 타타라 배가 바다에 떠 있는 그림 같은 풍경의 란위다오蘭嶼島, 그리고 해저 온천이 있는 신비의 뤼다오綠島에서 멋진 추억을 남겨 보자.

타이베이

고풍스러운 전통 문화와 화려한 현대 도시의 공존

타이완의 수도 타이베이台北는 타이완 정치, 경제, 문화의 중심지이며 세계적으로 인정받은 그린 시티이다.

타이베이의 시간을 돌려 과거로 거슬러 올라가면 일찍이 기원전 4000~2500년의 선사 시대부터 사람이 살았다는 흔적을 찾아볼 수 있다. 지리적으로는 동아시아 해상 교통의 중심지에 위치해 있어 17세기 스페인과 네덜란드 등 서구 열강이 차례로 점령하며 쟁탈전을 벌이기도 했다. 이후 청나라의 영토로 편입되면서 제1항구인 멍자艋舺, 즉 오늘날의 완화萬華를 통해 중국 동남부 해안 지역의 중국인들이 본격적으로 이주하여 타이베이 성을 건축하였다. 그러

나 청일 전쟁 후 일본의 식민 통치를 반세기 동안 받게 되었고, 2차 대전 이후에 국민당 정부에 반환되어 1949년 중화민국의 수도로 선포되었다. 이런 복잡한 역사적 배경 덕분에 타이베이의 문화는 다원적인 특색을 가지게 되었다.

타이베이에는 중국 역사의 보고인 국립 고궁 박물원과 현대의 건축 기술을 자랑하는 타이베이 101 빌딩이 공존하고 있으며, 화려한 조각으로 장식된 사원들과 야시장의 음식이 여행자의 눈과 입을 사로잡는다. 복잡한 도심을 푸르게 수놓는 공원과 편안하게 쉴 수 있는 온천은 또 하나의 매력 포인트이다. 타이베이는 중국의 전통 문화를 보존하면서도 세련된 현대 문화를 향유하고 있어, 여행자들의 발이 닿는 곳 어디든 독특한 문화와 다양한 볼거리를 제공하는 매력적인 국제 도시이다.

information 행정 구역 台北市 국번 02 홈페이지 fun.taipei.gov.tw

타이베이
신싱루 新興路
신린루 新林路
단수이 구 淡水區
신베이 시 新北市
덩궁루 鄧公路
101甲
101
양밍산 陽明山
치싱산 동봉 七星山東峰
다젠허우산 大尖後山
완리 구 萬里區
리수이루 麗水路
신베이 시 新北市
우즈산 五指山
베이터우 구 北投區
베이터우 北投
싱이루 行義路
사주린산 下竹林山
톈무 天母
타이베이 시 台北市
국립 고궁 박물원 國立故宮博物院
스린 士林
2甲
2
2乙
103
64

다룽둥 大龍峒
시립 미술관 市立美術館
중산 구 中山區
네이후 구 內湖區
시즈 구 汐止區
싼충 구 三重區
다퉁 구 大同區
쑹산 구 松山區
환둥다다오 環東大道
디화제 迪化街
중산베이루 中山北路
난강 구 南港區
화산 華山
시먼 西門
타이베이 역 台北車站
스민다다오 市民大道
둥취 東區
신이 信義
용산사 龍山寺
신좡 구 新莊區
융캉제 永康街
신이 구 信義區
완화 구 萬華區
다안 구 大安區
궁관 公館
네이푸산 內埔山
선컹 구 深坑區
스딩 구 石碇區
융허 구 永和區
중허 구 中和區
위안산 圓山
원산 구 文山區
칭수이루 淸水路
투청 구 土城區
젠산 尖山
신베이 시 新北市
마오쿵 貓空
환허루 環河路
얼거산 二格山
칭윈루 青雲路
중산 고속도로 中山高速公路
환허 고속화도로 新北環河快速公路
신베이환허 고속화도로 新北環河快速公路
수이위안 고속화도로 水源快速公路
108
104
106甲
106
114
111
110
109
106乙
3甲
1甲

❶ 우리나라에서 타이베이 가기

타이베이로 가는 항공편

한국에서는 인천 국제 공항, 김포 국제 공항, 부산 국제 공항에서 정기적으로 운항하는 비행기가 있으며 제주 공항, 양양 공항 등 기타 지역 공항에서 부정기 노선인 전세기를 이용할 수 있다. 타이베이로 입국할 때는 타오위안 국제 공항桃園國際機場 타오위안 궈지 지창이나 쑹산 공항松山機場 쑹산 지창으로 도착하게 된다.

인천 – 타오위안	대한항공, 아시아나항공, 중화항공, 에바항공, 캐세이퍼시픽, 타이항공 등
김포 – 쑹산	티웨이, 이스타, 중화항공, 에바항공
부산 – 타오위안	에어부산, 중화항공, 제주항공, 대한항공, 드래곤항공 등

※기타 자세한 항공편과 입출국 절차는 '여행 정보' 파트 참고.

타오위안 국제 공항에서 시내 가기

타오위안 국제 공항에는 2개의 터미널이 있어서 항공사에 따라 구분하여 이용한다. 제1터미널은 대한항공(KE), 캐세이퍼시픽(CX), 타이항공(TG), 중화항공(CI)이 도착하고 출발하며 제2터미널은 아시아나항공(OZ), 에바항공(BR)이 도착하고 출발한다.

주소 **桃園市 大園區 航站南路 9號** 전화 **제1터미널 03-273-5081, 제2터미널 03-273-5086, 긴급 전화 03-273-3550** 홈페이지 **www.taoyuan-airport.com**

▶ 공항 버스

공항 버스는 타오위안 국제 공항에서 시내까지 가장 편리하게 이동할 수 있는 교통편이다. 타오위안 국제 공항에는 타이베이 시내로 가는 버스 이외에도 타오위안桃園이나 타이중台中 등 지방으로 가는 버스도 운행되고 있다. 타이베이 시내로 들어가는 공항 버스는 여러 버스 회사에서 다양한 노선을 운행하고 있으며 요금도 조금씩 차이가 있으니, 사전에 공항 버스 노선을 확인하여 어느 회사의 몇 번 버스를 타야 하는지 알아 둔다. 입국장 1층에 있는 각 버스 회사의 매표소에서 차표를 구입한 후 외부에 있는 승강장에서 탑승하면 된다. 공항에서 시내까지는 약 1시간이 소요되며 요금은 NT$110~140선으로 한국에 비해 매우 저렴한 편이다. 공항 버스 노선에서 자신이 예약한 호텔을 바로 찾을 수 있다면 다행이지만, 그게 어렵다면 일단 호텔에서 가장 가까운 곳에 내려 택시를 이용한다.

한국으로 돌아갈 때는 시내에서 공항 버스를 타야 한다. 호텔 앞에 공항 버스가 선다면 상관없겠지만, 그렇지 않다면 타이베이 서부 버스 터미널 A동台北西站A棟에서 타면 된다. 타이베이 역台北車站에서 Z3, K12 출구로 나오면 된다. 타오위안 국제 공항 까지의 요금은 NT$125이며, 소요 시간은 60~70분, 배차 간격은 15~20분이다.

대유 버스 www.airbus.com.tw
국광 객운 www.kingbus.com.tw
프리고 버스 setter.southeastbus.com/a.html
에버그린 버스 www.evergreen-eitc.com.tw/eitchtdocs/jsp/c_4/c_4_2_2.jsp

버스	코스	경유지	요금	소요시간	배차간격
1819번 국광 객운 國光客運	공항↔ 타이베이 역 台北車站	계총 학교 啟聰學校 – 쿠룬제 입구 庫倫街口 – 포투나 호텔 富都飯店 – 앰배서더 호텔 國賓飯店 – 타이베이 역 台北車站	NT$140	약 50분	15~20분
1840번 국광 객운 國光客運	공항↔ 쑹산 공항 松山機場	행천궁 行天宮 – 민취안룽장루 입구 民權龍江路口 – 민취안푸싱루 입구 民權復興路口 – 쑹산공항 松山機場	NT$140	약 50분	20~25분
1841, 1843번 국광 객운 國光客運	공항↔ 쑹산 공항 松山機場	수쯔포 樹仔坡 – 수이웨이 水尾 – 난칸 南崁 – 장영 빌딩 長榮大樓 – 주취안제 酒泉街 – 산토스 호텔 三德飯店 – 민취안시루民權西路 – 민취안룽장루 입구民權龍江路口 – 민취안푸싱루 입구民權復興路口	NT$93 (1841번) NT$145 (1843번)	약 1시간	20~25분
5201번 에버그린 버스 長榮巴士	공항↔ 쑹장신춘 松江新村	주취안제 酒泉街 – MRT 민취안시루 역 捷運民權西路站 – MRT 솽롄 역 捷運雙連站 – 장영 해운 長榮海運 – 싱안궈자이 興安國宅 – MRT 난징푸싱 역 捷運南京復興站 – 푸싱난루 復興南路 – MRT 중샤오푸싱 역 捷運忠孝復興站 – MRT 중샤오신성 역 捷運忠孝新生站 – 에버그린 로렐 호텔 長榮桂冠酒店 – 리우푸 호텔 六福客棧	NT$125	약 1시간	15~20분
5502번 프리고 버스 建明客運 飛狗巴士	공항↔ 쑹산 공항 松山機場	행천궁 行天宮 – MRT 중샤오푸싱 역 捷運忠孝復興站 – 국부 기념관 國父紀念館 – 썬월드 다이너스티 호텔 王朝大酒店 – 장경의원 長庚醫院	NT$140	약 1시간	약 1시간
1960번 대유 버스 大有巴士	공항↔ 하얏트 호텔 君悅飯店	MRT 중샤오푸싱 역 捷運忠孝復興站 – 하워드 플라자 호텔 福華飯店 – 그랜드 하이야트 호텔 君悅飯店 – 스정푸 역 市政府站	NT$145	약 1시간~ 1시간 10분	20~30분
1961번 대유 버스 大有巴士	공항↔ 쉐라톤 호텔 喜來登飯店	그랜드 호텔 圓山飯店 – 포투나 호텔 富都飯店 – 앰배서더 호텔 國賓飯店 – 그랜드 포모사 리전트 호텔 晶華酒店	NT$100	통근차 60~70분, 직행 50~60분	30분

공항 철도

사진 : 桃園捷運公司

2017년 3월 2일 개통된 타이베이 공항 철도는 타이베이 역에서 국제 공항 터미널까지 35분이면 도착하고, 요금은 NT$160이다. 공항 철도는 보통 열차(블루)와 직행 열차(퍼플) 두 종류가 있는데, 직행 열차는 특별히 4G Wi-Fi, 무선 충전과 트렁크 수납이 가능하다. 또한 타이베이 역에서는 시티체크인 서비스(06:00~21:30)를 하고 있어 오후 시간에 출발이라면 캐리어를 먼저 보내고 가볍게 여행하다가 공항으로 갈 수 있어 편리하다.

택시

타오위안 국제 공항의 제1터미널 북측과 제2터미널 입국장 양측에는 손님을 기다리는 택시가 언제나 대기하고 있다. 공항의 택시는 24시간 서비스를 제공하고 있으며, 공항 탑승 택시비는 미터 운임의 50%를 추가한다. 공항에서 타이베이 시내까지 요금은 NT$1,200 정도이다.

전화 제1터미널 택시 서비스 안내 전화 03-398-2832
제2터미널 택시 서비스 안내 전화 03-398-3599

쑹산 공항에서 시내 가기

쑹산 공항松山機場 쑹산 지창은 타이완 국내 노선이 주로 취항하고 있지만, 국제선도 일부 운항하고 있다. 현재 제1터미널에는 국제선 15개 항공사가 중국을 포함한 동아시아 노선을 운항하며, 제2터미널에는 국내선 4개 항공사가 헝춘恆春, 타이둥台東, 베이간北竿, 난간南竿, 진먼金門, 화롄花蓮, 마궁馬公 등 타이완 각지의 7개 공항으로 운항 중이다. 쑹산 공항은 시내에 위치하고 있어서 교통이 편리하다는 장점이 있다. 버스는 공항 앞 정류장에서 시내버스를 이용하면 되고, 택시 요금도 시내 요금으로 내면 된다. 지하철의 경우 MRT 쑹산지창松山機場 역과 공항 내부가 연결되어 있어 바로 탈 수 있다.

주소 **臺北市 松山區 敦化北路 340之 9號** **전화** **국제선** 02-8770-3430, **국내선** 02-8770-3460, **24시간 긴급 전화** 02-8770-3456 **공항 개방 시간** 05:00~23:00 **한국어 홈페이지** www.tsa.gov.tw/tsa/ko/home.aspx

❷ 타이베이에서 다른 도시로 이동하기

타이베이 역

고속철도

일반 기차

기차

타이베이에서 지방으로 가는 일반 기차와 고속철도는 모두 타이베이 역台北車站 타이베이 처잔에서 출발한다. 타이베이 역은 MRT 타이베이처잔台北車站 역과 연결되어 있어 이용하기 편리하다.

타이완 고속철도台灣高鐵

2007년에 개통된 타이완 고속철도는 타이베이에서 가오슝까지 90분 내로 연결하며 타이완 북부와 남부를 1일 생활권으로 만들었다. 타이완 고속철도는 서부 주요 도시를 편리하게 왕복하는 시스템으로 타이완의 가장 중요한 장거리 여행 수단이 되었다.

전화 02-6626-8000 **홈페이지** www.thsrc.com.tw

타이완 철도台灣鐵路

타이완의 일반 철도는 타이완의 섬 전체를 한 바퀴 도는 고리 형태로 타이완 전국의 도시와 향촌을 연결하고 있다. 비록 고속철도만큼 빠르지는 않지만 가격이 저렴하고 독특한 정감이 살아 있어 철도 애호가들의 사랑을 받고 있다.

전화 0800-765-888 **홈페이지** www.railway.gov.tw

고속버스

타이완의 장거리 고속버스는 국광 객운King, 유니온 버스Union, 드래곤 버스Dragon, 프리고 버스Free Go, 알로하 버스Aloha 등 버스 회사에 의해 운영된다. 요금이 기차보다 저렴한 편이고 기차역이 없는 지역까지 운행되고 있어 지방 여행 시 유용한 교통수단이다. 타이베이 고속버스 터미널台北轉運站 타이베이 주안윈잔은 타이베이 역 북측에 위치해 있다.

주소 **台北市 大同區 10351 市民大道 一段 209號** **전화** 02-7733-5888 **홈페이지** www.taipeibus.com.tw

❶ 지하철 MRT

타이베이 지하철 MRT는 대부분의 역이 번화가나 관광 명소 가까이에 위치해 있어 여행자에게 가장 편리한 교통수단이다. 지하철 노선은 원산네이후선文山内湖線, 단수이선淡水線, 중허선中和線, 샤오난먼선小南門線, 신뎬선新店線, 난강선南港線, 반차오선板橋線, 투청선土城線, 루저우선蘆洲線, 신좡선新莊線, 신이선信義線 등 총 11개 노선이다. 요금은 거리마다 다르며 유효 기간 이내에 횟수 제한 없이 탑승할 수 있는 1일권(마오쿵 곤돌라 제외)도 따로 판매하고 있다. 충전식 교통카드인 이지 카드를 사용하면 1시간 내에 버스와 환승할 때 할인 혜택을 받을 수 있다. 배차 시간은 3~5분이며, 차내에서는 금연은 물론이고 음식물도 먹지 못하게 규정되어 있다.

운행 시간 첫차 06:00~막차 24:00 전화 02-218-12345 홈페이지 www.trtc.com.tw

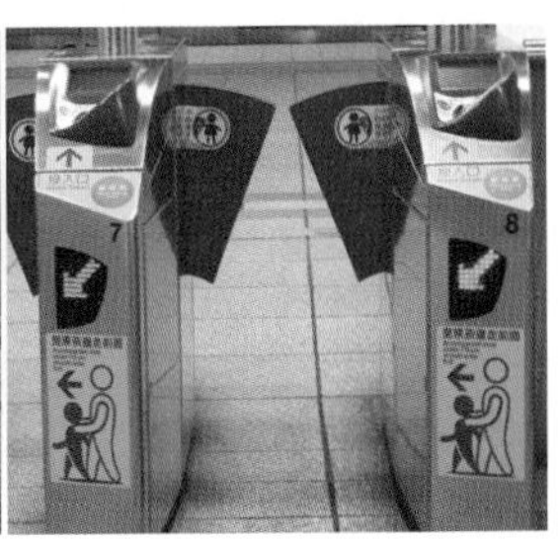

한국과 다른 타이베이의 지하철 MRT!

Travel Tip

MRT 구역(티켓을 끊고 들어가는 모든 장소) 안에서는 흡연과 음주는 물론, 음식물 섭취도 금지되어 있다. 벌금이 NT $7,500이니 조심하자.

만 6세 또는 키 115cm 이하는 요금을 받지 않는다.

일반 좌석과 다른, 진한 남색의 좌석은 노인이나 임신부, 장애인을 위한 자리이다.

MRT를 기다리는 선이 사선으로 되어 있어 내리고 탈 때 서로 부딪치지 않아 편리하다.

승차권 종류

승차권	가격	사용방법
1회권(IC 토큰)	NT$20~65 (거리에 따라 계산되며 구간마다 다름)	• MRT 1회 탑승 가능. • MRT 역 자동판매기에서 구입. • 구입 당일만 유효. 기간이 지나면 사용할 수 없음.
1일 교통카드	NT150 (보증금 NT$50 제외)	• MRT와 버스 1일 탑승 가능. 탑승 횟수와 거리는 무제한. • MRT 역 안내 데스크에서 구입. • 탑승 일자는 선택 가능. 카드를 개표함과 동시에 시간이 계산되며, 당일 영업 종료 시까지만 유효. • 사용일로부터 3일 내에 보증금 환불 가능.
이지 카드 Easy Card, 悠遊卡	NT$500 (보증금 NT$100 포함)	• 충전된 금액 내에서 MRT와 버스 탑승 가능. • MRT 역 안내 데스크에서 구입. • 카드 사용 시마다 구간 요금이 차감되며 재충전 가능. • 환불 시에는 (보증금+잔액-수수료 NT$20)를 받게 됨.
타이베이 패스 Taipei Pass	24시간 NT$180 48시간 NT$280 72시간 NT$380	• MRT와 버스, 근교 신베이 시 버스 및 마오쿵 곤돌라(곤돌라 버전만 해당) 탑승 가능. 기한 내 탑승 횟수와 거리는 무제한. • MRT 역 안내 데스크에서 구입. • 탑승 일자는 선택 가능. 카드를 개표함과 동시에 시간이 계산되며, 카드에 표시된 기한 내 유효.

이지 카드 Easy Card, 悠遊卡

위에 소개된 승차권 중에서 가장 편리한 이지 카드를 자세히 알아보자. 이지 카드는 MRT와 버스를 함께 이용할 수 있는 교통카드로, 외국인 관광객은 '보통普通'이라고 쓰인 카드를 NT$500에 구입할 수 있으며 카드 요금 중 NT$100은 카드 보증금, NT$400은 요금으로 적립된다. 이지 카드를 사용하면 20% 할인되며, 버스로 갈아탈 경우 환승 할인도 된다. 그리고 시외버스 요금과 편의점에서도 대신 결제할 수 있어 편리하게 여행을 즐길 수 있다.

충전

충전은 MRT 역 매표소에서 직원을 통해 충전하거나, 교통카드 충전기로 자동 충전할 수 있다. 중국어를 모르거나 서툰 여행자라면 MRT 역의 안내 데스크에 이지 카드와 충전할 돈을 내면 말을 안 해도 충전해 준다.

잔액 조회

매표소 옆에 보면 카드를 올리는 기계가 있다. 카드를 올려놓으면 바로 그동안 사용한 내역과 사용 가능한 잔액이 화면에 나온다.

환불

여행을 마치고 요요카 유한공사 여행센터悠遊卡股份有限公司客服中心(월~금 10:00~19:00, 토 11:00~18:30 / 타이베이 역 M6 출구, 청핀 서점 근처)에 카드를 돌려주면 보증금과 남은 금액을 현금으로 환급해 준다. 환불 금액은 (보증금+잔액-수수료 NT$20)이다. 3개월, 5회 이상 사용하였을 경우에는 수수료를 받지 않는다. 만약 카드를 인위적으로 훼손했을 경우 보증금을 돌려받을 수 없다.

고속철도역
기차역
공항
단수이선 淡水線
신베이터우 지선 新北投支線
신뎬–쑹산선 新店–松山線
샤오비탄 지선 小碧潭支線
중허–루저우–신좡선 中和–蘆洲–新莊線
반난–투청선 板南–土城線
원후선 文湖線
마오쿵 곤돌라 貓空纜車
Taoyuan Airport MRT
단수이 淡水
훙수린 紅樹林
주웨이 竹圍
관두 關渡
중이 忠義
푸싱강 復興崗
베이터우 北投
치옌 奇岩
치리안 唭哩岸
스파이 石牌
밍더 明德
즈산 芝山
스린 士林
젠탄 劍潭
위안산 圓山
민취안시루 民權西路
중산궈샤오 中山國小
싱톈궁 行天宮
쑹장난징 松江南京
난징푸싱 南京復興
타이베이샤오쥐단 台北小巨蛋
난징싼민 南京三民
쑹산 松山
솽롄 雙連
중산 中山
타이베이처잔 台北車站
중샤오신성 忠孝新生
중샤오푸싱 忠孝復興
궈푸지녠관 國父紀念館
융춘 永春
허우산피 後山埤
쿤양 昆陽
난강 南港
난강잔란관 南港展覽館
산다오쓰 善導寺
타이다이위안 台大醫院
다안썬린궁위안 大安森林公園
다안 大安
중샤오둔화 忠孝敦化
스정푸 市政府
샹산 象山
중포 中坡 (신설 예정)
신이안허 信義安和
타이베이이링이/스마오 台北101/世貿
신이송더 信義松德 (신설 예정)
중정지녠탕 中正紀念堂
둥먼 東門
커지다러우 科技大樓
류장리 六張犁
린광 麟光
신하이 辛亥
완팡이위안 萬芳醫院
완팡서취 萬芳社區
무자 木柵
둥우위안 動物園
둥우위안 動物園
둥우위안네이 動物園內
즈난 指南
마오쿵 貓空
마오쿵 곤돌라 貓空纜車
다즈 大直
쑹산지창 松山機場
중산궈중 中山國中
젠난루 劍南路
시후 西湖
강첸 港墘
원더 文德
네이후 內湖
다후궁위안 大湖公園
후저우 葫洲
둥후 東湖
난강롼티위안취 南港軟體園區
구팅 古亭
타이뎬다러우 台電大樓
궁관 公館
완룽 萬隆
징메이 景美
다핑린 大坪林
치장 七張
샤오비탄 小碧潭
신뎬취궁쒀 新店區公所
신뎬 新店
딩시 頂溪
융안스창 永安市場
징안 景安
난스자오 南勢角
샤오난먼 小南門
베이먼 北門
시먼 西門
룽산쓰 龍山寺
장쯔추이 江子翠
신푸 新埔
반차오 板橋
푸중 府中
야둥이위안 亞東醫院
하이산 海山
투청 土城
융닝 永寧
딩푸 頂埔
루저우 蘆洲
싼민가오중 三民高中
쉬후이중쉐 徐匯中學
싼허궈중 三和國中
싼충궈샤오 三重國小
다차오터우 大橋頭
타이베이차오 台北橋
차이랴오 菜寮
싼충 三重
셴써궁 先嗇宮
터우첸장 頭前庄
신좡 新莊
푸다 輔大
단펑 丹鳳
훼이룽 迴龍
상난 興南
환베이 環北
라오제시 老街溪 (신설 예정)
중리역 中壢車 (신설 예정)
타오위안 체육공원 桃園體育園區
타오위안 고속철도 高鐵桃園
링항 領航
헝산 橫山
다위안 大園
공항호텔 機場旅館
공항터미널2 機場第二航廈
공항터미널1 機場第一航廈
컹코우 坑口
산삐 山鼻
린코우 林口
창껑이위안 長庚醫院
티위다슈에 體育大學
타이산꾸이허 泰山貴和
타이산 泰山
신쭈앙푸따오씬 新莊副都心
신베이찬예위안취 新北產業園區

② 버스

버스 노선

200여 개의 버스 노선이 운행되고 있어서 MRT가 닿지 않는 외곽까지 구석구석 연결해 준다. 외곽 지역은 30분 간격, 시내 지역은 5~10분 간격으로 운행한다. 버스 번호는 R(빨간색), BR(갈색), G(녹색), O(오렌지색), BL(남색) 등 색깔을 나타내는 문자와 함께 씌어 있다. 간혹 같은 노선, 같은 색깔의 번호를 가진 버스라고 하더라도, '右線우측 노선', '左線좌측 노선'이라고 씌어 있는 팻말을 운전석 앞에 놓고 다니는 버스가 있는데, 이 경우에는 팻말에 따라 버스 노선이 달라지므로 주의해야 한다.

버스 요금

버스 요금은 현금으로 내도 되고 이지 카드EASY CARD 悠遊卡를 이용해도 된다. 차비는 거리에 따라 달라지며 매 구간 기본 요금은 NT$15이다. 참고로 이지 카드를 사용하는 경우 버스와 지하철을 환승할 때는 할인이 되지만, 버스와 버스를 환승할 때는 할인이 안 된다. 현금으로 낼 경우에는 잔돈을 거슬러 주는 시스템이 없으므로 요금에 맞게 돈을 준비해서 탑승하는 것이 좋다.

버스 탑승하기

타이완에서 버스를 탑승할 때는 앞문이든 뒷문이든 마음대로 승차할 수 있다. 버스에 올라탈 때 운전자 윗쪽의 '上' 또는 '下'라는 글씨에 불이 켜진 것을 확인하고 버스 요금을 낸다. '上'이 켜져 있으면 탑승할 때 요금을 내야 하고 '下'가 켜져 있으면 하차 시에 요금을 낸다. 이지 카드로 계산할 때는 이지 카드의 표시가 있는 센서 위에 카드를 댄다. 간혹 탈 때와 내릴 때 모두 카드를 센서에 대야 하는 경우도 있다는 것을 알아 두자.

③ 택시

택시는 외국인 여행자들에게는 가장 편리한 교통수단이다. 가고자 하는 지명이나 주소를 미리 적어 두었다가 택시 기사에게 보여 주면, 중국어를 몰라도 쉽게 목적지에 도착할 수 있다. 택시 요금은 기본 요금이 1.25km에 NT$70, 추가 200m당 NT$5이다. 80초간 정차할 때마다 NT$5 추가되고 저녁 11시부터 새벽 6시까지는 NT$20의 심야 할증 요금이 추가된다. 참고로 타이완의 심야 할증 요금은 미터기에 표시되는 것이 아니라 손님이 알아서 요금에 NT$20를 추가해서 지불해야 한다. 그 밖에 설 연휴 전후에도 할증 요금이 부과된다는 점을 알아 두자.

타이베이 1박 2일

국립 중정 기념당國立中正紀念堂 MRT 5분→ 시먼 홍루西門紅樓 도보 5분→ 영화 테마 공원電影主題公園 MRT 5분→ 용산사龍山寺 도보 5분→ 보피랴오 역사 거리剝皮寮歷史街區 도보 10분→ 화시제 야시장華西街夜市 MRT 30분+셔틀버스 10분→ 타이베이 101 빌딩 전망대

국립 고궁 박물원國立故宮博物院 MRT 30분→ 궁관公館 도보 5분→ 국립 타이완 대학교國立臺灣大學 도보 15분→ 보장암 국제 예술촌寶藏巖國際藝術村 MRT 15분→ 융캉제永康街

타이베이 2박 3일

성품 서점 신이점誠品書店信義店 도보 5분→ 타이베이 탐색관台北探索館 도보 10분→ 타이베이 101 빌딩 도보 15분→ 사사남촌四四南村 MRT 15분→ 화산 1914 창의 문화 단지華山1914創意文化園區

국립 고궁 박물원國立故宮博物院 MRT 15분+도보 15분→ 디화제迪化街 도보 5분→ 하해성황묘霞海城隍廟 도보 5분→ 타이원 아시아 인형극 박물관台原亞洲偶戲博物館 도보 10분→ 타이베이 아이台北戲棚 경극 공연 관람

타이베이 시립 도서관 베이터우 분관台北市立圖書館北投分館 도보 5분→ 베이터우 온천 박물관北投溫泉博物館 도보 10분→ 지열곡地熱谷 버스 10분→ 소수 선원少帥禪園 도보 10분→ 베이터우 문물관北投文物館 버스 20분+MRT 30분→ 스린 야시장士林夜市

타이베이+근교 3박 4일

용산사龍山寺 MRT 20분→ 임가 화원林家花園 MRT 25분→ 시먼西門 MRT 5분→ 국립 중정 기념당國立中正紀念堂 MRT 10분→ 사대 야시장師大夜市

국립 고궁 박물원國立故宮博物院 MRT 30분→ 단수이 옛 거리淡水老街 도보 15분→ 단수이 홍모성淡水紅毛城 도보 5분→ 소백궁小白宮 도보 15분→ 단수이 홍루淡水紅樓 MRT 40분→ 스린 야시장士林夜市

스린 관저 공원士林官邸公園 MRT 15분→ 시립 미술관台北市立美術館 도보 2분→ 타이베이 스토리 하우스台北故事館 MRT 10분→ 타이베이 공자묘台北孔廟 MRT 5분→ 보안궁保安宮 MRT 5분→ 다룽 야시장大龍夜市

타이베이 시립 동물원台北市立動物園 곤돌라 10분→ 마오쿵貓空 도보 또는 곤돌라→ 지남궁指南宮 곤돌라+MRT 50분→ 미라마 엔터테인먼트 파크美麗華百樂園 MRT 20분→ 둥취東區

타이베이 역
台北車站

우리나라 서울역 일대와 같은 풍경

타이베이 역台北車站 타이베이 처잔 일대는 타이베이 시는 물론이고 전국을 연결해 주는 철도 및 도로 교통의 중심지로, 백화점과 호텔이 즐비하여 관광객들이 가장 많이 이용하는 곳이다. 또한 타이베이 역 맞은편에 위치한 거리는 학원가로 유명하다. 입시 경쟁이 치열한 타이완에서는 명문 대학에 진학하려는 전국의 재수생들이 이곳 학원가로 몰려들고 있어 마치 우리나라 노량진과 같은 풍경을 볼 수 있다. 재수생을 주 고객으로 하기 때문에 음식 값이 아주 저렴하고 인근 충칭난루重慶南路에는 서점 거리도 형성되어 있다. 이곳의 볼거리로는 총통부, 2·28 화평 공원, 국립 타이완 박물관 등이 있다.

Access MRT 타이베이처잔(台北車站) 역 하차.

타이베이 역
소웅마마
小熊媽媽
MRT 베이먼 역
捷運北門站
스민다다오 市民大道
플립 플랍 호스텔
Flip Flop Hostel
夾腳拖的家
당대 미술관
台北當代藝術館
타이베이 백패커스 호스텔
Taipei backpackers Hostel
台北橙舍
경참 시상 광장
京站時尚廣場
위수 영화관
威秀影城
타이완 호스텔 해피 패밀리
Taiwan Hostel Happy Family
幸福之家客棧
옌핑베이루 延平北路
타이베이 역
台北車站
국광 객운
國光客運
중샤오시루 忠孝西路
교통 경찰 대대
交通警察大隊
타이베이 국제 예술촌
台北國際藝術村
북문
北門
시티인 호텔
타이베이 역 I관
新驛旅店台北車站一館
홀로 호스텔
阿羅國際旅館
신광 미츠코시 백화점
新光三越
MRT 타이베이처잔 역
捷運台北車站
행정원
行政院
텐진제 天津街
MRT 산다오쓰 역
捷運善導寺站
중샤오둥루 忠孝東路
쉐라톤 타이베이 호텔
Sheraton Taipei Hotel
台北喜來登大飯店
린썬베이루 林森北路
중화루 中華路
옌핑난루 延平南路
보아이루 博愛路
충칭난루 重慶南路
화이닝제 懷寧街
타이베이 시정부 경찰국
臺北市政府警察局
우창제 武昌街
맥식달
麥食達
중산당
中山堂
칭다오둥루 青島東路
시먼 역 관광 안내 센터
捷運西門站 旅遊服務中心
충칭난루 서점 거리 重慶南路書店街
국립 타이완 박물관
國立臺灣博物館
태대 병원
台大醫院
중산난루 中山南路
지난루 濟南路
표준 검험국 타이베이 총국
標準檢驗局台北總局
성공 중학교
成功中學
헝양루 衡陽路
시먼 역
西門站
2·28 화평 공원
二二八和平公園
린썬난루 林森南路
바오칭루 寶慶路
MRT 타이다이위안 역
捷運台大醫院站
쉬저우루 徐州路
타이다이위안궈지후이이종신
台大醫院國際會議中心
창사제 長沙街
국군 영웅관
國軍英雄館
총통부
總統府
궈리타이완다쉐이쉐위안
國立台灣大學醫學院
카이다거란다오 凱達格蘭大道
타이베이스 청소년 육악 센터
台北市青少年育樂中心
사오싱난제 紹興南街
구이양제 貴陽街
런아이루 仁愛路
타이베이 시립 동문 국민 소학교
臺北市立東門國民小學
우다쉐청중샤오취
東吳大學城中校區
타이베이 시립제일 여자 고등학교
臺北市立第一女子高級中學
국가 도서관
國家圖書館
타이베이 시 중중 운동 센터
台北市中正運動中心
보아이루 博愛路
중앙 기상국
中央氣象局
신이루 信義路
국가 음악청
國家音樂廳
법무부
法務部
타이베이 시립 대학
臺北市立大學
중산난루 中山南路
국립 중정 기념당
(타이완 민주 기념관)
國立中正紀念堂
금구 여중
金甌女中
아이궈시루 愛國西路
MRT 샤오난먼 역
捷運小南門站
국가 희극원
國家戲劇院
충칭난루 重慶南路
난창루 南昌路
뤄스푸루 羅斯福路
아이궈둥루 愛國東路
후커우제 湖口街
닝보둥제 寧波東街
MRT 중정지녠탕 역
捷運中正紀念堂站
난하이루 南海路
중정 중학교
中正國中
국립 타이완 예술 교육관
國立臺灣藝術教育館
타이베이 식물원
台北植物園
진화제 金華街
난하이루 南海路
국립 역사 박물관
國立歷史博物館
연합 병원
聯合醫院
취안저우제 泉州街
맥도날드
McDonald 麥當勞
닝보시제 寧波西街
건국 중학교
建國中學
허핑시루 和平西路
구링제 牯嶺街
차오저우제 潮州街
충칭난루 重慶南路
푸저우제 福州街
연합 병원 부인·소아과
聯合醫院和平婦幼院區

MAPECODE 17001

타이베이 역 台北車站 타이베이 처잔

전국 교통망의 중심지

타이완에 오는 모든 여행자들이 꼭 거쳐 가는 타이베이 역은 전국 교통망의 중심지이다. 타이베이 근교를 오가는 기차부터 타이완의 남부로 향하는 고속철도(우리나라 KTX와 같은 고속 기차)까지 모든 기차의 출발지일 뿐 아니라, 타이베이 지하철 MRT의 주요 노선인 단수이 라인淡水線과 반난 라인板南線이 교차하는 시내 교통의 요충지이기도 하다. 역 내부에는 이곳을 이용하는 여행객을 위해 1층에는 쇼핑몰, 2층에는 푸드코트가 입점해 있다.

台北市 北平西路 3號 ☎ 02-2381-5226, 02-2191-0096 www.railway.gov.tw 06:00~24:00 MRT 타이베이처잔(台北車站) 역 하차.

MAPECODE 17002

타이베이 국제 예술촌 台北國際藝術村 타이베이 궈지 이수춘

국제 아티스트 레지던스

겉에서 보면 그냥 지나칠 수 있는 평범한 건물이지만 속을 알고 나면 매우 흥미로운 국제 아티스트 레지던스이다. 세계 여러 나라의 유명 아티스트들이 지금도 타이베이 국제 예술촌에서 활발하게 예술 교류를 하고 있기 때문이다. 이곳을 거쳐 간 아티스트들이 건물 구석구석에 남긴 작업 흔적과 그라피티가 인상적이며, 1층의 뜰과 갤러

리, 그리고 촌락 카페村落咖啡는 일반인들도 언제든지 이용 가능하다. 예술가가 아닌 일반인도 사전에 예약하고 숙박비를 내면 이곳에 묵을 수 있다. 다양한 예술 활동에 관심이 많다면 홈페이지에서 일정과 요금을 확인하고 예약하면 된다.

台北市 中正區 北平東路 7號 ☎ 02-3393-7377 www.artistvillage.org 카페 11:00~23:00, 갤러리 11:00~21:00 / 월요일 휴무 MRT 산다오쓰(善導寺) 역 1번 출구로 나와 톈진제(天津街) 입구에서 우회전하여 도보 5분. / MRT 타이베이처잔(台北車站) 역 2번 출구로 나와 중산베이루(中山北路)에서 우회전하여 도보 5분, 다시 베이핑둥루(北平東路)에서 좌회전.

MAPECODE 17003

북문 北門 베이먼

고성의 모습을 엿볼 수 있는 귀한 유적

북문은 청나라 때인 1884년 건축된 것으로 타이베이 고성의 옛 모습을 엿볼 수 있는 귀한 유적이다. 과거 타이베이는 성벽이 빙 둘러싸고 있었고 동문인 경복문景福門, 서문인 보성문寶成門, 남문인 여정문麗正門, 소남문인 중희문重熙門, 그리고 북문인 승은문承恩門까지 모두 5개의 성문이 있었다. 그러나 성벽과 서문은 일제 강점기에 파괴되었고 동문, 남문, 소남문은 보수를 해서 중국식으로 다시 지었는데, 유일하게 북문만이 원래 모습대로 보존되고 있다.

승은문承恩門 청언먼으로도 불리는 타이베이 북문은 성 안쪽과 다다오청大稻埕 일대를 연결하는 중요한 통로였다. 문은 2층 높이로, 두꺼운 벽이 감

싸고 있는 밀폐형으로 지어져 마치 견고한 요새를 방불케 한다. 2층 앞뒤에는 네모나고 둥근 창구멍만 남겨 방위 및 감시에 편리하도록 하였다. 북문은 원래 도시 발전 계획에 따라 철거될 예정이었으나 문화유산 보존에 대한 관심이 높아짐에 따라 철거 반대에 부딪쳐 그대로 남겨지게 되었고, 지금은 가장 귀중한 국가 지정 유적 중 하나가 되었다.

台北市 中正區 忠孝西路 1段 MRT 타이베이처잔(台北車站) 역 5번 출구에서 중샤오시루(忠孝西路)를 따라 도보 10분.

MAPECODE 17004

중산당 中山堂 중산탕

타이완이 일본의 항복을 받아 낸 역사의 현장

MRT 시먼西門 역 근처에 위치한 중산당은 많이 알려져 있지 않아 그냥 지나치기 쉬운 명소이다. 중산당은 1928년 일제 강점기에 일본이 히로히토 국왕의 등극을 기념하기 위해 지은 것으로 당시의 명칭은 '타이베이 공회당台北公會堂'이었다. 1945년 제2차 세계 대전이 끝나자 타이완 정부가 일본의 항복을 받아 낸 역사의 현장으로, 그 해에 중산당으로 명칭을 변경하였다. 그 후 정부가 외국 귀빈을 영접하는 장소로 사용하였으며 1992년에 국가 2급 고적 문화재로 지정되었다. 지금은 예술 공연 및 각종 행사를 개최하는 곳으로, 타이완 전통 예술제 등 각종 행사가 열리고 있다. 1층 홀을 비롯하여 4개 층으로 구성되어 있고, 넓은 옥외 광장에서는 거리 공연 등 다양한 행사가 열린다. 광장 한 켠에는 중화민국의 국부로 불리는 쑨원孫文 동상과 '중일 전쟁 승리 및 타이완 광복 기념비'가 있다.

台北市 延平南路 98號 ☎ 02-2381-3137 www.csh.taipei.gov.tw 09:00~17:00 MRT 시먼(西門) 역 5번 출구에서 도보 3분.

MAPECODE 17005

충칭난루 서점 거리 重慶南路書店街 충칭난루 수뎬제

타이완 사상의 시작이라는 자부심 가득한 거리

1895년부터 충칭난루重慶南路에 형성된 이 서점 거리에는 100년이 넘은 지금도 16개의 서점이 활발하게 운영되고 있다. 타이완의 지식과 사상이 이 거리에서 시작된다고 말할 만큼 자부심이 큰 곳이다. 일반적인 서점 거리는 작은 서점들이 오밀조밀하게 밀집되어 있지만, 이곳의 서점들은 모두 규모가 크고 내부가 잘 꾸며진 고급 서점들이다. 또한 이 거리에는 서점 사이사이에 카페, 빵집, 음식점 등이 징검다리처럼 자리하고 있어 책을 구경하느라 출출해진 배도 채울 수 있다. 총통부나 2·28 화평 공원을 둘러본 후에 서점 거리에 들르는 코스를 추천한다.

台北市 中正區 重慶南路 MRT 타이다이위안(台大醫院) 역 1번 출구에서 도보 10분.

중산당

중산당 내부

2·28 화평 공원
二二八和平公園 얼얼바 허핑 궁위안

타이완의 아픈 과거를 기념하는 공원

타이베이 시 중심부에 위치한 2·28 화평 공원은 녹음이 우거진 도심 공원으로, 이른 아침에는 태극권과 기공을 수련하는 사람들로 붐빈다. 6만m^2의 넓은 부지 안에는 연못, 무지개다리, 산책로와 노천 음악당, 2·28 기념관과 기념비, 국립 타이완 박물관이 있다.

원래 이 공원의 명칭은 '타이베이 신공원台北新公園'이었다. 1947년 2월 28일 국민당 정부의 폭압에 맞서 타이완 주민들이 이곳에서 시위를 벌이자 정부는 계엄령을 선포하고 수만 명을 학살했는데, 이를 2·28 사건이라고 한다. 타이완 현대사의 비극인 2·28 사건이 발발한 장소이기 때문에, 이를 기념하기 위해 2·28 화평 공원이라는 이름으로 불리게 되었다.

공원 안에는 한가롭게 아이를 데리고 산책하는 가족들, 벤치에서 담소를 나누는 연인들, 소풍 나와 도시락을 먹는 사람들이 한 폭의 풍경화를 보는 듯하다. 공원 한가운데에 하늘을 찌르며 뾰족하게 서 있는 기념탑만이 지나간 아픈 역사를 말해 주고 있다.

台北市 中正區 凱達格蘭大道 3號 ☎ 02-2389-7228 ⓘ 2·28 기념관 228.taipei.gov.tw 2·28 기념관 10:00~17:00(월요일, 공휴일 다음 날 휴관) 2·28 기념관 NT$20 MRT 타이다이위안(台大醫院) 역 4번 출구.

국립 타이완 박물관
國立臺灣博物館 궈리 타이완 보우관

타이완에서 가장 오래된 역사를 가진 박물관

타이완 최초의 박물관인 국립 타이완 박물관은 2·28 화평 공원 내에 있다. 박물관의 시작은 일제 강점기인 1899년 설립된 타이완 총독부 민정부 산하의 전시관이었으며, 1915년에 원래 천후궁天后宮이 있던 자리를 헐고 지어진 지금의 건물로 옮겨 왔다.

박물관의 상설 전시관에서는 타이완의 식물학, 동물학, 지질학, 인류학 분야의 자료를 볼 수 있다. 또한 타이완 지역에만 서식하는 생물들의 표본 전시관과 타이완 나비 전시관 등이 있으며, 원주민 9개 종족이 사용했던 물건과 각 종족의 성인식 자료 등을 볼 수 있는 것이 국립 타이완 박물관의 특색이다. 타이완에서 가장 오랜 역사를 가진 박물관인 만큼 관련 학계의 연구 자료나 학생들의 소중한 학습 자료로 활용되고 있다.

건물 외관은 르네상스 양식의 거대한 둥근 기둥으로 이루어져 높이 솟아오르는 기상을 보여 준다. 현재 박물관 건물은 국가 3급 고적으로 지정되어 있다. 과거 천후궁이 있던 흔적은 무심코 지나치기 쉬운데, 박물관 우측에 놓여 있는 서까래와 돌기둥이 지나간 역사를 말해 주고 있다.

台北市 中正區 襄陽路 2號(2·28 화평 공원 내 위치) ☎ 02-2382-2566 ⓘ www.ntm.gov.tw 09:30~17:00(월요일, 설 첫날, 둘째 날 휴관) NT$20 MRT 타이다이위안(台大醫院) 역에서 도보 5분.

MAPECODE 17007

총통부 總統府 쭝통푸

▶ 우리나라의 청와대와 같은 곳.

타이완의 국가 원수인 총통이 근무하는 관저로, 1949년 국민당 정부가 중국 본토에서 타이완으로 옮겨 온 때부터 지금까지 총통부의 관저로 쓰고 있다. 이 건물은 1919년 일본이 총독부 청사로 사용하기 위해 지었고, 제2차 세계 대전 때 미군의 공습으로 크게 훼손된 것을 복구하여 오늘에 이른다. 후기 르네상스 양식의 5층 건물로 60m 높이의 중앙탑, 붉은 벽돌, 아치형의 통로와 둥근 창, 무지개문, 고전적인 기둥머리 장식 등이 인상적이다. 이곳의 관람 포인트는 새해나 국경일 기간에 총통부 앞 광장에서 열리는 다채로운 국가 행사이며, 일반인에게도 총통부 건물이 부분적으로 무료 개방되고 있어 내부를 볼 수 있다는 점이다. 그러나 총통부는 경비가 삼엄하기 때문에 내부를 관람하려면 입장 전에 휴대품을 모두 맡겨야 하고, 사진 촬영은 금지이며 외국인인 경우 신분이 확인되는 여권이 있어야 입장할 수 있다.

🏠 台北市 中正區 重慶南路 1段 122號 ☎ 02-2311-3731 ⓘ www.president.gov.tw ⊙ 09:00~12:00(토·일 개방 시간은 사이트 참고 / 공휴일, 음력 섣달 그믐날 휴관) 🚇 MRT 타이다이위안(台大醫院)역 1번 출구에서 도보 10분.

MAPECODE 17008

국립 중정 기념당(타이완 민주 기념관) 國立中正紀念堂 궈리 중정 지녠탕

▶ 타이완을 찾는 외국인들의 필수 방문지

최근 '타이완 민주 기념관台灣民主紀念館 타이완 민주 지녠관'이라고 이름을 바꾼 국립 중정 기념당은 타이완 초대 총통인 장제스蔣介石를 기념하기 위해 1980년에 지어진 건물이다. 총면적 약 25만 km^2의 대지에 중국의 전통 건축 양식으로 지어진 웅장한 건물들은 고대 중국의 왕릉과 비슷한 규모로 설계되었다. 정면에 있는 높이 76m의 거대한 대리석 건물인 기념당은 남색과 흰색을 주요 색조로 하고 천장은 하늘을 향해 둥근 형태를 띠며, 89개의 계단을 오르면 기념당 2층으로 도착한다. 그곳에는 높이 6.3m, 25톤 무게의 장제스 총통 동상이 중국 대륙을 향해 앉아 있어 타이완의 역사적 의미를 생각해 보게 한다. 내부 전시실에는 장제스 총통이 생전에 사용했던 물품과 사진 등 그의 생애를 짐작할 수 있는 유품들이 전시되어 있다. 그중에는 우리나라 박정희 대통령과

국립 중정 기념당

교류했던 자료들도 있어 한국과 타이완이 과거엔 매우 가까운 관계였음을 보여 준다. 기념관 주위로 정자, 연못이 있으며 우아한 정문 양측에는 국립 극장國家戲劇院 궈자 시쥐위안과 콘서트홀國家音樂廳 궈자 인웨팅 건물이 있다. 두 건물 사이에 있는 광장에서는 주말마다 축제가 열리고 있어 국립 중정 기념당을 찾아온 관광객들에게 즐거운 볼거리를 제공하고 있다.

台北市 中正區 中山南路 21號 ☎ 02-2343-1100 www.cksmh.gov.tw 09:00~18:00 MRT 중정지넨탕(中正記念堂) 역 5번 출구.

Travel Tip

또 하나의 즐거움, 스탬프 투어!

타이완 여행을 준비할 때 스탬프를 찍을 수 있는 수첩을 준비해 보자. 타이완의 주요 관광지는 물론이고 공항과 MRT 역에서도 예쁜 스탬프를 만날 수 있기 때문이다. 여행 중 간단한 기록을 하면서 찍는 스탬프는 자기만의 개성 넘치는 여행 기념품이 되어 오래도록 타이완 여행을 추억하게 해 줄 것이다.

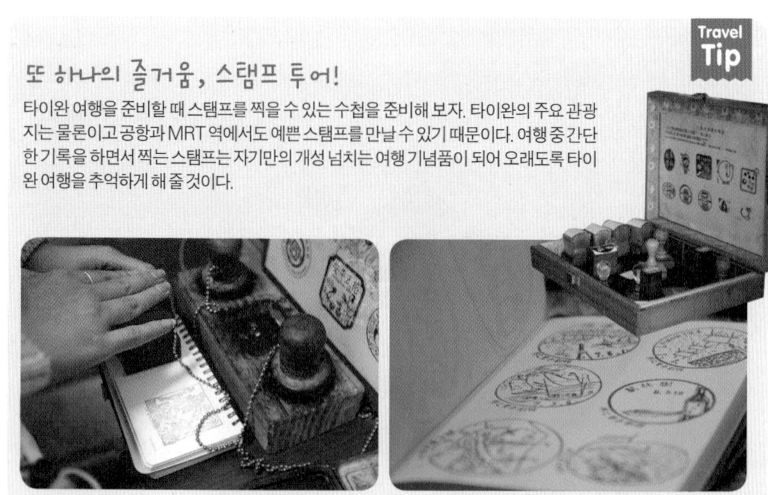

MAPECODE 17009

국립 역사 박물관
國立歷史博物館 궈리 리스 보우관

연꽃 호수 정원 옆 박물관

국립 역사 박물관은 연꽃 호수 정원으로 유명한 타이베이 식물원台北植物園 타이베이 즈우위안 내에 있다. 1955년 중국 전통 양식으로 설립된 이 박물관에는 국립 고궁 박물원에 버금가는 값진 유물들이 소장되어 있다. 5만 6천여 점의 소장품 중에는 중국 본토에서 가져온 갑골문, 청동기, 옥기, 자기, 조각, 문헌, 서화 등의 문화재와 타이완에서 발굴된 다양한 유물들이 포함되어 있으며, 유물이 너무 많아 돌아가면서 전시하기 때문에 매번 전시 내용이 바뀐다. 1층 전시실은 대형 특별 전시가 열리는 공간이고, 2층에는 회화 전시가 이루어지는 국립 갤러리와 타이완 유물이 전시되는 타이완 생활관 등이 있고, 3층 상설 전시실은 중국의 고대 유물들이 전시되고 있다. 4층 테마 전시실에서는 외국 유명 화가의 미술 작품을 전시하는 특별전이 자주 열린다. 이곳에 오면 중국 문화를 이해함은 물론 그 특징과 개성을 한눈에 볼 수 있다.

台北市 中正區 南海路49號 ☎ 02-2361-0270 www.nmh.gov.tw 10:00~18:00(월요일 휴관) 상설 전시실 NT$30(특별 기획전은 입장료 별도) MRT 중정지녠탕(中正紀念堂) 역 1, 2번 출구에서 난하이루(南海路)를 따라 도보 10분.

맥식달 麥食達 마이스다

MAPECODE 17010

해외여행의 즐거움 중 하나는 색다른 현지 음식을 맛보는 것이다. 그러나 여행이 길어지고 힘이 든다면 한국 음식을 먹어야 할 때라는 신호이다. 2·28 화평 공원 근처에 있는 맥식달은 한국인이 10년 이상 운영해 온 음식점이다. 제대로 된 한국 음식을 맛보며 따뜻한 정까지 느낄 수 있다.

台北市 中正區 懷寧街 86號 ☎ 02-2389-9048 11:00~21:00 MRT 타이다이위안(台大醫院) 역에서 도보 5분. / 국립 타이완 박물관에서 왼편 대로로 가다가 우회전하면 곧 나온다. 도보 5분.

시먼·용산사
西門·龍山寺

타이베이 서부의 대표 번화가

시먼西門은 차량 없는 보행자 거리로 옷, 신발, 액세서리, 화장품 등의 상점들이 가득한 멀티 쇼핑 지역이며, 영화관과 맛집이 많아서 가벼운 주머니로 신나게 즐길 수 있는 곳이다. 자유분방한 젊음의 거리답게 길에서 만나는 청소년들의 독특한 코스프레 복장도 볼 만하고 타투 거리도 이채롭다.

시먼과 인접한 용산사龍山寺 룽산쓰 일대는 타이베이에서 제일 먼저 도심이 형성된 곳으로 우리나라의 종로와 같은 곳이다. 청나라 시대의 옛 거리가 그대로 재현되어 있는 보피랴오 역사 거리, 건강에 좋지만 특이한 음식을 파는 화시제 야시장, 한방차를 맛볼 수 있는 약초 골목 등은 옛 풍경을 사진에 담고 싶은 사람들에게 추천하고 싶은 명소이다.

Access 시먼 MRT 시먼(西門) 역 하차.
용산사 MRT 용산사(龍山寺) 역 하차.

시먼 · 용산사
MRT 베이먼 역
捷運北門站
중샤오차오(타이베이 훠처잔) 忠孝橋(台北火車站)
용산 강변 공원
龍山河濱公園
단수이허 淡水河
타이베이 시 만화 운동 센터
台北市萬華運動中心
환허콰이쑤다오루 環河快速道路
카이펑제 開封街
그린 월드 호텔
Green World Hotel
洛碁中華店
타이베이 시티 호스텔
Taipei City Hostel 橙舍
일신 위수 영화관
日新威秀影城
365 타이완 분식
365台灣小吃
스위오 호텔
Swiio Hotel
二十輪旅店
삼남매
三兄妹
영화 거리 電影街
캉딩루 康定路
쿤밍제 昆明街
시먼딩
西門町
중화루 中華路
옌핑난루 延平南路
중싱차오 中興橋
모던 토일렛
便所主題餐廳
우창제 武昌街
영화 테마 공원
台北市電影主題公園
스타벅스 시먼점
Starbucks 星巴克
어메이제 峨眉街
타투 거리
紋身街
시닝난루 西寧南路
중산당
中山堂
싱쥐뎬 KTV
星聚點
아종 국수
阿宗麵線
청두루 成都路
PARTY WORLD
錢櫃
계광 향향계
繼光香香雞
헝양루 衡陽路
시먼 훙루
西門紅樓
MRT 시먼 역
捷運西門站
시티인 호텔
MRT 시먼 역점
新驛旅店西門捷運店
네이장제 內江街
코스프레 의상 거리
戲服街
Holiday KTV
好樂迪 KTV
창사제 長沙街
맹갑 청수암 조사묘
艋舺清水巖祖師廟
구이양제 貴陽街
타이베이 국군 영웅관
台北國軍英雄館
보아이루 博愛路
시위안루 西園路
시창제 西昌街
화시제 야시장 華西街夜市
구이린루 桂林路
동오 대학 성중 캠퍼스
東吳大學城中校區
까르푸 구이린점
家樂福桂林店
용산사
龍山寺
칭차오 골목 青草巷
노송 초등학교
老松國小
보피랴오 역사 거리
剝皮寮歷史街區
난닝루 南寧路
광저우제 廣州街
맹갑 공원
艋舺公園
용산 중학교
龍山國中
소남문
小南門
아이궈시루 愛國西路
용산사 지하상가
龍山寺地下街
내정부 입출국 이민서
內政部入出國及移民署
MRT 샤오난먼 역
捷運小南門站
허핑시루 和平西路
MRT 룽산쓰 역
捷運龍山寺站
다리제 大理街
멍샤다다오 艋舺大道
114
완화 역
萬華火車站
타이베이 식물원
台北植物園
국립 역사 박물관
國立歷史博物館
쥐광루 莒光路
완다루 萬大路
청년 공원
青年公園
쌍원 초등학교
雙園國小
시장루 西藏路
충의 초등학교
忠義國小

MAPECODE 17011

시먼 홍루 西門紅樓 시먼 홍러우

타이베이 도시 경관 대상을 받은 건물

1908년 타이완 총독부에서 건축한 최초의 공영 시장이었다. 처음에는 2층 높이의 붉은 벽돌 팔각형 건물과 십자형 건물이 연결된, 매우 특이한 구조로 되어 있었으나, 2000년 화재로 뒤쪽의 십자형 시장 건물이 소실되어 지금의 팔각형 건물만 남게 되었다. 시먼 홍루는 2008년 복원 작업을 마치고 타이베이 도시 경관 대상을 받았으며, 보존 상태가 완벽한 붉은 벽돌 건축 양식을 인정받아 타이완 정부로부터 3급 고적으로 지정되었다. 그 후 100주년 행사를 하면서 널리 알려져 타이완을 찾는 여행자들이 꼭 찾아오는 명소로 거듭나게 되었다.

내부에는 디자인 소품 상점 '16 공방16工房 스류궁팡'과 라이브 공연장 '리버사이드河岸留言 허안류위', 극장, 찻집 등이 입점해 있으며, 홍루 앞 광장에서는 종종 타이완 연예인들의 사인회도 열려 운이 좋다면 타이완 스타를 직접 볼 수도 있다. 주말에는 광장에서 벼룩시장인 창의 마켓創意市集 창의 스지이 열리는데 타이완 스타일의 특별한 아이디어 상품들이 눈길을 끈다. 개성 있는 핸드메이드 소품을 사고 싶다면 홍루의 주말 벼룩시장으로 가 보자.

16 공방

台北市 萬華區 成都路 10號 ☎ 02-2311-9380 www.redhouse.org.tw 일~목 11:00~21:30, 금~토 11:00~22:00(월요일 휴무) MRT 시먼(西門) 역 1번 출구에서 도보 2분.

MAPECODE 17012

영화 테마 공원

台北市電影主題公園 타이베이스 뎬잉 주티 궁위안

젊은이들이 맘껏 숨 쉬는 특별한 공간

현재 공원이 있는 자리에는 1934년 일본이 설립한 타이완 가스 주식회사가 있었다. 해방 후 타이완 정부에게 이관되어 타이베이 석탄 가스 주식회사로 바뀌었으나, 석탄 가스의 수요가 줄자 시설을 유지하지 못하고 결국 1967년 문을 닫게 되었다. 그 후 이곳은 버려지고 잊혀진 채 오랜 세월

시먼 홍루

을 보냈다. 타이베이 시는 시먼西門에 녹지가 부족하다고 판단하고 이곳을 공원으로 만들 계획을 세웠다. 시먼은 한때 37개의 극장이 밀집한 영화 중심지였고 오늘날에도 극장이 가장 많은 지역이기 때문에, 이 지역의 의미를 살려 '영화 테마 공원'이라는 이름으로 2001년 문을 열게 되었다. 야외 무대에서는 영화가 상영되기도 하고 가수들의 콘서트, 공익 목적의 이벤트 등이 열리기도 하며, 공원 내에는 식당과 기타 부대시설이 갖춰져 있다. 이곳이 다른 공원과 다른 점은, 벽이란 벽은 모두 그라피티가 가득 그려져 있다는 것이다. 만약 그라피티에 흥미가 있는 여행자라면 이곳에 와서 타이베이 젊은이들의 그라피티 실력을 눈으로 가늠해 볼 수 있다. 공원 뒤편에는 그라피티 동호인들을 위한 상점이 있으니, 잠시 들러 재료도 구경하고 타이완 스타일의 그라피티를 한 수 배울 수도 있다. 영화 테마 공원은 타이베이 젊은이들이 맘껏 숨 쉬는 특별한 공간이라고 할 수 있다.

台北市 萬華區 康定路 19號 ☎ 02-2312-3717 www.cinemapark.org.tw 24시간
MRT 시먼(西門) 역 6번 출구에서 도보 10분.

Travel Tip

타이완에서 가장 핫한 KTV

타이완에서는 노래방을 'KTV'라고 하는데 우리나라 노래방과는 사뭇 다른 풍경이다. 노래하다가 출출해지면 밖에 준비된 뷔페를 이용하여 음식을 먹을 수 있어, 노래방에서 식사를 해결할 수 있다는 장점이 있다. 타이완에서 가장 핫한 KTV 3곳이 모두 시먼에 모여 있다. 시먼에서 타이완 스타일의 노래방을 체험해 보자.

★ PARTY WORLD
錢櫃 첸구이

台北市 中華路 1段 55號
☎ 02-2361-9898
www.cashboxparty.com
MRT 시먼(西門)역 5번 출구.

★ Holiday KTV
好樂迪 KTV 하오러디 KTV

台北市 西寧南路 62號
☎ 02-2388-0768
www.holiday.com.tw
MRT 시먼(西門)역 6번 출구.

★ 싱쥐뎬 KTV
星聚點 KTV

台北市 成都路 81號
☎ 02-2388-6000
www.newcbparty.com
MRT 시먼(西門)역 6번 출구.

자유분방한 개성이 넘치는

시먼의 이색 거리

영화 거리 電影街 뎬잉제

시먼의 영화 거리에 들어서면 멀티플렉스 영화관들이 거대한 입간판들을 세우고 영화를 소개하고 있어 마치 영화 안에 들어온 듯한 착각을 불러일으킨다. 또한 거리 곳곳에서 다양한 그라피티를 볼 수 있다. 관람료는 학생 NT$240, 성인 NT$270이고 상영 시간은 오전 10시 20분부터 오후 23시 30분까지이며 우리나라처럼 조조할인도 있다.

台北市 武昌街 2段 電影街 MRT 시먼(西門) 역에서 도보 10분.

타투 거리 紋身街 원선제

한중제漢中街 50항巷으로 들어서면 양쪽에 타투 가게와 네일아트 숍이 줄줄이 들어서 있는, 독특하고 전위적인 거리가 나타난다. 우리나라와는 달리 타이완에서는 타투에 대한 인식이 긍정적이어서 타이완의 젊은이들은 쉽게 타투를 하는 편이다. 밤이 되어 타투 가게들이 셔터를 내리면 셔터에 그려진 독특한 그라피티가 드러나서 더욱 인상적인 거리 풍경을 연출한다.

台北市 萬華區 漢中街 50巷 MRT 시먼(西門) 역 1번 출구에서 도보 3분.

코스프레 의상 거리 戲服街 시푸제

시먼 홍루에서 가까운 곳에 있는 한중제漢中街와 창사제長沙街 일대 양쪽에는 코스프레 숍, 무대 의상 대여점, 댄스 의상점, 공연 도구 판매점이 많다. 치어리더 공연이나 연말 공연, 크리스마스 파티 등 특수 복장이 필요한 경우 주로 여기에서 대여한다. 중국 전통 의상부터 만화나 영화 코스프레 의상까지 없는 것이 없다. 의상과 세트인 모자, 가발, 신발도 있어서 즐겁게 다른 인물들로 분장해 볼 수 있다.

台北市 萬華區 漢中街 MRT 시먼(西門) 역 1번 출구에서 도보 3분.

MAPECODE 17013

용산사 龍山寺 룽산쓰

타이베이에서 가장 오래된 사원

타이베이에는 소규모 사원부터 거대한 사원에 이르기까지 수많은 사원이 흩어져 있다. 용산사는 타이베이 사원 중에서 가장 오래되고 가장 유명하며 가장 전형적인 타이완 사원이다. 불교, 도교, 유교의 중요한 신을 함께 모시는 종합 사찰로 참배객의 향불이 끊이지 않는다. 네모난 뜰을 중심으로 건물이 둘러싸고 있는 구조가 3번 반복되는 3진 사합원의 궁전식 건물로, 타이완 전통 사원 건축의 극치를 보여 준다. 벽면에는 생생한 그림이 그려져 있고 석조 역시 매우 정밀하며, 기둥과 처마의 경계 부분은 못을 쓰지 않는 전통 방식으로 되어 있다. 지붕의 사방에는 용, 봉황, 기린 등 상서로운 상징물이 조각되어 있으며 채색 기와로 마감되어 있다. 맨 처음 지어진 것은 1738년인데, 자연재해와 화재 등으로 여러 차례 파괴된 것을 1757년 새로 지어 오늘에 이르고 있으며, 국가 2급 고적으로 지정되었다.

台北市 廣州街 211號 ☎ 02-2302-5162 www.lungshan.org.tw 06:00~22:00(입장은 20:00까지) MRT 룽산쓰(龍山寺) 역 하차.

MAPECODE 17014

용산사 지하상가 龍山寺地下街 룽산쓰 디샤제

이색 마사지를 체험해 볼 수 있는 곳

맹갑 공원艋舺公園 멍자 궁위안 아래의 지하 1, 2층은 주로 웰빙 관련 상가가 형성되어 있다. 특히 실내가 아닌 개방된 공간에 마련된 마사지 가게는 가격이 저렴하여 누구나 부담없이 피로를 풀 수 있다. 이곳에서는 칼로 하는 마사지를 볼 수 있는데 피로뿐 아니라 나쁜 액도 쫓는 의미가 있다.

MRT 룽산쓰(龍山寺) 역 하차.

용산사

MAPECODE 17015

약초 골목 青草巷 칭차오샹

건강 식품과 건강 차를 맛볼 수 있는 거리

용산사를 바라보고 오른쪽 시창제西昌街 골목을 따라 들어가면 약초 상점이 밀집해 있는 거리가 있다. 약초 거리青草巷 칭차오샹라고 불리는 이곳에서는 타이완 북부에서 나는 신선한 한약재로 만든 건강 식품과 차를 맛볼 수 있다. 광복 후 이 지역을 개발할 당시에 질병이 유행했는데 이곳의 약초를 우려낸 음료를 먹고 치료되었다고 하며, 지금도 약초로 만든 차는 천연 웰빙 식품으로 각광을 받고 있다. 건강을 생각한다면 이곳에서 약초로 만든 쓰디쓴 주스를 마셔 보자. 다 마시면 타이완 전통 사탕도 챙겨 준다. 절대로 잊혀지지 않는 쓴맛을 경험하게 될 것이다. 여름에는 칭차오차青草茶, 겨울에는 셴차오탕仙草湯이 좋다.

🏠 台北市 西昌街 224巷 ☎ 02-2720-8889 ✔ 보통 08:00~22:00(상점마다 다름.) 🚉 MRT 룽산쓰(龍山寺) 역에서 맹갑 공원(艋舺公園)을 오른쪽으로 끼고 걷다가 Hi-life 편의점에서 좌회전.

MAPECODE 17016

보피랴오 역사 거리 剝皮寮歷史街區 보피랴오 리스제취

타이베이 시 향토 교육 센터

타이베이 남서쪽에 위치한 완화萬華 지역은 청나라 때부터 일제 강점기까지 상업 활동이 활발했던 지역이었다. 그중에서도 보피랴오剝皮寮 거리는 용산사 옆의 캉정루康正路, 광저우제廣州街, 그리고 쿤밍제昆明街 입구(용산사를 바라보고 오른쪽)를 가리키며, 현재 타이베이에서 가장 잘 보존된 청나라 거리이다. 타이베이 시는 6년간의 보수 공사를 벌여 지나간 100년 세월을 복원했다. 붉은 벽돌담, 아치형 테라스, 조각 문양의 창이 우아하고 소박한 아름다움을 보여 준다. 영화 〈맹갑艋舺 MONGA〉의 촬영지이기도 한 이곳에는 1960년대 분위기가 물씬 풍기는 거리를 걸어 보려는 사람들의 발길이 몰리고 있다.

🏠 台北市 廣州街 101號 台北市鄉土教育中心 ☎ 02-2336-1704 ℹ hcec.tp.edu.tw ✔ 09:00~17:00(월요일, 공휴일 휴관) 🚉 MRT 룽산쓰(龍山寺) 역 1번 출구로 나와 광저우제(廣州街)에서 우회전, 도보 10분.

보피랴오 역사 거리

MAPECODE 17017

화시제 야시장
華西街夜市 화시제 예스

상상 초월 흥미로운 시장 풍경

화시제 야시장은 타이베이에서 손꼽히는 관광 야시장이다. 다른 야시장과는 달리 보양식을 많이 파는 것으로 유명하며, 약재, 예술품, 잡화, 먹거리 등을 주로 취급하고 있다. 용산사龍山寺 룽산쓰 바로 왼쪽에 위치해 있어 용산사를 찾아온 관광객들이 자연스레 화시제 야시장을 들르기 때문에 늘 많은 사람들로 북적인다. 단체 관광객의 필수 투어 코스이기 때문에 한국인에게도 많이 알려져 있다.

화시제 야시장에서만 볼 수 있는 특징 중의 하나는, 뱀탕이나 뱀술 등 뱀으로 만든 온갖 음식을 먹을 수 있다는 것이다. 나아가서는 뱀뿐 아니라 몸에 좋다는 각종 동물 보양식들이 즐비한데, 간혹 상상을 초월하는 재료도 있어서 비위가 좋지 못한 분들은 경악을 하는 곳이기도 하다. 이 때문에 타이완에서 화시제 야시장만 보고 간 여행객들은

타이베이의 야시장이 모두 이런 모습이라고 착각하기 쉬운데, 이것은 어디까지나 이곳 화시제 야시장만의 특징이니 오해하지 않기를 바란다.

최근 들어 화시제 야시장에는 지압 방식의 발 마사지가 유행하고 있고 서예와 그림, 부채 등 전통 예술품을 파는 노점상도 늘고 있어, 이제는 보양식 일변도를 벗어나 일반인들도 누구나 흥미를 가질 수 있는 다양한 면모를 보여 주고 있다.

台北市 華西街, 桂林路 MRT 용산사(龍山寺) 역에서 걸어서 5분.

MAPECODE 17018

소남문 小南門 샤오난먼

타이완 1급 고적

청나라 말기인 광서光緖 5년, 1879년에 타이베이에서 가장 마지막으로 건설된 성문으로 중희문重熙門이라고도 불렸다. 타이베이 성은 성벽의 폭이 4m, 높이가 5m, 둘레가 약 4km에 이르는, 매우 견고한 성이었다고 한다. 그러나 지금은 성벽이 모두 허물어져 볼 수 없고 성문들만 남아 있다. 일반적인 중국식 성에는 4개의 문이 있는데 타이베이 성에는 특이하게도 5개의 문이 있었다. 그 이유에 대해서는 당시 반차오板橋 지역의 거상이었던 임본원林本源 일가가 편하게 타이베이 성을 드나들기 위해 특별히 돈을 내어 만들었다는 이야기가 있지만 확실하지는 않다. 어쨌든 소남문을 두었다는 것이 중국 건축에서 매우 예외적인 케이스임에는 분명하다. 1966년 국민당 정부가 윗부분의 성루를 북방 궁전식으로 개조하여, 아랫부분의 석축과 아치형 문만이 원래의 모습을 유지하고 있다. 소남문은 현재 타이완의 국가 1급 고적이다.

台北市 中正區 愛國西路 근처 MRT 샤오난먼(小南門) 역 하차.

MAPECODE 17019

청년 공원 青年公園 칭녠 궁위안

타이베이 한국 학교 맞은편에 있는 공원

타이완은 겨울이 춥지 않기 때문에 일 년 열두 달 내내 푸른 나무와 꽃을 볼 수 있다. 타이베이 한국 학교 맞은편에 있는 이 공원은 원래 연병장을 개조한 남쪽 비행장으로 면적이 25ha에 달하며, 북쪽의 쑹산 공항과 비교되던 곳이라 그 규모가 상상하기 힘들 정도로 크다. 광복 이후 고관들의 골프장으로 사용되다가 타이베이 시에서 인수해 현재의 공원으로 조성하였다. 청년 공원의 산책로는 빼곡하게 들어선 가로수로 인해 한낮에도 그늘이 많아 시원하다. 공원 안으로 걸어 들어가 보면 정자, 잔디밭, 테니스장과 농구장 등의 각종 체육 시설, 자연 학교, 화원, 꽃시계, 가로수 우거진 산책길을 만나게 된다. 울창한 녹음 속에서 잠시 벤치에 앉아 여행의 피곤함을 내려놓기 좋은 곳이다.

台北市 萬華區 水源路 199號 ☎ 02-2305-3800 🚌 12, 205, 212, 212, 223, 532, 630, 藍28, 藍29번 버스를 타고 청년 공원 하차. / 204, 204(區間), 249, 250, 253, 673번 버스를 타고 중화난하이루(中華南海路) 입구 하차.

용산사에서 가까운 근교 명소

임가 화원

MAPECODE 17020

林家花園 린자 화위안

타이베이 근교에 위치한 임가 화원은 중국 푸젠 성福建省에서 청나라 때 타이완으로 온 임씨林氏 일가가 조성한 대저택이다. 1만 8117m²에 달하는 넓은 부지의 아름다운 저택으로, 울창한 용나무 숲과 큰 연못이 특징이다.

옛날 돈 많고 권세가 있는 집안의 부유한 상인들은 거래 관계에 있는 거상을 접대하기 위해 큰 재물을 아끼지 않고 화려한 집과 정원을 만들었다고 한다. 하지만 임가 화원과 비교되던 집들은 자연재해나 전란, 또는 시대의 흐름 때문에 일찌감치 모두 소실되었으며, 문인들의 글이나 역사 기록을 통해서만 겨우 전해질 뿐이다. 임가 화원 역시 여러 번 훼손되었지만 건축 전문가들의 노력으로 완벽하게 예전의 모습을 되찾았다. 이곳은 최근 일반인에게 무료 개방이 시작되어 산책을 하는 사람들과 아름다운 건물을 사진으로 담으려는 사람들이 부담 없이 자주 찾는 곳이 되었다.

건물 내부에는 커피와 함께 달콤한 쿠키나 케이크를 먹을 수 있는 카페가 있고 기념품 상점에서는 이곳에서만 볼 수 있는 재미있고 특별한 상품들을 구입할 수 있다. 임가 화원은 시외에 위치해 있지만 MRT 룽산쓰 역에서 불과 네 정거장 거리이니 용산사를 둘러본 후 다녀오기에 좋다.

🏠 新北市 板橋區 西門街 9號 ☎ 02-2965-3061~3 ⓘ www.linfamily.ntpc.gov.tw ✔ 토~목요일 09:00~17:00, 금요일 09:00~19:00 (매월 첫째 주 월요일 휴무) 🚌 MRT 푸중(府中) 역 3번 출구에서 도보 10분.

아종 국수

MAPECODE 17021

阿宗麵線 아쭝 미엔셴

시먼 거리를 걷다 보면 많은 사람들이 길에 서서 식사를 하는 진풍경을 볼 수 있다. 이는 시먼 최고의 명물인 곱창 국수를 먹고 있는 풍경이다. 이 음식점에는 손님이 앉을 수 있는 테이블과 의자도 없고 메뉴판도 없다. 그래도 주인 린밍쭝林明宗 씨가 개발한 곱창 국수는 평일과 휴일을 가리지 않고 많은 사람들이 줄을 서서 먹을 만큼 시먼에서 최고의 인기를 누리고 있으며, 늦은 시간에 가면 재료가 바닥나서 허탕을 치기도 한다. 메뉴가 한 가지뿐이기 때문에 주문할 때는 "따大" 또는 "샤오小"만 말하면 된다. 가격도 저렴하고 우리 입맛에도 잘 맞는 편이다. 참고로 향이 강한 고수를 넣어서 주는데, 이 향을 싫어한다면 주문할 때 "부야오 샹차이不要香菜"라고 말하면 빼고 준다.

台北市 峨嵋街 8-1號 ☎ 02-2388-8808 09:00~23:00 소(小) NT$45, 대(大) NT$60 MRT 시먼(西門) 역 6번 출구에서 도보 5분.

스타벅스 시먼점

MAPECODE 17022

Starbucks 星巴克 싱바커

타이완의 스타벅스는 차를 즐겨 마시는 타이완 사람들의 라이프 스타일을 반영하여, 아리산의 고산차, 재스민, 철관음 등 타이완산 잎차 메뉴를 판매하는 것이 특징이다. 티백이 아니라 제대로 된 잎차를 스타벅스 로고가 새겨진 새하얀 찻잔에 담아 준다. 또한 타이완 스타벅스 텀블러는 여행 기념품으로도 인기가 있다.

台北市 萬華區 漢中街 51號 1~3樓 ☎ 02-2370-5893 08:00~23:00 NT$150~ MRT 시먼(西門) 역 6번 출구에서 도보 10분.

365 타이완 분식

MAPECODE 17023

365台灣小吃 365 타이완 샤오츠

타이완은 오전에는 영업을 하지 않고 오후부터 문을 여는 식당이 많아서, 여행자들이 아침 식사를 하고 싶을 때 당황하는 경우가 있다. 시먼에는 이른 아침에도 문제없이 식사를 해결할 수 있는 곳이 있다. 365 분식은 물론이고, 주변 가게들이 모두 이른 아침부터 장사를 하며,

타이완식 커피 이름

타이완에도 커피 전문점이 많은데, 커피 메뉴가 한자로 적혀 있어 당황스러운 경우가 있다. 하지만 즐겨 마시는 몇 가지만 이름을 알아 두면 어떤 커피숍에서도 자신 있게 주문할 수 있으니 한번 시도해 보자.

- 拿鐵 나톄 카페라떼
- 摩卡 모카 카페모카
- 焦糖瑪奇朵 자오탕 마치둬 카라멜마키아또
- 焦糖拿鐵 자오탕 나톄 카라멜카페라떼
- 雙份濃縮咖啡 솽펀 눙쒀 카페이 더블샷
- 濃縮瑪奇朵 눙쒀 마치둬 에스프레소마키아또
- 卡布奇諾 카부치눠 카푸치노
- 美式咖啡 메이스 카페이 카페아메리카노
- 白巧克力摩卡 바이차오커리 모카 화이트초콜릿모카
- 焦糖摩卡 자오탕 모카 카라멜카페모카
- 濃縮咖啡 눙쒀 카페이 에스프레소
- 康寶藍咖啡 캉바오란 카페이 에스프레소콘파나

메뉴와 맛이 모두 비슷하다.

台北市 漢中街 34號 02-2314-9889 09:30~22:30 NT$80~ MRT 시먼(西門) 역 6번 출구에서 도보 15분.

삼남매 三兄妹 싼슝메이

MAPECODE 17024

타이완에는 빙수 가게도 많고 빙수 종류도 다양한데 대부분 맛이 있으니, 빙수 파는 곳이 눈에 띄면 망설이지 말고 들어가서 먹어 보기를 권한다. 시먼에 가면 가장 유명한 삼남매에 들러 망고 빙수를 먹어 보자. 값도 착하고 맛도 예술이기 때문이다. 일단 주문을 하고 아래 계단으로 내려와 빙수를 먹는다.

台北市 萬華區 漢中街 23號 02-2381-2650 10:00~23:00 NT$100~ MRT 시먼(西門) 역 6번 출구에서 도보 10분.

계광 향향계

繼光香香雞 지광 샹샹지

MAPECODE 17025

시먼은 주머니가 가벼운 청소년들이 많이 찾는 곳이라 저렴하고 맛있는 맛집이 많다. 1973년 창업한 타이완 브랜드 치킨집인 계광 향향계는 그 중에서도 인기가 많아, 시먼에만 2개의 분점이 있고 두 곳 모두 줄을 서서 기다려야만 구입할 수 있다. 큰 사이즈 하나면 둘이 충분히 먹을 정도로 양이 많기 때문에 일단 2명당 1개를 주문해서 먹고 부족하면 다시 구입하는 것이 좋다.

台北市 萬華區 漢中街 121-1號 02-2388-2622 www.jgssg.com.tw 11:30~23:30 소(小) NT$55, 대(大) NT$100 MRT 시먼(西門)역 6번 출구에서 도보 3분.

모던 토일렛

Modern Toilet 便所主題餐聽 볜쒀 주티 찬팅

MAPECODE 17026

시먼에는 신기한 엽기 체험을 할 수 있는 변소 테마 레스토랑이 있다. 변기 모양의 그릇과 소품이 놓인 식당에서 변기 의자에 앉아 식사를 한다. 또한 모든 메뉴들이 똥 모양을 콘셉트로 하고 있어서 과연 먹을 수 있을지 망설이게 되는 곳이다. 최고의 메뉴는 '변기통 닭고기 카레'. 변기 모양의 그릇에 담긴 음식들, 똥색의 가루가 뿌려진 아이스크림, 푸세식 변기 스타일의 그릇에 담긴 빙수 등은 아이디어도 재미있고 보기와 달리 맛도 좋다.

台北市 西寧南路 50巷 7號 2樓 02-2311-8822 www.moderntoilet.com.tw 월~목 11:30~22:00, 금요일 11:30~22:30, 토요일 11:00~22:30, 일요일 11:00~22:00 MRT 시먼(西門) 역 6번 출구에서 도보 5분.

디화제·중산베이루
迪化街·中山北路

녹음이 우거진 가로수 길과 그 뒤편의 전통 시장

타이베이 도심을 남북으로 꿰뚫는 중산베이루中山北路는 유난히 가로수가 울창한 녹지대이다. 현대적인 고층 빌딩이나 시끌벅적한 유흥가가 없어 편안하고 차분한 느낌을 주며, 일급 호텔과 명품 매장들이 럭셔리한 분위기를 연출하고 있다.

중산베이루에서 골목 안쪽으로 걸어 들어가면, 과거로 돌아온 듯 정겨운 거리 디화제迪化街를 만나게 된다. 타이완에서 가장 오랜 역사와 큰 규모를 자랑하는 전통 시장으로 한약재와 건어물, 옷감 등 백화점에서는 볼 수 없는 다양한 물건들을 만날 수 있다. 이곳의 상점들은 건물 하나하나가 오랜 역사를 지니고 있어, 구석구석 새겨져 있는 시간의 흔적이 여행자들을 매료시키고 있다.

Access 중산베이루 MRT 중산(中山) 역 하차.
디화제 MRT 민취안시루(民權西路) 역에서 도보 15분.

디화제·중산베이루
타이베이 시 중산구 사무소 台北市中山區公所
행천궁 行天宮
점술의 거리 行天宮地下算命街
트래블 토크 타이베이 백패커스 Travel Talk Taipei Backpackers Hostel
MRT 싱톈궁 역 捷運行天宮站
젠궈 고가도로 建國高架道路
쑹장루 松江路
진저우제 錦州街
민성둥루 民生東路
타이베이 시립 대동 고등학교 臺北市立大同高中
장춘루 長春路
MRT 쑹장난징 역 捷運松江南京站
난징둥루 南京東路
창안 초등학교 長安國小
창안 중학교 長安國中
창안둥루 長安東路
랜디스 호텔 亞都麗緻大飯店
중산 초등학교 中山國小
華國大飯店
농안제 農安街
청광 시장 晴光市場
MRT 중산궈샤오 역 捷運中山國小站
민취안둥루 民權東路
타이베이 시립 신흥 중학교 台北市立新興國中
신성 고가도로 新生高架道路
중위안제 中原街
진저우제 錦州街
린썬베이루 林森北路
지린루 吉林路
화태 왕자 호텔 華泰王子大飯店
타이완 중유 주유소 台灣中油
그랜드 포모사 리젠트 타이베이 Grand Formosa Regent Taipei 晶華酒店
길림 초등학교 吉林國小
린썬 공원 林森公園
서심원 舒心源 養身會館
ROYAL PARIS 皇家巴黎
스미스 앤 쉬 Smith & Hsu
포르테 오렌지 호텔 Forte Orange Hotel 福泰飯店
저스트 슬립 호텔 Just Sleep Hotel 倢絲旅
카사 델라 파스타 義麵坊
타이베이 아이 Taipei EYE 台北戲棚
중산베이루 中山北路
국빈 호텔 國賓大飯店
MRT 솽롄 역 捷運雙連站
타이베이 시 중산 운동 센터 台北市中山運動中心
더 원 The One
타이베이 필름 하우스 台北之家
멜란지 카페 米朗琪咖啡館
MRT 중산 역 捷運中山站
천향회미 天香回味
타이베이 밀크 킹 台北牛乳大王
신광 미츠코시 백화점 新光三越
춘수당 春水堂
댄디 호텔 텐진점 丹迪旅店天津店
중산 지하상가 山地下街
당대 미술관 台北當代藝術館
건성 초등학교 建成國小
건성 공원 建成公園
경창 시상 광장 京站時尚廣場
타이베이 역 台北火車站
위수 영화관 威秀影城
스민다다오 市民大道
延平國小
대동 운동 센터 大同運動中心
유격 과자점 維格餅家
청더루 承德路
대교 초등학교 大橋國小
타이베이다차오 台北大橋
MRT 다차오터우 역 捷運大橋頭站
MRT 민취안시루 역 捷運民權西路站
민취안시루 民權西路
조대 대극원 朝代大戲院
태평 초등학교 太平國小
성연 고등학교 成淵高中
량저우제 涼州街
충칭베이루 重慶北路
닝샤루 寧夏路
진시제 錦西街
쌍연 초등학교 雙連國小
타이베이 시티 호텔 台北城大飯店
까르푸 家樂福
환허베이루 環河北路
디화제 迪化街
사립 정수 여중 私立靜修女中
다다오청 부두 大稻埕碼頭
민성시루 民生西路
타이위안 아시아 인형극 박물관 台原亞洲偶戲博物館
하해 성황묘 霞海城隍廟
봉래 초등학교 蓬萊國小
일신 초등학교 日新國小
URS127 디자인 갤러리 URS127公店
연평 강변 공원 延平河濱公園
난징시루 南京西路
닝샤 야시장 寧夏夜市
시티인 호텔 타이베이 역 II관 新驛旅店台北車站二館
옌핑베이루 延平北路
창안시루 長安西路
환허콰이쑤다오루 環河快速道路
소웅마마 小熊媽媽
MRT 베이먼 역 捷運北門站
중샤오차오 忠孝橋

MAPECODE 17027

디화제 迪化街

과거로 돌아온 듯 정겨운 거리

타이베이에서 시간을 거슬러 올라간 듯 낡고 정겨운 거리를 찾는다면, 대를 이어 내려오는 상점과 오래된 건물들을 고스란히 간직하고 있는 디화제를 추천한다. 19세기 말부터 20세기 중반까지 중국 대륙이나 서양과의 무역이 최고로 번성하던 시기에 디화제는 타이베이의 상업 중심지로 번영을 누렸다. 이때 부유한 상인들은 매우 화려하고 아름다운 서양식 건물들을 지었는데, 비가 자주 오는 타이완 기후에 맞게 길 쪽으로 테라스를 만들었으며 중국식과 서양식이 혼합된 독특한 건축 양식을 보여 준다. 건물의 구조는 전면이 좁은 대신에 안으로 들어가면 깊고 긴데, 전면은 상점으로 쓰이고 뒤쪽은 공장이나 창고로 사용되어 타이완에서만 볼 수 있는 독특한 구조를 보여 준다. 모든 상점들은 지은 지 백 년을 훌쩍 넘긴 건물들이기 때문에 건물 하나하나가 문화재라고 할 수 있으며, 마치 살아 있는 박물관 같은 곳이다. 지금도 디화제는 타이완에서 가장 오랜 역사와 큰 규모를 자랑하는 전통 시장으로, 한약재와 건어물, 옷감 등 백화점에서는 볼 수 없는 다양한 물건들을 취급하고 있다. 특히 음력 설 기간에는 설 용품을 구입하기 위해 전국에서 많은 사람들이 찾아오기 때문에 일 년 중 가장 북적인다.

台北市 迪化街 ☎ 02-2552-3720 MRT 민취안시루(民權西路) 역에서 도보 15분.

MAPECODE 17028

URS127 디자인 갤러리

URS127公店 URS야오얼치 궁뎬

프로젝트 미술관

127디자인 갤러리는 디화제 시장의 오래된 점포들 사이에 위치해 있다. '1+1 〉 2의 힘'이라는 모토 아래 담강 대학淡江大學 단장 다쉐 건축학과와 타이베이 시가 함께 하는 프로젝트 미술관이 디화제 127번지에 개관하게 된 것이다. 이 미술관은 타이베이 시의 옛 모습을 그대로 보전하면서도 편리하고 현대적 감각을 살리는 도시 설계를 제안하고 있다. 과거의 모든 것을 싹 쓸어버리고 더 크고 더 높게 쌓아 올리려는 자본주의적 도시 건축이 아니라 새로운 방향을 찾으려는 노력을 엿볼 수 있다. 타이베이 시의 미래 모습에 대한 고민이 이곳에서 이루어지고 있다.

台北市 迪化街 1段 127號 ☎ 02-2553-7688 tku127.blogspot.kr 10:00~17:00(월요일, 공휴일 휴관) MRT 민취안시루(民權西路) 역에서 도보 15분.

디화제

MAPECODE 17029

하해성황묘
霞海城隍廟 샤하이청황먀오

행복한 인연을 원하는 사람들이 찾는 사당

디화제에 위치한 하해성황묘는 도교와 민간 신앙의 수많은 신을 모시고 있는 사당이다. 이 작은 사당이 유명해진 것은 이곳에 모셔진 월하노인 月下老人 때문이다. 월하노인은 중국의 전설 속에서 부부의 인연을 맺어 주는 노인으로, 한마디로 중매쟁이라고 할 수 있다. 월하노인이 붉은 실로 남녀를 이으면 죽음으로도 끊을 수가 없다고 한다. 따라서 아직 짝을 찾지 못한 타이완의 싱글들은 자신의 반쪽을 찾아 달라고 월하노인에게 빌곤 한다. 월하노인이 있는 사당은 타이완 전국 곳곳에 있지만 그중에서도 하해성황묘의 월하노인이 특히 영험하기로 유명하다. 그것은 다른 곳과는 달리 이곳의 월하노인은 서 있기 때문에 원하는 인연의 짝을 더 빨리 찾아 주기 때문이라고 한다. 멀리 외국에서도 찾아오는 사람이 있을 정도로 초대박 인기 명소이다. 실제로 월하노인 덕분에 인연을 만나 결혼식 떡을 가지고 감사의 인사를 하러 오는 커플이 매년 6천 쌍도 넘는다고 하니 그 위력이 정말 대단한 셈이다.

台北市 大同區 迪化街 一段 61號 ☎ 02-2558-0346 www.tpecitygod.org 06:00~20:00 MRT 민취안시루(民權西路) 역에서 도보 15분. / MRT 솽롄(雙連) 역에서 紅33번 버스로 환승하여 난징시루(南京西路) 입구 하차.

MAPECODE 17030

타이원 아시아 인형극 박물관
台原亞洲偶戲博物館 타이원 아시아 어우시 보우관

5천여 점의 인형을 전시하고 있는 박물관

약 5천여 점의 인형을 전시하는 인형극 박물관으로, 의사였던 린류신 선생을 기념하기 위해 그 가족이 세운 곳이다. 타이완 사람들에게 있어서 전통 인형극은 어린 시절 큰 즐거움의 하나였다고 한다. TV나 영화 같은 오락거리가 없던 시절, 타이완의 어린이들은 사원의 입구에서 공연되는 전통 인형극을 보면서 성장했다. 따라서 이곳에 전시되어 있는 인형들은 아주 오래된 즐거움의 기억들인 셈이다. 1층 공방에서는 숙련된 장인들이 인형을 만들고 있고, 2층에는 다양한 인형들과 인형극 무대 등이 진열되어 있고, 타이완의 전통 인형극을 직접 체험해 볼 수 있는 공간이 마련되어 있다. 3층에는 세계 곳곳에서 온 흥미진진한 인형들이 전시되고 있다. 4층 전시실에 전시된 베트남 수상 인형극의 인형은 사후 세계로 향하는 모습을 재현하고 있어 장난감 인형의 개념을 넘어 상상하기 힘든 심오한 정신 세계를 접하게 된다. 인형극 박물관 바로 옆에 자리한 인형극장에서는 정기적으로 인형극을 공연하고 있다. 미리 일정을 확인하고 가면 오직 타이완에서만 볼 수 있는 독특하고 전위적인 인형극의 세계를 볼 수 있다.

台北市 西寧北路 79號-1號 ☎ 02-2556-8909 www.taipeipuppet.com 10:00~17:00(월요일, 공휴일 휴관) 일반 NT$80, 학생·어린이 NT$50 MRT 베이먼(北門) 역 3번 출구에서 도보 5분.

MAPECODE 17031

닝샤 야시장
寧夏夜市 닝샤 예스

작은 규모이지만 현지인이 선호하는 야시장

원래는 작은 규모의 조용한 야시장이었는데 최근 들어 맛집을 소개하는 방송에 자주 보도되면서 유명해져 매우 활기찬 모습으로 바뀌었다. 야시

장 내에서는 편안하게 걸어다니면서 음식을 먹고 물건을 구입할 수 있으며 서비스도 친절하여 인기가 높다. 닝샤 야시장은 특히 옛날의 맛을 생각나게 하는 타이완 전통 먹거리 시장으로, 이곳의 음식들은 타이완의 대표적인 맛이라고 소개할 수 있다. 루러우판滷肉饭 돼지고기 덮밥, 지러우판鸡肉饭 닭고기 덮밥, 커짜이젠蚵仔煎 굴전 등은 모두 우리 입맛에도 잘 맞는 먹거리이다. 닝샤 야시장은 관광객이 비교적 덜 오는 현지인 중심의 시장이다. 타이베이의 주요 야시장마다 외국인 관광객이 몰리기 때문에, 현지인들은 관광객들을 피해 이곳을 선택하고 있다. 지하철과 바로 연결되어 있지 않아서 다른 야시장에 비해 접근성이 떨어지지만 타이완 현지인들의 생활을 그대로 볼 수 있다는 장점이 있다.

台北市 大同區 寧夏路, 南京西路와 民生西路 사이 ☎ 02-2311-9380 17:00~01:00 MRT 중산(中山) 역 또는 솽롄(雙連) 역 1번 출구에서 도보 10분.

MAPECODE **17032**

당대 미술관 台北當代藝術館 타이베이 당다이 이수관 MOCA Taipei

신진 작가들의 실험적 예술을 접할 수 있는 곳

2001년 5월 개관한 당대 미술관은 원래 일제 강점기에 지어진 초등학교 건물이었으며, 해방 후에는 40년간 타이베이 시청으로 사용되기도 했다. 1994년 타이베이 시청이 이전하면서, 1996년 타이베이 시는 이 건물을 고적古蹟으로 지정하고 수리를 거쳐 당대 미술관으로 개관하였다. 이 건물을 미술관으로 계획할 때 건물의 일부를 건성 중학교建成國中 젠청 궈중의 교실로 활용하기로 했는데, 이처럼 미술관과 학교가 건물을 공동으로 사용하는 것은 세계적으로 보기 드문 사례이다. 적벽돌과 회색 기와로 지어진 미술관 건물은 현대적인 면모와 고전적인 유럽풍 건축 양식의 매력을 동시에 갖추고 있다. 이 오래된 건물을 그대로 살려 미술관으로 활용함으로써 과거 문화와 현대 미술이 공존하는 공간으로 거듭났다. 이곳은 젊은 신진 작가들의 실험적인 예술 전시가 주를 이루며, 다양한 전시회 이외에도 전문가의 강연, 예술 소개, 주제 토론, 국제 세미나 등 교육 프로그램을 진행하고 있다. 또한 매주 주말 저녁에는 미술관 앞뜰에서 음악회가 열리는 등 재미있는 행사를 볼 수 있다. 최근에는 서울 시립 미술관과 교류를 시작해 타이완과 한국의 문화 교류에도 큰 역할을 하고 있다.

台北市 大同區 長安西路 39號 ☎ 02-2552-3721 www.mocataipei.org.tw 10:00~18:00(월요일, 공휴일 휴관) NT$50 MRT 중산(中山) 역 R4번 출구에서 도보 1분.

당대 미술관 옆 미술 공원

자연스럽게 미술을 접할 수 있는 공원

당대 미술관은 미술관 내부뿐 아니라 미술관 앞 광장에 조형물을 설치했으며, 미술관 근처의 중산 지하상가中山地下街 중산 디샤제에 작가들을 위한 공간을 마련하여 지하도를 지나는 사람들이 자연스럽게 미술을 접할 수 있도록 노력하고 있다. 또한 지하철 역에서 미술관으로 향하는 길목에 미술 공원을 조성하였는데, MRT 중산中山 역 R4번 출구로 나오면 바로 보이는 공원이다. 공원의 조형물은 모두 예술가들의 작품으로 아무 생각 없이 길을 가는 사람들조차 당대 미술관의 예술 세계로 자연스레 끌어들이는 역할을 하고 있다. 당대 미술관을 중심으로 이 일대의 지하 공간과 지

상 공간이 모두 타이완의 예술 세계를 전시하고 있는 셈이다.

台北市 大同區 長安西路 ☎ 02-2311-9380 MRT 중산(中山) 역 R4번 출구로 나가면 바로 앞에 있다.

MAPECODE 17033

중산 지하상가 中山地下街 중산 디샤제

지하 세계의 독특한 문화를 경험할 수 있는 곳

무더운 여름의 낮 시간이나 비가 오는 날에 이동할 때 지하도를 이용하면, 더위도 피하고 지하도만의 독특한 재미도 느껴 볼 수 있다. MRT 중산中山 역에서 이어지는 지하상가는 당대 미술관이 주축이 되어 상점과 서점, 미술관을 결합시킨 독특한 공간이다. 당대 미술관에서는 지하상가의 곳곳에 신예 작가의 작업 공간을 조성해 무심코 지나는 사람들에게도 현대 미술의 세계를 자연스럽게 접할 수 있도록 하고 있다. 또한 지하도 서점거리中山地下書街에서는 다양한 책과 음악 CD, 영화 DVD 등을 판매하고 있어 지하철을 이용하는 사람들이 편리하게 책을 접할 수 있다. 중산 지하상가는 타이베이 역까지 연결되어 있다.

台北市 南京西路 MRT 중산(中山) 역 하차.

MAPECODE 17034

타이베이 필름 하우스 (스팟) 台北之家 타이베이즈쟈 (Spot 光點 광뎬)

독립 영화관이 있는 멀티 공간

주변에 나무가 많아 도심이라고는 생각되지 않는 곳에 '화이트 하우스'라고 불리는 타이베이 필름 하우스가 있다. 이 건물은 과거에 미국 영사관저였는데, 그래서인지 미국의 백악관을 연상시키

작고 귀여운 상점들이 모여 있는 중산 역 일대

중산베이루中山北路 양쪽으로는 루이비통, 디오르, 샤넬 등의 해외 명품 매장과 타이완의 세계적인 디자이너 브랜드인 Carole Chang Taipei, WUM, 쉬옌링許豔玲 등의 매장들이 자리하고 있어 타이완의 고급 패션 트렌드를 볼 수 있다. 하지만 중산베이루에서 진짜 쇼핑의 재미는 큰길이 아니라 뒷골목에 숨어 있다. MRT 중산中山 역이 있는 중산베이루中山北路 1~2단段과 난징시루南京西路, 츠펑제赤峰街, 창안시루長安西路 등의 골목 안으로 들어가 보면 생각지도 못했던 작고 귀여운 상점들이 수없이 많다. 크고 작은 옷가게, 재미있는 디자인이 가득한 팬시점, 예쁜 카페가 좁은 골목길 안에 하나둘 오픈하고 있어 아기자기한 감성 쇼핑이 가능하다. 멋진 인테리어의 감각적인 고급 미용실이 유난히 많은 것도 특징이다. 녹음이 우거진 아름다운 중산베이루를 따라 천천히 걷다가 쇼핑도 즐기고 분위기 좋은 카페에 앉아 한적한 여유도 만끽할 수 있는 곳이다.

는 새하얀 서양식 2층 건물이 아름다운 초록 정원과 잘 어울린다. 지금은 타이베이 영화 문화 협회 台灣電影文化協會에서 운영하는 멀티 문화 공간으로, 카페 뤼미에르, 세계의 예술 영화를 상영하는 필름 하우스, 갤러리, 강연회장, 편집 숍까지 한자리에 모여 타이베이 영화 마니아들과 예술인들이 즐겨 찾는 문화 교류의 장소가 되고 있다. 도심 속의 오아시스 같은 푸른 잔디 정원에 앉아 티라미수와 커피 한 잔의 여유를 누려 볼 수 있는 특별한 곳이다.

台北市 中山區 中山北路 2段 18號 ☎02-2511-7786 www.spot.org.tw 영화관 11:00~22:00 / 카페 일~목 10:00~22:00, 금~토 10:00~24:00 MRT 중산(中山) 역 4번 출구에서 도보 3분.

MAPECODE 17035

린썬베이루 林森北路

알뜰 숙소와 저렴한 맛집이 몰려 있는 거리

린썬베이루는 한국의 여행자들에게는 생소한 거리이다. 그러나 일본인들은 타이완에 오면 이곳으로 숙소를 정하고 편안한 휴식을 취하고 간다. 이곳은 일제 강점기에 일본인들이 거주했던 지역으로 일찍부터 편의시설이 잘 발달된 곳이기 때문이다. 고층 빌딩이 별로 없는 평범한 거리이지만, 맛집과 마사지 숍이 많으며 편안하고 알뜰하게 묵을 수 있는 소규모 호텔이 밀집해 있다.

또한 린썬베이루 주변에는 늦은 시간까지 다양한 음식을 저렴한 가격으로 파는 음식점이 많아서, 주머니 사정을 걱정하지 않고 실컷 먹고 마실 수 있다. 특히 린썬베이루와 인접한 창안둥루 1단長安東路一段에서는 길 양쪽에 늘어선 수없이 많은 간판들에서 'NT$100'이라는 글씨를 발견할 수 있다. 말 그대로 안주 하나의 가격이 NT$100(약 4천 원)부터 시작한다는 뜻이다. 이곳의 가게들은 가격이 저렴한 데다가 영업도 늦은 시간까지 하기 때문에 최근 모임 장소로 인기를 끌고 있다. 음식 맛은 모두 좋은 편이니 어디를 선택해도 무난하다.

台北市 中正區 林森北路 MRT 중산(中山) 역에서 도보 10분.

린썬 공원 林森公園 린썬 궁위안

도심에서 듣는 새소리가 아름다운 곳

타이완은 겨울을 제외하고 비교적 더운 날씨이므로, 여행 중 눈에 띄는 공원이 있다면 그냥 지나치지 말고 잠시 쉬어 가기를 권한다. 린썬 공원은 린

린썬베이루

Travel Tip

린썬베이루의 마사지 숍

여행은 즐겁지만 의외로 체력이 필요하다. 어느새 자신도 모르게 피곤이 쌓여 아침에 일어나 보면 다음 여정에 지장을 주기도 한다. 이럴 땐 마사지 숍을 잘 활용하는 것도 여행의 노하우 중 하나이다. 린썬베이루는 오래전부터 마사지로 유명한 지역이어서 유난히 마사지 숍이 많다. 그중에서 ROYAL PARIS皇家巴黎는 한국 손님의 편의를 위해 한국어 설명서도 구비하고 있어 편리하며, 서심원舒心源은 린썬베이루에서도 수준 높은 마사지 실력을 자랑하는 곳이라 추천한다.

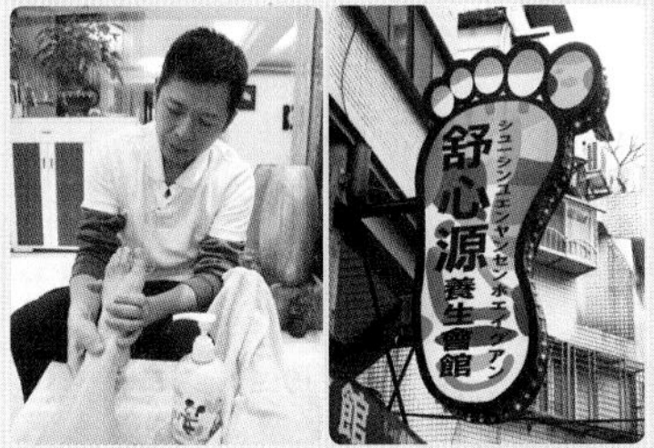

★ROYAL PARIS皇家巴黎 황자바리

台北市 南京東路 一段 48號 ☎02-2581-5770 www.royalbali.com.tw 10:00~02:00

★서심원 舒心源 養身會館 수신위안 양성후이관

台北市 中山區 南京東路 一段 6號 6樓 ☎02-2511-9986 10:00~24:00

썬베이루 근처에 있는 공원으로 그리 크지는 않지만 도심 한복판에 위치해 있어 도심의 복잡함을 잠시 잊게 해 주는 곳이다. 시끄러운 차 소리가 지워지고 새소리가 귀를 즐겁게 해 주는 힐링 공간이다.

台北市 中山區 南京東路 MRT 중산(中山) 역에서 도보 10분.

MAPECODE 17036

타이베이 아이

Taipei EYE 台北戲棚 타이베이 시펑

타이완에서 경극을 보고 싶다면

타이베이에서 경극京劇 공연을 보고 싶다면 타이베이 아이를 추천한다. 경극이라고 하면 전통극이라 지루할 거라고 생각하기 쉬운데, 이곳은 시즌마다 새로운 공연을 하며, 경극 이외에도 다양한 장르의 중국 전통 공연을 함께 보여 주고 있어 지루할 틈이 없다. 공연 시작 시간보다 최소한 30분 전에 이곳에 도착하면, 배우들이 경극 공연을 위해 분장하는 모습을 볼 수 있다. 배우들은 공개된 장소에서 자연스레 화장을 하고 머리에 화려한 장식을 하기 때문에, 이곳을 찾은 관람객들은 배우들이 공연을 준비하는 모습을 아주 가까이에서 보고 사진에 담을 수 있다. 또한 공연과 공연 사이의 휴식 시간에는 배우들이 무대를 내려와 관람객들과 기념사진을 찍고, 다른 한쪽에서는 전통 악기를 연주해 주며 타이완 전통 인형과 놀 수 있는 기회도 제공하고 있다. 외국인 관람객의 이해를 돕기 위해 중국어, 영어, 일본어로 경극 내용을 실시간 자막으로 제공하고 있다. 아쉽게도 한국어 자막은 없지만 공연마다 한국어 설명서가 준비되어 있고 메인 브로셔에는 한국어 설명도 있으니 참고하면 공연 이해에 도움이 된다.

台北市 中山北路 二段 113號, 타이완 시멘트(台灣水泥) 빌딩 3층 ☎ 02-2568-2677 www.taipeieye.com 월·수·금 20:00~21:00, 토 20:00~21:30 MRT 민취안시루(民權西路) 역 3번 출구에서 직진. / MRT 솽롄(雙連) 역에서 도보 5분.

MAPECODE 17037

행천궁 行天宮 싱톈궁

타이완을 알고 싶다면 추천하고 싶은 사원

행천궁은 문묘文廟인 공자묘와 구별하여 무묘武廟라고도 부른다. 이곳에서 모시는 주신은 바로 우리에게도 친숙한 〈삼국지〉의 영웅 관우關羽이다. 관우는 지혜와 용기를 겸한 대장군으로 그에게 도움을 청하면 사업이 번창한다고 전해지기도 하고, 상거래에 꼭 필요한 주판의 발명자라는 전설도 있어 상업의 보호신으로 널리 알려져 있다. 그래서 행천궁은 타이완에서 방문객이 가장 많은 사원 중의 하나로 하루에도 수만 명이 찾는 곳이다. 이곳은 다른 사원과는 달리 종이돈을 태우지 않고 공덕함(돈을 모으는 함)도 설치하지 않으며 짐승으로 제사를 올리지도 않고 금패를 받지도 않는 등 대외적인 모금과 상업 행위를 하지 않는 사원으로도 유명하다. 참배객이 직접 가져온 싱싱한 꽃과 과일, 과자만 공양할 수 있고, 향과 초는 무료로 제공된다. 1967년에 세워진 행천궁은 건축 양식 또한 독특한데 이는 유교, 도교, 불교의 건축 양식을 융합해서 조화를 이루었기 때문이다. 들어가는 정문은 소박하면서도 우아하고 장엄한 유교 양식을 따라 엄숙한 아름다움이 느껴진다. 특별히 주의 깊게 볼 것은 지붕 끝부분으로, 날아오르는 제비 꼬리 모양을 하고 있어서 마치 지붕이 하늘을 날아가는 것 같은 착각을 하게 한다. 이곳의 행천궁은 본궁이고, 싼샤三峽와 베이터우北投 두 곳에 분궁을 두고 있다.

台北市 民權東路 二段 109號 ☎ 02-2502-7924 www.ht.org.tw 04:00~22:30 MRT 싱톈궁(行天宮) 역 3번 출구.

점술의 거리

行天宮地下算命街 싱톈궁 디샤 쏸밍제

신기한 점술 거리

행천궁 앞쪽 지하도에는 많은 점집들이 몰려 있다. 그 이유는 〈삼국지〉의 영웅 관우를 모시고 있는 행천궁이 영험하다고 믿기 때문이다. 이곳은 타이베이뿐 아니라 멀리서도 많은 사람들이 찾아올 정도로 유명한데, 특히 일본인 관광객들은 꼭 들르는 필수 코스라고 한다. 점을 보는 방법은 집집마다 다른데, 손금, 관상, 타로카드 등은 기본이고, 거북이로 점을 치기도 하고 쌀로 점을 치기도 하며 살아 있는 새가 점을 보는 집도 있다.

台北市 民權東路 二段 109號 지하도 MRT 싱톈궁(行天宮) 역 3번 출구로 나오면 행천궁 왼편으로 지하도 입구가 있다.

★톡톡★ 타이완 이야기

용의 눈이 있는 쌀떡 甛米糕

행천궁行天宮에서 음식을 공양하는 방법은 일반적인 사원과 다르다. 오직 싱싱한 꽃, 소박한 과일, 과자와 달콤한 쌀떡甛米糕 톈미가오이어야 한다. 쌀떡은 오직 행천궁에서만 볼 수 있는 공양 음식으로, 쌀떡 위에는 용안龍眼('용의 눈'이라는 뜻)이라는 열대 과일이 놓여 있는데, 참배를 마친 후에는 반드시 용안의 껍질을 까서 버리고 간다. 이는 나쁜 것들을 깨서 없앤다는 뜻이라고 한다.

행천궁과 함께 둘러보기 좋은 근교 명소

루저우 이씨 고택

MAPECODE 17038

蘆洲李宅古蹟 루저우 리자이 구지

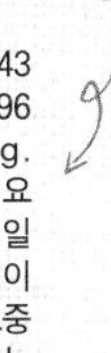

단수이淡水 강가에 위치한 루저우蘆洲 지역은 지금은 고층 빌딩이 들어서 있는 평범한 도시 풍경이지만, 예전에는 갈대가 많은 섬이었다고 한다. 많은 문인들이 강과 갈대, 그리고 달무리가 아름다운 루저우의 풍경을 낭만적인 시로 읊었다.

이씨 가문에서 이곳에 처음 저택을 지은 것은 1857년이지만, 훗날 일가족이 늘어나자 새로 집을 짓기로 하고 1893년부터 10년에 걸쳐 증개축을 하여 1903년 지금의 저택으로 완성되었다. 이곳은 1985년 국가 3급 고적으로 등재되었고, 23년의 긴 복원 기간을 거쳐 2006년 정식 개방되었다.

저택은 사각형 안마당을 중심으로 사방을 건물이 둘러싸고 있는 전통적인 사합원 3채로 이루어져 있고, 9개의 대청, 60개의 방, 120개의 문이 있다. 소위 '일곱 개의 별 아래에 있는 땅에 연꽃이 물에 뜬 형상七星下地, 浮水蓮花'이라는 명당에 위치해 있다고 전해지며, 뜰 앞에 롄화츠蓮花池라는 이름의 커다란 연못이 있는데 맑은 날에는 멀리 있는 관인산觀音山의 모습이 이 연못에 내려 비추는 풍경이 맑고 아름답다고 하여 '이조일경李厝一景'이라고 불렸다.

이씨 고택은 타이완 건축사에 있어 보석과 같은 존재로 칭송받는 곳으로, 비록 시외에 위치해 있긴 하지만 행천궁에서 MRT를 타면 편리하게 갈 수 있다.

新北市 蘆洲區 中正路 243巷 19號 ☎ 02-2283-8896 ⓘ www.luchoulee.org.tw 09:00~17:00(월요일, 설 연휴 첫날 휴관) 일반 NT$100, 학생·어린이 NT$60 MRT 싼민가오중(三民高中) 역 1번 출구 또는 루저우(蘆洲) 역 1번 출구에서 도보 10분, 공중 대학(空中大學)맞은편.

타이베이 밀크 킹

MAPECODE 17039

Taipei Milk King
台北牛乳大王 타이베이 뉴루 다왕

MRT 중산 역에서 내려 지상으로 올라오면 제일 먼저 눈에 들어오는 간판이 바로 이곳이다. 가게 이름처럼 우유로 만든 고소한 음식들이 모두 있다. 그중에서 빵에 담겨 나오는 스프를 강추한다.

台北市 南京西路 20號 ☎ 02-2559-6363 www.tmkchain.com.tw 07:00~24:00 NT$60~ MRT 중산(中山) 역 1번 출구.

멜란지 카페

MAPECODE 17040

Melange Cafe 米朗琪咖啡館 미랑치 카페이관

나무를 주 소재로 한 유럽풍 실내 장식이 따뜻한 분위기를 연출하며, 모든 음식은 즉석에서 바로 만들기 때문에 신선하고 맛도 좋다. 더치 커피와 커다란 와플은 이곳의 인기 메뉴로, 카페 앞은 대기 중인 사람들로 항상 장사진을 이룬다.

台北市 中山北路 2段 16巷 23號 ☎ 02-2567-3787 melangecafe.com.tw 평일 07:30~22:00, 주말 08:30~22:00 NT$300~ MRT 중산(中山) 역 2번 출구.

더 원 The One

MAPECODE 17041

인테리어 소품과 디자이너의 작품이 전시된 공간에서 맛있는 음식과 차, 술 등을 함께 즐길 수 있는 곳이다. 4층 건물로 이루어져 있으며 담백한 웰빙 디저트와 음료를 제공하여 점심과 저녁, 여유로운 오후 차를 즐기기에 적당하다.

台北市 中山北路 2段 30號 ☎ 02-2536-3050 www.theonestyle.com 11:30~21:30 NT$1,360~ MRT 중산(中山) 역 2번 출구.

천향회미

MAPECODE 17042

天香回味 톈샹후이웨이

중국식 샤부샤부인 훠궈火鍋 전문점이다. 이곳의 국물은 60여 가지의 천연 재료와 약재가 들어간 건강 보양식이라고 하며, 데쳐 먹을 고기, 생선, 야채도 85가지나 준비되어 있다. 이곳은 특이하게도 찍어 먹을 소스를 주지 않는데, 이는 소스가 신선한 요리의 맛을 가려 버리기 때문이라고 한다. 가격이

싸지는 않지만 신선한 재료와 정성이 깃든 국물이 그 값어치를 하는 곳이다.

台北市 中山區 南京東路 1段 16號 2樓 ☎ 02-2511-7275 www.tansian.com.tw 11:30~14:30, 17:00~23:30 (설 연휴 첫날~셋째 날 휴관) NT$ 2000~ MRT 중산(中山) 역 3번 출구.

카사 델라 파스타

MAPECODE 17043

Casa Della Pasta 義麵坊 이미엔팡

타이완 전역에 지점을 가지고 있는 스파게티 및 피자 전문점이다. 많은 지점들 중에서도 중산베이루에 위치한 이곳이 가장 유명하다. 점심 시간에는 손님들이 많아 예약을 하지 않고 가면 줄을 서서 기다려야 한다. 타이완의 신선한 해산물 덕인지 파스타와 피자 모두 해산물을 사용한 메뉴가 맛있다.

台北市 中山區 中山北路 2段 11巷 7-1號 ☎ 02-2567-8769 평일 점심 12:00~15:00, 저녁 17:30~22:00 / 주말 점심 12:00~17:00, 저녁 17:30~22:00 NT$277~ MRT 중산(中山) 역 4번 출구.

스미스 앤 쉬 Smith & Hsu

MAPECODE 17044

찻집이자 레스토랑이고, 동시에 다양한 물건을 구입할 수 있는 멀티 숍이다. 브레이크 타임 없이 하루 종일 애프터눈 티 세트를 맛볼 수 있다는 점과 차 샘플링이 42가지나 있어 다양한 차를 고를 수 있다는 점도 특징이다. 주말에는 예약 없이 들어가기 힘들 정도로 인기가 있다. 타이완을 다니다 보면 옛날 물건들을 재현해서 아기자기하게 상품으로 판매하는 곳이 많다. 그러나 이곳 스미스 앤 쉬는 초현대적 분위기의 디자인이 돋보이는 모던 스타일이다. 타이베이에 총 5개 지점이 있다.

台北市 中山區 南京東路 1段 36號 ☎ 02-2562-5565 www.smithandhsu.com 10:00~22:30 NT$180~ MRT 중산(中山) 역 2번 출구로 나와 도보 5분 거리에 위치.

춘수당 春水堂 춘수이탕

MAPECODE 17045

버블티珍珠奶茶 전주나이차의 원조로 유명한 춘수당은 원래 타이중台中에 본점이 있으나, 타이중에 가지 않고도 타이베이에서 같은 맛을 즐길 수 있다. 춘수당에는 버블티 외에도 타이완 요리의 진수를 맛볼 수 있는 다양한 메뉴가 준비되어 있으며, 품위 있는 분위기도 큰 특징이다. 럭셔리한 분위기에서 식사를 즐기고 싶다면 이곳을 추천한다.

台北市 中山區 南京西路 12號 新光三越 南西店 B1 ☎ 02-2100-1848 일~목 11:00~21:30, 금~토 11:00~22:00 버블티 NT$60, 기타 음식 NT$150~ MRT 중산(中山) 역 3번 출구.

다룽둥 · 시립 미술관

大龍峒 · 台北市立美術館

전통 문화와 현대 예술을 함께 만날 수 있는 곳

타이베이의 문화 발원지라고 할 수 있는 다룽둥大龍峒은 유교를 대표하는 타이베이 공자묘와 도교를 대표하는 보안궁이 있는 곳으로, 타이완 전통 문화의 깊이를 느낄 수 있는 지역이다. 맛있는 전통 먹거리가 많아 눈과 입을 함께 만족시켜 주는 다룽 야시장도 바로 이곳에 있다.

반면, 다룽둥과 인접한 타이베이 시립 미술관台北市立美術館 타이베이 스리 메이수관에서는 타이완의 현대 예술을 만날 수 있다. 미술관 주위에는 드넓은 신생 공원과 동화처럼 아름다운 타이베이 스토리 하우스, 그리고 타이완의 옛 상류 사회를 엿볼 수 있는 임안태 고조 민속 박물관 등이 있어 문화 감성을 한껏 충전하며 탁 트인 자연을 만끽할 수 있다.

Access 다룽둥 MRT 위안산(圓山) 역 2번 출구에서 도보 10분.
시립 미술관 MRT 위안산(圓山) 역 하차.

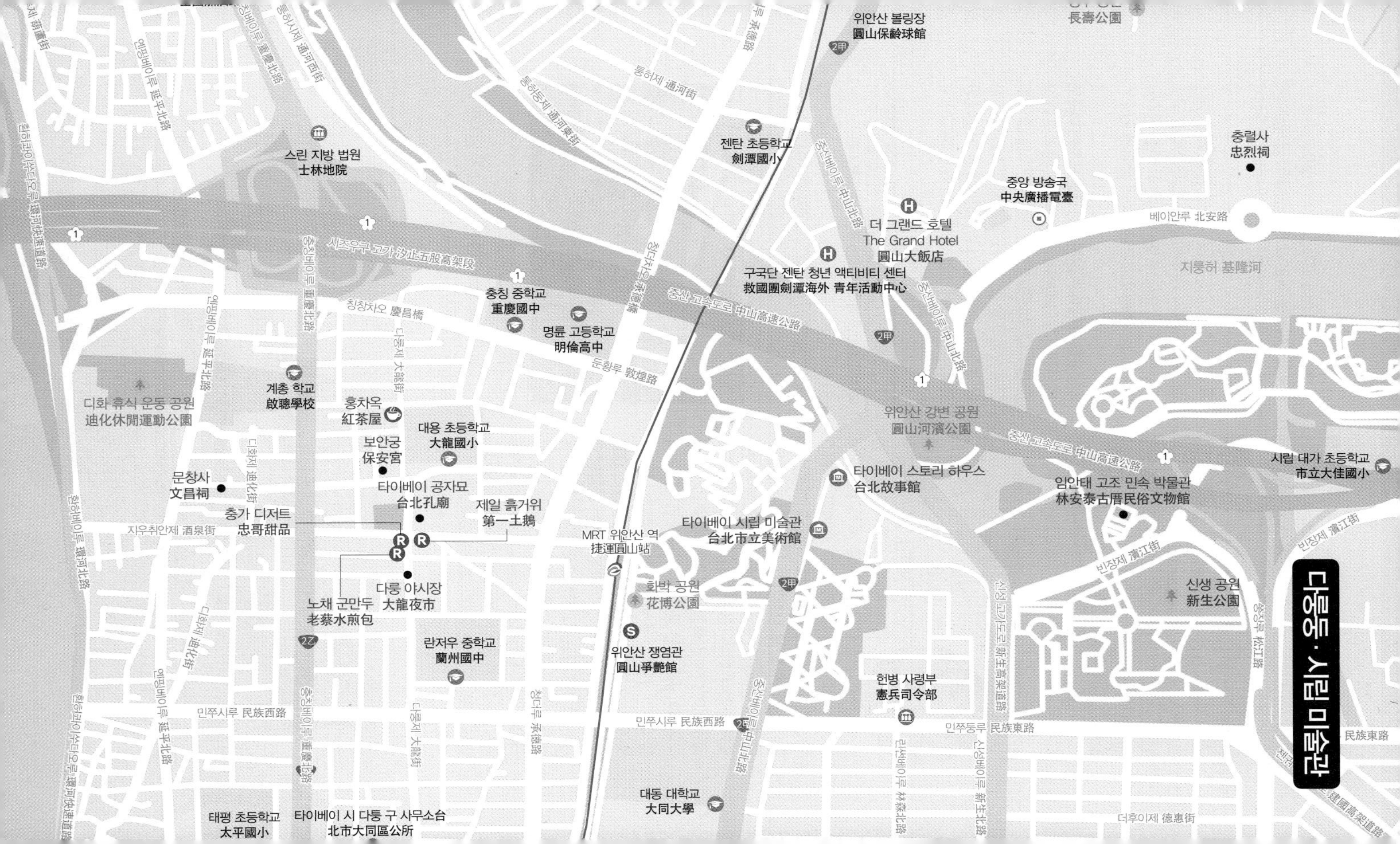

다룽둥 · 시립 미술관
시립 대가 초등학교 市立大佳國小
쑹장루 松江路
신성 공원 新生公園
린안타이 고조 민속 박물관 林安泰古厝民俗文物館
빈장제 濱江街
민쭈둥루 民族東路
더후이제 德惠街
신성 고가도로 新生高架道路
신성베이루 新生北路
헌병 사령부 憲兵司令部
린썬베이루 林森北路
위안산 강변 공원 圓山河濱公園
타이베이 스토리 하우스 台北故事館
타이베이 시립 미술관 台北市立美術館
중산베이루 中山北路
화박 공원 花博公園
위안산 쟁염관 圓山爭艷館
대동 대학교 大同大學
MRT 위안산 역 捷運圓山站
청더루 承德路
청더차오 承德橋
민쭈시루 民族西路
제일 훙거위 第一土鵝
란저우 중학교 蘭州國中
다룽 야시장 大龍夜市
다룽제 大龍街
노채 군만두 老蔡水煎包
타이베이 시 다룽 구 사무소 北市大同區公所
충칭베이루 重慶北路
태평 초등학교 太平國小
디화제 迪化街
옌핑베이루 延平北路
환허베이루 環河北路
환허콰이쑤다오루 環河快速道路
종가 디저트 忠哥甜品
문창사 文昌祠
지우취안제 酒泉街
디화 휴식 운동 공원 迪化休閒運動公園
계총 학교 啟聰學校
홍차옥 紅茶屋
보안궁 保安宮
타이베이 공자묘 台北孔廟
대용 초등학교 大龍國小
충칭 중학교 重慶國中
명륜 고등학교 明倫高中
둔황루 敦煌路
스린 지방 법원 士林地院
퉁허시제 通河西街
퉁허둥제 通河東街
퉁허제 通河街
젠탄 초등학교 劍潭國小
구국단 젠탄 청년 액티비티 센터 救國團劍潭海外 青年活動中心
더 그랜드 호텔 The Grand Hotel 圓山大飯店
위안산 볼링장 圓山保齡球館
중앙 방송국 中央廣播電臺
충렬사 忠烈祠
지룽허 基隆河
베이안루 北安路
중산고속도로 中山高速公路

MAPECODE 17046

타이베이 공자묘
台北孔廟 타이베이 쿵먀오

학업 성취를 기원하는 유교 사원

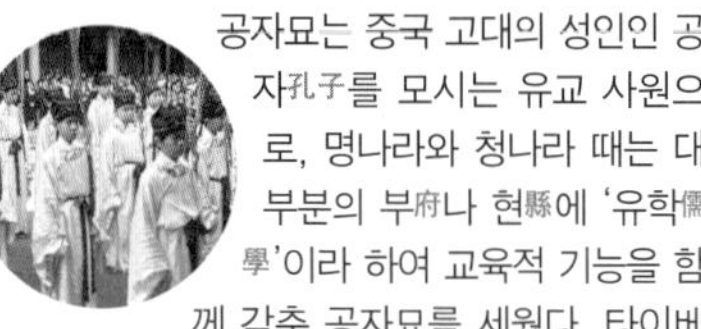

공자묘는 중국 고대의 성인인 공자孔子를 모시는 유교 사원으로, 명나라와 청나라 때는 대부분의 부府나 현縣에 '유학儒學'이라 하여 교육적 기능을 함께 갖춘 공자묘를 세웠다. 타이베이 역시 광서 5년(1879년)에 타이베이 부台北府가 설치되면서 공자묘인 문묘文廟가 지어졌는데, 중일 전쟁 후 일제 강점기가 시작되면서 일본군에 의해 파괴되어 결국 1907년에 완전히 자취를 잃게 되었다. 이후 1925년에 타이완 시민들이 모금을 하여 다시 건축한 곳이 현재의 공자묘이다.

타이베이 공자묘는 중국 취푸曲阜의 공자묘 건축을 그대로 본받고, 중국 민난閩南 지역의 남방 건축 양식을 가미하여 소박하지만 장엄한 모습을 보인다. 정전인 대성전大成殿 중앙에는 공자의 위패가 모셔져 있고, 그 양쪽으로 안자晏子, 증자曾子, 자사子思, 맹자孟子 등 4명의 성인과 12명의 계승자의 위패가 모셔져 있다. 양옆의 건물에는 공자의 제자와 중국의 역대 현인 154명이 모셔져 있고, 뒤편 전각에는 공자의 조상을 모시고 있다.

재미있는 점은, 공자묘로 들어가는 문지방이 매우 높아 자연스레 고개를 숙이며 들어가야 하는데 이는 이곳을 찾는 모든 사람들이 공자님에게 예를 갖추라는 뜻이다. 또한 창문이나 기둥에서 글씨를 찾아볼 수 없는데 이는 공자 앞에서 문자를 감히 쓸 수 없기 때문이라고 한다. 또한 중국 민난閩南 지역의 종이 예술을 재현한 작품을 곳곳에서 볼 수 있는데, 이는 타이완의 다른 공자묘에는 없는 특징이므로 세심하게 살펴볼 필요가 있다.

매년 9월 28일에는 공자의 생일을 모시는 대규모 제례 행사가 열리는데, 의식과 복장, 음악 등이 장관이다. 그 밖에도 타이완 사람들은 시험을 치기 전에 수험표를 들고 이곳에 와서 합격을 빌곤 한다. 한국 유교와 교류가 빈번하여 모든 시설에 한국어가 표시되어 있고 홈페이지 역시 한국어 서비스가 있어 편리하다.

台北市 大同區 大龍街 275號 ☎ 02-2592-3934 www.ct.taipei.gov.tw 08:30~21:00(월요일 휴관)
MRT 위안산(圓山) 역 2번 출구에서 도보 10분.

MAPECODE 17047

다룽 야시장 大龍夜市 다룽 예스

오랜 역사만큼 맛이 알찬 시장

다른 야시장에 비해 규모는 그리 크지 않지만 유명한 공자묘 맞은편에 위치해 있는 만큼 야시장

역시 역사가 깊다. 길에는 시끄러운 노점상이 없고 오래된 맛집을 찾는 단골들의 모습이 편안한 시장이다. 빙수를 비롯하여 오리 요리, 달걀전 등의 다양한 타이완 전통 먹거리로 현지인들에게 각광을 받고 있다.

台北市 大同區 酒泉街 MRT 위안산(圓山) 역 2번 출구에서 도보 7분.

MAPECODE 17048

보안궁 保安宮 바오안궁

건강을 염원하는 사람들이 찾는 도교 사원

보안궁은 1742년에 창건되고 1805년에 중건된 도교 사원으로 오랜 역사를 자랑한다. 이곳은 의술의 신으로 추앙을 받는 '보생대제保生大帝'를 모시는 곳으로, 보생대제는 송나라 때 실존했던 명의 오본吳本(979~1036)을 가리킨다. 그래서 이 곳에는 주로 건강을 빌거나 병자의 회복을 기원하는 사람들이 기도를 드리러 온다.

보안궁의 건축은 지붕과 대들보 위의 정교한 조각, 석상, 벽화, 점토 인형 등의 장식이 돋보이는 예술 작품이다. 전체 구조는 삼천전三川殿, 정전正殿, 후전後殿이 앞뒤로 이어지고 양쪽에 부속 건물이 배치된 대칭 형태이다. 오랜 세월 동안 증개축을 거치면서 3,000평 규모의 큰 사원이 되었고 현재 국가 2급 고적으로 지정되어 있다.

해마다 음력 3월 15일 전후에는 보생대제의 생일을 기념하여 보생 문화제가 열리는데, 타이완에서 손꼽히는 대규모 문화 행사로 유명하다.

台北市 大同區 哈密街 61號 ☎ 02-2595-1676 www.baoan.org.tw 06:30~22:00 MRT 위안산(圓山) 역 2번 출구에서 위먼제(玉門街) 방향으로 도보 10분.

MAPECODE 17049

문창사 文昌祠 원창츠

수험생들이 좋은 성적을 염원하는 사원

1928년 건축된 문창사는 학문과 시험의 신인 문창제군文昌帝君을 모시는 도교 사원이다. 청나라 때는 근처의 보안궁 안에서 문창제군을 모시다가, 후에 진위영陳維英이라는 사람이 보안궁 내에 설립한 '수인서원樹人書院'에서 문창제군을 모시며 이 지역의 문화 교육과 후학 양성을 담당하게

Travel Tip

몸과 마음이 건강해지는 보생 문화제 保生文化祭

보안궁保安宮에서는 매년 보생대제의 생일인 음력 3월 15일을 전후하여 약 2달 동안 보생 문화제保生文化祭를 펼친다. 이 축제는 타이베이의 3대 축제 중 하나로, 문화·역사적인 가치를 인정받아 '유네스코 아시아 태평양 문화 유산'으로 선정되기도 했다. 이 기간에는 보생대제에 대한 기념 행사뿐 아니라 다양한 공연 및 전국 각지에서 참가하는 축하 행렬 등 볼거리도 많다. 지켜보는 것만으로도 건강해지는 페스티벌이다.

되었다. 일제 강점기에도 매년 제전 때에는 장학금을 지급하는 등 교육 사업을 지속하다가 1928년에 보안궁에서 독립하여 '수인서원 문창사樹人書院文昌祠'를 지었는데, 이곳이 바로 지금의 문창사이다.

지금도 시험 시즌이 되면 수험생들이 찾아와 공양을 드리고 좋은 성적을 비는데, 공양하는 물품에 따라 의미하는 바가 다르다. 가령 귤은 운수 대길, 파는 총명함, 대추는 장원 급제, 배추 머리는 좋은 징조, 월계잎은 귀인을 만나게 해 달라는 뜻이라고 한다.

台北市 大同迪化街 2段 364巷 14號 ☎ 02-2599-2878 07:30~18:00 MRT 위안산(圓山) 역 2번 출구에서 도보 10분.

MAPECODE 17050

타이베이 시립 미술관

台北市立美術館 타이베이 스리 메이수관

타이완 최고의 현대 미술관

타이베이를 대표하는 현대 미술관으로, 내부가 지상 3층, 지하 3층으로 이뤄진 건물은 언뜻 보면 매우 단순하고 소박한 외관이지만 미술관 건물 자체가 현대적인 감각을 구비한 대형 조형 예술품임을 느낄 수 있다. 건물을 하늘에서 내려다보면 '井(우물 정)' 모양으로 되어 있는데, 이는 마르지 않는 우물처럼 예술 문화의 원천이 되겠다는 의미를 담고 있다. 또한 사방의 벽면에는 전면 유리를 사용하여 개방감과 생동감을 보여 주고 있으며, 미술관 내부에서는 어느 방향을 바라보든 사방의 대형 창을 통해 시시각각 변하는 미술관 밖 풍경을 즐길 수 있도록 설계되었다.

타이베이 시립 미술관은 전시의 질과 양에서도 관객을 압도하고 있다. 다른 나라와 공동 주관하는 국제 미술 전시회가 활발하게 개최되고 있으며, 작은 규모의 미술관에서는 보기 힘든 국제적인 외국 작가와 타이완 유명 작가들의 전시를 볼 수 있다. 지하 1층에는 식사를 할 수 있는 레스토랑이 있으면, 전시를 관람하고 잠시 쉬어 갈 수 있는 멋진 정원도 있다.

台北市 中山北路 3段 181號 ☎ 02-2595-7656 www.tfam.museum 09:30~17:30(토요일 야간 개방 20:30까지, 월요일, 공휴일 휴관) 일반 NT$30, 학생 NT$15, 18세 미만 무료 MRT 위안산(圓山) 역 1번 출구에서 도보 10분.

MAPECODE 17051

타이베이 스토리 하우스

台北故事館 타이베이 구스관

동화 속에 나올 듯한 아름다운 건물

타이베이 시립 미술관 바로 앞에는 동화 속에 나올 것 같은 아름다운 2층 양옥이 있다. 1913년 진조준陳朝駿이라는 부유한 차 무역상이 영국에서 건축 자재를 모두 가져와 조립하듯 지은 영국식 별장으로, 당시에는 정치인과 재계 인사 등 지도층이 모이는 사교 장소로 이용되었다. 그 후 시간이 흐르면서 주인도 여러 차례 바뀌고 2차 대

타이베이 시립 미술관

전 후에는 타이완 입법원장의 관저로 사용되다가 1979년 이후부터 현재에 이르기까지 타이베이 시에서 인수해 관리하고 있다. 2003년부터 정식 명칭을 '타이베이 스토리 하우스'로 정하고 박물관으로 활용하고 있는데, 주로 타이베이의 생활 문화에 관한 전시 위주로 운영된다. 타이베이 시민들에게는 웨딩 촬영 장소로도 인기가 있다.

台北市 中山北路 3段 181-1號 ☎ 02-2586-3677 www.storyhouse.com.tw 10:00~17:30(월요일 휴무) NT$50 MRT 위안산(圓山) 역 1번 출구에서 도보 10분, 타이베이 시립 미술관 옆에 위치해 있음.

MAPECODE 17052

타이베이 아동 신락원

台北市立兒童新樂園 타이베이시리 얼통 신르위앤

어린 자녀과 함께 여행 중이라면

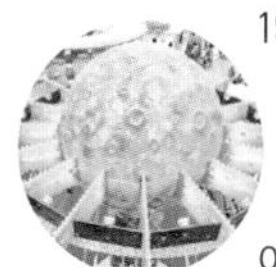

1991년 7월 1일 교육을 목적으로 설립하여 타이베이시정부 교육국 소속의 사회교육 기구로 운영하던 시립아동레크레이션台北市立兒童育樂中心을 폐쇄하고 2014년 12월 16일 타이베이아동신락원台北市兒童新樂園으로 문을 열었다. 과거와는 다르게 놀이기구가 많아 어린이들에게 가장 인기 있는 관광명소가 되었다. 추억의 회전목마, 바이킹, 범퍼카, 크루즈 비행의자, 드래곤 보트, UFO 회전차 등의 야외 놀이동산 시설과 실내놀이 시설, 식당, 어린이 극장, 장난감 상점 등이 있다. 어린이와 함께하는 타이베이 여행이라면 만족할 만한 곳이다.

台北市 士林區 承德路 5段 55號 ☎ 02-218-12345 www.tcap.taipei 09:00~17:00(토요일, 여름방학에는 20:00까지 연장 운영, 일요일 18:00까지 연장 운영 / 월요일 휴무) 일반 NT$30, 어린이 NT$15 (7세~12세 미만의 외국인 어린이는 국제학생 카드를 소지해야 어린이 요금이 적용됨) MRT 스린(士林)역 1번 출구 하차 후 버스 620, 255區, 紅30번으로 환승하여 타이베이 아동 신락원(台北市立兒童新樂園)에서 하차.

MAPECODE 17053

임안태 고조 민속 박물관

林安泰古厝民俗文物館 린안타이 구춰 민수 원우관

타이완의 옛 상류 사회를 엿볼 수 있는 고택

임안태 고조 민속 박물관은 청나라 때의 상인인 임씨 일가의 고택으로 1783년에 지어져 200여 년의 역사를 가지고 있다. 1978년 도로 확장을 위해 철거될 위기에 처했으나, 학계의 건의에 따라 쓰웨이루四維路 141호에 있던 원래의 건물을 완전히 분해해 1987년 지금의 자리로 이전했다. 타이베이의 고택 중에서 가장 오래된 역사를 가진 이 고택은 중국 민난閩南 지방의 건축 양식을 따랐으며 전통적인 사합원四合院의 구조로 되어 있다. 내부는 복원된 고가구들로 꾸며져 있어 오래전 타이완 상류 사회의 모습을 엿볼 수 있다.

台北市 中山區 濱江街 5號 ☎ 02-2599-6026 linantai.taipei 09:00~17:00(월요일, 명절 휴관) MRT 타이베이처잔(台北車站) 역에서 222번 버스로 환승하여 신생 공원(新生公園) 하차.

MAPECODE 17054

신생 공원

新生公園 신성 궁위안

꽃의 세계로 초대합니다!

1978년 타이베이 시가 조성한 신생 공원은 유럽 스타일의 공원으로 현재 타이베이에서 두 번째로 큰 공원이다. 넓은 공원 내에는 꽃밭과 야구장, 농구장, 온수 수영장 등의 다양한 시설이 있으며, 환

萬古流芳
千秋

경 보호를 주제로 만든 미로 정원도 특색 있는 볼거리이다. 공원 곳곳에는 대형 조각 작품들이 놓여 있어 꽃과 어우러진 예술품을 감상하는 즐거움도 주고 있다. 이 공원은 2010년 타이베이 화훼 박람회 때 박람회장으로 이용되었는데, 당시 인기 있었던 전시관들은 지금도 운영되고 있다.

台北市 中山區 新生北路 三段 105號 공원 입장 무료 / 특별 전시를 하는 3개 전시관 통합 입장권 NT$150 MRT 위안산(圓山) 역에서 紅50번 버스로 환승하여 신생공원 하차.

MAPECODE 17055

충렬사 忠烈祠 중례츠

두려움 없는 정신을 상징하는 곳

1969년에 완공된 충렬사는 그랜드 호텔The Grand Hotel 圓山大飯店 옆에 위치해 있으며, 푸른 산을 등지고 지룽허基隆河 강을 향하여 세워졌다. 주 건축 양식은 중국 베이징에 있는 자금성의 태화전太和殿을 모방하였는데, 이 웅장하고 아름다운 건축물은 열사들이 정의를 위하여 목숨을 바쳤던 두려움 없는 정신을 상징한다. 1만여 평의 푸른 잔디밭과 산을 배경으로 엄숙한 분위기를 조성하고 있어 건축물의 장엄함이 더욱 돋보인다.

충렬사 안에는 중화민국 건국 전의 혁명 열사를 비롯하여 항일 투쟁과 국공 내전 중에 희생된 33만 장병들의 위패를 봉안하여 그들의 애국 정신을 기리고 있다. 매년 봄과 가을에 각각 한 차례씩

열리는 제사에는 국가 원수와 정부 관료들이 모두 참여하며, 타이완을 방문 중인 외국의 정상이나 주요 인사들도 참여하여 헌화한다. 이때는 일반인에게 개방하지 않으므로 방문 시 참고해야 한다.

충렬사에서 또 하나의 관람 포인트는 위병 교대식이다. 정문 앞을 지키는 위병들은 항상 마네킹처럼 꼿꼿한 자세로 엄숙한 표정을 유지하고 있는데, 1시간에 한 번 열리는 교대식에서는 본당에서 정문까지의 약 100m 거리를 행진하면서 힘차고 절도 있는 동작과 총검술을 선보인다. 충렬사의 위병 교대식은 아주 인기 있는 볼거리로, 많은 관광객들이 교대식 시간을 기다렸다가 사진을 찍는 것을 볼 수 있다.

台北市 中山區 北安路 139號 ☎ 02-2885-4162 afrc.mnd.gov.tw/faith_martyr/index.aspx 개방 시간 09:00~17:00 / 교대식은 매시 정각에 시작하고, 마지막 교대식은 16:40에 시작하여 17:00에 마침. / 3월 29일 봄 제사, 9월 2일 가을 제사 때는 개방하지 않으며, 9월 3일은 정오 이후에 개방. 혹은 기타 임시 활동이 있을 때 공고 후 휴관함. MRT 젠탄(劍潭) 역에서 267, 646번 버스로 환승하여 충렬사에서 하차. / MRT 위안산(圓山) 역에서 208, 247, 267, 287번 버스로 환승하여 충렬사에서 하차.

★톡톡★ 타이완 이야기

한국인 종군 기자의 위패

충렬사는 타이완의 항일 투사와 국공 내전 희생자 등의 위패를 모시는 곳인데, 이곳에 외국인으로서는 최초로 한국인 종군 기자인 고 최병우 씨의 위패가 모셔졌다. 고 최병우 기자는 1958년 9월 26일 진먼다오金門島를 취재하기 위해 상륙정을 타고 가다 높은 파도에 휩쓸려 배가 전복되면서 일본인 기자 1명, 타이완인 기자 4명, 타이완 군인 5명과 함께 순직했다. 최 기자의 위패 합사는 진먼다오 포격을 취재하던 타이완 기자들이 "당시 희생된 한국인 최병우 기자의 영혼을 위로해야 한다."며 타이완 국방부에 요청해 2008년 성사됐다고 한다.

제일 흙거위

MAPECODE 17056

第一土鵝 디이 투어

현지인들이 다룽둥 최고의 맛집으로 추천하는 음식점으로, 항상 영업 시간이 끝나기 전에 매진된다. 이곳에서는 저렴한 가격에 담백하고 맛있는 야생 거위 요리를 맛볼 수 있다.

台北市 大同區 酒泉街 54-1號 1樓 ☎ 02-2593-2844 15:00~21:00(설 연휴 휴무) NT$100~ MRT 위안산(圓山) 역 2번 출구에서 도보 7분.

충가 디저트

MAPECODE 17058

忠哥甜品 중거 톈핀

다룽 야시장 초입의 노채 군만두老蔡水煎包 가게 앞길에 있는 포장마차 빙수집으로, 40년 전통을 자랑한다. 이곳의 별미는 모찌와 푸짐한 타이완식 팥빙수이다. 포장마차라서 영업 시간이 일정하지 않기 때문에 운이 좋아야 먹을 수 있다.

台北市 大龍街 310號 ☎ 0932-923-373 월~토요일 15:30~00:30, 일요일 15:30~24:30 NT$40~ MRT 위안산(圓山) 역 2번 출구에서 도보 7분, 다룽 야시장 노채 군만두(老蔡水煎包) 가게 앞의 포장마차.

노채 군만두

MAPECODE 17057

老蔡水煎包 라오차이 수이젠바오

다룽 야시장 입구 오른편에 자리한 만두 전문점. 만두는 돼지고기, 양배추, 부추 세 종류인데 그중 추천하고 싶은 만두는 양배추를 넣은 가오리차이바오高麗菜包이다. 양배추와 당면의 절묘한 조화가 깔끔한 맛을 느끼게 한다. 또한 만두와 함께 대만식 두유 톈더우장甜豆漿을 먹어도 맛있다. 세 종류의 만두와 톈더우장 가격은 모두 NT$15이다. 한국어 메뉴판이 있어 쉽게 주문할 수 있다.

台北市 大同區 大龍街 310號 ☎ 02-2599-5280 06:00~23:00 NT$15~ MRT 위안산(圓山) 역 2번 출구에서 도보 7분.

홍차옥 紅茶屋 홍차우

MAPECODE 17059

보안궁 뒤편의 조용한 골목에 자리하고 있는 음료 가게. 1981년 오픈하여 홍차를 전문으로 파는 홍차옥은 매우 유명한 맛집이라 멀리서도 찾아오는 사람들이 많다. 다른 음료들도 맛있지만 특히 매일 신선한 찻잎으로 끓인 홍차가 가장 인기이며, 가격도 저렴해서 밤낮으로 손님들의 줄이 끊이지 않는다.

台北市 大同區 重慶北路 3段 335巷 56號 之1 ※ 보안궁 뒤편 작은 공원 앞에 있다. ☎ 02-2594-1932/ 02-2585-4775 MRT 위안산(圓山) 역 2번 출구에서 도보 15분 06:30~22:30 밀크티 작은 컵 NT$15, 중간 컵 NT$20, 큰 컵 NT$25, 버블 추가 작은 컵 · 중간 컵 +NT$5, 큰 컵 +NT$10

유격 과자점

MAPECODE 17060

維格餅家 웨이거 빙자

유격 과자점에서는 타이완 명물인 펑리쑤鳳梨酥 파인애플 케이크는 물론이고, 공자묘 길 건너편에 위치해 있다는 특징을 살려 문방사우의 하나인 검은 먹 모양의 과자 모타오쑤墨條酥를 개발하여 판매하고 있다. 펑리쑤에 대나무 숯 성분을 첨가하여 검은색을 낸 모타오쑤는 몸에도 좋고 맛도 좋다. 유격 과자점은 타이완의 전통 제과 문화를 계승한다는 자부심을 가지고 꾸준히 새로운 상품을 개발하고 있으니, 한번 들러서 이곳만의 특별한 과자 맛을 확인해 보자.

台北市 承德路 3段 27號 ☎ 02-2586-3816 www.vigorkobo.com 08:00~21:00 NT$50~ MRT 민취안시루(民權西路) 역 5번 출구에서 도보 5분.

다룽 야시장

화산·둥취

華山·東區

최신 트렌드를 만날 수 있는 문화 공간과 쇼핑 타운

화산 1914 문화 창의 단지華山1914文化創意園區는 최근 들어 유명세를 얻고 있는 곳이다. 원래는 1914년에 지어진 타이완 최대 규모의 술 공장이 있던 자리인데, 공장이 이전하고 남은 부지와 건물을 활용하여 대규모 문화 예술 공간으로 조성하였다. 넓은 녹지와 독특한 공장 건물, 그 속에 들어선 개성 있는 아트 숍과 레스토랑, 공연장 등이 사람들의 발걸음을 멈추게 한다.

화산에서 지하철로 한 정거장 거리에는 타이베이 최고의 쇼핑가인 둥취東區가 있다. 둥취는 MRT 중샤오푸싱忠孝復興 역과 중샤오둔화忠孝敦化 역 일대의 지역을 가리키는데, 이곳에는 대형 백화점과 부티크, 고급 식당들이 밀집되어 있어 쇼핑을 좋아하는 이에게는 가히 천국이라고 할 만하다.

Access 화산 MRT 중샤오신성(忠孝新生) 역 1번 출구에서 도보 15분.
둥취 MRT 중샤오푸싱(忠孝復興) 역 또는 중샤오둔화(忠孝敦化) 역 하차.

화산 · 둥취
MRT 쑹장난징 역
捷運松江南京站
타이베이 웨스틴 호텔
台北威斯汀六福皇宮
형제 호텔
兄弟大飯店
돈화 중학교
敦化國中
타이베이 소거단
台北小巨蛋
미니어처 박물관
袖珍博物館
이통 공원
伊通公園
중정 초등학교
中正國小
타이베이 시립 체육관
台北市立體育場
창안 초등학교
長安國小
창안 중학교
長安國中
에버그린 로렐 호텔
Evergreen Laurel Hotel Taipei
台北長榮桂冠酒店
중산 여중
中山女中
돈화 초등학교
敦化國小
성시 무대
城市舞台
앰비언스 호텔
Ambience Hotel
喜瑞飯店
수화 기념 종이 박물관
樹火紀念紙博物館
대안 병원
臺安醫院
진창 무역 회사
進昌貿易股份有限公司
화산 창의 문화
華山創意文化
타이베이맥주 공장
台北啤酒工場
다룬파
大潤發
타이완 중유 주유소
台灣中油
회생 초등학교
懷生國小
미풍 광장
微風廣場
음악 전연 공간
音樂展演空間
광화 디지털 신천지
光華數位新天地
화산 1914 문화 창의 단지
華山1914文化創意園區
충효 초등학교
忠孝國小
타이베이 과기 대학교
台北科技大學
태평양 소고 백화점(중샤오관)
太平洋SOGO百貨(忠孝館)
정호명점성
頂好名店城
OMNI
MRT 중샤오신성 역
捷運忠孝新生站
앨리 캐츠 피자
Alley cat's Pizza
MRT 중샤오신성 역 5번 출구
捷運忠孝新生站出口5
태평양 소고 백화점(푸싱관)
太平洋SOGO百貨(復興館)
MRT 중샤오푸싱 역
捷運忠孝復興站
둥취 지하상가
東區地下街
MRT 중샤오둔화 역
捷運忠孝敦化站
트리오 카페
Trio Cafe
딘타이펑
鼎泰豐
회생 중학교
懷生國中
태평양 소고 백화점(둔화관)
太平洋SOGO百貨(敦化館)
성품 서점
誠品書店
도소월
度小月
동구펀위안
東區粉圓
홈 호텔(다안점)
Home Hotel
재단법인 굉은 종합병원 도서관
財團法人宏恩綜合醫院圖書館
젠궈 휴일 옥 시장
建國假日玉市
젠궈 휴일 꽃시장
建國假日花市
연합 병원 인애원구
聯合醫院仁愛院區
인애 중학교
仁愛國中
만당홍
滿堂紅
행안 초등학교
幸安國小
하워드 플라자 호텔
Howard Plaza Hotel Taipei
福華大飯店
중산 병원
中山醫院
국태 종합병원
國泰綜合醫院
연평 고등학교
延平高中
인애 초등학교
仁愛國小
난징둥루 南京東路
신성 고가도로 新生高架道路
지린루 吉林路
쑹장루 松江路
창안둥루 長安東路
스민다다오 市民大道
신성베이루 新生北路
젠궈 고가도로 建國高架道路
주룬제 朱崙街
룽장루 龍江路
푸싱베이루 復興北路
둔화베이루 敦化北路
베이닝루 北寧路
바더루 八德路
푸싱난루 復興南路
안둥제 安東街
다안루 大安路
둔화난루 敦化南路
옌지제 延吉街
중샤오둥루 忠孝東路
지난루 濟南路
항저우난루 杭州南路
퉁산제 銅山街
진산난루 金山南路
런아이루 仁愛路
신성난루 新生南路

독특한 콘셉트의 복합 문화 예술 공간

화산 1914 문화 창의 단지

MAPECODE 17061

華山1914文化創意園區 화산 이주이쓰 원화 촹이 위안취

이곳은 원래 1914년에 세워진 타이완 최대의 술 공장이 있었는데, 1987년 공장이 이전한 후에는 10여 년 동안 방치되어 있었다. 그러다 1999년 예술 특구로 지정되면서 문화 예술 단체나 개인에게 창작과 전시, 공연 등을 위한 장소로 제공되기 시작했다. 2005년 대대적인 리모델링을 거쳐, '화산 1914 문화 창의 단지'라는 이름의 복합 문화 예술 공간으로 새롭게 개장했다.

3만 2천m^2에 달하는 공장 부지는 도심 속의 아름다운 녹지로 탈바꿈했고, 무려 100년이 넘는 역사를 가지고 있는 공장 건물들은 그 독특함 때문에 영화와 광고의 배경이 되고 있다. 이곳에는 타이베이의 젊은 아티스트들이 도전적인 예술 취향을 발휘하는 예술 창작 공간이 마련되어 있고, 건물 안팎에서는 공연이나 전시회가 매주 열리고 있다. 평일에는 한가롭게 거닐기 좋은 공원으로, 주말이면 시끌벅적한 벼룩시장으로 타이베이 시민들의 발걸음을 이끌고 있으며 연인들의 데이트 장소로도 각광을 받고 있다.

개성 있는 디자인 소품점과 'Alley cat's Pizza' 같은 레스토랑 등도 입점해 있어 관광 후 쇼핑이나 식사를 즐기고 싶은 여행자들에게도 인기 만점이다. 또한 자신이 고른 나무 인형으로 오르골을 직접 만들거나 오르골을 구매할 수 있는 '원더풀 라이프(Wooderful Life)'도 있다.

台北市 八德路 一段 1號 ☎ 02-2358-1914 ⓘ www.huashan1914.com 야외 구역 24시간 개방 무료(특별 전시는 별도의 요금이 있음.) MRT 중샤오신성(忠孝新生)역 1번 출구에서 도보 15분.

- **Trio Cafe**
  제일 먼저 만나는 커피 전문점
- **Alleycat's Pizza**
  시원하게 맥주 한잔을 할 수 있는 곳
- **Wooderful Life**
  아름다운 나무 오르골을 직접 만들 수 있는 곳
- **Legacy Taipei**傳 音樂展演空間
  최상의 공연 장소

MAPECODE 17062

광화 디지털 신천지

光華數位新天地 광화 수웨이 신톈디

전자 제품을 구입하기 좋은 도매 상가

타이완은 싸고 품질 좋은 전자 제품을 구매하기 좋은 곳이다. 광화 디지털 신천지는 전자 제품 중에서도 특히 컴퓨터에 관련된 제품이 많아 젊은이들의 사랑을 한껏 받는 곳이기도 하다. 광화 디지털 신천지의 전신은 광화 고가 도로光華陸橋 아래에 있었던 광화 상장光華商場이다. 타이베이에서 가장 일찍 활성화된 전자 제품 상가로, 우리나라로 치면 용산 전자 상가와 같은 곳이었는데, 고가도로 보수 공사로 인해 없어질 위기에 처했다가 상인들이 힘을 모으고 시에서 투자하여 지금의 광화 디지털 신천지를 지어 이전하였다. 취급하는 상품은 서적을 포함해 컴퓨터 및 주변 기기, 디스크, 전자 부품, 게임 소프트웨어, 홈 시어터, 통신 기기 등이며, 없는 게 없을 만큼 상품 종류가 다양하고 가격도 저렴하여 현재 타이완 최대의 전자 제품 상가로 자리를 잡았다.

台北市 中正區 市民大道 3段 8號 ☎ 1층 안내 데스크 02-2391-7105, 광화 상장 사무실 02-2341-2202, 전자 상가 사무실 02-2356-7081 www.gh3c.com.tw 10:00~21:00(공휴일은 사이트 참고, 상점마다 다름) MRT 중샤오신성(忠孝新生) 역 1번 출구에서 쑹장루(松江路) 방향으로 도보 10분.

MAPECODE 17063

수화 기념 종이 박물관

樹火紀念紙博物館 수훠 지녠 즈 보우관

타이완의 종이가 궁금하다면!

수화 기념 종이 박물관에서는 타이완 종이의 역사를 한눈에 볼 수 있는 전시 공간과 체험 프로그램을 마련하고 있다. 종이를 가지고 하는 재미있는 프로그램이 다양하게 준비되어 있어 어린이는 물론 어른까지 즐길 수 있다. 1층은 작가들의 종

이 작품을 판매하는 곳이고, 2층 전시관에서는 과거부터 현대까지 종이 제작에 사용되어 온 기계와 도구를 모두 한눈에 볼 수 있으며, 조그마한 종잇조각부터 고급 종이 예술품까지 다양한 전시를 하고 있다. 3층은 체험 공간으로 안내원의 자세한 설명과 함께 종이 만드는 과정을 쉽게 배울 수 있다. 물론 중국어 설명이라서 아쉬운 점이 있지만, 종이 만드는 실습은 중국어를 몰라도 쉽게 따라 할 수 있다. 우리나라와는 다른 타이완의 종이 문화를 제대로 체험해 볼 수 있는 아주 특별한 박물관이다.

台北市 長安東路 二段 68號 ☎ 02-2507-5535 www.suhopaper.org.tw 09:30~16:30(1층 17:00까지, 일요일 · 공휴일 휴관) 입장료 NT$100, 종이 만들기 NT$160, 갈대 종이 만들기 NT$600 / 부채 만들기와 전통 책 만들기는 그룹으로만 참여 가능. MRT 중샤오신성(忠孝新生) 역 또는 MRT 쑹장난징(松江南京) 역 4번 출구에서 도보 10분.

MAPECODE 17064

미니어처 박물관 袖珍博物館 슈전 보우관

세상이 작아졌어요

1997년 3월 28일 설립된 미니어처 박물관은 아시아 최초로 미니어처를 주제로 한 박물관이다. 미니어처 예술은 16세기 독일 궁정과 귀족가에서 즐기던 미니어처에서 기원해서 유럽과 북미로 전파되었는데, 정교한 미니어처 예술 세계는 작게는 책상 열쇠부터 크게는 건축물까지 영향을 미쳤다고 한다. 이 박물관에는 세계 각지에서 수집된 미니어처 작품들이 전시되어 있는데 소장

규모와 작품 수준이 모두 뛰어나다. 주요 전시품은 실물의 1/12로 축소된 인형의 집으로, 실물과 같은 재료를 사용하여 섬세하게 묘사되었다. 이탈리아 물의 도시 베니스의 낭만적인 풍경, 지극히 호화스러웠던 영국 여왕의 버킹엄 궁전, 영국 동부의 빈민굴, 동화 세계 속의 백설 공주 등 다양한 주제의 작품이 있으며, 수천 년 전 로마 제국의 웅장함부터 90년대 미국의 명문가 규수가 누리던 편안함까지 생생히 느낄 수 있다. 박물관 내부를 천천히 거닐다 보면 마치 다른 세계 속으로 빠져드는 것 같다. 박물관에서는 모든 작품의 사진 촬영이 가능하며 기념품 숍도 있다.

台北市 中山區 建國北路1段 96 號 B ☎ 02-2515-0583 www.mmot.com.tw 10:00~18:00(월요일 휴관) 어른 NT$180, 아동 NT$100 MRT 쑹장난징(松江南京) 역 또는 난징푸싱(南京復興) 역에서 도보 10분.

MAPECODE 17065

젠궈 휴일 옥 시장
建國假日玉市 젠궈 자르 위스

동남아시아에서 가장 큰 옥 시장

런아이루仁愛路와 지난루濟南路 사이의 젠궈난루建國南路 고가 도로 밑에서는 매주 휴일마다 옥 시장이 열린다. 현재 동남아시아에서 가장 큰 옥 시장으로 8백여 개의 옥 상점이 있다. 각양각색의 옥기, 옥석 및 각종 부속품, 보석, 진주 등 취급하는 상품도 다양하여 다 구경하기 힘들 정도이다. 타이완 사람들은 전통적으로 옥을 사랑하기 때문에, 옥 시장은 휴일마다 전국 각지에서 온 사람들로 상당히 붐빈다. 이곳의 상품 중에는 선뜻 살 수 없는 고가품도 많지만 NT$100 내외로 구입할 수 있는 소품들도 많다. 부모님이나 친구에게 선물할 타이완 기념품을 찾는다면 타이완만의 특색을 느낄 수 있는 옥을 골라 보자. 이곳은 주말에만 열리는 가설 시장이지만 완벽한 냉방 시설이 갖추어져 있어 한여름에도 더위를 걱정할 필요가 없다. 옥 시장 맞은편에는 젠궈 휴일 꽃 시장建國假日花市도 있으니 옥 시장 구경을 마친 후에 가 보자.

台北市 仁愛路至濟南路段 建國南路高架橋下 토~일 09:00~18:00 MRT 중샤오신성(忠孝新生) 역 또는 중샤오둥루(忠孝東路) 역에서 도보 15분.

MAPECODE 17066

젠궈 휴일 꽃시장
建國假日花市 젠궈 자르 화스

끝도 없이 펼쳐진 실외 화훼 시장

젠궈난루建國南路의 고가 도로 아래 위치한 휴일 꽃 시장은 옥 시장 맞은편에 위치해 있다. 끝도 없이 펼쳐진 실외 화훼 시장으로 온갖 꽃과 나무를 볼 수 있다. 타이완 사람들의 꽃 사랑은 유난한 편이어서, 공원은 물론이고 집 앞에 조금이라도 땅이 있으면 어김없이 잘 손질된 꽃들을 볼 수 있다. 한국에서는 몇 만원씩 하는 귀한 화초나 난도 타이베이 길에서는 흔하게 볼 수 있다. 그래서인지 이곳 휴일 꽃 시장은 항상 많은 사람들로 붐빈다.

台北市 仁愛路至濟南路段 建國南路高架橋下 토~일 09:00~18:00 MRT 중샤오신성(忠孝新生) 역 또는 중샤오둥루(忠孝東路) 역에서 도보 15분.

MAPECODE 17067

태평양 소고 백화점
太平洋SOGO百貨 타이피양 SOGO 바이훠

국제적인 명품 브랜드를 만날 수 있는 곳

타이완에서 첫 번째로 MRT와 연결된 백화점이다. 1층의 명품 매장을 비롯하여 비비안 웨스트우드Vivienne Westwood, 케이트 스페이드Kate Spade 등의 유명 디자인 브랜드가 입점해 있다. 일본 계열의 잡화 전문점 핸즈 타이룽HANDS Tailung과 샤오룽바오小籠包가 유명한 음식점 딘타이펑鼎泰豐도 소고 푸싱 지점 안에 자리 잡고 있다. 소고 푸싱 지점에서 멀지 않은 곳에는 중샤오 지점과 둔화 지점도 자리 잡고 있다.

일~목 11:00~21:30, 금~토 및 공휴일 전날 11:00~22:00 www.sogo.com.tw

푸싱관(復興館)
台北市 忠孝東路 3段 300號 02-2776-5555
MRT 중하오푸싱(忠孝復興) 역 2번 출구.

중샤오관(忠孝館)
台北市 忠孝東路 四段 45號 02-2776-5555
MRT 중샤오푸싱(忠孝復興) 역 4번 출구.

둔화관(敦化館)
台北市 敦化南路 一段 246號 02-2777-1371
MRT 중샤오둔화(忠孝敦化) 역 12번 출구.

MAPECODE 17068

미풍 광장
Breeze Center 微風廣場 웨이펑 광창

타이완 최상류층 고객을 위한 백화점

미풍微風은 타이베이에만 지점을 가진 유통 체인으로, 그중 본점에 해당하는 미풍 광장微風廣場은 쇼핑, 휴식, 음식, 오락 등 여러 기능이 결합되어 있는 현대적인 감각의 쇼핑몰이다. 각양각색의 고급 레스토랑과 영화관, 최상급의 식재료만을 판매하는 식품관이 위치하여, 타이베이의 상류층 여성들이 가장 애호하는 백화점이다.

www.breezecenter.com

미풍 광장(微風廣場)
台北市 復興南路 一段 39號 0809-008-888 일~수 11:00~21:30, 목~토 11:00~22:00 MRT 중샤오푸싱(忠孝復興) 역 5번 출구.

성품 서점
The Eslite Bookstore 誠品書店 청핀 서점

타이완 최고의 서점

성품 서점은 타이완이 자랑하는 최고의 대형 서점으로 타이완에서는 서점의 영역을 넘어선 지식 박물관이며, 타이완을 찾는 관광객들의 필수 코스이기도 하다. 타이완 곳곳에 지점이 있는데 그 중에서도 둥취에 위치한 둔난점敦南店은 24시간 영업을 하는 것으로 유명하다. 중국어를 몰라도 다양한 책들이 많으니 꼭 들러 보기를 권한다. 책을 주제로 한 강연 공간과 감각적인 액세서리, 맛있는 음식, 아이디어 소품 등 다양한 매장들이 함

Travel Tip

둥취 뒷골목에서의 특별한 쇼핑

패션 쇼핑의 메카답게 둥취의 거리는 화려하다. 둥취 대로변에 위치한 화려한 백화점과 대형 쇼핑몰도 즐겁지만 대로를 살짝 벗어나 뒷골목으로 들어가면 아늑하고 차분한 분위기로 확 바뀐다. 골목에는 반짝이는 작고 예쁜 가게들이 많다. 그래서 둥취 뒷골목을 걷다 보면 개성 만점의 작은 가게들이 주는 즐거움에 푹 빠지게 된다. 둥취 뒷골목 상점들은 대부분 정오를 넘어서야 문을 여니 오후 일정으로 가는 것이 좋다.

성품 서점 신이점

성품 서점 둔난점

께 있다. 또한 신이점信義旗艦店은 6층 건물 3000평의 면적에 백만 권의 장서를 자랑하는 대표 매장이니, 신이 지역을 관광할 때 들러 볼 만하다.

ⓘ www.eslitecorp.com.tw

둔난점(敦南店) MAPECODE 17069
台北市 敦化南路 一段 245號 ☎02-2775-5977 서점 24시간 / 매장 11:00~22:00 MRT 중샤오둔화(忠孝敦化) 역 6번 출구에서 도보 3분.

신이점(信義旗艦店) MAPECODE 17070
台北市 信義區 松高路 11號 ☎02-8789-3388 일~목 11:00~22:00, 금~토 11:00~23:00 MRT 스정푸(市政府) 역 2번 출구에서 도보 5분.

아이스 몬스터

MAPECODE 17071

ICE MONSTER

아이스 몬스터는 타이완에서 가장 유명한 빙수 브랜드로, 많은 메뉴 중 가장 인기 있는 빙수는 망고 빙수다. 고소한 눈꽃 얼음 위에 망고가 듬뿍 얹어져 나오는데, 시원하고 달콤한 맛이 감동이다. 그 인기만큼 1시간 이상 자리에 있을 수 없고, 1인당 NT$110 이상의 메뉴를 시켜야 하며 선불 계산을 해야 하는 불편함이 있다. 상점 앞에서 기다리고 싶지 않다면 문을 여는 시간에 가는 것이 좋다.

台北市 忠孝東路 四段 297號 ☎02-8771-3263 ⓘ www.ice-monster.com 금~토 10:30~23:30, 일~목 10:30~22:30 1인당 NT$110~ MRT 궈푸지녠관(國父記念館) 역 5번 출구에서 도보 3분.

마선당 麻膳堂 MAZENDO

MAPECODE 17072

마선당의 우육면은 국물의 잡내가 없고, 담백하기 때문에 누구나 인정하는 우육면으로 유명하다. 특이하게 오리 선지가 들어 있고, 파가 많다. 만약 선지를 못 먹는다면 두부로 변경이 가능하다. 만두는 고기와 생선살이 들어있는데 한 번 삶은 다음 다시 프라이팬에 구워 내기 때문에 촉촉하고 바삭한 식감이다.

台北市 大安區 光復南路 280巷 24號 ☎ 02-2773-5559 www.mazendo.com.tw 11:00~22:00 마라우육면(麻辣牛肉麵) NT$200 MRT 국부기념관(國父記念館)역 2번 출구에서 도보 2분.

트리오 카페 Trio Cafe

MAPECODE 17074

화산 1914 입구에 위치해 있어 제일 먼저 만나게 되는 카페. 커피, 아이스크림, 칵테일 등을 두루 즐길 수 있으며, 식사도 가능하다. 고정 메뉴가 없고 계절에 따라 새로운 음식들이 소개되는 것이 이곳의 가장 큰 특색이다.

台北市 中正區 八德路 一段 1號 (華山1914創意文化園區內) www.facebook.com/williamsworks ☎ 02-2358-1058 일~목 12:00~01:00, 금~토 12:00~02:00 NT$20~ MRT 중샤오신성(忠孝新生) 역 1번 출구에서 도보 15분, 화산 1914 문화 창의 단지 내.

앨리 캐츠 피자

Alley cat's Pizza

MAPECODE 17073

가마에서 직접 구워 내는 피자로 빵이 담백하고 고소하며 바삭하고 얇은 것이 특징. 피자 소스는 그날그날 신선한 재료로 만들어 내어 식욕을 돋운다. 이국적인 인테리어 때문인지 외국인 손님을 많이 볼 수 있으며, 국제적인 스포츠 경기가 있을 땐 가게 앞뜰에 대형 스크린을 설치하고 함께 응원하는 공간으로 활용되기도 한다. 화산 1914에서 시원하게 맥주 한잔을 할 수 있는 곳이다.

台北市 中正區 八德路 一段 1號 (華山1914文化創意園區內) ☎ 02-2395-6006 www.alleycatspizza.com/main/modules/MySpace/index.php 월~목 11:00~23:00, 금~토 11:00~24:00 MRT 중샤오신성(忠孝新生) 역 1번 출구에서 도보 15분, 화산 1914 문화 창의 단지 내.

만당홍 滿堂紅 만탕홍

MAPECODE 17075

타이완 현지인들이 즐겨 찾는 훠궈 음식점이다. 이곳이 인기 있는 가장 큰 이유는 품질이 좋은 고기만을 사용하는 등 모든 재료를 믿고 먹을 수 있기 때문이다. 한국어 메뉴판이 있어 주문에 전혀 어려움이 없다.

台北市 大安區 仁愛路 四段 228-4號 2樓 ☎ 02-2701-6669 www.mantanghung.com.tw 평일 점심 11:30~15:30, 평일 저녁 17:00~01:30, 주말·공휴일 11:30~01:30 점심 NT$535, 저녁과 주말 NT$635(VAT 10%) / 식사 시간 2시간 MRT 중샤오둔화(忠孝敦化) 역 3번 출구에서 도보 5분.

녹원품 채식 뷔페

綠原品蔬食自助餐(復興店) 뤼위안핀쑤스쯔주찬

MAPECODE 17076

대만에는 종교적인 이유로 채식을 하는 많아, 곳곳에서 채식 식당을 찾을 수 있다. 이곳은 현지인이 자주 찾는 채식 식당으로, 맛이 깔끔하고 향이 강하지 않아 누구나 편하게 먹을 수 있다. 채식 식당이지만 고기 맛이 나도록 조리한 반찬과 김치

가 있는 게 특징이다. 입구에 놓인 식판 위에 먹고 싶은 반찬을 고르고 흰밥, 잡곡밥을 선택하면 직원이 무게를 재서 가격을 알려 준다.

台北市 大安區 復興南路 1段 291號 ☎ 02-2702-4055 10:00~13:50, 16:30~20:00 NT$100~ MRT 다안(大安) 역 6번 출구에서 도보 3분.

도소월 度小月 두샤오웨

MAPECODE 17077

타이난台南 전통 음식을 파는 음식점으로, 단짜이미엔擔仔麵이라는 국수가 가장 유명하지만 황금새우 롤과 새우 야채 롤 등의 메뉴도 놓칠 수 없는 타이완 맛집 중의 맛집이다. 이곳 일층에서는 직접 면을 만드는 것을 구경할 수 있다.

台北市 忠孝東路 4段 216港 8弄 12號 ☎ 02-2773-1244 www.iddi.com.tw 11:00~22:00 단짜이미엔(擔仔麵) NT$50(VAT 10%) MRT 중샤오둔화(忠孝敦化) 역 3번 출구.

동구펀위안

MAPECODE 17078

東區粉圓 둥취펀위안

오래전부터 내려오는 타이완의 전통 방식으로 만든 빙수를 파는 곳이다. 타피오카와 찹쌀을 넣어 만든 까만 찹쌀떡 펀위안粉圓이 유명하다. 메뉴판에 있는 재료 중 1~4가지를 선택해 취향에 따라 조합해 먹을 수 있다.

台北市 忠孝東路 4段 216巷 38號 ☎ 02-2777-2057 www.efy.com.tw/us.html 11:00~23:00 MRT 중샤오둔화(忠孝敦化) 역 4번 출구에서 도보 8분.

하모니 夏慕尼 샤무니

MAPECODE 17079

철판 요리 음식점으로 다소 비싸지만 특별한 요리를 찾는다면 가볼 만하다. 기존의 철판 요리와 프랑스 요리를 접목한 코스 요리로 유명해 주말에는 예약이 필수이다. 셰프를 마주하고 철판 요리 과정을 바로 눈앞에서 보면서 요리를 먹기 때문에 눈과 입이 즐거워지는 맛집이다.

臺北市 大安區 忠孝東路 4段 333號 2樓 ☎ 02-2776-6877 www.chamonix.com.tw 11:30~14:30, 17:30~22:00 NT$1030(VAT 10%) MRT 궈푸지녠관(國父記念館) 5번 출구에서 도보 5분.

Travel Tip

타이완식 딤섬

타이완에서도 인기가 많은 딤섬은 원래 중국 광둥 지방과 홍콩에서 시작된 음식 문화이다. 아침 대용이나 점심 후 출출할 때 간단히 먹을 수 있는 만두 등의 요리를 통칭하는데, 그 종류가 수백 가지에 달한다. 한국 사람들은 홍콩식 딤섬이 제일이라고 생각하지만 최근에는 타이완식으로 발전된 맛있는 딤섬들이 인기몰이를 하고 있다. 모양, 종류, 색이 다양한 타이완식 딤섬에 도전해 보자. 타이완을 다시 찾게 되는 또 하나의 이유가 될 것이다.

융캉제·궁관

永康街·公館

맛있는 음식점과 개성 있는 상점이 즐비한 곳

융캉제永康街는 조용한 주택가에 형성된 상권으로, 세계적으로 유명한 딤섬 레스토랑 딘타이펑鼎泰豐을 비롯한 맛집이 즐비해 여행자들에게는 필수 코스처럼 여겨지는 곳이다. 융캉제 공원을 중심으로 감각적인 디자인과 신선한 녹음이 더해지면서, 다른 상권에 비해 정돈되고 여유로운 분위기를 느낄 수 있다.

융캉제에서 가까운 타이완 사범 대학 앞 거리와 타이완 대학 앞의 궁관公館 상점가는 타이베이의 대학가 문화를 엿볼 수 있는 곳이다. 주 고객이 대학생이기 때문에 부담 없이 즐길 수 있는 음식점이 많고 테마가 있는 서점, 톡톡 튀는 아이디어 카페와 열정 가득한 라이브 음악 공연을 만날 수 있다. 또한 외국 유학생이 많다 보니 각국의 음식을 맛볼 수 있는 레스토랑도 많다.

Access 융캉제 MRT 둥먼(東門) 역 하차.
궁관 MRT 궁관(公館) 역 하차.　사대 MRT 구팅(古亭) 역 하차.

융캉제 · 궁관
호텔 73 Hotel 73
新尚旅店
동문 시장
東門市場
MRT 둥먼 역
捷運東門站
바나나 호스텔
Banana Hostel
융캉 우육면
永康牛肉麵
딘타이펑
鼎泰豐
금화 초등학교
金華國小
담강 대학교
淡江大學
소이프레스
二吉軒豆乳
융캉제 永康街
카페 놈놈
Nom Nom
댄디 호텔 다안 삼림 공원점
丹迪旅店大安森林公園店
MRT 다안썬린궁위안 역
捷運大安森林公園站
젠궈 휴일 꽃시장
建國假日花市
금화 중학교
金華國中
신생 초등학교
新生國小
다안 삼림 공원
大安森林公園
타이베이 시립 도서관
台北市立圖書館
청전칠육
青田七六
다안 구 사무소
大安區公所
연평 고등학교
延平高中
國立臺灣師範大學 附屬高級中
기념당
紀念堂
미니멀 카페
Minimal Cafe 極簡
일지헌
一之軒
국립 타이완 사범 대학
國立台灣師範大學
메이 제이
may J
비노 비노
VINO VINO
사대 야시장
師大夜市
타이완 중유 주유소
台灣中油
자등려
紫藤廬
용안 초등학교
龍安國小
용문 중학교
龍門國中
MRT 타이덴다러우 역
捷運台電大樓站
구팅 초등학교
古亭國小
타이베이 시 하카 문화 테마 공원
臺北市客家 文化主題公園
타이완 대학교 체육관
臺灣大學體育館
취월호
醉月湖
국립 타이완 대학
國立台灣大學
군비국 체대역 중심
軍備局替代役中心
삼군 종합병원 팅저우
三軍總醫院汀州院區
타이파워 빌딩
台電大樓
파미르 신장 요리
帕米爾新疆菜
MRT 궁관 역
捷運公館站
공관 야시장
公館夜市
타이완 대학 부설 유치원
台大附設幼稚園
명전 초등학교
銘傳國小
국립 타이완 과기 대학
수도 박물관
自來水博物館a
수도 공원
自來水園區
보장암 국제 예술촌
寶藏巖國際藝術村
The WALL
민족 중학교
民族國中
국립 타이완 사범대학교 공관
國立臺灣師範大學公館校區
신이루 信義路
아이궈둥루 愛國東路
진화제 金華街
차오저우제 潮州街
허핑둥루 和平東路
신성난루 新生南路
젠궈고가도로 建國高架道路
신하이루 辛亥路
원저우제 溫州街
단산루 丹山路
뤄쓰푸루 羅斯福路
팅저우루 汀州路

세련된 퓨전 요리가 인기를 끄는 거리

융캉제永康街

융캉제永康街는 진산난루金山南路와 신성난루新生南路 사이에 위치해 있으며, 융캉 공원永康公園을 중심으로 융캉제永康街, 리수이제麗水街, 차오저우제潮州街, 진화제金華街의 일부 및 신이루信義路까지를 포함하는 상권을 가리킨다.

융캉제는 다른 상권에 비해 전통차를 파는 찻집이 많고 문화인들이 모이는 거리답게 거리의 풍경 또한 예술적이다. 주택가 안에 형성된 거리이기 때문인지 집에 온 것처럼 편안한 느낌을 주며, 주인의 취향이 그대로 묻어나는 개성 있는 상점이 많다는 것도 특징이다.

근처 타이완 대학台灣大學과 사범 대학師範大學에 다니는 외국 유학생들의 영향으로 이국적인 음식점도 많이 생겨 세계 각국의 다양한 음식을 맛볼 수 있다. 세련된 퓨전 요리로 식사를 하고 향이 좋은 차 한잔을 하면서 여유를 즐기기에 좋은 곳이다.

台北市 大安區 永康街 MRT 둥먼(東門) 역 하차.

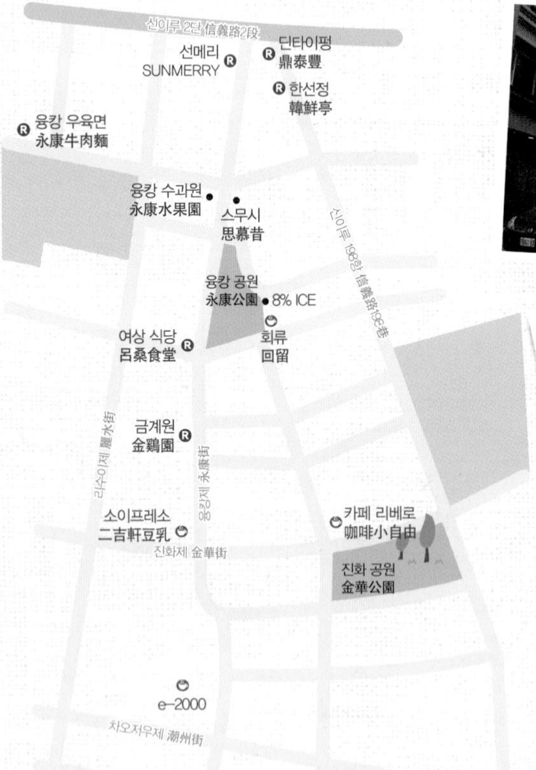

신이루 2단 信義路2段
선메리 SUNMERRY
딘타이펑 鼎泰豐
한선정 韓鮮亭
융캉 우육면 永康牛肉麵
융캉 수과원 永康水果園
스무시 思慕昔
신이루 198항 信義路198巷
융캉 공원 永康公園
8% ICE
회류 回留
여상 식당 呂桑食堂
금계원 金鶏園
리수이제 麗水街
융캉제 永康街
소이프레소 二吉軒豆乳
카페 리베로 咖啡小自由
진화제 金華街
진화 공원 金華公園
e-2000
차오저우제 潮州街

MAPECODE 17080

다안 삼림 공원
大安森林公園 다안 썬린 궁위안

타이베이의 허파라고 불리는 공원

면적이 약 26ha에 달하는 드넓은 도시 공원으로 각종 꽃과 풀과 나무가 무성한 곳이 다안 삼림 공원이다. 1994년에 정식으로 외부에 개방되어 나무들이 아직 거목이라고 할 만큼 완벽하게 성장하지 않은 상태이지만, 도시 한복판에서 이렇게 푸른 숲을 만날 수 있다는 것은 더할 수 없는 행복이다. 그래서 사람들은 이 공원을 타이베이의 허파라고도 칭한다. 이곳에서 만난 사람들은 처음 만났는데도 동네 이웃을 만난 양 가벼운 인사와 함께 소소한 이야기를 나눌 수 있는 여유를 만들어준다. 다안 삼림 공원은 대나무 숲 구역, 용나무 구역, 꽃 구역, 수생 식물 구역, 저수지 등으로 나뉘고, 부대시설로 노천 음악 무대, 어린이 놀이터와 주차장 등이 있다.

台北市 大安區 新生南路 2段 1號 ☎ 02-2700-3830 24시간 MRT 다안삼림공원(大安森林公園) 역에서 도보 1분.

MAPECODE 17081

국립 타이완 사범 대학
國立台灣師範大學 궈리 타이완 스판 다쉐

타이완 최고의 교육 대학

타이완에서 교사를 배출하는 교육 대학 중에 가장 유명한 곳으로, 흔히 사대師大라고 부른다. 전국에서 선생님이 되기 위해 치열한 경쟁을 뚫고 입학하였고 대학을 다니면서도 열심히 공부하기 때문에 학생들의 손에는 항상 무거운 책이 들려 있다. 학교는 대로를 사이에 두고 3개의 구역으로 나뉘어 있는데, 구역이 따로 떨어져 있어도 모두 같은 학교라고 보면 된다. 한국에서 타이완에 중국어를 배우러 가는 유학생이 가장 많이 다니는 학교이기도 하다.

台北市 大安區 和平東路1段 162號 ☎ 02-7734-1111 www.ntnu.edu.tw MRT 구팅(古亭) 역 4번 출구로 나와 스타벅스를 끼고 우회전 후 직진. / MRT 타이뎬다러우(台電大樓) 역 4번 출구로 나와 스다루(師大路)를 따라 직진.

다안 삼림 공원

MAPECODE 17082

사대 야시장 師大夜市 스다 예스

입도 눈도 귀도 즐거운 야시장

보통의 야시장은 밤에만 문을 여는데 사대 야시장은 대학가 주변에 위치하고 있어서 낮에 가도 맛있는 음식을 먹을 수 있다. 물론 밤이 되면 더 많은 상점들과 사람들로 북적인다. 스린 야시장士林夜市 같은 곳은 외국 관광객이 많지만 이곳은 관광객보다는 타이완 젊은이들이 주를 이룬다. 규모가 크지는 않지만 대학생들은 물론이고 알뜰한 직장인들이 단골로 찾아와 항상 활기가 넘친다. 주말에는 거리 콘서트가 공연되고 사범 대학 미술학과 학생들의 아트 프리마켓도 열린다.

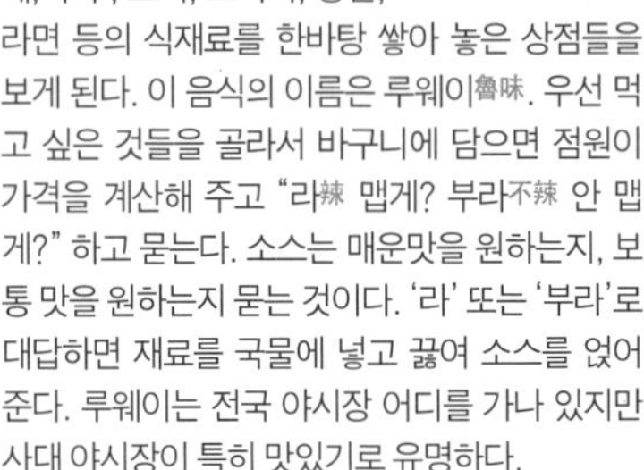

길을 걷다 보면 각종 야채, 두부, 고기, 소시지, 당면, 라면 등의 식재료를 한바탕 쌓아 놓은 상점들을 보게 된다. 이 음식의 이름은 루웨이魯味. 우선 먹고 싶은 것들을 골라서 바구니에 담으면 점원이 가격을 계산해 주고 "라辣 맵게? 부라不辣 안 맵게?" 하고 묻는다. 소스는 매운맛을 원하는지, 보통 맛을 원하는지 묻는 것이다. '라' 또는 '부라'로 대답하면 재료를 국물에 넣고 끓여 소스를 얹어 준다. 루웨이는 전국 야시장 어디를 가나 있지만 사대 야시장이 특히 맛있기로 유명하다.

台北市 大安區 師大路 MRT 타이뎬다러우(台電大樓) 역 3번 출구에서 도보 3분.

국립사범대학가 거리

타이완 사범대학은 많은 외국인 학생들이 중국어를 배우기 위해 오는 곳이라 골목마다 한국, 일본, 미국, 인도, 이탈리아 등 각국의 음식을 맛볼 수 있는 외국 레스토랑이 많다. 이 지역 상가들이 자리 잡은 위치가 대학교 부근인 만큼 거리에서는 활기가 넘친다. 학생들이 좋아하는 귀엽고 센스 있는 물건부터, 저렴한 의류, 신발, 가방을 쇼핑할 수 있는 가게와 케이크와 커피나 차, 샌드위치 등을 먹을 수 있는 분위기 좋은 카페도 많다. 주말에는 거리 공연이 이루어지며 한국의 신촌이나 홍대 분위기와 비교할 수 있는 곳이다. 주 소비층이 학생들이기 때문에 밥과 음료수를 무한정 리필하는 곳이 대부분이며 저렴한 가격에 풍족한 양의 음식을 맛볼 수 있다.

MAPECODE **17083**

국립 타이완 대학
國立台灣大學 궈리 타이완 다쉐

수많은 인재를 길러 낸 대학교

타이완 대학은 명실공히 타이완 최고의 대학으로 1928년 세워진 이후 수많은 인재를 길러 냈다. 세계적으로 인정받는 이 명문 학교의 자랑거리 중 하나는 오랜 역사가 깃들어 있는 아름다운 캠퍼스이다. 타이완 대학 내에는 학생과 교직원 등이 선정한 12곳의 뷰 포인트가 있는데, 교문과 호수, 연못, 도서관, 옛 의과 대학 건물, 농업 실험장, 야자수 길 등이 그것이다. 이곳은 웨딩 촬영을 하거나 광고 사진을 찍는 배경으로 인기가 있으며, 평소에도 사진을 찍기 위해 이곳을 찾는 여행자들을 많이 볼 수 있다.

台北市 羅斯福路 4段 1號 ☎ 02-3366-3366 www.ntu.edu.tw MRT 궁관(公館) 역 3번 출구에서 직진, 도보 3분.

Travel Tip

타이완 대학 주변 서점들

예전에는 우리나라의 대학가 주변에 서점이 많았는데 요즘은 온통 음식점과 옷집 등 소비 문화 일색이라서 아쉬울 때가 있다. 그런데 타이완의 대학가에서는 아직도 서점 거리를 만날 수 있다. 타이완 대학 맞은편 신성난루新生南路에 가면 사람 키보다 높게 쌓여 있는 오래된 책들의 물결을 만날 수 있다. 신성난루 서점들만의 특징이라면 서점마다 전문 테마가 있다는 것이다. 여성 운동 전문 책방, 지리 전문 책방, 의대생들의 책방 등 대학생들이 전공에 따라 필요한 책을 고를 수 있도록 전문화되어 있다. 책을 사랑하는 여행자라면 중국어를 모르더라도 타이완 대학교 앞 서점 거리를 둘러보는 시간이 특별하게 다가올 것이다.

MAPECODE 17084

수도 박물관

自來水博物館 쯔라이수이 보우관

광고와 웨딩 촬영으로 더 환영받는 곳

수도 박물관은 원래 타이베이 최초의 현대식 수도 시설로, 1908년 건축되어 신뎬시新店溪 하천의 물을 타이베이 시민들에게 공급하는 역할을 하였으며 이미 백 년에 이르는 역사를 가지고 있다. 현재 이곳은 고적으로 지정되어 있으며, 2000년에는 박물관으로 정식 개관하였다. 박물관의 건축 양식은 신고전주의를 주축으로 한 바로크 스타일이며 내부에는 수도의 역사를 알 수 있는 다양한 사진 자료와 설비들이 전시되어 있다. 오랜 역사와 교육적 의의 때문에 타이베이 시내 학교에서 단체 방문하는 경우가 많으며, 아름다운 유럽 스타일의 외관을 배경으로 광고나 웨딩 촬영을 하려는 사람들도 많이 찾고 있다.

台北市 中正區 思源街 1號 ☎ 02-8369-5104 waterpark.water.taipei 7월 1일~8월 31일 09:00~18:00(매표는 5시 마감) / 9월 1일~6월 30일 09:00~17:00(매표는 4시 마감) / 월요일 휴관 MRT 궁관(公館) 역 4번 출구에서 도보 5분.

MAPECODE 17085

보장암 국제 예술촌

寶藏巖國際藝術村 바오짱옌 궈지 이수춘

주민과 예술가들이 함께 살면서 만든 예술촌

보장암 국제 예술촌은 현지인들도 잘 모르는 여행지로 타이완 대학 맞은편의 보장암사寶藏巖寺 주변에 있다. 이곳의 집들은 해방 후 1960년대에서 1970년대 사이에 관인산觀音山 기슭의 비탈진 경사로를 따라 지어진 불법 판잣집들이어서 무계획적이고 복잡해 보이지만 신기하게도 산과 집이 어우러져 독특한 경치를 만들어 내고 있다. 한때 이 마을은 철거될 뻔하였으나 주민들의 반대에 부딪쳐 보존되었고 2004년 마을 전체가 '역사 건축물'로 지정되었다. 이때부터 예술가들이 하나둘 마을에 작업실을 만들어 창작 활동을 하기 시작하였고, 2006년에는 이곳만의 독특한 분위기로 타이베이 101 빌딩과 함께 타이베이 명소로 뉴욕타임즈에 선정되기도 했다. 2010년 10월 2일 보장암 국제 예술촌은 공식적으로 역사적인 커뮤니티 보호, 거주 예술가 프로그램, 보장암 관광 호스텔이라는 3가지 프로젝트 과제를 가지고 문을 열었다. 이곳이 기존의 문화 지역과 다른 특징은 지역 주민과 예술가들이 함께 살면서 만드는 예술촌이라는 점이다. 예술을 일상의 삶으로 만듦으로서 보장암 마을은 풍부한 이미지를 얻게 되었고 예술가와 지역 주민들 간의 소통을 통해 생기를 얻게 되었다. 예술촌 안에는 잠시 쉬어 가기 좋은 카페 '첨두尖蚪 젠더우'도 있다.

台北市 汀州路 三段 230巷 14弄 2號 ☎ 02-2364-5313 www.artistvillage.org 11:00~22:00(월요일 휴관) MRT 궁관(公館) 역 1번 출구에서 대로를 쭉 따라 올라가다가 딩저우루(汀州路)에서 좌회전하여 가다 보면 우측에 이정표가 보인다. 도보 20분.

보장암 국제 예술촌

Eating

딘타이펑 鼎泰豊 MAPECODE 17086

세계적으로 유명한 딘타이펑의 본점이 융캉제에 있다. 딘타이펑 앞에는 언제나 많은 사람들이 줄을 서서 기다리고 있어 융캉제에 도착하면 곧바로 찾을 수 있다. 이곳의 메뉴판은 한국어 표기가 되어 있고, 한국어가 가능한 직원도 있어서 주문이 어렵지 않다. 이곳에서 제일 유명한 메뉴인 샤오룽바오小籠包는 다진 고기를 얇은 만두피로 싸서 찜통에 찐 딤섬이다. 바구니 안에 담긴 샤오룽바오 가격은 NT$330. 한입에 쏙 들어가게끔 만든 작은 크기지만 속이 꽉 차 있고, 입안에 가득 퍼지는 육즙과 얇고 탄력 있는 만두피가 일품이다. 만두피가 14번 이상 접혀지는 기술로 빚어 대나무 소쿠리에 정성스럽게 쪄 낸 샤오롱바오는 껍질이 반투명하고 육즙이 풍부한 것이 특징이다. 먹을 때는 식초 혹은 중국식 흑초와 생강채에 찍어 먹으면 더욱 감칠맛이 난다.

台北市 大安區 信義路 二段 194號 ☎ 02-2321-8928 ⓘ www.dintaifung.com.tw 월~금 10:00~21:00, 토~일 09:00~21:00 NT$190~ MRT 둥먼(東門) 역 5번 출구 바로 앞에 위치.

한선정 韓鮮亭 한셴팅 MAPECODE 17087

한류 덕인지 타이완 사람들도 김치, 비빔밥, 불고기, 떡볶이 등을 즐겨 먹는다. 그런데 타이완의 한국 음식점들은 너무도 타이완식으로 변형되어 국적을 알 수 없는 묘한 맛인 경우도 있었다. 타이베이에서 제대로 된 한국 음식점을 추천하라고 하면 용캉제 딘타이펑 근처에 위치한 한선정을 꼽을 수 있다. 부대찌개, 해물 파전, 막걸리, 만둣국, 골뱅이 무침 등은 지친 여행자의 입맛을 제대로 회복시켜 준다.

台北市 信義路 2段 198巷 4號 ☎ 02-2321-7947 11:30~21:00(월요일 휴무) NT$150~ MRT 둥먼(東門) 역 5번 출구에서 딘타이펑을 지나 우측 골목에 위치해 있다.

스무시 思慕昔 MAPECODE 17088

원래는 '아이스 몬스터ice monster'라는 이름의 유명한 빙수집이었는데 한동안 문을 닫았다가 다시 열면서 이름을 바꾸었다. 타이베이 일등 빙수집답게 문을 다시 열자마자 기다렸다는 듯이 손님들이 몰려들고 있다. 가장 인기 있는 메뉴는 망고 빙수. 그렇지만 망고 철이 아닐 때는 생과일 대신 망고 젤리가 나오니, 생과일 망고인지 먼저 확인하고 만약 아닐 때는 다른 생과일 빙수로 주문하는 것이 좋다. 망고 빙수의 가격은 NT$160~200으로 좀 비싼 편이지만 그만큼 맛이 좋다.

台北市 永康街 15號 ☎ 02-2341-8555 10:00~23:00 NT$130~ MRT 둥먼(東門) 역 5번 출구에서 융캉제 방향으로 도보 5분.

융캉 수과원

MAPECODE 17089

永康水果園 융캉 수이궈위안

타이완은 사계절 모두 과일이 재배되는 과일 천국이다. 그렇지만 여행을 하다 보면 과일 가게에 들를 기회를 놓치는 경우가 종종 있는데, 융캉제에 손쉽게 과일을 맛볼 수 있는 상점이 있다. 이곳에서는 과일 그대로 살 수도 있고, 바로 먹을 수 있도록 잘 잘라 놓은 과일도 있고, 과일 주스도 만들어 팔고 있으니 취향대로 골라 보자.

台北市 大安區 永康街 6-1號 ☎ 02-2392-3322 08:30~22:30 NT$50~ MRT 둥먼(東門) 역 5번 출구에서 융캉제 방향으로 직진, 도보 5분.

융캉 우육면

MAPECODE 17090

永康牛肉麵 융캉 뉴러우미엔

쇠고기 국수인 우육면은 타이완의 대표적인 서민 음식이기 때문에 길에서 아주 흔하게 우육면 가게를 볼 수 있다. 그중에서 융캉 우육면은 타이완 우육면 대회에서 당당히 1등을 한 곳이다. 외관을 보면 그리 대단해 보이지 않지만 사람들로 항상 북적이며, 특히 나이 든 사람들이 많이 찾는다. 우육면은 장제스 정부 시절에 장기간의 전쟁 중 군인들의 체력이 떨어지지 않도록 영양을 보충해 주기 위해 개발된 음식이라고 한다. 그래서인지 우육면에는 국수보다 고기가 더 많다. 더위에 지치기 쉬운 타이완 여행 중에 맛있는 우육면으로 영양을 보충해 보자.

台北市 金山南路 二段 31巷 17號 ☎ 02-2351-1051 www.beefnoodle-master.com 11:00~15:30, 16:30~21:00 NT$100~180 MRT 둥먼(東門) 역 5번 출구에서 도보 5분, 금화 초등학교(金華國小) 맞은편.

여상 식당 呂桑食堂 뤼쌍 스탕

MAPECODE 17091

이란宜蘭 지방의 향토 음식점이다. 이란은 타이베이에서 버스를 타고 40분 정도면 도착하는 타이완 동북부의 온천 도시이다. 수질 좋은 온천수로 재배한 이란의 식재료를 사용하기 때문에 맛이 좋기로 소문이 나 있다. 이란까지 직접 가지 않고도 지방 음식을 제대로 먹어 볼 수 있는 좋은 기회이다. 또한 가게 입구에 음식 사진을 잘 정리해 두었기 때문에 번호만 지정하면 음식을 주문할 수 있어 편리하다.

台北市 大安區 永康街 12-5號 ☎ 02-2351-3323 11:30~14:00, 17:00~21:00 NT$150~ MRT 둥먼(東門) 역 5번 출구에서 융캉제 방향으로 직진, 융캉 공원(永康公園) 맞은편.

선메리 SUNMERRY

MAPECODE 17092

자타공인 믿고 먹을 수 있는 맛있는 빵을 판매하는 제과점이다. 여행 기념품으로 선물하기 좋은 펑리쑤도 인기다. 선메리의 펑리쑤는 파인애플 과육이 쫄깃하고 달콤하다. 타이완 여행 중에 선메리 브랜드를 발견한다면 망설이지 말고 들어가 맛있는 타이완의 빵을 맛보자.

台北市 信義路 二段 186號 ☎ 02-2392-0224 www.sunmerry.com.tw 07:30~22:00 펑리쑤 12개입 NT$180 MRT 둥먼(東門) 역 5번 출구 도보 1분.

금계원 金鷄園 진지위안

MAPECODE 17093

융캉제 하면 다들 딘타이펑만 떠올리지만, 이곳은 결코 딘타이펑에 뒤지지 않는 각종 만두와 요리를 선보이고 있고 가격도 저렴해서 현지인들이 선호하는 맛집이다. 얇은 만두피 속에 성글게 다진 고기가 일품이며, 타이완의 만두가 얼마나 다양한지 알게 되는 곳이기도 하다. 30g의 샤오룽바오小籠包 속에는 돼지고기와 국물이 가득해 생각만 해도 침이 고이게 한다. 1층은 만두를 만드는 곳, 2층이 식사하는 공간이다. 한국어 메뉴판이 있어 쉽게 주문할 수 있다.

台北市 大安區 永康街 28-1號 ☎ 02-2341-6980 09:00~21:00(수요일 휴무) NT$100~ MRT 둥먼(東門) 역 5번 출구에서 융캉제 방향으로 도보 10분.

8% ICE

MAPECODE 17094

인공첨가물을 사용하지 않은 아이스크림만을 판매하는 8% ICE는 융캉제의 핫플레이스다. 아이스크림 이외에 말차도 있으며 아이스크림 종류가 많아 고르기 어렵다면 오늘의 특별 아이스크림을 추천한다. 브랜드 8%의 의미는 이탈리아식 아이스크림 젤라또의 저지방 함량을 뜻한다.

台北市 大安區 永康街 23巷 6號 1樓 ☎ 02-2394-5566 www.facebook.com/8percentice.bistro 금~토요일 11:00~22:00, 일~목요일 11:00~21:30 아이스크림 NT$100, 젤라토 NT$100 MRT 둥먼(東門) 역 5번 출구에서 도보 5분.

회류 回留 후이류

MAPECODE 17095

20여 년간 차 문화에 대해 남다른 관심과 사랑을 가져 온 주인이 운영하는 찻집이다. 중국 차를 처음 접하는 여행자에게는 간단한 다도 시범을 보여 주고 좋은 차를 음미하는 방법을 알려 준다. 내부에는 도예가인 주인이 만든 도자기 작품들이 전시되어 있어 마치 갤러리에 들어온 듯하다. '다시 돌아와 머물고 싶다.'라는 뜻의 이름처럼 저절로 발길이 가는 곳이다.

台北市 大安區 永康街 31巷 9號 ☎ 02-2932-6707 10:00~21:30 NT$150~ MRT 둥먼(東門) 역 5번 출구에서 융캉제 방향으로 직진, 융캉 공원(永康公園) 공원 뒷편.

카페 리베로

MAPECODE 17096

Cafe Libero 咖啡小自由 카페이 샤오쯔유

오래된 건축물을 카페로 개조하면서 옛 스타일을 제대로 살려서, 마치 옛날 영화 속으로 들어온 듯한 착각이 드는 카페이다. 내부는 카페와 바, 그리고 케이크 숍 'Le petit patissier雷斯理'의 세 구역으로 구분지어 있다. 위스키가 들어 있는 달콤한 초콜릿이 NT$250, 아메리카노가 NT$180으로, 가격은 다소 부담될 수 있지만 분위기가 특별한 곳이다.

台北市 金華街 243巷 1號 ☎ 02-2356-7129 www.facebook.com/LiberoCoffeeBar 11:00~23:00 NT$180~ MRT 둥먼(東門) 역 5번 출구에서 융캉제 방향으로 직진, 융캉제 좌측 뒤편 골목에 있다.

파미르 신장 요리

MAPECODE 17097

帕米爾新疆菜 파미얼 신장차이

융캉제에는 세계 각국의 음식을 맛볼 수 있는 이국적인 음식점들이 즐비하다. 그중에서도 중국 신장 요리 전문점인 이곳은 예약을 해야 먹을 수 있는 초인기 음식점이다. 이곳의 주인은 어린 시절 부산에 살았던 경험이 있어 한국어가 가능하니, 주문할 때 도움을 받을 수도 있다. 1인당 NT$300 정도면 맛좋고 푸짐한 신장 요리로 식사를 할 수 있다.

台北市 中正區 羅斯福路 3段 286巷 4弄 12號 ☎ 02-2367-3707 11:30~14:30, 17:30~21:30(월요일 휴무) NT$200~ MRT 궁관(公館) 역에서 도보 7분.

e-2000

MAPECODE 17098

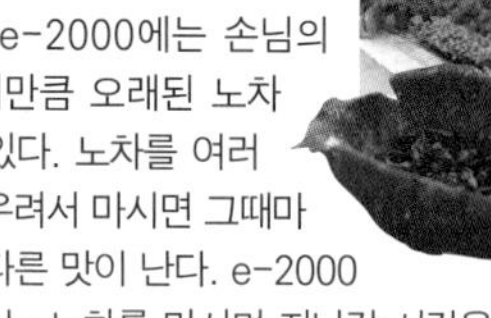

타이완에 와서 노차老茶 라오차를 마셔 보지 못한다면 정말 아쉽다. 노차란 제조된 지 오래된 차를 뜻하는데, 오랜 시간 숙성되어 깊은 맛을 내는 것이 특징이다. e-2000에는 손님의 나이만큼 오래된 노차가 있다. 노차를 여러 번 우려서 마시면 그때마다 다른 맛이 난다. e-2000에서는 노차를 마시며 지나간 시간을 맛으로 음미해 볼 수도 있고 노차를 구입할 수도 있다.

台北市 大安區 永康街 54號 ☎ 02-2568-2677, 0936-078-595 영업 시간이 일정하지 않으니 방문 전에 연락하고 가는 것이 좋다. 노차 구입가 NT$500~ MRT 구팅(古亭) 역 5번 출구에서 도보 10분, 융캉제 중간에 위치.

미니멀 카페

MAPECODE 17099

Minimal Cafe 極簡 지젠

카페에 온 손님이 사람인지 고양이인지 알 수 없는 곳이 있다. 예쁜 고양이들이 사람보다 더 자유롭게 놀고 있는 미니멀 카페는 고양이들의 천국이다. 이곳에 찾아온 손님들은 고양이들을 사진에 담느라 분주하다. 이 카페에서는 고양이를 실컷 볼 수 있을 뿐만 아니라 타이완에 살고 있다면 분양도 받을 수 있다.

台北市 大安區 泰順街 2巷 42號 ☎ 02-2362-9734 12:00~23:00 NT$180~ MRT 타이뎬다러우(台電大樓) 역 3번 출구에서 도보 6분.

일지헌

일지헌 一之軒 이즈쉬안 MAPECODE 17100

MRT 구팅古亭 역이나 타이뎬다러우台電大樓 역에 내려 사범 대학 방향으로 가다 보면 유난히 빵집이 많이 보인다. 타이완은 프랜차이즈 빵집보다 각자의 기술을 고수하며 자신만의 스타일로 승부하는 빵집이 많은 것이 특징이다. 타이완 여행 중 길에서 빵집을 발견하면 망설이지 말고 들어가 구경해 보자. 다양한 빵을 구경하고 골라 먹는 재미가 있다.

台北市 師大路 53號 ☎ 02-2362-0425 www.ijysheng.com.tw 07:00~23:00 NT$50~ MRT 타이뎬다러우(台電大樓) 역 3번 출구에서 사범 대학 방향으로 도보 6분.

메이 제이 may J MAPECODE 17101

대학가 음식점은 어느 나라나 비슷하다. 학생들의 주머니 사정을 고려해 값이 싸고 맛있고 양이 많아야 한다. 타이완 사범 대학 주변에도 이 세 가지를 완벽하게 충족시키는 음식점이 많다. 메이 제이는 재료가 풍부하고 가격은 그에 비해 저렴한 훠궈火鍋를 맛볼 수 있는 음식점이다. 참고로 훠궈란 일종의 샤부샤부로, 국물이 끓으면 야채와 고기, 그리고 밥이나 국수를 탕에 넣어 익혀 먹는 음식이다. 이곳에서는 혼자서도 훠궈를 먹을 수 있다.

台北市 大安區 雲和街 21號 ☎ 02-2367-0022 11:00~15:00, 17:00~22:30 NT$250~ MRT 타이뎬다러우(台電大樓) 역 3번 출구에서 사범 대학 방향으로 도보 5분, 왼쪽 길에 있다.

타이베이의 고양이들

타이베이를 걸어 다니다 보면 길에서 개와 고양이를 쉽게 만나게 된다. 한국에서는 이제 길에서 개나 고양이를 만나는 일이 드물어졌기 때문에 다소 놀랄 수도 있다. 그렇지만 동물을 몹시 사랑하는 사람이라면 타이베이를 사랑하게 될 것이다. 길고양이만 쫓아다니며 사진을 찍어도 무척 재미있는 곳이 타이베이 골목길이기 때문이다.

비노 비노

비노 비노 VINO VINO

MAPECODE 17102

우리나라 홍대나 신촌 같은 대학가를 연상시키는 사대 주변은 주말이면 거리에서 열리는 공연으로 흥겹다. 바로 거리 공연이 열리는 공원 근처에 위치해 있어 공연도 즐기고 맥주 한잔을 하며 주말을 보내기에 딱 좋은 카페이다.

台北市 師大路 80巷 2號 ☎ 02-2362-1167 11:00~03:00 NT$100~500 MRT 타이뎬다러우(台電大樓) 역 3번 출구에서 사범 대학 방향으로 도보 5분, 왼쪽 길에 있다.

자등려 紫藤廬 쯔텅루

MAPECODE 17103

타이완 대학과 마주 보는 신성남로新生南路에는 차향을 물씬 풍기는 오래된 찻집이 있다. '보라색 등나무 오두막'이라는 뜻의 찻집 이름처럼 정원 한가운데에 보라색 등나무 덩굴이 있다. 이곳은 원래 일제 강점기 타이완 총독부의 관사였는데, 해방 후 타이베이시 문화국의 위탁을 받아 찻집으로 운영되고 있다. 70년대부터 지금까지 타이완 민주 인사와 예술 문화 인사들의 모임 장소이자, 각종 예술 전시 및 강연 장소로 애용되고 있다. 고풍스러운 분위기의 실내는 유명한 영화 〈음식남녀〉에 등장하기도 했다. 실내는 좌식이며 차 관련 용품을 파는 숍과 갤러리가 있다.

台北市 新生南路 三段 16巷 1號 ☎ 02-2363-7375, 02-2363-9459 10:00~22:00 www.wistariateahouse.com NT$160 MRT 타이뎬다러우(台電大樓) 역, 궁관(公館) 역, 구팅(古亭) 역에서 도보 10~15분.

★톡톡★ 타이완 이야기

찻집 자등려가 나오는 영화 〈음식남녀飮食男女〉

중국에는 '누군가와 친해지려면 식사를 함께 하라.'라는 격언이 있다. 식사라는 행위는 생존 양식이지만 커뮤니케이션의 도구가 될 수도 있기 때문이다. 영화 〈음식남녀〉에서 음식은 관계를 맺어 주는 도구로 등장하며, 가족 간의 사랑을 확인하는 매개가 된다. 이 영화는 유명한 타이완 리안李安 감독의 1994년 작품으로 프랑스 요리 못지않은 중국 음식의 환상적인 볼거리를 보여 준다.

소이프레소

Soypresso 二吉軒豆乳

MAPECODE 17182

콩으로 만든 아이스크림과 두유를 판다. 융캉제의 거의 끝에 있지만, 많은 사람들이 찾는 아이스크림 가게다. 오리지널은 설탕이 들어가지 않은 맛이므로 단맛을 좋아한다면 다른 맛을 고르도록 하자. 2층에도 매장이 있으니 융캉제를 구경하고 쉬어 가기 위해 들러도 좋다.

台北市 大安區 金華街 223-13號 ☎ 02-2396-7200 07:00~22:00 NT$45~ MRT 둥먼(東門) 역 5번 출구에서 융캉제 방향으로 직진, 도보 5분.

카페 놈놈 Nom Nom

MAPECODE 17183

카페 안에 들어서면 예술 작품과 공예품, 식물이 절묘하게 어우러져 있는 모습에 감탄하게 된다. 늦은 시간까지 브런치 메뉴를 판매하는 카페로 다소 가격대가 높지만 분위기가 좋아 여행 중 쉬어 가기 좋다. 직접 구워 판매하는 베이커리 중에서는 애플파이가 특히 맛있다. 다만 콘센트를 사용하기 위해서는 NT$20을 지불해야 한다.

台北市 大安區 潮州街 137號 ☎ 02-2358-3530 월~금요일 11:00~21:00, 토~일요일 09:00~22:00(목요일 휴무) www.facebook.com/nomnomtaipei NT$300~ MRT 둥먼(東門) 역 5번 출구에서 소이프레소를 지나 직진, 도보 10분.

신이
信義

타이완에서 가장 현대적이고 세련된 쇼핑 타운

타이완에서 가장 현대적이고 세련된 장소를 찾는다면 신이 계획 지구信義計畫區 신이 지화취를 추천한다. 타이베이의 랜드마크인 타이베이 101 빌딩台北國際金融大樓, 타이베이 시청台北市政府, 타이베이 세계 무역 센터台北世界貿易中心 등 중요 시설들이 집중되어 있으며, 타이완의 금융과 각종 산업을 대표하는 회사들의 본점이 위치해 있어 우리나라의 여의도와 같은 비즈니스 타운이 형성되어 있다. 또한 백화점과 호텔, 영화관, 클럽, 고급 빌라도 이 지역에 밀집해 있어 흔히 신이 계획 지구를 '타이베이의 맨하탄'이라고도 부른다. 메인 스트리트를 따라 고급 브랜드 매장과 백화점들이 줄을 잇고 있는 이 지역은 타이베이의 대표적인 명품 쇼핑가로 손꼽힌다.

Access MRT 스정푸(市政府) 역 하차.

신이
푸진제 富錦街
무지개 강변 공원
彩虹河濱公園
민생 초등학교
民生國小
민성둥루 民生東路
쑹산 구
松山區
모스 버거
MOS BURGER
옌서우제 延壽街
민생 공원
民生公園
상산루 行善路
서송 고등학교
西松高中
삼군 쑹산 병원
三軍松山醫院
환둥다다오 環東大道
젠캉루 健康路
서송 초등학교
西松國小
지룽허 基隆河
라오허제 관광 야시장
饒河街觀光夜市
난징둥루 南京東路
MRT 난징싼민 역
捷運南京三民站
라오허제 饒河街
MRT 쑹산 역
捷運松山站
바더루 八德路
중륜 고등학교
中崙高中
쑹산 기차역
松山火車站
경화성 리빙 몰
京華城 Living Mall
시립 흥아 초등학교
市立興雅國小
우펀푸 의류 시장
五分埔成衣市場
쑹룽루 松隆路
융지루 永吉路
스민다다오 市民大道
쑹산 문화 창의 단지
松山文化創意園區
시립 영춘 초등학교
市立永春國小
MRT 궈푸지녠관 역
捷運國父紀念館站
MRT 스정푸 역
捷運市政府站
MRT 융춘 역
捷運永春站
중샤오둥루 忠孝東路
한큐 백화점
統一阪急百貨
싱야루 興雅路
스시립 광복 초등학교
市立光復國小
성품 서점
誠品書店
벨라비타
BELLAVITA 寶麗廣場
국부 기념관
國父紀念館
쑹가오루 松高路
신광 미츠코시 백화점
新光三越百貨信義新天地
타이베이 탐색관
台北探索館
런아이루 仁愛路
흥아 중학교
興雅國中
그랜드 하얏트 타이베이 호텔
Grand Hyatt Taipei Hotel
台北君悅大飯店
타이베이 산업 발전국
台北市政府產業發展局
박애 초등학교
博愛國小
네오 19
neo19
타이베이 101 빌딩
台北國際金融大樓
위수 영화관
Vie Show Cinemas
威秀影城
신이루 信義路
MRT 타이베이 101 · 스마오 역
捷運台北101 · 世貿站
MRT 샹산 역
捷運象山站
사사남촌
四四南村
쑹친제 松勤街
타이베이 시립 요양원 도서관
台北市立療養院圖書館
신의 공민 회관
信義公民會館
쑹핑루 松平路
신의 중학교
信義國中
삼흥 초등학교
三興國小
신이 구
信義區
미스터 제이
Mr.J 義法廚房
샹산
象山
타이베이 의학 대학교
台北醫學大學

타이베이의 랜드마크

타이베이 101 빌딩

MAPECODE 17104

台北國際金融大樓 타이베이 궈지 진룽 다러우

매해 열리는 새해맞이 불꽃 축제

'타이베이 국제 금융 빌딩'이라는 정식 명칭보다는 '타이베이 101 빌딩'이라는 이름으로 더 알려져 있는 이곳은 항상 많은 관광객이 몰리는 타이베이의 랜드마크이다. 한때 세계에서 가장 높은 빌딩이었던 이 건물의 높이는 508m에 이르며 지상 101층, 지하 5층으로 이루어져 있다. 1분당 1,010m의 속도를 자랑하는 엘리베이터는 기네스 세계 기록을 세우기도 했다.

마치 하늘로 뻗은 대나무 위에 꽃잎이 겹겹이 피어난 것처럼 보이는 이 빌딩은 8층씩 총 8개의 마디로 구분되어 있다. 이는 타이완 사람들이 숫자 '8'을 길한 숫자로 여겨서 매우 좋아하기 때문이다.

지하 1층부터 지상 5층까지는 세계 각국의 요리를 맛볼 수 있는 식당가와 전 세계 유명 브랜드가 한자리에 모여 있는 고급 쇼핑몰이 자리 잡고 있는데, 유명한 딤섬 식당인 딘타이펑鼎泰豐과 타이베이에서 가장 넓은 커피숍도 바로 이곳에 있다. 9층부터 84층까지는 은행과 증권 회사 등 금융 기업들이 자리하고 있으며 85~87층은 전망대 식당, 89층에는 실내 전망대, 91층 실외 전망대가 있다. 높이 382m의 89층 전망대에서는 빌딩의 진동을 제어해 주는 거대한 추Wind Damper도 볼 수 있고, 엽서를 보낼 수 있는 우체통도 있다. 91층 옥외 전망대는 날씨가 좋을 때만 개방되는데 높이 508m에서 느끼는 바람은 이곳에서만 느낄 수 있는 새로운 감동이다.

타이베이 101 빌딩의 전망대에서 보는 환상적인 야경은 타이완에서 놓쳐서는 안 될 볼거리이다. 특히 해마다 열리는 새해맞이 불꽃 축제는 이 빌딩의 하이라이트로, 평생 잊을 수 없는 멋진 순간을 선물해 줄 것이다.

89층 전망대의 우체통

🏠 台北市 信義路 五段 7號 ⓘ www.taipei-101.com.tw ☎ 02-8101-8800 🚌 MRT 타이베이 이링이·스마오(台北101/世貿) 역 4번 출구에서 도보 14분 / MRT 스정푸(市政府) 역 2번 출구에서 도보 또는 101번 무료 셔틀버스 이용. / MRT 스정푸(市政府) 역에서 537, B5, 266번 버스를 타고 101빌딩 하차.

쇼핑센터

⏰ 일~목 11:00~21:30, 금~토·공휴일 전날 및 당일 11:00~22:00

전망대

🏠 매표소 및 전용 엘리베이터 입구 : 타이베이 101 쇼핑몰 5층 ☎ 문의 02-8101-8898, 단체 예약 02-8101-8899 ⏰ 09:00~22:00 (입장권 판매 및 입장은 09:00~21:15) ⓦ 일반 NT$600 / 어린이·학생(115cm 이상) NT$540

전망대에서 바라본 타이베이 야경

쇼핑센터와 식당

MAPECODE 17105

국부 기념관 國父紀念館 궈푸 지녠관

국부 쑨원을 기념하기 위한 공간

국부國父란 신해 혁명으로 청나라를 무너뜨리고 중화민국을 건국한 쑨원孫文(1866~1925)을 가리킨다. 국부 기념관은 10만m²의 넓은 대지에 30m가 넘는 높이의 거대한 건물이 우뚝 서 있어 매우 웅장한 느낌을 준다. 로비에는 쑨원 선생의 대형 동상이 있으며, 2,500석 규모의 대회당과 전시실, 도서관 등의 시설을 갖추고 있다. 이곳에서는 다양한 국내외 문화 예술 행사가 거행되며, 금마상·금종상·문화상 등 각종 시상식도 개최되곤 한다. 가장 큰 볼거리는 로비에서 매시 정각에 열리는 위병 교대식으로, 이 절도 있고 멋진 의식을 보기 위해 많은 관광객들이 몰리고 있다.

台北市 信義區 仁愛路 4段 505號 ☎ 02-2758-8008 www.yatsen.gov.tw 09:00~18:00(월요일 휴관) / 위병 교대식 09:00~17:00(매시 정각에 시작) MRT 궈푸지녠관(國父紀念館) 역 4번 출구에서 중샤오둥루(忠孝東路) 방향으로 도보 3분.

MAPECODE 17106

타이베이 탐색관
台北探索館 타이베이 탄쒀관

타이베이를 한눈에 읽을 수 있는 곳

타이베이를 한눈에 보고 싶다면 타이베이 시청台北市政府 타이베이스 정푸 내에 있는 타이베이 탐색관으로 가 보자. 이곳은 타이베이의 역사와 문화의 발자취를 정리해 놓은 박물관으로, 1층에 있는 타이베이 인상관에서는 국내외 인사들이 타이베이에 대한 자신의 인상을 소개하는 영상이 나오며, 2층 특별 전시관에서는 타이베이에 관한 다양한 테마의 특별 전시를 정기적으로 열고 있다. 3층 도시 탐색관에서는 타이베이 주요 도로의 변천사를 비롯해 도시의 발전 과정을 볼 수 있고, 4층 시공 대화관에서는 타이베이의 옛 성곽과 원주민의 생활상 등 과거의 역사가 전시되어 있다. 한국어 자료는 없지만 미니어처 모형과 사진, 영상 등 다양한 시각 자료가 전시되어 있어, 타이베이의 어제와 오늘, 미래를 한눈에 쉽게 이해할 수 있으니 시간이 된다면 한번 들러 볼 만하다.

국부 기념관 내부

국부 기념관 내부

🏠 台北市 信義區 市府路 一號 ☎ 02-2720-8889 ℹ discovery.gov.taipei ⊘ 09:00~17:00(월요일, 공휴일 휴관) 🚇 MRT 스정푸(市政府) 역 2번 출구에서 도보 10분.

MAPECODE **17107**

신광 미츠코시 백화점
新光三越百貨信義新天地 신광싼웨 바이훠 신이 신톈디

타이완에서 가장 큰 규모의 백화점

신광 미츠코시 백화점은 일본 미츠코시 백화점 계열로, 타이완 전국에 10여 개의 지점을 갖고 있다. 이 백화점의 신이 신천지 지점은 각 연령층의 소비자를 겨냥하여 A4, A8, A9, A11 등 4관으로 되어 있다. 휴일이 되면 4개의 매장을 연결하는 실외 공간에서는 각종 이벤트가 열려 사람들의 이목을 집중시키며, A8관의 7층 활동회관, A9관의 9층 연회 공연장, A11관의 6층 문화관에서는 이벤트 상품의 판매 외에도 화제가 되고 있는 테마 전시회 등을 개최하고 있어, 쇼핑뿐 아니라 문화면에서도 풍성한 볼거리를 제공하고 있다.

🏠 A4관 台北市松高路19號 / A8관 台北市松高路12號 / A9관 台北市松壽路9號 / A11관 台北市松壽路11號 ☎ A4관 02-8789-5599 / A8관 02-8780-9966 / A9관 02-8780-5959 / A11관 02-8780-1000 ℹ www.skm.com.tw ⊘ 11:00~21:30, 휴일 하루 전 11:00~22:00 🚇 MRT 스정푸(市政府) 역 2번 출구에서 도보 5분.

MAPECODE **17108**

벨라비타
BELLAVITA 寶麗廣場 바오리 광창

유럽풍의 고전적 우아함을 자랑하는 백화점

성품 서점 신이점誠品信義旗艦店에서 쑹가오루松高路를 따라 10분 정도 걸어가면 최고급 백화점 벨라비타에 도착할 수 있다. 3만 평이 넘는 넓은 면적에, 건축 양식은 유럽풍의 고전적인 우아함과 현대적인 모던함을 융합시켰다. 감각적이고 화려한 분위기의 백화점 안에는 해외 명품 브랜드의 매장이 다수 입점해 있다.

🏠 台北市 信義區 松仁路 28號 ☎ 02-8729-2771 ℹ www.bellavita.com.tw ⊘ 일~목 10:30~22:00, 금~토 10:30~22:30 🚇 MRT 스정푸(市政府) 역 3번 출구에서 도보 5분.

MAPECODE **17109**

위수 영화관 Vie Show Cinemas
威秀影城 웨이슈 잉청

아시아 최고의 시설을 자랑하는 영화관

타이완에서 영화를 관람하고 싶다면 위수 영화관이 가장 좋은 선택이다. 이 대형 멀티플렉스 영화관에는 총 17개의 상영관이 있어서 최신 개봉작을 빠짐없이 상영할 뿐만 아니라, 초대형 곡면 스크린과 축구장 방식의 좌석 배열을 갖추고 있어 시설면에서도 흠잡을 데 없다. 또한 타이완에서는 유일하게 THX 세계 표준 음향 환경 인증을 받은 표준 상영관으로 완벽한 음향 효과를 제공하고 있다. 높은 등받이 소파 의자는 영화를 보면서 편안하게 음료나 팝콘 등의 간식을 놓고 먹을 수 있도록 설계되어 있고 연인들을 배려해 팔걸이를 자유롭게 조절 가능하다. 또한 건물 안에는 영화 상영관 이외에도 각종 음식점과 패션 숍 등이 함께 있어 영화를 본 후 식사를 하거나 쇼핑을 하기 좋은 곳이다.

台北市 松壽路 20號 ☎ 02-8780-5566 www.vscinemas.com.tw MRT 타이베이 이링이·스마오(台北101/世貿) 역에서 도보 4분.

MAPECODE 17110

사사남촌 四四南村 쓰쓰난춘

옛 시간을 간직한 군인촌의 재발견

신이 공민 회관信義公民會館 안에 위치한 사사남촌은 소위 '권촌眷村' 중의 하나이다. 권촌은 1949년 이후 중국 대륙에서 건너온 군인 등이 정착한 마을을 가리키는데, 사사남촌은 군납 무기를 제조하는 공장 직원들과 그 가족이 살았던 곳으로 대륙에서 이주해 온 사람들의 웃음과 눈물 섞인 이야기가 깃들어 있다. 2000년대에 들어와서 시 당국에서는 낙후한 이 지역을 재개발하기 위해서 주민들을 이주시키고 사사남촌의 대부분을 철거하였지만, 그중 4동의 건물은 보존하여 2003년 신이 공민 회관 및 문화 공원으로 개관하였다.

그 후 옛 가옥들의 내부는 예술 문화의 전시 공간으로 활용되고 있으나, 외관은 여전히 군인촌의 낮고 소박했던 모습을 그대로 잘 보존하고 있다. 이곳에는 사사남촌 유물 기념관과 굿 초Good Cho's 好,丘 레스토랑이 자리하고 있으며, 주말에는 중앙의 뜰에 벼룩시장도 열려 점차 많은 사람들이 찾는 곳이 되었다.

비좁은 옛 골목길은 복고적인 분위기를 물씬 풍기고 있어 사진 마니아들의 출사지로 주목을 받고 있다. 특히 하늘을 찌를 듯이 높게 올라간 최첨단 건물인 타이베이 101 빌딩을 배경으로, 낮고 오래된 군인 숙소들이 줄지어 서 있는 풍경은 아

주 대조적이고 특별한 느낌을 전해 준다.

台北市 信義區 松勤街 50號 ☎ 02-2723-7937 09:00~17:00(월요일, 공휴일 휴관) MRT 타이베이 이링이·스마오(台北101/世貿) 역 2번 출구에서 도보 3분.

MAPECODE 17111

쑹산 문화 창의 단지 松山文化創意園區 쑹산 원화 창이 위안취

디자인과 아이디어 산업의 기지

이곳은 원래 1937년 세워진 타이완 최초의 담배 공장이었다. 비록 공장이지만 건축면에서 볼 때, 수평 시선이 강조되었고 건물과 건물 사이의 공간이 여유 있으며, 건축 양식이 간결하고 우아하며 장식 벽돌, 유리 및 구리 못 등의 자재도 모두 특별히 주문 제작된 것을 사용하여 당시 공장의 모델로 손꼽힌 곳이었다.

1998년에 생산이 중단되자 2001년에 타이베이시에서는 이곳을 유적지로 지정하고, 생동감 있는 문화 예술 공간으로 탈바꿈시켰다. 단지의 전체 면적은 6.6ha에 이르는데, 크게 세 구역으로 구분하였다. 사무 청사, 1~5호 창고, 담배 공장, 보일러실이었던 곳은 유적지 구역이고, 검사실, 기계 수리실, 육아실이 있었던 곳은 역사 건물 구역이며, 바로크 화원, 생태 경관 연못, 목욕탕, 멀티 전시실이 있는 곳은 특색 건물 구역으로 구분된다. 또한 타이완 창의 디자인 센터와 합작하여 '타이완 디자인관台灣設計館'을 설치하고, 유리 공예품 업체인 '유리 공방琉璃工房'의 작품 갤러리를 두는 등 단지 내의 공간을 문화 예술 공간으로 재

쑹산 문화 창의 단지

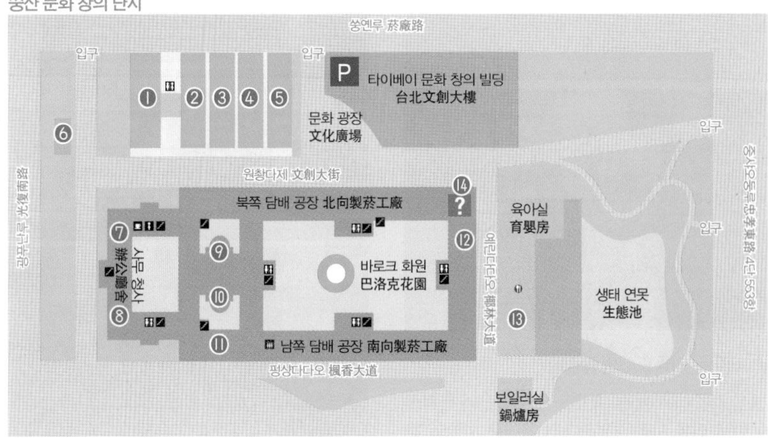

❶ 1호 창고 1號倉庫
❷ 2호 창고 2號倉庫
❸ 3호 창고 3號倉庫
❹ 4호 창고 4號倉庫
❺ 5호 창고 5號倉庫
❻ 검사실 檢查室
❼ 타이완 디자인 設計 · 點
❽ 레드 도트 디자인 박물관 台北紅點設計博物館
❾ iF 디자인 藝符設計
❿ 타이완 디자인관 台灣設計館
⓫ 아메리칸 이노베이션 센터 美國創新中心
⓬ 송연 갤러리 松菸小賣所
⓭ 소산당 레스토랑 小山堂餐廳
⓮ 인포메이션 센터 園區服務中心

활용하고 있으며, 그 밖에도 카페, 레스토랑, 디자인 소품 상점 등을 입점시켜 디자인과 아이디어 산업의 기지로 발전시켰다.

이곳에서는 1년 내내 다채로운 전시와 공연이 열려 관광객들에게 좋은 볼거리를 제공하고 있으며, 작은 숲이 어우러진 공원이 함께 있어 타이베이 사람들의 도심 속 휴식처로 사랑받는 곳이 되었다. 2013년에는 바로 옆에 갤러리, 대형 서점, 영화관, 쇼핑몰, 레스토랑, DIY 제작소 등 다양한 매장이 들어서 있는 성품 생활 빌딩誠品生活松菸店 청핀 성훠 쑹옌뎬이 들어서면서 이 지역이 타이베이에서 가장 트렌디한 장소로 떠오르고 있다.

台北市 信義區 光復南路 133號 ☎ 02-2765-1388 www.songshanculturalpark.org 단지 내 실내 구역 09:00~18:00, 단지 내 야외 구역 08:00~22:00, 단지 외 생태 경관 연못 주변을 포함한 구역 24시간 개방 MRT 스정푸(市政府) 역 1번 출구에서 도보 5분 / MRT 궈푸지녠관(國父紀念館) 역 5번 출구에서 도보 4분.

MAPECODE 17112

우펀푸 의류 시장
五分埔成衣市場 우펀푸 청이 스창

타이완 의류 도매의 집결지

쑹산 기차역松山火車站 쑹산 훠처잔 맞은편에 위치한 우펀푸 의류 시장은 우리나라 동대문 시장과 같은 곳으로 타이완 의류 도매의 집결지이다. 이곳은 최신 트렌드의 패션을 최저 가격으로 구입하려는 사람들로 활기가 넘친다. 상점 수는 셀 수 없이 많고 일본, 한국, 홍콩, 태국, 중국 등에서 들어온 개성 있는 의류와 관련 상품들이 눈을 즐겁게 한다. 쇼퍼홀릭이라면 다리가 아파서 못 걸을 때까지 쇼핑을 즐길 수 있는 곳이라고 할 수 있다. 특히 매주 월요일은 도매상의 날로, 이날에는 전국 각지에서 찾아온 소매상들이 커다란 보따리를 들고 이 가게에서 저 가게로 분주히 누비고 다니는 모습을 볼 수가 있다. 물론 도매상뿐 아니라 일반인들도 구매 가능하다.

台北市 信義區 永吉路 12:00~24:00(가게마다 다름) MRT 허우산피(後山埤) 역 1번 출구에서 도보 10분.

MAPECODE 17113

라오허제 관광 야시장
饒河街觀光夜市 라오허제 관광 예스

타이베이의 두 번째 관광 야시장

타이베이에서 두 번째로 지정된 관광 야시장인 라오허제 관광 야시장에서는 갖가지 먹을거리와 일상 잡화를 판매하며 민속 기예 공연과 토산품 전시도 열린다. 옛날에는 이 일대가 지룽허基隆河 강변의 포구였는데, 당시에는 물이 깊어 배가 드나들던 큰 상권이었으나 현대에 와서는 크게 쇠퇴하였고, 타이베이 시에서 이곳의 상권을 부흥시키기 위해 관광 야시장으로 지정하였다. 야시장은 라오허제饒河街 서쪽부터 시작해 약 600m 정도의 길이인데, 음식만 있는 것이 아니라 의류에서부터 장신구, 생활용품, 간식에 이르기까지 각종 상품을 판매하고 있는 것이 특징이다. 무엇보다 다른 야시장에 비해 가격이 저렴해서 많은 사람들이 비교적 먼 이곳까지 찾아온다. 라오허제 야시장에서 맛있는 간식을 맛보았다면 빠뜨리지 말고 디저트로 과일 주스를 마셔 보자. 타이완은 갖가지 과일이 넘치는 과일 천국이라 거의 모든 과일 주스가 다 맛있다.

台北市 八德路 4段과 松河街 사이의 饒河街 ☎ 02-2763-5733 16:00~24:00 MRT 허우산피(後山埤) 역 1번 출구에서 도보 15분.

Travel Tip

라오허제 관광 야시장의 명물 '후자오빙'

야시장 입구에 도착하자마자 심상치 않은 줄을 만나게 되는데, 후추빵 '후자오빙胡椒餅'을 사려는 사람들의 줄이다. 이곳의 후자오빙 가게가 바로 원조 1호점이다. 두툼한 밀가루 반죽에 육즙이 많은 돼지고기와 파, 후추 등으로 속을 채워 찐빵처럼 둥글게 굴려서 모양을 만든 다음, 난로같이 생긴 솥 안에 하나씩 넣고 구워서 완성한다. 빵 껍질은 바삭바삭하게 구워져 겹겹이 부서지며, 후추를 사용해서 고기 냄새를 제거하고 숯으로 구워서 더욱 맛있다.

네오 19 neo19

MAPECODE 17114

낮에는 세련되고 고급스러운 레스토랑으로 운영되며, 주 메뉴는 이탈리아와 미국식 요리이다. 이곳은 부담스럽지 않은 가격과 준수한 외모의 종업원들로 유명하며, 인테리어도 우아하고 깔끔하다. 저녁 9시 이후에는 조명 밝기를 낮추고 촛불을 밝혀 라운지 바의 분위기를 자아낸다. 또한 이곳에서는 타이완의 가수들이 처음으로 음반을 선보이는 데뷔 무대를 갖기도 한다.

台北市 松壽路 22號 ☎ 02-2345-8819 www.neo19.com.tw 12:00~03:00 NT$300~ MRT 상산(象山) 역 3번 출구에서 도보 7분.

미스터 제이

Mr.J 義法廚房 이파추팡

MAPECODE 17115

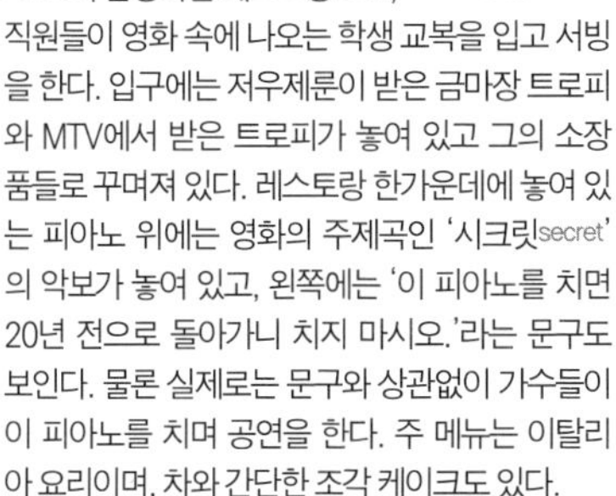

영화 〈말할 수 없는 비밀〉의 모티브가 되었던 신비로운 피아노를 직접 볼 수 있는 레스토랑이 있다. 이곳은 영화의 감독 및 주연을 맡았던 저우제룬周杰倫이 운영하는 레스토랑으로, 직원들이 영화 속에 나오는 학생 교복을 입고 서빙을 한다. 입구에는 저우제룬이 받은 금마장 트로피와 MTV에서 받은 트로피가 놓여 있고 그의 소장품들로 꾸며져 있다. 레스토랑 한가운데에 놓여 있는 피아노 위에는 영화의 주제곡인 '시크릿secret'의 악보가 놓여 있고, 왼쪽에는 '이 피아노를 치면 20년 전으로 돌아가니 치지 마시오.'라는 문구도 보인다. 물론 실제로는 문구와 상관없이 가수들이 이 피아노를 치며 공연을 한다. 주 메뉴는 이탈리아 요리이며, 차와 간단한 조각 케이크도 있다.

台北市 吳興街 250號, 타이베이 의학 대학(台北醫學大學) 내 ☎ 02-2377-9090 www.mrj-tw.com 11:30~22:00 NT$300~ MRT 스정푸(市政府) 역 2번 출구로 나와 타이베이 의학 대학(台北醫學大學) 무료 셔틀버스 이용.

카페 길상초

Buddha Tea House 吉祥草茶館 지샹차오차관

MAPECODE 17116

30년 이상의 경력을 가진 제다製茶 전문가가 운영하고 있는 찻집이다. 최상의 차를 맛볼 수 있는 만큼 마치 애써 찾아와야 한다는 듯, 잘 알려지지 않은 쑹산지창宋山機場 맞은 편 푸진제富錦街에 위치해 있다. 최상의 품질을 자랑하는 여러 차 중에서도 일월담에서 재배된 감미로운 향기의 홍차를 추천한다. 차와 함께 케이크 등 간단한 간식을 곁들일 수 있다는 것도 이곳의 장점이다. 찻집을 찾기 위해 걸어 들어가는 푸른 숲길 사이의 푸진제富錦街 거리는 개성 넘치는 상점들이 숨어 있는 곳이다. 오가는 길을 자세히 살펴보면 한국 관광객들에게는 잘 알려져 있지 않은 명소를 발견할 수 있을 것이다.

台北市 松山區 富錦街 114號 ☎ 02-2718-7035 www.facebook.com/BuddaTeaHouse 11:00~23:00 차 NT$180~ MRT 쑹산지창(宋山機場) 역 3번 출구에서 맞은 편으로 도보 10분.

마오쿵
猫空

도심을 벗어나 아름다운 경치와 차를 즐길 수 있는 곳

흔히 마오쿵猫空이라는 지명만 보고 이곳이 고양이와 관련된 지역이 아닐까 추측하곤 한다. 그러나 사실은 울퉁불퉁한 구멍을 뜻하는 타이완어의 발음을 한자로 표기한 것이기 때문에, 고양이와는 아무 상관이 없다. 이 지역의 하천에는 움푹움푹 구멍이 뚫려 있는 바위가 많아서 붙여진 이름이라고 한다.

마오쿵에는 개인 소유의 크고 작은 차밭이 모여 있는데, 전체적으로 보는 차밭 풍경은 들쑥날쑥해서 아름다운 풍경을 기대하고 찾아가면 다소 실망할 수도 있다. 그러나 타이완 10대 명차인 고산철관음의 생산지이고 타이베이라는 대도시에 위치해 있어 휴식 공간으로 사랑을 많이 받는 곳이다. 산비탈을 따라 곳곳에 위치한 찻집들은 주말이면 아름다운 경치를 즐기려는 나들이 인파로 호황을 이룬다.

Access 마오쿵 MRT 둥우위안(動物園) 역 하차 후 곤돌라를 타거나 棕15번 버스를 이용.

마오쿵
복용 호텔
福容大飯
타이베이 시립 동물원
台北市立動物園
도남 강변 공원
道南河濱公園
MRT 무자 역
捷運木柵站
완팡서취 역
萬芳社區站
타이베이 시립 목책 고등 공업 학교
臺北市立木柵高工
마오쿵란처 둥우위안 역
貓空纜車動物園站
마오쿵란처 둥우위안네이 역
貓空纜車動物園內站
원산 구
文山區
목책 초등학교
木柵國小
정대 부중
政大附中
정치 대학교
政治大學
정치 대학교 도서관
政治大學圖書館
비룡보도
飛龍步道
마오쿵란처 즈난 역
貓空纜車指南站
지남궁
指南宮
지남 초등학교
指南國小
다엽고도
茶葉古道
장산사
樟山寺
천은궁
天恩宮
마오쿵란처 마오쿵 역
貓空纜車貓空站
무자 관광 다원
木柵觀光茶園
삼현궁
三玄宮
묘공간
貓空間
요월 차방
邀月茶坊
용문객잔
龍門客棧
다이라오컹산
待老坑山
타이베이롄루오셴 台北聯絡線
신광루 新光路
무자루 木柵路
완서우루 萬壽路
슈밍루 秀明路
즈난루 2단 指南路二段
즈난루 3단 指南路三段
정다이제 政大一街
다신루 大新路
환산이다오 環山一道
환산얼다오 環山二道
징메이수이다오 景美隧道
푸얼모사 고속도로
福爾摩沙高速道路
즈난시 指南溪
다오난차오 道南橋
완서우차오 萬壽橋
무자수이다오 木柵隧道
106
3
3甲

MAPECODE 17117

타이베이 시립 동물원
台北市立動物園 타이베이 스리 둥우위안

귀여운 판다가 살고 있는 곳

타이베이 시립 동물원은 세계 10대 도시형 동물원 중 하나이다. 총 면적은 182ha로 동남아시아에서 가장 큰 규모의 동물원이다.

동물원 내에는 400종이 넘는 동물들이 있으며 7개의 실내 전시관이 있다. 원내에서만 운행되는 셔틀버스를 타고 안내 녹음을 들으면서 가다 보면 야생 날짐승 구역에 도착하게 되며, 차례대로 양서류와 파충류 동물원을 구경하고 이어 펭귄, 온대 동물, 아프리카 동물, 호주 동물 등을 볼 수 있다. 이곳은 동물의 종류와 서식 환경에 따라 구역이 나뉘어져 있는데, 그중에서 놓쳐서는 안 되는 최고의 인기 동물은 중국에서 온 판다이며, 코알라관과 펭귄관도 인기가 높다.

8개의 옥외 전시 구역은 지리적 환경에 따라 나뉘어져 있다. 그중 염소, 라마, 말, 돼지, 토끼를 가까이서 볼 수 있는 어린이 동물원을 비롯해 타이완 동물 구역과 아프리카 동물 구역이 동물원 온라인 투표에서 가장 인기 있는 전시 구역으로 선정되기도 했다. 타이완 토착 동물 구역에는 꽃사슴, 타이완 흑곰, 타이완 원숭이, 산계 등 타이완 고유 종이 전시되어 있는데, 이들은 모두 타이완에서만 볼 수 있는 동물이다.

台北市 文山區 新光路 二段 30號 ☎ 02-2938-2300 교환 630 관람객 안내 센터 www.zoo.gov.tw 09:00~17:00(입장권 판매 ~16:00까지 / 설 연휴 첫날 휴관) NT$60 MRT 둥우위안(動物園) 역 하차.

MAPECODE 17118

마오쿵 곤돌라
猫空纜車 마오쿵 란처

산 정상을 발 아래로 내려다보는 기회

타이베이 시 최초의 케이블카인 마오쿵 곤돌라가 2007년에 개통되면서, 손쉽게 산 정상에 올라가 마오쿵의 짙푸른 숲을 감상할 수 있게 되었다. 곤돌라는 두 종류로 바닥이 투명한 것과 불투명한 것이 있는데, 바닥이 투명한 곤돌라를 타려는 사람들의 줄이 더 길다. 그것은 산 정상을 발 아래에서 내려다보는 쾌감을 경험할 수 있기 때문이다. 정거장은 동물원動物園, 동물원 내부動物園內, 지남궁指南宮, 마오쿵猫空 등 4군데에 있고 총 길이가 4.03km이며 20여 분이 소요된다. 한 대의 곤돌라에 정원은 8인승이므로, 사람들이 많을 때는 일행이 아니더라도 함께 탑승해야 한다.

台北市 文山區 新光路 2段 30號 ☎ 02-218-12345 www.gondola.taipei 월~목 09:00~21:00(매달 첫 월요일 휴무), 금요일 및 공휴일 전날 09:00~22:00, 토요일 및 공휴일 08:30~22:00, 일요일 및 공휴일 마지막 날 08:30~21:00 동물원 → 동물원 내부 NT$70 / 동물원 → 지남궁 NT$100 / 동물원 → 마오쿵 NT$120(별도의 티켓 구매 없이 이지카드로도 탑승이 가능하다. 이지카드를 사용하면 평일에는 NT$20 할인된다. 중간에서 탑승해서 한 정거장 후 하차할 때의 요금은 NT$70, 두 정거장 후 하차하면 NT$100이다.) MRT 둥우위안(動物園) 역 2번 출구에서 도보 3분.

MAPECODE 17119

지남궁 指南宮 즈난궁

마오콩 최고의 뷰포인트

지남궁은 무자木柵 지역의 즈난산指南山 기슭에 위치해 있다. 도교 8선 중의 하나인 여동빈呂洞賓을 모시는 대규모 도교 사원으로, 도교 이외에도 불교와 유교를 함께 모시고 있다. 총 면적 80ha의 넓은 면적에 4동의 주요 전각과 5동의 부속 건물이 있으며, 주변에는 산책로, 정자, 계곡과 바위 등이 함께 어우러져 절경을 이루고 있다.

청나라 광서 8년(1882년), 단수이淡水 현의 지방관 왕빈림王彬林이 타이완으로 부임해 올 때 여동빈 신상을 모시고 와서 지금의 완화萬華 지역에 있는 옥청재玉清齋에 모셨다고 한다. 훗날 징메이景美 지역에 전염병이 돌아 많은 백성이 죽었는데, 이때 여동빈 신상을 징메이 지역으로 모셔 가니 전염병이 서서히 줄어들기 시작했다고 전해진다. 이에 그곳의 유지들은 여동빈의 은덕을 기리기 위해 사원을 짓기로 하였고, 사경을 헤매다 건강을 되찾은 유씨 성을 가진 지주가 지금의 지남궁 부지를 헌납하였다. 새로 지어진 사원은 '여동빈은 하늘의 남쪽 궁에 거하며, 세인들을 구제의 길로 이끌어 주는 지남침(나침반)과 같은 역할을 한다.'라는 의미에서 '지남궁指南宮'이라고 명명되었다. 청나라 광서 16년(1890년) 처음 건축되었을 당시에는 초라한 초가집에 불과했고 부지도 그다지 넓지 않았으나, 그 후 여러 차례 확장 공사를 거쳐 본전인 순양전純陽殿을 비롯하여 능소보전凌霄寶殿, 대웅보전大雄寶殿, 대성전大成殿 등을 완성하여 현재와 같은 대규모 사원이 되었다.

台北市 文山區 萬壽路 115號 ☎ 02-2939-9922 www.chih-nan-temple.org 24시간 MRT 둥우위안(動物園) 역 2번 출구로 나와 마오쿵 곤돌라를 타고 지남궁(指南宮) 하차. / MRT 궁관(公館) 역에서 530번 버스로 환승하여 지남궁(指南宮) 하차. / MRT 완팡서취(萬芳社區) 역에서 棕5번 버스로 환승하여 지남궁 앞산 주차장(南宮前山停車場) 하차.

MAPECODE 17120

무자 관광 다원
木柵觀光茶園 무자 관광 차위안

도시의 번잡함에서 벗어날 수 있는 곳

무자木柵는 철관음鐵觀音과 문산포종차文山包種茶의 산지로 유명하다. 두 가지 차는 모두 중국 우이武夷와 안시安溪 일대가 원산지인데 19세기 후반에 타이완으로 전해졌으며, 그중에서도 차 재배에 완벽한 조건을 갖춘 무자 지역에서 널리 재배되었다. 광복 후 타이완 정부가 대대적으로 무자 관광 다원을 개발하면서 이때부터 마오쿵貓空은 타이완에서 차의 고장으로 유명해졌다. 무자 관

★톡톡★ 타이완 이야기

지남궁의 재미있는 전설

지남궁指南宮에는 도교 8선 중의 한 명인 여동빈呂洞賓이 모셔져 있는데, 그는 같은 8선인 하선고何仙姑에게 차였기 때문에 이곳에 연인들이 찾아가면 여동빈이 질투를 해서 헤어지게 된다는 전설이 전해진다. 지남궁指南宮은 마오쿵 산 정상에 위치해 있어 시야가 탁 트여 있고, 난간에 서면 멀리 타이베이 분지와 단수이허淡水河, 관인산觀音山이 보이며 더 멀리로는 린커우林口 분지까지도 들어오는 최고의 뷰포인트이다. 이렇듯 타이베이에서 최고로 아름다운 전망을 가진 탓에 많은 연인들이 찾아와 사랑을 나누다 보니 샘이 나신 이 지역 어르신들이 퍼트린 이야기가 아닐까 싶다.

광 다원에는 110ha에 이르는 땅에 차나무가 자라고 있고 연간 생산량이 6만kg에 이른다. 다원의 풍경을 감상하려면 즈난루指南路 3단段 34항巷을 따라 산을 오르면 된다. 길을 따라 차밭과 나무, 꽃 등을 감상하면서 걷다 보면 도시의 번잡함에서 벗어날 수 있다. 무자 관광 다원은 일 년 내내 개방하며 무료로 참관이 가능하다.

台北市 文山區 指南路 3段 34巷 36號 ☎ 02-2720-8889 24시간 MRT 둥우위안(動物園) 역 2번 출구로 나와 마오쿵 곤돌라를 타고 마오쿵(貓空) 하차.

MAPECODE 17121

타이베이 시 철관음 포종차 연구 홍보 센터

台北市鐵觀音包種茶研發推廣中心
타이베이 티에관인 바오중차 옌파 투이광 중신

차에 대한 궁금증을 풀 수 있는 곳

차에 대해 관심이 많다면 마오쿵에서 이곳을 빠뜨리지 말자. 타이완 차 중에서도 철관음 포종차 산업의 역사와 발전, 제조 과정에 대한 자료가 잘 전시되어 있다. 중국어를 몰라도 이해할 수 있는 자료들이 많으니 걱정하지 않아도 된다. 또한 전시관 맞은편에 차밭이 있어서 차가 자라는 과정도 살펴볼 수 있다. 전시장 관람을 마치면 이곳에서 제공하는 좋은 차 한 잔을 무료로 시음할 수 있으며 주말에는 다도에 대한 강좌도 무료로 참여할 수 있다.

台北市 文山區 指南路 三段 40巷 8-2號 ☎ 02-2234-0568 09:00~17:00(월요일 휴관) MRT 둥우위안(動物園) 역 2번 출구로 나와 마오쿵 곤돌라를 타고 마오쿵(貓空) 하차, 小10, 棕15번 버스으로 환승하여 철관음 포종차 연구 홍보 센터(茶推廣中心) 하차. / MRT 완팡서취(萬芳社區) 역 또는 정치 대학(政大) 앞에서 小10번 버스를 타고 철관음 포종차 연구 홍보 센터(茶推廣中心) 하차.

MAPECODE 17122

다엽고도 & 비룡보도

茶葉古道 & 飛龍步道 차예구다오 & 페이룽부다오

차를 운반하던 옛길에 만들어진 산책로

무자木柵 지역의 지남 초등학교指南國小 즈난 궈샤오에서 삼현궁三玄宮 싼셴궁으로 가는 좁은 길을 '다엽고도'라고 부른다. 지금은 산업 도로가 개통되어 이 지역에서 생산되는 차를 모두 편리하게 차량으로 운반하지만, 옛날에는 사람이 일일이 어깨에 지고 다니며 운반을 했는데, 다엽고도는 그때의 유일한 통로였다. 이 옛길을 따라 가면 다원, 농가, 죽림을 거치게 되며, 길 곳곳에 해설판이 설치되어 무자 지역의 역사, 차의 종류, 차 만드는 법 등을 설명하고 있다. 상사수와 향나무가 쭉쭉 뻗은 숲으로 걸어 들어가면 옛길의 고즈넉한 분위기를 느낄 수 있다. 조용하고 녹음이 짙은 숲 속 산책로를 계속 걷다 보면 어느새 도시의 번잡함을 잊게 된다.

무자木柵에서 추천할 만한 다른 산책로는 비룡보도로, 역시 차를 운반하던 옛길이다. 정치 대학政治大學 환산도로環山道路에서부터 장산사樟山寺에 이르는 길이다. 돌계단이 깔린 길이 멀리서 보면 용처럼 보이기 때문에 '비룡보도'라는 이름이 붙여졌다. 마오쿵의 산책로는 숲 속 풍경을 즐기면서 동시에 타이베이를 한눈에 내려다볼 수 있는 특별한 여행 코스이다.

台北市 文山區 ☎ 02-2939-9922 ❶ 다엽고도 – MRT 둥우위안(動物園) 역에서 棕15번 버스로 환승하여 지남 초등학교(指南國小)에서 하차하면 학교 옆에 이정표가 보인다. ❷ 비룡도보 – MRT 둥우위안(動物園) 역에서 棕15번 버스로 환승하여 마오쿵(貓空) 하차 / MRT 완팡서취(萬芳社區站) 역에서 小10번 버스로 환승하여 장안사(樟山寺) 하차.

Tip 돌아올 때는 하산한 후 정치 대학 버스 정류장에서 236, 237, 282, 611, 棕3, 棕6, 棕11, 棕15, 綠1번 버스로 MRT 둥우위안(動物園) 역에서 내려 귀가.

Eating

요월 차방 邀月茶坊 야오웨 차팡 MAPECODE 17123

마오쿵은 차 재배 지역인 만큼 60여 개의 찻집이 곳곳에 있다. 그중에서 최고의 낭만 찻집을 꼽는다면 요월 차방일 것이다. 전망이 좋고 사계절 모두 다른 마오쿵의 정취를 고스란히 만끽할 수 있는 곳으로, 24시간 운영된다는 점과 다양한 식사도 준비되어 있다는 것이 큰 장점이다.

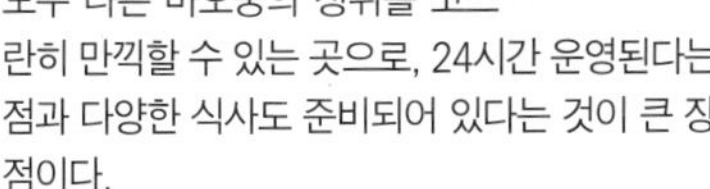

台北市 文山區 指南路 3段 40巷 6號 ☎ 02-2939-2025, 02-2937-8711 yytea.com.tw 24시간 차 NT$70~120 MRT 둥우위안(動物園) 역 하차 후 棕15번 버스로 환승하여 포종차 연구 홍보 센터(茶推廣中心) 하차. / 마오쿵 곤돌라를 타고 지남궁(指南宮) 혹은 마오쿵(貓空)에서 하차하여 셔틀버스(左線遊園公車)로 환승한 후, 포종차 연구 홍보 센터(茶推廣中心) 하차.

묘공간 貓空閒 마오쿵젠 MAPECODE 17124

카페 묘공간은 마오쿵을 오가는 길목에 있어 찾기 쉽다. 차를 마시며 앉아 있으면 산바람이 살랑살랑 불어오고, 어느새 밤이 찾아와 눈과 마음을 사로잡는 야경이 펼쳐진다. 이런 아름다운 경치 때문에 연인들의 데이트 장소로 인기 있는 카페인 만큼 전통 차보다는 커피, 홍차, 와플 등 일반 카페와 비슷한 메뉴를 판다. 밖에서 보면 테이블이 얼마 없어 보이지만 안쪽으로 실내 카페 공간이 있다.

台北市 文山區 指南路 三段 38巷 34號 ☎ 095-330-4776 평일 10:00~24:00, 주말 10:00~03:00 커피 NT$100 마오쿵 곤돌라를 타고 마오쿵(貓空) 하차, 나와서 왼쪽으로 도보 10분.

스린·텐무

士林·天母

관광과 쇼핑을 동시에 만족시키는 곳

스린士林 지역은 세계 3대 박물관 중의 하나인 국립 고궁 박물원과 타이완 최고의 야시장인 스린 야시장이 있어서 필수 여행지로 꼽힌다. 그 밖에도 수천 송이의 꽃으로 물결을 이루는 스린 관저 공원을 비롯하여 국립 타이완 과학 교육관, 타이베이 시립 천문 과학 교육관, 순이 타이완 원주민 박물관 등 다양한 관광 명소가 있는 오감 만족 관광지이다.

스린 북쪽에 위치한 텐무天母는 타이베이에서 가장 부촌으로 꼽는 주택가로, 양밍산 자락을 따라 아름다운 대저택이 많다. 특별한 관광지는 없지만 텐무 광장을 중심으로 좌우에 미국 학교와 일본 학교가 있어 외국인들이 많이 거주하기 때문에 이국적인 정취가 물씬 풍기는 독특한 분위기의 지역으로 유명하다.

Access 스린 MRT 스린(士林) 역 또는 젠탄(劍潭) 역 하차.
텐무 MRT 스파이(石牌) 역에서 紅19번 버스로 환승하고 텐무(天母) 하차.

스린 · 텐무
초산야미면
草山夜未眠
옥상 휴식 회관
屋頂上休閒會館
타이베이 시립 격치 중학교
台北市立格致國中
샤주린산
下竹林山
치리안산
唭哩岸山
피에스 부부 레스토랑
P.S. BUBU RESTAURANT
텐무 초등학교
天母國小
텐무
天母
텐무 광장
天母廣場
텐무 중학교
天母國中
타이베이 미국 학교
臺北美國學校
MRT 스파이 역
捷運石牌站
다예 다카시마야 백화점
大葉高島屋百貨公司
지선 새우 낚시장
至善釣蝦場
MRT 밍더 역
捷運明德站
시립 화흥 초등학교
私立華興小學
국립 고궁 박물원
國立故宮博物院
시립 지선 중학교
市立至善國中
타이베이 시립 중정 고등학교
台北市立中正高級中學
충성 공원
忠誠公園
MRT 즈산 역
捷運芝山站
즈산위안
至善園
순익 타이완 원주민 박물관
順益台灣原住民博物館
국립 타이완 과학 교육관
國立台灣科學教育館
쌍계 강변 공원
雙溪河濱公園
쌍계 공원
雙溪公園
복림 초등학교
福林國小
태북 고등학교
泰北高中
MRT 스린 역
捷運士林站
타이베이 시립 천문 과학 교육관
台北市立天文科學教育館
스린 관저 공원
士林官邸公園
동오 대학교
東吳大學
원젠산
文間山
백령 우안 강변 공원
百齡右岸河濱公園
스린 야시장
士林夜市
백령 좌안 강변 공원
百齡左岸河濱公園
미라마 엔터테인먼트 파크
美麗華百樂園
MRT 젠탄 역
捷運劍潭站
젠탄산
劍潭山
스린 구
士林區
MRT 젠난루 역
捷運劍南路站
펀 타이베이 백패커스
Fun Taipei Backpackers
장수 공원
長壽公園
까르푸
家樂福
대직 초등학교
大直國小
아이마이
愛買
봉래 골프 연습장
蓬萊高爾夫練習場
위안산 호텔
圓山大飯店
타이베이 충렬사
台北市忠烈祠
MRT 다즈 역
捷運大直站
빈강 초등학교
濱江國小
지룽허 基隆河
대가 강변 공원
大佳河濱公園
미제 강변 공원
美堤河濱公園
타이베이 시립 아동 교육 센터
台北市立兒童育樂中心
영풍 강변 공원
迎風河濱公園
MRT 위안산 역
捷運圓山站
타이베이 시립 미술관
台北市立美術館
신생 공원
新生公園
중산 구
中山區
타이베이 쑹산 공항
臺北松山機場
대통 대학교
大同大學
상인 수산
上引水産
영성 공원
榮星公園

세계 3대 박물관 중의 하나

국립 고궁 박물원

MAPECODE 17125

國立故宮博物院 궈리 구궁 보우위안

타이완에서 반드시 들러야 할 명소인 국립 고궁 박물원은 영국의 대영 박물관, 프랑스의 루브르 미술관과 어깨를 나란히 하는 세계 3대 박물관 중의 하나이다. 대부분의 전시품은 중국 송나라와 원나라, 명나라, 청나라 네 왕조의 황실 유물로, 본래는 중국 베이징의 고궁 박물원 등에 소장되어 있던 것을 1948~1949년 국민당 정부가 타이완으로 이전해 온 것들이다.

박물관은 20만 6천m^2의 넓은 대지 위에 자리 잡고 있으며, 본관은 중국 궁전 양식의 4층 건물로 녹색 기와와 황색 벽면이 인상적이다. 그 밖에도 여러 동의 부속 건물이 있으며, 본관 뒤로 보이는 산의 중턱에는 지하 수장고를 지어 귀중한 유물들을 보관하고 있다.

이 박물관은 값을 따질 수 없는 오천 년 역사의 중국 보물과 미술품 69만 점으로 꽉 차 있다. 그래서 한꺼번에 전시하기에는 어려울 정도로 너무 많아 인기 있는 것들은 상설 전시관에 전시하고 옥, 도자기, 회화, 청동의 보물들은 일정 기간을 두고 테마를 바꾸어 가며 전시하고 있다. 박물관은 일 년 내내 오전 8시 반부터 오후 6시 반

台北市 士林區 至善路 2段 221號 ☎ 02-6610-3600 www.npm.gov.tw 08:30~18:30 / 금 · 토요일 야간 개방 18:30~21:00 일반 NT$350 / 국제 학생증을 소지한 학생 및 유스트래블 카드 소지자 NT$150 / 18세 미만, 심신 장애인 및 동행하는 보호자 1인 무료 / 무료 관람일 : 1월 1일 신정과 정월 대보름, 5월 18일 세계 박물관의 날, 9월 27일 세계 관광의 날, 10월 10일 타이완 국경일, 10월 17일 타이완 문화의 날. MRT 스린(士林) 역에서 紅30번 고궁 박물원행 버스로 환승하여 고궁 박물원 하차.

까지 쉬는 날이 없이 개방하며, 매일 여러 나라 언어로 가이드 투어를 실시한다. 사진 촬영은 금지되어 있으므로 입구에서 카메라를 맡기고 들어가야 한다.

고궁 박물원 투어를 결정했다면 과감한 선택과 집중이 필요하다. 한 번에 다 보겠다는 욕심을 부리다가는 낭패 보기 쉽다. 유물이 너무 많기 때문에 전시관마다 차근차근 다 돌아보려고 한다면 반도 안 돼 포기하게 된다. 고궁 박물원을 방문하기 전 홈페이지에서 미리 전시품들을 살펴보고 꼭 보고 싶은 목록을 미리 작성하고 위치를 확인한 후 관람하는 것이 좋다. 또는 고궁 박물원 도착 후에 우선 박물관 지도를 잘 살펴보면서 가장 보고 싶은 유물부터 찾는 것이 현명한 관람 요령이다. 그래도 짧은 일정이 아쉽다면 기념품 가게에서 한국어로 자세히 소개된 고궁 박물원 책을 구입하는 것도 좋다. 또한 오래 서 있어야 하므로 불편한 신발은 곤란하다는 점도 기억하자.

관람 유의 사항

① 전시실에서 큰 소리로 떠들거나 뛰어다니지 않는다. 전시실 내에서는 핸드폰을 사용할 수 없으며, 담배를 피우거나 음식을 먹거나 휴지 및 기타 쓰레기 등을 버리는 행위는 금하고 있다.

② 전시 구역 내에서의 사진 및 비디오 촬영을 전면 금지하고 있으며, 사진기나 캠코더는 반드시 입장 전에 사물함이나 물품 보관소에 맡긴 후 입장해야 한다.

③ 복장이 단정하지 않거나 애완동물 및 장난감 등을 소지한 경우는 입장할 수 없다.

④ 전시실 내부 온도가 낮으므로 보온을 위해 겉옷을 준비하는 것이 좋다.

⑤ 각종 위험물 및 배낭, 여행가방, 트렁크 등을 소지하고 전시장에 입장하는 것을 금지하고 있어 입장 전 사물함이나 물품 보관소에 두고 들어가야 한다. 만약 관리 직원이 가방 검사 요구를 요구할 때는 응해야 한다.

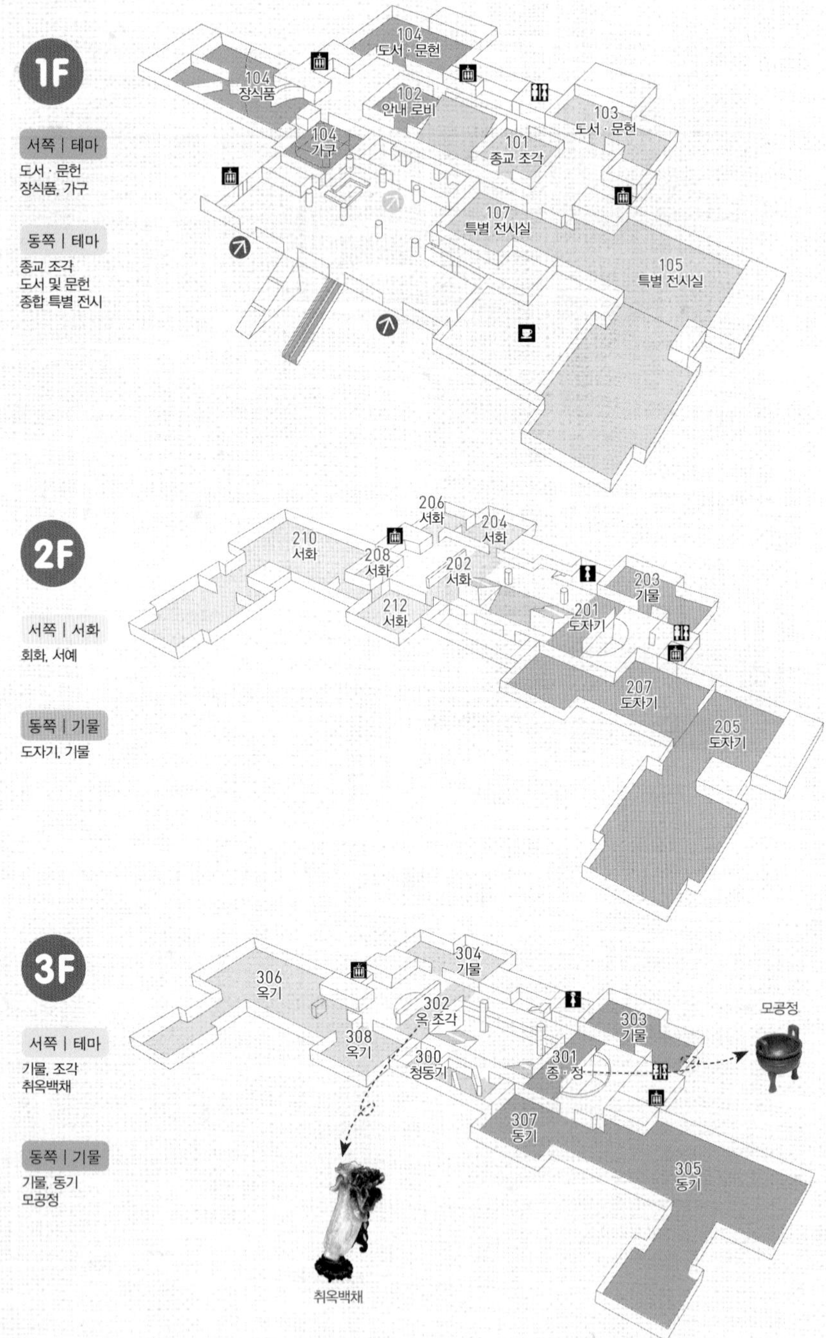
1F
서쪽 | 테마
도서 · 문헌
장식품, 가구
동쪽 | 테마
종교 조각
도서 및 문헌
종합 특별 전시
104
도서 · 문헌
104
장식품
102
안내 로비
103
도서 · 문헌
104
가구
101
종교 조각
107
특별 전시실
105
특별 전시실
2F
서쪽 | 서화
회화, 서예
동쪽 | 기물
도자기, 기물
206
서화
204
서화
210
서화
208
서화
202
서화
203
기물
212
서화
201
도자기
207
도자기
205
도자기
3F
서쪽 | 테마
기물, 조각
취옥백채
동쪽 | 기물
기물, 동기
모공정
304
기물
306
옥기
302
옥 조각
303
기물
모공정
308
옥기
300
청동기
301
종 · 정
307
동기
305
동기
취옥백채

고궁 박물원에서 꼭 봐야할 주요 전시품 TOP 10

1 청나라 고종 황제의 옥새碧玉璽

고종(1711~1799, 이름 홍력弘曆, 연호 건륭乾隆)은 옹정雍正 황제의 넷째 아들로 향년 89세로 세상을 떠나 중국 역사상 가장 장수한 황제로 기록되고 있다. 현재 고궁 박물원이 소장하고 있는 유물 대부분이 건륭 황제가 수집한 것들이기 때문에 서화와 기물, 도서 문헌에서 고종의 낙관과 인장을 쉽게 발견할 수 있다.

2 당나라 회소懷素의 자서첩自叙帖

회소는 8세기 말에 활동한 승려로서 성정이 소박하면서도 호방하고 술을 몹시 좋아해 취할 때마다 붓을 들어 초서를 쓰곤 했다. 〈자서첩〉은 당나라 서예의 자유분방한 정신을 대표하는 작품이며 날아갈 듯한 운동감이 서양 현대 예술의 추상 회화와 견줄 만하다.

3 서주西周 말기의 모공정毛公鼎

'정鼎'은 세발솥을 뜻하는데, 원래 고대에 고기를 삶는 냄비였던 것이 후대에 와서는 권력과 신분을 나타내는 가장 중요한 기물이 되었다. 모공정은 안쪽에 500자에 달하는 명문이 새겨져 있는데, 문장이 고아하고 서체도 뛰어나 국보로 칭송받는다.

4 당나라 궁악도宮樂圖

궁중에서 10명의 후궁이 커다란 사각형 탁자에 둘러앉아 있는 모습을 그린 그림이다. 그림 속의 사람들은 차를 마시거나 돌아가며 시를 읊거나 독특한 동작을 하는 유희를 통해 흥겹게 술을 마시고 있으며, 가운데 위치한 네 사람은 음악을 연주하여 흥을 돋우고 있다. 인물들의 도취된 표정이나 탁자 밑에 있는 강아지의 편안한 자세를 볼 때 무척 아름다운 음악이 연주되고 있음을 알 수 있다.

5 신석기 시대 룽산龍山 문화 말기의 응문규鷹紋圭

'규圭'는 옥으로 만든 홀笏을 뜻하며, 왕이나 귀족의 신분을 나타내는 용도로 쓰였다. 이 규의 양면에는 아주 연하게 무늬가 새겨져 있는데, 한쪽은 깃털을 꽂은 관을 쓰고 있는 얼굴 문양이고, 다른 한쪽은 하늘로 날아오르는 매의 형상과 귀걸이를 한 여인의 모습이다. 청나라의 건륭 황제는 이 응문규를 매우 좋아하여 나무 받침을 제작하고 규의 표면에 자신이 지은 시와 옥새 문양을 새기기도 하였다.

6

신석기 시대의 채도彩陶

최초의 중국 도자기는 채도와 흑도黑陶에서 출발하였다. 채도는 매끈하게 문지른 오렌지색 질그릇 위에 천연 광물질 안료인 자석과 산화망간으로 도안을 그려 불에 굽는다. 매우 풍만하고 호방하며 안정적인 조형을 보이는 이 도기는 원시 예술의 거칠고 소박한 미감을 잘 간직하고 있다.

7

청나라 취옥백채翠玉白菜

취옥백채는 고궁 박물원에서 가장 눈에 띄는 유물 가운데 하나이다. 흰색과 녹색을 띤 옥을 정교하게 조각하여 배추라는 친근한 소재를 표현하였다. 배추 잎에는 여치와 누리가 앉아 있는데, 둘 다 번식력이 뛰어난 곤충이다. 신부의 순결함을 상징하는 동시에 황비에게 자손이 많아 대대손손 황실의 혈통이 이어지기를 바라는 의미가 있다.

8

청나라 진조장陳祖章이 조각한 감람핵주橄欖核舟

청대의 궁정 장인 진조장이 길이가 1.5인치에 불과한 올리브 씨에 조각한 작은 배이다. 현미경으로 들여다보면 배 위에 탄 쌀알 크기의 인물 8명은 물론 여닫이 창문과 탁자, 의자, 심지어 탁자 위의 잔과 접시까지 완벽하게 조각해 냈다. 심지어 배 밑에는 소동파의 〈후적벽부後赤壁賦〉 전체 300여 자까지 새겨져 있다.

9

청나라 육형석肉形石

신선하고 육즙이 많은 '동파육(삼겹살 조림)'과 너무나 똑같아서 보는 이들의 입에 침이 고이게 하는 작품이다. 오랜 세월에 걸쳐 한 층 한 층 다른 색깔로 형성된 천연 마노를 재료로 삼아, 본연의 특징을 잘 살리면서 색을 입히고 정교하게 조각하여 모공과 피부결까지 표현해 낸 진귀한 작품이다.

10

청나라 중기상아로 조각된 사층투화제식합四層透花提食盒

상아로 만든 4단 찬합이다. 뚜껑의 무늬 장식에는 인물과 동물, 새, 초목, 집, 정자, 배 등이 두루 망라되어 있다. 종이보다도 더 얇고 투명하며 정교하고 우아하게 장식된 이 상아 조각품이 정말로 음식물을 담는 데 사용되었을 가능성은 크지 않지만 그 조형만큼은 찬합으로서의 실용성을 구현했다.

MAPECODE 17126

순익 타이완 원주민 박물관
順益台灣原住民博物館 순이 타이완 위안주민 보우관

원주민의 역사를 한눈에 살펴볼 수 있는 박물관

타이베이의 원주민에 대해 알고 싶다면 국립 고궁 박물원에서 가까운 거리에 위치한 순익 타이완 원주민 박물관을 추천한다. 1994년에 세워진 원주민 테마 박물관으로 건물 외양은 원주민을 상징하는 회색 사다리꼴 모양으로 되어 있고 원주민 토템이 새겨진 돌기둥으로 이루어져 있다. 총 지하 1층, 지상 3층 건물 규모의 크지 않은 박물관이지만 본토에서 한족이 건너오기 전에 타이완을 지배했던 원주민 고산족에 관한 다양한 자료를 전시한다. 1층에는 타이완 전국의 원주민 분포와 각 민족의 특징에 대해 개괄적인 소개를 하고 있으며, 2층에는 각종 생활용품, 3층에는 아름다운 전통 의상, 지하 1층에는 신앙과 제례에 관한 자료가 전시되어 있다. 또한 원주민에 대한 차별에 맞서 싸워 왔던 투쟁에 관한 자료도 전시하고 있어 원주민의 역사를 한눈에 살펴볼 수 있다.

台北市 士林區 至善路2段282號 ☎ 02-2841-2611 www.museum.org.tw 09:00~17:00(월요일 휴무) NT$150 MRT 스린(士林) 역 1번 출구로 나와 255, 小18, 小19, 304, 紅30번 버스로 환승하여 위리 여중(衛理女中) 하차.

MAPECODE 17127

미라마 엔터테인먼트 파크
美麗華百樂園 메이리화 바이러위안

낭만적인 회전 전망차가 있는 쇼핑몰

타이완 영화와 드라마에 단골 촬영지로 등장하는 이곳은 타이베이 시의 대표 관광지이다. 타이베이 전경을 감상할 수 있는 타이완 최초의 회전 전망차가 있으며, 쇼핑과 엔터테인먼트가 잘 결합된 신개념의 대형 쇼핑몰 겸 문화 공간이다. 특히 100m 높이를 자랑하는 회전 전망차에서는 타이베이 시만의 색다른 낭만을 즐길 수 있기 때문에 연인들이 만남의 장소로 선호하는 곳이기도 하다. 본관인 패밀리 홀Family Hall과 영 홀Young Hall로

미라마 엔터테인먼트 파크

나뉜 쇼핑몰에서는 다양한 먹을거리와 생활용품, 고급 브랜드 상품들을 함께 만날 수 있다. 양관의 6층부터 9층에는 멀티플렉스 영화관인 미라마 시네마美麗華影城 메이리화 잉청가 있어서, 전망차와 영화, 팝콘을 세트로 구매할 수도 있다.

台北市 中山區 敬業三路 20號 ☎ 02-2175-3456 www.miramar.com.tw 쇼핑몰 11:00~22:00 / 회전 전망차 일~목 11:00~23:00, 금~토 · 공휴일 전날 11:00~24:00 / 영화관 10:00~마지막 영화 회전 전망차 – 평일 NT$150, 주말 NT$200(유스트래블 카드 소지 시 평일 NT$120, 주말 NT$150) MRT 젠난루(劍南路) 역 하차, 역 바로 앞 건물. / MRT 젠탄(劍潭) 역 1번 출구에서 무료 셔틀버스 이용.

MAPECODE 17128

스린 관저 공원
士林官邸公園 스린 관디 궁위안

4천 그루의 장미가 있는 공원

스린 관저 공원은 산이 둘러싸고 있어 경관이 좋으며 총 면적은 9.28ha로 매우 넓다. 일제 강점기 때는 원예 실험장이었던 곳으로 해방 후인 1950년 장제스 총통이 거주하기 위해 이곳에 관저를 지었다. 총통이 거주했던 관저 주변은 건물을 신축하거나 개축하는 것이 엄격히 금지되었기 때문에 자연 그대로의 환경을 유지할 수 있었다.

스린 관저 공원에는 총통 부부가 살았던 본채 외에도 중국식 정원과 서양식 정원, 원예 전시관, 장미 정원, 노천 음악당, 예배당, 정자 등이 있다. 중국식 정원에는 흐르는 물과 다리, 인공으로 만든 산, 붉은색의 중국식 정자가 있고, 서양식 정원에서는 사시사철 아름다운 꽃의 물결을 볼 수 있다. 장미 정원은 2백여 품종의 장미 4천 그루를 기르고 있다. 특히 해마다 11월부터 이듬해 4월까지는 꽃이 가장 만발하며 다채로운 빛깔과 향기로 찾는 이들을 설레게 한다.

스린 관저 공원 내에 있는 카페에서는 음료를 마시며 쉴 수 있을 뿐 아니라 장제스 총통에 관련된 기념품도 구입할 수 있다.

臺北市 士林區 福林路 60號 ☎ 02-2883-6340 www.culture.gov.taipei/frontsite/shilin/index.jsp 오전 09:30~12:00, 오후 13:30~17:00 (월요일 · 공휴일 휴관) NT$100(유스트래블 카드 소지 시 NT$50, 미취학 아동 무료) MRT 스린(士林) 역 2번 출구에서 부린루(文林路) 방향으로 도보 5분.

MAPECODE 17129

국립 타이완 과학 교육관
國立台灣科學教育館 궈리 타이완 커쉐 자오위관

과학에 대한 흥미를 키워 주는 곳

국립 타이완 과학 교육관은 어린이부터 성인까지 전 연령층의 과학 교육을 목적으로 설립되었다. 일상생활과 과학을 결합시킨 교육의 장으로 교

스린 관저 공원

육 전시 연구 및 실험의 기능을 갖추고 과학적 신지식을 소개하고 있다. 과학의 오묘함을 실험실이 아닌 일상생활을 통해 쉽게 배우고 체험할 수 있도록 해 주는 곳이다.

지하층은 어린이 체험관이고, 1층은 학습에 도움이 되는 상품들과 기념품 매장이 있고, 2층에서 방문하는 사람들을 위해 식당과 카페가 있다. 3~4층은 인간과 생물, 환경 등의 생명 과학에 대한 전시를 하고, 5~6층은 수학, 물리학, 화학 등의 물질 과학에 대한 전시를 하는 상설 전시장이다. 7~8층에서는 다양한 주제의 특별 전시를 하며 3D 입체 영화관도 있다. 참고로, 로비에서 천장을 올려다보면 공중 자전거를 타는 곳이 있는데, 용감한 사람이라면 도전해 볼 만한 모험이다.

台北市 士林區 士商路 189號 ☎ 02-6610-1234 www.ntsec.gov.tw 토~일요일 · 공휴일, 여름 · 겨울 방학 09:00~18:00 (입장은 17:00까지), 여름 · 겨울 방학이 아닌 화~목요일 09:00~17:00 (입장은 16:00까지) / 월요일 휴관 NT$100(전시별로 추가 요금이 있음) MRT 젠탄(劍潭) 역 1번 출구에서 紅3, 紅30, 41번 버스로 환승하여 교육관(教育館) 하차. / MRT 스린(士林) 역 1번 출구에서 역 맞은편으로 길을 건넌 후, 왼쪽 정류장에서 紅3, 紅12, 紅30, 255, 620번 버스로 환승하여 스린 상고(士林高商) 하차.

MAPECODE 17130

타이베이 시립 천문 과학 교육관

台北市立天文科學教育館
타이베이 스리 톈원 커쉐 자오위관

별나라의 비밀이 궁금하다면

타이완에서는 유일하게 천문 과학을 주제로 하는 과학 교육관이며 가장 인기 있는 기상 천문대이다. 우주의 신비로운 세계가 궁금하다면 이곳에서 답을 찾을 수 있다. 상설 전시 이외에도 인공위성 특별 전시와 천문 관측에 관한 프로그램이 풍부하다.

1~3층에는 반구형의 IMAX 우주 극장과 전시장, 4층에는 재미있는 우주 체험 시설과 관측실, 지하 1층에는 3D 극장이 있다. 천문 망원경으로 별을 관찰해 볼 수 있는 관측실은 무료로 운영되고 있다.

台北市 士林區 基河路 363號 ☎ 02-2831-4551 www.tam.gov.taipei 09:00~17:00 (토요일 20:00까지 연장) / 천문 망원경 관람실 오전 10:00~12:00, 오후 14:00~16:00 (토요일 21:00까지 연장) / 월요일 휴관 NT$40(국제 학생증을 소지한 학생 NT$20, 미취학 아동 무료) MRT 젠탄(劍潭) 역 1번 출구에서 紅3, 紅30, 41번 버스로 환승하여 교육관(教育館) 하차. / MRT 스린(士林) 역 1번 출구에서 역 맞은편으로 길을 건넌 후, 왼쪽 정류장에서 紅3, 紅12, 紅30, 255, 620번 버스로 환승하여 스린 상고(士林高商) 하차, 국립 타이완 과학 교육관(國立台灣科學教育館) 옆.

국립 타이완 과학 교육관

MAPECODE 17131

스린 야시장 士林夜市 스린 예스

전국 제1의 야시장

타이베이 사람들에게 야시장은 퇴근하는 길에 잠시 들러 저녁을 해결하는 곳인 동시에, 주머니가 가벼운 연인들의 부담 없는 데이트 코스이기도 하다. 스린 야시장은 현지인은 물론 여행자들에게도 널리 알려진 전국 제1의 야시장이다. 야시장까지 찾아오느라 땀을 많이 흘렸다면 본격적인 야시장 구경을 시작하기 전에 시원한 음료를 먼저 마시는 것이 좋다. 단맛을 좋아한다면 버블티 珍珠奶茶 전주나이차를 마셔 보자. 음식 천국인 스린 야시장에는 어느 나라에서 온 여행자의 입맛이든 모두 만족시켜 줄 수 있을 만큼 다양하고 풍성한 먹을거리들로 가득하다. 야시장에서 맛있는 음식들을 한껏 먹었다면 하루 종일 수고한 발을 위해 마사지로 마무리해 주는 것은 어떨까? 노점에서 받는 저렴한 발마사지부터 실내 마사지 숍까지 취향대로 선택해서 30분 정도 발 마사지를 받으면 다음 날 가벼운 발걸음으로 즐거운 여행을 할 수 있다.

台北市 士林區 基河路 101號 ☎ 02-2881-5557 15:00~01:00 MRT 젠탄(劍潭) 역 1번 출구에서 도보 5분.

스린 야시장 추천 먹거리

★ 커짜이젠 蚵仔煎 굴전

스린 야시장의 대표 메뉴는 흔히 타이완어 발음으로 '오아젠'이라고도 부르는 커짜이젠이다. 어느 야시장에나 있는 메뉴이지만 스린 야시장에는 커짜이젠을 파는 식당이 유독 많다. 녹말 반죽에 신선한 굴을 넣어 기름에 부치고 마지막에 계란을 넣어 익히며, 먹을 때는 야채와 간장, 달콤한 소스를 곁들여 먹는다. 즉석에서 부친 커짜이젠을 시원한 맥주와 함께 먹으면 금세 더위가 잊혀진다.

★ 지파이 鷄排 닭튀김

지파이를 파는 곳에는 항상 줄이 길게 늘어서 있다. 막 튀겨 낸 닭튀김에 후추 양념을 뿌려 포장해 주는데 한 조각의 크기가 손바닥 2개를 합쳐 놓은 것만큼 크다. 한 조각이 2인분 정도 되니까 욕심내지 말고 두 사람이 한 개를 사야 한다. 가격은 몹시 착한 NT$50. 특히 아이들이 좋아하니 아이와 함께 여행 중이라면 스린 야시장의 명물 지파이를 꼭 먹어 보자.

MAPECODE 17132

텐무 天母

이국적인 정취가 물씬 풍기는 쇼핑 명소

텐무天母는 타이베이 동북부의 양밍산陽明山 자락에 위치한 고급 주택가로, 국제 학교인 미국 학교와 일본 학교가 있어 많은 외국인들이 모여 살고 있다. 그래서 거리의 사람들뿐 아니라 상점들도 이국적인 정취가 물씬 풍기는 지역이다. '음식 연합국'이라는 애칭에 걸맞게 외국 음식점, 펍, 카페 등이 많으며, 유명 브랜드의 패션 숍과 신광 미츠코시 백화점 등이 있어 쇼핑 명소로도 각광받고 있다. 다만 지하철로 연결되어 있지 않은 지역이라 교통이 다소 불편하는 것이 단점이다.

台北市 士林區 中山北路 七段 MRT 스파이(石牌) 역에서 紅19번 버스로 환승하여 텐무 광장(天母廣場) 하차.

Travel Tip

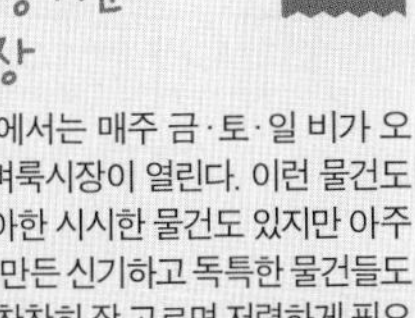

텐무 광장天母廣場에서는 매주 금·토·일 비가 오지 않는다면 항상 벼룩시장이 열린다. 이런 물건도 팔 수 있는 건지 의아한 시시한 물건도 있지만 아주 기발한 아이디어로 만든 신기하고 독특한 물건들도 볼 수 있는 곳이다. 찬찬히 잘 고르면 저렴하게 필요한 물건들을 고르는 재미가 있는 시장이다. 타이베이에 거주하는 사람들은 주말 저녁이 되면 아이들과 키우는 개를 데리고 산책을 나온다. 이런 풍경은 텐무 지역에서만 볼 수 있는 특별한 풍경이다. 매주 라이브 공연도 열려서 주말 저녁이 일 년 내내 흥겨운 곳이다.

피에스 부부 레스토랑 P.S. BUBU RESTAURANT

MAPECODE 17133

타이완 드라마 〈꽃보다 남자流星花園〉 촬영지로 유명한 곳이다. 이 드라마가 방영된 지 벌써 10년이 넘었음에도 드라마 속 모습을 그대로 유지하고 있는 카페이다. 진짜 미니쿠퍼 자동차를 개조해서 만든 테이블, 빈티지한 번호판과 자동차 소품으로 인테리어가 된 예쁜 자동차 카페이다. 타이완판 〈꽃보다 남자〉 속에서 남자 주인공 다오밍쓰와 여주인공 싼차이가 애틋한 데이트를 했던 곳이다. 지금도 드라마 속 그 자리는 예약을 해야 앉을 수 있을 정도로 인기이다.

台北市 士林區 中山北路 七段 140巷 1號 1樓 ☎ 02-2876-0698 12:00~22:00 www.facebook.com/PSBUBU NT$180~ MRT 스파이(石牌) 역에서 紅19번 버스로 환승하여 텐무 광장(天母廣場) 하차.

베이터우
北投

타이완 온천 문화 엿보기

이 지역은 원래 케타가란족Ketagalan 凱達格蘭族의 거주지였던 곳으로, 유황의 산지이다. 1894년 온천이 개발된 후 일제 강점기 동안 일본인들에 의해 온천 여관이 많이 지어졌기 때문에 일본 료칸 스타일의 온천장이 많다. 베이터우의 온천수는 약리 효과가 뛰어난 데다가, 산으로 둘러싸여 있어 녹음이 울창하고 주변 경관이 아름다워 온천 중에서도 특히 사랑을 많이 받는 곳이다. 온천욕을 마치고 나면 철제 바구니에 달걀을 넣어 뜨거운 온천수에 익혀 먹는 체험도 할 수 있다. 베이터우는 온천을 통하여 심신의 피로를 해소할 수 있을 뿐만 아니라 베이터우 공원, 베이터우 온천 박물관, 베이터우 문물관, 지열곡 등 온천 지역만의 특이한 문화를 엿볼 수 있는 여유로운 곳이다.

Access MRT 신베이터우(新北投) 역 하차.

베이터우
소수 선원
少帥禪園
베이터우 문물관
北投文物館
춘천 호텔
春天酒店
하풍 온천 회관
荷豐溫泉會館
수도 온천 회관
水都溫泉會館
지열곡
地熱谷
빌라 32
Villa 32
三二行館
국군 베이터우 병원
國軍北投醫院
베이터우 친수 노천 온천
北投親水露天溫泉
매정
梅庭
만래만 라면
滿來滿拉麵
농내탕
瀧乃湯
베이터우 온천 박물관
北投溫泉博物館
케타가란 문화관
凱達格蘭文化館
베이터우 공원
北投公園
가하옥
加賀屋
가이아 온천 호텔
大地北投奇岩溫泉酒店
타이베이 시립 도서관
베이터우 분관
台北市立圖書館北投分館
수미 온천 회관
水美溫泉會館
양관 시상 온천 회관
漾館時尚溫泉會館
베이터우 중학교
北投國中
신민 중학교
新民國中
부흥 공원
復興公園
MRT 신베이터우 역
捷運新北投站
사립 미각 초등학교
私立薇閣小學
베이터우 초등학교
北投國小
베이터우 구 사무소
北投區公所
대풍 공원
大豐公園
벙어리 과자
啞巴餅
한기 육갱점
漢奇肉羹店
십신 고등학교
十信高中
MRT 베이터우 역
捷運北投站
로열 호스트
Royal Host
樂雅樂家庭餐廳
대업 골프 연습장
大業高爾夫球練習場
문화 초등학교
文化國小
까르푸
家樂福
의방 초등학교
義方國小
다예루 大業路
중산루 中山路
원취안루 溫泉路
취안위안루 泉源路
신민루 新民路
중신제 中心街
광밍루 光明路
중양베이루 中央北路
중양난루 中央南路
위런루 育仁路
민쭈제 民族街
치옌루 奇岩路
궁관루 公館路
황강루 磺港路
다싱제 大興街
베이터우루 北投路
펑녠루 豐年路
다퉁제 大同街
솽취안제 雙全街
중허제 中和街
주하이루 珠海路
융싱루 永興路
원화싼루 文化三路
이팡제 義方街
카이밍제 開明街
칭장루 淸江路
충양류루 崇仰六路
충양주루 崇仰九路
충양치루 崇仰七路

MAPECODE 17134

케타가란 문화관
凱達格蘭文化館 카이다거란 원화관

400년 전 원주민 이야기를 들을 수 있는 곳

신베이터우 역에서 온천 방향으로 가다 보면 맨 먼저 만나게 되는 곳이 케타가란 문화관이다. 타이베이 시에서는 원주민의 문화와 예술을 보존하고 발전시키기 위하여, 400년 전 케타가란족 Ketagalan 凱達格蘭族이 거주하던 베이터우에 문화관을 짓게 되었다. '케타가란'이라는 이름은 평지에 살던 원주민의 토템 문화를 상징하며 동시에 넓은 의미로 '원주민'이라는 뜻을 함축하고 있다. 지하 2층, 지상 10층의 건물 중에서 전시실로 개방되는 곳은 지하 1층부터 지상 4층까지인데, 지하 1층은 바다, 1층은 평원, 2층은 구릉, 3층은 고산을 테마로 삼아 꾸며진 것이 특징이다. 전시 내용은 타이완 원주민의 의복과 장신구 문화, 각 원주민 부족의 향토 민속, 예술품, 평지 원주민 문화, 생활용품과 악기 등으로, 케타가란족 이외에도 타이완 원주민 전체를 이해할 수 있다. 조금은 생소한 타이완 원주민 문화를 접해 보고 베이터우 역사에 대해 이해하고 싶은 여행자라면 한번 들러 보자.

台北市 北投區 中山路 3-1號 ☎ 02-2898-6500 www.ketagalan.taipei.gov.tw 09:00~17:00(월요일 휴무) MRT 신베이터우(新北投) 역 하차, 역 광장을 지나서 왼쪽 길로 도보 5분.

MAPECODE 17135

베이터우 공원
北投公園 베이터우 궁위안

김이 모락모락 나는 온천 공원

베이터우 공원은 최근 전체적인 리모델링을 마쳤기 때문에 언뜻 보면 최근에 만들어진 듯 깔끔한 인상을 받게 된다. 그러나 실은 1911년에 만들어져 이미 100년 이상의 역사를 지닌 공원이며, 공원 안에 있는 고목들을 보면 이 공원의 역사를 짐작할 수 있다. 이 공원은 처음 만들어질 때 이 지역이 가진 지형을 최대한 살려서 자연스럽게 만들어진 까닭에 공원을 산책해 보면 편안한 느낌을 받게 된다. 오래된 나무들 사이에는 꽃과 나무가 무성하고 작은 다리 아래로 맑은 시냇물이 느릿느릿 흐르고 있는 풍경 등은 이곳이 힐링 여행지에 꼽히는 이유이다. 공원을 따라 흐르는 시냇물은 베이터우 온천 풍경구의 중심이 되는 온천수로, 지열곡에서부터 흘러 내려온 물이 공원을

★톡톡★ 타이완 이야기

영화 〈턴 레프트, 턴 라이트〉의 촬영지
Turn Left, Turn Right 向左走, 向右走

베이터우 공원은 2003년 개봉된 영화 〈턴 레프트, 턴 라이트〉의 촬영지로도 유명하다. 타이완의 유명 일러스트 작가 지미幾米의 책 〈오른쪽으로 가는 남자, 왼쪽으로 가는 여자向左走, 向右走〉를 영화화한 것으로, 배우 금성무가 주연을 맡았기 때문에 한국에서도 인기를 끌었다. 영화는 특별한 사람을 만나게 되기를 꿈꾸는 바이올리니스트 리우와 싸구려 소설을 번역하며 살고 있는 이브의 이야기이다. 두 사람은 어느 날 공원에서 만나 첫눈에 사랑에 빠지게 되는데, 사랑이 시작된 장소가 바로 베이터우 공원이다. 영화가 촬영된 후에 공원을 리모델링했기 때문에, 지금의 공원 풍경은 영화 속과 조금 다르지만 그 느낌만은 여전하다.

베이터우 공원

관통하여 지나가기 때문에 공원 곳곳에서는 뜨거운 온천수와 차가운 공기가 만나 김이 모락모락 올라오고 유황 냄새가 나는 것을 볼 수 있다. 공원 입구의 분수대는 일정한 시각에 음악과 조명이 켜지는 음악 분수이며, 공원 내에는 타이베이 시립 도서관台北市立圖書館北投分館과 베이터우 온천 박물관北投溫泉博物館, 매정梅庭 등의 명소가 있다. 공원 주위에 온천 여관이 즐비하여 주말에는 나들이 나온 사람들로 복잡하다.

台北市 北投區 中山路 光明路 交岔口 MRT 신베이터우(新北投) 역 하차, 역 광장을 지나서 왼쪽 길로 도보 5분.

타이베이 시립 도서관 베이터우 분관

台北市立圖書館北投分館
타이베이 스리 투수관 베이터우 펀관

책 향기와 자연이 어우러진 친환경 도서관

수풀이 우거진 베이터우 공원 안에는 타이완 최초로 지어진 친환경 도서관이 있다. 도서관 건물은 목재 위주로 지어져, 외관이 마치 대형 원두막처럼 생겨 매우 자연 친화적인 인상을 준다. 전체 건물은 대형 프렌치 도어로 장식해 자연 채광을 최대한 활용하는 동시에, 도서관 실내에 있어도 자연 속에 머무는 듯한 느낌을 준다. 지붕에는 태양열 집열판을 이용한 발전 시설이 설치되어 한낮의 햇볕으로 16,000와트의 전력을 축적할 수 있다. 발코니의 난간에도 친환경 기능이 숨어 있는데, 수직의 나무 격자 설계로 실내로 들어오는 복사선을 방지해 에너지 절약 효과를 얻고 있다. 지붕 위에 심은 잔디는 특수 배수 설계로 자연의 수분을 재활용해 물을 주며, 화장실 시설에도 사용한다고 한다. 또한 친환경 페인트를 사용하여 오염과 유독 물질의 방출을 줄였다.

도서관의 남쪽은 숲이고 북쪽은 계곡이 흐르며 내부는 모두 나무로 되어 있어서, 마치 숲 속 한가운데 앉아 있는 듯한 느낌을 준다. 발코니로 나가면 나무 의자들이 준비되어 있어 새소리를 듣고 숲의 공기를 마시며 책을 읽을 수 있다. 이곳에서는 책 향기와 자연이 어우러진 삼림욕을 경험할 수 있다.

台北市 北投區 光明路251號 ☎ 02-2897-7682 tpml.gov.taipei 화~토 08:30~21:00, 일~월 09:00~17:00(매월 첫째 주 목요일 휴관) MRT 신베이터우(新北投) 역 하차, 역 광장을 지나서 오른쪽 길로 도보 5분.

베이터우 온천 박물관

北投溫泉博物館 베이터우 원취안 보우관

로마 스타일의 공공 목욕탕

일제 강점기인 1913년 타이완 총독부는 일본 시즈오카 현 이즈 반도의 온천을 모방하여 당시 동아시아에서 가장 큰 온천 목욕탕인 '베이터우 온천 공공 목욕탕北投溫泉公共浴場'을 만들었다. 건물은 2층 규모에 바닥 면적 700m²이었다. 해방 후에는 오랜 기간 방치되어 있다가 1998년 타이베이 시에서 이곳에 '베이터우 온천 박물관北投溫泉博物館'을 개관함으로써, 타이완 온천의 역사를 한눈에 볼 수 있는 전시관이 되었다. 외관으로 볼 때 1층은 붉은 벽돌, 2층은 나무로 되어 있으며 검은 기와를 덮은 지붕에는 공기 순환을 위해 통풍창이 설치되어 있는데, 이러한 독특한 건축 양식 덕분에 국가 3급 고적古蹟으로 지정되었다. 박물관 입구는 2층에 있는데, 일단 들어가면 다다미 형태로 되어 있어 슬리퍼로 갈아신어야 한다. 한 층을 내려가면 남녀 탈의실과 대욕탕 등이 있다. 대욕장은 당시에는 남성 전용이었다고 하며, 아치 기둥과 스테인드글라스 등 유럽 스타일을 모방하여 지어져서 마치 고대 로마의 공공 목욕탕을 보는 듯하다.

台北市 北投區 中山路 2號 ☎ 02-2893-9981 hotspringmuseum.taipei 09:00~17:00(월요일, 국경일 휴관) MRT 신베이터우(新北投) 역 하차, 역 광장을 지나서 오른쪽 길로 도보 10분.

매정

梅庭 메이팅

전쟁 시기의 건축에 대해 살펴볼 수 있는 곳

매정은 1930년대 말에 지어졌고 베이터우 공원 안에 위치해 있다. 한때 국민당의 원로이자 초서체의 대가로 '일대초성一代草聖'이라고 불렸던 위유런于右任 선생의 피서용 별장이었으며, 문 기둥

★톡톡★ 타이완 이야기

베이터우의 일본식 건물들

일제 강점기인 1895년~1945년에 일본은 타이완에서 자신들의 숙박 문제를 해결하기 위해서 대량의 일식 건축 단지를 조성했다. 일본인들이 단기간에 타이완의 전통 민난閩南 양식 건축에 적응하기 힘들었기 때문이다. 이에 일본식 민가 스타일을 타이완에 도입하였지만, 타이완의 날씨는 습기가 많고 특히 베이터우 지역은 일본과 달리 유황과 더운 기후가 특징이었기 때문에 일본식 건축을 타이완에 맞게 개조해야만 했다. 또한 당시 일본인들은 서양의 영향을 많이 받았기 때문에 동서양이 융합된 외관의 건물이 많은 것도 특징이었다.

위에는 그가 쓴 '매정梅庭'이라는 글자가 걸려 있다. 건물 면적이 약 250m²이고, 건물을 둘러싼 주변 정원 면적은 약 800m²이며, 일본식과 서양식이 결합된 독특한 건축 양식을 보여 준다. 온천수가 흐르는 물가에 인접한 매정은 지형에 맞추어 상하 2층을 지었다. 2층은 일식 목조 건축으로 통유리창을 만들어 고풍스럽고 그윽한 정취를 나타냈다. 아래층은 방공 피난소로 철근 콘크리트로 지어졌으며, 뒷마당으로 곧바로 나갈 수 있고 건너편의 대형 지하 방공호와 연결되어 있는 등 전쟁 시기에 지어진 건축물의 특징을 보여 준다. 현재는 위유런 선생의 서예 작품과 매정의 역사에 관한 자료 등이 전시되어 있으며, 한쪽에는 관광 안내 센터가 있다.

台北市 北投區 中山路 6號 ☎ 02-2897-2647 09:00~17:00(월요일 휴관) MRT 신베이터우(新北投) 역 하차, 역 광장을 지나서 오른쪽 길로 도보 15분.

Tip 메이팅 1층의 관광 안내 센터에서는 타이베이와 베이터우에 관한 자료를 얻을 수 있으니 필요한 사람은 들러 보자.

MAPECODE 17136

농내탕 瀧乃湯 룽나이탕

온천의 고전을 알고 싶다면 안성맞춤인 대중탕

베이터우에서 가장 오래된 역사를 자랑하는 농내탕은 폭포수가 모여 형성된 천연 온천탕으로 일제 강점기인 1907년 처음 개방하였다. 과거에는 타이완 최초의 공중 온천탕으로 저명 인사들이 드나들던 곳이었으며, 히로히토 왕세자도 방문하여 유명해졌다. 이때 제작된 기념비도 입구에서 만나볼 수 있다. 지금은 서민들이 이용하는 대중탕으로, 저렴한 가격에 양질의 온천수를 누릴 수 있다는 장점이 있어 많은 사람들이 찾고 있다. 현대에 지어진 온천 호텔들의 최신 시설에 비교하면 매우 소박하기만 한 온천이지만, 온천의 고전을 알고 싶다면 안성맞춤인 곳이다. 온천수는 40도의 수온으로 약간 뜨거운 편이다.

台北市 北投區 光明路 244號 ☎ 02-2891-2236 www.longnice.com.tw 06:30~21:00(입장은 20:00까지) / 수요일 휴관 NT$150 MRT 신베이터우(新北投) 역에서 하차, 역 광장을 지나서 오른쪽 길로 도보 15분.

MAPECODE 17137

베이터우 친수 노천 온천

北投親水露天溫泉 베이터우 친수이 루톈 원취안

베이터우 공공 노천 온천

타이베이 시는 최근 베이터우 친수 공원北投親水公園에 6개의 노천 온천탕을 만들어 많은 사람들이 자연 속에서 온천욕을 즐길 수 있도록 하고 있다. 노천 온천의 위치는 메이팅梅庭 부근이다. 시설이 화려하지는 않지만 널찍한 공간에서 냉탕, 온탕, 열탕의 세 가지 온도로 온천수를 즐길 수 있도록 되어 있다. 맨 위의 탕이 가장 뜨겁고 아래로 내려갈수록 물의 온도가 낮아져 맨 아래는 냉탕이다. 무엇보다 가격이 저렴한 것이 장점이며, 누구나 손쉽게 베이터우의 온천을 체험해 볼 수 있어서 한국인을 포함한 관광객들이 꼭 들르는 필수 코스가 되었다. 그러나 이곳을 이용하려면 수영복과 수건 등 온천 시 필요한 용품은 개인이 미리 준비해 와야 한다.

台北市 北投區 中山路 6號 ☎ 02-2896-6939 개방 시간 05:30~22:00 / 온천 이용 시간 05:30~07:30, 08:00~10:00, 10:30~13:00, 13:30~16:00, 16:30~19:00, 19:30~22:00(2시간 운영 후 30분씩 휴식) NT$40 MRT 신베이터우(新北投) 역 하차, 역 광장을 지나서 오른쪽 길로 도보 15분.

MAPECODE 17138

지열곡 地熱谷 디러구

베이터우 온천의 근원지

베이터우 공원 옆에 위치한 지열곡地熱谷은 베이터우 온천의 수원지 중 하나이다. 뜨거운 온천물과 주위의 차가운 공기가 만나 자욱한 유황 연기를 내뿜는데 그 모습이 마치 지옥과 같다 하여 '지옥곡地獄谷' 혹은 '귀호鬼湖'라고도 불린다.

지열곡은 수온이 약 80~100°C로 다둔산大屯山 화산 지역 내에서 수온이 가장 높은 온천이다. 과거에는 사람들이 계란을 가져와서 뜨거운 온천수에 익혀 먹기도 했던 장소인데, 익혀 먹는 과정에서 사람들이 화상을 입는 경우가 있어서 이제는 계란을 익혀 먹는 것이 금지되었을 뿐 아니라 온천수 가까이 들어가지 못하게 난간을 설치했다.

지열곡은 물빛이 매우 맑은 옥색이고 항상 신비로운 연기에 휩싸여 있어, 일제 강점기에는 타이완의 8승12경八勝十二景 중 하나로 꼽혔다. 이곳의 돌은 라듐 성분이 포함된 베이터우석北投石으로, 세계에서 유일하게 타이완 지명으로 명명된 희귀한 광물이라고 한다.

台北市 北投區 中山路 靠溫泉路 ☎02-8733-5678 09:00~17:00(월요일 휴관) MRT 신베이터우(新北投)역 하차, 역 광장을 지나서 오른쪽 길로 도보 20분.

MAPECODE 17139

베이터우 문물관
北投文物館 베이터우 베이터우 원우관

온천 마을의 분위기와 함께 즐기는 식사

베이터우의 온천 마을을 산책한다는 기분으로 천천히 올라가다 보면 오래된 목조 건물을 만나게 된다. 이곳은 베이터우 문물관으로 일제 강점기인 1921년에 건축된 전형적인 일본식 목조 건물이다. 당시에는 '가산 여관佳山旅館'이란 최고급 온천 여관이었고, 그 후 제2차 세계 대전 기간에는 일본군 장교 클럽이 되었다가 광복 후 정부 관료들이 이용하는 초대소로 바뀌었고, 현재는 시 지정 문화재로 등록되어 민간에서 운영하고 있다. 베이터우 지역 위쪽에 위치한 문물관은 약 800평 규모로 2층 목조 건물과 별관, 일본식 정원이 있는데, 정원의 조경이 매우 오밀조밀하여 작은 다리, 시내, 인공 산 등이 있고 저녁이 되면 등불이 베이터우 문물관을 비추어 매우 은은한 분위기를 만들어 낸다. 외관이 매우 차분하고 고즈넉한 분위기라 여러 차례 영화의 배경이 되기도 했다. 문물관이라는 이름에 걸맞게 유명 인사

지열곡

를 초청하여 강연회도 열고 연주회 등의 다양한 문화 활동을 하고 있으며 이곳을 찾는 관광객들에게 베이터우의 멋진 분위기와 함께 식사와 차를 제공하고 있다.

🏠 台北市 北投區 幽雅路 32號 ☎ 02-2891-2318(교환 9) ⓘ www.beitoumuseum.org.tw ⊘ 10:00~17:30(월요일, 공휴일 휴무) ⓦ 일반 NT$120 🚍 MRT 베이터우(北投) 역에서 紅25, 230번 버스로 환승하여 베이터우 문물관(北投文物館) 하차. / MRT 신베이터우(新北投) 역 하차, 광명 파출소(光明派出所) 앞에서 230번 버스로 환승하여 베이터우 문물관(北投文物館) 하차.

MAPECODE 17140

소수 선원

少帥禪園 사오솨이 찬위안

벚꽃이 우수수 흩날리는 풍경이 아름다운 곳

일제 강점기에 지어진 이곳은 처음에는 '신고 여관新高旅社'이라는 이름으로, 한때 고급 관료와 상류층 인사들의 연회와 온천욕 장소로 유명했었다. 이후에는 일본군 장교 클럽으로 바뀌어 일본군 고급 장교들의 휴양지로 쓰게 되었다. 1960년대에는 유명한 시안 사변西安事變의 주인공 장쉐량張學良 부부가 장제스 총통에 의해 연금되었던 곳으로, 지금도 소수 선원 내에는 그의 동상과 행적 등이 전시되고 있다.

이곳의 온천수는 백황온천수에 속하며 몸을 담그고 있으면 피부가 부드럽고 매끄러워져서 우유탕 또는 미인탕이라고도 부른다. 소수 선원 안에 위치한 찻집에서는 멀리 관도 평원關渡平原과 관음산觀音山까지 한눈에 내다볼 수 있다. 안쪽 뜰에는 도시 풍경을 내려다보며 족탕을 할 수 있는 곳도 있다. 이곳은 사계절 중에 겨울이 지나간 초봄 시기가 가장 아름다운데 정원의 벚꽃이 만발하여 꽃잎이 우수수 흩날리는 풍경은 놓치면 아쉬운 절경이다.

🏠 台北市 北投區 幽雅路 34號 ☎ 02-2893-5336 ⓘ www.sgarden.com.tw ⊘ 서원 관람 시간 10:00~21:00 / 찻집 소륙차포(小六茶鋪) 영업 시간 : 12:00~19:00 / 식당 한경미찬(漢卿美饌) 영업 시간 : 12:00~14:30, 18:00~21:00 🚍 MRT 베이터우(北投) 역에서 紅25, 230번 버스로 환승하여 소수 선원(少帥禪園) 하차. / MRT 신베이터우(新北投) 역 하차, 광명 파출소(光明派出所) 앞에서 230번 버스로 환승하여 소수 선원(少帥禪園) 하차.

Travel Tip

온천 호텔 vs 노천탕

베이터우 온천에는 셀 수 없이 많은 온천 시설이 있어, 취향에 맞게 대중탕, 개인탕, 가족탕 등을 선택할 수 있다. 온천 호텔에 하루 묵으며 온천을 할 수도 있고 잠시 들러 온천욕만 하고 갈 수도 있다. 하루 숙박료가 한국 돈으로 150만 원이나 하는 고가의 온천 호텔이 있는가 하면 1,500원으로 즐길 수 있는 노천 온천도 있다. 노천 온천탕을 이용하거나 온천 호텔 내의 대중탕을 이용하는 경우에는 수영복을 준비해야 하며, 수영복이 없다면 비용을 내고 빌려야 한다. 베이터우의 유명 온천 호텔에 관한 정보는 '타이베이 호텔' 파트를 참고하자.

온천 호텔

노천탕

만래만 라면

MAPECODE 17141

滿來滿拉麵 만라이만 라미엔

베이터우에서 제일 핫한 맛집이다. 산 중턱에 자리한 이 라면 가게는 문을 열자마자 많은 사람들이 줄을 서서 기다린다. 타이완과 일본식이 혼합된 라면 맛을 경험할 수 있는데 간장, 된장(미소), 김치 등 독특한 맛의 국물이 인기 비결이며 손으로 만든 면발은 쫄깃쫄깃하다. 부드러운 육질의 차샤오叉燒 돼지고기 꼬치구이를 곁들여 먹거나, 편육, 조개, 야채, 새우 등의 풍부한 재료로 구성된 모듬 라면을 선택하는 것도 좋다.

台北市 新北投 溫泉路 110號 ☎ 02-2893-7958 NT$110~ 11:00~14:00, 17:00~21:00 (월요일 휴무) MRT 베이터우(北投) 역에서 도보 15분.

벙어리 과자 啞巴餅 야바빙

MAPECODE 17142

늘 손님들이 줄을 서는 특별한 맛의 만두 가게이다. 작은 크기의 만두를 바삭하게 튀겨내는데 입안에서 부서지며 나는 소리가 마치 과자 같아 과자라고 불리는 만두이다. 부추, 양배추, 토란, 팥 등 각종 채소로 가득 채워진 소는 겉피가 부서지면서 입안으로 쏟아져 쫄깃한 식감을 준다. 만두를 먹는 동안 맛에 반해 말이 안 나와 벙어리 과자라 불리는 것이 아닐까 추측을 했는데 벙어리 과자라고 불리는 진짜 이유는 이 만두를 처음 만든 분이 벙어리였다고 해서 붙여진 이름이라고 한다.

台北市 北投區 清江路 25巷(北投市場內) ☎ 0963-337-099 14:30~18:30(월 휴무) 1개 NT$15 MRT 베이터우(北投)역에서 도보 5분. 베이터우 시장 내.

한기 육갱점

MAPECODE 17143

漢奇肉羹店 한치 러우겅뎬

시장 풍경을 좋아한다면 베이터우 온천 지역에서 벗어나 입구에 있는 시장으로 가 보자. 시장을 걷다 보면 발 아래로 하얀 김이 올라와 깜짝 놀라게 되는데 이곳까지 온천수가 흘러 내려왔기 때문이다. 시장 안에 있는 한기 육갱점은 맛있는 소고깃국을 파는 곳으로, 베이터우 지역 주민이 추천한 맛집이다.

台北市 北投區 光明路 48號 ☎ 02-2898-4146 06:30~15:30(화요일 휴무) NT$50~ MRT 베이터우(北投) 역에서 도보 6분, 베이터우 시장 내.

로열 호스트

MAPECODE 17144

Royal Host 樂雅樂家庭餐廳 러야러 자팅 찬팅

타이완 전국에 분점을 둔 레스토랑이다. 인기 드라마 〈장난스런 키스惡作劇之吻〉에서 남자 주인공 즈수直樹가 집을 나와 아르바이트하는 장면이 베이터우 매장에서 촬영되었다. 인테리어는 한국의 패밀리 레스토랑과 비슷하지만 메뉴는 타이완 스타일이 가미되어 있다. 스프, 빵 또는 밥, 후식 음료가 포함된 일반적인 세트 메뉴는 NT$400~500, 단품은 NT$300. 샐러드는 NT$200 정도이다. 어린이 메뉴는 그릇이 비행기나 자동차 모양의 예쁜 그릇에 담아 주기 때문에, 어린이와 함께 여행 중이라면 추천하고 싶은 곳이다.

台北市 北投路 2段 9號 ☎ 02-2897-6248 www.royalhost.com.tw 월~목요일 07:00~21:30, 금~일요일 07:00~22:00 세트 메뉴 NT$400~ MRT 베이터우(北投) 역 출구에서 왼쪽으로 도보 5분.

양밍산
陽明山

타이베이 사람들의 사랑을 듬뿍 받고 있는 산

타이베이 북쪽에 있는 양밍산은 하나의 산봉우리를 가리키는 이름이 아니라, 해발 1,093m 다둔산大屯山과 해발 1,120m의 치싱산七星山을 중심으로 한 여러 산들을 합쳐서 부르는 이름이다. 사계절 아름다운 풍경이 펼쳐지는 양밍산은 멋진 폭포, 그림 같은 호수, 계단식 논, 화산 분화구 등 다양한 경치와 온천을 즐길 수 있기 때문에, 타이베이 사람들의 사랑을 듬뿍 받고 있다. 이곳은 타이완에서 화산 지형이 가장 잘 발달한 곳으로, 특히 샤오유컹小油坑 분화구에 가면 1년 내내 하얀 김이 모락모락 솟아오르는 모습을 볼 수 있어 양밍산이 살아 있는 활화산임을 눈으로 확인해 볼 수 있다. 참고로 양밍산에서 절대 놓치지 말아야 할 3가지는 야경, 온천, 그리고 주쯔후竹子湖의 카라꽃이다.

Access 109, 219, 260, 535, 小9, 紅5번 버스를 타고 양밍산(陽明山) 하차.

양밍산

쑹산
嵩山
양밍산 국가 공원
陽明山國家公園
훙루산
烘爐山
차이궁컹산
菜公坑山
샤오관인산 서봉
小觀音山西峰
이자평 관광 안내소
二子坪遊客服務站
바이라카 산
百拉卡山
샤오관인산
小觀音山
마조 화예촌
馬槽花藝村
대둔 자연 공원
大屯自然公園
바이라카궁루 百拉卡公路
101甲
바이라카궁루 百拉卡公路
양진궁루 陽金公路
주쯔후루 竹子湖路
2甲
얼즈산 동봉
二子山東峰
일월 농장
日月農莊
이자평 유게구
二子坪遊憩區
주쯔후루 竹子湖路
청채원
青菜園
다툰산
大屯山
소유갱 관광 안내소
小油坑遊客服務站
치싱산
七星山
치구산
七股山
다툰 서봉
大屯西峰
다툰 남봉
大屯南峰
주쯔후
竹子湖
주쯔후 파출소
竹子湖派出所
치싱산 동봉
七星山東峰
멍환후
夢幻湖
양밍산 냉수갱
陽明山冷水坑
양명 서옥
陽明書屋
중싱루 中興路
2甲
주가오산
竹篙山
중정 산
中正山
둥성루 東昇路
양밍산 중산루
陽明山中山樓
초산행관
草山行館
양밍산
陽明山
신위안제 新園街
사마오 산
紗帽山
19호 수안 카페
19號水岸咖啡館
타이베이 시립 돈서 공상
台北市私立惇敘工商
사마오루 紗帽路
2甲
징산루 菁山路
타이베이 오만대
台北奧萬大
취안위안루 泉源路
찬탕
川湯
중국 문화 대학
中國文化大學
화강 예술 학교
華岡藝校
송죽원
松竹園
베이터우 문물관
北投文物館
찬탕 온천 양생 요리
川湯溫泉養生料理
더 톱
The Top
屋頂上
초산야미면
草山夜未眠
샤오차오산
小草山
타이베이 시립 격치 중학교
台北市立格致國中
치리안산
唭哩岸山
샤주린산
下竹林山
2甲
국립 양명 대학교
國立陽明大學

MAPECODE 17145

양밍산 국가 공원

陽明山國家公園 양밍산 궈자 궁위안

사계절 아름다운 풍경을 즐길 수 있는 곳

양밍산 국가 공원은 타이베이 사람들이 가장 사랑하는 공원이다. 이곳에서는 1년 내내 꽃을 볼 수 있지만, 특히 봄철인 2~4월에 공원을 찾아가면 16,000그루의 철쭉이 흐드러지게 피어 꽃의 물결이 장관을 이룬다. 꽃을 찾아온 나비들도 볼 만한데, 타이완에 있는 총 400여 종의 나비 중에서 150종을 이곳에서 볼 수 있다고 한다. 푸른 자연 속에서 지친 도시인의 마음을 치유해 주는 양밍산 국가 공원은 주말이면 많은 사람들이 찾아와 즐기는 휴식처이다.

🏠 台北市 陽明山 竹子湖路 1-20號 ☎ 02-2861-3601 ⓘ www.ymsnp.gov.tw 🚌 109, 219, 260, 260, 535, 小9, 紅5번 버스를 타고 양밍산(陽明山) 하차.

주쯔후 竹子湖

순수, 순결을 상징하는 카라꽃 동산

양밍산에 위치한 주쯔후는 해발 670m로 다둔산大屯山과 치싱산七星山, 샤오관인산小觀音山 사이의 골짜기에 위치해 있다. 이곳은 기후가 서늘하고 비가 자주 와서 안개가 자주 끼는데, 산속에서 만나는 물안개는 낭만적이고 신비한 분위기를 자아낸다.

'주쯔후竹子湖'라는 지명은 '대나무 호수'라는 뜻이지만, 진짜 호수를 볼 수 있을 것이라고 기대하면 곤란하다. 큰 대나무 숲이 바람에 흔들리는 모습이 마치 호수에 이는 물결과 같다 해서 붙여진 이름이기 때문이다. 옛날에는 이곳에 화산 폭발로 형성된 폐색호가 있었는데, 호수의 물이 빠진 후 비옥한 토양이 고랭지 채소를 재배하기에 적

양밍산 국가 공원

합해 고랭지 채소와 화훼 농장으로 유명해졌다. 매년 1월부터 카라꽃이 피기 시작해 3~4월 사이에는 13ha에 이르는 주쯔후를 하얗게 뒤덮는데, 그 풍경이 너무도 아름다워 많은 연인들이 찾아온다. 카라의 꽃말은 '순수, 순결'로 결혼식의 부케에 많이 쓰이며 젊은 층에서 유난히 좋아하는 꽃이다. 꽃이 피는 시기에는 꽃을 직접 꺾을 수 있는 체험 프로그램과 전시회, 꽃꽂이, 생태 체험, 농가 음악회를 여는 등 연일 축제 분위기이다. 카라꽃을 구경하고 주변을 산책한 후에는 주변에 있는 식당에서 향긋한 산나물 요리를 맛보자. 산 좋고 물 좋은 이곳에서 직접 재배한 나물 요리들은 농어 요리, 닭요리와 함께 인기가 높다.

台北市 北投區 陽明山 竹子湖路 MRT 스파이(石牌) 역에서 小8번 버스로 환승하여 주쯔후(竹子湖) 하차. / 양밍산 공원에서 양밍산 순환버스를 타고 주쯔후(竹子湖) 하차.

MAPECODE **17146**

촨탕 川湯

양밍산 지역 내에서 추천하는 온천

베이터우 온천만큼 교통이 편리하지는 않지만 양밍산 온천도 시내에서 비교적 가까운 편이다. 이 일대의 산에서는 아직도 유황 연기가 폴폴 올라오는 것을 볼 수 있다. 싱이루行義路 300항巷에는 수많은 온천탕이 몰려 있는데, 그중에서 촨탕을 추천한다. 관광객보다는 현지인들이 이용하는 곳으로 저렴하면서도 깨끗하다. 온천탕 이외에도 노래방과 음식점 등을 24시간 운영하기 때문에 언제든지 찾아가 즐길 수 있다. 온천물도 좋지만 시간에 쫓기지 않는 여유가 있어 더욱 좋은 곳이기도 하다.

台北市 北投區 行義路 300巷 10號 ☎02-2874-7979 www.kawayu-spa.com.tw 4월 1일~10월 31일 06:00~01:00, 11월 1일~3월 31일 06:00~03:00 1인 NT$200~250 MRT 스파이(石牌) 역 하차, 종합 시장(綜合市場) 버스 정류장에서 508, 535, 536번 버스를 타고 싱이루3(行義路三) 하차.

★톡톡★ 타이완 이야기

유황 연기가 신비로운 양밍산 온천

양밍산은 특이한 화산 지형과 지질 구조, 대량의 지열 덕분에 온천이 발달했다. 온천수는 모두 화산 지질의 산성 유황천이며, 마그네슘, 칼륨, 나트륨, 칼슘 등의 광물질이 함유되어 있다. 유황천은 '썩은 달걀' 냄새와 같은 유황 냄새가 나고 피부를 매끄럽게 하는 것이 가장 큰 특징이며, 가려움증 개선, 살균, 살충, 만성 피부 질환 및 통풍 치료, 당뇨병 치료에 탁월한 효능이 있다. 타이완에서 유일하게 국립 공원 내에 위치한 양밍산 온천은 모락모락 솟아오르는 유황 연기와 그 속에서 펼쳐지는 숲의 신비로운 비경을 감상하며 온천욕을 즐길 수 있다.

위치 양밍산 국립 공원(陽明山國家公園) 수질 산성 유황천 수온 60~70℃

MAPECODE 17147

중국 문화 대학
中國文化大學 중궈 원화 다쉐

양밍산 야경 명소이자 연인들의 데이트 코스

타이베이 연인들의 데이트 명소는 어디일까? 타이베이를 한눈에 담으려면 어디로 가야 할까? 타이베이 101 빌딩에서 내려다보는 야경 속에는 정작 타이베이 101 빌딩이 없지만, 양밍산에서 내려다보는 타이베이 야경에는 타이베이 101 빌딩이 중심이 되어 타이베이 전체가 한눈에 들어온다. 입장료도 없고 탁 트인 공간에서 시원한 바람을 느끼며 타이베이를 내려다보면 어느새 근심 걱정이 없어진다. 양밍산 야경 포인트인 중국 문화 대학은 밤마다 많은 연인들이 하염없이 앉아서 속삭이는 곳이다.

台北市 陽明山 華岡路 55號 ☎ 02-2861-0511 www.pccu.edu.tw MRT 젠탄(劍潭) 역 1번 출구에서 紅5, 260번 버스를 타고 중국 문화 대학(中國文化大學) 하차. (야경을 보려면 후문으로 가야 한다.)

타이베이 호텔

Sleeping

고급 호텔

그랜드 포모사 리젠트 타이베이

MAPECODE 17148

Grand Formosa Regent Taipei 晶華酒店 징화 주뎬

그랜드 포모사 리젠트는 타이베이의 중심부에 자리한 최고급 호텔로, 타이완에서 가장 넓고 아름다운 디자인의 객실로 유명하다. 총통부, 중정 기념당, 당대 미술관 등의 명소와 가까우며 타오위안 국제 공항에서 약 50km 거리에 있다.

台北市 中山北路 2段 39巷 3號 ☎ 02-2523-8000 www.grandformosa.com.tw NT$15,800~ MRT 중산(中山) 역 4번 출구에서 도보 10분.

더 그랜드 호텔

MAPECODE 17149

The Grand Hotel 圓山大飯店 위안산 다판뎬

타이베이의 최고 명물이자 아시아 최고 호텔 중 하나인 그랜드 호텔은 숙박을 하지 않아도 그 자체만으로 볼거리인 곳이다. 황실 전통의 진홍색 기둥과 황금색의 기와 지붕으로 화려함을 유감없이 발휘한다. 미로 같은 회랑, 대나무 조경, 황금빛 천장, 꿈틀대는 용 조각 등 차별화된 외관부터가 남다르다.

台北市 中山北路 4段 1號 ☎ 02-2720-1234 www.grand-hotel.org NT$5,700~ MRT 젠탄(劍潭) 역 2번 출구에서 도보 15분.

하워드 플라자 호텔

MAPECODE 17150

Howard Plaza Hotel Taipei
福華大飯店 푸화 다판뎬

1984년 개관한 5성급 호텔로 전통과 현대적 감각이 조화를 이룬 것이 특징이며, 타이베이 시내에 자리하고 있어 세계 무역 센터와 중정 기념당 등의 명소와 가깝다. 비즈니스 및 여행객 모두에게 편안하고 수준 높은 서비스를 제공한다.

台北市 仁愛路 3段 160號 ☎ 02-2700-2323 www.howard-hotels.com.tw NT$9,500~ MRT 중샤오푸싱(忠孝復興) 역 2번 출구에서 도보 5분.

쉐라톤 타이베이 호텔

MAPECODE 17151

Sheraton Taipei Hotel
台北喜來登大飯店 타이베이 시라이덩 다판뎬

타이베이 역 가까이에 자리하고 있는 18층짜리 호텔로 1981년 문을 열었으며, 1998년에 새로 단장해 현대식으로 탈바꿈했다. MRT 역에서 가까워 관광하기 좋으며 호텔 지하에 쇼핑센터가 있어 쇼핑하기에도 매우 편리하다. 피트니스 센터, 스파, 스쿼시 코트, 약국 등이 있다.

台北市 忠孝東路 1段 12號 ☎ 02-321-5511 www.sheraton-taipei.com NT$6,600~ MRT 산다오쓰(善導寺) 역 2번 출구에서 도보 3분.

에버그린 로렐 호텔

MAPECODE 17152

Evergreen Laurel Hotel Taipei
台北長榮桂冠酒店 타이베이 창룽 구이관 주뎬

이탈리아 가구와 예술 작품으로 장식된 고급 객실을 자랑하는 호텔로, 타이베이의 산업과 금융 중심지에 자리하고 있다. 쑹산 공항으로부터 5km 떨어져 있고 화산 문화 창의 단지, 둥취東區 등의 명소와 가깝다.

台北市 松江路 63號 ☎ 02-2501-9988 www.evergreen-hotels.com NT$6,025~ MRT 쑹장난징(松江南京) 역 4번 출구에서 도보 5분.

그랜드 하얏트 타이베이 호텔

MAPECODE 17153

Grand Hyatt Taipei Hotel
台北君悅大飯店 타이베이 쥔웨 다판뎬

세계 무역 센터 안에 자리 잡고 있는 호텔로 휴식과 쇼핑, 문화 시설을 모두 가까운 거리에서 이용할 수 있다. 또한 온도가 조절되는 실외 수영장에서는 물속에서 음악을 들려주는 등 최신 시설을 자랑한다. 타오위안 국제 공항에서 45분 거리에 있다.

台北市 松壽路 2號 ☎ 02-2720-1234 taipei.grand.hyatt.com.tw NT$9,100~ MRT 스정푸(市政府) 역 2번 출구에서 도보 7분.

오리엔탈 만다린 호텔

MAPECODE 17154

Mandarin Oriental Hotel
頂級酒店 띵지주뎬

2014년에 완공된 타이베이 오리엔탈 만다린 호텔은 현재 타이완에서 가장 고급스러운 호텔로 숙박비는 비싸지만 최고의 국빈들이 이용할 수 있는 완벽한 시설을 자랑한다. 들어서면 만나는 로비부터 감탄을 자아낸다. 객실 내부는 모던하면서도 클래식한 스타일로 꾸며져 있다. 화려하면서도 세련된 분위기의 최고급 식당가에서는 미슐랭 가이드북에 소개된 스타 요리사가 만든 요리를 맛볼 수 있다. 객실 안에서 창을 통해 타이베이 101 빌딩을 볼 수 있으며 밤이 되면 아름다운 타이베이 야경을 즐길 수 있다.

台北市 敦化北路 158號 ☎02-2715-6888 www.mandarinoriental.com/taipei/hotel NT$15,500~ MRT 난징푸싱(南京復興) 역 4번 출구에서 도보 9분.

부티크 · 비즈니스 호텔

타이베이 시티 호텔 MAPECODE 17155

Taipei City Hotel 台北城大飯店 타이베이 청따 판뎬

1926년 당대 타이완 최고의 부호가 많은 돈을 들여 바로크 양식으로 지은 3층 저택 위에 근래에 8층을 추가로 지어 올린 매우 독특한 건물의 호텔이다. 외부는 물론 내부 객실의 분위기가 특별하면서도 고풍스럽고 매우 현대적인 시설로 편리함을 갖추고 있다. 과거의 우아한 클래식 분위기와 현대의 모던함의 조화를 느낄 수 있다는 장점을 자랑한다. 객실 전압이 220V로 되어 있고 HXPF 1층에는 스타벅스가 있다. 또한 까르푸 매장이 호텔 맞은편에 있다. 호텔 주변에 명소들이 즐비해 도보로 여행이 가능하다. 타이베이에서 특별한 분위기의 호텔을 찾는 중이라면 추천한다.

台北市 大同區 重慶北路 2段 172號 ☎ 02-2553-3919 www.taipei-hotel.tw NT$6,000~ MRT 다차오터우(大橋頭站) 역 2번, 3번 출구에서 도보 10분.

홈 호텔 다안점 MAPECODE 17156

Home Hotel Daan

홈 호텔은 신의信義점의 인기에 힘입어 2호점 다안大安점을 타이베이에서 소문난 핫플레이스 동취에 오픈했다. 오픈한지 얼마 되지 않아 깔끔한 내부 인테리어가 돋보이며 무엇보다 이곳에 숙소를 정하면 타이베이의 어디든 여행이 편리하다는 장점이 있다.

台北市 大安區 復興南路 一段 219-2號 ☎ 02-8773-9000 www.homehotel.com.tw NT$ 10,800~ MRT 중샤오푸싱(忠孝復興) 역 2번 출구에서 도보 3분.

저스트 슬립 호텔 MAPECODE 17157

Just Sleep Hotel 捷絲旅 제쓰뤼

여행자들은 가격이 저렴하면서도 편리하고 안락한 호텔을 원하지만, 타이베이는 항상 호텔이 부족한 상황이기 때문에 가격 대비 시설이 만족스러운 호텔을 고르기가 쉽지 않다. 저스트 슬립 호텔은 타이베이의 여행에 맛을 더하는 양념 같은 역할을 해 주는 호텔이다. 구석구석 디자이너의 마음이 전달되어 미소 짓게 하기 때문이다. 손님을 맞는 입구가 비좁아 불편하다고 생각할 수 있지만 불필요한 공간은 최소화하고 손님들을 위한 공간을 더 많이 제공해 주는 현명한 디자인 호텔이다.

台北市 林森北路 117號 3樓 ☎ 02-2568-4567 www.justsleep.com.tw NT$3,700~ MRT 중산(中山) 역 3번 출구에서 도보 10분.

포르테 오렌지 호텔 MAPECODE 17158

Forte Orange Hotel 福泰飯店 푸타이 판뎬

이곳은 한국 사람들이 많이 이용하는 호텔이다. 타이베이 기차역에서 가깝고, 주요 명소로 이동하는 교통편이 편리한 것이 가장 큰 장점이다. 편의점이 호텔 바로 아래에 있으며, 출입 시 카드를 사용하도록 되어 있어 보안이 좋다. 조식권을 가지고 호텔 앞 카페에서 조식을 먹을 수 있다. 차량 렌트나 택시 투어 등은 호텔 직원에게 문의하면 예약해 주는데, 같은 호텔에서 만난 여행자들과 팀을 이루어 렌트나 투어 예약을 하면 경비를 절약할 수 있다.

台北市 中山區 林森北路 139號 ☎02-2563-2688 ⓘ www.forte-hotel.net ⓦNT$3,000~ MRT 중산(中山) 역 3번 출구에서 도보 8분.

댄디 호텔 톈진점

MAPECODE 17159

Dandy Hotel Tianjin Branch
丹迪旅店天津店 단디 뤼뎬 톈진뎬

작은 규모의 호텔이 주는 즐거움 중 하나는 이렇게 특별한 방이 있다는 것이다. 어찌 보면 연극 무대의 세트 같기도 해서 나이 드신 분들은 다소 적응이 안 될 수도 있다. 그러나 타이완의 예술가들이 각 방을 천국의 방, 사계절 크리스마스 방 등의 각기 다른 테마로 디자인했다. 비슷한 스타일의 호텔 인테리어가 지루하고 싫다면 댄디 호텔을 추천한다.

台北市 中山區 天津街 70號 ☎02-2541-5788 ⓘ www.dandyhotel.com.tw ⓦNT$2,600 MRT 중산(中山) 역 3번 출구에서 도보 7분.

댄디 호텔 다안 삼림 공원점

MAPECODE 17160

Dandy Hotel Daan Park Branch
丹迪旅店大安森林公園店 단디 뤼뎬 다안 썬린 궁위안뎬

호텔 로비는 크지 않지만 편안한 안테리어와 서비스 시설이 잘 갖춰져 있고 숙박하는 룸 창가에서 내려다보는 다안 삼림 공원의 짙푸른 풍경이 아름다운 호텔이다.

台北市 大安區 信義路 3段 33號 ☎02-2707-6899 ⓘ www.dandyhotel.com.tw 체크인 15:00~, 체크아웃 ~12:00 ⓦNT$2,600~ MRT 다안썬린궁위안(大安森林公園) 역에서 도보 3분.

앰비언스 호텔

MAPECODE 17161

Ambience Hotel 喜瑞飯店 시루이 판뎬

호텔 근처에 저렴한 음식점이 많은 린썬베이루林森北路가 있어 하루 일정을 마치고 숙소에서 휴식을 취한 뒤에 나와도 늦은 시간까지 여행의 낭만을 즐길 수 있다.

台北市 中山區 長安東路 1段 64號 ☎02-2541-0077 ⓘ www.ambiencehotel.com.tw 체크인 15:00~, 체크아웃 ~12:00 ⓦNT$3,000~ MRT 쑹장난징(松江南京) 역 2번 출구에서 도보 10분.

호텔 73

MAPECODE 17162

Hotel 73 新尚旅店 신상 뤼뎬

각 방의 문이 독특한 디자인으로 되어 있어 발랄한 첫인상을 주는 호텔이다. 방 안도 역시나 각기 다른 테마로 꾸며져 있어, 개성 넘치는 디자이너의 메시지를 느낄 수 있는 디자인 호텔이다.

台北市 中正區 信義路 2段 73號 ☎02-2395-9009 ⓘ www.hotel73.com ⓦNT$1,800~ 체크인 15:00~, 체크아웃 ~12:00 MRT 둥먼(東門) 역 2번 출구에서 도보 3분.

심플 호텔

MAPECODE 17163

Simple Hotel
馥華商旅 敦北館 푸화상뤼 둔화뎬

규모는 작지만 갖출 것은 모두 잘 갖추고 있어 만족도가 높은 호텔이다. 무엇보다 세련된 인테리어가 자랑이며 객실마다 발코니를 갖추고 있고 나무 소재로 만들어진 쾌적한 라운지, 편리한 세탁실과 깔끔한 휘트니스 등 편안한 휴식이 가능한 곳이다. 또한 타이베이 중심가에 위치해 있어 여행 기간이 짧다면 시간을 효율적으로 활용하기 안성맞춤인 호텔이다. 한 번 이용했던 사람들의 재방문이 많아 여유를 두고 미리 예약해야 한다.

台北市 松山區 敦化北路 4巷 52號 ☎ 02-6613-1300 simple.hotel.com.tw NT$2,680~ MRT 난징푸싱(南京復興) 역 7번 출구에서 도보 5분.

포워드 호텔 난강점

MAPECODE 17164

Forward Hotel Nangang MRT
台北馥華商旅 南港館 타이베이 푸화상뤼 난강뎬

타이베이 시내의 번잡함이 싫다면 포워드 호텔 난강점을 추천한다. MRT와 가까이에 위치하고 있어 찾아가기 편리하며 깨끗하고 조용하다. 무엇보다 넓은 객실이 매력적이다. 101 빌딩 주변을 여행하고 편히 쉬기에 좋은 호텔이다. 타이베이 101 빌딩과 라오허지에 야시장, 난강 까르푸로 가는 버스를 호텔 앞에서 탈 수 있다.

台北市 南港區 三重路 23號 ☎ 02-2785-2655 fw.tfhg.com.tw NT$2,500~ MRT 난강(南港) 역 1번 출구에서 도보 5분.

메이 호텔

MAPECODE 17165

Mai Hotel 舞衣新宿南京店 바숑 다샹 칭녠즈자

가격대비 아늑하고 편안함을 주는 호텔이다. 여행을 마치고 호텔에 돌아 왔을 때 마치 집에 온 듯 한 느낌을 주려고 작은 것 하나까지 세심하게 신경을 썼다고 한다. 또한 이 호텔은 7시부터 10시까지 건물 1층의 카페에서 맛과 함께 분위기가 있는 조식을 제공하고 있는 것이 큰 장점이다. 밀크티와 커피가 맛있으니 빵과 함께 아침의 여유를 즐길 수 있다. 참고로 카드키가 없으면 로비를 제외한 모든 엘리베이터를 이용할 수 없다. 2인이라면 체크인 할 때 두 장의 카드키를 받아야 자유로운 호텔이용이 가능하다는 점 참고하자.

台北市 中山區 南京東路 2段 163號 1-8樓 ☎ 02-2503-5511 mai-nanjing.hotel.com.tw 체크인 15:00~, 체크아웃 ~12:00 스탠다드 룸 NT$2,280 MRT 쑹장난징(松江南京) 역 7번 출구에서 직진하여 도보 5분.

그린 월드 호텔

MAPECODE 17166

Green World Hotel 洛碁中華店 뤄치 중화뎬

시먼이라는 명소에 위치한 호텔이라 교통이 매우 편리하며 2014년 5월에 오픈을 해서 모든 시설이 깔끔하며 세련된 느낌이다. 총 5개 층에 130개의 룸이 있는데 노랑, 그린, 주황, 파랑, 브라운으로 층마다 방마다 개성이 톡톡 튀는 디자인을 자랑한다. 특히 로비가 있는 13층에 위치한 식당은 천장이 높고 넓으며 만족할 만한 아침식사가 준비되어 있다. 룸에는 뜨거운 물이 잘 나와 하루의 피로를 풀기 좋다. 그 밖의 시설로는 PC를 사용할 수 있는 휴식 룸과, 회의실, 피트니스, 세탁실도 있어 가격대비 만족도가 높은 호텔이다.

台北市 中正區 中華路1段 41號 13樓 ☎ 02-2370-5158 www.greenworldhotels.com 체크인 15:00~, 체크아웃 ~12:00 이코노미 싱글 NT$2,310 MRT 시먼(西門) 역 4번 출구에서 직진하여 도보 5분.

호스텔·게스트하우스

플립 플랍 호스텔

MAPECODE 17167

Flip Flop Hostel 夾腳拖的家 자자오퉈 더 자

타이베이 기차역에서 걸어서 5~10분 거리에 위치하고 있어 다른 관광지로 이동하기가 편한 호스텔이다. 3명, 4명, 6명 숙박이 가능한 도미토리 침실이 기본이며, 여성 전용 3인실과 6인실, 남성 전용 3인실, 혼숙 4인실과 6인실이 있다. 한국 사람들이 많이 찾는 곳이다. 아침 식사는 제공되지 않으며, 와이파이는 무료로 쓸 수 있다.

台北市 大同區 華陰街 103號 ☎ 02-2558-3553 flipflophostel.com NT$1,200~ MRT 타이베이처잔(台北車站) 역 1번 출구에서 도보 10분.

홀로 호스텔

MAPECODE 17168

Holo Hostel 阿羅國際旅館 아뤄궈지뤼뎬

건물 22층에 자리한 덕에 타이베이 시의 전경을 덤으로 얻을 수 있는 호스텔이다. 타이베이 기차역 앞에 있는 K-Mall 빌딩에 위치해 있어 찾기도 쉽고 여행하기도 좋다. 아침 식사를 제공하며 팩스와 우편 서비스도 받을 수 있다.

台北市 忠孝西路 1段 50號 22F-2 ☎ 02-2331-7272 holo-family-hostel.com 도미토리 NT$450, 1인실 NT$790 MRT 타이베이처잔(台北車站) 역 5번 출구 앞 K-Mall 빌딩 22층.

타이완 호스텔 해피 패밀리

MAPECODE 17169

Taiwan Hostel Happy Family
幸福之家客棧 싱푸즈자 커잔

타이베이 역에서 불과 70m 떨어져 있어 여행하기에 좋은 위치의 호스텔이다. NT$50을 추가하면 에어컨을 제공하며 세탁기와 헤어드라이어 등을 공짜로 쓸 수 있다.

台北市 中山北路 1段 56巷 2號 104 ☎ 02-2581-0716 4인실 1인 NT$400, 1인실 NT$600 MRT 타이베이처잔(台北車站) 역 2번 출구에서 도보 3분.

트래블 토크 타이베이 백패커스

MAPECODE 17170

Travel Talk Taipei Backpackers Hostel

쑹산 공항에서 국광객운 버스를 타고 싱톈궁 行天宮 정류장에 하차하면, 정류장에서 걸어서 5분 거리라서 숙소를 찾기에 매우 좋은 위치에 있다. 또한 호스텔에 주변 맛집 지도를 비치하고 있어 타이완의 맛집을 찾는 데에 도움을 준다. 이곳은 2인실, 4인실, 6인실의 도미토리 침실이 기본이다. 가능하면 남자는 남자, 여자는 여자끼리 한 방을 쓰도록 하지만 방이 없을 경우 혼숙을 하게 될 수도 있다. 화장실과 세면장은 공용이지만 1층, 2층에 모두 화장실과 세면장이 있어 여유 있게 사용할 수 있고 기본적인 샴푸와 바디클렌저가 비치되어 있다. 아침 식사는 간단한 토스트가 제공되며, 와이파이도 무료로 쓸 수 있다.

台北市民权东路 2段 96号 2楼 ☎ 0918-319-868 NT$500~600 MRT 싱톈궁(行天宮) 역 4번 출구에서 도보 10분.

타이베이 시티 호스텔 MAPECODE 17171

Taipei City Hostel 橙舍 청셔

시먼 역 근처의 호스텔로 시내 관광지들과 가깝다는 장점이 있다. 부엌과 냉장고, 무선 인터넷 등을 자유롭게 쓸 수 있다.

台北市 萬華區 漢口街 二段 41號 ☎ 0922-000-702 www.taipeicityhostel.com 평일 기준 도미토리 NT$500~, 1인실 NT$900 MRT 시먼(西門) 역 6번 출구에서 도보 7분.

바나나 호스텔 MAPECODE 17172

Banana Hostel

한국인 여행자들에게 많이 알려진 호스텔이다. 방은 트윈룸과 더블룸, 그리고 6인실 도미토리 룸이 있다. 주방이 있어 요리를 해 먹을 수도 있고 무료로 사용이 가능한 세탁기와 세제가 있어 여행 중에 빨래가 필요할 때 호스텔에서 해결할 수 있는 장점이 있다. 하지만 도미토리 룸은 화장실 이용에 불편을 느낄 수도 있다. 아침 식사가 제공되는데, 호텔 이름답게 매일 아침 바나나를 먹을 수 있으며 주말이면 직접 만든 바나나 케이크를 먹을 수 있다. 와이파이는 무료로 사용 가능하다.

台北市 金山南路 二段 7號 ☎ 0980-966-646 www.facebook.com/BananaHostel NT$500~1,500 MRT 둥먼(東門) 역 3번 출구에서 도보 3분.

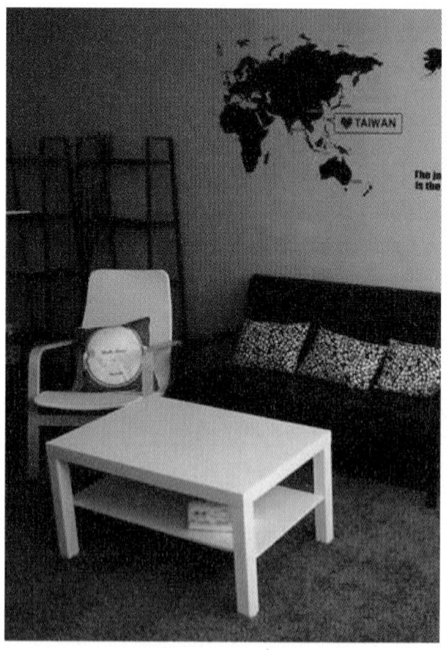

에이트 엘리펀츠 호스텔 MAPECODE 17173

Eight Elephants Hostel
八雙大象青年之家 바솽 다샹 칭녠즈자

타이완 다른 지역의 젊은이들이 많이 찾는 호스텔로 도서실, 컴퓨터실 등을 갖췄으며 여행 정보, 중국어 강좌 정보를 제공한다.

台北市 晉江街 48巷 4弄 6號 1樓 ☎ 09-6806-7561 도미토리 NT$489, 2인실 NT$789, 1인실 NT$1,030 MRT 구팅(古亭) 역 1번 출구에서 도보 7분.

펀 타이페이 백패커스 MAPECODE 17174

Fun Taipei Backpackers

스린 야시장 바로 옆에 위치하고 있어 단수이와 스린 야시장을 늦게까지 여행하고자 할 때 편리한 위치에 있다. 하루만 숙박할 경우는 예약이 되지 않으며 최소 2박을 해야 한다. 2인실, 3인실, 4인실과 도미토리 6인실이 있다. 조식은 간단한 토스트와 과일이 제공되며, 무료 와이파이가 제공된다.

台北市 士林區 承德路 四段 116號 ☎ 0909-063-381 www.funtaipeibackpackers.hostel.com NT$250~700 MRT 젠탄(劍潭) 역에서 도보 5분.

베이터우 온천 호텔

빌라 32

MAPECODE 17175

Villa 32 三二行館 싼얼항관

타이베이에서 럭셔리한 온천욕을 하고 싶다면 VIP만 모신다는 베이터우의 빌라 32를 추천한다. 빌라 32의 온천에는 모락모락 따스한 김이 피어나는 온천수, 백 년 넘은 단풍나무와 장목의 천연 향, 가볍게 밟을 수 있는 디딤돌이 있으며, 선계에 들어 온 듯한 최고의 서비스를 받을 수 있다. 하루 입장객의 수에 제한이 있기 때문에 예약은 필수이며, 어린이 손님은 받지 않는다. 숙박 시설로는 일본식과 서양식으로 꾸며진 고가의 스위트룸 5채를 운영하고 있고 부대시설로 레스토랑도 있다.

台北市 北投區 中山路 32號 ☎ 02-6611-8888 www.villa32.com 대중탕 평일 NT$1,680, 휴일 NT$2,200(4시간 이용) / 숙박료 NT$6,000~25,000 MRT 신베이터우(新北投) 역에서 중산루(中山路) 방향으로 도보 15분.

가하옥

MAPECODE 17176

加賀屋 자허우

일본 온천 호텔 가하옥加賀屋의 분점이 베이터우에 있다. 건물 자체가 온천 지역에 적합한 구조로 지어졌으며, 모든 층이 통하도록 중심이 뚫려 있다. 그 중심에 연주 공간이 있어 일본 전통 악기로 나지막하게 라이브 공연을 한다. 그 소리는 각 방에 아주 살짝 들려 편안한 휴식을 도와주며 수면에 도움을 준다. 그 밖에도 가하옥의 저녁 식사는 최고를 자랑하는데, 룸으로 12코스가 직접 서비스되어 온천 후 눈과 입이 즐거운 음식을 먹을 수 있다. 최고급 온천 시설에서 휴식을 원하는 사람들에게 적당하다.

台北市 北投區 光明路 236號 ☎ 02-2891-1238 www.kagaya.com.tw 숙박료 NT$25,000~ MRT 신베이터우(新北投) 역에서 광밍루(光明路) 방향으로 도보 5분.

수미 온천 회관

MAPECODE 17177

水美溫泉會館 수이메이 원취안 후이관

총 69개의 객실이 있으며 지중해식 남녀 대중탕과 개인탕이 있다. 온천 박물관 등 베이터우 명소가 바로 근처에 위치해 있어 여행객들이 선호하는 호텔이다.

🏠 台北市 北投區 光明路 224號 ☎ 02-2898-3838 ⓘ www.sweetme.com.tw ✔ 대중탕 토~목 08:00~24:00, 금 12:00~24:00 ⓦ 대중탕 NT$800 / 개인탕 NT$1,200~ / 숙박료 $6,000~ 🚇MRT 신베이터우(新北投) 역에서 광밍루(光明路) 방향으로 도보 5분.

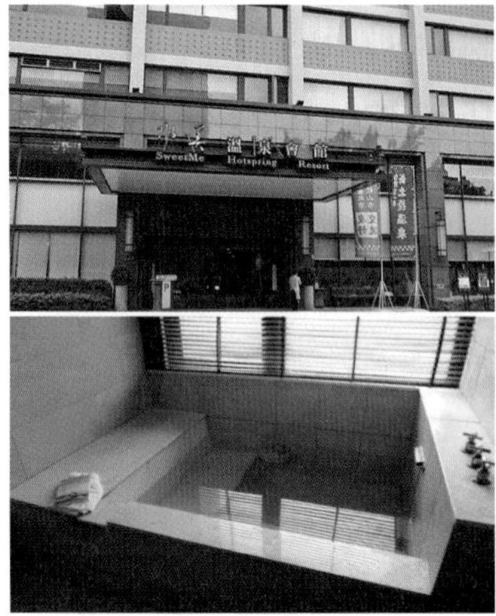

수도 온천 회관

MAPECODE 17178

水都溫泉會館 수이두 원취안 후이관

호텔 이름에서 느껴지듯이 물을 테마로 한 온천 호텔이다. 온천이 옥상에 위치해 있어 하늘을 바라보며 온천욕을 즐길 수 있으며 하늘 정원에는 차를 마시며 여유를 즐길 수 있는 공간도 준비되어 있다.

🏠 台北市 北投區 光明路 283號 ☎ 02-2897-9060 ⓘ www.spaspringresort.com.tw ✔ 대중탕 08:00~24:00 ⓦ 대중탕 4~9월 NT$320~420, 10~3월 NT$360~460 / 일본식 개인탕(2인) NT$980(휴

일 NT$100 추가) / 숙박료 4~9월 NT$1,180~1,880, 10~3월 NT$1,280~1,980 🚇MRT 신베이터우(新北投) 역에서 광밍루(光明路) 방향으로 도보 5분.

하풍 온천 회관

MAPECODE 17179

荷豐溫泉會館 허펑 원취안 후이관

베이터우의 온천지역은 대부분 일본식 건축양식인데 유일하게 하풍온천회관은 중국식 스타일로 지어졌다. 41개의 중국풍으로 디자인된 객실에서 쉬면서 온천의 정취를 만끽할 수 있다. 맨 위층에 위치한 레스토랑에서는 베이터우의 야경을 즐기며 산해진미를 맛볼 수 있다.

🏠 台北市 北投區 溫泉路 銀光巷 1號 ☎ 02-2897-9955 ⓘ www.lotusspa.com.tw ✔ 개인탕 월~금 09:00~19:00 ⓦ 개인탕 NT$1,300~(80분 기준) / 숙박료 NT$5,600~ 🚇MRT 신베이터우(新北投) 역에서 광밍루(光明路)로 직진 후 온천루 인광샹(溫泉路 銀光巷) 방향으로 도보 20분.

가이아 온천 호텔

MAPECODE 17180

The Gaia Hotel
大地北投奇岩溫泉酒店 다디 베이터우 치옌 원취안 주뎬

베이터우 내 최대 면적인 4천 평방미터 위에 지어진 고급 온천 호텔이다. 베이터우 산의 아름다움을 제대로 즐길 수 있는 탁 트인 전망을 자랑한다. 내부 시설로는 레스토랑과 아로마테라피 스파 시설 등이 있다. 온천 시설을 완벽하게 갖추고 있는 객실은 총 8개 층에 있다. 분주한 도시 여행에서 벗어나 자연과 함께 조용한 순간을 즐길 수 있는 자타 공인 최고의 온천 시설이다.

台北市 北投區 奇岩路 1號 ☎ 02-555-1888 www.thegaiahotel.com 숙박료 NT$ 18,000~ MRT 신베이터우(新北投) 역에서 도보 15분 또는 셔틀버스 이용(운행 시간은 호텔 홈페이지 참고)

춘천 호텔

MAPECODE 17181

春天酒店 춘톈 주뎬

베이터우 온천 중에서 외국인 여행자들에게 가장 많이 알려져 있는 온천으로 노천탕에 꽃잎탕이 있는 것으로 유명하다. 온천탕의 새로운 면모를 체험해 볼 수 있는 곳이다.

台北市 北投區 幽雅路 18號 ☎ 02-2897-5555 www.springresort.com.tw 대중 노천탕 09:00~22:00 대중 노천탕 성인 NT$800, 어린이 NT$550(투숙객은 무료) / 개인탕 NT$2,500~(2인, 1.5시간 기준) / 숙박료 NT$5,760~ MRT 베이터우(北投) 역에서 25번 버스를 타고 춘천 호텔 하차.

숙소 정보도 알아보고 예약도 가능한 웹사이트

여행을 가기 전에 제일 걱정되는 문제가 숙소이다. 여행자의 걱정을 해소해 줄 수 있는 타이베이 호텔과 호스텔 예약 사이트를 추천한다. 타이베이에는 매우 비싼 숙소부터 아주 저렴한 숙소까지 수많은 숙소가 있지만 그만큼 많은 세계 여행자들이 타이베이를 방문하기 때문에 여행을 가려면 여유를 가지고 숙소 예약부터 하는 것이 좋다. 인기 있는 숙소는 6개월 전에 이미 예약이 완료되기도 하니 참고하고 서두르는 것이 좋다.

★ 호텔스 닷컴 kr.hotels.com
★ 호스텔스 닷컴 www.hostels.com/ko
★ 아고다 www.agoda.com
★ 호스텔월드 닷컴 www.korean.hostelworld.com

타이베이 근교

타이베이 주변을 둘러싼 볼거리 많은 근교 여행

타이베이 여행 중에 하루쯤 시간을 내어 대도시를 벗어난 색다른 풍경 속으로 들어가고 싶을 때 가장 손쉽게 다가갈 수 있는 곳이 바로 근교 지역이다. 이 책에서는 근교 지역을 신베이 시新北市와 지룽 시基隆市까지 다루고 있다. 우리나라와 비교해 보면, 신베이 시는 경기도, 지룽 시는 인천이라고 볼 수 있다.

신베이 시新北市는 타이완의 수도 타이베이 주변을 둘러싸고 있는 지역이다. 타이베이 지하철이나 직행 버스 등을 이용해서 짧으면 30분, 길면 1~2시간 만에 쉽게 닿을 수 있는 곳이지만, 이곳에서는 초현대적 감각의 타이베이 도시 풍경과는 사뭇 다른 넉넉하고 푸르른 초록빛이 여행자의 발길을 사로잡는

다. 붉은 노을에 취하는 단수이淡水, 태평양 바다를 안고 달리는 진산金山 북해안 자전거길, 신비한 자연 경관을 자랑하는 예류野柳, 홍등이 걸린 거리 풍경이 아름다운 주펀九份, 황금 시대의 흔적이 있는 진과스金瓜石, 소원을 싣고 떠나는 핑시선平溪線 기차 여행, 운치 있는 싼샤三峽 옛 거리, 차의 고장 핑린坪林, 온천의 명소 우라이烏來 등이 제각기 다양한 멋과 맛을 자랑하고 있다. 따라서 신베이 시는 타이완의 제일 인기 있는 관광 지역이라고 해도 과언이 아니다.

지룽 시基隆市은 타이베이 북서쪽에 위치한 항구 도시이다. 시원한 바다 풍경과 맛있는 음식 가득한 야시장을 함께 즐기려면 지룽으로 향하자. 모든 근교 지역은 하루 일정으로 다녀올 수 있는 거리에 있다. 타이베이에서 하루쯤 훌쩍 근교로 여행을 떠나 보자.

단수이
淡水

단수이 노을에 취하다

1858년 톈진 조약 체결에 따라 단수이 지역은 국제 항구가 되었다. 영국은 단수이에 영사관인 홍모성紅毛城을 세우고 서양의 문물을 들여왔다. 그러자 서양의 다른 나라 사람들도 단수이에 몰려와 서양식 건물을 짓고 마을을 이루어 오늘에 이르고 있다. 단수이는 항구 도시답게 해산물을 비롯한 맛있는 먹거리가 푸짐하고 강과 바다가 만나는 저녁 노을 풍경이 너무도 아름다워 주말이면 셀 수 없이 많은 연인들이 강을 따라 데이트를 즐긴다. 영화 〈말할 수 없는 비밀〉의 촬영지 담강 고등학교淡江高級中學에서부터 진리 대학眞理大學을 따라 내려오면 만나게 되는 언덕 위의 홍모성은 단수이의 지나간 역사를 말해 준다. 단수이 옛 거리淡水老街에서는 수없이 많은 맛집의 유혹에 저절로 미소 짓게 된다.

information 행정 구역 新北市 淡水區 국번 02 홈페이지 www.tamsui.ntpc.gov.tw

단수이

사룬 해수욕장 沙崙海水浴場
광성 신세계2 宏盛新世界2
관하이루 觀海路
빈하이루 濱海路
신스이루 1단 新市一路一段
이산루 1단 義山路一段
단하이루 淡海路
사룬루 沙崙路
신민제 1단 新民街一段
수이 공원 水公園
부두 관리소 碼頭管理所
스타벅스 星巴克
푸룽 호텔 福容大飯店
단수이 어인 부두 淡水漁人碼頭
어인 부두 전망대 漁人碼頭觀景平台
호텔 데이플러스 承億文旅 淡水吹風
시립 천생 초등학교 市立天生國小
타이완 골프장 台灣高爾夫球場
신춘제 新春街
신싱제 新興街
신민제 新民街
중산베이루 中山北路
신베이 시립 정덕 초등학교 新北市立正德國中
호미 포대 滬尾砲台
해양 순찰 총국 海洋巡防總局
이디수이 기념관 一滴水紀念館
진리 대학 眞理大學
신흥 초등학교 新興國小
다중제 大忠街
쉐푸루 學府路
홍모성 紅毛城
담강 고등학교 淡江高級中學
징성루 驚聲路
단수이 초등학교 淡水國小
소백궁 小白宮
호미 항구 滬尾漁港
담강 대학 淡江大學
단수이 허 淡水河
단수이 홍루 淡水紅樓
중정루 中正路
수이위안제 水源街
단수이 장로교회 淡水長老教會
가구 위완 可口魚丸店
미향 위완 味香魚丸店
등공 초등학교 鄧公國小
엄마의 쏸메이탕 阿媽的酸梅湯
환허다오루 環河道路
스타벅스 星巴克
와쯔웨이 挖子尾
아파 톄단 阿婆鐵蛋
MRT 단수이 역 捷運淡水站
단수이 허 淡水河
와쯔웨이제 挖子尾街
단수이 여객선 부두 淡水客船碼頭
단수이 옛 거리 淡水老街
보우관루 博物館路
바리 구 八里區
샤오다오 小島
화신 커피 花神咖啡
관도궁 關渡宮
관도 자연 공원 關渡自然公園
좌안 공원 左岸公園
좌안 바리 부두 左岸八里碼頭
원신제 文心街
중샤오루 忠孝路
바리 옛 거리 八里老街
바리 부두 八里碼頭
해제 죽순 식당 海堤竹筍餐廳

가는 방법

타이베이 시내에서 단수이까지 운행하는 버스도 있지만 MRT를 이용해서 단수이淡水 역에 하차하는 것이 가장 빠르고 편리한 방법이다. MRT 타이베이처잔台北車站 역에서 단수이 역까지는 40분 정도 소요된다.

버스

단수이는 천천히 걸어다니는 편이 분위기를 제대로 느낄 수 있으므로, 단수이 옛 거리부터 담강 고등학교까지는 도보로 이동하고, 더 먼 곳은 버스를 이용하는 것을 추천한다. MRT 단수이淡水 역 2번 출구로 나오면 홍모성, 진리 대학 방향으로 가는 버스 정류장이 나온다. 요금은 NT$15이며 이지 카드도 사용 가능하다.

배

단수이 옛 거리 부근 환허다오루環河道路에 있는 단수이 여객선 부두淡水客船碼頭에서는 어인 부두漁人碼頭 위런 마터우, 바리八里, 관두關渡로 가는 배를 탈 수 있다. 이지 카드도 사용 가능하다.

- 단수이↔ 바리八里 NT$23
- 단수이↔ 어인 부두漁人碼頭 NT$60

단수이 역 관광 안내 센터

단수이에 대해 알아보고 싶다면 관광 안내 센터에 잠시 들러 상세 정보를 얻고 여행을 시작하는 것을 추천한다. 여행자를 위한 관광 안내 센터는 MRT 단수이 역 내에 위치해 있다.

新北市 淡水區 中正路 一號 ☎02-2626-7613 09:00 ~ 18:00

단수이 하루 코스

단수이 옛 거리 淡水老街 —도보 15분 / 버스 10분→ **단수이 홍모성** 淡水紅毛城 —도보 5분→ **진리 대학** 真理大學 —도보 5분→ **담강 고등학교** 淡江高級中學 —도보 5분→ **소백궁** 小白宮 —버스 20분→ **어인 부두** 漁人碼頭

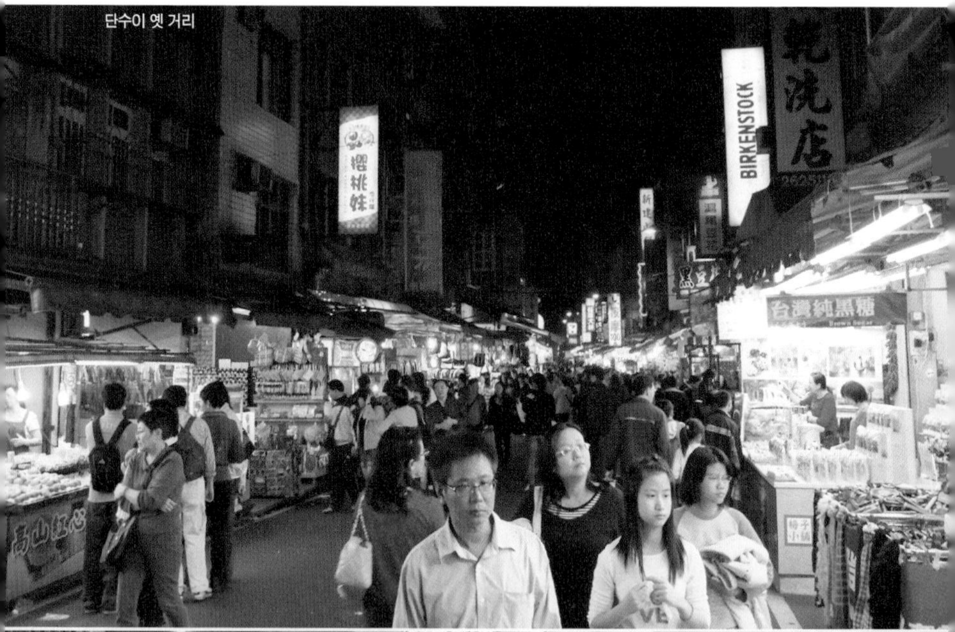

단수이 옛 거리

MAPECODE 17201

단수이 옛 거리
淡水老街 단수이 라오제

항구 도시의 느낌이 물씬 나는 시장 풍경

MRT 단수이 역에서 나와 중정루中正路 방향으로 가다보면 곧바로 옛 거리가 나온다. 오래된 시장의 역사만큼 맛집들이 한곳에 집중적으로 모여 있고 항구 도시답게 각종 해산물로 만든 간식들이 푸짐하다.

新北市 淡水區 中正路 重建街, 清水街 ☎ 02-2622-1020 MRT 단수이(淡水) 역 1번 출구에서 왼쪽 방향 중정루(中正路)로 나가 길을 건너면 단수이 옛 거리다.

Travel Tip

단수이 명물 간식

단수이 위완 淡水 魚丸

동그란 어묵 속에 다진 돼지고기가 가득 채워진 단수이 위완魚丸은 맛이 담백하고, 단수이 명물 간식 중에서도 단연 일등으로 손꼽힌다. 위완은 보통 탕으로 먹는데 위완과 함께 시원하고 깔끔한 국물 맛에도 반하게 된다.

★ 미향 위완 味香魚丸店 웨이샹위완뎬

新北市 淡水區 中正路 184號 ☎ 02-262-11414
월~금 06:30~18:00, 토~일 06:30~18:30 NT$30~

★ 가구 위완 可口魚丸店 커커우위완뎬

新北市 淡水區 中正路232號 ☎ 02-262-33579, 02-2625-3777
07:00~20:00 NT$30~

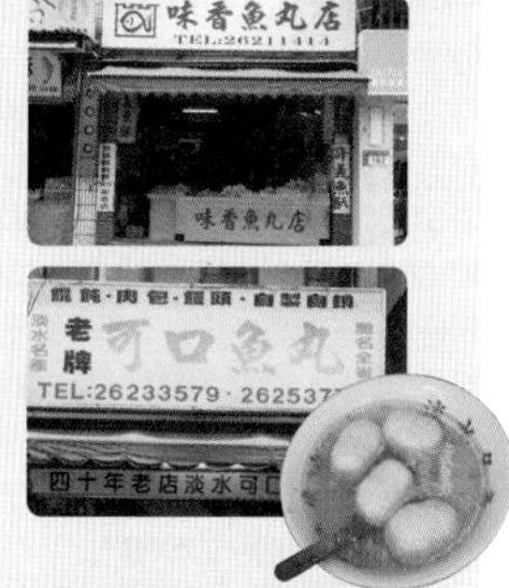

단수이 톄단 淡水 鐵蛋

단수이를 다니다 보면 진공 포장된 검은 색 달걀이 상점 앞에 주렁주렁 매달린 모습을 많이 보게 되는데, 이것은 '톄단鐵蛋'이라 불리는 특별한 달걀이다. 던져도 터지지 않을 만큼 단단하다 하여 톄단鐵蛋이라는 이름이 붙었다고 한다. 간장과 차를 넣어 끓이면서 여러 번 졸이고 말리는 과정에서 달걀의 크기가 줄어들면서 속까지 검은색으로 변한 것으로, 그 맛이 은근히 고소해 한 번 먹어 보면 또 찾게 된다.

★ 아파 톄단 阿婆鐵蛋 아포 톄단

新北市 淡水區 中正路 135-1號 ☎ 02-26251625
09:00-22:00 NT$100

쏸메이탕 酸梅湯

단수이 현지인들이 입을 모아 추천하는 특별한 음료가 있다. 매실을 발효시켜 만든 쏸메이탕酸梅湯인데 여행 중 피곤하거나 감기 기운이 있을 때 먹으면 딱 좋은 보양 음료다. 취향에 따라 차게 마실 수도 있고 따뜻하게 마실 수도 있다. 차 맛이 입에 잘 맞는다면 차 엑기스를 구입해도 좋다.

★ 엄마의 쏸메이탕 阿媽的酸梅湯 아마더 쏸메이탕

新北市 淡水區 中正路 135-1號 ☎ 02-2621-2119 10:00-22:00
1잔 NT$30, 차 엑기스 NT$250

MAPECODE 17202

단수이 장로교회
淡水長老教會 단수이 장라오자오후이

북타이완 선교 및 교회의 발원지

1872년 초 캐나다인 선교사 맥케이Mackay가 단수이에 정착해 셋집을 얻어 예배를 시작하였고, 아픈 사람들을 치료하고 지역 주민들을 교육했다. 그의 노력으로 청나라 신도들이 입교를 시작하면서 이곳은 북타이완 선교 및 교회의 발원지가 되었다. 1932년 선교사 맥케이가 타이완에 온 지 60주년이 된 것을 기념하는 교회를 착공하여 이듬해 완공하였는데, 그것이 지금의 단수이 장로 교회이다. 교회 지붕은 작고 뾰족한 모자 모양이며 창문은 아치형이고 외벽은 빨간 벽돌로 마무리했다. 지금도 매주 예배를 드리는 사람의 수가 수백 명이 넘는 교회이다.

新北市 淡水區 淡水區 馬偕街 8號 ☎ 02-2621-4043 www.mackay.com.tw 실외 시설은 언제든지 참관 가능. 실내는 교회 예배와 행사 시간에 참관 가능. MRT 단수이(淡水) 역에서 라오제를 지나 중정루(中正路)로 직진하면 신성제(新生街)와 갈라지는 교차로 근처에 있다. 도보 20분 소요.

MAPECODE 17203

소백궁 小白宮 샤오바이궁

단수이에 있는 작은 백악관

단수이는 1862년에 정식으로 항구를 개방하여 국제 무역을 시작하였다. 이에 따라 청나라 정부는 세관 업무를 목적으로 1866년에 세무국 관저를 지었다. 관저는 스페인 백악 회랑식으로 건축되었으며, 건물을 통과하는 통풍구가 있어 방습 효과를 주었고, 남유럽 스타일의 흰색 외벽과 회랑, 전망대, 벽난로, 굴뚝, 정원을 갖춘 대표적인

서양식 건축물이다. 정식 명칭은 '전청 단수이 관세무사 관저前清淡水關稅務司官邸 첸칭 단수이 관수이우쓰 관디'이지만 건물 외관이 흰색이라서 단수이 주민들은 '소백궁'이라는 애칭으로 부른다. 이곳에 서 있으면 단수이 강과 관인산觀音山의 경치가 한눈에 들어온다. 소백궁은 아름다운 포대 앞에 위치한다.

新北市 淡水區 真理街 15號 ☎ 02-2628-2865 www.tshs.ntpc.gov.tw 평일 09:30~17:00, 주말 9:30~18:00(매월 첫째 주 월요일 휴무) MRT 단수이(淡水) 역 하차 후 중산루(中山路)에서 중산베이루(中山北路) 방향으로 걸어가면 담강 고등학교(淡江中學) 지나기 전에 있다. 도보 20분. / MRT 단수이 역에서 紅26, 紅36, 紅38번 버스를 타고 진리 대학(真理大學) 또는 홍모성(紅毛城) 하차 후 도보 10분.

MAPECODE 17204

담강 고등학교
淡江高級中學 단장 가오지 중쉐

〈말할 수 없는 비밀〉의 촬영지

영화 〈말할 수 없는 비밀不能說的秘密〉을 촬영한 학교가 바로 단수이의 담강 고등학교이다. 이 영화는 뮤지션인 저우제룬周杰倫이 감독과 주연을 겸한 작품으로, 저우제룬이 14살에 겪었던 첫사랑을 소재로 하였다. 어느 인터뷰에서 뮤지션이 왜 영화를 만들었냐고 물어보니 그는 자신이 다녔던 학교가 너무 아름다워서 오래 기억하고 싶었다고 한다. 그의 말대로 담강 고등학교의 교정은 정말 예쁘다. 이곳에 오면 저우제룬의 학창 시

절 속으로 들어가 볼 수 있다.
담강 고등학교는 실제로 수업을 하고 있는 사립 고등학교다. 영화 때문에 너무 많은 사람들이 찾아와, 교실 앞에는 '수업 중입니다. 들어오지 마세요.'라고 쓰여 있다. 만약 평일에 방문하게 된다면 공부하는 학생들에게 방해되지 않도록 조용하게 구경하도록 하자.

新北市 淡水區 真理街 26號 ☎ 02-2620-3850 www.tksh.ntpc.edu.tw 08:00~17:00 MRT 단수이(淡水) 역 앞 중산루(中山路)에서 중산베이루(中山北路) 1단(段) 방향으로 걸어가면 담강 고등학교(淡江高級中學)가 나온다. 도보 20분. / MRT 단수이 역 앞에서 紅26, 紅36, 紅38번 버스를 타고 진리 대학(真理大學) 또는 홍모성(紅毛城) 하차.

★톡톡★ 타이완 이야기

영화 〈말할 수 없는 비밀〉

타이완 영화 〈말할 수 없는 비밀不能說的秘密〉은 멜로, 판타지, 반전 결말, 아름다운 피아노 선율이 적절히 혼합된 최고의 타이완 영화로 기억되고 있다. 이 영화의 감독이자 주연 배우인 저우제룬은 자신의 안타까웠던 첫사랑의 기억을 토대로 로맨틱하고 낭만 가득한 판타지 멜로 영화를 만들어 냈다. R&B, 랩, 힙합, 그리고 감미로운 발라드까지 폭넓고 개성 있는 음악 스타일로 사랑받아 온 그가 뮤지션, 배우에 이어 영화 감독으로서의 첫발을 내디딘 작품이기도 하다.
타이완 영화로는 최초로 한국에서 1만여 네티즌들의 극찬을 받았으며 네이버 전체 영화 평점 1위를 하기도 했다. 당시 네티즌들이 직접 만든 뮤직 비디오 및 각종 UCC 동영상이 500여 건이 넘었으며 영화 O.S.T. 출시 문의가 빗발쳤는데, 이런 폭발적인 반응은 타이완 영화로는 이례적인 일이었다. 실제 이 영화 속에 나오는 피아노곡을 사랑의 세레나데로 연주하고자 하는 네티즌들의 검색 열풍으로 영화 속 주제곡들의 악보가 인터넷 사이트에 등록되어 있다.

MAPECODE 17205

홍모성 紅毛城 홍마오청

서양 침략 세력의 역사 현장

지금의 홍모성 자리는 동방 원정을 나선 스페인이 1628년 단수이 언덕에 총독부를 건축하면서 그 역사가 시작된다. 1642년 네덜란드 인들이 타이완 남쪽에서부터 북쪽으로 올라와 스페인을 몰아내고 다시 성을 지었는데, 당시 단수이淡水 주민들은 네덜란드인을 '붉은 머리카락'이라는 뜻의 '홍모紅毛'라고 불렀기 때문에 성 이름도 '홍모성紅毛城'이라고 부르게 되었다. 홍모성의 본관은 사각형의 2층 건물이다. 바깥은 돌로, 내부는 벽돌로 쌓는 '외석내전'이라는 건축법으로 지었기 때문에 외부 공격에 맞서는 요새의 역할을 하는 건물이다.

한편 영국과 프랑스 연합군 전쟁 이후 단수이는 항구를 개방하여 전 세계와의 무역을 개시하였다. 이때 영국이 청나라 정부로부터 홍모성을 빌려 1867~1972년 영국의 영사관으로 사용하였고, 홍모성 동쪽에 그들의 영사 관저를 하나 더 지었다. 이 영사 관저는 빨간 벽돌과 회랑으로 디자인된 영국 빅토리아 스타일 건물로, 외관은 정교하면서도 따뜻한 분위기를 준다. 영국 영사 관저는 군사용으로 쓰였던 홍모성의 굳센 느낌과는 비교되며 경직된 분위기를 완충해 주는 역할을 한다. 건축 스타일이나 분위기가 서로 완전히 다른 이 두 건물의 조화로운 미를 느껴 보자.

新北市 淡水區 中正路 28巷 1號 ☎ 02-2623-1001 www.tshs.ntpc.gov.tw 평일 09:30~17:00, 주말 09:30~18:00 / 실외 참관 및 레스토랑 09:30~22:00 MRT 단수이(淡水) 역에서 하차 후 도보 20분. / MRT 단수이 역 앞에서 紅26, 紅36, 紅38번 버스를 타고 진리 대학(真理大學) 또는 홍모성(紅毛城) 하차.

MAPECODE 17206

호미 포대 滬尾砲台 후웨이 파오타이

타이완을 지키기 위한 중요한 지리적 위치

청불 전쟁(1884~1885) 이후, 청나라 정부는 타이완의 해안 경비를 강화하기 위해 평후澎湖, 지룽基隆, 단수이, 안핑安平, 치허우旗后 5곳의 항구에 10대의 포대를 지었다. 그중 하나가 단수이의 호미 포대이다. 1886년에 타이완 순무(청나라 때의 지방 행정 장관) 유명전劉銘傳이 독일 기술자 헤흐트Max E. Hecht를 초빙하여 서양식 포대를 지었고 1889년에 12인치 구경의 대포 시설을 준공하였다. 호미 포대의 입구에는 호미 포대의 옛 이름 '북문쇄약北門鎖鑰'이 새겨져 있는데, 이것은 유명전이 직접 쓴 글씨이다. 호미 포대는 전쟁을 겪지 않아 지금까지 온전하게 보존되어 있다. 단수이가 타이완을 지키기 위한 중요한 지리적 위치였음을 알 수 있는 유적이다.

新北市 淡水區 中正路一段 6巷 34號 ☎ 02-2629-5390 www.tshs.ntpc.gov.tw 월~금 09:30~17:00, 토~일 09:30~18:00(매월 첫째 주 월요일 휴무) MRT 단수이(淡水) 역에서 836번 버스를 타고 호미 포대(滬尾砲台) 하차, 약 20분 소요.

MAPECODE 17207

단수이 어인 부두
淡水漁人碼頭 단수이 위런 마터우

단수이 일몰을 보기 위한 최적의 장소

타이완 북쪽 지역에서 제일 로맨틱한 명소를 가고 싶다면 어인 부두를 추천한다. 연인과 함께 여행을 와서 맘껏 여유를 부리고 싶다면 어인 부두 중에서도 '연인의 다리'라 불리는 아치형 다리인 정인교情人橋 칭런차오를 걸어 보자. 연인들을 위한 다리인 만큼 발렌타인데이에는 큰 축제가 열린다. 정인교 위에 서서 내려다보는 부두의 풍경은 유럽의 항구를 보는 듯 이국적인 정취가 넘쳐 휴일이면 연인뿐 아니라 친구나 가족끼리 삼삼오오 즐겨 찾는 곳이다.

어인 부두에서는 배를 타면서 즐길 수도 있고, 부두에서 하늘과 바다가 만든 경치를 즐길 수도 있다. 낮과 밤 어느 때나 모두 아름답지만 사람들은 대부분 석양을 보기 위해 저녁 무렵에 찾아간다. 시시각각 변하는 태양빛과 그 빛이 물에 비친 모습은 다양한 풍경을 연출하기 때문에 사진 애호가들의 사랑을 받는 출사지이기도 하다. 단수이역에서 紅26번 버스를 타고 오는 방법과 단수이 선착장 여객선 부두渡港碼頭 두강 마터우에서 배를 타고 오는 방법이 있다.

新北市 淡水區 沙崙里 第2漁港 MRT 단수이(淡水) 역에서 紅26번 버스를 타고 어인 부두(漁人碼頭) 하차. / 단수이 선착장 여객선 부두(渡港碼頭)에서 페리를 타고 갈 수 있다.(페리 요금 NT$60)

MAPECODE 17208

관도궁 關渡宮 관두궁

정월 대보름 풍경이 아름다운 사원

관도궁關渡宮은 마조媽祖 여신을 모신 사원이다. 타이완 북부에서 가장 오래된 마조 사원으로 300년이 넘는 역사를 지니고 있다. 관도궁의 돌벽, 돌기둥, 돌사자 등에는 모두 저마다의 이야기가 전해 내려오고, 조각 작품들은 매우 세밀하고 화려하다. 관도궁의 제전은 매년 음력 3월 23일이고 대보름과 중원절(음력 7월 15일)에는 각지에서 신도들이 몰려들어 외곽에 위치해 있는데도 사람들로 붐빈다.

관도궁에서 가장 볼 만한 행사는 매년 정월 대보름(원소절)의 등불 풍경이다. 산 아래 절에서부터 산 위의 화원에 이르기까지 크고 작은 등롱과 정밀하게 만들어진 각종 등이 새해 분위기를 더해 준다. 매년 이맘때면 남녀노소 할 것 없이 한 해의 평안을 간절히 바라며 소원을 빌기 위해 사람들이 관도궁을 가득 메운다.

台北市 北投區 知行路 360號 ☎ 02-2858-1281 www.kuantu.org.tw 24시간 개방(휴무 없음) MRT 관두(關渡) 역 하차 다두루(大度路) 방향 1번 출구로 나와 직진 도보 10분. / 302, 223번 버스를 타고 관도궁(關渡宮) 하차. / 여객선 부두(渡港碼頭)에서 관두(關渡)로 가는 배를 탄다.

MAPECODE 17209

관도 자연 공원

關渡自然公園 관두 쯔란 궁위안

자연 습지 박물관

단수이 강淡水河과 지룽 강基隆河이 만나는 지역에 위치해 있는 관도 자연 공원은 새, 물고기, 개구리 그리고 각종 새우 및 조개류의 따스한 보금자리이다. 약 200여 종의 식물과 830종 이상의 동물들이 이곳에서 서식하고 있어 어린이들에게 매우 흥미로운 자연 학습장이다. 또한 계절의 변화에 따라 다른 모습으로 변화하는 아름다운 자연의 순간을 사진에 담으려는 사람들이 많이 찾아온다.

관도 자연 공원의 중요한 시설로는 전망 센터, 공원 일주 도로, 야생 조류 감상의 집, 습지 생태 관찰실 등이 있다. 자연 속에서 산책하며 신비로운 자연을 배우고 이해하는 자연 습지 박물관이다.

台北市 北投區 關渡路 55號 ☎ 02-2858-7417 www.gd-park.org.tw 하계(4~9월) 평일 09:00~17:00, 공휴일 09:00~18:00 / 동계(10~3월) 평일 09:00~17:00, 공휴일 09:00~17:30 / 월요일 휴무 ※계절에 따라 개방 시간을 조절하므로 홈페이지에서 미리 시간을 확인하고 가자. 성인 NT$60 MRT 관두(關渡) 역 1번 출구에서 대남 객운(大南客運) 紅35, 小23번 버스로 환승하여 관도 자연 공원(關渡自然公園) 하차 후 도보 약 10분. / MRT 관두(關渡) 역에서 도보로 약 15분. / 302번 버스를 타고 관도 중학교(關渡國中) 하차 후 관도 중학교(關渡國中) 담을 끼고 도보 약 3분.

★톡톡★ 타이완 이야기

타이완의 불교

타이완은 불교가 살아 있는 국가이다. 타이완의 불교도들은 자비심을 배우는 것에만 그치지 않고 더 나아가 그것을 실천하는 데 힘쓰고 있다. 이를 '인문 불교'라고 말한다. 세계에서 가장 교육이 잘 되어 있는 타이완의 수도사, 세계적 수준의 불교 연구 센터, 인도주의 역량, 그리고 '세계 속의 불교' 활동을 통해 타이완의 종교적 수준을 느낄 수 있다. 11,000여 곳에 이르는 사원에서는 일 년 내내 3일 정진 기도 및 7일 정진 기도 등의 명상 과정, 세미나, 각종 종교적 축제와 활동이 끊임없이 열리고 있다.

단수이 홍루

MAPECODE 17210

淡水紅樓 단수이 훙러우

부유한 상인이 스페인 풍으로 지은 매우 호화로운 주택이다. 단수이가 번영하던 1895년에 지어지기 시작해 1899년에 완성되었다. 홍루가 멋진 붉은색 건물로 완공되자 당시에는 자연스레 예술가들이 모여들어 문화 예술인들의 집회 장소가 되었다고 한다. 이제는 100년이라는 시간이 훌쩍 지나 상권의 중심이 타이베이 시내로 바뀌게 되었고 홍루는 개인이 운영하는 레스토랑이 되었다. 마치 박물관 같기도 한 단수이 홍루에서 내려다보이는 단수이 강이 아름답기로 유명해 연인들의 데이트 장소로 손꼽히는 곳이다. 실내 분위기는 럭셔리하여 마치 성에 초대받아 온 귀빈이 된 듯한 느낌을 준다. 단수이의 노을 색을 닮은 붉은색 건물 홍루에서 맛있는 음식을 먹다 보면 단수이의 멋과 맛에 취하게 된다.

新北市 淡水區三民街2巷6號 ☎ 02-8631-1168 www.redcastle-taiwan.com 11:00~22:00 단품 NT$200~, 세트 NT$498~ MRT 단수이(淡水) 역 하차, 단수이 옛 거리(淡水老街)에 있다.

Sleeping

호텔 데이플러스

MAPECODE 17211

Hotel Day+ 承億文旅 淡水吹風 청이원뤼 단수이추이펑

단수이로 숙박을 정하는 것도 좋다. 한국인에게 아직까지 제대로 매력이 알려지지 않은 단수이는 3박 4일도 부족할 만큼 볼거리, 즐길 거리 등 즐거움이 넘쳐난다. 또한 태평양을 따라가는 북해안 지역의 예류, 핑시, 지우펀 등으로의 교통도 편리하다. 똑똑한 자유 여행자라면 쾌적한 컨디션의 단수이로 숙박을 정해 보자. 아이디어가 톡톡 튀는 디자인의 호텔 데이플러스를 추천한다.

新北市 淡水區 沙崙路 27號 ☎ 02-2805-1212 www.hotelday.com.tw NT$4,000~ MRT 단수이(淡水) 역에서 R26 버스 타고 10분.

진산
金山

북부 관광 교통의 중심지

진산은 타이완의 동북쪽에 위치해 있으며 산을 등지고 바다와 마주하고 있어 100년 전 북해안에서 가장 먼저 개발된 항구 도시였다. 옛 이름은 진바오리金包里인데 일제 강점기에 일본인들이 진바오리의 '진金'에, 삼면이 산으로 둘러싸여 있다고 하여 '산山'을 붙여 진산金山이라고 부른 것이 지금에 이르고 있다. 진산은 청나라 스타일의 진바오리 옛 거리와 진산 온천이 명소이다. 양밍산陽明山 화산의 유황 성분과 해염(바다 소금) 온천의 성분이 합쳐진 온천수는 투명한 황금빛이라 골드 온천이라고도 불린다. 진산에서 생산되는 고구마, 토란, 오죽의 죽순 등은 품질이 좋기로 유명하고 그중에서도 특히 고구마가 제일 인기 있다. 고구마가 생산되는 8~11월에는 해마다 진산 고구마 축제가 열린다.

information 행정 구역 新北市 金山區 국번 02 홈페이지 www.jinshan.ntpc.gov.tw

진산

버스

- 타이베이 출발 : MRT 중샤오신성忠孝新生 역, 중샤오푸싱忠孝復興 역, 또는 중샤오둔화忠孝敦化 역에서 국광 객운國光客運 1815번 버스를 타고 진산金山 정류장에서 하차한다. 약 1시간 30분 소요된다.
- 타이베이 출발 : MRT 젠탄劍潭 역에서 진산金山행 황가객운皇嘉客運 1717번 버스를 타고 양밍산陽明山을 거쳐 진산金山 정류장에서 하차한다. 약 1시간 30분 소요된다.
- 단수이 출발 : MRT 단수이淡水 역 하차 후 길 건너 버스 정류장에서 진산金山 방향 또는 지룽基隆행 버스를 타고 진산金山 정류장에서 하차한다.
- 단수이 출발 : MRT 단수이淡水 역 앞에서 타이완 호행台灣好行 버스를 타고 진산金山 정류장에서 하차하면 된다.

진산은 대중교통이 불편한 지역이라 버스를 이용한다면 시간 여유를 넉넉하게 가지고 여행해야 한다. 시간이 많지 않다면 택시 기사와 시간당 요금으로 흥정하여 택시를 타고 이동하는 편이 편리하다.

진산 하루 코스

바이사완 해수욕장 白沙灣海水浴場 —도보 10분→ 린산비 자전거길 麟山鼻自行車步道 —버스 1시간 50분→ 진바오리 옛 거리 金包里老街 —택시 10분→ 주밍 미술관 朱銘美術館 —택시 5분→ 덩리쥔 묘 鄧麗君墓園 —택시 35분→ 완리 패러글라이딩 萬里飛行傘基地

MAPECODE 17212

진바오리 옛 거리
金包里老街 진바오리 라오제

아기자기한 재미가 숨어 있는 시장

탁 트인 바다를 안고 달리다 출출해지면 진바오리 옛 거리로 들어가 맛난 음식을 먹으면서 충전을 하면 좋다. 진바오리 옛 거리는 타이완 북해안 지역에서는 유일한 옛 거리 시장으로, 청나라 때는 북부 지역의 농산물과 해산물을 파는 수산 시장이었다고 한다. '진바오리金包里'라는 이름은 일제 강점기에 일본이 이곳의 이름을 진산으로 바꾸기 전에 불리던 옛 지명이다. 진바오리 옛 거리에 도착하면 좁은 거리에 사람들이 꽉 차 있는 모습을 볼 수 있다. 이곳에서는 진산의 특산품인 고구마가 제일 인기 있다. 이곳에는 시장 풍경이 주는 아기자기한 재미가 가득 숨어 있다.

시장 길을 끼고 돌면 원취안루溫泉路에 이르고 10분 정도 더 걸어가면 민성루民生路 주변으로 중산 온천 공원中山溫泉公園 중산 원취안 궁위안이 나온다.

新北市 金山區 金包里街 ☎ 02-2498-5966 10:00~18:00 MRT 젠탄(劍潭) 역에서 진산행 황가 객운(皇嘉客運) 버스를 타고 양밍산(陽明山)을 지나 진산(金山) 하차. / MRT 단수이(淡水) 역에서 단수이 객운(淡水客運) 버스로 환승하여 진산(金山) 하차. / MRT 중샤오신성(忠孝新生) · 중샤오푸싱(忠孝復興) · 중샤오둔화(忠孝敦化) 역에서 국광 객운(國光客運) 버스를 타고 진산(金山) 하차. / MRT 단수이(淡水) 역 앞에서 타이완 호행(台灣好行) 버스를 타고 스터우산 공원(獅頭山公園) 하차.

MAPECODE 17213

주밍 미술관 朱銘美術館 주밍 메이수관

넓은 초록색 잔디에 펼쳐진 조각 공원

타이완을 대표하는 작가 주밍朱銘이 세운 개인 미술관이다. 주밍은 1938년 가난한 집안에서 11남매 중 막내로 태어났다. 15세의 주밍은 사당을 고치러 온 목수에게 맡겨져 조각공으로 일하면서

주밍 미술관

천재성이 발휘돼 20세에 큰 성공을 이룬다. 30세에 이르러서는 타이완 국립대 미술 대학 교수인 양잉펑楊英風을 찾아가 현대 조각을 배운 후 세계적인 조각가로 거듭난다.

주밍 미술관은 개인 미술관이지만 규모는 국립 미술관 못지않게 크고 웅장하다. 공원 안으로 들어가면 잔디밭에 주밍의 작품들이 우뚝우뚝 서 있는데 잔디의 초록색과 대비되어 시원한 느낌을 준다. 조각품의 형상이 크고 간결하면서 순간의 느낌을 잘 살린 표현법이 특징이다.

특이한 점은 군인을 소재로 삼은 작품들이 많다는 것인데, 대규모 군사 퍼레이드를 하는 듯한 이런 분위기는 작가가 살아 온 시대에서 중국과 타이완이 줄곧 군사적으로 대치 상황이었음을 반영하고 있다.

新北市 金山區 西勢湖 2號 ☎ 02-2498-9940 www.juming.org.tw 5월~10월 10:00~18:00, 11월~4월 10:00~17:00(월요일 휴무) 성인 NT$280, 학생 NT$250, 15인 이상 단체 NT$220 진산 구 예문 및 노인 활동 센터(金山區藝文暨老人活動中心) 앞에서 무료 셔틀버스를 탄다. / 진산 시내에서 택시를 이용하면 약 10분 소요. / MRT 단수이(淡水) 역 앞에서 타이완 호행(台灣好行) 버스를 타고 주밍 미술관(朱銘美術館) 하차.

진산-주밍 미술관 무료 셔틀버스 시간표

	화~금	주말 및 공휴일
진산	10:30, 14:00	10:30, 12:30, 14:00
주밍 미술관	13:40, 17:00	13:40, 15:40, 17:00

MAPECODE 17214

덩리쥔 묘 鄧麗君墓園 덩리쥔 무위안

영원히 당신을 잊지 못할 거예요

이곳은 타이완 출신 가수 덩리쥔鄧麗君의 묘소로 그녀를 사랑했던 수많은 해외 팬들이 찾아오는 관광 명소이다. 덩리쥔은 16세에 가수로 데뷔해 중화권에서 최고의 가수로 뜨거운 사랑을 받았다. 일본으로 활동 무대를 넓혀 당시 일본에서만 70만 장이 팔리는 음반 판매 기록을 세우기도 했고, 그 인기를 몰아 1983년에는 미국 라스베가스에서도 콘서트를 열었다. 우리나라에 알려진 것은 다른 나라에 비해 조금 늦은 시기로, 홍콩 영화 〈첨밀밀甛蜜蜜〉이 인기를 끌면서 주제곡을 부른 덩리쥔이 사랑을 받게 되었다. 〈첨밀밀〉은 리밍黎明과 장만위張曼玉가 주연한 영화로, 우연한 만남으로 시작해 오랜 시간 동안 엇갈리는 사랑을 하는 내용인데 두 연인의 애틋한 장면마다 덩리쥔의 노래가 흘러나와 안타까운 마음을 더했다.

활발한 활동을 하던 덩리쥔은 태국 여행 중 한 호텔에서 갑작스런 호흡 곤란으로 사망하는데 당시 그녀의 나이는 42세였다. 충격에 휩싸인 팬들은 눈물바다를 이루었고 어마어마한 규모의 장례식이 치러졌다. 그녀는 이곳 진산에 묻혔고 그녀의 음악을 사랑하는 팬들은 아직까지도 그녀를 추모하기 위해 이곳을 찾아오고 있다.

新北市 金山區 西勢湖 18號 ☎ 02-2498-5900 www.northguan-nsa.gov.tw/user/Article.aspx?Lang=1&SNo=04002750 08:00~17:00 진산 시내에서 택시로 약 12분 소요.

MAPECODE 17215

진산-완리 자전거길
金山-萬里自行車道 진산-완리 쯔싱처다오

태평양 바다를 안고 달리다

북해안 자전거길北海岸自行車道 중에서 진산부터 완리까지 이어지는 구간은 총 7.5km로, 쉬지 않고 달리면 1시간이면 갈 수 있는 거리다. 떠나기 전 지도로 살펴보기만 해도 가슴 설레는 멋진 자전거 코스로, 자전거 마니아가 아니더라도 처음부터 끝까지 해안도로를 따라가기만 하면 태평양 바다를 안고 바다와 함께하는 자전거 여행을 즐길 수 있다.

북해안 자전거길을 따라 가다 보면 중간에 스먼石門 웨딩 광장이라는 예쁜 건물을 만난다. 이곳은 연인들의 데이트 장소 또는 신혼부부들의 웨딩 촬영지로 유명하다. 그리스 풍의 흰색 건물이 푸른 하늘과 어울려 이국적인 정취를 자아낸다. 그 밖에 길 중간중간 만나는 바닷가의 아름다운 풍경을 만끽하며 쉬어 가도 좋고 출출하다면 진바오리 옛 거리金包里老街에 들러 맛있는 음식을 먹어도 좋다. 푸른 바람이 가슴에 가득 차고 마음도 태평양만큼 넓어지는 듯한 느낌을 경험하게 될 것이다.

新北市 萬里區 磺港路 ☎ 02-2960-3456 진바오리 옛 거리(金包里老街)에서 민성루(民生路)를 따라 해안 방향으로 도보 10분 거리에 시작 지점이 있다. / MRT 단수이(淡水) 역 길 건너 버스 정류장에서 지룽(基隆)행 버스를 타고 진산 우체국(金山郵局) 하차.

★톡톡★ 타이완 이야기

자전거 왕국 타이완

아시아 최대 규모의 자전거 박람회가 매해 3월 타이베이에서 개최된다. 이때가 되면 전 세계 자전거 관계자들이 자전거 박람회에 큰 관심을 보이며 타이완을 찾아온다. 타이완의 자전거 기술은 상당한 수준으로 인정받고 있으며 안전하고 가벼운 자전거를 생산하고 있다고 정평이 나 있다. 타이완의 자전거 업체 자이언트GIANT는 1년에 약 600만 대의 자전거를 해외로 수출하고 있으며 끊임없는 기술 개발 노력으로 현재 세계적으로 그 이름을 떨치고 있다.

진산-완리 자전거길

Travel Tip

하늘을 날다, 완리 패러글라이딩 萬里飛行傘基地

진산으로 완리萬里로 북해안 자전거길을 따라가다 보면 패러글라이딩을 하고 있는 사람들을 만나게 된다.

패러글라이딩은 패러슈팅(낙하산 활강)과 행글라이딩의 원리를 결합시킨 항공 스포츠이다. 등산 후에 신속한 하산을 위해 프랑스의 한 산악인이 창안한 것으로, 특수 제작된 약 4kg 정도의 낙하산을 휴대하고 산에 오른다. 패러글라이딩의 이륙 지점으로는 25° 가량의 경사지가 알맞으며 초속 1.6m가량의 풍속이 이륙하기에 가장 좋다. 활강할 때는 네 개의 줄을 당기거나 놓으면서 가속, 감속, 좌우 회전을 하는데, 가속할 때는 앞줄을 당기고 감속할 때는 뒷줄을 당긴다. 또 오른쪽으로 방향을 바꿀 때는 왼쪽 뒷줄을 당긴다. 착륙할 때는 뒷줄 두 개의 끝을 당기면 낙하산이 같이 천천히 내려앉는다.

베이지리北基里에서 위쪽으로 올라가면 그리 높지 않은 산이 있는데 그곳에 가면 아래쪽 해안에서는 상상할 수 없었던 새로운 세계가 펼쳐진다. 평일에도 날씨만 좋다면 많은 사람들이 패러글라이딩을 탄다. 참고로 이곳에서 사용하는 패러글라이딩은 모두 한국 제품이다. 바다 위로, 마을 위로 날아서 여행을 해 보고 싶다면 완리에서 패러글라이딩을 타 보자.

비행 장소 新北市 萬里區 北基社區 北基飛行場 (北基社區上方) / 사무실 基隆市 基金三路 65之 4號 3樓 ☎ 0932-926-289 ⓘ paragliding.com.tw ✔ 날씨에 따라 운영을 안 할 때도 있으므로 반드시 사전에 전화로 문의 Ⓦ NT$2,000 🚌 MRT 단수이(淡水) 역 하차 후 길 건너 버스 정류장에서 지룽(基隆)행 버스를 타고 완리 초등학교(萬里國小) 정류장 하차.(배차 시간은 10분, 운행 시간 05:50~22:00) / 타이베이에서 국광 객운(國光客運) 버스를 타고 완리 초등학교(萬里國小) 하차.(배차 시간 30분, 운행시간 평일 05:40~22:20, 휴일 06:00~22:20)

MAPECODE 17216

바이사완 해수욕장

白沙灣海水浴場 바이사완 하이수이위창

해양 스포츠를 즐길 수 있는 해수욕장

바이사완은 하얀 모래가 넓고 곱게 펼쳐져 있어 해수욕장으로 매우 인기를 끄는 명소이다. 이곳에서는 수영, 세일링, 서핑, 스쿠버 다이빙 등 해양 스포츠를 즐길 수 있다. 단, 바이사완 해수욕장은 여름에만 개장한다.

바이사완 해변 근처에는 영화 촬영지이기도 한 아름다운 린산비麟山鼻 자전거길이 있다. 이 길을 걸으면 마치 바다와 함께 이야기하는 듯 바다와 나란히 길을 걷게 된다. 이 길 끝에는 작은 어촌 마을이 있는데 기교를 전혀 부리지 않은 풍경으로, 특별할 것은 없지만 소소한 일상을 잘 담고 있는 마을이다.

新北市 石門區 德茂里 八甲 1-2號 ☎02-8635-5100 5·6·10월 09:00~17:00 / 7·8·9월 09:00~ 18:00 MRT 단수이(淡水) 역 하차 후 길 건너 버스 정류장에서 진산(金山)행 또는 지룽(基隆)행 버스를 타고 바이사완(白沙灣) 하차.

Tip 바이사완과 린산비는 단수이와 진산의 중간에 위치해 있으므로, 단수이에서 진산으로 가는 도중이나 진산에서 단수이로 돌아오는 도중에 들르는 것이 효율적이다.

MAPECODE 17217

린산비 자전거길

麟山鼻自行車步道 린산비 쯔싱처 부다오

영화 속 풍경을 그대로 느낄 수 있는 곳

린산비麟山鼻는 80만 년 전 다툰산大屯山 화산대의 화산 분화 활동으로 인해 용암이 산의 흐름을 타고 바다를 향해 깎여져 좁은 협곡을 이룬 지형으로 만들어진 해변이라 오랜 시간이 만들어 낸 독특한 분위기가 있다. 이러한 이유로 사람들은 린산비를 '타이완 제일의 곶'이라고도 부른다.

이곳에는 해안을 따라 사람과 자전거만 다닐 수 있는 23.5km의 대나무 길이 뻗어 있는데 아름다운 하이킹 코스로 유명하다. 영화 〈말할 수 없는 비밀〉의 주인공 저우제룬周杰倫이 구이룬메이桂綸鎂를 자전거에 태우고 집에 데려다 주러 가는 장면을 바로 이곳에서 촬영했다. 이 길은 해변을 따라 놓여 있어 마치 바다와 함께 걷는 듯한 느낌을 주는 매우 낭만적인 곳이다. 그림 같은 침묵의 비경 속에서 언뜻언뜻 보이는 분화의 흔적은 이 지역 해안 화산 활동의 역사를 말해 준다.

北海岸 及觀音山國家風景區 新北市 石門區 麟山鼻 ☎ 02-8635-5100 www.northguan-nsa.gov.tw MRT 단수이(淡水) 역 하차 후 길 건너 버스 정류장에서 지룽(基隆)행 버스를 타고 바이사완(白沙灣) 하차. 길 건너 린산비 유게구(麟山鼻遊憩區) 왼쪽 보도를 따라 들어간다. 바이사완 해변 방향으로 가다가 바이사완을 오른쪽에 두고 왼쪽 길로 린산비 표지판을 따라 5분 정도 걸어가면 린산비 해변이 보인다.

영화 〈연습곡練習曲〉

영화 속 주인공이 혼자 자전거를 타고 타이완 전국을 환도 여행하면서 보고 느낀 것을 담담하게 보여 주는 영화다. 영화 속 타이완은 아름답고, 만나는 사람들은 따뜻하다. 섬나라인 타이완은 해안을 따라가면 한 바퀴를 온전히 돌 수 있는데 이것을 환도環島 여행이라고 부른다. 이 영화에 나오는 가장 아름다운 길 역시 북해안北海岸 자전거 도로이다.

진산 오리고기

MAPECODE 17218

金包里老街金山鴨肉 진바오리 라오제 진산 야러우

진바오리 옛 거리를 구경하다 보면 유난히 많은 사람들이 줄을 길게 선 곳이 있다. 진바오리 옛 거리 대표 음식인 오리고기를 파는 곳이다. 그런데 줄을 서서 기다리다 보면 오리고기집 바로 옆에 도교 사원인 광안궁廣安宮이 있다. 흔히 사원은 경건해야 한다는 생각을 하는데 광안궁 문 바로 앞에서 오리고기 요리를 하는 풍경이 이색적이다. 타이완 사람들은 사원에서 모시는 신이 신경을 써 줘서 이곳의 오리고기가 아주 맛있고 유명하다고 믿는다. 타이완의 도교는 이렇게 사람들의 일상생활과 아주 가깝고 인간적임을 알 수 있다. 진산 오리고기는 담백하고 고소한 맛이 일품으로, 이 시장의 대표 음식이라 자랑할 만하다.

新北市 金山區 金包里街 104號 ☎02-2498-1656 09:00~18:30 NT$180 진바오리 옛 거리(金包里老街) 안의 광안궁(廣安宮) 옆에 위치.

예류
野柳

신비한 자연 경관을 자랑하는 해안 공원

예류는 완리萬里의 북쪽 해안에 돌출되어 있는 좁고 긴 곳에 자리하고 있다. 예류의 암석층은 주로 1000~2500만 년 전에 생성된 두터운 사암층으로 구성되어 있다. 이 암석층에는 예류의 명물인 버섯 바위가 있고 다른 두 암석층에는 촛대 바위, 생강 바위 등이 자리하고 있다. 이 세 가지 암석층은 조산 운동과 맞물려 수만 년의 침식 · 풍화 작용을 겪으면서 점차 지질 경관을 형성하였으며, 이는 1,700m에 이르는 예류 곶을 타이완 북부에서 가장 유명한 지질 공원으로 만들었다. 예류는 우리가 학교에서 지리책으로 배웠던 해식동, 해식구 등의 지질을 직접 눈으로 확인해 볼 수 있는 신기한 곳이다. 마치 우주의 어느 혹성에 온 듯한 착각을 주는 곳이기도 하다.

information 행정 구역 新北市 萬里區 국번 02 홈페이지 www.wanli.ntpc.gov.tw

버스

- 타이베이 출발 : 타이베이 서부 버스 터미널台北西站에서 진산 청년 활동 센터金青中心행 버스를 타고 예류에서 하차한다. 버스 운행 시간은 05:40~22:20, 운행간격 20분이다.
- 단수이 출발 : MRT 단수이淡水 역 앞에서 지룽基隆행 또는 진산金山행 버스를 타고 예류野柳에서 하차한다. 버스 운행 시간은 05:50~22:20, 운행간격 30분이다.
- 지룽 출발 : 지룽 기차역基隆火車站 옆의 버스 터미널에서 진산金山행 또는 단수이淡水행 버스를 탄 후 예류에서 하차한다. 지룽에서 예류까지는 약 10km이고,소요 시간은 30분이다. 버스 운행 시간은 05:50~막차 22:00, 운행간격 10분이다.

Travel Tip

예류로 가는 아름다운 북해안 도로

타이베이에서 예류로 가는 여러 방법 중에서 북해안 도로北海岸公路를 따라 가는 버스를 추천한다. MRT 단수이淡水 역에 내려 역 앞 버스 정류장에서 지룽基隆행 또는 진산金山행 버스를 타면 북해안 도로를 타고 달린다. 푸르른 태평양 바다를 따라가는 타이완 최북단 길로, 창밖 풍경이 아름답다. 단, 버스의 왼쪽 창 쪽으로 앉아야 제대로 감상할 수 있으며 평일에 가는 것이 좋다. 타이베이 현지인들이 무척 좋아하는 길이어서 주말에는 길이 많이 막힌다는 점을 꼭 기억하자.

예류 지질 공원

예류 지질 공원
野柳地質公園 예류 디즈 궁위안

▶ 경이로운 순간을 놓칠까 봐 하염없이 바라보다

예류 지질 공원의 기암은 세계적으로도 유명한 절경이다. 외부적으로 파도에 의한 침식과 암석의 풍화 작용에 지각 운동의 영향까지 더해져 희귀한 지형과 지질 경관을 만들어 냈다. 그래서 바람과 태양과 바다가 함께 만든 해안 조각 미술관이라고 불리기도 한다.

예류 지질 공원은 크게 세 구역으로 나뉘는데, 제1구역에는 버섯 모양의 바위와 생강 모양의 바위가 밀집되어 있다. 이 구역에서는 버섯 모양의 바위가 만들어지는 과정을 볼 수 있고, 동시에 생강 모양의 바위, 벽개(갈라진 틈), 주전자 동굴과 카르스트판 등이 아주 풍부하며, 유명한 촛대 바위와 아이스크림 바위도 이 구역에 위치해 있다.

제2구역의 경관은 제1구역과 유사하다. 버섯 모양이나 생강 모양의 바위가 그 주를 이루고 있고, 수량 면에서는 제1구역보다 적은 편이다. 유명한 여왕머리 바위와 용머리 바위, 금강 바위가 이 구역에 자리 잡고 있다. 제2구역에 인접한 해변에는 코끼리 바위, 선녀 신발, 지구 바위, 땅콩 바위라 불리는 기이한 암석 4종류를 볼 수 있다.

제3구역은 예류의 다른 측으로 해식평대(침식에 의한 평탄한 지형)이며, 제2구역보다는 좁다. 해식평대의 한쪽은 절벽이며, 다른 쪽 아래에는 파도가 용솟음치고 있다. 여기에는 아주 많은 괴석들이 산재해 있는 것을 볼 수 있으며, 그중에 비교적 특이한 24효 바위, 구슬 바위, 바다의 새 바위가 있다. 이 세 바위는 특이한 형상의 단괴 혹은 결핵이 해수 침식을 받아 만들어진 작품들이다. 제3구역에는 기암괴석의 자연 경관을 보존하고 있으며, 동시에 예류 지질 공원에서 가장 중요한 생태 보호 구역이다.

新北市 萬里區 野柳里 港東路 167-1號 ☎ 02-2492-2016 www.ylgeopark.org.tw 08:00~17:00 (태풍 등의 자연재해가 있을 시에는 휴장하거나 개방 시간이 단축될 수 있음.) NT$80 예류 정류장에서 하차하면 곧바로 예류 지질 공원 안내 표지판을 볼 수 있다. 하차한 버스 정류장에서 예류 지질 공원까지는 도보로 10분. 예류로 향하는 길에 보안궁(保安宮)과 예류 초등학교(野柳國小)를 지나게 되며 예류 초등학교 바로 옆에 예류 지질 공원이 있다.

★톡톡★ 타이완 이야기

예류의 지명 유래

예류라는 지명의 유래에 관해서는 일반적으로 세 가지 설이 있다. 첫째는 평포족平埔族 원주민이 믿는 지신地神의 이름을 발음에 따라 한자로 '野柳'라고 표기했다는 설이다. 둘째는 스페인어로 마귀 곶이라는 뜻의 'Punto Diablos'의 'Diablos'에서 'D'와 'B' 음이 생략되면서 만들어졌다는 설이다. 마지막으로 예류 현지 주민들은 옛날부터 바다에 의지하여 생계를 유지했는데 쌀이 늘 부족해서 내륙의 상인을 통해 쌀을 공급받아야 했다. 매번 식량을 운송할 때마다 주민들 몇몇은 끝부분을 날카롭게 깎은 대나무로 상인이 등에 메고 있는 가마니를 찔러 구멍을 내고, 가마니 속의 쌀이 흘러나오면 그것을 주워 훔쳐갔다고 한다. 그래서 쌀 상인들이 자주 "촌사람野人 예런에게 또 당했어柳 류"라고 말한 데서 이름이 유래되었다고 전해진다.

여왕머리 바위 女王頭 뉘왕터우

예류에는 여왕이 있다

자연이 만들어 놓은 신기한 조각품들 중에 대표적인 것으로는 단연 여왕머리 바위를 들 수 있다. 고대 이집트의 네페르티티 여왕을 닮았다고 해서 '여왕머리'라는 이름이 붙은 이 바위는 지각이 융기하는 과정에서 해수의 침식 작용으로 점차 오늘날의 모습을 갖추어 왔으며, 가장 높은 부분이 해발 8m이다. 타이완 북부 지각의 평균 융기 속도가 연간 2~4mm인 것으로 미루어 볼 때, 여왕머리 바위의 연령은 4,000년 이내로 추정되고 있다. 그러나 오랜 세월 햇빛과 비바람을 맞는 동안 여왕머리 바위의 목 부분이 점점 가늘어져, 현재의 목둘레는 158cm에 불과하며, 직경은 50cm 정도이다. 여왕의 목이 부러지지 않도록 이곳을 관람할 때는 만지지 말고 사진 찍을 때도 조심하도록 하자.

건향 사자매 MAPECODE 17220

建香四姐妹 젠샹 쓰제메이

예류에 오는 단체 여행객들이 주로 이용하는 식당으로, 항상 사람들로 북적인다. 바닷가 식당답게 해산물 메뉴가 많은 것이 특징이다.

🏠 新北市 萬里區 野柳里 港東路 160號 ☎ 02-2492-1602 ⊙ 10:00~20:00 ⓦ 단체 손님은 1인분에 NT$150

여황 해산물 식당 MAPECODE 17221

女皇海鮮餐廳 뉘황 하이셴 찬팅

예류는 그 명성 때문에 현지인보다는 관광객을 위한 음식점들이 밀집되어 있다. 해산물 요리를 파는 식당으로 이곳을 다녀온 많은 사람들이 추천하는 맛집이다.

🏠 新北市 萬里區 野柳里 港東路 163號 ☎ 02-2492-2049 ⊙ 10:00~20:00 ⓦ 단체 손님은 1인분에 NT$150

핑시
平溪

소원을 싣고 떠나는 기차 여행

핑시선平溪線 철도는 북회선北迴線 철도의 지선이다. 지룽基隆 하구에 탄광업이 발달하면서 개척과 운송을 편리하게 하기 위해 1929년 하곡을 따라 작은 역들이 만들어지고 역을 중심으로 마을이 형성되었다. 당시에는 이 철도가 석탄 수송 수단이자 지역 주민의 중요한 교통수단이었지만, 탄광업이 몰락하고 시간이 흐르면서 이제는 천등을 날리러 오는 사람들의 소원을 싣고 떠나는 낭만 철도가 되었다. 선로를 따라 다화大華, 스펀十分, 완구萬古, 링자오嶺脚, 핑시平溪, 징퉁菁桐 등 6개의 역이 있다. 철로를 따라 다리, 터널, 폭포, 그리고 작은 물길이 어우러지는 경치는 감탄사를 절로 나오게 한다. 핑시선의 길이는 12km로 그리 길지 않아 한 역 한 역 내려서 구경하고 다시 타도 하루면 모든 곳을 다 돌아볼 수 있다.

information 행정 구역 新北市 平溪區 국번 02 홈페이지 www.pingxi.ntpc.gov.tw

가는 방법

기차

타이베이 기차역에서 북회선北迴線 기차를 타고 루이팡 기차역瑞芳火車站에서 내려 핑시선平溪支線 기차로 갈아탄다.

버스

타이베이 MRT 무자木柵 역 앞에서 타이베이 객운台北客運 1076번 버스를 타고 핑시平溪 정류장에서 하차한다.

시내 교통

6개의 역 사이를 이동할 때는 모두 핑시선 열차를 이용하면 된다. 타이베이 기차역이나 루이팡 기차역의 창구에서 핑시선 1일권을 구입하면 하루 동안 핑시선 열차를 무제한 이용할 수 있다.

핑시선 1일권 平溪線一日週遊券

구간 루이팡(瑞芳)~징퉁(菁桐)
요금 일반 NT$80 / 우대권 NT$40

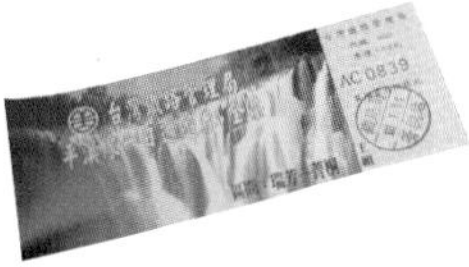

핑시선 열차 코스

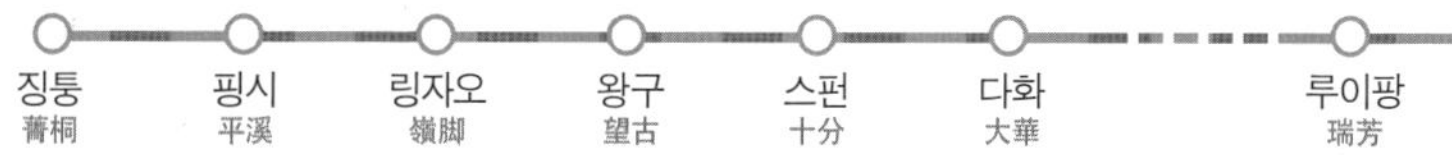

스펀 관광객 센터 十分遊客中心

스펀 관광객 센터에서는 핑시선 전체의 여행에 관해 상세히 안내해 주니 참고하자.

新北市 平溪區 南山里 南山坪 136號 ☎02-2495-8409 08:00~18:00

Best Tour

핑시선 기차 여행 하루 코스

루이팡 기차역 瑞芳火車站 → (기차 55분) 징퉁 철도 이야기관 菁桐鐵道故事館 → (기차 5분) 핑시 옛 거리 平溪老街 → (기차 5분) 링자오 채가 양옥 嶺脚蔡家小洋樓 → (기차 10분) 스펀 옛 거리 十分老街 → (기차 35분) 루이팡 기차역 瑞芳火車站

MAPECODE 17222

다화 역 大華火車站 다화 훠처잔

탄광 채굴을 위해 만들어진 역

현재 지역 주민이 10가구도 안 되는 다화 지역에는 원래 역이 없었는데 탄광 채굴을 하기 위해서 1949년에 역을 만들었다. 당시에는 역사를 운영할 비용이 부담되어 사람이 관리하지 않는 무인 역으로 시작했다. 이곳 다화 역에 하차해 숲 속의 기찻길을 따라 대화호혈로 가는 길은 색다른 낭만이 느껴진다.

新北市 平溪區 南山村 大華車站 타이베이 기차역에서 이란(宜蘭) 화둥(花東) 방향 동부 간선 북회선(北迴線) 열차를 타고 루이팡 기차역(瑞芳火車站)에 하차하여 핑시선(平溪支線) 열차로 환승한 후 다화 기차역(大華火車站) 하차. / 타이베이 MRT 무자(木柵) 역에서 타이베이 객운(台北客運) 1076번 버스를 타고 다화(大華) 하차. ※ 타이베이 객운 0800-003-307

대화호혈 大華壺穴 다화 후쉐

대자연의 예술 작품

사람의 얼굴이 울퉁불퉁하다면 참 볼품이 없지만 강바닥이 고르지 않고 들쑥날쑥하다면 뜻밖에도 기이한 광경이 된다. 다화 지역에는 지룽허基隆河 강물에 딸려 온 모래들이 하천 활동에 의해 강바닥에 크고 작은 둥근 구멍을 만들었다. 울퉁불퉁

크고 작은 구멍이 난 돌을 멀리서 혹은 가까이서 바라보면 마치 달나라 표면처럼 보이는데, 대자연이 만들어 놓은 예술 작품을 보는 듯하다.

新北市 平溪區 大華車站 다화 기차역(大華火車站)에서 기찻길을 따라 왼쪽 방향으로 10분 정도 걸어가면 대화호혈로 내려가는 계단이 나온다. 기찻길이라서 다소 위험하니 기차가 오지 않는지 꼭 확인하며 걸어야 한다.

MAPECODE 17223

스펀 역 十分火車站 스펀 훠처잔

핑시선 중 제일 큰 역

1918년 일본 광업 회사가 석탄 운송을 위해 스펀 역을 건설하였으나 지금은 타이완 정부에서 회수하여 운영하고 있다. 스펀 역은 핑시선 중 제일 큰 역으로 1992년 탄광업이 몰락하면서 현재는 관광 열차로 분위기를 바꿔 새롭게 운행하고 있다. 스펀 역을 지나는 철로와 스펀 옛 거리가 아주 근접해 있어 기차가 사람들 옆으로 아슬아슬하게 스쳐 지나가는 모습이 여행자들에게는 매우 특이한 풍경으로 다가온다. 또한 기차가 숲을 가로질러 갈 때는 빛이 밝았다 어두워졌다 하여 그 변화가 아주 다채롭다. 스펀 옛 거리, 스펀 폭포, 정안 출렁다리靜安吊橋 등이 철로 옆에 있어 한 번에 여러 명소를 살펴볼 수 있다. 스펀 역에서 다화 역까지 가는 철길은 높은 철교도 지나고 6개의 터널도 통과하기 때문에, 핑시선 중에서 가장 특별한 노선으로 손꼽힌다.

新北市 平溪區 十分站 타이베이 기차역에서 이란(宜蘭) 화둥(花東) 방향 동부 간선 북회선(北迴線) 열차를 타고 루이팡 기차역(瑞芳火車站)에 하차하여 핑시선(平溪支線) 열차로 환승한 후 스펀 기차역(十分火車站) 하차. / 타이베이 MRT 무자(木柵) 역에서 타이베이 객운(台北客運) 1076번 버스를 타고 스펀(十分) 하차.

스펀 옛 거리 十分老街 스펀 라오제

기차가 사람을 스치듯 지나가는 곳

스펀 옛 거리는 기찻길이 거리를 통과하고 있어 주목받는 곳이다. 옛 거리의 주택 대부분은 철로를 따라 지어져 기차가 항상 바로 집 앞을 지나가게 된다. 철로 양옆의 길을 지나가는 사람들도 코앞으로 기차가 지나가는 것을 경험한다. 이런 아슬아슬한 경험은 이곳을 찾는 여행자들에게 사람과 열차가 어떻게 이렇게까지 가깝게 공존할 수 있을까 하는 놀라움을 안겨 준다. 이런 독특함 때문에 타이완 드라마 〈연연풍진戀戀風塵〉의 촬영지가 되기도 했다.

또한 스펀 옛 거리에는 이곳의 역사를 알려 주는 백 년이 넘은 쌀국수집들이 있다. 가격은 싸고 맛은 최고이다. 스펀에 왔다면 '스펀 만족十分滿足'이라는 기념엽서를 놓칠 수 없다. 이곳의 지명인 '스펀十分'에는 '매우, 아주'라는 뜻이 있기 때문에 '스펀 만족'은 '매우 만족하다'라는 뜻이 된다. 엽서를 사서 친구에게 보내거나 희망의 메시지를 적어 미래의 나 자신에게 보내 보자.

新北市 平溪區 十分老街 ☎02-2495-8409 스펀 기차역(十分火車站)에서 도보 5분.

스펀 폭포 十分瀑布 스펀 푸부

거센 물의 흐름이 가슴속까지 시원한

핑시선 기차를 타고 가다 보면 창밖으로 곳곳에서 폭포를 볼 수 있다. 처음부터 물길을 따라 핑시선을 만들었기 때문이다. 따라서 '철도', '폭포', '탄광 유적'은 핑시선의 3가지 보물이다. 핑시선 보물인 폭포 중에서도 스펀 폭포는 그 흐름을 막을 수 없을 정도로 많은 양의 폭포수가 쏟아진다. 물줄기가 12m 높이에서 비스듬하면서도 세차게 떨어지고, 자욱한 물안개가 햇빛을 받아 일곱 빛깔을 내면서 마치 꿈속에 있는 듯 환상적인 풍경을 만들어 낸다. 폭포 근처에 서 있기만 해도 시원한데, 어느새 옷이 다 젖어 난감할 수도 있다. 가슴속까지 시원해지는 폭포를 만나고 싶다면 스펀 폭포로 가자.

新北市 平溪區 南山里 乾坑路 10號 ☎ 02-2495-8409 스펀 기차역(十分火車站)에서 도보 10분.

소원을 담은 천등을 하늘에 날려 보자

타이완 북부에서 제일 큰 정월 대보름 행사가 매년 핑시선 일대에서 열린다. 이날 타이완 사람들은 천등天燈 톈덩을 하늘로 띄우며 복을 비는 행사를 한다. 이 무렵 열리는 국제 천등절 행사에서는 약 3~4만 개의 천등이 한꺼번에 핑시의 하늘을 물들이며 장관을 연출한다. 수많은 천등이 유유히 상승하는 모습은 미국의 '디스커버리Discovery' 채널에 소개되어 전 세계에서 꼭 가 봐야 할 페스티벌로 선정되기도 했다. 타이완의 천등은 오각형의 면을 4개 이어 붙인 모양이며, 하단 지름이 90cm, 상단 지름이 120cm가 넘는 큰 크기이지만 매우 안정된 모습을 하고 있다. 천등의 살은 대나무로 만들며 열기구 원리를 이용하여 띄우는 것이다. 아래층 지지대 중간에 기름을 바른 12장의 금종이에 불을 붙이고 지면에 가까이 하면 몇 초간 불이 타다가 천등이 하늘로 떠오른다. 천등은 약 1,000m 높이에 다다르면 완전히 타 버린다.

★ 스펀 인상(가용엄마 천등) 十分印象 스펀 인샹

스펀 거리의 많은 천등 가게들 중에는 스펀 인상十分印象이라는 이름의 천등 가게가 있는데, 한국인 김미섭 씨가 운영하는 곳이다. 스펀제十分街에 있으며, 한국말로 핑시 지역에 대한 친절한 설명을 들으며 천등을 구입할 수 있다. 천등 위에 소원을 적어 하늘에 날려 보자.

新北市 平溪區 十分里 十分街 112號 ☎0958-111-160 / (카카오톡 아이디: amber75) 10:00~19:00 NT$150~ 스펀 기차역(十分火車站)에서 도보 3분, 왼쪽 길에 있다.

MAPECODE 17224

왕구 역 望古火車站 왕구 훠처잔

느릿느릿 시간을 여행하는 간이역

청나라 때 중국 취안저우泉州에서 온 호결胡結이라는 사람이 여기서 탄광을 파고 석탄을 캐다 물에 빠져 죽었다고 한다. 그래서 사람들이 이 지역을 '탄광을 캐다 죽었다'라는 뜻으로 '왕쾅컹亡礦坑'이라고 불렀는데, 이후 일본 사람들이 광산업을 개발하기 위해 들어와서 지명의 의미가 좋지 않다는 이유로 오늘날의 이름인 '왕구컹望古坑'으로 개명했다고 한다. 핑시선 간이역과 그 주변에 있는 마을들은 탄광업이 번성했을 때 사람들로 북적이던 흔적만 있을 뿐 지금은 너무도 조용해서 마치 한 장의 그림을 보는 듯한 인상을 받는다. 왕구 역 역시 초라한 역사만 덩그러니 있을 뿐 너무도 한적해서 이곳을 걸어 다니다 보면 느리게 돌아가는 시간 여행을 하는 듯하다.

新北市 平溪區 望古車站 ☎02-2495-1510 타이베이 기차역에서 이란(宜蘭) 화둥(花東) 방향 동부 간선 북회선(北迴線) 열차를 타고 루이팡 기차역(瑞芳火車站)에 하차하여 핑시선(平溪支線) 열차로 환승한 후 왕구 기차역(望古火車站) 하차. / 타이베이 MRT 무자(木柵) 역에서 타이베이 객운(台北客運) 1076번 버스를 타고 왕구(望古) 하차.

MAPECODE 17225

링자오 역 嶺腳火車站 왕구 훠처잔

멈춰진 그림 같은 풍경의 간이역

링자오 역은 700m 높이의 장쯔랴오산姜子寮山 남쪽에 위치해 있어, '산봉우리 아래에 위치해 있다.'라는 뜻으로 링자오嶺腳라고 부르게 되었다고 한다. 이름만 들어도 산 밑에 있는 곳이라고 추측할 수 있는 지명으로 다른 핑시 지역에 비해 넓은 면적을 가지고 있다. 링자오 역에 도착하면 여행 온 사람들만이 오고 갈 뿐 마치 시간이 정지된 듯한 느낌을 받는다. 역을 벗어나 근처에 있는 강을 따라가면 협곡이 나온다. 링자오는 핑시선 마을 중에서도 시끄러운 인파와 차들이 없는 가장 조용한 마을로, 1시간이면 충분히 돌아볼 수 있다. 시골 마을이 주는 여유를 만끽하려는 여행자들에게 안성맞춤인 곳이다.

新北市 平溪區 嶺脚站 ☎02-2495-1510 타이베이 기차역에서 이란(宜蘭) 화둥(花東) 방향 동부 간선 북회선(北迴線) 열차를 타고 루이팡 기차역(瑞芳火車站)에 하차하여 핑시선(平溪支線) 열차로 환승한 후 링자오 기차역(嶺腳火車站) 하차. / 타이베이 MRT 무자(木柵) 역에서 타이베이 객운(台北客運) 1076번 버스를 타고 링자오(嶺腳) 하차.

채가 양옥 蔡家小洋樓 차이자 샤오양러우

타이완 복고 드라마의 단골 촬영지

링자오에 도착하면 아무도 없을 것 같은 한적한 역인데도 불구하고 여행객들이 골목골목에서 나와 사진을 찍고 있는 풍경을 만나게 된다.
링자오 역에 내리면 역 뒷편으로 붉은색 벽돌 건물이 눈에 들어오는데 이곳이 바로 채가 양옥이다. 이 건물은 1930~40년대 타이완 복고 드라마의 단골 촬영지였다. 둥근 아치형의 처마와 탁 트인 정원을 가지고 있다.

新北市 平溪區 嶺腳 ☎02-2495-1510 링자오 기차역(嶺腳火車站)에서 도보 5분.

MAPECODE 17226

핑시 역 平溪火車站 핑시 훠처잔

▶ 핑시선에서 가장 유명한 기차역

핑시 역은 핑시선의 중간 지점에 위치하여 핑시선에서 가장 유명한 기차역이다. 옛날에는 사람들이 농사를 짓기 위해서 강을 따라 터를 잡았다. 지룽허基隆河는 물살이 세고 험한데, 이 지역의 강물은 아주 평평하고 맑아서 '핑시平溪(평탄한 개울이라는 뜻)' 또는 '스디石底(강바닥의 돌이 잘 보인다는 뜻)'라고 불렀다고 한다. 핑시는 주펀九份과 비슷한 분위기이지만 주펀보다는 덜 발전되어 소박한 시골 풍경을 즐길 수 있다. 일제 시대부터 있었던 빙수집과 비단집이 아직도 남아 있다.

🏠 新北市 平溪區 平溪站 🚌 타이베이 기차역에서 이란(宜蘭) 화둥(花東) 방향 동부 간선 북회선(北迴線) 열차를 타고 루이팡 기차역(瑞芳火車站)에 하차하여 핑시선(平溪支線) 열차로 환승한 후 핑시 기차역(平溪火車站) 하차. / 타이베이 MRT 무자(木柵) 역에서 타이베이 객운(台北客運) 1076번 버스를 타고 핑시(平溪) 하차.

핑시 옛 거리 平溪老街 핑시 라오제

▶ 여행의 재미를 더해 주는 시장 풍경

핑시에 도착한 여행객들은 천등 문화와 맛집과 고풍스러운 미를 간직하고 있는 이곳 옛 거리에서 사진 찍기에 바빠진다. 선로 양쪽 끝에는 모두 1930~1940년대에 지어진 오래된 목조 건물의 상점들이 옛 모습 그대로 남아 여행자들을 반기고 있다.철로를 통과하여 직진해 관음암觀音巖에 올라가면 핑시 역 주변이 한눈에 들어와 옛 거리 여행의 재미를 더해 준다.

🏠 新北市 平溪區 平溪老街 ☎ 02-2495-1510 🚌 핑시 기차역(平溪火車站) 주변.

MAPECODE 17227

징퉁 역 菁桐火車站 징퉁 훠처잔

▶ 3급 고적으로 지정된 역

핑시선의 종착역으로 타이완의 목조 역사 건물 중에서 옛 모습을 그대로 잘 보존하고 있어 3급 고적으로 지정되어 있다. 징퉁은 오래전부터 야생 오동나무가 많이 자라는 지역이라 오동나무라는 뜻의 '징퉁菁桐'이라고 불렸으며 목조 건축물, 탄광 유적지 등이 있어 핑시 지역에서도 가장 전형적인 탄광 마을이다. 핑시 지역이 번성기를 누릴 때는 5천여 명이 살았는데 지금은 한적하기 그지없다. 보행로에는 징퉁 발전사를 기록한 기념돌이 있어 이곳이 석탄 채굴 지역이었음을 알 수 있다. 징퉁 지역에는 음력 1일과 15일 제례 의식 때만 먹던 징퉁 지쥐안鷄捲 닭고기말이이라는 음식이 있는데 현재는 관광지 특별 요리가 되어 이곳을 찾아온 여행자들의 입을 즐겁게 해 주고 있다.

新北市 平溪區 平溪站 타이베이 기차역에서 이란(宜蘭) 화둥(花東) 방향 동부 간선 북회선(北迴線) 열차를 타고 루이팡 기차역(瑞芳火車站)에 하차하여 핑시선(平溪支線) 열차로 환승한 후 징퉁 기차역(菁桐火車站) 하차. / 타이베이 MRT 무자(木柵) 역에서 타이베이 객운(台北客運) 1076번 버스를 타고 징퉁(菁桐) 하차.

징퉁 철도 이야기관

菁桐鐵道故事館 징퉁 톄다오 구스관

철도에 관한 볼거리가 가득한 곳

징퉁 기차역 바로 옆에 위치한 징퉁 철도 이야기관은 1950년대 지어진 2층 목조 건물로 외관만으로도 관심을 끌기에 충분하다. 소원을 쓴 대나무들이 마치 열매처럼 주렁주렁 매달려 있다. 내부에는 오래된 사진들이 진열되어 있어 징퉁의 지나간 이야기를 전해 준다.

입구에서 맞이하는 철도 승무원 인형이 인상적이며 나무 엽서, 향수에 젖게 하는 옛날 철도 티켓 등 철도를 테마로 한 다양한 볼거리와 상품이 준비되어 있다. 기차 여행의 낭만을 좋아하는 여행자이라면 꼭 들러 보자.

新北市 平溪區 菁桐里 菁桐街 54號 ☎ 02-2495-1258 09:00~19:00 징퉁(菁桐) 역에서 도보 3분.

징퉁 역

주편
九份

아기자기한 골목길에 반하다

원래 매우 한적한 산골 마을이었던 주편은 청나라 시대에 금광으로 유명해지면서 화려하게 발전했으나 광산업이 시들해지면서 사람들이 떠나고 급속한 몰락을 맞게 되었다. 그러다 현대에 와서 이런 주편의 분위기를 그대로 담은 영화 〈비정성시非情城市〉가 세계적으로 주목을 받으면서 다시 사람들의 발길이 이어져 지금은 타이완에서 손꼽는 관광 명소로 거듭났다.

주편은 산을 끼고 바다를 바라보며 지룽산基隆山과도 마주 보고 있다. 산비탈에 자리잡고 있는 지형의 특성상 모든 길이 구불구불 이어진 계단으로 되어 있고, 그 계단을 따라 오래된 집들이 어우러져 독특한 분위기를 자아낸다. 골목마다 독특한 분위기의 상점과 음식점 ,그리고 찻집들이 끝도 없이 이어져 있다.

information
행정 구역 新北市 瑞芳區 九份 국번 02
홈페이지 루이팡 구 www.ruifang.ntpc.gov.tw

가는 방법

주펀은 타이베이에서 하루 안에 다녀올 수 있는 근교 여행지이다. 타이베이에서 주펀에 가려고 한다면 MRT 중샤오푸싱忠孝復興 역의 소고 백화점 맞은편 버스 정류장에서 버스를 타는 방법이 기차보다 편리하다.

버스

타이베이 MRT 중샤오푸싱忠孝復興 역 1번 출구로 나와 뒤로 돌아가면 나오는 버스 정류장에서 버스 정류장에서 '주펀九份/진과스金瓜石'라고 적힌 1062번 버스를 타고 주펀九份에서 하차한다. 버스 배차 간격은 20~30분이고 주펀까지 약 50분 소요된다. 이 버스는 주펀을 거쳐 진과스金瓜石까지 간다.

기차

타이베이 기차역台北火車站에서 루이팡瑞芳행 기차를 타고 루이팡瑞芳 역에서 하차한 후, 역 광장에서 길을 건너 '주펀九份/진과스金瓜石 방면'이라고 적힌 버스를 타고 주펀九份에서 하차한다. 기차는 등급에 따라 30~50분 소요된다.

> **Travel Tip**
>
> **버스표를 잘 보관하자!**
>
> 버스비를 현금으로 낼 경우 탑승할 때 버스 기사가 표를 주는데 잘 가지고 있다가 도착했을 때 다시 돌려주어야 한다. 받은 표를 잃어버려서 내릴 때 당황하는 사람들을 종종 보게 된다. 버스비는 타이베이에서 사용하는 교통카드인 이지카드悠游卡로도 결제할 수 있다. 잔돈을 준비하지 않아도 되고 표를 잘 챙겼다가 되돌려주는 번거로움도 없으니 주펀 가는 버스를 탈 때는 교통카드를 준비하자.

주펀 하루 코스

주펀 관광객 센터 九份遊客中心 —도보 10분→ **승평 희원** 昇平戲院 —도보 1분→ **수치루** 竪崎路 —도보 5분→ **아매 차루** 阿妹茶樓 —도보 10분→ **아감이 토란 경단** 阿柑姨芋圓 —도보 5분→ **니인오 귀신 가면관** 泥人吳鬼臉館 —도보 3분→ **주펀 옛 거리** 九份老街

MAPECODE **17228**

수치루 竪崎路

홍등 거리의 아름다운 밤 풍경

주펀의 건물들은 1920~1930년대 타이완의 모습을 그대로 간직하고 있어 이곳을 다녀온 사람들은 주펀의 매력을 잊지 못한다. 그 매력의 중심이 수치루이다. 수치루는 주펀에서 가장 먼저 만들어진 길로, 길 전체가 계단으로 조성되어 있다. 수치루의 시작점에서 위쪽으로 주펀 초등학교九份國小 정문까지 계단을 세어 보면 딱 365개인데 신기하게도 1년의 날짜수와 같다. 이 길은 차가 다닐 수 없는 계단으로 되어 있어 예나 지금이나 모든 물건들은 인력으로 운송한다.

수치루는 주펀 도로망의 중심축으로, 사람으로 치자면 척추와 같다. 1920~1930년대 옛날식 건물, 유명한 관광 명소, 예술적 분위기가 가득한 찻집들이 모두 수치루를 중심으로 좌우에 모여 있다. 길게 이어져 있는 돌계단을 따라 어우러진 홍등의 물결은 주펀의 야경 중 가장 아름다운 풍경을 연출한다.

新北市 瑞芳區 九份 ☎ 02-2497-2250 주펀에 하차하여 세븐일레븐이 있는 골목으로 쭉 들어오면 오른쪽으로 찻집들이 줄을 지어 있는 계단 길이 나오는데 바로 이곳이 수치루(竪崎路)이다.

MAPECODE 17229

승평 희원 昇平戲院 성핑 시위안

과거의 부귀영화를 상상하게 해 주는 영화관

1927년에 타이완 북부 지역 첫 번째 영화관인 승평좌昇平座가 지금의 승평 희원 자리에 문을 열었다. 당시 타이완에서 최대 규모를 가진 극장이었다. 노래와 춤이 넘친다는 의미의 승평좌昇平座는 광복 후 승평 희원昇平戲院으로 개명하였다. 극장 앞 광장은 한때 교통과 유흥의 중심지이자 먹거리와 각종 물건을 사고파는 장터였다.

지금도 영화 〈연연풍진〉의 포스터가 남아 있어 그 시절 황금 산성이 누렸던 부귀영화를 상상하게 해 준다. 주변 건축물의 분위기와 경치가 1930~1940년대의 시공간적 특색을 갖추고 있기 때문에 〈비정성시〉 등의 타이완 영화나 광고 촬영지로 각광을 받고 있다.

新北市 瑞芳區 輕便路 137號 ☎02-2496-9926 주펀에 하차하여 세븐일레븐이 있는 골목으로 쭉 들어가 수치루(竪崎路) 아래 방향으로 내려간다. 도보 10분.

Travel Tip

황금 산성의 지나간 시간을 소개해 주는 주펀 관광객 센터

주펀 관광객 센터는 주펀 하차 후 아랫길로 내려오면 만나는 파출소 동쪽에 위치해 있다. 건물 1층에는 옛날 경편 열차의 모형이 실제 크기로 전시되어 있는데, 경편 열차에는 수이난둥水湳洞, 진과스金瓜石, 주펀九份 세 지역의 각종 광석과 옛날에 사용하던 채광 도구가 있다. 벽에는 세 지역의 발전 역사를 간단하게 소개해 놓았고, 기념 스탬프를 찍는 곳도 마련되어 있으며 한국어로 된 주펀 안내 브로슈어도 있다. 대형 텔레비전에서는 주요 관광지 홍보 영상이 나오고 있고 스마트폰 내비게이션 시스템을 통해 주요 관광지와 추천 상점을 검색해 볼 수 있다. 무료 단체 가이드도 실시하고 있는데, 가이드 투어 신청은 단체 예약만 가능하다.

新北市 瑞芳區 汽車路 89號 ☎02-2406-3270 09:00~18:00 주펀(九份) 하차 후 버스가 올라온 길을 따라 대로로 다시 내려가면 파출소 옆에 있다. 도보 5분.

마음이 촉촉히 젖는

주펀의 낭만 찻집

만약 주펀에서 차를 마시고 있는데 창밖에 비가 내린다면 아주 운이 좋은 여행자이다. 왜냐하면 그것이 바로 주펀 풍경이기 때문이다. 빗방울이 빚어 내는 주펀의 운치는 차 맛을 한층 돋우어 준다.

MAPECODE 17230

아매차루 阿妹茶樓 아메이 차러우

일본 애니메이션 〈센과 치히로의 행방불명〉에서 여주인공 센이 통과하는 터널, 부모님을 찾아다니는 길, 부모를 구하기 위해 일을 했던 온천탕 등은 주펀의 특유한 분위기와 아메 찻집을 모티브로 제작되었다. 아매 차루 맨 위층으로 올라가면 탁 트인 전경에서 차를 마시며 바다 풍경을 내려다볼 수 있고 저녁이 되면 홍등이 하나둘 켜지면서 또 다른 세상이 펼쳐져 주펀만의 멋을 감상할 수 있다. 수치루 돌계단을 따라 불 켜진 홍등의 행렬은 타이완의 야경 중에서도 가장 아름다운 풍경이다.

新北市 瑞芳區 九份 崇文里 市下巷 20號 ☎ 02-2496-0833 일~목요일 08:30~24:00, 금요일 08:30~01:00, 토요일 08:00~01:00 기본 테이블 요금 1인 NT$300 수치루 중간쯤에 있다.

MAPECODE 17231

비정성시 悲情城市(小上海茶飯館) 베이칭청스

영화 〈비정성시〉는 타이완 현대사의 격동기인 1945~1949년을 살아간 타이완 일가족을 그린 영화이다. 영화 속에는 수치루의 계단이 인상적으로 나오는데 그 장면을 찍은 곳이 바로 비정성시 찻집이다. 영화가 국제적으로 인정을 받으면서 주펀은 관광지로 새롭게 자리매김하게 되었다. 이후 비정성시 찻집은 주펀의 랜드마크라고 해도 과언이 아닐 정도가 되었고 관광객들이 꼭 들르는 명소가 되어 주말이면 사람으로 넘친다. 단, 간혹 불친절하거나 메뉴를 강매하기도 한다.

新北市 瑞芳區 豎崎路 35-1號 ☎ 02-2496-0852 10:00~21:00 차 NT$60~, 식사 NT$160~ 주펀 도착 후 세븐일레븐 골목으로 들어와 수치루를 따라 내려간다. 도보 10분.

MAPECODE 17232

주펀 해열루 관경차방 九份海悅樓觀景茶坊 주펀 하이웨러우 관징차팡

타이완은 지형과 기후가 차나무 생장에 적합하고, 전 지역이 해발고도가 높아 좋은 차를 생산하기에 알맞기 때문에 타이완의 차는 품질이 좋기로 유명하다. 이곳은 타이완에서 생산되는 좋은 품질의 차만 엄선해 파는 찻집으로, 타이완에서 가장 유명한 백호우롱차白毫烏龍茶를 비롯하여 녹차綠茶, 철관음차鐵觀音茶, 포종차包種茶, 고산차高山茶, 홍차紅茶 등 다양한 종류의 차를 갖추고 있다. 맨 위층 테라스에서는 차를 마시며 조용히 주펀의 바다 풍경을 감상할 수 있고, 실내에서는 수치루가 한눈에 들어와 주펀 찻집 중에서 가장 전망이 좋은 곳이다. 찻집이지만 식사도 가능하다. 한국 드라마 〈온에어〉에서 주인공이 차를 마셨던 곳이기도 하며, 한국 예능 프로그램 〈배틀 트립〉에 나오기도 했다. 방송 이후 한국인이 가장 많이 찾는 찻집이 되었다.

新北市 瑞芳區 九份 豎崎路 31號 ☎ 02-2496-7733 09:00~02:00 차 세트 메뉴 NT$400~, 식사 NT$200~ 주펀 도착 후 세븐일레븐 골목으로 들어와 수치루를 따라 승평 희원이 있는 광장까지 내려간다. 도보 10분.

MAPECODE 17233

주펀 차방 九份茶坊 주펀 차팡

예술가가 운영하는 찻집으로, 주펀에서 가장 분위기가 좋다. 주펀 차방에서의 차 한 잔은 소박한 아름다움을 주며 깊은 사색을 가능하게 해 준다. 오래된 역사만큼이나 시간을 머금은 찻주전자는 숯불로 끓여 준다. 차와 함께 나오는 간식들은 차 맛을 거스르지 않으며 입안에서 녹는다. 주펀 차방에서 차 한 잔을 마시는 순간은 차분하고 조용하여 세상의 모든 것을 느낄 수 있는 섬세한 감성을 선물로 준다. 주펀 차방에서는 차와 다기 구입도 가능하다.

新北市 瑞芳區 基山街 142號 ☎ 02-2496-9056, 02-2497-6487 www.jioufen-teahouse.com.tw 10:30~21:00 기본 테이블 요금 1인 NT$100, 우롱차 NT$500(우롱차를 주문할 경우 1인 NT$600, 2인 총 NT$700) 주펀 도착 후 세븐일레븐 골목으로 들어와 지산제(基山街)로 간다. 도보 15분.

주펀 옛 거리 九份老街 주펀 라오제

맛있는 음식이 넘치는 곳

주펀은 지형상 비가 지나가는 길에 있다. 그래서 주펀 옛 거리는 마주하는 상점 사이에 지붕이 연결되어 있어 비가 와도 비를 맞지 않고 거리 구경을 할 수 있도록 되어 있다.

옛 거리를 걷다 보면 아름다운 소리가 들리는 곳이 있는데 오카리나를 파는 가게이다. 주펀 오카리나는 크기와 모양이 다양해 선택의 폭이 넓다. 주펀의 나막신도 관광객에게 사랑받는 선물 중 하나이다. 현장에서 직접 만들어 파는 작고 큰 사이즈의 나막신은 주펀을 오래 기억할 수 있게 해 주는 좋은 기념품이다. 먹거리로는 주펀의 대명사인 토란 경단芋圓 위위안을 파는 가게가 제일 많지만 사이사이에 수없이 많은 음식들이 유혹한다. 아련한 추억을 되살아나게 하는 추억의 상품들을 파는 곳도 있어 상점 구경만으로도 주펀은 마냥 즐거운 곳이다. 최근에는 예술가의 공방들이 속속 들어와 주펀의 멋을 한층 더해 주고 있다.

新北市 瑞芳區 九份 基山街 ☎ 02-2497-2250 주펀 도착 후 세븐일레븐 옆 골목이 바로 주펀 옛 거리다.

니인오 귀신 가면관
泥人吳鬼臉館 니런우구이롄관

괴기스러운 귀신 가면이 벽면 한 가득

주펀 골목길을 걷다 귀신을 보아도 너무 놀라지 않기를 바란다. 그것은 진짜 귀신이 아니라 으스스한 귀신 가면 박물관에서 길에 내놓은 토우 가면이다. 이곳은 타이완에서 가장 처음 설립된 귀신 가면 박물관으로, 수천 점에 이르는 각종 귀신 가면이 다 모여 있다. 처음에는 괴기스러운 가면이 벽면에 가득 걸려 있어 선뜻 안으로 들어가고 싶지 않을 수도 있다. 그러나 차근차근 하나하나 살펴보면 그렇게 무섭지 않고 웃음을 자아내는 귀여운 귀신들도 많다. 귀신 가면뿐만 아니라 세계적으로 유명한 사람들의 얼굴 가면들도 있다.

新北市 瑞芳區 九份豎 7號 ☎ 02-2496-2016 월~금 09:00~17:00, 토~일 09:00~19:00 NT$50 주펀 도착 후 세븐일레븐 옆 골목으로 들어가서 수치루 위쪽 방향 초등학교 가기 전 오른편에 있다.

★톡톡★ 타이완 이야기

드라마 〈온에어〉 촬영지

최근 해외 여행을 다니는 여행자들은 더욱 새롭고 특별한 여행지를 찾고 싶어한다. 그래서 드라마나 영화 촬영지는 새로운 여행지를찾는 여행자들에게 사랑을 받고 있다. 주펀九扮은 과거 한국인들에게는 큰 관심을 끌지 못했던 장소였지만 드라마 〈온에어〉가 이곳에서 촬영된 이후 모든 것을 바꾸어 놓았다. 드라마에서 주인공들이 알콩달콩 사랑을 키우던 아기자기한 주펀의 찻집, 골목길, 바닷가 풍경은 시청자들에게 주펀의 이미지를 강하게 심어 주었고, 지금은 한국인들이 가장 선호하는 타이완 관광지가 되었다.

Eating

아파 생선 완자탕

MAPECODE 17236

阿婆魚羹 아포 위겅

주펀에 도착하면 세븐일레븐 옆 골목으로부터 주펀 옛 거리가 시작된다. 입구에 들어 서자마자 왼쪽에 사람들이 붐비는 음식점이 있다. 단골손님들이 줄을 잇는 맛집이다. 저렴한 가격에 최고로 맛있는 생선 완자탕魚羹 위겅을 판다.전통방식으로 만들어 얇고 부드러운 외피 안에 속을 꽉 채워 넣은 생선 완자는 양념장과 함께 먹으면 절묘한 맛이 난다.

新北市 瑞芳區 基山街 9號 ☎ 02-2497-6678 월~금 08:30~17:00, 토~일 08:30~18:00 주펀 도착 후 세븐일레븐 길로 들어가면 바로 왼쪽에 있다. 도보 3분.

아감이 토란 경단

MAPECODE 17237

阿柑姨芋圓 아간이 위위안

주펀이 인기 관광지로 부각되면서 토란 경단芋圓 위위안은 여행자들의 입소문을 타고 명실공히 주펀의 대명사가 되었다. 품질 좋고 맛 좋은 천연 재료의 사용과 100% 수작업을 고집하는 주펀의 토란 경단은 그 향과 맛이 뛰어나며 쫀득쫀득 씹히

는 맛이 그만이다. 여름철의 토란 경단은 빙수로, 겨울철에는 달짝지근한 국물을 넣어 먹는다. 이미 조리된 토란 경단뿐 아니라 익히지 않은 것을 구입해서 직접 요리해 먹을 수도 있다. 일반적인 토란 경단 외에도 지금은 마, 녹차, 깨, 자색 고구마 등 가게들이 저마다 새로운 색과 맛의 경단을 개발해 내놓고 있다.

토란 경단을 만드는 장면을 직접 볼 수도 있는데, 토란 경단을 만드는 방법을 보면 우선 토란 껍질을 제거하고 찐 후에 녹말가루를 넣어 반죽한 다음 길게 편 형태로 만들어서 다시 토막으로 자른다. 주펀의 골목길에는 토란 경단을 직접 만들어 파는 집이 넘쳐 나는데 그중 아감이 토란 경단阿柑姨芋圓은 맛도 좋지만 토란 경단을 먹으며 내려다보는 전망이 매력적인 곳이다.

新北市 瑞芳區 豎崎路 5號 ☎ 02-2497-6505 09:00~22:00(국경일 09:00~24:00) NT$50 주펀 도착 후 세븐일레븐 옆길로 들어가 수치루가 나오면 위쪽 주펀 초등학교 방향으로 올라간다. 주펀 초등학교(九份國小) 바로 아래에 있다. 도보 15분.

구중정 객잔

MAPECODE 17238

九重町客棧 주충딩 커잔

주펀에 가면 제일 눈에 띄는 가게가 있다. 창문 옆에는 연한 파란색의 베스파 스쿠터 한 대가 서 있고 역사 연대가 서로 다른 라디오, 턴테이블, 카세트 플레이어, 라디오식 알람 시계가, 뒤편에는 스타 사진과 코카콜라 포스터 등이 있는 곳이다.
이곳을 운영하는 사람은 주펀 현지 주민으로 1995년 고향에 돌아와 오래된 석탄 상점 건물을 구입하여 원래의 분위기를 살리면서 주펀 문화 예술 공간으로 재탄생시켰다. 주인은 이곳을 통해 주펀의 아름다움을 보여 주고 싶어 '구중정九重町'이라고 이름을 지었는데, 그 의미는 바로 '주펀에서 가장 중요한 곳'이라는 뜻이다. 1층은 찻집이고 2, 3층이 민박이다. 4층은 일본식 식당, 5층은 특색 민박으로 화려한 내부 시설과 아름다운 옥상 화원을 가지고 있다. 지산제基山街의 유일한 실외 화원으로 산과 바다를 내려다볼 수 있다.

新北市 瑞芳區 九份 基山街 29號 ☎ 02-2496-7680 www.9cd.com.tw 1층 카페 영업 시간 08:00~01:00, 1층 카페 식사 시간 08:00~21:30(음료와 가벼운 식사는 새벽 00:00까지) NT$1,500~ 지산제(基山街)에서 앞쪽으로 가다가 첫 번째 코너 왼쪽에 있다.

진과스
金瓜石

황금 시대를 기억한다

타이완 동북쪽에 위치한 진과스는 일찍이 주요 금광 지역으로, 주펀九份과 함께 황금 시대의 역사를 가진 곳이다. 일제 강점기에 금광이 개발되었는데 당시에는 황금 생산량이 아시아에서 최대였다고 한다. 따라서 일본이 적극적으로 금광을 개발하면서 진과스는 큰 번영을 이루었고, 지금도 황금 시대를 떠올리게 하는 관광 명소가 많이 남아 있다. 황금 박물관黃金博物館, 황금 폭포黃金瀑布, 황금 신사黃金神社, 제련소였던 13층 유적十三層遺址 등의 명소가 있으며 당시 광부들이 먹던 도시락은 여행객들의 입맛을 사로잡는 별미가 되었다. 이제 황금은 더 이상 나오지 않지만 황금 시대의 흔적이 남은 진과스만의 독특한 분위기와 가을과 겨울 사이에 많은 꽃이 피어 하안색 꽃 마을로 변신하는 모습 때문에 영화와 광고의 촬영지로 사랑을 받는 곳이다.

information
행정 구역 新北市 瑞芳區 金瓜石 국번 02
홈페이지 루이팡 구 www.ruifang.ntpc.gov.tw

진과스

지우펀 진과스 경관 카페 민박
九份金瓜石景觀咖啡民宿
13층 유적
十三層遺址
장인 공원
長仁公園
지룽산
基隆山
진수이궁루 金水公路
황금 폭포
黃金瀑布
갱도 입구 천공 경관 식당
坑口的天空景觀餐廳
산젠루 山尖路
주펀 황금 폭포
九份黃金瀑布
진수이 도로
金水公路
경명정
景明亭
환만-진과스 민박
緩慢-金瓜石民宿
산젠루 관광 보도
山尖路觀光步道
린선생님 피아노 카페
林老師鋼琴咖啡屋
산젠루 山尖路
바오스산 전망대
報時山觀景台
102
루이진궁루 瑞金公路
우리 집 187 민박
- 창의회석 요리
我們的家 187 民宿
-創意懷石料理
명심원
明心園
지룽산 등산 보도
基隆山登山步道
과산 초등학교
瓜山國小
과산 공원
瓜山公園
루이쑤이궁루 瑞隧公路
진과스 옛 거리
金瓜石老街
월하 민박
月河民宿
황금 박물관
黃金博物園
진과스 101 민박
金瓜石101民宿
치탕 옛 거리
祈堂老街
신산 공원
新山公園
광부 식당
礦工食堂
진과스 파출소
金瓜石派出所
태자 빈관
太子賓館
의곡일안
依谷日安
관어 카페
關於咖啡
루이진궁루 瑞金公路
번산 5갱
本山五坑
우얼차후산
無耳茶壺山
황금 신사
黃金神社

가는 방법

버스

타이베이 MRT 중샤오푸싱忠孝復興 역 1번 출구로 나와 직진하면 나오는 버스 정류장에서 '주펀九扮/진과스金瓜石'라고 쓰여 있는 지룽 객운基隆客運 1062번 버스를 타고 진과스金瓜石 정류장에서 하차한다. 버스 배차 간격은 20~30분이고, 진과스까지 약 60분 소요된다. 이 버스는 주펀을 거치며 진과스가 종점이다.

기차

타이베이 기차역台北火車站에서 루이팡瑞芳 행 기차를 타고 루이팡 기차역瑞芳火車站에서 하차한 후, 역 광장에서 길을 건너 '주펀九扮/진과스金瓜石 방면'이라고 적힌 버스를 타고 진과스金瓜石 정류장에서 하차한다. 기차는 등급에 따라 30~50분 소요된다.

시내 교통

진과스의 황금 박물관 구역은 모두 도보로 이동할 수 있지만, 외곽으로 나가려면 교통편이 불편하다. 진과스의 곳곳을 다니려면 택시를 타고 투어를 하는 것이 가장 효율적인 선택이다.

진과스 하루 코스

황금 박물관 黃金博物館 도보 20분 → 태자 빈관 太子賓館 도보 30분 → 황금 신사 黃金神社 도보 30분 → 번산 5갱 本山五坑 도보 3분 → 광부 식당 礦工食堂 도보 10분 → 황금 폭포 黃金瀑布 도보 30분 → 13층 유적 十三層遺址 정상까지 트레킹 30분~1시간 → 우얼차후산 無耳茶壺山

MAPECODE 17239

황금 박물관 黃金博物館 황진 보우관

220kg의 금괴를 직접 만져 볼 수 있는 박물관

진과스의 발전사가 기록되어 있는 중요한 명소로, 건물은 현대적인 철근 유리 구조물로 되어 있고 금광 문화 유산을 잘 보존하고 있는 박물관이다. 1층은 주편, 진과스 일대의 채광 역사와 광업 관련 문물이 전시되어 있다. 2층 전시 구역은 황금이 어떻게 사용되었는지, 고대 동서양 황금의 역사를 진열하고 있다. 이어서 결혼, 장례, 경사, 경축 등 인간의 생애 단계별로 사용되는 황금 제품들이 전시되어 있다. 또한 당일 금 가격을 보여 주는 전자 공시판이 있어 황금의 가치를 추정해 볼 수 있으며 황금 박물관의 보물 220kg의 금괴를 직접 손으로 만져 볼 수도 있다. 박물관 3층은 도금 체험 구역으로, 박물관 1층 매표소에서 NT$100를 지불하면 정기적인 체험 프로그램에 참가할 수 있다.

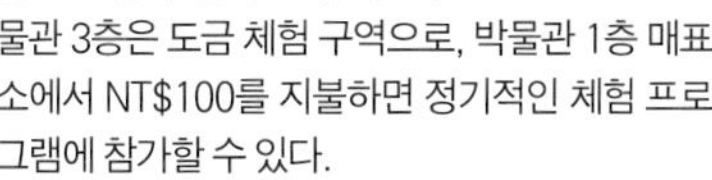

新北市 瑞芳區 金瓜石 金光路 8號 ☎ 02-2496-2800 www.gep.ntpc.gov.tw 월~금 09:30~17:00, 토~일 09:30~18:00(매월 첫째 주 월요일, 설 연휴 첫날 · 둘째날 휴무) NT$80 진과스(金瓜石) 정류장 바로 앞이 황금 박물관 구역 입구이다.

도금 체험 활동

비용 NT$100
활동 시간 10:30, 11:30, 13:30, 14:30, 15:30.
매표소 박물관 1층
체험 시간 30~40분
인원 제한 1회 50명 입장

태자 빈관 太子賓館 타이쯔 빈관

일본 왕세자의 별장

1922년 일본의 다나카田中 광업 주식회사가 히로히토裕仁 왕세자를 맞이하기 위해 지은 일본식 별장이다. 해방 후 장제스蔣介石 총통이 진과스에서 휴가를 즐길 때 이곳을 사용하기도 했다. 1987년 타이완 전력 회사가 태자 빈관을 보수하여 2004년 황금 박물관과 함께 일반인에게 공개했다. 징퉁菁桐에 태자 빈관이 또 하나 있기 때문에 이곳은 '진과스 태자 빈관金瓜石太子賓館'이라고 부른다.

태자 빈관은 전통 일본식 서원의 형태에 서양 건축 양식을 혼합하여 지어졌으며, 타이완에서 최고로 손꼽히는 목조 건물로 규모 또한 크고 웅장하다. 태자 빈관의 평면도를 보면 '人'자 모양으로 설계된 것을 알 수 있으며 습도가 높은 진과스 지역을 고려해 통풍이 잘 되고 채광이 좋도록 건축했다. 건축 재료로 쓰인 시멘트는 그 시대에는 아주 비싼 건축 재료였고 내부 자재 역시 고급 목재가 쓰였다. 태자 빈관은 황금 박물관 구역 안에 있으며 진과스 경찰서와 우체국의 동남쪽에 자리 잡고 있다.

新北市 瑞芳區 金瓜石 金光路 8號 ☎ 02-2496-2800
월~금 09:30~17:00, 토~일 09:30~18:00(매월 첫째 주 월요일 휴무) 황금 박물관 구역 내에 있다.

번산 5갱 本山五坑 번산 우컹

검은 황금의 세월 갱도 체험

번산 5갱은 번산 9개 땅굴 중 가장 완벽한 갱도를 보존하고 있다. 번산本山의 산허리에 위치해 있으며 깊이는 약 295m 이상이다. 1972년 진과스의 금광 채굴이 중단되었고 5갱 역시 1978년에 채굴을 완전히 멈추었다. 그러나 과거 광부들이 어두운 갱도에서 일하며 겪었던 힘든 상황을 알려 주기 위해 갱도를 그대로 재현하여 이곳을 찾는 관광객들이 갱도 체험을 할 수 있도록 만들었다.

갱도 내부로 들어가면 참관인들은 습기를 느낄 수 있으며 벽면은 원래 거친 갱벽이었는데 지금은 황금색으로 칠해져 있어 이곳이 황금을 캐던 곳임을 알 수 있게 해 준다. 갱도 안에는 금광 채

굴 작업 현장을 마네킹으로 재현해 놓아 당시의 상황을 생생하게 느낄 수 있다. 또한 채금을 하던 기구들과 화장실, 금을 실어나르던 삭도 등이 옛 모습 그대로 보존되어 있어 금광 채굴의 백년 역사를 자세히 살펴볼 수 있다.

新北市 瑞芳區 金瓜石 金光路 8號 ☎ 02-2496-2800 평일 09:30~16:30, 휴일 09:30~17:30 ⓦ 갱도 체험 비용 NT$50 황금 박물관 옆에 위치.

황금 신사 黃金神社 황진 선서

광산업의 발전을 기원하기 위해 만들어진 곳

황금 박물관 구역의 가장 위쪽에 위치한 황금 신사는 일제 강점기에 광산업의 발전을 기원하기 위해 만들어졌다. 황금 신사는 대국주명大國主命, 금산언명金山彦命, 원전언명猿田彦命 등 3명의 일본 신을 모시고 있다. 이 신을 모시면 사업이 순탄하도록 보호해 주고 복과 재운이 들어온다고 믿

었다. 광부들이 갱도에 내려가서 하는 채굴 작업은 늘 위험했고 예기치 않은 재난으로 많은 사람들이 목숨을 잃었다. 그래서 자신의 안전을 구하는 제사를 이곳에서 드리게 되었다고 한다.

초기 건축물은 1905년에 건립되었다. 원래는 진과스 암석 봉우리 동쪽의 평지에 있었으나 광산업이 흥하고 진과스 구역이 번화하면서 1933년 지금의 위치로 이전하였다. 해방 후 타이완 정부가 들어서면서 타이완 설탕 회사와 타이완 전력 회사가 금광 지역을 맡아 관리하게 되었고 광산업이 점차 쇠퇴하면서 황금 신사도 그 빛을 잃었다. 현재는 토리이鳥居 두 개, 국기 게양대 하나, 석등 네 개, 신사 주전主殿의 기둥 열 개와 무너진 담벼락만이 남아 황금 시대의 지나간 시간을 짐작하게 해 준다.

新北市 瑞芳區 金瓜石 金光路 8號 황금 박물관에서 도보 10분.

MAPECODE **17240**

우얼차후산 無耳茶壺山

진과스 지역을 한눈에 볼 수 있는 뷰 포인트

진과스 동쪽에 위치한 해발 약 600m의 우얼차후산은 진과스의 지표이다. 산의 모양이 손잡이가 없는 주전자 모양이라 하여 '귀 없는 주전자 산'이라는 뜻의 우얼차후산無耳茶壺山 또는 차후산茶壺山이라 불린다.

우얼차후산으로 통하는 길은 좁은 샛길밖에 없었으나, 일제 강점기에 이곳에서 금광이 발견되자 일본이 진과스의 산과 산 사이를 쇠줄로 연결해 길을 만들었고 후에 타이완이 금광을 개발하기 시작하면서 현재의 우얼차후산 보도를 완성했다. 정상은 약 30분 정도 올라간 곳에 위치하며, 황금 박물관 구역 끝의 돌계단에서 시작해 정상까지 등산 보도로 연결되어 있다. 황금 박물관 구역에서 우얼차후산을 바라보면 주전자 모양 같지만, 수이난둥水湳洞 방향에서 바라보면 잠자는 사

자가 산등성이에 엎드려 있는 것 같아서 스쯔옌산獅子巖山이라고도 한다. 산 정상에서는 황금 박물관 구역, 음양해陰陽海 등 진과스와 수이난둥의 경치를 한눈에 볼 수 있다. 단, 우얼차후산 정상에 가고자 한다면 등산화는 기본이고 반드시 등산 준비를 하고 도전해야 안전하다.

🏠新北市 瑞芳區 茶壺山 🚌진과스 정류장에서 도보 30분

MAPECODE 17241

황금 폭포 黃金瀑布 황진 푸부

맞부딪혀 솟구치는 황금 폭포의 장관

진과스와 수이난둥水湳洞을 잇는 진수이 도로金水公路 옆에 있는 황금 폭포는 이곳을 찾은 사람들의 눈을 번쩍 뜨이게 만든다. 바닥에 깔려 있는 돌과 그 위로 지나는 물이 황금색으로 빛이 나서 일대가 모두 황금으로 이루어진 듯 착각에 빠지기 때문이다. 비가 오면 수량이 더욱 풍부해져 물살이 세지기 때문에 물이 솟구치며 장관을 이룬다. 또한 폭포의 상류는 물이 적은 편이라 바닥에서 갑자기 황금 폭포가 솟아나는 것처럼 보여서 이 역시 신비감을 준다. 그러나 이 폭포의 물은 사실 번산 6갱本山六坑과 장런 5번갱長仁五番坑에서 나오는 평범한 샘물인데, 황금색으로 빛나는 이유는 진과스와 주펀에서 배출된 광물이 샘물과 만나 바다로 미처 흘러가지 못하고 바닥에 가라앉아 녹슨 것인데, 멀리서 보면 황금색으로 보여 황금 폭포라고 부르는 것이다. 이곳의 물은 다량의 금속 이온이 함유된 산성수라서 식물들도 성장하기 어려울 정도이니 물놀이를 해선 안 된다.

황금 폭포의 형성 원리는 복잡하지만 황금색 폭포수의 신비로움은 사진 찍기를 좋아하는 여행자에게는 결코 지나칠 수 없는 특별한 풍경이다.

🏠新北市 瑞芳區 金水公路(距水湳洞1.2公里) 🚌 진과스 황금 박물관 앞 정류장에서 891번 버스를 타고 황금 폭포(黃金瀑布) 하차. / 타이베이 기차역(台北火車站)에서 국광 객운(國光客運) 1811번 버스를 타고 수이난둥(水湳洞) 하차.

MAPECODE 17242

13층 유적 十三層遺址 스싼청 이즈

황금 시대의 흐릿한 기억의 경계

진과스 지역을 여행하다 보면 멀리 산기슭에 성처럼 보이는 커다란 건물이 보이는데 그것은 지나간 황금 시대의 역사를 고스란히 간직하고 있는 수이난둥水湳洞 제련소이다. 금맥을 보유한 주펀과 진과스는 광석의 원산지였고, 수이난둥은 광석을 가공하는 제련소 지역이었다.

주펀과 진과스 일대의 금맥은 청나라 때 발견되었는데 청일 전쟁에서 청나라가 패하면서 일본이 이곳을 인수하고 1896년에 '타이완 광업 규칙'을 발표하여 타이완 사람은 채광에 관한 권한이 없다고 선포하였다. 1933년 일본은 이곳에서 2년

동안 13층의 제련소를 세웠고 수많은 양의 금을 채취해 갔다. 해방 후 13층 유적의 좌우 건축물은 매우 다른 형태를 띠었는데 현재는 일본 다나카田中 광업 주식회사 당시의 제련소만이 남아 있다. 당시 여기서 일하던 타이완 광부들이 수이난둥 제련소를 '13층'이라고 불러 오늘날에도 이곳을 13층 유적이라고 부르고 있다.

新北市 瑞芳區 十三層選礦廠 진과스 황금 박물관 앞 정류장에서 891번 버스를 타고 황금 폭포(黃金瀑布) 하차, 도보 6분. / 타이베이 기차역(台北火車站)에서 국광객운(國光客運) 1811번 버스를 타고 수이난둥(水湳洞) 하차.

광부 식당 礦工食堂 광궁 스탕 MAPECODE 17243

1946년 제2차 세계 대전이 끝난 후 일본이 관리하던 진과스 광업 지역을 타이완 정부가 넘겨받아 이곳에 '타이완 금동 광물국'을 세웠고, 1955년 '타이완 금속 광업 회사(약칭 대금 회사)'로 변경되었다. 지금의 광부 식당은 당시 대금 회사의 전화 교환실이었던 곳이다. 이곳 식당의 인기 메뉴는 보자기에 싸인 광부 도시락礦工便當 광궁 볜당이다. 도시락에는 하얀 쌀밥, 말린 무와 배추절임, 삶은 달걀, 두툼하고 육즙이 많은 돼지갈비가 들어 있다. 도시락 메뉴는 실제 광부로 일했던 분이 전수한 것으로, 이 도시락에는 힘들게 일했던 광부들의 애환과 역사가 서려 있다. 식사 시간은 광부들이 유일하게 쉴 수 있는 시간이었으며, 생활이 풍족하지 않은 광부들의 부인은 가장 영양가 있는 도시락을 만들어 남편이 체력을 보충할 수 있도록 했다고 한다.

식사를 마친 후 관광객들은 도시락, 보자기, 젓가락을 기념으로 가지고 갈 수 있다. 식당 밖에 있는 자그마한 광부 식당차에서는 광부와 관련된 상품들을 전시 판매하고 있다. 황금 박물관 구역을 관람한 후 이곳 광부 식당에서 아내의 정성이 느껴지는 광부 도시락을 경험해 보자.

新北市 瑞芳區 金瓜石 金光路 8-1號(黃金博物館園區) ☎ 02-2496-1820 www.funfarm.com.tw/index.html 평일 09:00~17:00, 휴일 09:00~18:00 NT$290 황금 박물관 구역 내에 위치.

싼샤·잉거

三峽·鶯歌

멋진 기념사진을 찍을 수 있는 곳

싼샤는 과거 타이완에서 매우 큰 상업 도시였다. 과거의 영화로웠던 흔적들이 싼샤만의 독특한 멋을 풍기고 있다. 마치 그림 같은 분위기 때문에 영화나 드라마의 단골 촬영지가 되었고, 멋진 여행 사진을 남길 수 있는 곳이다. 싼샤 인근에는 타이완의 대표적인 도자기 생산지인 잉거가 있어서 함께 둘러보기 좋다.

잉거는 200년 넘은 도자기 공예의 전통을 고수하고 있는 유서 깊은 마을이다. 이곳의 도자기 박물관은 건물 자체만으로도 매우 가치 있는 예술 작품이고 도자기의 역사와 작품을 전시하고 있다. 또한 좁은 길을 따라 빼곡히 들어선 상점에서는 다양한 다기와 도자기를 만날 수 있다. 몇몇 상점에서는 도공이 흙을 빚어 작업하는 모습도 볼 수 있고 접시나 다기에 그림을 그리는 체험도 가능하다.

information 행정 구역 싼샤 新北市 三峽區, 잉거 新北市 鶯歌區 국번 02 홈페이지 싼샤 www.sanxia.ntpc.gov.tw, 잉거 www.yingge.ntpc.gov.tw

자매 사천 요리
姊妹川菜海鮮
7-ELEVEN
원화루 文化路
85도
85度C
7-ELEVEN 원화루 文化路
맥도날드
麥當勞
합작 금고 은행
合作金庫銀行
장화 상업 은행 ATM
彰化商業銀行ATM
삼대 여행사
三大旅社
싼샤 커짜이젠
三峽蚵仔煎
신싱루 新興路
위산 은행
玉山銀行
중산루 中山路
싼샤 쪽염색 전시 센터
三峽藍染展示中心
횡계Q 육원
橫溪Q肉圓
민성제 民生街
고정 식당
古井餐廳
싼샤 역사 문물관
三峽歷史文物館
계향병점
桂香餅店
중산루 中山路
싼샤 구 사무소
三峽區公所
민취안루 民權路
중샤오제 忠孝街
칭수이제 淸水街
강희헌 황금소뿔빵
康喜軒金牛角
청수조사묘
清水朝師廟
장푸제 長福街
싼샤시
三峽溪
자전거 대여점
定國自行車行
진흥 국수집 珍興麵店
위안산 보도
鳶山步道
싼샤 옛 거리
三峽老街
창푸교 長福橋
안시루 安溪路
싼샤 염공방
三峽染工坊
싼샤

궈칭제 國慶街
잉거 역
鶯歌火車站
허빈 공원 운동 주차장
河濱公園運動停車場
아포 스시
阿婆壽司
난야 야시장 아백 육환
南雅夜市阿伯肉丸
전홍 통신
全虹通信
야연 일식 숯불구이
野宴日式炭火燒肉
원화루 文化路
산잉 예술촌 예기 작업실
三鶯藝術村藝起工作吧
ㄓㄨㄤ 산포말 홍차
ㄓㄨㄤ蒜泡沫紅茶
젠궈루 建國路
CO CO 도가
CO CO都可
114
영촌 식광
穎村食光
삼앵 예술촌
三鶯藝術村
다한시 大漢溪
왕양거
汪洋居
관첸루 館前路
잉거 옛 거리 도관
鶯歌老街陶館
잉거 옛 거리
鶯歌老街
110
구종루
古鐘樓
다한시
大漢溪
시민 농원 휴한 식당
市民農園休閒餐廳
도취가 모자이크 콜라주 DIY 공방
陶趣家馬賽克拼貼DIY工坊
맥도날드
麥當勞
삼앵지심 공간 예술 특구
三鶯之心空間藝術特區
젠산푸루 尖山埔路
114
원화루 文化路
잉거 보건소
鶯歌區衛生所
중정얼루 中正二路
젠산루 尖山路
TINA 키친
TINA廚房
잉거 도자기 박물관
鶯歌陶瓷博物館
110
잉거 도자기 박물관 주차장
鶯歌陶瓷博物館停車場
딩딩 약국
丁丁藥局
잉거

싼샤

- 타이베이 MRT 징안景安 역에서 타이베이 객운台北客運 908, 921번 버스로 환승하여 싼샤 초등학교三峽國小 또는 허핑제平街 입구에서 하차한다.
- 타이베이 MRT 푸중府中 역 또는 신푸新埔 역에서 타이베이 객운台北客運 702, 910번 버스로 환승하여 싼샤 초등학교三峽國小에서 하차한다.
- 타이베이 MRT 융닝永寧 역에서 타이베이 객운台北客運 705, 706, 916, 藍43, 922번 버스로 환승하여 싼샤三峽에서 하차한다.

잉거

- 타이베이 기차역에서 기차를 타고 잉거 기차역鶯歌火車站에서 하차한다.
- 타이베이 MRT 신푸新埔 역에서 702번 버스로 환승하여 잉거鶯歌에서 하차한다.
- 타이베이 MRT 융닝永寧 역에서 917번 버스로 환승하여 잉거鶯歌에서 하차한다.

싼샤와 잉거는 모두 그리 넓지 않은 지역이라 도보로 모두 돌아볼 수 있다. 자전거 타기를 좋아한다면 자전거로 둘러보는 방법도 좋다.

Travel Tip

정국 자전거 대여점 定國自行車行

싼샤 옛 거리 입구 오른쪽에 자전거 대여점이 있다. 싼샤 거리의 역사만큼 오래된 자전거 대여점은 이 자리에서만 이미 3대에 걸쳐 운영되고 있다고 한다. 그래서 자전거 마니아들에게는 뛰어난 수리 기술로 인정받을 만큼 유명한 곳이다. 자전거를 타고 바람을 가르며 조금 더 지역을 넓혀 구석구석 둘러보는 것도 싼샤를 제대로 여행하는 좋은 방법이다. 자전거 대여점에서는 자전거 대여뿐 아니라 자전거와 관련 부품도 판매하고 있다. 자전거 대여비는 자전거에 따라 다르며 2시간에 NT$100~200이다.

新北市 三峽區 民權街 42號 ☎02-2671-3383
09:00~21:00 (목요일 휴무)

싼샤·잉거 하루 코스

잉거 도자기 박물관 鶯歌陶瓷博物館 —버스 30분→ 싼샤 쪽염색 전시 센터 三峽藍染展示中心에서 염색 체험 —도보 5분→ 칭수조사묘 清水朝師廟 —도보 5분→ 싼샤 옛 거리 三峽老街 —도보 10분→ 싼샤 역사 문물관 三峽歷史文物館 —도보 1분→ 싼샤 쪽염색 전시 센터에서 염색 완성품 찾기

싼샤

MAPECODE 17244

싼샤 옛 거리 三峽老街 싼샤 라오제

옛 도시의 흘러가 버린 시간을 따라 걷다

가장 번화했을 때의 싼샤 옛 거리에는 염색 공방, 병원, 지물포, 이발소, 관을 파는 가게, 약재상과 더불어 청수조사묘清水朝師廟가 있어 타이완 최고의 번영을 누렸다. 지금도 싼샤 옛 거리에는 호기심을 일으킬 만한 상점들이 많다. 옛날 노리개와 예술품, 옷, 신발, 지필묵 등 물건의 종류도 많고 다른 지역 옛 거리 상가와는 다른 럭셔리한 매력을 가지고 있다. 오래된 찻집부터 귀여운 미니 빗자루, 멋들어진 동양화가 그려진 부채 등 쇼핑이 즐거운 거리이다. 이 거리에서 사진을 찍으면 마치 영화의 한 장면 같이 나온다. 그래서 이곳 역시 타이완 드라마와 영화의 단골 촬영지이기도 하다.

新北市 三峽區 民權街 ☎ 0920-767-374, 0953-315-349 ⓘ www.sanchiaoyung.com.tw 🚌 싼샤(三峽) 정류장에서 도보 5분.

★톡톡★ 타이완 이야기

싼샤의 옛 지명

싼샤를 '싼자오융三角湧'이라 부르기도 하는데 이는 싼샤의 옛 지명이다. 싼샤 지역에는 황시横溪, 싼샤시三峽溪, 다한시大漢溪라는 3개의 하천이 모이는데, 이를 두고 '3줄기의 물이 파도치다'라는 의미로 불렀던 이름이다. 싼샤를 걸어다니다 보면 곳곳에 '三角湧'이라는 글씨가 눈에 자주 띈다.

청수조사묘

MAPECODE 17245

청수조사묘 清水朝師廟 칭수이쭈스먀오

아름다운 조각 예술의 전당

청수조사묘清水朝師廟는 송나라 말의 승려이자 원나라에 대항해 싸운 민족 영웅인 진소응陳昭應을 모신 사원이다. 청나라 건륭 34년인 1767년에 건설되기 시작해 200여 년의 역사를 자랑하는 곳이다. 이곳은 3차례의 재건축 역사를 가지고 있는데 최초에 지어진 사원은 지진으로 인해 붕괴되었고, 다시 지어진 사원은 시모노세키 조약으로 인해 일본인들이 들어오게 되자 싼샤의 주민들이 청수조사묘가 일본에게 넘어가는 것을 원하지 않아 스스로 사원을 불태웠다. 지금의 사원은 세 번째 지어진 것으로 1947년 예술가 리메이수李梅樹의 설계로 건축되었다. 청수조사묘는 일반적인 사당에서는 감히 흉내 낼 수 없는 아름다운 조각을 수없이 많이 가지고 있다. 특히 156개에 달하는 기둥 조각은 청수조사묘에서만 볼 수 있는 것이다. 이곳에서는 음력 1월 6일 성대한 축제가 열리는데 그중 '돼지왕 경기賽神豬'는 현지 언론의 주목을 받는 이벤트이다.

新北市 三峽區 秀川里 長福街 1號 ☎02-2671-1031 www.longfuyan.org.tw/front/bin/home.phtml 04:00~22:00 싼샤(三峽) 정류장에서 도보 10분.

MAPECODE 17246

싼샤 쪽염색 전시 센터 三峽藍染展示中心 싼샤 란란 잔스 중신

자연을 닮은 쪽빛 염색

싼샤는 일찍부터 염색 산업이 발달한 지역이다. 싼샤의 오랜 염색 역사를 느낄 수 있는 싼샤 쪽염색 전시 센터三峽藍染展示中心는 싼샤 초등학교三峽國小 싼샤 궈샤오 옆에 있다. 싼샤에서 염색을 하려고 마음을 먹었다면 도착하자마자 제일 먼저 염색 체험을 하고 싼샤 옛 거리를 구경을 한 후, 돌아갈 때 다 마른 염색 완성품을 가져가는 것이 좋다. 싼샤 쪽빛 염색은 마람馬藍(대청大靑)이라는 식물에서 추출한 원료를 사용한 천연 염색이라 피부에 좋고 그 색 또한 자연 그대로여서 편안함을 준다. 흰색 옷을 이곳에 가져와 진한 쪽빛 염색으로 새롭게 리폼해서 입어도 좋다. 공방에서의 체험 시간은 1~2시간이며 체험 비용은 천의 크기와 난이도에 따라 다르다.

新北市 三峽區 中山路 20巷 3號 ☎02-8671-3108 www.webdo.cc/3S 화~일 10:00~17:00(월요일 휴무) NT$250~800 싼샤(三峽) 정류장에서 도보 5분.

MAPECODE 17247

싼샤 역사 문물관
三峽歷史文物館 싼샤 리스 원우관

싼샤 지역의 역사를 알고 싶다면 이곳!

싼샤 역사 문물관은 싼샤의 오래된 건축물이 가지고 있는 문화적, 역사적 가치를 성공적으로 활용한 사례이다. 1928년 벽돌로 지어진 관공서 건물로 건평 70여 평에 달한다. 창건 당시에는 장역장庄役場이라고 불렸으며, '타이완에서 가장 아름다운 사무용 건물'로 알려졌었다. 1984년 싼샤 관공서의 적극적인 노력으로 4년의 보수 과정을 거쳐 원래의 모습을 회복하였고 오늘날의 싼샤 역사 문물관으로 재탄생하였다. 이곳은 문화와 휴식, 교육을 위한 장소이며 싼샤의 역사, 인문, 관광을 소개하는 역할을 하고 있다.

1층은 특별 전시관으로 테마 전시를 하고 있고 2층은 현지의 역사, 문물, 산업 등에 관한 상설 전시를 하고 있다.

新北市 三峽區 中山路 18號 ☎ 02-8674-3994 163.20.47.195/js97603 09:00~17:00(월요일 휴무) 싼샤(三峽) 정류장에서 도보 5분.

★톡톡★ 타이완 이야기

쪽염색 이모저모

염색 원료 마람

쪽빛 염색 원료인 식물 마람馬藍은 대청大靑이라고도 부른다. 주로 낮은 산골짜기 음지의 축축한 땅이나 산골짜기 옆 식물이 부패한 땅에서 자라며 겨울에는 자주색 관상화가 핀다. 분명히 잎은 초록색인데 염색을 하면 짙은 파란색이 나온다. 어떤 과정을 거쳐 예쁜 쪽빛을 얻을 수 있는지 직접 작업을 하면서 알아보도록 하자.

파란색 염료액이 만들어지는 과정

대청 준비 → **물에 담그기**(잎이 완전히 물에 잠길 정도로 담그고, 무거운 물건을 이용해서 눌러 준다. 물에 담그는 시간은 대청 잎이 부식하여 파란색으로 용해되는 속도를 보고 결정한다. 여름에는 약 24~36시간 정도 담근다.) → **색 만들기**(용해된 잎에 적당량의 석회유를 첨가하여 거품이 세밀해질 때까지 빠른 속도로 휘젓는다. 가라앉은 침전물에서 물을 뽑아내면 바로 남색 염료가 된다. → **마무리 과정**(전통적인 염료액 제작은 대부분 잿물을 사용하며 남색 염료와 염액의 발효를 돕는 영양제인 맥아당, 미주를 추가한다. 매일 휘저으면 남색 염료를 얻을 수 있다.)

쪽염색 축제

매년 8월 싼샤에서는 쪽염색 축제藍染節 란란제이 열린다. 염색 문화 교류 및 염색 의상 디자인 대회, 염색 체험, 우수 작품 전시전, 문화 산업 시장, 마람 염색의 밤 등 다양한 행사가 있다. 많은 사람들이 참여하며 쪽빛 염색의 매력을 한껏 느낄 수 있는 행사이다.

잉거

MAPECODE 17248

잉거 옛 거리
鶯歌老街 잉거 라오제

200여 년의 역사를 가진 도자기 거리

도자기 산업 발생 초, 석탄으로 도자기를 굽던 시절부터 형성되어 200여 년의 역사를 가지고 있다. 현재는 도자기 만들기 체험, 잉거에서 만들어지는 다양한 도자기를 구매할 수 있는 상가로 발전하였다. 이외에도 아포초밥阿婆壽司, 장잉로위엔彰鶯肉圓, 용보러서멘勇伯垃圾麵 등 많은 식당들이 있다. 현지의 특색 있는 요리들을 맛볼 수 있을 뿐만 아니라, 대부분 잉거에서 만들어진 그릇을 사용하고 있어 잉거 지역에서만 볼 수 있는 특별한 식탁을 만날 수 있다. 밤에는 LED 조명으로 꾸며진 거리가 불을 밝히면서 낮과 다른 아름다운 풍경이 펼쳐진다.

新北市 鶯歌區 尖山埔路 잉거 기차역(鶯歌火車站)에서 젠산푸루(尖山埔路) 방향으로 도보 5분.

MAPECODE 17249

잉거 도자기 박물관
鶯歌陶瓷博物館 잉거 타오츠 보우관

도자기 전문 테마 박물관

잉거 도자기 박물관은 2000년 11월 26일 개관한 지하 2층, 지상 3층의 도자기 전문 테마 박물관이다. 타이완 도자기 문화사와 관련된 문화재, 잉거 지역에서 자체적으로 개발한 생활용 도자기와 예술품 도자기 및 국내외의 우수한 현대 도자기 예술품을 소장하고 연구하고 있다. 이곳은 타이완 도자기 문화를 발전시켰을 뿐 아니라 잉거 도자기 산업과 함께 지역 이미지를 향상시켰고, 현대 도예 창작과 국제 교류 촉진의 꿈을 실현해 가고 있다.

박물관 내 상설 전시장에서는 타이완 도자기 발전을 중심으로 전개된 타이완의 역사를 한눈에 볼 수 있다. 특별 전시관에서는 다양하게 기획된 전시를 통하여 도자기에 대한 관람객의 이해를 높이는 데 중점을 두고 있다.

新北市 鶯歌區 文化路 200號 ☎ 02-8677-2727 www.ceramics.ntpc.gov.tw NT$80 월~금 09:30~17:00, 토~일 09:30~18:00 (매달 첫 월요일 휴무) 잉거 기차역(鶯歌火車站)에서 도보 5분.

Travel Tip

도자기 예술 축제國際陶瓷藝術節 International Ceramics Festival

잉거 도자기 예술 축제는 교통관광부에서 추진하는 12개 관광 경축일 중의 하나이다. 다양한 도자기 관련 활동과 국제적인 교류를 통해 많은 관람객이 잉거 지역을 방문해 도자기 문화 및 생활을 체험할 수 있도록 하고 있다. 행사 기간은 매년 7월 초에서 8월 초까지이다.

新北市 鶯歌陶瓷博物館, 陶瓷藝術園區 ☎ 02-2678-0202

Travel Tip

잉거 도자기 체험 공방 리스트

★ 도취가 모자이크 DIY 공방 陶趣家馬賽克拼貼DIY工坊

新北市 鶯歌區 尖山埔路 55巷 6號 巷內 ☎ 02-2677-2709
평일 10:00~18:00, 휴일 10:00~19:00

★ 시후 공방 西湖陶坊 시후 타오팡

新北市 鶯歌區 文化路 339號 ☎ 886-2-2670-7103
09:00~21:00

★ 싼잉 예술촌 三鶯藝術村 싼잉 이수춘

新北市 鶯歌區 館前路 300號 ☎ 02-8678-2277
평일 09:30~17:00, 주말 09:30~18:00 (매월 첫 주 월요일 휴무)

강희헌 황금소뿔빵

MAPECODE 17250

康喜軒金牛角 캉시쉬안 진뉴자오

이곳은 싼샤에서 가장 유명한 상점이다. 소뿔 모양의 빵을 파는 곳으로, 전국 어디서나 이 빵을 팔지만 이 집이 원조이다. 겉은 바삭하고 안은 부드러우며, 버터의 맛이 풍부한 황금소뿔빵은 싼샤 옛 거리에서 꼭 먹어 봐야 할 간식이다. 재료에 따라 빵의 종류도 많고 그 색도 아주 예쁘다. 아이스크림도 파는데, 손으로 잡는 부분이 황금소뿔빵으로 되어 있어 아이스크림을 먹은 후에 맛있는 빵까지 먹을 수 있어 인기가 높다.

新北市 三峽區 民權街 44號 ☎ 02-2671-1767 www.kissbread.com.tw/index.php 08:00~20:00 NT$220(10개) 싼샤 옛 거리(三峽老街) 중간.

진흥 국수집

MAPECODE 17251

珍興麵店 전싱 미엔뎬

싼샤 옛 거리 입구에 들어서자마자 왼쪽으로 보이는 음식점이다. 한국 돈 2,000~3,000원으로 충분히 한 끼 식사를 먹을 수 있는 싸고 맛있는 음식들을 팔고 있다. 타이완의 음식이 익숙하지 않은 한국인이라도 이곳의 음식은 모두 맛있게 먹을 수 있다. 바삭하게 튀긴 고기를 가늘게 잘라서 면 위에 올려 주는데 그 맛이 일품이다. 음식과 함께 싼샤 사람들의 따뜻한 관심도 함께 먹을 수 있어 몸과 마음이 다 든든해지는 친절한 음식점이다.

新北市 三峽區 民權街 39號 ☎ 0935-926-455 월~금 10:30~16:00, 토~일 10:30~18:00 NT$30~ 싼샤 옛 거리(三峽老街) 입구 왼쪽에 있다.

도심에서는 느낄 수 없는 탁 트인 풍경

타이베이 MRT 노선도에 신뎬 역의 이름이 있어 신뎬이 타이베이 시에 속한다고 생각하기 쉽지만 사실은 신베이 시新北市에 속한다. 신뎬에 도착하면 도심에서는 느낄 수 없는 탁 트인 공간과 시원한 바람이 이곳을 찾은 이들을 행복하게 해 준다. 신뎬에는 타이완 8경 중 하나인 비탄碧潭 풍경구가 있으며 5월에는 이곳에서 펼쳐지는 화려한 드래곤 보트 경기를 볼 수 있다.

신뎬에서는 신베이 시를 대표하는 차의 고장 핑린으로 바로 갈 수 있다. 핑린은 산에 둘러싸여 있지만 그 안에는 땅이 평평하고 나무가 많아 핑린坪林이라는 지명을 가지게 되었다. 핑린에는 하천을 따라 자전거 도로인 관어 보도觀魚步道가 있어 이 길을 따라 걷다가 한가로이 차를 마시고 옛 거리를 돌아다니는 여행을 할 수 있다.

information 행정 구역 新北市 新店區, 坪林區 국번 02 홈페이지 신뎬 www.xindian.ntpc.gov.tw, 핑린 www.pinglin.ntpc.gov.tw

신뎬

- 타이베이 MRT신뎬新店 역에서 하차한다.
- 타이베이 시내에서 642, 644, 647, 650, 綠1, 綠5,綠6, 綠13, 棕7, 50, 8, 839번 버스를 타고 신뎬新店 정류장에서 하차한다.

핑린

타이베이 MRT신뎬新店 역 왼쪽 버스 정류장에서 923번 버스로 환승하여 핑린坪林 정류장에서 하차한다.

신뎬·핑린 하루 코스

비탄碧潭 —도보 5분→ **신뎬 옛 거리** 新店老街 —버스 40분→ **핑린 다업 박물관** 坪林茶業博物館 —도보 3분→ **핑린 관어 보도** 坪林觀魚步道 **산책** —도보 5분→ **핑린 옛 거리** 坪林老街

신뎬

MAPECODE 17252

비탄 碧潭

▶ 타이완의 여덟 가지 비경 중 한 곳

비탄은 비취색 물빛이 아름다운 곳으로 타이완 8경 중 한 곳이다. 타이완 드라마 〈장난스런 키스〉에 배경으로 나와 한국인들에게 잘 알려진 곳이기도 하다. 비탄을 찾는 대부분의 한국 여행자들은 이곳에서 오리 배를 타고는 바로 다른 여행지로 후다닥 떠나 버리지만 비탄 풍경구에는 많은 재미가 숨겨져 있다.

〈장난스런 키스〉에서 주인공들이 데이트를 하던 다리는 출렁거려 다소 무섭게 느껴질 수도 있는데 연인이 이 다리를 다 건널 때까지 잡은 손을 놓치지 않으면 사랑이 이루어진다는 전설이 있다. 이 이야기는 〈장난스런 키스〉에서 대사로도 나와 명장면이 되었다. 다리를 건너가서 샤오츠비小赤壁라는 절벽 위의 멋스러운 정자 벽정碧亭 비팅에서 한가로이 시간을 보내도 좋고, 자전거를 빌려서 비탄을 따라 나 있는 자전거 길을 신나게 달려 보는 것도 좋다.

☎ 02-2913-1184 ⊙ 오리 배 08:30~22:00 ⓦ 2인용 배 1인당 NT$150, 3인용 배 1인당 NT$135, 4인용 배 1인당 NT$125, 5인용 배 1인당 NT$120, 6인용 배 1인당 NT$120 🚌 MRT 신뎬(新店) 역에서 왼쪽으로 돌면 바로 비탄 풍경구가 나온다. 도보 3분.

MAPECODE 17253

신뎬 옛 거리 新店老街 신뎬 라오제

타이완 전통의 먹거리가 가득

신뎬 옛 거리는 비탄碧潭 동쪽의 신뎬루新店路에 있다. 비탄 다리 아래로 흐르는 신뎬시新店溪 강물은 더위를 잊게 하고, 야경은 사람들의 마음을 즐겁게 해 준다. 비탄으로 나들이 나온 사람들이 아름다운 자연을 만끽하고 뱃놀이를 즐긴 후 출출함을 달래기 위해 생겨난 시장이 신뎬 옛 거리이다. 이곳의 대표 음식은 차이더우탕菜頭湯, 톈부라甜不辣, 샹라다이진香辣帶勁 등인데 모두 타이완 사람들이 즐겨 먹는 전통의 맛이다.

🏠新北市 新店區 新店路 ☎02-2911-2281 🚌타이베이 MRT 신뎬(新店)에서 도보 5분. 비탄 다리 맞은편에 있다.

핑린

MAPECODE 17254

핑린 다업 박물관 坪林茶業博物馆 핑린 차예 보우관

차(茶)에 대한 지식을 넓힐 수 있는 박물관

핑린에 도착해서 다리를 건너다 보면 맞은편 푸른 숲 속에 붉은색 지붕이 눈에 띄는데 그곳이 핑린 다업 박물관이다. 박물관 내에는 종합 전시관, 행사 전시관, 다도관, 매체 상영실, 부설 차 판매실 등이 있다. 이곳에서는 자신에게 맞는 차를 찾아보고, 다양한 차의 향과 맛을 즐기면서 차를 구입하기에 편리하다.

핑린 다업 박물관에 오면 차에 대한 지식을 넓힐 수 있을 뿐만 아니라 근처의 차 생산지와 차밭의 경치를 함께 즐길 수 있다. 부근의 생태 공원에서는 핑린의 아름다운 산과 계곡을 맘껏 즐길 수 있어 힐링 여행이 된다.

🏠新北市 坪林區 水德里 水聳淒坑 19-1號 ☎02-2665-6035 ⏰화~금 09:00~17:00, 토~일 09:00~17:30 (매주 월요일 휴무) 🚌타이베이 MRT 신뎬(新店) 역 왼쪽 버스 정류장에서 923번 버스를 타고 다업 박물관(茶業博物館) 하차, 다리를 건너 도보로 5분.

★톡톡★ 타이완 이야기

타이완 드라마 〈장난스런 키스〉

〈장난스런 키스惡作劇之吻〉는 일본 만화를 원작으로 한 트렌디 드라마이다. IQ 200의 초천재 즈수直樹 역의 정위안창鄭元暢과 바보같지만 사랑스러운 샹친湘琴 역의 린이천林依晨의 알콩달콩 사랑 이야기다. 1편의 높은 인기에 힘입어 〈장난스런 키스 2〉도 제작 되었는데 샹친과 즈슈의 신혼생활기로 수위 높은 베드신과 사랑 싸움, 역전된 즈수의 질투 등 1편 못지않은 재미가 쏠쏠하다. 드라마에서 즈수와 샹친이 오리 배를 탔던 곳이 바로 MRT 신뎬新店 역에 있는 비탄碧潭이다. 신뎬新店 역에서 나와 왼쪽으로 돌면 바로 오리 배가 줄 지어 기다리는 비탄의 푸른 강물이 보인다.

MAPECODE 17255

핑린 옛 거리 坪林老街 핑린 라오제

역사 속 번화했던 흔적을 찾을 수 있는 거리

과거 핑린 지역의 집들은 대부분 현지 건축 재료인 돌(석판)로 지어져 핑린만의 독특한 풍취가 있었다고 한다. 최근에는 현대식 집들이 많아지고 전통 가옥은 점점 사라지고 있지만 옛 거리에 가면 여전히 옛 모습 그대로의 석판으로 된 집들이 남아 있어 핑린 지역의 번화했던 흔적을 찾을 수 있다.

옛 거리 주변에 짙게 깔린 차 향기는 그 자체만으로도 독특한데, 차향을 좋아하는 제비들이 옛 거리의 주변으로 모여들어 만든 제비집을 곳곳에서 볼 수 있어 마치 제비의 도시에 온 듯한 인상을 받는다. 옛 거리를 걸어 나가면 백 년도 넘은 핑린 초등학교坪林國小, 핑린 사람들의 신앙의 중심지 보평궁保坪宮, 핑린 생태 공원坪林生態園區과 붉은색의 핑린 무지개다리坪林拱桥 핑린 궁차오를 만날 수 있다. 핑린 무지개다리는 핑린의 랜드마크로 여행객들이 앞다투어 사진을 찍는 명소이다. 다리 아래 강변 녹지에는 쉬어 갈 수 있는 여유 공간이 제공되고 있다.

新北市 坪林區 坪林老街 ☎ 02-2665-7251 MRT 신뎬(新店) 역 왼쪽 버스 정류장에서 923번 버스를 타고 핑린 관광 안내 센터(坪林旅遊服務中心) 하차.

MAPECODE 17256

핑린 관어 보도

坪林觀魚步道 핑린 관위 부다오

하천을 따라 이어진 오솔길

핑린에는 타이완에서 가장 긴 강변 오솔길인 핑린 관어 보도坪林觀魚步道가 있다. 이 길은 2002년부터 만들어지기 시작해 핑린의 3개 리里에 걸쳐 있을 만큼 길다. 전체 길이가 약 9km이며 폭은 2.5m이다. 핑린은 상수원 지역으로, 생태 보호를 위해 노력한 결과 반딧불이도 있을 만큼 자연이 깨끗하고 맑다.

新北市 坪林區 觀魚步道 ☎ 02-2665-7251 MRT 신뎬(新店) 역 왼쪽 버스 정류장에서 923번 버스를 타고 핑린 관광 안내 센터(坪林旅遊服務中心) 하차.

우라이
烏來

푸른 숲이 빛나는 곳

신베이 시新北市 제일 남쪽에 위치한 우라이는 산림이 80%로, 숲이 우거져 있어 공기가 맑은 청정 지역이다. 우라이烏來라는 지명은 아타얄족Atayal 泰雅族 언어로 '끓는 물'이라는 뜻으로, 이곳이 오래전부터 온천 지역으로 유명했음을 알 수 있다. 타이베이에서 가까운 온천 지역이라 주말 휴양지로 사랑을 듬뿍 받는 곳이다. 봄에는 벚꽃이 아름답고, 여름에는 반딧불을 만날 수 있고, 가을에는 산책하기 좋고, 겨울은 따끈한 온천욕을 즐길 수 있는 우라이는 그야말로 사계절 여행지이다. 또한 아타얄 민속 박물관에서 아타얄족 원주민의 문화를 접해 보고, 우라이 옛 거리烏來老街에서 고산 지역 간식거리도 맛보고, 꼬마 기차를 타고 올라가 시원하게 쏟아지는 폭포도 감상할 수 있다. 삭막한 도시를 떠나 푸른 숲이 빛나는 곳을 걷고 싶다면 우라이를 추천한다.

information 행정 구역 新北市 烏來區 국번 02 홈페이지 www.wulai.ntpc.gov.tw

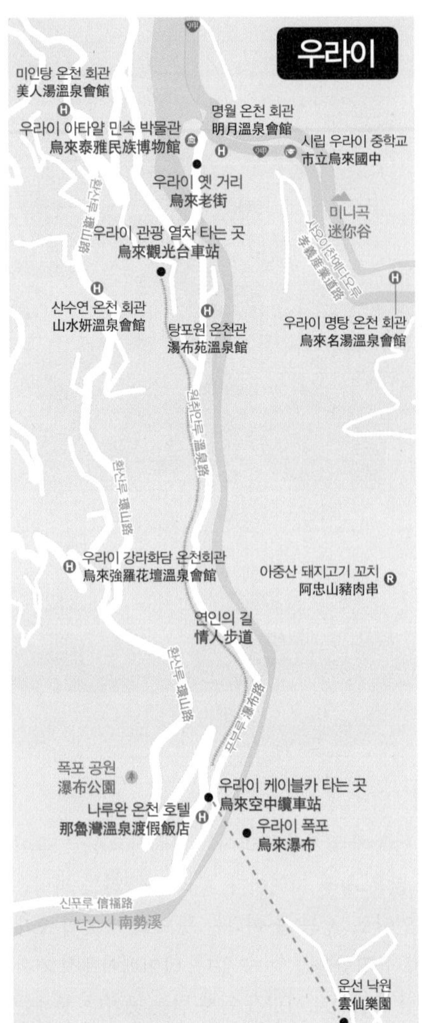

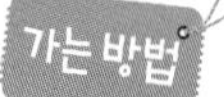

타이베이 MRT 신뎬新店 역 하차 후 오른쪽 버스 정류장에서 신뎬 객운新店客運 우라이烏來행 버스를 타고 종점인 우라이에서 하차한다. 30~40분 소요되며, 15~20분 간격으로 운행한다.

우라이 관광객 센터 烏來旅客中心

新北市 烏來區 烏來里 烏來街 45-1號
☎ 02-2661-6355
09:00~18:00

우라이 하루 코스

우라이 아타얄 민속 박물관 烏來泰雅民族博物館 → (도보 5분) 우라이 관광 열차 烏來觀光台車 → (관광열차 탑승 10분) 우라이 폭포 烏來瀑布 → (도보 10분) 우라이 케이블카 烏來空中纜車 → (케이블카 타고 5분) 운선낙원 雲仙樂園 → (케이블카 타고 하차 후 도보 5분) 연인의 길 情人步道 → (도보 10분) 온천에서 온천욕 → (도보 15분) 우라이 옛 거리 烏來老街

MAPECODE 17257

우라이 아타얄 민속 박물관
烏來泰雅民族博物館 우라이 타이야 민쑤 보우관

우라이에 살았던 원주민 아타얄족의 역사

오래전 우라이 지역은 아타얄족Atayal 泰雅族 타이야쭈이 생활하던 곳이었다. 그래서 우라이 곳곳에서 아타얄족의 흔적을 찾아볼 수 있다. 우라이 옛 거리烏來老街 우라이 라오제에서는 아타얄 문화가 고스란히 담긴 음식들을 볼 수 있으며, 옛 거리가 끝나는 곳에 아타얄 민속 박물관이 있다. 이곳은 아타얄족의 문화와 역사를 전시하고 있어 아타얄족의 역사뿐 아니라 이 지역의 지나간 역사를 한눈에 살펴볼 수 있다. 총 3층 규모의 작은 박물관으로, 1층은 아타얄족의 역사와 생활, 2층은 아타얄족의 얼굴 문신 이야기와 그들이 사용했던 일상용품, 3층은 방직 기술과 공구 등이 전시되어 있다. 박물관 내에는 아타얄 전통 복장을 한 안내원이 대기하고 있다. 타이완의 전통 공예 중에서 방직 기술은 아타얄족이 가장 우수했다고 한다.

新北市 烏來區 烏來里 烏來街 12號 ☎ 02-2661-8162 www.atayal.ntpc.gov.tw 화~금 09:30~17:00, 토~일 09:30~18:00 무료 우라이(烏來) 정류장에서 폭포 방향으로 도보 15분

MAPECODE 17258

우라이 옛 거리
烏來老街 우라이 라오제

아타얄 문화가 담긴 음식을 맛볼 수 있는 곳

우라이 폭포로 가는 길 초입에 우라이 옛 거리가 있다. 이곳은 다른 지방의 옛 거리와는 분위기가 사뭇 다르다. 옛 거리는 일종의 재래시장이라고 볼 수 있는데 지역마다 그 모양새가 확실히 다름을 느낄 수 있다. 특별히 이곳의 먹거리는 모두 고산 지대 원주민인 아타얄족의 문화가 짙게 배어 있다. 멧돼지, 민물새우, 뱀장어, 은어, 자라, 사슴, 꿩 등으로 만든 다양한 음식들이 있는데, 모두 맛이 좋으니 망설이지 말고 도전해 보자.

新北市 烏來區 烏來街 ☎ 02-2960-3456 우라이(烏來) 정류장에서 우라이 폭포로 가는 길 입구에 있다. 도보 3분.

★톡톡★ 타이완 이야기

우라이의 원주민 아타얄족

우리나라와 타이완의 가장 큰 차이점이 바로 타이완에는 원주민이 있다는 점일 것이다. 대부분 원주민이라고 하면 다소 거친 모습을 하고 있을 거라는 선입견이 있는데 타이완에서 만난 원주민들은 피부도 하얗고 이목구비가 뚜렷하여 잘생겼다는 인상까지 받게 된다. 그래서인지 타이완 연예인들 중에는 원주민 출신들이 많으며 예술에 타고난 소질이 있어 예술가도 많다고 한다.

우라이의 원주민 아타얄족Atayal 泰雅族 타이야쭈은 일찍이 우라이에 살던 민족으로 인구 6만 명이 넘는 대종족이다. 아타얄족 하면 얼굴 문신을 빼놓을 수 없는데 그들의 전통 문화에서 얼굴 문신은 민족 집단의 표식일 뿐 아니라 아름다움의 상징이었다고 한다. 아타얄족의 얼굴 문신 풍습은 대략 5세에 시작해 15세에 완성된다. 남자는 반드시 몇 차례 사냥에 성공한 후에야 이마와 턱에 문신을 할 수 있었고 그 후에야 결혼이 가능했다. 여자는 베를 짜는 것을 다 익힌 후에야 문신과 결혼이 허락되었다고 한다. 그러나 이러한 풍속은 일제 강점기에 금지되었으며 현재 얼굴 문신을 유지한 아타얄족은 70~80세의 노인들뿐이다.

MAPECODE 17259

우라이 온천
烏來溫泉 우라이 원취안

맑고 투명한 탄산 온천

우라이는 산으로 둘러싸여 깨끗한 자연 환경이 매력적인 온천 지역이다. 우라이 온천은 무색무미의 탄산 온천으로, pH6.90~6.92를 유지한다. 수질이 맑고 투명하며 온천의 온도는 약 78℃이다. 탄산 온천인 우라이 온천은 특별히 위장병, 신경통, 피부병에 효과적이며 피부를 매끄럽게 해 주고 각질층을 부드럽게 해 주는 미용 효과가 있어 인기가 높다. 온천욕을 마치면 피부가 부드럽고 하얗게 되어 '미인탕'이라고도 부른다.
온천 시설을 갖춘 호텔들은 주로 온천수보다 위쪽에 자리하고 있어 수로관을 통해 온천수를 끌어올려야 한다. 이 때문에 물가에서 많은 수로관을 볼 수가 있는데 이것은 우라이 온천만의 특별한 풍경이기도 하다. 또한 우라이 지역은 누구나 온천을 무료로 즐길 수 있는 곳이 많기도 하다.

MAPECODE 17260

우라이 관광 열차
烏來觀光台車 우라이 관광 타이처

마치 장난감 기차를 타는 듯

남승대교覽勝大橋 란성다차오를 건너면 우라이 관광 열차 승차장이 있는데 우라이를 출발해 종점인 우라이 폭포烏來瀑布까지 10분 정도 걸린다. 이 열차는 우라이 폭포와 남승대교를 왕래하는 교통 수단이다.
관광 열차의 철길은 원래 목재를 운송하기 위한 용도로 1928년에 만들어졌다. 그때의 기차를 개조하여 관광 열차로 사용하는데, 크기가 작아 마치 장난감 기차를 타는 기분이 들어 재미있다. 철길의 길이가 7km에 달하며 지금은 우라이를 찾는 꼬마 관광객들에게 특별한 재미를 주는 관광 명소가 되었다. 운행 시간은 오전 8시부터 오후 5시까지이다.

新北市 烏來區 覽勝大橋 與溫泉路 口交會處 ☎ 02-2661-7712 08:00~17:00, 7~8월 09:00~18:00 NT$50 우라이(烏來) 정류장에서 오른쪽 방향으로 있는 우라이 옛 거리(烏來老街)를 지나 남승대교(覽勝橋)를 건너면 맞은편에 우라이 관광 열차(觀光台車) 타는 곳이 있다.

MAPECODE 17261

연인의 길 情人步道 칭런 부다오

▶ 함께 걸으면 마음이 따뜻해지는 길

우라이 버스 정류장에서 내려 정상을 향해 걷다 보면 폭포에 도착하기 전에 새들이 노래하는 아름다운 초록색 숲길이 나온다. 바로 이 길이 낭만 가득한 '연인의 길'이다. 길 양옆으로는 크고 작은 물줄기가 춤추듯 흘러가고 곳곳에 꽃들이 수줍게 피어 있다.

🏠 新北市 烏來區 瀑布路 16號 ☎ 02-2661-6442 🚌 우라이(烏來) 정류장에서 도보 15분. 원취안루(溫泉路)와 푸부루(瀑布路) 사이에 있는 길이다.

MAPECODE 17262

우라이 폭포 烏來瀑布 우라이 푸부

▶ 타이완 최대의 3단 폭포

우라이는 비가 많이 오는 지역이라 수량이 풍부하고 지세가 높아 폭포가 많다. 그중에서 우라이

폭포는 상하 낙차가 80m(높이 82m, 폭10m)로 타이완 최대의 3단 폭포이다. 폭포 앞에는 전망대가 있어 시원한 폭포수를 가까이에서 감상할 수 있다. 폭포를 바라보고 들어서 있는 온천 호텔에서는 온천욕을 즐기면서 폭포를 감상할 수 있는데, 이는 우라이 호텔에서만 즐길 수 있는 특별한 절경이다.

강수량이 풍부한 우라이는 물놀이를 하면서 피서를 보내기에 좋은 장소를 제공해 준다. 산과 산 사이로 흐르는 강물에서 잡히는 물고기와 민물새우는 야영객과 낚시꾼들의 큰 즐거움이다. 또한 삼림욕을 즐기며 산책할 수 있는 산책로가 잘 정비되어 있어서 산을 좋아하는 사람들에게 인기가 높다.

🏠 新北市 烏來區 瀑布路 ☎ 02-2661-6355 🚌 우라이(烏來) 정류장에서 오른쪽 길을 따라 올라가면 우라이 옛거리(烏來老街)가 나온다. 옛 거리를 지나 다리를 건너 왼쪽의 원취안제(溫泉街)를 지나면 폭포가 보인다. 도보 20분.

MAPECODE 17263

우라이 케이블카
烏來空中纜車 우라이 쿵중 란처

▶ 신선 세계로 향하는 케이블카

우라이에서 온천 다음으로 유명한 것이 케이블카로, 1967년에 완공된 타이완 최초로 만들어진 케이블카이다. 총 길이가 382m, 높이는 165m이며, 속도는 초속 3.6m이다. 편도 소요 시간은 2분 40초이고 한 번에 91명을 태울 수가 있다. 케이블카를 타면 산의 높이에 따라 다르게 펼쳐지는 사계절 풍경을 모두 감상할 수 있다. 가을과 겨울에는 산이 자주 안개로 뒤덮이는데 그 모습이 마치 신선 세계에 와 있는 것 같은 느낌을 준다. 케이블카를 타고 폭포 위를 지나 아름다운 산기슭을 넘어가는 경험은 재미있다.

케이블카는 종점인 운선낙원雲仙樂園 리조트로 가기 위한 일종의 교통수단이기도 하다. 운선낙원雲仙樂園은 휴가를 즐기기에 안성맞춤인 리조트로

안에는 숙박 시설과 수영장, 양궁장, 페인트볼 사격장 등 다양한 시설을 갖추고 있다. 또한 큰 나무와 작은 계곡, 풍부한 동식물을 만날 수 있어 추천하고 싶은 힐링 여행지이다.

新北市 烏來區 瀑布路1-1號 ☎02-2661-6009 케이블카 운행 시간 매일 09:00~22:00(10~15분 간격으로 운행) 성인 왕복 NT$220, 학생 왕복 NT$150 우라이(烏來) 정류장에서 오른쪽 길로 우라이 옛 거리(烏來老街)를 지나 왼쪽 방향으로 올라가면 나오는 원취안제(溫泉街)를 따라 20분 정도 올라가면 푸부루(瀑布路) 끝에 케이블카 탑승 장소가 있다. 도보 30분. / 원취안제(溫泉街) 입구에서 우라이 관광 열차(烏來觀光台車)를 타고 갈 수 있다. 20분 소요.

아타얄원주민 문화가 담긴 우라이 음식들

★ 은어와 새우튀김

은어는 일 년 내내 잡히는 물고기로, 언제 가도 금방 잡은 맛있는 은어를 먹을 수 있다. 민물새우 또한 신선하고, 새우튀김은 마치 과자처럼 바삭하다.

★ 온천 달걀 冰溫泉蛋 빙원취안단

온천수로 삶은 계란을 빠르게 냉장시키는 방법으로 만든다. 노른자 부위가 윤기 있는 황금색을 띄며, 일반 삶은 달걀과는 다르게 부드럽고 맛이 있다.

★ 멧돼지고기 소시지

山豬肉香腸 산주러우샹창

우라이 옛 거리 명물인 멧돼지고기 소시지는 속이 꽉 차 있다. 멧돼지고기의 육질이 살아 있어 쫄깃하고 탄력이 있다.

★ 석판 멧돼지구이

石板烤肉 스반카오러우

멧돼지고기를 직접 돌판에 올려 놓고 굽는 것인데, 껍데기가 특히 신선하고 맛이 있다. 좁쌀 술을 살짝 얼려 함께 먹으면 더욱 맛이 있다.

★ 죽통 밥 竹筒飯 주퉁판

원주민들이 사냥을 가거나 먼 길을 떠날 때 먹었던 일종의 도시락이었다. 죽통에 현미와 물을 담고 쪄 내면 먹을 때 대나무의 냄새가 솔솔 올라오는 것을 느낄 수 있다.

★ 좁쌀 술 小米酒 샤오미주

좁쌀 술은 연한 베이지색으로, 매우 향기롭고 맛이 달콤하다. 보통 아타얄족은 집에서 직접 만들어 마시며, 혼례, 장례, 제사 때 손님들과 함께 마시는 풍습이 있다.

Travel Tip

우라이 벚꽃축제

매년 2~3월이 되면 우라이에서는 벚꽃 축제가 열린다. 우라이의 가장 큰 축제 중 하나로, 온천과 고산 지역에서 나는 재료로 만든 아타얄족의 전통 음식을 맛볼 수 있고 아타얄족만의 독특한 문화 활동을 경험할 수 있다. 뿐만 아니라 많은 종류의 벚꽃 요리도 맛볼 수 있어 봄철에만 만끽할 수 있는 눈과 입이 모두 즐거운 축제다.

Sleeping

나루완 온천 호텔

MAPECODE 17264

那魯灣溫泉渡假飯店 나루완 원취안 두자 판뎬

맞은편으로는 우라이 폭포가 보이고 봄이면 벚꽃으로 둘러싸이는 아름다운 풍경 속에 위치한 온천 호텔이다. 이곳에 온 여행객은 우라이만의 특별한 자연 풍경을 감상하며 온천을 즐길 수 있다. 호텔 안의 GAGA 극장에서는 다채로운 전통 아타얄 춤 공연을 관람할 수 있다.

新北市 烏來區 烏來村 瀑布路 33號 ☎ 02-2661-6000 clr.incdoor.com 공연 시간 10:00, 15:00(1일 2회) 2인실 NT$5,499~ 우라이(烏來) 정류장에서 우라이 폭포 방향으로 가다 보면 원취안루(溫泉路)에 있다. 도보 15분.

지룽
基隆

북부 지역과 해상 교통의 중심지

영어 이름 'Keelung'으로 잘 알려져 있는 지룽 항구는 16세기 일본 해적의 본거지였다. 이후 17세기 스페인이 단수이와 이곳에 들어와 정착한 것을 시작으로 네덜란드, 프랑스, 청나라에 이어 다시 일본까지 점령해 왔다. 그런 점에서 지룽은 타이완에 들어온 외세의 역사를 말해 주는 지역이라고도 할 수 있다.

지룽은 북부 지역 해상 교통의 중심지이고 타이완 국제 5대 항구 중 가오슝高雄 다음으로 큰 항구 도시이다. 타이베이에서 지룽까지는 차로 40~60분 걸리며 하루 코스로 다녀올 수 있다. 항구 앞에는 푸른 바다로 삼면이 둘러싸인 해양 광장海洋廣場이 있고, 정박해 있는 멋진 크루즈가 항구의 멋을 더한다. 배를 타지 않더라도 해양 광장에서 한가로이 산책하면서 쉬어 가기 좋다.

information 행정 구역 基隆市 국번 02 홈페이지 www.klcg.gov.tw

지룽

가는 방법

기차

- 타이베이 기차역에서 기차를 타고 지룽 기차역基隆火車站에서 하차한다. 소요 시간은 45~55분이다.

버스

- 타이베이 버스 터미널에서 국광 객운國光客運 버스를 타고 지룽基隆에서 하차한다.
- MRT 단수이淡水 역 맞은편 정류장에서 지룽基隆 행 버스를 타고 지룽基隆에서 하차한다.

시내 교통

지룽 시내버스 기본 요금은 NT$15이며 택시 기본 요금은 NT$70이다. 보통 지룽을 찾는 여행객들은 진산金山이나 예류野柳에서 주펀九份을 가는 도중에 지룽에서 환승하면서 역에서 가까운 묘구 야시장廟口夜市에 잠시 들르는 정도다. 지룽을 본격적으로 여행하고 싶다면 지룽 역에 내려 역 앞에 있는 버스를 타면 대부분의 명소를 돌아볼 수 있다. 시간이 부족하거나 일행이 있다면 거리가 멀지 않으니 택시를 이용하는 것도 짧은 시간에 지룽을 효율적으로 돌아보는 방법이다.

Best Tour

지룽 하루 코스

허핑다오 해변 공원 和平島海濱公園 —버스 20분→ **중정 공원** 中正公園 —버스 15분→ **묘구 야시장** 廟口夜市 —도보 10분→ **지룽항** 基隆港

MAPECODE 17265

중정 공원 中正公園 중정 궁위안

지룽을 한눈에 내려다볼 수 있는 전망대

항구에 인접하여 산을 따라 만든 중정 공원은 지룽에서 가장 유명한 명소이다. 중정 공원 입구부터 계단을 따라 올라가면 되는데, 공원은 높이에 따라 3단계로 이루어져 있다. 신얼루信二路를 이용하여 가볍게 걸어 올라가면 녹음이 우거진 길을 만날 수 있다.

넓은 규모의 공원 내에는 충렬사, 산책로, 운동장, 불교 도서관, 최근에 완공한 활수회관活水會館 등이 있으며 높고 휘황찬란한 주보단主普壇 건물은 지룽 중원제를 지내는 곳이다. 중정 공원 가장 높은 구역에는 22.5m의 거대하고 흰 관음상이 우뚝 서 있다. 언덕 위에 있는 관음상의 크기가 아주 커 마치 항구 근처를 지나는 선박의 지표처럼 여겨지기도 한다. 관음상 내부에는 전망대도 있어 이곳에서 보는 항구와 도시, 바다의 풍경이 절경이다. 전망대가 아니어도 공원에서는 지룽 항구 주변을 내려다볼 수 있어서 선박이 오가는 것과 아침과 저녁의 바다 풍경을 즐길 수 있다.

基隆市 中正區 壽山路 ☎ 02-2422-3418 24시간 지룽 기차역(基隆火車站)에서 206, 101, 103, 501, 502번 버스를 타고 중정 공원 하차, 15분 소요. / 지룽 기차역에서 도보 35분.

Travel Tip

지룽의 기후

지룽은 연평균 강수량이 5,000mm에 이를 정도로 연중 비가 많이 오는 지역이다. 특히 북동풍의 영향을 받는 겨울에는 매일 비가 내린다. 지룽에 갈 때는 우산을 꼭 챙기자.

충렬사 基隆市 忠烈祠 지룽스 중례츠

타이완 국가 영웅의 영혼을 기리는 곳

1931년 일본이 중국 동북 지역을 침략하고 그 기세가 높아지면서 타이완 총독부에서는 타이완 사람들을 일본에 충성하도록 만들려는 황민화 정책으로 '한 거리, 한 마을, 한 신사一街一庄一神社'운동을 추진했다. 9년 후 타이완은 해방되면서 작은 마을과 거리에 있는 신사들을 모두 철거하였고, 현 단위의 신사縣社들은 건축물의 기초만 남겨 충렬사로 개조하여 국민 혁명의 선현과 선열들을 위한 제사를 지내도록 했다.

충렬사도 지룽 신사를 1972년에 현재의 모습으로 개조했다. 충렬사의 지붕 가운데에 있는 중화민국의 국기가 눈길을 끈다. 충렬사는 타이완 국가 영웅의 영혼을 기리는 곳이기 때문이다.

基隆市 中正區 信二路 278號 ☎ 02-2420-1122 09:00~17:00 중정 공원 입구에 있다.

주보단 主普壇 주푸탄

중원제를 지내는 장소

해마다 음력 7월 15일 백중날(중원절)이 되면 타이완 북부 지역의 많은 사람들이 주보단에 모여 중원제中元祭를 지내는데, 그 규모가 매우 크고 성대하다. 주보단 1층은 중원 제사 문물관中元祭祀文物館으로, 중원제 때 쓰이는 물건과 행사에 대한 자료가 전시되어 있다.

基隆市 中正區 信二路 280號 ☎ 02-2428-4242 09:00~17:00(월요일 휴무) 중정 공원 안으로 들어가 산 위쪽에 위치해 있다.

주보단

묘구 야시장

MAPECODE 17266

전제궁 奠濟宮 뎬지궁

개장성왕을 모시는 사원

전제궁은 개장성왕開漳聖王을 모시는 사원으로 1873년에 세워졌다. 개장성왕은 당나라 때의 진원광陳元光 장군이다. 686년 당나라 말기에 푸젠福建의 장저우漳州 지역을 평정했기 때문에 사후에 개장성왕으로 추앙받았다.

사원 안으로 들어서면 가지런히 배열된 빨간색의 큰 돌기둥이 있고 그 위에는 대련對聯이 새겨져 있다. 가운데에는 꽃과 새를 새긴 돌기둥이 있는데, 이는 일제 강점기에 만들어진 것으로 당시 일본인은 꽃과 새를 숭상하여 사원 안에 이런 기둥을 만들었다고 한다. 원래 타이완 사원에는 꼭 용을 새긴 기둥이 있어야 하기 때문에 광복 후에 용을 새긴 기둥도 추가로 만들어졌다.

基隆市 仁愛區 仁三路 27-2號 ☎ 02-2425-2605 07:00~22:00 지룽 기차역(基隆火車站)에서 206, 101, 103, 501, 502번 버스를 타고 중정 공원 하차, 15분 소요. / 지룽 기차역에서 중얼루(忠二路) 방향으로 직진하여 도보 10분. 묘구 야시장 안에 위치해 있다.

MAPECODE 17267

묘구 야시장 廟口夜市 먀오커우 예스

지룽의 인기 스타는 사원 입구 야시장

지룽에서 가장 유명한 여행지는 뭐니 뭐니 해도 묘구 야시장廟口夜市이다. 맛난 음식들이 많아 지룽뿐 아니라 타이완 북부 제일의 야시장으로 손꼽힌다. 묘구 야시장은 전제궁奠濟宮 입구에 위치해 있어 '사원 입구에 있는 야시장'이라는 뜻의 묘구 야시장이라 불리게 되었다.

야시장에 들어서면 줄지어 빛을 내는 노란색 등이 반겨 준다. 야시장의 중심 골목은 전제궁奠濟宮을 중심으로 펼쳐져 있는 거리로 과일, 해산물, 닭요리, 고구마 튀김, 타이완식 스낵과 샌드위치, 영양밥油飯 유판, 게살 수프螃蟹羹 팡셰겅, 슬러시泡泡冰 파오파오빙 등 맛있는 먹거리가 넘쳐서 무엇을 먹을까 망설여지는 곳이다. 항구 근처에 위치한 만큼 갓 잡아 올린 신선한 해산물을 파는 포장마차들이 줄을 지어 있다.

基隆市 仁愛區 仁三路, 愛四路 24시간 지룽 기차역(基隆火車站)에서 중얼루(忠二路) 방향으로 직진 도보 10분.

MAPECODE 17268

해양 과학 박물관

海洋科技博物館 하이양 커지 보우관

IMAX 영화관이 있는 박물관

해양 과학 박물관은 북부 지역 화력 발전소를 리모델링하여 박물관으로 만든 곳이다. 이 박물관의 목적은 해양의 연구, 교육, 보존을 강화하고, 바다의 소중한 가치를 홍보하는 데 있다. 박물관 내부는 해양 과학, 어업 기술, 타이완 해양 문화 등의 주제별로 9개 구역으로 나뉘어 있다. 멀리에서 내려다보면 건물 전체가 마치 한 척의 배 같은 모양을 하고 있다. 박물관 시설 중 가장 인기 있는 곳은 타이완에서 가장 큰 규모를 자랑하는 IMAX 영화관이다. 이곳에서는 매달 다른 테마의 해양 관련 영화를 상영하고 있다. 해양 과학 박물관은 부둣가 근처에 위치하고 있어 관람을 마친 후에는 박물관을 둘러싼 공원을 산책하고 해안 경치를 즐길 수 있다.

基隆市 中正區 北寧路 367號 ☎ 02-2469-6000 www.nmmst.gov.tw 평일 09:00~17:00, 주말 및 공휴일 09:00~18:00 지룽 기차역(基隆火車站)에서 103번 버스를 타고 비수이 항구·해양 과학 박물관(碧水巷·海科館) 하차. 약 20분 소요.

MAPECODE 17269

허핑다오 해변 공원

和平島海濱公園 허핑다오 하이빈 궁위안

바다 침식 지형에서 볼 수 있는 특별한 풍경

허핑다오和平島 지역이 개발되기 전에는 원주민들이 모여 사는 마을이었는데, 지금은 해변 공원으로 조성해 놓았다. 이곳에서는 해식애(해안 절벽), 해식평대(침식에 의한 평탄한 지형), 해식구(해식 작용으로 생겨난 구멍) 등 바다 침식 지형을 볼 수 있다. 가장 유명한 것은 두부암豆腐岩과 만인퇴萬人堆이다. 이곳에서 발견되는 생물 화석과 생흔 화석은 지질학상으로도 매우 중요한 가치를 가지고 있다. 그 외에도 열악한 환경에서도 자라고 있는 해안 식물 또한 특이하다.

해식평대에서는 물놀이를 즐길 수 있고 조간대 생물을 볼 수 있으며 각종 기암괴석은 상상력을 발휘하게 한다. 걸음을 멈추고 해변가 바위에 앉아 파도 소리를 듣다 보면 자연스럽게 사색에 잠기게 된다. 해식애에서 사진을 찍으려고 하는 사람들이 있는데 해식애는 지질이 매우 불안정하여 위험하므로 가능한 한 접근하지 말아야 한다.

基隆市 中正區 平一路 360號 ☎ 02-2463-5452 5~10월 08:00~19:00, 11~4월 08:00~18:00 NT$80 지룽 기차역(基隆火車站)에서 101번 버스를 타고 허핑다오(和平島) 하차 후 도보 15분

허핑다오 해변 공원

타이완 북부

타이완 속으로 한 발짝 들어가서 만나는 다채로운 풍경

타이완은 지역마다 독특한 문화와 맛이 있어 신기한 경험들로 가득 찬 보물 상자 같다. 그러나 한국 여행자들에게 타이완은 아직 제대로 알려지지 않은 곳이 많아 선뜻 떠나기가 두려운 곳이기도 하다. 타이베이에 도착해 도시 탐험이 끝났다면 이제 타이베이를 벗어나 전국을 누벼 보자.

제일 먼저 권하고 싶은 곳인 타이완 북부 지역은 시간의 빠름과 느림이 공존하는 곳이다. 북부 지역에는 아시아의 허브 국제 공항이 있는 타오위안桃園이 있고 그 아래로 과학 기술의 요충지 신주新竹가 있다. 신주에서 열차를 타고 가면 오래된 간이역 네이완內灣이 있고, 하카족의 고향 베이푸北埔에서는 손님이

직접 만들어 먹는 재미있는 뇌차를 맛볼 수 있다. 또한 한겨울에도 딸기밭이 끝없이 펼쳐진 새콤달콤한 딸기 천국 먀오리苗栗도 있다.

타이완 북부 여행에서 여행자들은 무엇을 기대하고 길을 떠날까? 타이완 북부 지역은 호기심 가득한 여행자들에게는 상상 그 이상의 재미를 쏟아 놓는 지역이다. 한국 여행자들에게 잘 알려지지 않은 낯선 북부 지역을 가장 잘 여행하는 방법 중 하나는 빠르고 느린 기차를 이용하여 지역의 특색을 만나 보는 것이다. 고속철도를 타고 타오위안이나 신주에 도착한 후 다시 간이역으로 향하는 느릿느릿 다니는 완행 열차로 갈아탄다. 두 손 안에 쏙 들어올 것 같은 작은 마을을 돌아보며 타이완 북부 지역만의 독특한 색을 찾아보자.

타오위안
桃園

국제 공항이 있는 산업 도시

타오위안은 타이완의 관문인 타오위안 국제 공항이 위치한 곳이다. 하루에도 수많은 사람들이 공항을 오가지만 공항 주변은 북부에서 가장 발전이 더딘 지역이다. 과거에는 공장 지대이면서 축산업이 주를 이루는 지역이라 관광지로서의 매력이 부족했는데, 최근 공장 지대에 새로운 바람이 불어 다양한 볼거리를 제공하고 있다. 초콜릿 공화국에서는 초콜릿에 관한 다양한 전시를 볼 수 있고 코카콜라 공장에는 코카콜라의 모든 것을 알 수 있는 박물관이 있다. 또한 중국 가구 박물관이 무료로 개방되어 있어 타이완 전통 민간 주택의 이모저모를 살펴볼 수 있다. 타이완 북부 지역 최대의 가축 시장이 있는 중리 구中壢區의 관광 야시장에는 우육면 가게가 많아 타이완 최고의 우육면을 맛볼 수 있다.

information 행정 구역 桃園市 국번 03 홈페이지 www.tycg.gov.tw

가는 방법

기차

타이베이 기차역台北火車站에서 고속철도를 이용하면 고속철도 타오위안 역高鐵桃園站까지 21분 소요되며, 일반 기차로는 타오위안 기차역桃園火車站까지 자강호自強號 열차로 31분 소요된다.

버스

타이베이 버스 터미널台北轉運站에서 시외버스를 이용할 경우에는 타오위안까지 약 1시간이 소요된다.

시내 교통

타오위안 시의 대표적인 지역은 타오위안 구桃園區와 중리 구中壢區이다. 타오위안 시는 면적이 매우 넓고 버스가 자주 다니지 않기 때문에 타오위안 구와 중리 구 중에 한 지역만 선택해서 여행 계획을 세워야 한다. 만일 타오위안 시의 명소를 모두 둘러보고 싶다면 택시를 이용하는 것이 좋다.

콜택시 타오위안 구(桃園區) 콜택시 03-325-3366 / 중리 구(中壢區) 콜택시 03-422-3555

24시간 Call Center

외국인 문의 전화 ☎ 0800-024-111

여행 문의 전화 ☎ 0800-011-765

타오위안 하루 코스

타오위안 기차역桃園火車站 —도보 5분→ **중국 가구 박물관**中國家具博物館 —택시 20분→ **초콜릿 공화국**巧克力共和国 —택시 15분→ **코카콜라 박물관**可口可樂博物館

MAPECODE **17301**

초콜릿 공화국
巧克力共和國 차오커리 궁허궈

초콜릿으로 만든 세상

타오위안 공항에서 가까운 곳에 초콜릿 공화국이 있다. 멀리서 보면 건물 모양이 마치 거대한 초콜릿 덩어리처럼 생겼다. 건물 내부로 들어가면 밖으로 나오고 싶지 않을 정도로 초콜릿을 테마로 한 다양한 즐거움이 쏟아진다.

초콜릿 박물관에서는 원료에 대한 설명뿐 아니라 초콜릿에 얽힌 동·서양의 역사를 비교하여 전시하고 있다. 한쪽에서는 유리로 된 벽을 통해 초콜릿 공장에서 사람들이 초콜릿을 만들고 있는 모습을 들여다볼 수 있다. 초콜릿만을 이용해 전체 인테리어를 해 놓은 초콜릿 방도 있다. 뿐만 아니라 건물 1층의 정원수는 모두 코코넛나무이다. 방문자들이 신청하면 초콜릿 만들기 체험도 할 수 있는데, 주말에는 인기가 많아 반드시 사전 예약을 해야 가능할 정도다.

여유를 가지고 타오위안을 돌아볼 때 들러도 좋지만, 타이완을 경유해서 다른 나라로 가는 경우 공항 근처에서 반나절 코스로 다녀오면 좋을 추천 여행지이다.

桃園市 八德區 介壽路 2段 巧克力街 ☎ 03-365-6555 www.republicofchocolate.com.tw NT$200(차 한 잔과 와플을 먹을 수 있는 쿠폰 포함) 평일 09:30~17:00, 주말 09:30~18:00 (월요일 휴관) 타오위안 기차역(桃園火車站) 하차 후 157, 5060, 5044, 5053번 버스를 타고 메이화서취(梅花社區) 하차.

MAPECODE **17302**

중국 가구 박물관
中國家具博物館 중궈 자쥐 보우관

소장된 가구의 가치가 매우 뛰어난 가구 박물관

1989년에 설립된 타오위안 중국 가구 박물관은 타이완에서 첫 번째로 만들어진 가구 박물관으로, 소장된 가구의 가치가 매우 뛰어나다. 박물관의 위치는 타오위안 시정부 문화국桃園市政府文化局 지하 1층에 있다. 부지는 약 300여 평이고 주로 중국의 전통 가구, 초기 타이완 가구, 그리고 타오위안 구 다시大溪 지역의 전통 가구 등을 전시하고 있다. 가구가 사용되던 당시의 모습을 재현한 방에 가구를 자연스럽게 놓아 그 가구가 어떻게 사용되었는지를 보여 주는 것이 이곳의 특징이다. 따라서 시대별 주택 내부의 분위기까지도 함께 느낄 수 있다.

제1전시실은 중국 전통 가구 구역으로, 중국의 전통 가구가 주를 이루고 있다. 중국 쑤저우蘇州의 정원을 본따 실내를 꾸며 놓았다. 가구의 역사, 중국 전통 가구의 특징과 유형, 가구 장인에 관한 자료와 가구의 장식품, 가구를 만들던 도구 등도 전시되어 있다.

제2전시실은 타이완 전통 가구 구역으로 전통 가구와 가구 제작 기술을 주로 전시하고 있다. 전시실은 타이완 초기 민가의 구조를 본따 공간을 꾸며 놓았다. 타이완의 전통 민가에서 볼 수 있는 거실, 침실, 서재, 주방과 식당의 가구들을 관람할 수 있다.

박물관 가장 안쪽에는 타오위안 다시大溪 지역의 전통 가구를 제작하는 정밀하고 섬세한 조각 기술을 알기 쉽도록 소개하고 있다. 의자부터 감실, 제삿상, 골동품 장식장까지 제사와 혼례식 때 사용했던 가구들이 돋보인다.

🏠 桃園市 挑園區 縣府路 21號 桃園市政府文化局 B1 ☎ 03-332-2592(교환 8610) ✔ 08:30~12:00, 13:00~17:00(월~화 휴관) 🚆타오위안 기차역(桃園火車站)에서 도보 5분, 타오위안 시정부 문화국(桃園市政府文化局) 지하 1층.

MAPECODE **17303**

코카콜라 박물관
可口可樂博物館 커커우커러 보우관

타이완에서 만나는 코카콜라 100년의 역사

코카콜라는 미국 조지아 주 애틀랜타 시에 사는 약사 존 펨버튼John Pemberton이 1886년 연구 개발한 음료로 백 년이 넘는 역사를 가지고 있다. 타오위안 코카콜라 박물관은 타이완 코카콜라 주식회사台灣太古可口可樂股份有限公司가 1998년 타오위안 구이산 공단龜山工業區에 새 공장을 지으면서 탄생되었다. 이곳은 음료 박물관으로서는 타이완에서 첫 번째라는 의미를 가진다. 이 특별한 박물관에 오면 코카콜라는 환상적인 맛뿐만 아니라 해마다 생산되는 코카콜라의 다양한 제품 디자인이 인기의 큰 몫을 차지한다는 것을 알게 된다.

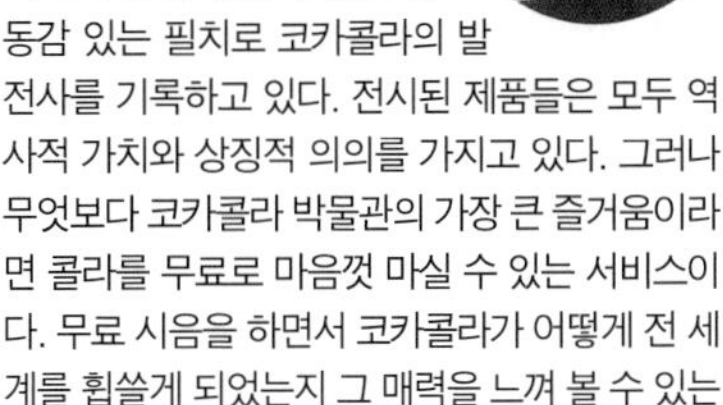

박물관 안으로 들어서면 코카콜라를 연상시키는 빨간색으로 온통 뒤덮여 있고 생동감 있는 필치로 코카콜라의 발전사를 기록하고 있다. 전시된 제품들은 모두 역사적 가치와 상징적 의의를 가지고 있다. 그러나 무엇보다 코카콜라 박물관의 가장 큰 즐거움이라면 콜라를 무료로 마음껏 마실 수 있는 서비스이다. 무료 시음을 하면서 코카콜라가 어떻게 전 세계를 휩쓸게 되었는지 그 매력을 느껴 볼 수 있는 특별한 박물관이다.

🏠 桃園市 桃園區 興邦路 46號 6樓 ☎ 03-364-8800 ✔ 09:30~12:00, 14:00~16:30 (토~일 휴관) 🚆타오위안 기차역(桃園火車站)에서 도보 7분.

MAPECODE **17304**

중리 구 신명 관광 야시장
中壢區新明觀光夜市 중리스 신밍 관광 예스

타오위안 최대 규모의 야시장

중리 구 신명 관광 야시장은 1990년도에 만들어졌다. 타오위안 최대 규모의 야시장으로 가게의 수가 많고 찾아오는 인파도 엄청난 곳이다. 이곳

★톡톡★ 타이완 이야기

타오위안 국제 공항

1979년 2월 26일에 운항을 시작한 타오위안 국제 공항桃園國際機場은 당시에는 아시아에서 가장 현대적인 국제 공항 중 하나였다. 그래서 싱가포르, 태국, 홍콩에서 사람을 파견해 공항 시설을 참관하기도 했다. 심지어 싱가포르 국제 공항, 홍콩 국제 공항, 태국 방콕 수완나품 국제 공항은 타오위안 국제 공항을 모델로 조성되기도 했다. 타오위안 국제 공항은 현재 타이완 국적기인 중화 항공과 에바 항공의 근거지이다. 타이완 산업의 급속한 성장으로 여객 수량이 급증하고, 두 항공사의 비행기 수가 늘어나면서 원래 있던 터미널이 부족해져서 2000년 7월 29일에 제2터미널 운영을 시작했다. 지금은 제3터미널을 적극적으로 계획 준비하고 있다.

🏠 桃園市 大園區 航站南路 9號 ☎ 제1터미널 03-273-5081, 제2터미널 03-273-5086, 긴급 전화 03-273-3550

에서는 타이완 각지의 먹거리도 먹을 수 있고 생활용품도 구입할 수 있다.

중리 구는 타이완 북부에서 일찍부터 가축 시장이 형성된 최대 규모의 집결지였기 때문에 소고기를 저렴하게 구입할 수 있다. 이러한 상권의 영향으로 우육면 가게가 많으며 맛으로도 타이완 최고인 우육면을 먹을 수 있다. 저녁 무렵 음식을 먹고 쇼핑하기에 가장 좋은 신명 야시장에서는 숯불구이炭烤肉 탄카오러우, 매운 취두부麻辣臭豆腐 마라처우더우푸, 매운 닭볶음麻油雞 마유지 등이 이 시장에서 매우 인기 있는 음식들이다.

桃園市 中壢區 www.jlyes.com.tw 17:00~01:00 중리 기차역(中壢火車站)에서 도보 10분.

MAPECODE 17305

중리 대강 쇼핑센터
中壢大江購物中心 중리 다장 거우우 중신

복합형 쇼핑몰

중리 대강 쇼핑센터는 일본 후쿠오카의 캐널 시티 하카타キャナルシティ博多와 합작하여 2001년에 문을 연 복합 쇼핑몰이다. 소비, 오락, 문화, 생활, 레저라는 5대 테마로 설계된 최대 복합형 쇼핑센터로, 현대적인 레저와 쇼핑의 신 중심지이다.

桃園市 中壢區 中園路 2段 501號 03-468-0999 www.metrowalk.com.tw 일~목 11:00~22:00, 금~토 11:00~22:30 고속철도 타오위안 역(高鐵桃園站)에서 중리 대강 쇼핑센터의 셔틀버스(大江接駁專車, 5~7분 간격으로 운행) 탑승.

MAPECODE 17306

소인국 小人國 샤오런궈

꿈을 실현한 미니어처 세상

1984년 7월 7일 타오위안에 소인국이 개장했다. 소인국을 세운 주중홍朱鍾宏 회장은 해외 여행 중에 네덜란드의 미니어처를 보고 '타이완에도 전문적인 미니어처 랜드가 있으면 얼마나 좋을까?'라는 꿈을 갖게 되었다고 한다. 그래서 귀국 후 미니어처 전문가를 찾아 소인국을 완성했다. 마음속에 품었던 꿈을 실현하기까지 8년이라는 긴 준비 기간이 걸렸다고 한다. 소인국에 가면 중국 본토와 타이완의 유명한 건물 90개의 미니어처를 볼 수 있다. 이곳의 미니어처는 모두 진짜 건축물의 1/25 크기로 제작되었다. 수천 개의 나무와 다양한 종류의 건물이 정교하게 복제되어 있어 감탄하게 된다. 이곳에는 미니어처뿐 아니라 전통적인 중국식 정원과 식당, 스낵 바, 찻집, 기념품점 등이 있다.

桃園市 龍潭區 高原村 高原路 891號 03-471-7211 www.woc.com.tw 평일 09:00~16:30, 주말 09:30~17:00 일반 NT$799(18세 이상), 학생 NT$699(12세 이상) 중리 기차역(中壢火車站) 맞은편 버스 정류장에서 신주 객운(新竹客運) 버스를 타고 종점 소인국(小人國) 하차.

류마마 야채만두

MAPECODE 17307

劉媽媽菜包店 류마마 차이바오뎬

하카족Hakka 客家族 커자쭈 음식들은 우리나라의 음식과 많이 닮아 있고, 하카 김치 맛도 우리나라의 김치와 비슷하다. 그래서 하카 음식들은 대부분 거부감 없이 먹을 수 있다. 중리에서 반드시 맛보아야 할 메뉴 중 하나가 하카식 야채 만두客家菜包 커자 차이바오이다. 얇은 피에 속이 꽉 찬 류마마의 만두는 그 종류도 다양하다. 먹어 보면 겉은 쫄깃쫄깃하며 맛이 아주 깔끔하고 속이 푸짐해 한두 개만 먹어도 든든해진다. 전통 요리법을 기초로 개발한 신 메뉴를 많이 갖고 있는 만두 전문점이다. 만두 이외에도 30여 종의 하카족 전통 쌀 요리를 판매하고 있다.

桃園市 中壢區 中正路 268號 ☎ 03-422-5226 24시간 NT$30 중리 기차역(中壢火車站)에서 도보 5분.

신명 노패 우육면

MAPECODE 17308

新明老牌牛肉麵 신밍 라오파이 뉴러우미엔

1953년부터 영업을 시작한 신명 노패 우육면은 중리 신명 시장中壢新明市場 옆에 위치해 있다. 중리에는 오래전부터 북부 지역에서 가장 큰 규모의 우시장이 있어 소고기로 만드는 우육면의 질과 맛이 타이완에서 가장 탁월하다. 타이완 사람들은 중리에 가면 반드시 우육면을 먹어야 한다고 추천하는데, 중리 지역에서도 첫 번째로 손꼽는 우육면 맛집이 바로 이곳이다. 이곳 우육면은 현지인이 아닌 외국인들이 먹어도 시원하고 깔끔해서 한 번 다녀간 사람들은 그 맛을 잊기 힘들다.

桃園市 中壢區 民權路 65號 ☎ 03-493-5896 07:00~23:00 NT$120 중리 기차역(中壢火車站)에서 도보 10분.

신주
新竹

바람의 도시

신주는 특유의 지형 때문에 겨울이 되면 동북풍과 계절풍이 거세게 분다. 그래서 예로부터 신주는 '풍성風城'이라는 별명으로 불리기도 하고 '신주의 바람, 지룽의 비新竹風, 基隆雨'라는 속담도 있을 정도이다. 과거의 신주는 타이완 원주민인 타오카스족Taokas 道卡斯族의 아름다운 고향이었다. 타오카스족은 이 고장을 '죽참포竹塹埔'라고 불렀는데, '죽참竹塹'은 타오카스어로 '바다'라는 뜻이다. 신주 시는 삼면이 산이고 한 면이 바다에 접해 있는데, 타이완에서 이렇게 바다와 산, 넓은 평지를 함께 즐길 수 있는 도시는 보기 드물다. 현재는 타이완 최초의 과학 단지와 첨단 전자 제품 공장이 세워져 컴퓨터 관련 과학 기술의 요충지로 유명하다. 해마다 규모가 크고 성대한 단오 축제인 드래곤 보트 대회가 열린다.

information 행정 구역 新竹市 국번 03 홈페이지 www.hccg.gov.tw

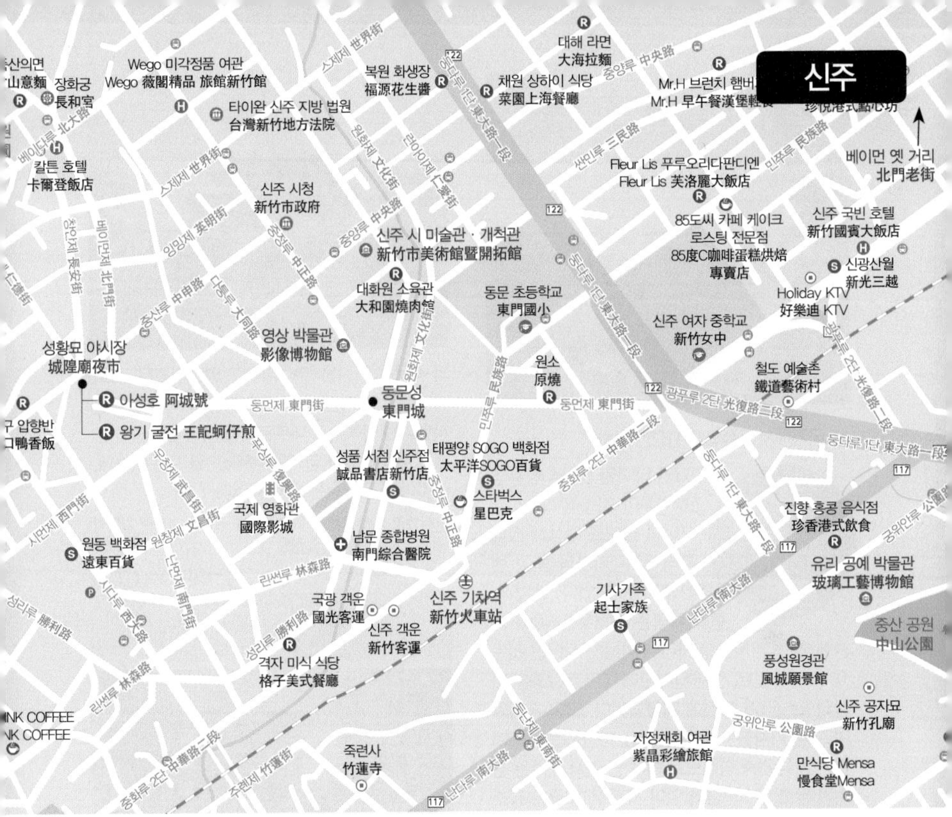

신주

가는 방법

기차

타이베이 기차역台北火車站에서 고속철도를 이용하면 고속철도 신주 역高鐵新竹站까지 약 30분 소요되며, 일반 기차로는 신주 기차역新竹火車站까지 자강호自強號 열차로 1시간 8분, 다른 열차로 1시간 30분 이상 소요된다. 고속철도보다 일반 기차를 타는 편이 신주 시내로의 접근이 편리하다는 점을 참고하자.

버스

타이베이 버스 터미널台北轉運站에서 국광 객운國光客運 버스를 타면 신주까지 약 1시간 30분 소요된다.

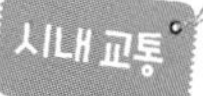

신주의 버스 기본 요금은 NT$15이며 버스 교통편이 편리하게 잘 되어 있어 버스를 이용하여 명소 여행이 모두 가능하다. 택시 기본 요금은 NT$70이다.

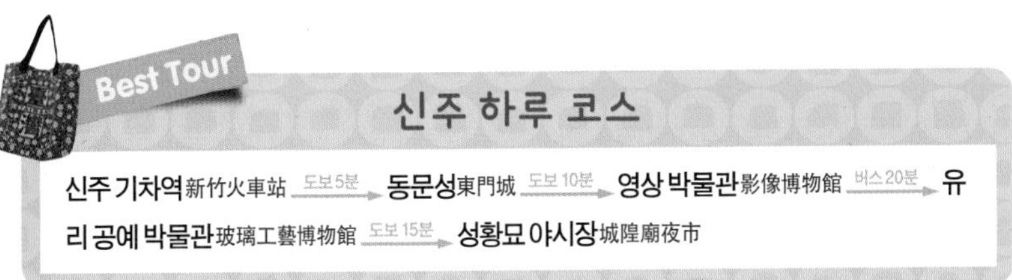

MAPECODE 17309

신주 기차역 新竹火車站 신주 훠처잔

국가에서 고적으로 지정한 기차역

1893년 타이완 순무巡撫 유명전劉銘傳이 지룽基隆과 신주 사이의 철도를 완성해 그때부터 신주 기차역 백여 년 역사가 시작되었다. 초기 신주 기차역은 전터우산枕頭山 기슭에 있었다. 지금의 자리에 역사가 지어진 것은 1913년의 일로, 현재 타이완에서 가장 오래된 기차역으로 국가 고적에 지정되었다. 많은 사람들이 그저 기차를 이용하기 위해 지나치는 역이지만 서양식 건축 양식으로 백여 년 역사가 주는 분위기가 고스란히 남아 있어 사진 찍기 좋은 장소이다. 쐐기돌, 천정과 기둥의 분할선, 그리스식 벽돌 등 지나가는 사람들과 오래된 기차 역사 풍경이 어우러져 매우 흥미롭게 느껴지는 곳이다.

新竹市 東區 榮光里 中華路 2段 445號 ☎ 03-523-7441 타이베이 기차역에서 기차를 타고 신주 기차역(新竹火車站) 하차. 약 1시간 8분 소요.

MAPECODE 17310

동문성 東門城 둥먼청

신주를 지켜 주었던 성곽의 유일한 흔적

동문성은 국가 고적으로 지정된 신주의 소중한 문화유산이다. 1733년 서치민徐治民이 대나무를 심어 이곳에 처음으로 성을 세웠는데, 신주의 옛 지명이 죽참竹塹이어서 당시의 성 이름도 죽참성竹塹城이었다. 1826년 지역 유지였던 정용시鄭用錫 등이 대나무 성을 벽돌로 고쳐 지어 달라고 청원하여 1827년 성벽과 성문 공사를 시작했다. 길이 약 2,864m, 높이 5m, 폭 5.4m으로 벽돌 성벽을 쌓고 성루는 4개를 지었으며, 동문은 영희문迎曦門, 서문은 읍상문挹爽門, 남문은 가훈문歌薰門과 북문은 공진문拱宸門이라고 명명되었다. 그러나 일제 강점기인 1902년 일본은 도시 계획을 실시한다는 명목으로 대부분의 성벽과 성루를 허물었고 동문이었던 영희문迎曦門만 남겨 두었는데, 이것이 지금의 동문성東門城이다.

新竹市 東區 東門街 ☎ 03-521-6121 신주 기차역(新竹火車站)에서 도보 5분.

MAPECODE 17311

영상 박물관 影像博物館 잉샹 보우관

타이완 최초로 에어컨이 있었던 유럽식 영화관

1933년에 문을 열었으며 타이완에서 첫 번째로 에어컨 시설이 있었던 유럽식 영화관이다. 당시의 이름은 '유락관有樂館'으로, 좌석이 약 500개 있다. 건축 양식은 기본적으로는 로마 양식으로 지어졌고 일제 시대에 일본 정부가 자국의 국력을 과시할 목적으로 지어진 호화로운 공공 건축물 중 하나였다. 1944년 제2차 세계 대전 때 폭격을 맞아서 2층이 훼손되기도 했다. 1946년 일본이 전패하고 떠나게 되면서 유락관은 국민 대극장으로 바뀌었고 지금은 타이완 정부가 보수를 마치고 운영하고 있다. 영화 상영이나 음악회뿐 아니라 군 입대 소집도 이곳에서 한다. 아직도 좋은 영화를 개봉할 때마다 많은 영화 팬들이 찾고 있다. 앞 출입구로 들어오면 영화를 볼 수 있는 상영관이고 건물 뒤쪽으로 돌아가면 1930년대 영화 자료

들이 전시되어 있는 박물관이 있다.

新竹市 中正路 65號 ☎ 03-528-5840~2 09:30~12:00, 13:30~17:00, 18:30~21:00(월요일 휴관) NT$20, 특별 영화 관람 NT$100 신주 기차역(新竹火車站)에서 도보 20분. / 신주 기차역(新竹火車站)에서 12번, 16번 버스 탑승.

MAPECODE 17312

신주 시 미술관 · 개척관

新竹市美術館暨開拓館 신주스 메이수관 지 카이퉈관

신주의 시작부터 지금까지 한눈에 볼 수 있는 곳

이곳은 일제 강점기인 1925년에 세워진 관청인 신주 시역소新竹市役所 건물이다. 광복 후 국민당사나 관공서 건물로 사용되던 이곳을 신주 시 당국에서 다시 복원하여 2007년 12월 25일 신주 시 미술관·개척관으로 개관했다. 건물 외관을 보면 2층 벽돌 건물이다. 1층 신주 시 개척관에서는 신주 시 개척과 유래에 관한 자료를 전시하고 있다. 그리 넓지 않은 공간이지만 한 바퀴를 돌아보면 중국어를 모른다 해도 신주의 형성과 지금까지의 발전사를 한눈에 이해할 수 있다. 건물 2층은 신주 시립 미술관으로, 예술 문화 수준을 높여줄 전시를 하고 있다.

新竹市 中央路 116號 ☎ 03-531-9756 신주 시 문화국 www.hcccb.gov.tw 09:00~17:00(월요일 휴무) 신주 기차역(新竹火車站)에서 하차하여 중정루(中正路) 동문성(東門城)을 거쳐 우회전하면 중양루(中央路)에 있는 신주 시 미술관 · 개척관 도착.

MAPECODE 17313

성황묘 야시장

城隍廟夜市 청황먀오 예스

300년 역사의 사원과 야시장이 공존하는 풍경

신주의 성황묘城隍廟는 청나라 건륭 13년(1748년)에 설립되어 신주 지역 주민의 신앙 중심지가 된 사원이다. 많은 참배객들이 찾아오면서 사원을 중심으로 자연스럽게 시장이 형성되었는데 사원을 둘러싸며 시장의 규모가 점점 커지면서 사원은 시장 안쪽으로 깊숙이 자리 잡게 되었다. 오

랜 역사만큼 소문난 맛집이 많아 타이베이에서도 기차를 타고 찾아오는 유명한 야시장이다.

新竹市 北區 中山里 中山路 75號 ☎ 03-522-3666 www.weiling.org.tw 신주 기차역(新竹火車站)에서 중정루(中正路) 방향으로 직진.

MAPECODE 17314

베이먼 옛 거리

北門老街 베이먼 라오제

신주의 대표적 옛 거리

장화궁長和宮과 수선궁水仙宮의 맞은편에 베이먼 옛 거리가 있다. 장화궁의 역사가 짧지 않으니 이 곳 시장의 역사 또한 오래되었다. 이 거리는 청나라 때 죽참竹塹(신주의 옛 지명)에서 꼭 지나가야

베이먼 옛 거리

했던 경로라서 신주에서 가장 먼저 발전한 상업 지역이지만, 큰불이 두 번이나 나면서 전통 건축물이 많이 사라졌다. 지금은 새로 지은 건축물과 옛 건물이 함께 어우러져 상권을 이루고 있다.

新竹市 北門街 신주 기차역(新竹火車站) 맞은편 버스 정류장에서 5, 11, 11甲, 20, 23, 28번 버스를 타고 성황묘(城隍廟) 하차, 성황묘 맞은편에 위치.

MAPECODE 17315

유리 공예 박물관
玻璃工藝博物館 보리 궁이 보우관

다양한 예술 박람회가 열리는 곳

유리 공예 박물관은 1999년 12월 18일 정식 개관했다. 위치는 중산 공원中山公園 중산 궁위안의 서북쪽에 있고 관내의 총 면적은 1,900m²이다. 원래는 일본 황족과 고관들이 타이완에 순찰하러 올 때 숙박이나 연회의 용도로 사용되던 장소였다. 중산 공원의 물이 흐르는 정원 경치와 내부 공간 구조는 유리 공예의 섬세한 특성과 잘 어울린다. 드넓은 야외 공간은 유리 공예뿐 아니라 다양한 예술 박람회 등 활발한 문화 활동이 펼쳐지는 곳이다. 신주 여행에서 빠뜨리면 아쉬운 명소이다. (현재 내부 수리로 휴업 중, 2018년 6월 재개관 예정)

新竹市 東大路 1段 2號 03-562-6091 09:00~17:00(월요일 휴무) N$20 신주 기차역(新竹火車站)에서 1, 1甲, 2, 2甲 31번 버스를 타고 공원(公園) 하차.

MAPECODE 17316

신주 어항 新竹漁港 신주 위강

푸른 바다 위에 하얀 새가 머무는 아름다운 항구

신주 어항은 배가 드나드는 항구뿐 아니라 어시장, 녹지, 주차장 등을 갖추고 있어 규모가 매우 크다. 어시장에서는 신주 어항에서 막 잡은 수산물을 직거래로 팔고 있어, 주말에는 싱싱한 해산물도 사고 항구의 풍경도 즐기려는 사람들로 붐빈다. 그래서 이곳은 일반인들의 휴식 공간과 항구로서의 역할이 함께 발전되었다.

원래 어항漁港이 있던 곳은 항구가 좁아 어선 정박이 쉽지 않자 항구 남쪽에 새로운 어항을 만드는 공사를 1991년 6월에 마쳤는데, 이곳이 바로 신주 어항이다. 새로 건설된 어항은 물의 깊이가 3m 이상이라 어선이 자유롭게 드나들 수 있게 되었다. 정박지 내부 면적은 약 14.6ha, 외부 면적은 8.06ha, 부두 총 길이는 2,450m이다.

이곳의 특색이라면 정부와 신주 어업 조합新竹漁會에서 어민들의 생계를 위해서 설치한 해산물 직거래 시장으로, 90여 개의 점포에서 갓 잡아 올린 싱싱한 해산물을 판매하고 있다는 점이다.

新竹市 東大路 4段 與海濱路 交叉口 신주 기차역(新竹火車) 맞은편 버스 정류장에서 15번 버스를 타고 난랴오(南寮) 하차.

아성호 阿城號 아청하오

MAPECODE 17317

성황묘城隍廟 앞에는 신주에서 70년의 역사를 가진 맛집이 있다. 증조할아버지 때부터 성황묘 앞에서 손수레로 쌀국수를 팔기 시작해 할아버지 대로 전승되었는데 그 시절 사람들이 증조 할아버지를 아성阿城이라고 불렀기 때문에 '아성호'라는 가게 이름이 생겼다고 한다. 아성호는 쌀국수 볶음炒米粉 차오미펀이 가장 유명하고, 완자탕貢丸湯 궁완탕도 맛있다.

新竹市 中山路 75號 ☎ 03-524-0220 07:00~21:30 쌀국수 볶음(炒米粉) NT$35, 완자탕(貢丸湯) NT$45 신주 기차역(新竹火車站)에서 중정루(中正路) 방향으로 직진, 도보 5분. 성황묘 야시장 내에 위치.

왕기 굴전

MAPECODE 17318

王記 仔煎 왕지 커짜이젠

1952년부터 성황묘城隍廟 입구에서 판매를 시작한 왕기 굴전은 좋은 재료와 독특한 양념으로 손님들에게 높은 평가를 받고 있는 맛집이다. 왕기 굴전에서 사용하는 굴은 매일 아침 자이嘉義의 둥스 항구東石港에서 배달해 와 신선하고 고소하며, 야채와 양념 역시 당일 구매한 신선한 재료로 만드는 것을 원칙으로 하고 있다. 오랜 요리 노하우에 싱싱한 굴과 산뜻한 야채의 조화로, 성황묘 야시장에서 가장 인기 있는 맛집이다.

新竹市 中山路 75號 ☎ 03-521-5625 11:00~20:00(화요일 휴무) NT$40~ 신주 기차역(新竹火車站)에서 중정루(中正路) 방향으로 직진, 도보 5분. 성황묘 야시장 내에 위치.

관광 어시장 해선미식구

MAPECODE 17319

觀光漁市 海鮮美食區 관광 위스 하이셴메이스취

도매와 소매를 모두 취급하는 어시장이다. 냉방 시설이 되어 있어 한여름에도 문제가 없다. 손님들은 1층에서 해산물을 구입할 때 제철 어종을 참고하여 구입하는 것이 좋다. 싱싱한 물고기를 사서 2층 요리 전문 구역으로 가져가 조리를 부탁하면 신선한 해산물을 그 자리에서 바로 먹을 수 있다. 2층에서 요리해 주는 비용은 NT$50부터 NT$150 정도로 매우 저렴하다. 요리 난이도가 있는 재료일 경우에는 그에 맞는 다른 가격을 요구할 수도 있다. 해 질 무렵 맛있는 해산물을 맛보면서 노을을 구경하는 것도 이곳에서만 만끽할 수 있는 낭만 포인트이다. 입은 맛있는 요리를 먹고 눈은 바닷가의 멋들어진 경치를 보면서 그 순간을 마음에 담아 둘 수 있는 추천 명소이다.

新竹市 東大路 4段 與海濱路 新竹漁港 06:00~21:00(월요일 휴무) 조리 비용 NT$50~150 신주 기차역(新竹火車站) 맞은편 버스 정류장에서 15번 버스를 타고 난랴오(南寮) 하차.

네이완·베이푸 內灣·北埔

두 손에 담을 수 있을 것 같은 마을

작은 마을 네이완을 천천히 걷다 보면 마치 옛 추억 속으로 들어가는 듯하다. 타이완에서 가장 유명한 만화가 류싱친劉興欽이 네이완에서 태어났고 이곳에서 재미있는 만화를 그렸기 때문인지도 모른다. 류싱친 만화·발명관에서는 타이완 스타일의 만화를 엿볼 수 있으며, 오래된 간이역과 네이완 옛 거리도 만날 수 있다.

베이푸 지역은 청나라 도광제 때 중국 광둥 성廣東省에서 타이완으로 이민 온 하카족Hakka 客家族 커자쭈의 정착지로, 타이완에서 가장 오래된 하카풍 청나라 시장 풍경을 가지고 있다. 이곳에는 고풍스러운 옛집들이 있고 역사와 전통이 서린 음식들을 맛볼 수 있다. 타이베이에서 베이푸로 가는 대중교통은 다소 불편한 편이지만, 다른 지방에서 볼 수 없는 풍경이 숨어 있으므로 가 볼 만하다.

information 행정 구역 新竹縣 橫山鄉 內灣村, 北埔鄉 국번 03 홈페이지 네이완(헝산 향) www.hchst.gov.tw, 베이푸 www.beipu.gov.tw

네이완

타이베이 기차역에서 고속철도를 타고 고속철도 신주 역高鐵新竹站에서 내려 바로 옆에 있는 류자 기차역六家火車站으로 이동하여 네이완선內灣線 기차로 갈아탄다. 중간에 주중 기차역竹中火車站에서 한 번 더 환승하여 네이완 기차역內灣火車站에서 하차한다.

베이푸

타이베이 기차역에서 고속철도를 타고 고속철도 신주 역高鐵新竹站에서 내려, 역 앞에서 5700번 타이완 호행台灣好行 버스를 타고 베이푸 옛 거리北埔老街 베이푸 라오제에서 하차한다.

Best Tour

네이완 한나절 코스

네이완 역 → 도보 10분 → 류싱친 만화 · 발명관劉興欽漫畫暨發明館 → 도보 5분 → 네이완 옛 거리內灣老街 → 도보 5분 → 네이완 극장 인문 하카 음식점內灣戲院人文客家菜館

베이푸 한나절 코스

자천궁慈天宮 → 도보 10분 → 베이푸 옛 거리北埔老街 → 도보 15분 → 39호 베이푸 뇌차三十九號北埔擂茶

네이완 역

네이완

MAPECODE 17320

네이완 역 內灣車站 네이완 처잔

간이역의 풍경화

네이완 역內灣車站은 타이완 철도 네이완 지선內灣支線에 있다. 타이완 전국에 철도가 개설될 당시에는 네이완까지는 철로가 개통되지 않았지만, 네이완 지역의 임업과 광업이 발전하면서 1951년 철도가 개설되었다. 운행 초기의 네이완 지선 열차는 모두 증기 기관차였다. 열차가 역에 들어오면 반드시 차를 뒤로 몰아 급수기에 물을 부어 놓아야 했다. 물이 충분해야 화력으로 가열하여 생긴 대량의 수증기를 이용해 열차를 끌고 갈 수 있었기 때문이다.

네이완 역에서는 지금도 증기 기관차의 급수기, 물 탱크, 사다리 등 관련 물품이나 시설을 전시하고 있다. 증기 기관차뿐 아니라 기차역 개통 초기의 모습도 간직하고 있다. 개통 당시 세웠던 기념비가 그 자리를 지키고 있으며, 50~60년대 건축 스타일로 지어진 역사가 여전히 남아 있어, 타이완에서도 유일무이한 간이역 고적 건축물로 지정되었다.

신주에서 열차를 타면 구불구불한 철길 위를 흔들거리며 달려 산속의 긴 터널과 숲길을 통과한 후에야 네이완 역으로 들어간다. 도착해 보면 너무 작은 네이완 역에 놀라게 된다. 하지만 이렇게 작고 소박하고 꾸밈 없는 역 분위기 덕에 드라마나 영화, CF에 나오는 명소가 되었다. 휴일이 되면 네이완 간이역 풍경을 만끽하기 위해 지선 열차를 타고 오는 사람들로 작은 네이완 역은 분주해진다.

新竹縣 橫山鄉 內灣村 中正路 타이베이 기차역에서 고속철도를 타고 고속철도 신주 역(高鐵新竹站)에서 내려 바로 옆에 있는 류자 기차역(六家火車站)으로 이동하여 네이완선(內灣線) 기차로 환승, 주중 기차역(竹中火車站)에서 한 번 더 환승하여 네이완 기차역(內灣火車站) 하차.

MAPECODE 17321

류싱친 만화 · 발명관
劉興欽漫畫暨發明館 류싱친 만화지파밍관

흥미로운 만화 세계 전시관

류싱친 만화 · 발명관은 네이완 역 바로 뒤에 위치해 있다. 지금의 건물은 원래 철도국 직원의 기숙사였지만 낭만적인 만화 왕국으로 재탄생되었다. 어릴 때 만화를 좋아했던 사람들이라면 이곳에 들러 만화를 감상하며 옛 추억에 잠기는 것도 좋다. 류싱친이 그린 만화에는 네이완의 문화가 담겨 있어 네이완을 이해하는 시간이 된다.

만화관은 총 3동으로 되어 있다. 제1동은 특별 전시관으로, 류싱친의 발명사와 만화사를 소개한다. 류싱친은 만화가였을 뿐만 아니라 발명가이기도 했다. 그가 가지고 있는 특허는 130개가 넘었고 그중에서도 많은 교재와 교구는 지금까지도 교육 분야에서 활용되고 있다. 제2동은 만화 주제관으로, 전 세대 타이완 사람들이 잘 아는 캐릭터의 창조와 탄생 과정을 볼 수 있다. 제3동은 선물 상점과 광부 문화구이다. 광부 문화구에서는 특별히 설치해 놓은 광산의 갱도를 통해 어린이들이 광부 체험을 할 수 있다.

만화관은 이 지역에서 지대가 다소 높은 산비탈에 위치해 있어 차를 마시고 이야기꽃을 피우면서 네이완 역에 작은 기차가 오가는 풍경을 내려다볼 수 있다.

新竹縣 橫山鄉 內灣村 內灣 139號 之1 ☎ 03-584-9569 10:00~17:00(화요일 휴관) NT$50 네이완 기차역(內灣火車站)에서 도보 3분.

MAPECODE 17322

네이완 옛 거리
內湾老街 네이완 라오제

다양한 즐거움이 있는 시장 풍경

네이완 옛 거리는 예전에는 나무와 광물이 오가던 제일 중요한 도로로, 매우 활기찬 거리였다. 네이완 옛 거리는 총 200m로, 거리 양쪽에는 지역 특색을 지닌 음식들이 줄을 잇고 있다. 대부분 네이완에서 오래전부터 살았던 하카족Hakka 客家族 커자쭈 음식들인데 한국인의 입맛에 잘 맞는다. 가장 특별한 음식은 일종의 주먹밥인 쭝쯔粽子인데 이곳의 쭝쯔는 타이완의 국빈 연회 메뉴로 선택될 정도로 유명하다. 또한 야채 만두紫玉菜包 쯔위차이바오도 네이완을 다시 찾아오게 할 만큼 맛이 좋다. 네이완 옛 거리는 기차역 주변을 둘러싸고 있어 음식을 사서 네이완 역 계단에서 먹는 사람들의 모습이 자연스럽다. 옛 거리에는 나무로 지어진 고즈넉한 극장과 사원인 광제궁廣濟宮 광지궁 등 볼거리도 풍부하다.

新竹縣 县横山乡 内湾老街 08:00~18:00 네이완역 바로 맞은편. 도보1분.

MAPECODE 17323

자천궁 慈天宮 츠톈궁

효에 대한 24가지 이야기가 있는 사원

자천궁慈天宮은 청나라 도광道光 26년(1846년)에 세워진 불교 사원으로 관음보살을 모시고 있다. 사원 뒤편에 푸른 산이 펼쳐져 있어 전경이 매우 아름답다. 타이완 사원은 대부분 용이 조각된 돌기둥이 바깥에 배치되는데 이곳은 특이하게 사원 내부에 있다. 또한 사원 내부에 있는 24개의 돌기둥이 오래전부터 전해 내려오는 효에 대한 24가지 이야기를 하나씩 전해 주고 있다. 이런 양식은 타이완 사원 중에서 이곳에만 있는 유일한 특징이다.

자천궁은 처음 이 지역을 개발할 때 함께 만들어진 사원이라 베이푸 지역 전체와 아주 밀접한 지리적 구조를 가지고 있다. 자천궁을 중심으로 양쪽에 집들이 있고 광장을 지나 맞은편으로 베이푸 옛 거리, 즉 상권이 형성되어 있어 베이푸 지역 발전의 중심에 있었음을 알 수 있다. 자천궁을 등지고 서서 베이푸 지역을 바라보면 베이푸는 처음부터 잘 계획되어 만들어진 마을임을 느낄 수 있다.

新竹縣 北埔鄉 北埔街 1號 ☎ 03-580-1757 06:00~18:00 베이푸역에서 도보 5분.

MAPECODE 17324

베이푸 옛 거리 北埔老街 베이푸 라오제

하카풍 청나라 시장

베이푸 지역은 청나라 도광제 때 중국 광둥 성廣東省에서 타이완으로 이민 온 하카족Hakka 客家族 커자쭈의 정착지였다. 그래서 베이푸 옛 거리北埔老街는 타이완에서 가장 오래된 하카풍 청나라 시장의 모습을 가지고 있다. 벌써 백 년의 시간이 흐른 이 거리에는 지나간 시간의 흔적이 남아 있는 고풍스런 옛집들이 있고, 역사와 전통이 담긴 음식들을 맛볼 수 있다.

옛 거리 가까이에 있는 성문과 골목이 굽이굽이 형성된 모습은 그 당시 이 지역이 외부 세력의 침입에 대한 방어가 중요했음을 보여 준다. 일본이 지배하던 시기에는 일본인들이 베이푸 옛 거리의 건축물을 리모델링하거나 신축한 뒤 상점 앞에 이름을 표시했는데, 이때부터 입구 문 위에 타원형 간판과 화려한 조각이 나타나게 되었다. 원래 하카족은 집뿐 아니라 모든 면에서 검소하고 소박한 아름다움이 특징인데, 이 시기에는 하카족의 특징이 다소 가려지게 되었다. 베이푸는 신주의 다른 지역과 비교하면 개발이 가장 늦은 곳으로 타이베이에서 베이푸로 가는 대중교통도 불편한 편이다. 그러나 베이푸 옛 거리는 독특한 특색이 숨어 있는 곳으로 가 볼 만하다.

新竹縣 北埔鄉 北埔街 베이푸 역에서 도보 5분.

Eating

네이완 극장 인문 하카 음식점

MAPECODE 17325

內灣戲院人文客家菜館
네이완 시위안 런원 커자 차이관

네이완 극장內灣戲院은 처음에는 양성취안楊盛泉이라는 사람이 경영하는 산장으로 당시에는 나무 자재를 놓는 장소였다. 그러나 이 지역의 산업이 발전하여 노동자들이 많아지자 1950년에 나무로 2층 건물을 짓고 극장으로 운영하였다. 당시에 주둥竹東 지역에서 유명했던 건축 전문가 판진파范進發가 이 건물을 지었는데, 당시에 제일 비싼 건축 재료인 판재板材로 만들고 지붕에는 일본식 검은색 기와를 올렸다. 극장 전체 외관은 2층 목조 건축물로 멀리서 봐도 외관이 매우 매력적이다. 지금도 그때의 극장 형태가 고스란히 보존되어 있으며 현재 타이완에서 제일 잘 보존된 목조 극장이다. 극장 내부에는 당시 최고의 무대 장비를 설치해서 극장에서 공연하는 가무극과 쇼는 그 명성이 높았다고 한다.
이후 인근 산업이 쇠락하면서 사람들이 떠나고 결국 1981년 극장은 문을 닫았다. 20여 년이 지난 후 건물 주인은 2002년에 다시 한 번 극장을 정리하고 극장 느낌을 살린 식당으로 개조했다. 식당 내에서는 하루 종일 오래된 영화를 상영하고 있고 타이완 초기의 생활 물품들을 전시하고 있다. 특히 여기 저기 벽에 붙어 있는 영화 포스터들은 이곳의 지나간 시간들을 느끼게 해 준다.

新竹縣 橫山鄉 內灣村 中正路 227號 ☎ 03-584-9260 11:00~19:00 NT$250~ 네이완 역에서 도보 3분.

39호 베이푸 뇌차

MAPECODE 17326

三十九號北埔擂茶 싼스주하오 베이푸 레이차

이 찻집은 1997년 도자기를 만드는 부부 공예가의 도자기 전시장으로 출발했다. 1998년에 부부 공예가는 하카족이 마시던 뇌차擂茶를 판매용으로 만들어 팔 생각을 했고 타이완에서 처음으로 이곳에서 판매를 시작했다. 원래 베이푸 지역의 하카족 뇌차는 짠맛이 강했는데, 이 부부가 누구나 좋아하는 맛으로 개선하고 손님이 직접 만들어 마시는 DIY 방식을 고안해 냈다. DIY 뇌차가 입소문이 나면서 뇌차를 체험하기 위해 베이푸를 찾는 사람들이 급증했다.
뇌차는 품질 좋은 20여 종의 곡류 중 5가지를 빻아서 가루로 만들어 먹는 차이다. 특별히 DIY 레이차는 손님이 직접 가루를 만드는 것으로, 혼자보다는 여럿이 함께 차를 만드는 과정이 재미있고, 금방 빻은 곡물 가루의 고소한 맛과 풍부한 영양을 즐길 수 있다. 날로 인기를 더해 가 이제 베이푸의 명물이 된 DIY 뇌차는 이 찻집 외에도 많은 곳에서 팔고 있다.

新竹縣 北埔 鄉廟 前街 39號 ☎ 03-580-3157 www.39tea.com.tw 평일 09:00~18:00, 주말 08:30~19:00 DIY 뇌차(擂茶) 2인분 NT$250, 3인분 NT$350, 4인 이상 1인당 NT$100 베이푸 역에서 도보 7분.

먀오리
苗栗

목조 예술과 딸기의 고장

신주新竹에서 타이중台中으로 가는 길목에 위치한 먀오리는 목조 예술의 고장으로 유명하다. 특히 먀오리의 싼이三義 지역은 타이완 목조 예술의 발원지이며, 타이완에서 유일한 목조 박물관이 있는 곳이다. 또한 먀오리의 다후大湖 지역은 끝없이 넓은 들판이 모두 딸기밭이다. 매년 12월부터 4월까지 다후大湖 지역에서 딸기가 생산되는데, 이때는 곳곳에 열린 빨갛고 싱싱한 딸기가 사람들을 유혹한다. 다후 주변의 가게에서는 매우 특색 있는 딸기 요리를 개발해 팔고 있는데 그 종류가 수없이 많아 구경하고 맛보는 재미가 쏠쏠하다. 딸기가 들어간 아이스크림은 기본이고 딸기가 들어간 소시지, 딸기 솜사탕 등 다양한 종류의 딸기 요리가 있다. 겨울에 타이완에 간다면 다후의 달콤한 딸기 세상을 추천한다.

information 행정 구역 苗栗縣 국번 037 홈페이지 web.mlcg.gov.tw/mlcg

먀오리

하카 대원
客家大院

먀오리 하카 문화원
苗栗客家文化園區

위안툰산
員屯山

둥시샹 고속도로 허우룽원수이선
東西向快速公路後龍汶水線

원수이시
汶水溪

원수이 옛 거리
汶水老街

젠산 尖山

석벽 온천 산장
石壁溫泉山莊

초콜릿 운장
巧克力雲莊

청안 두부 가게
清安豆腐店

쑹펑산
雙峰山

관인산
观音山

야오포산
耀婆山

바옌산
八燕山

화간집 花間集

다후 와인랜드 & 딸기 문화관
大湖酒莊 & 草莓文化館

타이핑산
太平山

싼자오산
三角山

싼이 역
三義火車站

구이산 龜山

목조 박물관
木雕博物館

다퉁 궁루 大通公路

난창루 南昌路

마라방산 남선 등산 보도
馬拉邦山南線登山步道

시후 리조트
西湖渡假村

성싱 버스 터미널
勝興車站

만보 운단 삼림 주방
漫步雲端森林廚房

지관산
雞冠山

호반 화시간
湖畔花時間

마라방산 관광 딸기 농장
馬拉邦山觀光草莓農場

중산고속도로 中山高速公路

중정루 中正路

중허 궁루 中豐公路

관다오산
關刀山

용등단교
龍騰斷橋

징산
景山

가는 방법

기차

타이베이 기차역台北火車站에서 일반 기차를 타면 먀오리 기차역苗栗火車站까지 1시간 40분 소요된다.

버스

타이베이 버스 터미널台北轉運站에서 통련 객운統聯客運 1626번 버스를 타면 먀오리 기차역苗栗火車站까지 2시간 50분 소요된다.

시내 교통

도시가 아닌 현縣 단위의 여행지는 명소 간 거리가 멀고 대중교통을 이용하기가 어려워서, 시간을 여유 있게 가지고 떠나야 하며 버스보다 택시를 이용하는 것이 편리할 때가 많다. 먀오리도 마찬가지이다. 명소가 다후大湖 지역과 싼이三義 지역으로 흩어져 있으므로 둘 중에서 한 곳만 선택해서 여행하는 것을 권한다.

Best Tour

먀오리 하루 코스

다후 와인 랜드 & 딸기 문화관大湖酒莊&草莓文化館 —버스 15분→ **원수이 옛 거리**汶水老街 —버스 2번 환승 1시간 30분 소요→ **시후 리조트**西湖渡假村

MAPECODE 17327

다후 와인 랜드 & 딸기 문화관

大湖酒莊&草莓文化館 다후 주장&차오메이 원화관

딸기로 만든 다양한 식품을 보고 살 수 있는 곳

딸기 문화관은 다후大湖 지역에서 딸기를 재배해 온 역사, 품종 개량, 딸기 식품의 제조 과정을 소개하는 공간이다. 이곳에 오면 딸기로 만든 제품들이 너무나 많아 깜짝 놀라게 된다. 예를 들어 딸기 과자, 딸기 케이크, 딸기 잼, 딸기 술 등 수없이 많은 딸기 식품들이 있다. 문화관 밖에는 이벤트를 하는 공연장이 있고 그 주변에는 딸기밭이 있어 직접 딸기를 따서 맛보는 즐거움을 누릴 수 있다.

딸기 문화관은 총 5층 건물로, 1층은 딸기에 관한 상품들을 전시 · 판매하는 곳이고, 2층은 다후 와인 공장 홍보관으로 딸기 와인을 만드는 과정을 상영하고 DIY를 체험하는 곳이다. 이곳에서는 술에 관한 기계 및 장비를 살펴볼 수 있을 뿐만 아니라 18세 이상이면 무료로 시음을 할 수도 있다. 3층은 딸기 생태 전시 구역이고 4, 5층은 지역 특색을 지닌 식당과 옥상 공원이 있다. 이곳에서 다후大湖의 풍경을 내려다보면서 맛있는 음식을 맛보고 차를 즐길 수 있다. 이곳은 다후 지역 농민 모임과 연구 개발 프로그램을 제공하는 역할도 하고 있다.

苗栗縣 大湖鄉 富興村 八寮灣 2-4號 ☎ 037-996-986 www.dahufarm.org.tw 평일 09:00~17:30, 휴일 09:00~18:00 먀오리 기차역(苗栗火車站)에서 다후(大湖) 방향으로 가는 신주 객운(新竹客運) 버스를 타고 다후 와인 랜드(大湖酒莊) 하차. 약 40분 소요.

MAPECODE 17328

원수이 옛 거리

汶水老街 원수이 라오제

과거로 향하는 타이밍 터널

원수이汶水 지역은 허우룽시後龍溪 하천 상류의 원수이시汶水溪와 지류 다후시大湖溪 사이에 위치해 있다. 원수이시 하천이 흘러가는 지층은 셰일이기 때문에 홍수가 나면 시냇물은 혼탁해지며 한동안 맑아지지 않았다. 그래서 당시 주민들은 이 시냇물을 하카어로 물이 혼탁하다는 뜻의 '원수이汶水'라고 불러 오늘의 지명이 되었다고 전해진다. 원수이 옛 거리가 조성되었던 초기에는 인근 지역의 특산물이 이곳으로 운송되어 모여들었고 다시 원하는 지역으로 수레를 이용하여 물건을 운반했다. 그래서 원수이 옛 거리 상점가는 주변 지역의 중요한 화물 유통 중심지면서 화물 도매 지역이기도 했다. 지금도 다후大湖에 왔다면

반드시 거쳐 가야 하는 곳이 원수이 옛 거리汶水老街이다. 그러나 인근에 도로가 새로 개통된 후 점점 찾는 이들이 줄어들어 이제는 한산한 거리가 되어 버렸다. 이곳은 하카족Hakka 客家族 사람들의 검소하고 순박한 분위기를 잘 보여 주고 있으며 딸기 생산지의 시장답게 딸기로 만든 음식들을 맛볼 수 있다.

苗栗縣 獅潭鄉 竹木村 汶水老街 24시간 먀오리 기차역(苗栗火車站)에서 다후(大湖) 방향으로 가는 신주 객운(新竹客運) 버스를 타고 원수이 옛 거리(汶水老街) 하차. 약 40분 소요.

MAPECODE 17329

시후 리조트
西湖渡假村 시후 두자춘

전원 드림 파크

시후 리조트는 시후西湖 일대의 드넓은 전원에 조성된 테마파크이다. 시후 리조트의 총 면적은 10ha이며 사방이 푸른 산으로 둘러싸여 있어 자연 그대로의 풍경 또한 너무나 아름답다. 이곳의 분위기는 마치 중국 항저우杭州의 시후西湖와 어깨를 겨룰 만하다고 해서 테마파크의 이름을 시후西湖라고 지었다고 한다. 호수 주변에 위치해 있어 이른 아침이면 물안개가 피어올라 구름과 안개가 주위를 맴돌아 신비감을 준다. 안개가 경치를 어렴풋하게 보여 주어 분위기가 은은하고 몽환적인 아름다움이 있다. 그래서 이 인근을 '안개 도시霧都 우두'라는 별칭으로 부르기도 한다. 시설로는 놀이동산과 자연 산책로, 골프장, 다국적 요리를 내는 식당, 레스토랑, 가라오케, 회의실, 스파 시설, 네덜란드식 나무집 등 1박 2일이 부족한 꿈의 테마파크이다. 숙소는 5성급 호텔로 지역 최고의 시설을 자랑한다.

苗栗縣 三義鄉 西湖 村西湖 11號 037-876-699 www.westlake.com.tw 09:00~17:00 NT$399 타이베이 버스 터미널에서 풍원 객운(豐原客運) 버스를 타고 시후 리조트(西湖渡假村) 하차. / 싼이 기차역(三義火車站)에서 시후 리조트(西湖渡假村) 차량으로 환승, 15분 소요. ※시후 리조트에서 숙박하면 교통비를 내지 않고 차량 서비스 이용 가능. (시후 리조트 차량 예약 전화 037-87-6699)

MAPECODE 17330

용등단교 龍騰斷橋 룽텅돤차오

타이완 철길이 만든 최고의 예술품

용등단교는 지금은 기차가 다니니 않지만 주변 숲의 초록색 풍경과 어우러진 철교의 모습이 너무도 아름다워 타이완 철길이 만든 최고의 예술품으로 칭송받고 있다. 그래서 가끔씩 타이완의 드라마나 영화에서 스치듯 배경으로 출연하는 용등단교를 볼 수 있다. 원래의 모습은 일제 강점기인 1905년에 일본이 기차가 다닐 수 있도록 붉은 벽돌로 만든, 활 모양으로 구부러진 다리였다. 그러나 1935년 4월 21일, 관다오산關刀山에 대지진이 발생했고 그 영향으로 다리가 도저히 복원할 수 없을 정도로 심하게 훼손되어, 남북 양쪽의 10개 교각만 남게 되었다. 그런데 1999년 9월 21일에 다시 지진이 일어났고 북쪽 방향에 있는 제5교각이 또 훼손되었다. 두 번이나 지진을 당해 끊어진 교각만 남아 있지만, 용등단교는 지금도 웅장한 위엄을 잃어버리지 않고 비바람을 무릅쓰고 우뚝 서 있다.

苗栗縣 三義鄉 龍騰村 싼이 기차역(三義火車站)에서 택시 이용.

MAPECODE 17331

목조 박물관
木雕博物館 무댜오 보우관

타이완에서 유일한 나무 조각 예술 박물관

먀오리의 싼이三義 지역은 타이완 목조(나무 조각) 예술의 발원지이다. 그래서 타이완에서 유일한 목조 박물관이 싼이에 위치해 있다. 1995년 개관한 이래 지금까지 타이완에서 목조 예술 교육과 전시의 중심이 되고 있다. 박물관 내에 전시된 소장품은 싼이 목조 예술품 외에도 중국 목조, 타이완 원주민 목조, 타이완의 건축과 가구에 활용된 목조, 종교 목조, 그리고 현대 목조 예술까지 포괄되어 있다. 지방 특색을 보존하고 발전시키며 나무조각 예술의 아름다움을 보여 주고 있는 박물관이다.

苗栗縣 三義鄉 廣盛村 廣聲新城 88號 ☎ 037-876-009 wood.mlc.gov.tw 09:00~17:00 NT$60 싼이 기차역(三義火車站)에서 도보 약 15분.

화간집 花間集 화젠지

MAPECODE 17332

딸기 문화관 근처에 위치한 화간집은 화원에 들어선 듯 아름다운 꽃들이 반겨 주는 이탈리안 레스토랑이다. 중국 오대五代의 사詞를 엮은 작품집인 〈화간집花間集〉에서 이름을 딴 이 레스토랑은 이름처럼 낭만이 가득한 곳이다. 이곳은 주변의 많은 레스토랑 중에서도 유독 인기를 끌고 있는데 그 이유는 아주 맛있는 딸기 메뉴들이 준비되어 있기 때문이다. 딸기로 만든 면으로 요리한 딸기 스파게티도 있는데, 이곳에서만 먹어 볼 수 있는 상큼하고 깔끔한 스파게티 맛에 놀라게 된다. 그밖에도 딸기가 주재료가 된 갖가지 음식들이 준비되어 있는데 역시 대부분 다 맛있지만 초인기 절정 메뉴는 역시 딸기 눈꽃 빙수草莓牛奶雪花冰 차오메이 뉴나이 쉐화빙이다. 고소하고 부드러운 분홍색 눈꽃 아이스에 싱싱하고 탐스러운 딸기를 가득 담고, 그 위에 직접 만든 딸기 농축액을 뿌려 주면 완성된다. 직원이 대형 사이즈의 눈꽃 빙수를 주문한 손님에게 들고 갈 때마다 엄청난 크기와 푸짐함에 사람들이 탄성을 터뜨린다. 맛있는 딸기 요리를 먹은 후에는 가게 안에 있는 딸기 캐릭터 제품을 판매하는 소품 숍을 구경해 보자. 주인이 각지에서 모아 온 귀여운 딸기 모양의 팬시 제품들이 있다.

苗栗縣 大湖鄉 富興村 八寮灣 9 鄰 2-9號 ☎ 037-991-525 www.togotw.com/037991525 08:00~18:00 NT$100~ 먀오리 기차역(苗栗火車站)에서 다후(大湖) 방향으로 가는 신주 객운(新竹客運) 버스를 타고 다후 와인 랜드(大湖酒莊) 하차. 약 40분 소요.

Sleeping

호반 화시간

MAPECODE 17333

湖畔花時間 후판 화스젠

숲 속에 위치한 민박집으로, 도시에서 쫓기던 시간으로부터 자유롭게 해 주는 곳이다. 호수와 산이 서로 어우러진 경치가 아름다우며, 호반의 오솔길로 들어가면 새가 지저귀고 꽃향기가 감도는 숲이 있다. 이곳에는 52℃ 천연 온천도 있다. 천연 온천수 그대로를 유지하기 위해 물을 더해 희석하지 않고, 가열하지도 않는다. 한여름 더위에 이곳을 찾아오는 사람들에게는 따뜻한 온천과 희석하지 않은 자연 냉천을 선택하여 이용할 수 있도록 하고 있다. 아침 저녁으로 변화하는 호수와 숲 풍경을 감상하고, 독특한 베란다에 누워 아침에는 옅은 안개가 피어오르는 분위기를, 밤에는 하늘의 별을 세어 볼 수 있는 호반 화시간에서의 하룻밤은 멋진 추억이 될 것이다.

苗栗縣 大湖鄉 義和村 淋漓坪 126號 ☎037-996-796 www.spendtime.com.tw 체크인 시간 14:00~, 체크아웃 시간 ~12:00 2인실 NT$3,000~, 가족실 NT$6,000~ 먀오리 기차역(苗栗火車站)에서 신주 객운(新竹客運) 버스를 타고 다후 종점(大湖總站) 하차.

석벽 온천 산장

MAPECODE 17334

石壁溫泉山莊 스비 원취안 산장

석벽 온천 산장은 레스토랑, 온천탕, 숙소, 카페 등을 모두 갖춘 스파형 빌라이다. 산장 내 방마다 거품 욕조와 발코니가 있는데, 욕조 위에서는 온천 폭포수가 떨어지도록 설비되어 있어 온천욕의 기분을 더해 준다.

근처에는 같은 곳에서 운영하지만 콘셉트를 달리한 시설이 두 군데 더 있는데, 한 군데는 스파 빌라, 연인탕과 가족탕 등 25개의 노천 온천탕, 꽃나무 정원 등이 있어 자연을 만끽하며 온천을 할 수 있는 석탕 온천石湯溫泉이다. 또 한 군데는 넓은 면적에 3채의 빌라, 5개의 온천탕, 그리고 1개의 식당만 운영하여 편안하게 휴식을 취할 수 있는 석풍 성보石風城堡이다. 석탕 온천과 석풍 성보, 석벽 산장은 다후의 대표적인 온천 명소이다.

석탕 온천(石湯溫泉) 苗栗縣 大湖鄉 大寮村 竹高屋2-3號(037-997-101) / 석벽 산장(石壁山莊) 苗栗縣 大湖鄉 法雲寺 5-3號(037-990-413) / 석풍 성보(石風城堡) 苗栗縣 大湖鄉 富興村 6鄰水尾 5-10號(037-993-366) www.stone-spa.com.tw 1층 카페 08:00~23:00 산수 스파 빌라(山水 Spa Villa) 2인실 NT$5600, 온천 민박(溫泉民宿) 2인실 NT$3200, 단체 룸(溫泉小木屋) 1인 NT$1,000, 식당(福莱園) NT$800(반찬 4, 탕 1) 먀오리 기차역(苗栗火車站)에서 신주 객운(新竹客運) 버스를 타고 원수이(汶水) 하차 후 도보 15분. / 먀오리 기차역에서 신주 객운 버스를 타고 법운선사(法雲禪寺) 하차 후 도보 10분.

타이완 중서부

대도시 타이중부터 신비로운 호수 르웨탄까지

타이베이에서 남부로 향하는 길목에 위치한 타이완 중서부 지역은 교통이 편리해 어디나 일일 생활권으로 움직일 수 있다.

중서부 지역의 대표 도시인 타이중台中은 타이베이에서 고속철도로 불과 50분 거리에 있으며, 중서부 각지로 교통이 연결되어 있어 중서부 여행의 베이스캠프 역할을 한다. 300여 년의 역사를 지닌 문화의 도시이자 타이베이, 가오슝과 함께 타이완의 3대 도시로 꼽힌다. 아시아 최대 규모의 타이완 국립 미술관이 바로 이곳에 있으며 세계적으로 인기 있는 음료 버블티를 만든 지역으로, 볼거리와 먹거리로 유혹하는 낭만 도시이기도 하다.

타이중을 거쳐 타이완의 심장부 난터우 현南投縣으로 들어갈 수 있는데, 내륙 산간 지방에 위치한 난터우 현은 푸른 산과 호수 등 아름다운 자연으로 관광객들의 발길을 이끄는 지역이다. 타이완 사람들이 사랑하는 호수 르웨탄日月潭은 유람선과 케이블카, 자전거 등 다양한 교통수단을 이용해 아름다운 호수를 만끽할 수 있어 여행자들의 발길을 붙잡는다. 물이 좋아 타이완 특산품 소흥주를 빚기에 안성맞춤인 푸리埔里, 해발 3,000m가 넘는 고산 지대의 푸르른 초원에서 양들과의 추억을 만들 수 있는 청경 농장清境農場도 난터우의 대표적인 명소이다.

그 밖에도 영화 촬영지로 유명한 장화彰化와 300여 년 전 타이완의 정취가 고스란히 묻어 있는 루강鹿港 등 중서부 곳곳으로 떠나는 여행은 타이완의 내면을 깊숙하게 들여다보는 기회가 된다.

타이중
台中

매력이 넘치는 타이중 여행

타이중은 타이완의 중심부에 위치한 도시로 타이베이, 가오슝에 이은 타이완 제3의 도시이다. 타이완을 대표하는 국립 과학 박물관과 국립 타이완 미술관을 시작으로 레스토랑과 카페로 이어진 미술원길을 걷다 보면 타이중이 걸으며 여행하기에 아주 적합한 도시임을 알게 된다. 낮에는 건물 벽이 살아 숨 쉬는 근미 성품 녹원길勤美誠品綠園道을 둘러보거나 약 40여 개의 유명 브랜드 매장과 제화점, 화랑 등이 모여 있는 이중제 상권一中街商圈에서 즐거운 쇼핑을 하고, 밤이 되면 중화루 야시장中華路夜市, 평자 야시장逢甲夜市에서 식사를 한 후 전주나이차의 원조 천수당에서 차 한잔의 여유를 가져 볼 수 있는 타이중으로 여행을 떠나 보자.

information 행정 구역 台中市 국번 04 홈페이지 www.taichung.gov.tw

가는 방법

타이베이에서 타이중으로 가는 가장 좋은 교통편은 고속철도高鐵이다. 그 밖에 비행기, 일반 열차, 버스 등을 이용할 수 있다.

비행기

타이중 칭취안강 공항台中清泉崗機場은 타이베이台北, 펑후澎湖의 마궁馬公, 타이둥台東, 진먼金門, 화롄花蓮, 마쭈馬祖의 난간南竿으로 국내 노선이 운항되며, 국외로는 중국, 일본, 한국 등으로 비정기 노선이 운항되고 있다.

타이중 공항 www.tca.gov.tw

고속철도

타이베이에서 고속철도 타이중 역高鐵台中站까지 06:30~23:00 사이에 15분 간격으로 운행하며, 소요 시간은 30분, 요금은 NT$700이다.

일반 열차

타이베이에서 타이중 기차역台中火車站까지 자강호自强號 열차로는 약 2시간 소요되며 요금은 NT$375이다. 거광호莒光號 열차로는 약 3시간 소요되며 요금은 NT$289이다.

버스

- 타이베이↔타이중 : 타이베이 서부 버스 터미널 A동台北西站A棟에서 05:30부터 23:00까지 15분 간격으로 운행되며 소요 시간은 약 2시간 50분, 요금은 NT$260이다.
- 가오슝↔타이중 : 소요 시간은 약 3시간 10분, 요금은 NT$310이다.

시내 교통

버스

타이중 시내버스는 노선이 잘 되어 있어 버스를 이용해 여행을 다니기 편리하다. 이용 방법은 타이베이와 같으며, 요금은 NT$20~40이고 이지 카드Easy Card悠遊卡도 이용 가능하다. 자세한 버스 시간과 노선은 홈페이지를 참고하자.

타이중 객운(台中客運) www.tcbus.com.tw
통연객운(統聯客運) www.ubus.com.tw

택시

타이중 택시의 기본 요금은 06:00~22:00에는 NT$80이며 심야인 22:00~06:00에는 NT$85이다.

Best Tour

타이중 하루 코스

타이중 기차역台中火車站 —버스 20분→ **국립 타이완 미술관**國立台灣美術館 —도보 1분→ **미술관 내 춘수당**春水堂**에서 버블티 마시기** —도보 5분→ **미술원길**美術園道**에서 점심 식사** —버스 10분→ **국립 자연과학 박물관**國立自然科學博物館 —버스 10분→ **근미 성품 녹원길**勤美誠品綠園道 —버스 30분→ **펑자 야시장**逢甲夜市

펑자 야시장
逢甲夜市
삼신 공원
三信公園
플라자 인터내셔널
通豪大
하조 초등학교
何厝國小
타이중 시청
臺中市政府新市政中心
한구 중학교
漢口國中
템푸스 호텔
永豐棧酒店
충명 초등학교
忠明國小
시립 충명 고등학교
市立忠明高中
국립 자연 과학 박물관
國立自然科學博物館
타이중 시립 동흥 국민 소학교
臺中市立東興國民小學
스플랜더 호텔
台中金典酒店
광산 SOGO
廣三 SOGO
호텔 내셔널
全國大飯店
대업 중학교
大業國中
경정택과지물
輕井澤鍋之物
근미 성품 녹원길
勤美誠品綠園道
공익 공원
公益公園
호텔 원
亞緻大飯店
문심 삼림 공원
文心森林公園
타이중 교대 영재 학교
台中教大英才校區
국립 타이
國立臺
국립 타이완 미술관
國立台灣美術館
춘수당
春水堂
미술원길
美術園道
호박집 레스토랑
南瓜屋
안데르센 동화 마을 키친
安徒生童話鄉村廚
초승달과 오동나무
新月梧桐
영춘 초등학교
永春國小
준미 파인애플 케이크
俊美鳳梨酥
대용 초등학교
大勇國小
무지개 마을
彩虹眷村
숭륜 공원
崇倫公園
공관 공원
公館公園
시툰루 西屯路
원신루 文心路
타이중강루 台中港路
한커우루 漢口路
타이위안루 太原路
더화제 德化街
민취안루 民權路
중밍루 中明路
젠싱루 健行路
징밍이제 精明一街
징청루 精誠路
잉차이루 英才路
다예루 大業路
둥싱루 東興路
중밍난루 中明南路
메이춘루 美村路
궁이루 公益路
궁정루 公正路
화메이루 華美路
샹상베이루 向上北路
중싱루 中興路
민성베이루 民生北路
다둔루 大墩路
샹상루 向上路
민성루 民生路
우취안시루 五權西路
우취안루 五權路
린썬루 林森路
난툰루 南屯路
다둔난루 大墩南路
징청난루 精誠南路
쯔유루 自由路

타이중
까르푸
家樂福
석이과
石二鍋
딩왕 마라궈
鼎王麻辣鍋
뢰조 초등학교
賴厝國小
한커우루 漢口路
타이위안루 太原路
타이위안 역
太原火車站
북둔 초등학교
北屯國小
진화베이루 進化北路
더화제 德化街
친친 극장
親親戲院
성삼 초등학교
省三國小
신민 고등학교
新民高中
지엔싱 루 健行路
젠싱루 健行路
순천 의원
順天醫院
중의 대부 의원
中醫大附醫院
육인 초등학교
育仁國小
잉차이루 英才路
타이중시 장례 관리소
台中市殯葬管理所
타이완 바나나 신낙원(솽스점)
台灣香蕉新樂園(雙十店)
타이중 이중
台中二中
오권 중학교
五權國中
타이중 중산당
台中中山堂
베이 구
北區
공자묘
孔廟
우취안루 五權路
이중제 상권
一中街商圈
타이중시립체육관
台中市立體育場
6호 마오둥
六號貓洞
국립 타이중 제일 고등학교
國立臺中第一高級中學
역행 초등학교
力行國小
타이중 방송국
台中放送局
태평 초등학교
太平國小
진화루 進化路
징우루 精武路
중화루 야시장
中華路夜市
타이중 공원
台中 公園
시립 진덕 초등학교
市立進德國小
쯔유루 自由路
남천궁
南天宮
아명사 노점 태양당
阿明師老店太陽堂
중 구
中區
악성궁
樂成宮
러예루 樂業路
악업 초등학교
樂業國小
플라자 호텔
達欣商務旅館
타이중 기차역
台中火車站
20호 창고
20號倉庫
동 구
東區
중샤오루 忠孝路
전싱루 振興路
젠청루 建成路
푸싱루 復興路
젠궈루 建國路
타이중 문화 창의 산업 단지
台中文化創意產業園區
국립 타이중 가상
國立台中家商
타이중 초등학교
台中國小

MAPECODE 17401

타이중 기차역
台中火車站 타이중 훠처잔

기차역을 넘어선 역사 유적 관광 명소

기차역의 총 면적은 5ha로 타이완 중부 지역에서 제일 큰 기차역이며 지룽 역에서부터 193.25km의 거리에 위치해 있다. 역사는 기본적으로 서양식 첨탑 구조에 타이완적인 요소를 가미한 건축 양식으로 지어진 국가가 지정한 2급 고적지다.

역 내에는 타이완 철도 관련 상점이 있는데 기차 여행 마니아라면 잠시 들러 기차 관련 각종 캐릭터 상품들을 구입해 보자. 역 광장 오른쪽에는 각 지역으로 향하는 시외버스 터미널이 있어 기차역에 내려 곧바로 인근 지역으로 연계할 수 있어 매우 편리하다. 타이중 역 뒤편으로 가면 매우 큰 규모의 민이제 관광시장民意街觀光市場이 있다. 매일 아침 8시에 영업을 시작하고 저녁 6시에 문을 닫는다. 과일과 채소는 물론 공산품까지 종류도 많고 값도 저렴하다.

台中市 台灣大道 1段 1號 ☎ 04-2221-6492 타이완 철도 관리국 www.railway.gov.tw/taichung 타이중 기차역(台中火車站) 하차.

MAPECODE 17402

타이중 공원 台中公園 타이중 궁위안

백년의 물결이 출렁이는 공원

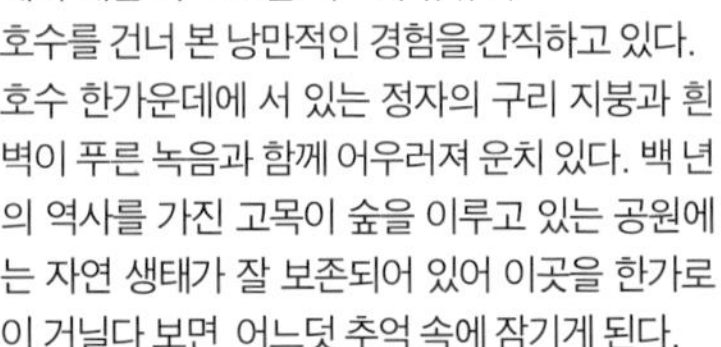

옛 이름이 '중산 공원中山公園'이었던 타이중 공원은 10.5ha에 이르는 드넓은 면적에 걸쳐져 있다. 타이중 사람이라면 누구나 한 번쯤은 이 공원의 일월호에서 배를 타고 노를 저으며 유유히 호수를 건너 본 낭만적인 경험을 간직하고 있다. 호수 한가운데에 서 있는 정자의 구리 지붕과 흰 벽이 푸른 녹음과 함께 어우러져 운치 있다. 백 년의 역사를 가진 고목이 숲을 이루고 있는 공원에는 자연 생태가 잘 보존되어 있어 이곳을 한가로이 거닐다 보면 어느덧 추억 속에 잠기게 된다.

台中市 北區公園路 37-1號 ☎ 04-2222-4174 타이중 기차역(台中火車站)에서 도보 10분. / 타이중 시내에서 1, 21, 25, 29번 버스를 타고 중산 공원(中山公園) 하차.

타이중 공원

MAPECODE 17403

이중제 상권 一中街商圈 이중제 상취안

골목마다 먹거리가 가득한 먹거리 천국

이중제 상권은 타이중 시 야구장 옆에 위치해 있어 야구팬들이 경기 관람 후 반드시 들르는 곳이다. 상권 내 미로처럼 이어진 골목마다 수공예품, 액세서리 가게 등이 빽빽하게 늘어서 있어 마치 보물찾기하는 듯한 재미를 선사한다. 이중제에서 먹는 닭튀김은 입에서 살살 녹는 듯한 맛을 자랑하는데, 타이완의 대표 먹거리 초대형 닭튀김 지파이雞排가 바로 이곳에서 탄생해 타이완 전역으로 퍼진 것이다. 장미 파이薔薇派창웨이파이, 루웨이滷味, 문어 완자章魚小丸子 장위샤오완쯔, 작은 소시지를 품은 큰 소시지大腸包小腸 다창바오샤오창 등 각종 간식거리와 옛날 맛 홍차 등은 모두 놓칠 수 없는 맛이다. 이곳은 같은 업종끼리 모여 있어 원하는 물건을 파는 상점을 찾기 편리하다.

台中市 北區 一中商圈 타이중 기차역(台中火車站)에서 50번 버스를 타고 이중제(一中街) 하차. 약 20분 소요.

MAPECODE 17404

중화루 야시장 中華路夜市 중화루 예스

현지인들이 사랑하는 야시장

중화루 야시장은 타이중에서 가장 큰 규모의 야시장으로, 영화관까지 야시장 안에 위치해 있어 항상 사람들로 북적이는 시장 풍경을 볼 수 있다. 돼지고기찜 만두肉圓 러우위안, 고기 야채말이潤餅 룬빙, 오리고기當歸鴨 당구이야, 굴전蚵仔煎 커짜이젠, 오징어볶음炒花枝 차오화즈, 돼지고기 수프肉羹 러우겅, 쌀떡米糕 미가오 등 중화루 야시장에는 수많은 로컬 음식들로 넘쳐난다. 또한 싱가포르, 상하이, 일본, 태국 요리 등 외국 요리도 맛볼 수 있으며 저렴한 가격에다 양도 많아 현지인들이 가장 사랑하는 야시장으로 손꼽힌다. 타이중에서 가장 번화가라고 손꼽는 궁위안루에서 민취안루까지 이어져 있다.

台中市 中華路 ☎ 04-2228-9111 14:00~02:30
타이중 기차역(台中火車站)에서 50번 버스를 타고 궁위안루(公園路) 입구 하차, 20분 소요.

MAPECODE 17405

국립 타이완 미술관 國立台灣美術館 궈리 타이완 메이수관

아시아에서 가장 큰 규모의 미술관

국립 타이완 미술관은 1998년에 문을 연 후 2004년에 수리를 하고 재개관하였다. 아시아에서 가장 큰 규모의 미술관으로 총 5개의 전시관이 있고 각양각색의 전시와 공연이 열린다. 지하 1층과 지상 3층으로 된 건물로 전시를 관람하는 공간에 여유를 두고 설계해 관람하는 사람들에게 편안한 분위기를 준다. 미술관 건물 밖 조각 공원은 타이중시 문화센터와 미술원길로 연결되어 미술관에서 가지고 있는 예술적 역량이 도시와 함께 숨 쉬고 있다는 특징을 가지고 있다. 관내의 정기 예술 작품 전시 외에도 미술관 밖 미술원길에서는 노천 음악회가 열리고 있어 미술관의 전시 작품을 관람하고 인근 지역을 산책하며 예술적 분위기에 흠뻑 취할 수 있는 곳이다.

台中市 西區 五權西路 1段 2號 ☎ 886-4-2372-3552 www.ntmofa.gov.tw 화~금 09:00~17:00, 토~일 09:00~18:00(월요일 휴무) 타이중 기차역(台中火車站)에서 56, 75번 버스를 타고 미술관(美術館) 하차. 약 40분 소요.

MAPECODE 17406

미술원길
美術園道 메이수위안다오

이국적인 레스토랑

미술원길의 양쪽에는 40여 개의 독특한 풍경의 건축물들이 나란히 들어서 있다. 그중에는 타이완 요리, 상하이 요리, 원주민 요리, 이태리 요리, 중동 지역 요리까지 전 세계의 다양한 음식을 파는 레스토랑들이 많이 있다. '안데르센 동화 마을 키친安徒生童話鄉村廚 안투성 통화 샹춘 추', '호박집 레스토랑南瓜屋 난과우', '초승달과 오동나무新月梧桐 신웨 우퉁' 등 각종 이국적인 레스토랑 앞을 지나다 보면 무엇을 먹어야 할지 행복한 고민에 빠진다. 또한 세계적 명품 상점, 액세서리, 화랑 등도 들어서 있고, 휴일이면 거리 예술인들이 거리 공연을 열기도 해 예술의 멋을 한껏 느낄 수 있는 곳이다.

台中市 西區 五權路 🚌 타이중 기차역(台中火車站)에서 75번 버스를 타고 문화 센터(文化中心) 하차. 약 40분 소요.

MAPECODE 17407

근미 성품 녹원길
勤美誠品綠園道 친메이 청핀 루위안다오

건물 벽면이 초록으로 숨을 쉬는 서점

궁이루公益路의 녹원길에서는 벽 전체가 녹음으로 장관을 이룬 벽을 만날 수 있는데 바로 근미 성품勤美誠品 서점이다. 건물 벽 전체에 화초가 둘러져 자라고 있어 '숨 쉬는 벽'이라고 부르는 푸르고 아름다운 벽이다. 근미 성품 건물은 타이중의 큰 자랑거리 중 하나로 CMP 그룹과 에스라이트 그룹이 합작해 2008년 5월 완공하였다. 건물은 주변의 녹화 계획과 어울리도록 설계되었는데, 건물 외벽에 약 10만 포기의 식물을 심어 전 세계에서 유일하게 식물이 자라는 대형 벽을 완성했다. 내부에도 식물로 장식해 손님들이 마치 숲을 산책하듯 산소 가득한 공간에서 쇼핑을 할 수 있도록 친환경으로 만들었다.

台中市 西區 公益路 68號 ☎ 04-2328-1000 ⓘ www.parklane.com.tw ⏲ 평일 11:00~22:00, 공휴일 10:30~22:00 🚌 타이중 기차역(台中火車站)에서 27, 81, 51번 버스를 타고 징궈위안다오(經國園道) 하차. 약 30분 소요.

MAPECODE 17408

국립 자연 과학 박물관

國立自然科學博物館 궈리 쯔란 커쉐 보우관

공룡과 인사를 나눠 보자

타이완에서 과학 교육을 목적으로 세운 첫 번째 박물관으로, 과학 센터, 우주 극장, 생명 과학관, 생활 과학관, 식물원, 지구 환경관 총 6개관이 있다. 전시 내용은 천문부터 물리까지 다양한 과학적인 테마로 이루어져 있다. 세계적인 수준의 전시물로 가득하며 외부 공간은 연중무휴로 개방하고 있다. 어린이는 물론 어른들에게도 훌륭한 교육 장소이다. 박물관 뒤 길 건너편 식물원도 추천한다. 가는 길에 만나게 되는 티라노사우루스 공룡 앞에서는 아이들이 공룡과 즐거운 대화를 나누는 장면을 보게 된다. 마치 살아 있는 듯 열대 우림 속에 서 있는 공룡들과 시대를 넘어 인사를 나누어 보는 것도 과학관에서만 가능한 즐거움이다.
식물원으로 들어가 보면 상상하지 못했던 다양한 생태가 결합된 대형 열대 우림 온실을 만날 수 있다. 전면은 유리벽으로 되어 있으며 열대 우림 온실과 타이완 각지 해저 식물 전시관으로 구성되어 있고 약 750여 종의 식물을 전시하고 있다. 온실과 전시관 사이에 넓은 잔디밭이 있어 도심의 분주함을 잠시 잊고 산책하기에 좋다.

台中市 北區 館前路 1號 ☎ 04-2322-6940 www.nmns.edu.tw 09:00~17:00(월요일 휴무) 우주 극장(太空劇場) NT$100, 식물원 NT$20, 입체 극장(立體劇場) NT$70(특별 전시는 전시마다 가격이 다름. 대략 NT$250~300) 타이중 기차역(台中火車站)에서 88, 86, 106, 168번 버스를 타고 소고(SOGO) 백화점 또는 과학 박물관 하차. 약 35분 소요.

MAPECODE 17409

타이중 문화 창의 산업 단지

台中文化創意產業園區 타이중 원화 창이 찬예 위안취

흥미로운 공연과 전시가 펼쳐지는 예술 공간

5.6ha의 넓은 면적을 가진 타이중 문화 창의 산업 단지는 원래 1922년 일본인들이 세운 다이쇼 양조 주식회사大正製酒株式會社였는데, 1945년 광복이 되자 타이중 포도주 양조장台中酒工場으로 바뀌었고, 최근에는 다시 타이완 건축, 디자인 및 아트 센터로 변신하여 타이완 중부 지역의 문화와 창조 산업을 위한 전진 기지로 탈바꿈되었다. 이곳에서 펼쳐지는 야외 설치 예술은 매우 흥미로워 사진 찍기 좋고, 내부로 들어가면 공연 공간인 'TADA Ark'와 전시 공간 이외에 'TADA CAFE' 등 편의 시설도 잘 갖추고 있다. 무엇보다 타이중 기차역에서 가까운 곳에 위치해 있어 타이중의 예술을 느껴 보고 싶은 여행자들이 쉽게 찾아갈 수 있어 좋다. 타이중에 왔다면 예술을 모든 사람의 삶의 일부로 만들고자 하는 타이중 문화 창의 산업 단지를 놓치지 말자.

台中市 南區 復興路 三段 362號 ☎ 04-2229-3079 tccip.boch.gov.tw/tccp 실내 개방 평일 09:00~17:00, 주말(5~10월) 09:00~18:00 타이중 기차역(台中火車站)에서 푸싱루(復興路) 방향으로 도보 15분.

MAPECODE 17410

평자 야시장 逢甲夜市 평자 예스

젊음과 활력이 넘치는 대학가 야시장

1963년 평자 대학교逢甲大學가 이곳으로 옮겨 오면서 시장이 형성되었다. 대학교 담과 맞닿아 있고 교문 앞쪽으로 넓게 형성된 야시장이라 젊은 학생들이 좋아할 음식들이 많고 저렴한 가격에 영업시간이 긴 것도 특징이다. 특히 기발한 아이디어로 만든 간식은 유행을 일으켜 다른 지역까지 전파되는 것으로도 유명하다. 젊음과 활력이 넘치며 지룽의 먀오구 야시장과 함께 '타이완에서 제일 맛있는 야시장'이라는 칭호를 받고 있다. 음식뿐 아니라 갖가지 독특한 상점들도 있어 구경하기 좋다.

台中市 西屯區 文華路 ☎ 04-2451-5940 16:00~02:00 타이중 기차역(台中火車站)에서 45, 25, 33, 35번 버스를 타고 평자 대학교(逢甲大學) 하차, 평자 대학교 앞. 약 1시간 소요.

MAPECODE 17411

무지개 마을 彩虹眷村 차이훙 쥐안춘

무지개가 뜬 것 같은 마을 풍경

타이중에 있는 작은 마을 쥐안춘眷村에는 그림 그리기를 매우 좋아하는 할아버지가 살고 있다. 할아버지는 나이가 들면서 점점 걱정 근심이 많아졌다. 아침에 눈을 뜨고 일어나면 세상이 잘못될까 봐 몹시 걱정되어 견딜 수가 없었다. 그래서 모든 걱정을 떨치기 위해 자고 일어나면 자기 집에 다 그림을 그리기 시작했다. 시간이 지나자 집을 벗어나 길거리 벽까지 할아버지의 그림들로 가득 차게 되었다. 화려한 색깔과 순진한 필치의 아주 귀여운 그림이 매일 하나씩 늘어갔다. 마을 전체가 화려한 옷을 걸친 것 같고 평범한 현실 세계와는 구별되는 풍경이 연출되었다. 할아버지가 그린 그림이 주는 메시지는 평화, 안정, 행복을 기원하는 내용이다. 그래서인지 이곳을 찾은 사람들은 마을 곳곳에 그려진 낯선 그림들 속에서 마냥 즐거워진다. 사람들은 이 그림으로 인해 마치 마을에 무지개가 뜬 것과 같다고 하여 '무지개 마을 彩虹眷村'이라는 별칭으로 부르게 되었다.

台中市 南屯區 春安路 56巷 ☎ 092-016-2888 www.1949rainbow.com.tw 타이중 기차역(台中火車站)에서 27번 버스를 타고 간청류춘(干城6村) 하차. 춘안초등학교(春安國小) 근처에 있다. 약 1시간 30분 소요.

Eating

춘수당 春水堂 춘수이탕

MAPECODE 17412

1990년대부터 타이중 시정부 근처의 한 찻집에서 버블티珍珠奶茶 전주나이차를 선보이기 시작했다. 진한 밀크티와 부드럽고 쫄깃한 타피오카 과립이 만나 이루어진 절묘한 조화는 삽시간에 타이완 전역에 알려지기 시작했다. 지금은 타이완의 웬만한 음료 가게에서는 모두 판매하고 있고, 한국이나 해외에서도 맛볼 수 있는 유명 음료가 되었다. 타이중에는 버블티 찻집이 많지만, 버블티의 시작이 되었던 원조 춘수당에서 맛보는 버블티는 아주 특별할 것이다.

台中市 西區 五權4路 一段 2號 B1 ☎ 04-2376-3342 chunshuitang.com.tw 08:00~22:00 타이중 시내에서 56번 버스를 타고 메이수관(美術館) 하차.

준미 파인애플 케이크

MAPECODE 17413

俊美鳳梨酥 쥔메이 펑리쑤

타이완에 가면 꼭 사게 되는 아이템이 파인애플 케이크鳳梨酥 펑리쑤이다. 타이중에서 가장 유명한 파인애플 케이크 가게를 소개한다면 준미 파인애플 케이크를 추천한다. 타이완에서 생산된 신선한 파인애플로 만들어 파인애플 자체의 달콤한 맛을 그대로 느낄 수 있어 많은 여행객들의 사랑을 받고 있다. 준미 파인애플 케이크는 맛도 맛이지만 창의성이 돋보이는 포장 디자인이 특징이다. 타이중 사람들이 강력 추천하는 이곳에서 선물용 파인애플 케이크를 구입해 보자.

台中市 大墩南路 429號 ☎ 04-2475-0900 www.food168.com.tw 08:00~21:00 1상자(10개) NT$200~ 타이중 기차역(台中火車站)에서 53번 버스를 타고 다둔난루(大墩南路) 하차.

아명사 노점 태양당

MAPECODE 17414

阿明師老店太陽堂 아밍스 라오뎬 타이양탕

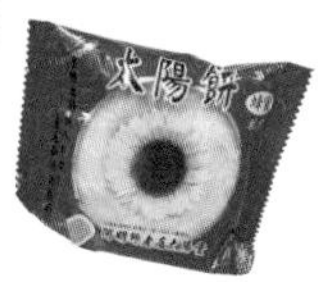

태양병太陽餅 타이양빙은 여러 층으로 된 바삭바삭한 외피에 물엿으로 만든 달콤한 속이 들어 있는 디저트로, 맥아병麥芽瓶 마이야빙이라는 타이완 전통 디저트에서 발전된 음식이다. 타이중 태양병은 적당한 단맛과 쫀득하지만 이에 들러붙지 않는 장점이 있어 큰 사랑을 받고 있다. 최근 외피의 맛을 다양하게 개발하여 딸기맛, 홍차맛 등 창의성 넘치는 태양병이 출시되어 고객에게 더 넓은 선택의 폭을 제공하고 있다.

台中市 中區 自由路 二段 11號 ☎ 04-2227-4007 www.suncake.com.tw 10:30~20:00 1상자(태양병 10개) NT$230~ 타이중 기차역(台中火車站)에서 쯔유루(自由路) 방향으로 도보 5분.

Sleeping

플라자 호텔

MAPECODE 17415

Plaza Hotel 達欣商務旅館 다신 상우 뤼관

편리한 교통과 편안한 휴식을 모두 만족시키는 호텔이다. 타이중 기차역과 시외버스 터미널 근처에 위치해 있으며 타이중 전자 상가 거리, 중앙 공원, 중화루 야시장, 타이중 공자묘 등 관광 명소로 이동하기에 편하다. 객실 내부 인테리어는 심플하면서도 디자인 감각이 돋보이며 밝은 실내가 깔끔한 이미지를 준다. 지하층은 전체가 손님들의 휴식공간인 피트니스 센터, 컴퓨터실, 회의실, 세탁실로 사용되고 있으며 2층은 레스토랑으로 저녁까지 운영하고 있다. 2층은 커다란 유리창으로 되어 있어 조식을 먹으면서 한눈에 들어오는 타이중의 도시 풍경을 감상할 수 있다. 비오는 날에는 우산을 대여해 주는 등 최고의 서비스를 위해 노력하는 호텔이다.

台中市 中區 建國路 180號 ☎ 04-2226-9666 www.plaza-hotel.com.tw NT$1,400~ 타이중 기차역(台中火車站) 광장 오른쪽으로 도보 2분.

호텔 원

MAPECODE 17416

Hotel ONE 亞緻大飯店 야즈 다판뎬

타이중 호텔 중에서 가장 높고 큰 규모를 자랑한다. 현대적인 디자인의 202개 객실에는 무선 인터넷, 37인치 LCD, 5.1 서라운드 사운드, 레이저 프린터까지 갖추고 있어 비즈니스를 목적으로 온 사람들이 편리하게 이용할 수 있다. 이러한 최고의 시설 때문에 타이중을 찾는 국빈급 손님들은 모두 이 호텔에서 묵는다고 한다. 호텔 로비에는 이곳을 다녀간 세계적으로 유명한 스타들의 친필 사인도 볼 수 있다. 객실에는 고객의 이름이 새겨진 고객 전용 명함이 놓여 있고 고객에게 전용 핸드폰을 제공하여 외출 시에 언제 어디서나 번호 '8'을 누르기만 하면 호텔로 연결되는 서비스를 제공하고 있다.

台中市 西區 英才路 532號 ☎ 04-2303-1234 www.hotelone.com.tw NT$8,500~ 타이중 기차역(台中火車站)에서 27번 버스를 타고 징궈위안다오(經國園道) 하차. 30분 소요.

호텔 내셔널

MAPECODE 17417

Hotel National 全國大飯店 취안궈 다판뎬

타이중의 호텔 중에서 위치가 가장 좋은 호텔이다. 명소인 국립 자연 과학 박물관,식물원, SOGO 백화점, 근미성품 녹원길을 걸어서 갈 수 있다. 또한 고급스럽고 세련된 객실을 178개 가지고 있는 럭셔리 호텔답게 건물 내에는 중식과 서양식 레스토랑이 4곳이나 있다.

台中市 西區 館前路 57號 ☎ 04-2321-3111 www.hotel-national.com.tw 슈피리어 룸 NT$5,600~6,500

플라자 인터내셔널 호텔 MAPECODE 17418

Plaza International Hotel
通豪大飯店 퉁하오 다판뎬

타이중 시 중심에 위치하고 있는 24층 국제 관광 호텔이다. 아름다운 전망을 가진 화려한 방이 200개가 있고 수영장과 사우나, 헬스클럽 등 이유 있는 호사를 누려 볼 수 있는 곳이라 여행이나 출장에 모두 좋은 호텔이다.

台中市 北區 中清路 1段 521號 ☎ 04-2295-6789 www.taichung-plaza.com 스탠다드 싱글 룸 NT$5,400

스플랜더 호텔 MAPECODE 17419

Splendor Hotel Taichung
台中金典酒店 타이중 진뎬 주뎬

타이중에서도 가장 번화한 지역에 위치해 있다. 오랜 명성이 아깝지 않은 곳으로 객실 222개 있고, 국제적인 요리를 맛볼 수 있는 레스토랑이 3개나 있으며, 도심의 야경을 즐길 수 있는 카페도 있다. 헬스클럽과 온수 수영장 등 시설도 다양하게 갖추고 있다.

台中市 健行路 1049號 ☎ 04-2328-8000 splendor-taichung.com.tw 슈피리어 룸 NT$8,000

더 선 핫 스프링 & 리조트 MAPECODE 17420

The Sun Hot Spring & Resort
台中日光溫泉會館 타이중 르광 원취안 후이관

타이완 돈 6억을 투자한 디자인으로 화제가 되었던 온천 호텔이다. 멋스러운 객실이 42개, 온천 객실이 38개 있다. 타이중 시내에서 벗어난 휴양지 다컹 풍경구大坑風景區 안에 있어 가격도 생각보다 비싸지 않기 때문에, 하루쯤 호사를 누리며 힐링하는 호텔로 안성맞춤이다. 호텔 근처에는 등산 보도가 9개가 있고 편안함을 주는 아늑한 분위기의 카페도 있다.

台中市 北屯區 東山路 2段 光西巷 78號 ☎ 04-2239-9000 www.thesun-resort.com.tw 스탠다드 룸 NT$6,000

템푸스 호텔 MAPECODE 17421

TEMPUS Hotel 永豐棧酒店 융펑잔 주뎬

타이중의 대표 호텔 중 하나로, 스파, 레스토랑, 바, 헬스클럽 등 잘 갖춰진 시설과 넓은 객실 인테리어가 특징이다. 이 호텔은 손님들로 하여금 집에 있는 듯 편안함을 느끼게 하는 것이 목표라고 한다. 친절함과 럭셔리를 겸비한 호텔이다.

台中市 西屯區 台灣大道 2段 689號 ☎ 04-2326-8008 www.tempus.com.tw 딜럭스 트윈/더블 NT$8,800

르웨탄
日月潭

해와 달을 품은 거울 같은 호수

타이완 사람들이 가장 사랑하는 여행지 르웨탄은 타이완에서 가장 큰 고산 담수호로 난터우南投의 깊은 산중, 해발 748m에 위치해 있다. 수심 27m, 면적 7.93km²에 이르는 거대한 호수의 고요하고 평화로운 풍경을 바라보고 있으면 몸과 마음이 편안해짐을 느낄 수 있다. 산으로 둘러싸인 호수의 경관이 아름다워 호수를 따라 산책하기 좋으며 주변 마을들은 좁은 골목길이 아기자기해 매우 인상적이다. 시간별로 운행하는 유람선을 타고 호수를 한 바퀴 돌아보거나 나룻배에 올라 직접 노를 저으며 천천히 호수를 만끽할 수도 있다. 르웨탄은 원래 싸오족Thao 邵族의 선조들이 수백 년 전부터 터를 잡고 살았던 땅으로, 호수의 북쪽은 둥근 해 모양, 남쪽은 뾰족한 초승달 모양을 하고 있기 때문에 '해와 달의 호수'라는 뜻의 르웨탄日月潭으로 불리게 되었다고 한다.

information 행정 구역 南投縣 魚池鄉 日月村 국번 04
홈페이지 www.sunmoonlake.gov.tw

르웨탄

구족 민박 九族民宿
스터우산 獅頭山
크리스털 리조트 晶園休閒渡假村
구족 문화촌 九族文化村
운품 호텔 雲品酒店
중산루 中山路
용봉궁 龍鳳宮
르웨탄 수이서 관광객 센터 日月潭水社遊客中心
문무묘 文武廟
공작원 孔雀園
판쯔티안산 番子田山
구족 문화촌 목륜병 九族文化村木輪餅
선 문 레이크 호텔 日月潭大飯店
위안산 圓山
르웨탄 수이서 부두 日月潭水社碼頭
The Wen Wan Resort 日月行館
중정루 中正路
르웨탄 케이블카 구족 종점 日月潭纜車九族端場站
함벽루 호텔 涵碧樓大飯店
르웨탄 日月潭
현광 부두 玄光碼頭
르웨탄 케이블카 日月潭端車站
르웨탄 청년 액티비티 센터 日月潭青年活動中心
현광사 玄光寺
이다사오 부두 伊達邵碼頭
부지산 卜吉山
르웨탄 국가 풍경구 日月潭國家風景區
이다사오 伊達邵
칭룽산 青龍山
중정루 中正路
루이후궁루 瑞湖公路
더구후 得谷湖
칭산루 青山路
얼룽산 二龍山
루이후궁루 瑞湖公路
터우서 파출소 頭社派出所
홍목 농장 민박 紅木農莊民宿

타이베이에서 출발하는 경우

- 타이베이 서부 버스 터미널 B동台北西站B棟에서 르웨탄으로 직행하는 국광 객운國光客運 버스를 탑승한다. 소요 시간은 약 4시간이다.
  요금 편도 NT$450, 왕복 NT$820 전화 02-2361-7965
  홈페이지 국광 객운 www.kingbus.com.tw
- 타이베이에서 타이중까지 버스(약 2시간 30분 소요, 요금 NT$260) 또는 기차(2시간 30분 소요, 요금 NT$400)를 타고 이동한 후, 타이중 기차역台中火車站 맞은편 버스 터미널에서 르웨탄 가는 직행 버스를 탄다. 타이중에서 르웨탄까지는 1시간 30분 정도 소요되며 요금은 NT$165이다.

타이중에서 출발할 경우

- 타이완 호행台灣好行 르웨탄 노선日月潭線
  노선 타이중 기차역(台中火車站) → 고속철도 타이중역(高鐵台中站) → 르웨탄 수이서 관광객 센터(水社遊客中心)
  요금 편도 NT$180, 왕복 NT$330 배차 간격 30분(운행 시간 07:15~19:50) 홈페이지 www.taiwantrip.com.tw
- 난터우 객운南投客運 6678번 버스
  노선 타이중 기차역(台中火車站) → 고속철도 타이중 역(高鐵台中站) → 르웨탄(日月潭) 요금 NT$217
  배차 간격 1시간 소요 시간 1시간 30분~2시간 홈페이지 www.ntbus.com.tw 문의 전화 04-9298-4031

르웨탄 유람선 日月潭遊船

르웨탄 호수에서 배를 타고 수이서 부두(水社碼頭)→현광사(玄光寺)→이다사오(伊達邵)를 돌아보는 코스이다.
운영 시간 08:00~17:00(평일 30분, 휴일 15분 간격으로 운행)
요금 편도 1구간 NT$100, 전체 구간 NT$300
티켓 구입처 수이서 관광객 센터(水社遊客中心)

르웨탄 셔틀버스

수이서 관광객 센터(水社遊客中心)에서 출발하여 호수를 순환하는 버스이다.
요금 1일 NT$80
전화 04-9285-5353
홈페이지 www.sunmoonlake.gov.tw
문의 전화 04-9298-4031

자전거 대여점

수이서(水社) 관광객 센터와 샹산(向山) 관광 안내 센터에서 자전거를 대여하여 이용할 수 있다.
운영 시간 5~10월 06:00~19:00 / 11~4월 07:00~18:00
요금 약 NT$200~(시간과 자전거의 종류에 따라 다름)

수이서 관광객 센터 水社遊客中心

르웨탄 셔틀버스와 유람선 티켓 이외에 타이완 호행 버스, 케이블카, 호수 유람 버스, 보트 탑승권, 자전거와 전동차 대여 우대권 등을 결합한 르웨탄 패스도 판매한다. 또한 이곳에서는 무료로 짐을 보관해 주며 휴대폰 충전, 사진 인화, 휠체어와 유모차 대여 서비스도 하고 있으니 참고하자.

南投縣 魚池鄉 中山路 163號 ☎04-9285-5353 www.sunmoonlake.gov.tw 09:00~17:00
고속철도 타이중 역에서 타이완 호행 버스를 타고 수이서 관광객 센터 하차.
타이베이 국광 객운(國光客運)에서 르웨탄 직행 버스(直達日月潭專車)를 타고 수이서 관광객 센터 하차.

르웨탄 수륙공 호행 패스 日月潭水陸空好行套票

이 티켓은 르웨탄에서 버스, 케이블카, 배를 모두 이용할 수 있는 티켓으로, 르웨탄의 다양한 매력을 구경하고 싶다면 이용해 보자. 가격은 NT$330이고 특별 지정된 상점에서 자전거를 빌리거나 커피를 마실 수 있는 우대권도 함께 제공한다. 타이중台中 시내에서 왕복하는 관광객들은 구족 문화촌 입장권을 추가로 구입하면 주변의 관광지까지 함께 구경할 수 있다. 관광청에서 운영하는 수이서 관광객 센터에서는 다양한 패키지 투어 티켓을 판매하고 있다. 자세한 정보는 르웨탄 홈페이지를 참고하자.

www.sunmoonlake.gov.tw/Activities/TaiwanTrip/Tickets/Tickets01.htm

Best Tour

르웨탄 하루 코스

수이서 관광객 센터 水社遊客中心 —유람선 30분→ 르웨탄 유람선 타기 —르웨탄 셔틀버스 5분→ 문무묘 文武廟 —케이블카 10분→ 구족 문화촌 九族文化村

문무묘 文武廟 원우먀오

황금색 기와의 장엄한 건축물

문무묘는 공자, 관우, 악비와 그 제자들을 모신 사당으로 1938년에 건축되었다. 지금의 건물은 1996년 북조北朝 시대 풍의 전통 건축 양식으로 재건되었고 황금색을 띈 장엄한 분위기가 특색이다. 타이완 최대의 부지를 자랑하는 사당으로, 입구 좌우에 거대한 사자상이 있다. 대성전 뒤의 전망대에서는 르웨탄과 주위 절경이 한눈에 들어온다. 사당 위로 오르는 길에 주렁주렁 매달려 있는 소원 열매들이 인상적이다. 호수 주변에 자리 잡은 사당이어서 이곳의 소원 열매는 습기는 물론 비를 맞아도 끄떡없는 소재로 만들어졌다. 햇빛이 비추면 소원 열매의 황금색이 빛을 발하는데

마치 소원이 이루어지는 순간처럼 눈부시다. 이곳에서는 사람들의 가슴속 깊은 소망이 지워지거나 망가지지 않고 매일 빛이 나고 있다.

🏠 南投縣 魚池鄉 日月村 中山路 63號 ☎ 04-9285-5122 ⊙ 24시간 🚌 수이서 관광객 센터(水社遊客中心)에서 르웨탄 셔틀버스를 타고 원우먀오(文武廟) 하차.

MAPECODE 17423

구족 문화촌 九族文化村 주쭈 원화춘

타이완 원주민 테마파크

타이완의 대표적인 원주민 테마파크로 타이완 중부 난터우 현南投縣에 위치해 있다. '구족'이란 타이완에서 현존하는 9개의 원주민 종족인 야미족Yami 雅美族, 아미족Amis 阿美族, 아타얄족Atayal 泰雅族, 사이시얏족Saisiyat 賽夏族, 츠우족Tsou 鄒族, 브눈족Bunun 布農族, 프유마족Puyuma 卑南族, 르카이족Rukai 魯凱族, 파이완족Paiwan 排灣族을 지칭한다. 이들 원주민을 주제로 한 9개의 마을이 있어 타이완의 전통 민속 문화를 좀 더 가까이에서 이해할 수 있다. 구족 문화촌 문화 광장에서는 매일 시간을 정해 전통 무용을 공연한다.

또한 이곳은 일본 애니메이션 〈원피스〉 테마파크로도 유명한데, 원피스 마니아들이 좋아할 조형물들이 곳곳에 있으며 극장 안에서는 〈원피스〉 3D 영상을 상영하고 있다. 잘 정돈된 고급스러운 분위기의 유럽식 정원이 있고 캐러비안 스플래시, 자이로드롭, 롤러코스터, 바이킹, 풍선기구, 회전목마 등 신나는 놀이기구도 있다.

南投縣 魚池鄉 大林村 金天巷 45號 ☎ 04-9289-5361, 04-9289-8835 www.nine.com.tw NT$850 평일 09:30~17:00, 주말 · 공휴일 09:30~17:30 (티켓 판매 15:00까지) 구족 문화촌 입장권을 구매하면 당일 르웨탄 무료 탑승권을 증정하므로 르웨탄에서 케이블카를 타고 가거나 택시(소요 시간 15분, 요금 NT$400)를 이용한다.

타이중에서 구족 문화촌 가는 교통편

★ 난터우 객운 南投客運

타이중(台中) → 고속철도 타이중 역(高鐵台中站) → 푸리(埔里) → 구족 문화촌(九族文化村) → 르웨탄(日月潭) ☎ 04-9298-4031 www.ntbus.com.tw 타이중 출발 07:50, 08:50, 09:50, 15:50 / 구족 문화촌 출발 09:30, 15:30, 16:30, 17:30(약 2시간 20분 소요) NT$206

Travel Tip

르웨탄에서 케이블카 타기

르웨탄에서 구족 문화촌까지 케이블카를 타고 올라갈 수 있는데, 르웨탄 호수 풍경을 만끽하며 구족 문화촌으로 향하는 가장 좋은 방법이다. 구족 문화촌과 르웨탄 구간을 왕복 운행하는 케이블카는 전체 길이가 1.87km, 최고 높이 해발 1,044m로, 이동 시간은 7분 정도 소요된다. 올라가는 동안 하늘에서 르웨탄 전체의 모습을 한눈에 내려다볼 수 있어서 인기가 좋다.

☎04-9285-0666 ⓘ www.ropeway.com.tw ⓥ평일 10:30~16:00, 휴일 10:00~16:30(매월 첫째 주 수요일 휴무) ⓦ왕복 NT$300 (※ 구족 문화촌 입장권을 구입하는 관광객은 케이블카 탑승 무료)

Sleeping

크리스털 리조트

MAPECODE 17424

Crystal Resort

日月潭晶園休閒渡假村 르웨탄 징위안 슈셴 두자춘

르웨탄에서 가장 인기 좋은 호텔로, 신혼 여행으로 추천할 만큼 깔끔하고 편안한 호텔이다. 호텔 밖으로 나가면 곧바로 르웨탄을 따라 산책할 수 있다. 객실에서는 조용하고 느긋하게 아름다운 호수와 산 풍경을 감상할 수 있으며 밤이 되면 호수 위에 펼쳐진 멋진 야경을 즐길 수 있다. 유선 및 무선 인터넷이 무료로 지원되며 욕조와 샤워 시설을 갖춘 전용 욕실이 갖춰져 있다. 무료 신문, 24시간 운영되는 프런트 데스크, 다국어 구사 가능한 직원 등 편리한 서비스를 제공하고 있다.

⌂ 南投縣 魚池鄉 大林村 金天巷 70-1號 ☎ 04-9289-8740 ⓘwww.crystalresort.com.tw ⓦNT$5,500~

선 문 레이크 호텔

MAPECODE 17425

Sun Moon Lake Hotel

日月潭大飯店 르웨탄 다판뎬

5성급 호텔로 객실에서 아름다운 호수 르웨탄을 한눈에 볼 수 있으며 전용 스파 욕조 및 LCD TV 등을 갖춘 20개의 각각 다른 스타일의 객실에서 럭셔리한 분위기를 맘껏 즐길 수 있다. 유선 및 무선 인터넷이 무료로 지원되며 DVD 플레이어 및 케이블 프로그램도 즐길 수 있다. 프런트에 요청하면 왕복 공항 셔틀을 별도의 요금으로 이용할 수 있다.

⌂ 南投縣 魚池鄉 水社村 中山路 419號 ☎ 04-9285-5511 ⓘsmlh.com.tw ⓦNT$7,000~

푸리
埔里

타이완 중심 표지석이 있는 곳

푸리는 중부 교통의 중심지로, 르웨탄을 가거나 허환산의 청경 농장을 가는 길에 반드시 지나게 되는 곳이다. 푸리는 해발 380~720m 고도에 위치한 지역으로 주변은 산으로 둘러싸여 있다. 타이완 섬 한가운데에 위치하고 있어 타이완의 배꼽이라는 별칭과 함께 물Water, 술Wine, 여성Woman, 기후Weather가 좋아 타이완의 4W 도시라고 불리기도 한다. 푸리는 자연환경이 좋아서 타이완에서 가장 살기 좋은 지역으로 손꼽히는 곳으로, 깨끗한 수질은 술을 빚기에 적합해 푸리에 오면 제일 먼저 들러 보는 곳이 소흥주를 만드는 푸리 양조장埔里酒廠이다. 그 밖에 종이로 지어진 진짜 교회도 있고 공기가 맑아 나비의 서식지로도 유명하다. 여정 중에 푸리를 지나가게 되면 한나절이라도 둘러보기를 권한다.

information 행정 구역 南投縣 埔里鎮 국번 049 홈페이지 www.puli.gov.tw

가는 방법

- 타이베이 출발 : 타이베이 서부 버스 터미널 B동台北西站B棟에서 푸리 가는 버스는 06:00~21:00 사이에 16편 운행되며 소요 시간은 약 3시간 40분, 요금은 NT$3,850이다.
- 타이중 출발 : 간청 버스 터미널干城車站에서 푸리 가는 버스는 07:20~22:00 사이에 운행되며 소요 시간은 약 70분, 요금은 NT$125이다.

시내 교통

버스

푸리 버스 터미널에서 출발하는 난터우 객운南投客運 버스가 푸리 명소 곳곳을 운행한다.

택시

푸리에서 한나절 정도만 여행할 계획이라면, 버스를 타고 다니다가는 일정에 차질이 생길 수 있으므로 택시를 이용하는 것이 효율적이다. 시내에서의 택시비는 NT$100부터이며 교외로 갈 때는 택시 기사와 먼저 왕복 요금을 정하고 출발해야 한다.

Best Tour

푸리 한나절 코스

목생 곤충관 木生昆蟲館 —버스 20분→ **종이 교회** 紙教堂 —버스 30분→ **푸리 양조장** 埔里酒廠

MAPECODE 17426

푸리 양조장 埔里酒廠 푸리 주창

술에 관한 모든 것

푸리 양조장에서 생산하는 술은 황주의 일종인 소흥주紹興酒 사오싱주로, 찐 찹쌀을 보리 누룩과 섞어 발효시켜 만든 술이다. 고량주나 소주 같은 투명한 술만 생각하고 이 술을 접하면 소흥주의 색깔을 보고 당황할 수 있지만, 애주가라면 시큼한 맛의 황색술에 금세 반한다. 그래서 이곳은 평일에도 많은 사람들로 북적인다.

관람을 하는 순서는 먼저 2층으로 올라가 술을 담았던 항아리로 긴 터널을 만들어 놓은 타이완 소흥 문화관台灣紹興文化館을 구경한다. 항아리 안에 술은 없지만 술 익는 냄새가 풍기면서 분위기를 더해 준다. 이곳에서는 소흥주의 역사와 만들어지는 과정, 보관 방법들을 전시해 놓았고 타이완의 각종 술과 기념주 등이 진열된 전시관, 주류 백문 백답이 있다.

관람을 마치고 1층으로 내려가면 술을 맘껏 시음해 보고 살 수 있는 곳이 있다. 술 외에도 누룩으로 만든 상품과 술로 만든 과자, 사탕, 아이스크림도 있다. 밖으로 나가면 왼쪽 야외 정원에 주신사당과 연못이 있고 맞은편에는 푸리 양조장의 인기 메뉴인 소시지가 맛있는 냄새로 유혹한다.

南投縣 埔里鎮 中山路 3段 219號 ☎04-9290-1649 event.ttl-eshop.com.tw/pl 월~금 08:30~17:00, 토~일 08:30~17:30 난터우 객운(南投客運) 버스 터미널에서 버스를 타고 푸리 양조장(埔里酒廠) 하차.

MAPECODE 17427

목생 곤충관 木生昆蟲館 무성 쿤충관

나비와 곤충 표본이 전시된 박물관

푸리의 맑은 공기와 좋은 물은 나비들이 살기에 적합해 푸리는 타이완에서 가장 알맞은 나비 서식지로 유명하다. 그래서 1974년 타이완은 이곳

에 곤충 전문 과학 박물관을 설립해 운영하고 있다. 외관은 눈에 띌 만큼 크고 화려하지는 않지만 곤충 박물관 안으로 들어가면 올빼미 나비, 리본 나비, 부처 나비 등 희귀종들을 눈으로 직접 볼 수 있으며 나비 이외에 사슴벌레 약 1,100종 등 16,000종 이상의 곤충 표본이 전시되어 있다. 박물관 시설로는 전시관 이외에 나비 생태 공원, 초식 곤충 교육 센터, 시뮬레이션 생태 교육관, 직접 체험할 수 있는 DIY 교실 등이 있다. 현재 세계에서 세 번째로 큰 곤충박물관이다.

南投縣 埔里鎮 南村路 6-2號 ☎ 049-291-3311 www.insect.com.tw 09:00~17:00 NT$120 푸리 난터우 객운(南投客運) 버스 터미널에서 6268번 버스를 타고 우이 예술 공원(牛耳藝術公園) 하차 후 도보로 목생 곤충관(木生昆蟲館) 도착. 약 30분 소요.

MAPECODE 17428

종이 교회 紙教堂 즈자오탕

종이 예술로 만든 교회

푸리에는 아주 특별한 건물이 있다. 푸리의 특산품인 종이로 만들어진 교회이다. 1999년에 일어난 9.21 대지진은 푸리 지역을 초토화시켰다. 지금은 언제 그런 일이 있었나 싶게 평화롭지만 푸리 양조장埔里酒廠에 가면 그 당시의 사진들이 전시되어 있다. 푸리 지역을 뒤흔들고 간 지진은 너무나 참혹했다. 그래서 한 타이완 사람이 일본의 고베에 있는 종이 교회를 똑같이 이곳에 짓기를 원했다. 일본도 1995년 고베 대지진을 겪었고 지진 이후에 지은 종이 교회가 지진으로 상처받은 사람들에게 안정을 가져다주었기 때문이다. 일본의 적극적인 지원으로 일본의 종이 교회와 같은 종이 교회가 푸리에 세워졌다. 종이라는 소재가 어떻게 지진으로 상처받은 영혼을 위로해 줄 수 있는지는 교회 안에 들어가 보면 알게 된다. 교회 안에는 교회를 알리는 십자가나 기타의 표시물이 없다. 내부는 58개의 고압축 펄프 기둥으로 되어 있고 지붕은 투명한 소재로 되어 있으며 빛이나 바람에 따라 벽 전체를 열고 닫을 수 있다. 이 교회는 매주 예배를 드리는 진짜 교회이며 예배 이외의 시간에는 지역 주민을 위한 음악회가 열리기도 한다.

南投縣 埔里鎮 桃米里 桃米巷 52-12號 ☎ 049-291-4922 paperdome.homeland.org.tw 일~화·금 09:30~17:30, 토 09:30~20:00 (수, 목 휴무) NT$100 푸리 시내에서 풍영 객운(豐榮客運) 6289번 버스를 타고 수이리(水里) 하차. 약 1시간 30분 소요.

Travel Tip

타이완 지리 중심비

타이완의 배꼽이라 불리는 타이완 지리 중심비台灣地理中心碑가 난터우 푸리에 있다. 타이완의 중앙 지점인 북위 23도 32초, 동경 120도 58분 25초를 표시하고 있다. 찾아가는 길은 타이중 간청 버스 터미널干城車站에서 출발, 난터우 푸리에 도착하여 난터우 객운南投客運 버스 터미널에서 버스를 타고 푸리 공업 고등학교埔里高工站에서 하차하여 5분 정도 걸어가면 도착한다.

난터우
南投

타이완의 심장부 역할을 하는 곳

난터우 현南投縣은 타이완의 정중앙에 위치하여 타이완의 심장부라고 부른다. 기후는 다른 지역에 비해 온도가 낮은 연평균 23도 내외이며 강우량은 연평균 2,100mm 내외로 비의 양이 많은 편이고 대체로 온화한 날씨를 보이는 아열대 계절풍 기후이다. 타이완에서 두 번째로 넓은 면적을 가지고 있으며 전체 현 면적의 83%가 산악 지대인데 해발 3,000km 이상 높은 고산이 41개가 있다. 그중에서도 위산玉山은 타이완에서 가장 높은 산이다. 현을 지나는 거대한 계곡 물줄기를 따라 타이완 70%의 포유동물과 81%의 양서류들의 서식처가 있으며 타이완에서만 볼 수 있는 희귀종들이 많다. 난터우 현은 행정 구역상으로는 난터우 시와 12개의 향鄉 샹으로 구성되어 있다.

information 행정 구역 南投縣 국번 049 홈페이지 www.nantou.gov.tw

가는 방법

타이베이에서 출발하는 경우

타이베이 서부 버스 터미널 B동台北西站B棟에서 국광 객운國光客運 버스를 타고 푸리 버스 터미널에 도착해서 난터우 객운南投客運 버스를 탄다. 타이베이에서 푸리까지는 약 3시간 30분이 소요되며 요금은 NT$385이다. 푸리에서 청경 농장까지는 약 1시간 20분이 소요되며 요금은 NT$115이다.

타이중에서 출발하는 경우

타이중 버스 터미널에서 난터우 객운南投客運 버스를 타고 간다. 2시간 10분 소요되며 하루 2차례(08:20, 12:20) 출발한다. 요금은 NT$240이다.

푸리에서 출발하는 경우

푸리 버스 터미널에서 난터우 객운南投客運 버스를 탄다. 1시간 20분 소요되며 하루 8차례 운행하고 요금은 NT$115이다.

시내 교통

난터우 청경 농장清境農場 주변 명소는 택시를 이용해 다닌다. 택시는 기본 요금(NT$100)으로 가고자 하는 장소를 미리 말하고 가격을 정한 후 탑승한다.

Best Tour

난터우 하루 코스

청경 농장 清境農場 도착 →(도보 3분) 테마파크 산책 →(도보 3분) 청경 종이상자 테마 레스토랑 清境紙箱王主題餐廳에서 식사 →(버스 또는 택시 15분) 청청 초원 青青草原에서 양떼와 놀기

MAPECODE 17429

청경 농장
清境農場 칭징 눙창

해발 3,200m 아름다운 고산 지역 자연 속으로!

타이베이에서 르웨탄日月潭을 거쳐 청경 농장에 오려면 버스로 6시간 정도 걸린다. 타이중에서 하루 여행을 마치고 다음 날 코스로 연결해서 온다면 버스로 푸리에서 환승하면 된다.

대부분 해발 2,000m 이상의 고산 지대에 위치한 청경 농장은 고도를 실감하기 어려울 정도로 잘 개발되어 있다. 농장 안에는 청경 농장 국민 빈관清境農場 國民賓館의 리조트 시설과 가족들이 나들이하기 좋은 테마파크가 있으며 조금만 걸어가면 차 농장이 나온다. 일출을 보기 좋은 뷰 포인트로 가는 길에는 각종 꽃을 키우는 화초 농장을 곳곳에서 만날 수 있다.

아직까지 한국 여행자들에게는 잘 알려지지 않았지만 많은 타이완 사람들이 찾아오는 관광 명소다.

南投縣 仁愛鄉 大同村 仁和路 170號 ☎ 049-280-2748 08:00~17:00 www.cingjing.gov.tw 평일 NT$160, 주말 NT$200 타이베이 서부 버스 터미널(台北西站)에서 국광 객운(國光客運) 버스를 타고 푸리에 도착하여 난터우 객운(南投客運) 버스를 타고 청경 농장 국민 빈관(清境農場國民賓館) 하차. / 타이중에서 난터우 객운(南投客運) 버스를 타고 청경 농장 국민 빈관 하차.(2시간 10분 소요, 08:20, 12:20 하루 2회 운행, 요금 NT$240) / 푸리에서 난터우 객운(南投客運) 버스를 타고 청경 농장 국민 빈관 하차.(1시간 20분 소요, 하루 8회 운행, 요금 NT$115)

차 농장 산책로

茶園步道 차위안 부다오

차(茶)를 따라 걷는 한가로움

청경 농장清境農場 주변에는 다양한 볼거리가 있다. 차 농장은 허환산合歡山 자락의 고산 지대에 있어 항상 안개 폭포가 흘러 다닌다. 깊은 산속의 안개는 몽롱한 분위기를 연출해 여행자들을 신비로운 천상 세계의 풍경 속으로 이끌어 준다.

고산 지대의 잦은 안개와 사계절 포근한 날씨는 우롱차 재배에도 최적의 조건이다. 그래서 청경 지역과 허환산合歡山에 이르는 이 일대는 푸르고 맑게 빛나는 차밭이 장관을 이룬다. 타이완에서 고산 지대 차로는 아리산 차가 유명한데 이곳의 차 품질 또한 고산 지대 청정 지역에서 재배되어 맛이 탁월하다.

차밭을 따라 걷다가 차를 파는 상점이 있으면 찻값은 받지 않으니 들어가 시음을 해 보자. 상점 주인의 차를 내 놓는 손길에는 정성이 가득하다. 무공해 차를 마셔 보면 고산 지역이 주는 여행의 맛을 한층 더 깊이 느낄 수 있다.

청경 농장 국민 빈관(清境農場國民賓館) 정류장에서 도보 10분.

스위스 가든

小瑞士花園 샤오루이스 화위안

깊은 산속 유럽풍 정원

마치 미국이나 북유럽 정원 풍경으로 들어온 듯한 착각을 주는 곳으로, 아름다운 호수와 초원, 그리고 꽃들이 가득 펼쳐져 있다. 해발 3,000m의 높은 산 정상에서 넓은 초록 벌판에 놓인 아기자기한 조형물들을 만나게 되면 생각하지 못했던 경치에 놀라게 된다. 가족 단위의 여행객들이 선호하는 곳으로 어린 자녀와 함께 여행을 온다면 더욱 추천하고 싶은 여행지이다. 바로 옆에 있는 청경 농장 국민 빈관清境農場國民賓館에 숙소를 정한다면 따로 시간을 내지 않아도 짧은 시간에 아름다운 정원을 산책할 수 있다.

南投縣 仁愛鄉 大同村 定遠新村 28號 ☎ 049-280-3308 www.facebook.com/swiss.garden 09:00~21:00 평일 NT$120, 주말 NT$150 청경 농장 국민 빈관(清境農場國民賓館) 정류장 바로 오른쪽에 있다.

차 농장 산책로

청청 초원

青青草原 칭칭 차오위안

초원에서 양떼들과 보내는 즐거운 시간

청경清境에서 최고의 여행 명소는 바로 이곳에서 양들과 함께하는 시간이다. 초록색으로 펼쳐진 초원 위에서 한가롭게 노는 양들은 한 폭의 풍경화처럼 아름답고 평화롭다. 주말마다 카우보이 복장을 한 서양인이 진행하는 양털깎기 시범 행사도 있고 양들과 함께 사진도 찍고 먹이를 주는 체험을 할 수 있다. 연인과 가족들이 많이 찾아와 양들과 특별한 시간을 갖는 풍경은 바라보는 것만으로도 행복해진다.

양 이외에도 말을 키우는 구역도 있는데 말을 직접 타고 산책도 할 수 있다.

南投縣 仁愛鄉 大同村 仁和路 170號 ☎ 049-280-2748 www.cingjing.gov.tw 08:00~17:00 평일 NT$160, 주말 NT$200 청경 농장 국민 빈관(清境農場 國民賓館) 정류장에서 버스나 택시로 약 15분.

고산 지대로의 여행

허환산合歡山 MAPECODE 17430

전문 산악인이라면 타이완에서는 위산玉山이 제일이라고 생각하지만 일반인들은 허환산 산행을 선호한다. 위산은 너무 높아서 나무나 꽃들이 살기 어려워 산 정상으로 가는 길에 아기자기한 산 풍경이 없기 때문이다. 또한 안전상의 이유로 입산 허가를 받고 타이완에서 인증하는 산악 가이드를 동반해야 하며 일정 인원 이상은 등산이 허락되지 않는 등 까다로운 절차가 필요하다.

반면 허환산으로 가는 여행은 그리 어렵지 않다. 그러나 산 전체를 둘러보려면 2~3일 정도의 시간이 필요하다. 허환산은 하나의 산이 아니라 화롄花蓮과 난터우南投의 두 지역에 걸쳐 있는 산들을 통칭하는 '허환산 국가 삼림 유락구 合歡山國家森林遊樂區'를 가리키기 때문이다. 허환산은 북허환산北合歡山, 스먼산石門山, 허환젠산合歡尖山, 허환 산장合歡山莊, 송설루松雪樓, 허환둥펑合歡東峰, 우링武鈴, 허환주펑合歡主峰, 쿤양昆陽을 모두 포함하고 있으며 매우 뛰어난 경치를 자랑한다.

대부분 해발 3,000m 이상의 고산 지대로, 타이완의 아열대성 해양 기후와는 달리 이 지역은 4계절이 뚜렷하다. 봄에는 새로 돋는 나뭇잎이 싱그럽고, 여름에는 꽃이 핀 고산 식물이 지천을 이루며 구름이나 안개가 심하게 끼는 날이 많다. 가을에는 단풍, 겨울에는 눈을 볼 수 있다. 타이완 사람들이 하얀 눈을 보고 싶을 때 찾아가는 곳이라 해서 이곳을 설향雪鄉, 즉 '눈의 고향'이라고 부르기도 한다.

이곳은 고산 지역임에도 불구하고 등산로 입구까지 자동차로 접근할 수 있는 도로가 있어 교통이 비교적 편리하고 타이완 산악 지대에서만 볼 수 있는 독특한 지형, 동물, 식물과 자연 경관이 있어 고산 지역 생태 여행의 최적지이다. 또한 북허환산, 스먼산, 허환젠산, 허환둥펑, 허환주펑의 등산로는 일반, 초급, 중급, 고급 코스가 다양하게 있어 자신의 체력이나 컨디션에 따라 알맞은 등산로를 선택할 수 있다. 이 등산로를 따라서 가다 보면 송설루, 우링, 쿤양 등 잠시 머물며 고산 지대의 절경을 만끽할 수 있는 전망 포인트에서 쉬어 갈 수도 있다.

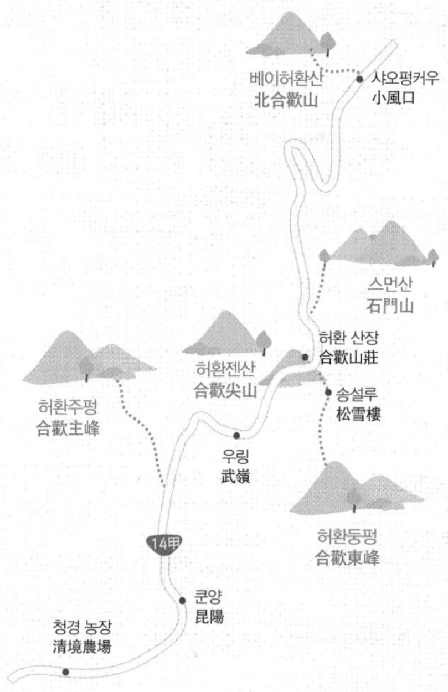

송설루 松雪樓 쑹쉐러우

해발 고도 3,150m에 위치한 송설루는 허환산 산행에서 중요한 산장 중의 하나이다. 그 이유는 바로 뒤가 허환둥펑으로 향하는 입구이기 때문이다. 이곳에는 간단한 음식을 먹을 수 있는 음식점이 있다. 깊은 산골짜기에 있는 것치고는 아주 단정하고 깨끗한 분위기의 음식점이다. 음식을 주문하면 갓 구운 쿠키를 한 접시 서비스로 준다. 다양한 차들이 가지런히 준비되어 있는데 특히 이 지역에서 재배된 우롱차는 향긋하다. 송설루 1층에서는 등산용품을 판매하고 있는데, 여름에도 겨울용품을 팔고 있다. 이곳은 여름에도 초가을 날씨처럼 선선하기 때문이다.
송설루는 높은 곳에 위치하여 이곳에서 내려다보는 전망 또한 매우 훌륭하다. 더 높은 산으로 등산하기에 체력이 허락하지 않는다면 이곳에서 머무르기만 해도 만족스러운 여행이 된다.

허환젠산 合歡尖山

해발 고도 3,217m의 허환젠산으로 향하는 입구는 허환산장 뒤에 있다. 이 산은 경사가 매우 가파르며, 4~6월에는 진달래가 피고 여러 종류의 나비를 볼 수 있는 곳이다. 산 정상에 올라서서 내려다보는 운무는 푸르른 산과 어우러져 최고의 경관을 자랑한다. 또한 허환산 여기저기 빙하기의 흔적이 남아 있는데, 지금으로부터 1만~7만 년 전 지구가 빙하기였을 때 형성된 빙하 지형인 빙두지형氷斗地形이다. 빙하기에 얼었던 얼음들이 녹으면서 장기적인 침식이 일어나 바가지 모양의 빙두 지형이 생겨났다. 허환젠산 위에 서서 빙하 시대의 흔적을 보고 있으면 대자연의 흘러간 시간을 새삼 느낄 수 있어 매우 신비로운 장소이다.

허환산장 合歡山莊 허환산좡

해발 고도 3,158m에 위치한 이곳은 앞쪽은 허환둥펑으로 가는 시작 부분이고 뒤쪽은 허환산 봉우리의 입구이다. 스먼산石門山, 우링武鈴으로부터 자동차로 이동하면 10분 정도 걸린다. 이곳에서는 고산 식물의 3분의 1 가량을 관찰할 수 있고 고산 식물이 완벽하게 보존되어 있어 '허환산 고산 식물 관찰의 중심부'라고 불린다. 이 지역 고산 식물은 약재로 쓰일 뿐 아니라 관상용으로도 사용된다. 식물뿐 아니라 새들의 관찰지로도 유명한데 고산 지대에 살면서 추위에 강한 새들이 많이 관찰된다. 고산에서 서식하는 새들은 해발 3,000m 지역에서도 무리 없이 날아오른다. 봄과 여름 사이가 허환산 새 관찰의 최적기이다. (현재 허환 산장은 관광 정보 센터로 바뀌었고, 숙박은 송설루와 스키산장에서만 가능하다.)

스먼산 石門山

해발 고도 3,237m로 봉우리는 뾰족한 삼각형 모양이다. 이 산에는 750m의 긴 등산로가 있는데 이곳이 다자大甲와 리우立霧가 만나는 지점이고, 화롄花蓮과 난터우南投의 경계에 위치한다. 봄 가을에는 일출과 석양이 아름답고 강의 골짜기까지 볼 수 있어 멋진 뷰 포인트로 주목받고 있다.

허환주펑合歡主峰

해발 고도가 3,416m이다. 원래 이곳은 군부대가 자리하고 있어 일반 관광객에게는 접근 금지 구역이었으나 지금은 군부대가 철수하고 일반인에게 개방되고 있다. 이곳에서 볼 수 있는 타이완 전나무는 타이완 중부의 고산 지대에서만 볼 수 있는 나무로, 30cm 정도 자라는 데 4~27년이 걸린다. 또한 둘레가 20cm가 되려면 150~550년이 걸린다. 이 나무들은 번개를 맞아서 쓰러지기도 하고 심지어는 불이 나기도 한다. 이렇게 불이 나서 죽은 나무들은 하얗게 재가 되는 백화 현상을 보여 주는데 그런 나무들이 숲을 이루어 이곳만의 특별한 풍경을 만들었다.

쿤양昆陽

해발 고도 3,085m의 허환산 서쪽에 위치하고 북동쪽을 향해 나 있는 전망대다. 이곳에서는 맞은편에 보이는 위산玉山의 식물들과 침엽수림을 조망할 수 있다. 이곳의 조류들은 계절에 따라 고도를 이동하면서 서식하고 있다. 다양한 종의 새들을 볼 수 있는데 그중 타이완에서 발견되는 아시아 고유종인 바위종다리Prunella collaris도 있다. 이런 고산 지대의 새들은 사람을 무서워하지 않아 아주 가까이에서 자세히 볼 수 있다.

昆陽

청경 종이상자 테마 레스토랑

MAPECODE 17431

清境紙箱王主題餐廳 칭징 즈샹왕 주티 찬팅

푸리埔里에 종이로 만든 교회가 있다면 이곳 청경 농장에는 종이로 만든 식당이 있다. 이곳에 온 손님은 종이로 만든 의자와 테이블에서 종이 그릇에 담긴 음식과 차를 마시는 경험을 하게 된다. 식사를 한 후 2층 발코니로 나가면 작은 규모의 테마파크를 한눈에 내려다 볼 수 있다. 아름다운 정원과 호수도 있어 차를 마시며 여유를 즐길 수 있는 장소로 추천하고 싶다. 1층에는 종이상자 이야기관紙箱故事館 즈샹 구스관이 있고 그 옆으로는 벌꿀 이야기관蜜蜂故事館 미펑 구스관이 있다.

南投縣 仁愛鄉 仁和路 171號 2F ☎ 049-280-3828 www.cartonking.com.tw 09:00~21:00 식사 NT$300, 애프터눈 티 세트 NT$199 청경 농장 국민 빈관(清境農場國民賓館)에서 도보 10분.

선샤인 베케이션 빌라 카페

MAPECODE 17432

SunShine Vacation Villa

見晴花園渡假山莊 젠칭 화위안 두자 산좡

청경 농장 호텔에서 양배추 농장을 구경하기 위해 가다 보면 농장 옆으로 동화 〈헨젤과 그레텔〉에서 숲을 헤매다가 아이들이 우연히 발견한 과자집 같은 예쁜 카페가 있다. 카페에 들어가 차를 마시고 있으면 여기가 스위스 어디쯤이 아닌가 하는 착각이 든다. 고도가 높고 전망 좋은 곳에 위치해 있어 찻집 맞은편으로 펼쳐진 허환산合歡山을 배경으로 멋진 사진도 찍을 수 있다.

허환산合歡山 주변 숙소는 대부분 선샤인 베케이션 빌라 카페처럼 유럽식 건물들이다. 그래서 "청경 농장에 온다면 유럽에 갈 필요가 없다."라는 소개 문구가 있을 정도다.

南投縣 仁愛鄉 大同村 定遠新村 18-1號 ☎ 049-2803162 www.sunshine-villa.com.tw 10:00~22:00 NT$150~ 청경 농장 국민 빈관(清境農場國民賓館)에서 도보 10분.

올드 잉글랜드

MAPECODE 17433

The Old England

老英格蘭莊園 라오잉거란 좡위안

해발 고도 2,000m에 위치한 이곳은 일 년 내내 구름과 안개로 덮여 '안개 도원'이라고도 부른다. 신비스러운 깊고 높은 산자락에 영국에서나 볼 듯한 웅장한 성이 있어 많은 사람들의 발걸음을 멈추게 한다. 이곳은 숙박 시설과 레스토랑을 함께 운영하는 곳으로 가격은 다소 비싸지만 여유가 있다면 한 번쯤 누리고 싶은 사치이다.

南投縣 仁愛鄉 大同村 壽亭巷 20-3號 ☎ 049-2802166 www.theoldengland.com NT$11,000~ 푸리에서 난터우 객운(南投客運) 버스를 타고 올드 잉글랜드(老英格蘭莊園) 하차.

장화
彰化

타이완 중부 지역 철도 교통의 중심지

1918년 장화에 기차역이 생기면서 장화는 타이완 중부 지역 철도 교통의 중심지로 떠올랐다. 루강鹿港을 가기 위해 잠시 들르는 징검다리 역할을 하는 곳이었지만 최근 들어 여행지 역할을 톡톡히 하고 있다. 장화에는 타이완 10대 관광 명소로 선정되었던 바과산八卦山 정상의 거대 불상과 세계에서 두 군데 남은 부채꼴 모양의 기차 차고지인 장화 부채꼴 차고彰化扇形車庫가 있다. 또한 최근 큰 인기를 끌었던 영화 〈그 시절, 우리가 좋아했던 그 소녀〉가 장화에서 촬영되기도 했다. 장화 지역 곳곳에서 이 영화가 촬영되면서 영화에 나온 장소를 보기 위해 찾아오는 사람들이 늘고 있다. 이러한 추세에 맞추어 현지인 중심의 평범했던 융러 시장은 야시장으로 방향을 바꾸고 새 단장을 마쳤다.

information 행정 구역 彰化縣 국번 04 홈페이지 www.chcg.gov.tw

가는 방법

기차

타이베이에서 장화로 가는 가장 좋은 교통편은 기차이다. 05:30부터 23:30까지 20~30분 간격으로 운행한다.

- 타이베이 출발 : 타이베이 기차역에서 자강호自強號 열차를 타면 장화까지 약 2시간 30분이 소요되며 요금은 NT$416이다. 거광호莒光號 열차는 약 3시간 소요되며, 요금은 NT$321이다.
- 타이중 출발 : 타이중 기차역에서 자강호自強號 열차를 타면 장화까지 16분이 소요되며 요금은 NT$41이다. 거광호莒光號 열차를 타면 25분 소요되며, 요금은 NT$32이다.

버스

- 타이베이 출발 : 타이베이 서부 버스 터미널 B동台北西站B棟에서 장화 가는 버스는 06:00부터 22:00까지 30~40분 간격으로 운행되며 소요 시간은 약 2~3시간, 요금은 NT$300이다.
- 타이중 출발 : 타이중에서 장화 가는 버스는 총 20편이 운행되며 소요 시간은 약 10~20분이며 요금은 NT$40이다.

시내 교통

버스

장화 객운彰化客運과 원림 객운員林客運, 두 버스 회사에서 운영하는 버스를 이용해 명소를 다닐 수 있다.

홈페이지 장화 객운 www.changhuabus.com.tw / 원림 객운 www.ylbus.com.tw

택시

기본 요금이 NT$100이며 23:00부터 심야 요금이 적용된다.

장화 하루 코스

장화 부채꼴 차고 彰化扇形車庫 —도보 10분→ **영화 〈그 시절, 우리가 좋아했던 소녀〉 촬영지** —도보 30분→ **바과산** 八卦山

MAPECODE 17434

장화 부채꼴 차고

彰化扇形車庫 장화 산싱 처쿠

부채꼴 모양의 기차 차고

장화 부채꼴 차고는 1922년에 만들어져 70여 년이 지난 지금도 이용되고 있는 기차용 차고이다. 만화 〈토마스와 친구들〉의 토마스를 연상하게 하는 증기 기관차가 머물러 있는 장소로, 기차의 보관뿐 아니라 기차가 쉬는 동안 수리와 점검도 하는 곳이다. 그래서 사람들은 마치 기차가 여행 중에 잠시 들러 쉬는 곳이라는 의미로 이곳을 기차 호텔이라고 부르기도 한다.

일반적인 차고는 직사각형인데, 장화의 차고지는 특이하게 부채꼴로 배열되어 있고 그 입구에 360도로 회전하는 기계 장치가 있어서, 기계로 기차의 방향을 돌려 차고로 들어가게 한다. 지금은 별 것 아닌 듯이 보이지만 70여 년 전에는 대단한 기술이었다. 이런 형태의 차고지가 있었던 이유는 증기 기차는 객차 전체를 이끌었던 맨 앞 차량만 차고에 두고 점검할 필요가 있었고 뒤쪽의 나머지 차량은 다른 곳에 두었기 때문이다.

지금은 더 이상 부채꼴 차고지는 필요 없게 되었지만 증기 기관차 역사를 보여 주는 자료로 가치가 인정되어 2000년에 장화 현彰化縣 고적으로 지정되었다. 이런 차고지는 전 세계에서 타이완의 장화와 일본의 교토 두 곳에만 남아 있다. 장화에서는 증기 기관차 박물관도 만들 예정이라고 한다.

🏠 彰化縣 彰化市 彰美路 1段 1號(火車站後方) ☎ 04-762-4438 ⊙ 화~금 13:00~16:00, 토~일 10:00~16:00 (매주 월요일 휴무) 🚌 장화 기차역(彰化火車站)에서 도보 5분.

MAPECODE 17435

바과산 八卦山

장화 시내 전경을 볼 수 있는 곳

바과산 정상에는 높이가 22m에 달하는 거대한 여래 불상이 있어 아주 멀리에서도 그 모습이 보인다. 1954년 바과산에 불상이 만들어질 당시에는 아시아에서 가장 큰 좌불상이었다. 불상 내부에는 사람들이 들어갈 수 있는 6층 규모의 건물이 있다. 건물 안에는 석가모니를 주제로 한 전시관이 있으며 맨 위층으로 올라가면 장화 시내 전경을 내려다볼 수 있다. 이곳은 장화 8경 중 첫 번째이며 타이완에서도 10대 관광 명소로 선정되어 장화에 왔다면 꼭 들러야 할 명소이다. 바과산은 불상을 중심으로 주변 산책로가 잘 되어 있다.

彰化縣 彰化市 溫泉路 31號 ☎ 04-722-2290 www.chtpab.com.tw 24시간 장화 기차역(彰化火車站)에서 원림 객운(員林客運) 버스를 타고 청수 초등학교(清水國小) 하차 / 장화 기차역에서 도보 30분.

영화 속 장소 찾아가기

〈그 시절, 우리가 좋아했던 소녀〉 촬영지

2011년에 개봉한 타이완의 로맨스 영화 〈그 시절, 우리가 좋아했던 소녀那些年, 我們一起追的女孩〉의 배경이 바로 장화 지역이다. 남자 주인공 커징텅柯景騰과 여자 주인공 선자이沈佳宜가 함께 다닌 정성 고등학교精誠中學를 비롯하여, 학교 친구들이 수업 끝나고 자주 가던 식당인 아장 러우위안阿璋肉圓, 커징텅이 갔던 미광 이발소는 모두 장화에 가면 만나 볼 수 있다. 아름답고 풋풋한 청춘의 시간을 잘 표현하였으며 첫사랑의 설렘을 추억하게 하는 영화이다.

MAPECODE 17436

미광이발소 美光理髮廳 메이광 리파팅

영화 속에서 남자 주인공이 여자 주인공과의 내기에 져서 폭우가 쏟아지는 날 머리를 밀러 이발소를 찾아가는 장면을 촬영한 곳이다. 영화를 본 사람들은 그 이발소가 영화 세트장이라고 생각했을 수도 있지만 장화에 실제로 있는 아주 오래된 이발소로, 지금도 운영되고 있다.

彰化市 永昌街 2號 장화 기차역(彰化火車站)에서 맞은편으로 길을 건너 중정루(中正路)에 따라 10분 정도 걷다가 창싱제(長興街)로 좌회전하면 나온다. 12분 소요.

MAPECODE 17437

융러제 상권 永樂街商圈 융러제 상취안

융러제는 영화에서 여자 주인공 선자이가 친구들과 함께 하굣길에 들러 간식을 사 먹던 시장이다. 장화에서 가장 번화한 곳인 동시에 장화 사람들이 가장 사랑하는 거리이다. 이곳은 최근 리모델링을 통해 보도를 다양한 색으로 꾸며 활기찬 이미지를 주었고 간판은 같은 형식과 크기로 통일해 보기 쉽고 찾기 쉽도록 개선하였다. 옛스러운 가로등과 조명을 설치하여 밤이 되면 거리 분위기는 더욱 낭만적이 된다. 시장 거리를 걷노라면 중간에 사원 경안궁慶安宮 칭안궁을 만나게 된다. 이 사원은 청나라 가경년에 만들어진 역사 깊은 사원으로 장화 사람들의 신앙의 중심지 역할을 해 왔다. 이 사원에서는 일찍이 발전된 이 지역의 나무조각 예술을 살펴볼 수 있고 오래된 현판은 유적으로서의 가치를 가지고 있다. 융러제의 맛집으로는 '장화 러우위안彰化肉圓', '팔보 빙수八寶冰店 바바오빙뎬', 고기만두점인 '육포명肉包明 러우바오밍'이 있다. 모두 역사가 30년 이상 된 장화의 맛을 자랑한다.

彰化市 永樂街 장화 기차역(彰化火車站) 맞은편으로 길을 건너 우회전해서 도보로 10분.

MAPECODE 17438

아장 러우위안 阿璋肉圓

장화 기차역 맞은편 도보 5분 거리에 위치한 아장 러우위안은 현지인들에게는 '장화' 하면 제일 먼저 떠오를 만큼 유명한 곳이다. 이곳은 영화에서 남자 주인공 커징텅이 친구들과 하굣길에 들러 간식을 사 먹던 맛집이다. 타이완 어디서나 먹을 수 있는 음식인데 유독 이 집의 러우위안이 유명세를 떨치는 이유는 무엇일까? 그 맛의 비밀은 전통 방식을 고수하며 오랜 시간에 걸쳐 사람의 손으로 직접 만드는 정성을 아끼지 않는다는 데 있다. 전 과정을 기계를 거치지 않고 사람 손으로 만든다. 그래서 겉피는 얇지만 쫄깃 쫄깃하고 끈기가 있어 고기 속과 함께 먹을 때 입안에서 느껴지는 식감이 탁월하다. 일반 식당의 러우위안은 기계로 대량 생산하기 때문에 이곳의 것과는 차이가 있다고 한다.

아장 러우위안에는 러우위안 외에도 새콤한 신맛이 나는 하카식 절임 김치를 넣고 돼지고기로 국물 맛을 낸 셴차이주두탕鹹菜豬肚湯과 토란 갈비탕芋頭排骨湯 등이 있다.

彰化市 長安街 144號 ☎ 04-722-9517 09:30~22:00 NT$45 장화 기차역(彰化火車站) 맞은편 도보 5분. 풍산대반점(豐山大飯店)근처에 있다.

루강
鹿港

고적이 가장 많이 남아 있는 문화의 중심지

타이완의 초기 발전은 옛 수도였던 타이난에서 시작되어 루강으로 이어졌다. 1723년 청나라 옹정 원년에 루강은 중부에서 가장 큰 항구로 경제와 교통의 중심지였으나 청나라 말기부터 항구에 퇴적물이 쌓여 배가 들어오지 못하게 되면서 점점 쇠퇴하기 시작했다. 이후 청나라 말 베이징 조약으로 청나라가 타이완의 단수이淡水, 지룽基隆, 안핑安平, 가오슝打狗 등 4대 항구를 지정해 외국과의 무역을 개시했는데 루강은 여기서 빠지게 되었다. 또한 일제 강점기에 타이완 전역에 철도가 건설될 때에도 루강은 제외되어 루강의 무역과 경제는 급속히 몰락하였다. 루강에는 청나라 번영기에 지어진 옛 건물과 사원, 옛 거리가 많이 남아 있어 문화의 중심지로 점차 역할이 바뀌어 가는 중이다.

information 행정 구역 彰化縣 鹿港鎮 국번 04 홈페이지 www.lukang.gov.tw

루강

타이베이에서 출발하는 경우

타이베이 버스 터미널台北轉運站에서 루강까지 가는 버스가 하루 6회 운행되며 소요 시간은 약 3시간이고 요금은 NT$320이다.

타이중에서 출발하는 경우

- 타이중의 간청 버스 터미널干城站에서 루강까지 가는 버스가 15분 간격으로 총 20회가 운행된다. 소요 시간은 약 90분이며 요금은 NT$94이다.
- 고속철도 타이중 역에서 타이완 호행台灣好行 버스의 루강 노선鹿港線을 탄다. 평일에는 1시간 간격으로 운행하며, 주말에는 30분 간격으로 운행한다. 소요 시간은 약 2시간이고 막차는 저녁 6시에 출발하며, 요금은 NT$76이다.

장화에서 출발하는 경우

장화 버스 터미널에서 장화 객운彰化客運 6901, 6902, 6900, 6936번 버스를 타고 루강에 하차한다. 06:25~22:50 사이에 운행되며 약 35~50분 소요되고 요금은 버스에 따라 NT$39~73이며 대부분의 버스 요금은 NT$44이다.

루강 여행은 천천히 도보로 여행하는 것이 좋다. 좀 더 효율적으로 돌아보려면 타이완 호행台灣好行 버스의 루강 노선鹿港線 또는 루강-다청 노선鹿港大城線를 이용해 보자.

타이완 호행台灣好行 버스

루강은 외지와 연결되는 교통이 불편한 지역이다. 루강까지 편리하게 이동하려면 호행好行 버스의 루강 노선鹿港線 또는 루강 다청 노선鹿港大城線이 좋다.

🏠彰化縣 鹿港鎮
☎04-2328-2866(교환 66)
ⓘ타이완 호행 www.taiwantrip.com.tw

★루강 노선 鹿港線

코스	고속철도 타이중 역 高鐵台中站↔장화 기차역 彰化火車站↔문화 센터 文化中心↔현청 縣政府↔루강 남구 여행 안내 센터 鹿港南區遊客服務中心站↔루강 옛 거리 鹿港老街站↔루강 북구 여행 안내 센터 鹿港北區遊客服務中心站↔장빈수전 건강 단지 彰濱秀傳健康園區↔브랜즈(Brand's) 건강 박물관白蘭氏健康博物館↔리본 킹 문화 단지 緞帶王織帶文化園區↔타이완 유리관 台灣玻璃館
버스 운행 시간	08:00~19:00
표 사는 곳	장화 객운 버스 탑승하는 곳에서 구입, 또는 버스 승차 후 현금으로 지불
문의 전화	04-722-5111#52 •장화 객운 장화 정거장 안내 전화 04-722-4602, 04-722-4603 •장화 객운 루강 정거장 안내 전화 04-777-2611

루강 하루 코스

문무묘 文武廟 → 도보 5분 → 루강 남구 여행 안내 센터 鹿港南區遊客服務中心 → 도보 5분 → 루강 기차역 鹿港車站 → 도보 10분 → 루강 용산사 鹿港龍山寺 → 도보 1분 → 노룡사 고기만두 老龍師肉包 → 도보 10분 → 모유항 摸乳巷 → 도보 5분 → 구곡항 九曲巷

MAPECODE 17439

문무묘 文武廟 원우먀오

▶ 아름다움에 매료되는 학문의 사당

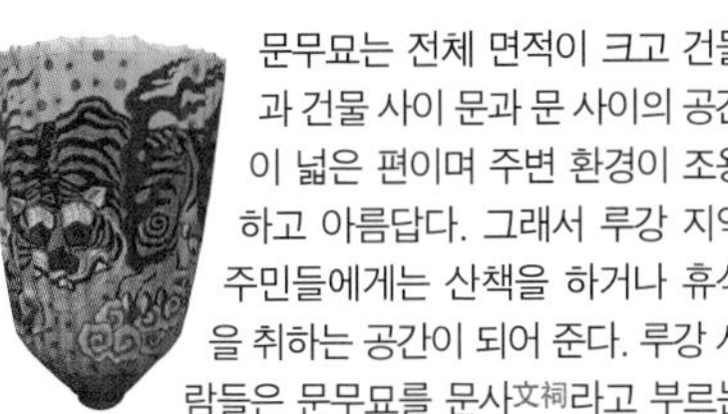

문무묘는 전체 면적이 크고 건물과 건물 사이 문과 문 사이의 공간이 넓은 편이며 주변 환경이 조용하고 아름답다. 그래서 루강 지역 주민들에게는 산책을 하거나 휴식을 취하는 공간이 되어 준다. 루강 사람들은 문무묘를 문사文祠라고 부르는데 '학문의 사당'이라는 의미이다. 루강이 최고의 전성기였던 시기에 문사가 지어져 건축이 웅장하고 아름답다. 동쪽에서부터 문묘와 무묘 그리고 문개 서원文開書院이 차례로 있는데 문묘는 참배객들이 끊이지 않아 특별히 관리되고 있어 오랜 시간이 지났지만 보존 상태가 양호하다. 일제 강점기에 문개 서원을 운영하지 못하도록 금지령을 내렸고 기타시라카와노미야 기념관北白川宮紀念堂으로 개명하고 일본 황족의 기념관으로 사용되었다. 1975년 화재로 소실되었다가 1984년에 복원되어 오늘에 이른다. 문묘와 무묘 사이 정원에 있는 우물의 물은 타이완에서 가장 좋은 물이라는 칭송을 받았었는데 지금은 우물을 사용하지 않고 그 명성만 남아 있다.

🏠 彰化縣 鹿港鎮 街尾里 青雲路 2號 ☎ 04-777-2148 ⏰ 06:00~18:00 🚌 타이완 호행(台灣好行) 버스 루강 노선(鹿港線)을 타고 루강 남구 여행 안내 센터(鹿港南區遊客服務中心) 하차.

MAPECODE 17440

루강 용산사 鹿港龍山寺 루강 룽산쓰

▶ 타이완의 자금성이라 불리는 사원

루강의 용산사는 청나라 건륭乾隆 51년인 1786년에 건축되었고 국가 1급 고적이다. 건축한 당시에는 타이완의 자금성이라고 불릴 정도로 큰 규모와 화려함을 자랑했다고 한다. 그러나 지금은 색이 모두 바래고 낡아서 옛 모습을 찾아보기는 힘들다. 그러나 이러한 담백한 이미지는 오히려 타이완의 다른 사원들과는 다른 인상으로 강렬하게 다가온다. 건축물을 자세히 살펴보면 조각이 매우 정밀하고 섬세하다는 것을 알 수 있다. 소박한 느낌의 용산사는 용산사만의 수수하고 담백한 멋을 한껏 느낄 수 있다.

🏠 彰化縣 鹿港鎮 金門巷 81號 ☎ 04-777-2472 ℹ www.lungshan-temple.org.tw ⏰ 05:00~21:00 🚌 타이완 호행(台灣好行) 버스 루강-다청 노선(鹿港大城線)을 타고 용산사(龍山寺) 하차.

MAPECODE 17441

모유항 摸乳巷 모루샹

즐거운 상상을 하게 해주는 아주 좁은 길

'가슴을 더듬는 골목'이라는 뜻의 모유항摸乳巷은 길의 이름부터가 매우 흥미롭다. 이곳은 골목의 폭이 70cm밖에 되지 않아 남자와 여자가 동시에 지나간다면 어떤 일이 일어날지 궁금해질 수밖에 없다. 남녀가 길에서 손을 잡는 것조차 금기시되던 시절에 이곳을 지나갈 때는 어쩔 수 없이 신체 접촉을 하게 되었다. 낯선 여자와 남자가 만나면 서로 어색하고, 만약에 정말 몸이 부딪치면 마음이 두근거리기도 하지만 한편으로는 남자가 나쁜 마음을 먹을 수도 있는 길이다. 이 길은 군자항君子巷이라는 또 다른 이름으로도 불린다. 이 골목을 지나가 보면 그 사람이 군자인지 아닌지 테스트해 볼 수 있기 때문에 붙여진 재미난 이름이다.

서로 모르는 남녀가 이 골목에서 우연히 만나 사랑이 시작될 수도 있지 않을까? 이렇듯 사람들로 하여금 즐거운 상상을 하게 하는 특이한 길이다.

彰化縣 鹿港鎮 菜園路 38號 타이완 호행(台灣好行) 버스 루강-다청 노선(鹿港大城線)을 타고 용산사(龍山寺站) 하차 후 도보 5분.

MAPECODE 17442

구곡항 九曲巷 주취샹

굽이굽이 굽은 골목길을 걸어 보자

루강의 골목길을 구곡항九曲巷이라고 하는데 중국어 표현에서 9九는 '많다'는 뜻을 가지고 있기 때문에 구곡항은 특정 지역에 9개의 굽은 골목이 있는 것이 아니라 굽은 골목이 아주 많다는 것을 의미한다. 루강 지역 사람들은 바다로부터 생겨난 거센 바람이 주거 지역으로 불어와 생활에 불편을 겪었다. 특히 추석 이후에 불어오는 동북 계절풍은 황사를 동반하기 때문에 어떻게든 바람의 영향을 줄일 방안이 필요했다. 루강의 굽은 골목길은 이런 해풍의 피해를 최소화하기 위해 고안되었다. 루강의 구불구불 꼬부랑길을 걸어 다니다 보면 마치 300년 전으로 거슬러 올라가 신기한 시간 여행을 하는 듯하다.

彰化縣 鹿港鎮 第一市場內 장화 객운(彰化客運) 버스를 타고 루강 민속 문물관(鹿港民俗文物館) 하차 후 도보 3분.

구곡항

MAPECODE 17443

루강 민속 문물관
鹿港民俗文物館 루강 민쑤 원우관

부호의 대저택이 박물관으로

루강에는 청나라 때 지어진 중국식 건축물이 대부분인데 유일하게 매우 큰 서양식 건물이 있어 눈에 띈다. 이 건물은 1919년에 지어진 장화의 부호 구셴룽辜顯榮 개인 소유의 집이었다. 그러나 1973년 이 집을 지역에 기증하였고 지방자치단체가 민속 박물관으로 새롭게 개방하면서 지금은 누구나 건물에 들어갈 수 있다. 건물 내부에는 청나라 시대부터 중화 민국 시기(1910년~1920년)까지의 가구 및 생활용품을 전시하고 있다.

이 건물은 특이하게도 앞면은 서양식이고 뒷면은 중국식이다. 앞면이 서양식이라 내부도 그럴 것이라고 추측하게 되는데 실내 또한 모두 중국식으로 장식되어 있다. 이러한 건물 자체의 독특함은 박물관으로 매우 적합하다는 인상을 준다. 이곳을 둘러보다 보면 작은 도시 루강에 이렇게 크고 화려하고 아름다운 건물이 개인의 집이었다는 사실에 놀라게 된다. 이곳에 살았던 구辜 씨 일가는 타이완의 명문가로, 정치, 경제, 금융 등 많은 분야에서 매우 영향력 있는 집안이라고 한다.

彰化縣 鹿港鎮 館前街 88號 ☎ 04-777-2019 ⓘ www.lukangarts.org.tw 화~일 09:00~17:00(월요일 휴무) ⓦ NT$130 장화 객운(彰化客運) 버스를 타고 루강 민속 문물관(鹿港民俗文物館) 하차.

MAPECODE 17444

루강 천후궁
鹿港天后宮 루강 톈허우궁

타이완에서 가장 오래된 마조 사원

루강은 과거 중국 대륙과의 중요한 무역항으로 해상 안전을 매우 중요시했다. 그래서 명나라 때인 1683년에 바다의 신인 마조媽祖 여신을 모시기 위해 루강에 처음으로 천후궁을 지었다. 그런

루강 천후궁

데 점점 루강이 번성하고 참배하는 사람들이 많아지자 한 부호가 땅을 기증하고 신자들이 십시일반 돈을 내 큰 규모로 천후궁을 다시 지었다. 루강의 과거의 영화를 보여 주듯 사원 예술은 화려하고 아름답다.
루강에는 두 군데의 천후궁이 있는데 루강의 주민들이 힘을 모아 민간 자본으로 지은 천후궁은 구궁舊宮이라 하고 청나라 황제의 명으로 만든 정부 자본의 천후궁을 신궁新宮이라 한다. 신궁은 구궁과 비교했을 때 정부에서 주도한 것으로 궁전 양식을 빌려 와 지었다는 특징이 있다.

구 천후궁 舊祖宮 주쭈궁

민간 자본으로 지어진 사원

명나라 시대부터 루강 지역에 있었던 천후궁이며, 민간 자본으로 지어진 마조 사원이다.

彰化縣 鹿港鎮 中山路 430號 ☎ 04-777-9899 www.lugangmazu.org 06:00~22:00 타이완 호행(台灣好行) 버스 루강-다청 노선(鹿港大城線)을 타고 루강 천후궁(鹿港天后宮) 하차.

신 천후궁 新祖宮 신쭈궁

국가 자본으로 지은 사원

청나라 건륭 황제의 칙령으로 지어진 '칙건 천후궁敕建天后宮'으로, 궁전식으로 지어진 마조 사원이다.

彰化縣 鹿港鎮 埔頭街 96號 ☎ 04-777-2497 06:00~22:00 타이완 호행(台灣好行) 버스 루강-다청 노선(鹿港大城線)을 타고 루강 천후궁(鹿港天后宮) 하차 후 도보 5분.

Travel Tip

인력거 타고 루강 여행하기

루강의 여행은 매우 특별하다. 루강에 도착하면 다른 지역과는 완전히 다른 모습에 눈이 휘둥그레진다. 루강의 길을 걷다 보면 마치 청나라 시대로 가서 시간 여행을 하고 있는 듯한 착각이 든다. 루강 지역의 명소들은 걸어서도 얼마든지 다닐 수 있다. 굽은 골목을 돌고 돌아 큰길로 나오면 사원이 있고 맛집이 있다. 배고프면 간식을 사먹으며 다시 다음 장소로 이동하기 쉬운 곳이다. 그렇게 걸어 다니다 보면 인력거를 탄 여행자들을 만나게 된다. 루강 전체를 인력거로 이동하면서 관광 명소를 빠른 시간에 둘러볼 수도 있지만 중간에 짧은 코스만 이용해 보는 것도 좋다. 아이와 함께 가족 여행을 왔다면 인력거를 타는 동안 아이의 얼굴에서 웃음이 끊이지 않을 것이다.

彰化縣 鹿港鎮 民生路 188號 ☎ 091-263-7151, 04-775-5181 08:00~19:00 5시간 NT$400, 8시간 NT$600, 한 곳만 가는 요금 NT$100 타이완 호행(台灣好行) 루강-따청 노선(鹿港大城線)을 타고 루강천후궁(鹿港天后宮) 하차 후, 원카이초등학교(文開國小) 방향으로 도보 6분

노룡사 고기만두

MAPECODE 17445

老龍師肉包 라오룽스 러우바오

루강鹿港에서 유적지를 다니다 보면 중간 중간에 사람들이 줄을 길게 선 상점들이 눈에 띄는데 그럴 땐 망설이지 말고 줄을 서 보자. 기다린 시간이 절대 아깝지 않을 맛을 만날 수 있다. 그중에 한 곳이 용산사 근처에 있는 노룡사 고기만두이다. 인기 절정의 맛집으로 루강 인근의 사람들이 다 와 있는 것은 아닌가 하는 생각이 들 정도로 많은 사람들이 가게 앞에서 장사진을 이룬다. 즉석에서 바로 바로 만드는 만두는 크기가 제법 큰 왕만두이고 만두속은 돼지고기로 채워 넣었다. 만두의 겉피는 얇고 입안에서 씹히는 식감이 부드러워 먹으면서 기분이 아주 좋아진다.

彰化縣 鹿港鎮 三民路 117號 ☎ 04-777-7402, 04-774-5252 www.lls.com.tw 08:00~19:30 (월요일 휴무) 만두 10개 NT$200 타이완 호행(台灣好行) 버스 루강-다청 노선(鹿港大城線)을 타고 용산사(龍山寺) 하차. 용산사 입구에 있다.

옥진재 루강 본점

MAPECODE 17446

玉珍齋 鹿港老舗店 위전자이 루강 라오푸뎬

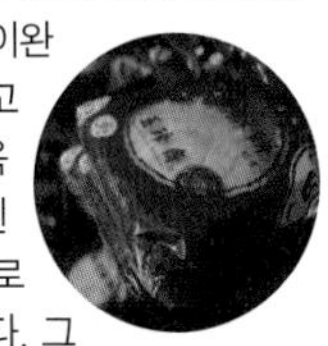

옥진재는 루강뿐 아니라 타이완 전역에서 인기를 누리는 고급 과자 전문 브랜드이다. 옥진재를 처음으로 만든 황진黃錦은 루강 지역의 큰 부자로 품위를 존중하는 사람이었다. 그는 다른 가게에서 파는 과자와는 완전히 다른 자신이 중요시하는 품위를 담은 특별한 과자를 만들고 싶어했다. 그래서 최고의 과자 맛을 위해 전문가들과 함께 오랜 시간 개발에 힘을 쏟았다. 그 결과로 만든 펑리쑤와 태양병은 타이완 사람들의 사랑을 한몸에 받고 있다. 지금은 창업자의 뒤를 이은 후손들이 5대째 이어 오고 있다. 5대 후손인 운영자 부부는 해외에서 식품학을 공부하였고, 그래서 지금 옥진재의 맛은 더욱 업그레이드되어 타이완은 물론 세계로 향하고 있다.

彰化縣 鹿港鎮 民族路 168號 ☎ 04-777-3672 www.1877.com.tw 08:00~22:00 10개 NT$240 타이완 호행(台灣好行) 버스 루강 노선(鹿港線)을 타고 루강 옛 거리(鹿港老街) 하차 후 도보 5분.

타이완 남부

따뜻한 기후와 이국적인 자연으로 사랑받는 곳

남부 지방은 북회귀선이 통과하는 열대 지역으로 일 년 내내 따뜻한 기후를 자랑한다. 타이베이에서 기차를 타고 남쪽으로 내려가면 자이嘉義, 타이난台南, 가오슝高雄, 핑둥屏東 지역을 여행할 수 있다. 자이는 타이완에서 가장 아름다운 명산인 아리산阿里山으로 가는 관문이다. 아리산에서는 빨간색 삼림 열차를 타고 정상으로 올라가 경이로운 일출과 운해를 볼 수 있으며 신비로운 분위기의 천년의 숲, 거목군 잔도를 걸을 수 있다.

타이난은 타이완의 옛 수도로 오래된 과거의 흔적을 고스란히 잘 간직하고 있으며 타이완에서 가장 먼저 개발되었기 때문에 문화와 종교가 다채로운 색을 띠고 있다. 타이난에서는 과거와 현재가 공존하는 유적 도시로의 여행이 가능

하며 치구七股 소금산과 희귀 조류 저어새를 만나는 색다른 경험도 할 수 있어 타이난 여행을 준비한다면 충분한 시간 여유를 가지고 가는 것이 좋다.

기온이 따뜻한 항구 도시 가오슝은 타이완 제1의 항구 도시이며 국제적으로는 4대 항구 중 하나이다. 도시 한가운데를 흐르는 아이허愛河는 낭만을 더해 주고 신선하고 저렴한 해산물을 실컷 먹을 수 있는 야시장이 있으며 롄츠탄蓮池潭 풍경구와 불광산사佛光山寺, 치진旗津 풍경구 등 볼거리도 풍성하다.

타이완 최남단의 핑둥 지역에서는 소박하면서 정겨운 소도시 헝춘恆春과, 산호초와 열대 우림을 볼 수 있는 컨딩墾丁 국가 공원을 만날 수 있다. 컨딩은 사계절 내내 해양 스포츠를 즐기려는 젊은이들로 붐빈다. 해안과 접한 남부의 도시들은 다양한 해양 액티비티와 신선한 해산물 요리로 여행자의 감각을 깨우는 타이완 여행의 숨은 진주이다.

아리산

阿里山

타이완 최고의 명산

아리산은 해발 2,484m로 타이완 최고의 명산이다. 아리산은 하나의 산봉우리가 아니라 타이완의 최고봉인 위산玉山에서 가까운 18봉우리를 총칭하는 이름이다. 아리산에서 놓치면 안 되는 5가지는 일출, 운해, 석양, 숲, 그리고 산 정상까지 데려다 주는 삼림 열차이다. 빨간색의 작은 기차를 타고 해발 30m에서 출발하여 2,190m 높이의 아리산 종착역까지 오르면서 열대, 난대, 온대, 한대 기후의 갖가지 숲을 다 볼 수 있다. 아리산 최정상에서 맞는 일출과 운해는 맞은편에 보이는 위산의 위용 때문인지 더욱 장엄하게 느껴진다. 아리산을 타고 흐르는 운해는 마치 폭포수와 같은데 그 운해가 아리산에서 재배되는 차 맛을 좋게 해 아리산 차는 최고급으로 팔린다. 아리산에 가면 꼭 아리산 차를 마셔 보자.

information 행정 구역 嘉義縣 阿里山鄉 국번 05 홈페이지 www.ali-nsa.net

아리산

두이가오산 對高山
타산 보도 塔山步道
선무 역 神木火車站
옥산원 식당 玉山園餐廳
자매담 姊妹潭
금저보희 金猪報喜
아리산 선무 유적 阿里山神木遺跡
향림 초등학교 香林國小
목란원 木蘭園
사자매 四姊妹
수령탑 樹靈塔
수진궁 受鎮宮
영결동심 永結同心
자운사 慈雲寺
거목군 잔도 巨木群棧道
향림 중학교 香林國中
상비목 象鼻木
삼대목 三代木
아리산각 호텔 阿里山閣大飯店
난터우 현 南投縣
임무국 아리산 사무실 林務局阿里山工作站
아리산각 식당 阿里山閣餐廳
아리산 호텔 阿里山賓館
잉화 철도 櫻花鐵道
자오핑 공원 沼平公園
자오핑 역 沼平火車站
아리산 고산청 호텔 阿里山高山青大飯店
문산 호텔 文山賓館
아리산 파출소 阿里山派出所
자이 현 嘉義縣
주산 祝山
선무 호텔 神木賓館
아리산 잉산 호텔 阿里山櫻山大飯店
아리산 우체국 阿里山郵局
주산 일출 전망대 祝山觀日平台
자오핑 沼平
아리산 역 阿里山火車站
아리산 삼림 유락구 阿里山森林遊樂區
귀 호텔 貴賓館
18
주산 전망대 祝山眺望台

버스

- 타이베이 서부 버스 터미널 B동台北西站B棟에서 국광 객운國光客運 1835번 버스를 탄다.
  타이베이→아리산 : 3~10월 금·토 20:45 / 11월~2월 금·토 21:45 출발
  약 6시간 소요되며 요금은 NT$ 620이다.
  아리산→타이베이 : 토·일 11:30 출발, 약 6시간 소요되며 요금은 NT$ 620이다.

  전화 국광 객운 02-2311-9893, 05-233-3272 홈페이지 국광 객운 www.kingbus.com.tw

- 자이 기차역嘉義火車站에서 타이완 호행台灣好行 버스를 탄다.
  자이 기차역→아리산 : 매일 10편 운행(06:10, 07:40, 08:10, 08:40, 09:10, 10:10, 10:40, 11:10, 12:10, 14:10), 약 2시간 30분 소요되며 요금은 NT$ 250이다.
  아리산→자이 기차역 : 매일 10편 운행(09:10, 11:10, 12:10, 12:40, 13:10, 14:10, 15:10, 15:40, 15:10, 17:10), 약 2시간 30분 소요되며 요금은 NT$ 250이다.

- 고속철도 자이 역嘉義高鐵站에서 타이완 호행台灣好行 버스를 탄다.
  고속철도 자이 역→아리산 : 매일 2편 운행(10:10, 11:40), 약 2시간 30분 소요되며 요금은 NT$ 290이다.
  아리산→고속철도 자이 역 : 매일 2편 운행(14:40, 16:40), 약 2시간 30분 소요되며 요금은 NT$ 290이다.

• 르웨탄日月潭의 수이서 관광객 센터水社遊客中心 옆 창구에서 매일 2편(08:00, 09:00 출발) 운행된다. 약 3시간 50분 소요되며 요금은 NT$ 350이다.

기차

자이 기차역嘉義火車站에서 아리산의 삼림 열차森林小火車로 환승한다. 3시간 30분 소요되며, 요금은 NT$250이다.

Travel Tip

아리산 삼림 철도

타이완의 아리산 삼림 철도는 인도의 다르질링 히말라야 등산 철도, 페루의 안데스산 철도와 함께 세계 3대 고산 철도 중 하나이다. 71.9km 길이의 철로 위로 달리는 기차는 장난감 열차를 연상케 할 만큼 아담하지만 열차가 오르는 해발 고도는 무려 2,190m이다. 해발 30m인 자이嘉義를 출발점으로 하여 해발 2,274m의 아리산 역까지 운행된다. 50개의 터널과 77개의 교량을 지나가는데 기차 안에서 수려한 삼림 경관을 볼 수 있으며 급경사를 이루는 구간에서는 지그재그로 운행하는 등 탑승 시간인 3시간 20분 동안 흥미진진한 열차 여행을 할 수 있다. 아리산 삼림 열차는 평일 1회, 주말에는 2회씩 왕복한다.

예약 방법 열차표는 2개월 전에 자이의 베이먼 역(北門火車站)으로 전화해 예약하거나 직접 창구에 방문해 예약할 수 있다. 예약 후 일주일 내에 열차 운임을 선지불해야 예약이 완료된다.
예약 시간 08:00~17:00
예약 전화번호 베이먼 역(北門火車站) 05-276-8094

자이(嘉義) - 아리산(阿里山) 시간표

자이 역 출발	아리산 역 출발
06:10	09:10
07:40	11:10
08:10	12:10
08:40	12:40
09:10	13:10
10:10	14:10
10:40	15:10
11:10	15:40
12:10	16:10
14:10	17:10

연계 노선 이용 아리산 역에서 하차하여 다른 철도 노선을 이용할 수 있다. 자오핑 역(沼平火車站)에서 일출과 운해가 장관인 주산(祝山)으로 이동하는 주산선(祝山線)과, 스허우스(石猴石) 등으로 이동하는 미엔웨선(眠月線)이 있다.
· 아리산 → 미엔웨선 : 현재 9 · 21 지진으로 복구 중.
· 아리산 → 주산선 : 출발은 일출 시간에 따라 달라지므로, 전날 자오핑(沼平) 역이나 숙소에서 미리 알아보자. 숙소에서는 모닝콜 서비스를 제공하고 있으며, 역까지 데려다 주는 곳도 있다. 열차표는 전날 저녁이나 당일 새벽에 기차역에서 바로 구입할 수 있다.
※ 열차는 규모가 큰 역 외에는 정차하지 않으므로 작은 역에서 하차할 시에는 미리 역무원에게 말해 두어야 한다.

버스

자이 현嘉義縣에서 운영하는 현영 객운縣營客運 버스는 아리산 국가 풍경구의 각 관광 명소를 둘러볼 수 있는 가장 편리한 대중교통 수단이다. 자이현에서 추커우觸口를 경유하여 아리산, 다방達邦, 펀치후奮起湖 등지로 가는 코스와, 메이산梅山에서 루이리瑞里, 루이펑瑞峰, 타이허太和로 가는 코스가 있다.

버스를 이용할 때는 아리산에서 하산하는 막차 시간을 꼭 알아 두어 놓치지 않도록 주의해야 한다. 만약 막차를 놓쳤을 경우 9인승 차를 렌트하여 스줘石卓로 이동한 후 17시 20분에 펀치후 역奮起湖火車站에서 자이로 가는 버스를 탈 수 있다.

자이현 버스 관리처(嘉義縣公車管理處) (전화) 05-2788-177 / (홈페이지) bus.cyhg.gov.tw/Default.aspx

택시

자이의 택시 기본 요금은 NT$80이며, 300m마다 NT$5씩 오른다.

렌터카

타이완의 렌터카 회사는 각 지방마다 본점과 지점이 잘 연결되어 있어 차종, 엔진, 요금 등의 정보를 쉽게 검색할 수 있다.

아리산 하루 코스 1

펀치후 奮起湖 —도보 5분→ **펀치후 기차 차고** 奮起湖火車庫 —도보 5분→ **펀치후 옛 거리** 奮起湖老街**에서 식사** —도보 10분→ **목마 잔도** 木馬棧道

아리산 하루 코스 2

선무 역 神木火車站 —도보 5분→ **거목군 잔도** 巨木群棧道 —기차 30분→ **자오핑 역** 沼平火車站 —도보 20분→ **아리산 우체국** 阿里山郵局 **주변에서 식사**

아리산 트레킹 코스

거목군 잔도

MAPECODE 17501

巨木群棧道 쥐무췬 잔다오

아리산 정상에서 하산할 때는 중간에 선무 역神木火車站에 내려 숲길을 걸으며 아리산을 만끽하면 좋다. 거대한 고목이 우거진 산림 속을 걷다 보면 자연의 웅장함을 느낄 수 있다. 아리산 트레킹 코스 중에서도 고목이 밀집되어 있는 거목군 잔도는 하늘로 높이 솟은 나무들이 매력적이다. 이곳의 나무들은 최소 800년에서 1900년 된 나무들이라서 '신목神木'이라 부른다. 나이가 많은 나무들 사이에 있다 보면 매우 신비한 기운을 느낄 수 있고 만약 안개가 낀 날이라면 신비감이 더해진다. 거목들 사이를 걸어 나오면 심신의 피로가 풀리고 다시 태어난 느낌이 든다. 매년 3월 중순에서 4월 중순에 열리는 벚꽃 축제와 4월부터 6월까지 열리는 반딧불 축제를 즐길 수 있고, 가을에는 산을 아름답게 수놓는 단풍을 즐길 수 있다.

Tip 아리산에서 트레킹을 하려면 걷기에 편리한 복장과 신발을 착용하고 물, 모자, 비옷, 등산 지팡이를 준비하자. 또한 산모기에 물릴 수 있으므로 모기 방지액을 미리 바르는 것이 좋다.

嘉義縣 阿里山鄉 선무 기차역(神木火車站) 또는 자오핑 기차역(沼平火車站)에 내려 도보로 이동.

아리산 트레킹- 자오핑 역에서 선무 역까지

자오핑 역沼平車站 자오핑 처잔

거목군 잔도는 자오핑 기차역 또는 선무 기차역神木車站에서 출발한다.

자매담姊妹潭 쯔메이탄

한 남자를 사랑한 자매가 모두 사랑을 이루지 못하고 죽었다는 전설을 간직한 연못이다.

사자매四姊妹 쓰쯔메이

하나의 그루터기에서 4그루의 나무가 자라고 있어 4자매라고 부르는 나무이다.

금저보희金猪報喜 진주바오시

거목군 잔도 안에는 여러 가지 신기한 모양의 나무들이 많은데 그중에서 돼지 모습을 하고 있는 귀여운 나무이다.

영결동심永結同心 융제퉁신

두 그루의 나무가 서로 사랑을 나누는 듯 하트 모양을 하고 있어 연인들의 포토 존으로 인기 있는 나무이다.

목란원木蘭園 무란위안

하늘을 향해 쭉쭉 뻗어 올라간 나무들이 인상적이다. 봄에 이곳을 찾는다면 향기로운 목련꽃을 만날 수 있다.

수진궁受鎭宮 서우전궁

현천상제玄天上帝를 모시고 있는 수진궁 앞에는 작은 상점들이 모여 있어 아리산 특산품을 구입하기 좋으며 맛있는 간식을 맛볼 수 있다.

자운사慈雲寺 츠윈쓰

천 년의 시간을 품은 귀한 불상이 자리하고 있는 이곳은 아리산 개발을 시작하면서 일본인들이 1919년에 만들었다고 한다.

수령탑樹靈塔 수링타

일본인들은 나무에게도 영혼이 있다고 믿어서, 아리산을 개발하면서 벌목을 할 때 나무들을 위로하기 위해 1935년에 이 탑을 지었다.

삼대목三代木 싼다이무

죽은 줄 알았던 고목이 250년 후에 부활하여 2대 나무가 자라나고, 2대 나무가 죽은 지 300년 후에 3대 나무가 자라나 3대목이라고 불린다.

상비목象鼻木 샹비무

삼대목을 지나 길을 걷다 보면 긴 코를 가진 코끼리 모양의 나무를 발견하게 되는데 이는 아리산 트레킹이 주는 재미 중 하나이다.

도착

선무 역神木車站 선무 처잔

아리산 트레킹을 할 때 아리산 역에서 선무 역으로 곧장 와서 주변을 돌아보는 방법도 좋다. 역사 건물이 따로 없고 10분 정차 후에 다시 아리산 역으로 돌아간다.

펀치후 옛 거리

MAPECODE **17502**

아리산 우체국
阿里山郵局 아리산 유쥐

높은 곳에 위치한 천상의 우체국

아리산에는 해발 2,200m의 고도에 위치한 우체국이 있다. 타이완 정부는 아리산의 발전을 위해 아리산 역 주위에 주택가와 상가가 있는 마을을 조성하면서, 이곳에 아리산과 어울리는 아름다운 우체국을 짓기로 했다. 그 결과 화려한 궁궐 양식의 3층 건물을 지어 빨간색과 흰색으로 칠을 해 먼 거리에서도 잘 보이면서 숲의 초록색과도 잘 어울리게 했다. 1958년에 완공된 우체국은 아리산의 중요한 상징물 중 하나가 되었다.

우체국은 1층만 운영되어 규모가 그리 크지는 않지만 현금 인출기(ATM)도 있고 우체국에서 하는 모든 업무가 가능하다. 아리산의 아름다운 일출을 보고 하산하면서 우체국에서 아리산 엽서를 사서 쓴 뒤 아리산 기차가 새겨진 스탬프를 꾹 찍어 가족이나 지인들에게 보내 보자. 또는 자기 자신에게 엽서를 보내면 여행을 마치고 일상으로 돌아온 후에 아리산으로부터 배달된 편지를 받는 즐거움도 누릴 수 있다. 아리산에서 보낸 엽서가 도착하면 아리산의 일부분이 집으로 들어온 듯한 기분을 경험할 수 있다.

嘉義縣 阿里山鄉 中正村 2鄰 東阿里山 53號 ☎ 05-267-9970 월~금 08:00~12:00, 13:00~16:30(토~일요일 휴무) 자오핑 기차역(沼平火車站)에서 도보로 20분.

펀치후 奮起湖

아리산의 작은 마을

펀치후는 해발 405m에 위치한 산속 마을로, 아리산 정상을 향해 가는 길목에 있다. 처음에는 삼면이 산으로 둘러싸여 있는 마을의 지형이 마치 삼태기(중국어로는 '번지畚箕') 같다고 하여 '번지후畚箕湖'라고 부르다가 나중에 '펀치후'라고 바꾸어 쓰게 되었다.

일본이 타이완을 점령하고 이 지역에 철로를 놓게 되자 아리산으로 가는 대부분의 사람들은 기차를 타고 와서 펀치후에 들러 하룻밤을 쉬어 갔다. 깊은 산속에 있는 작은 마을이었지만 기차역이 생긴 후로 펀치후는 매우 번화하게 되었다. 비탈을 따라 오밀조밀하게 지어진 펀치후 마을 풍경은 그 모습만으로도 특별한 재미가 있다.

嘉義縣 竹崎鄉 奮起湖 자이 기차역(嘉義火車站) 앞 자이현 버스 터미널(嘉義縣公車總站)에서 현영 객운(縣營客運) 버스를 타고 펀치후(奮起湖) 하차. 총 2시간 소요.

MAPECODE 17503

펀치후 기차 차고
奮起湖火車庫 펀치후 훠처쿠

지나간 시간의 기억

펀치후는 아리산으로 향하는 철로가 개통되면서 크게 발전했다. 그래서 펀치후는 기차역을 중심으로 상가가 빙 둘러 서 있는 모습을 하고 있다. 펀치후 역은 2009년 지진으로 인해 운행이 중지되었다가 2014년 복구되었다. 마을 크기에 비해 매우 넓은 규모의 기차역에 도착하면 선로에는 기차가 옛 시간을 기억해 달라는 듯 놓여 있고 관광객들은 기차와 함께 기념사진을 찍고 기차에 올라타 보기도 한다. 기차역 차고 안으로 가면 오랜 운행을 마치고 이제는 쉬고 있는 증기 기관차가 있다. 객차를 이끌며 호령하듯 소리 내어 달리던 예전의 증기 기관차는 이제 펀치후 역 백 년의 역사를 품은 채 조용히 잠들어 있다. 기차 주위의 공간에는 펀치후의 역사를 보여 주는 전시관이 있다. 펀치후의 기차역을 거닐다 보면 마치 오래된 그림 속에 들어와 있는 듯한 느낌을 받게 된다.

嘉義縣 竹崎鄉 奮起湖 펀치후 버스 정류장 옆.

MAPECODE 17504

펀치후 옛 거리
奮起湖老街 펀치후 라오제

소박한 맛집 순례

펀치후 기차역 입구 오른쪽에는 상가들이 펼쳐져 있다. 비탈을 따라 지어진 상가들은 오랜 시간 동안 맛있는 음식과 잡화들을 팔아 왔다. 비록 기차는 멈췄지만 아리산 특산품과 펀치후의 간식을 먹기 위해 사람들의 발길이 이어지고 있다.

嘉義縣 竹崎鄉 奮起湖 펀치후 버스 정류장에서 도보 2분.

MAPECODE 17505

목마 잔도
木馬棧道 무마 잔다오

숲 속으로 난 펀치후 산책로

아리산의 숲 속으로 들어가 보고 싶다면 펀치후에 있는 목마 잔도로 들어가 보자. 펀치후 기차역 위쪽에 있는 카페 '호망각好望角 하오왕자오'이 바로 목마 잔도의 입구다. 길 이름인 목마는 '나무로 만든 말'이 아니고 일본어로 '산에서 벤 나무를 운반하는 썰매'를 뜻한다. 이 길은 이름에서 알 수 있듯이 일본이 벌목한 나무를 운반하던 길이었고, 시간이 많이 지난 지금까지 모습 그대로 잘 보존되어 있는 것이다. 이 길은 같은 크기의 통나무가 고르게 깔려 있고 간격도 흐트러짐 없이 일정하다. 과거에 나무를 나르던 길이 지금은 산책길로만 이용되고 있다. 목마잔도를 걸으면 끊임없이 이어진 숲의 아름다움을 즐길 수 있다.
펀치후는 삼면이 모두 산으로 둘러싸여 있어 목마 잔도 외에도 숲으로 향하는 산책로가 많은데 남쪽으로는 꿈속 오솔길이라 불리는 '삼나무 길 杉林棧道'이 있고 슬픈 이야기를 가지고 있는 '고자감 옛길糕仔闢古道'이 있다. 청나라 때 가난한 농민이 가게에서 떡을 훔치다가 잡혔는데 그를 가엾게 여긴 주인이 관가에 보내지 않고 이 길을 닦으면서 죄를 갚게 해 주어 이 길이 생겼다고 한다. 고자감 옛길은 소설 〈레 미제라블〉을 연상하게 하는 길이다.

嘉義縣 竹崎鄉 奮起湖 펀치후 버스 정류장 맞은편 언덕에 입구가 있음. ※목마 잔도(木馬棧道) 산책길 코스 : 총 0.7km, 도보로 30~60분 소요.

Travel Tip

펀치후 옛 거리에서 꼭 맛볼 것들!

★ 최고급 고산 명차 - 아리산 차

아리산 차는 최고의 품질을 자랑하는 타이완 대표 특산품이다. 아리산을 흘러 다니는 운해가 차 맛을 깊게 하고 햇볕이 풍부한 청정 지역에서 건조시켜 특별히 단맛이 강한 것이 특징이다. 펀치후에 가면 기차역 위쪽에 있는 찻집에서 꼭 아리산 차를 마셔 보기를 권한다. 그 밖에 달걀 겉면을 찻잎으로 감싸 굽거나 찻잎을 넣고 삶은 달걀도 맛볼 수 있다. 쫄깃하게 씹히는 느낌이 색다르고 맛은 깔끔하며 담백하다.

★ 펀치후의 최고 인기 - 펀치후 기차 과자

1943년부터 펀치후 기차역 근처 옛 거리에서 시작된 기차 과자는 70년의 역사를 자랑한다. 지금은 대를 이어 2세가 운영하는 천미진 식품天美珍食品은 펀치후 기차역과 함께 유명한 과자집이다. 과자의 앞면에는 펀치후 기차가 새겨져 있다. 과자의 맛은 겉은 월병 맛이고 속에 있는 재료에 따라 4가지가 있다. 단맛의 기차 과자 안에는 고산 녹차, 자주색 고추냉이가 들어 있고 짭짤한 맛의 기차 과자는 팥, 녹두 종류가 있다. 펀치후 기차역에 여행 온 사람들은 대부분 이곳에 들러 기차 과자를 기념으로 사간다.

嘉義縣竹崎鄉中和村奮起湖142號 天美珍食品 ☎ 05-256-1008 08:00~21:00

★ 아주 희귀한 식품 - 아리산 고추냉이

일본어로 '와사비', 중국어로는 '산쿠이山葵'라 불리는 고추냉이는 국제 시장에서 수요가 커 값이 비싸고 희귀한 식품이다. 고추냉이는 십자화과 다년생 식물로, 반 정도 그늘진 비옥한 토질과 깨끗한 물이 있는 곳에서 자란다. 까다로운 생장 조건 때문에 몇몇 나라에서만 제한적으로 재배되는 고추냉이가 타이완 아리산 인근에서 자란다. 아리산에서 나오는 고추냉이는 질과 맛이 우수하다. 독특한 향기와 매운 맛은 식욕을 돋우고 소화를 도우며 살균력이 강해서 충치 예방 효과도 있다.

★ 놓칠 수 없는 맛 - 펀치후 호텔의 기차 도시락

펀치후에서 놓칠 수 없는 것 중에 하나는 아리산 철도가 새겨진 도시락이다. 펀치후 호텔奮起湖大飯店의 사장님이 이곳을 찾는 사람들이 간편하게 식사를 할 수 있도록 시작한 도시락이 너무도 유명해져서 지금은 전국 각지에서 펀치후 도시락을 팔고 있다. 타이완의 편의점 세븐일레븐에서도 펀치후 도시락을 팔고 있다. 이 호텔에 숙박을 하지 않아도 1층에서 도시락만 사서 먹고 갈 수 있다. 펀치후에 오면 어느 방향에서나 이 호텔이 보일 정도로 좋은 위치에 있다.

嘉義縣 竹崎鄉 中和村 奮起湖1 78-1號 ☎ 05-256-1888 NT$100

Sleeping

아리산각 호텔

MAPECODE 17506

阿里山閣大飯店 아리산거 다판뎬

아리산 여행을 할 때 아리산 지역 안에 숙소를 정한다면 가장 효율적인 여행을 할 수 있다. 아리산은 지역이 아주 넓어 직접 가서 숙소를 찾기란 매우 어렵고 호텔 수가 적어 사전 예약은 필수이다. 게다가 시설 대비 비용이 다소 비싸다는 점을 감안해야 한다.

아리산각 호텔은 아리산 숙소 중에서 가장 객실이 깨끗하고 전망이 좋으며 자오핑 역沼平火車站 맞은편에 위치해 있어 아리산 여행이 편리하다. 또한 일출 시간에 맞춰 셔틀버스를 운행하고 있어 아리산 지역에서 가장 인기 높은 호텔이다. 평일과 비수기에는 30% 할인도 된다.

嘉義縣 阿里山鄉 香林村 1號 ☎ 05-267-9611 www.agh.com.tw NT$2,600~ 자오핑 기차역(沼平火車站) 맞은편으로 도보 5분.

펀치후 호텔

MAPECODE 17507

奮起湖大飯店 펀치후 다판뎬

아리산 일출을 보러 오는 사람들은 전날 도착해 이곳에서 숙박을 하고 새벽 기차에 오른다. 이 호텔은 기차 도시락으로도 유명하다. 호텔 사장님은 손님들이 간편하게 식사를 할 수 있도록 도시락을 만들어 팔기 시작했는데 지금은 유명해져서 전국 각지에서 펀치후 도시락을 팔고 있다. 호텔 시설은 오래되어 큰 기대는 할 수 없지만 일출 시간에 맞춰 기차역까지 셔틀버스를 운행한다. 다음 날 아리산 일출을 보기 위해 모여든 사람들은 펀치후 옛 거리에서 저녁 시간을 즐겁게 보낼 수 있어 일년 내내 많은 사람들이 찾는 명소이다.

嘉義縣 竹崎鄉 中和村 奮起湖1 78~1號 ☎ 05-256-1888 www.fenchihu.com.tw NT$1,400~ 펀치후(奮起湖) 정류장에서 옛 거리 방향으로 도보 5분.

아리산 시즌 스타

MAPECODE 17508

Alishan Season Star 四季星空 쓰지싱쿵

아리산에서 가장 아름다운 유럽 스타일의 펜션이다. 푸른 숲 속에 마치 장난감 집처럼 자리하고 있어 독일의 어느 동화 속에 나오는 집 같다. 1층 로비에는 진짜 벽난로에서 장작이 타면서 실내를 따뜻하게 해 주고 주인은 늘 손님을 위해 맛있는 음식과 차를 준비하고 있다. 객실마다 다른 스타일로 꾸며져 있으며 깨끗하고 우아한 분위기로 편안함을 준다. 가장 높은 3층 방은 펜트하우스로, 마치 유럽 여행을 온 듯한 착각을 들게 한다. 마당으로 나가면 발코니를 포함해 집 주변이 온통 꽃으로 가득하다. 집 맞은편에는 주인 소유의 차밭이 드넓게 펼쳐져 있다. 펜션 앞뜰에서 꽃향기를 맡으며 아침 식사와 차 한 잔을 한다면 아리산을 가장 럭셔리하게 즐기는 방법이 된다.

嘉義縣 番路鄉 隙頂 18號 ☎ 05-258-6083 www.seasonstar.com.tw NT$3000~6400 아리산 삼림 열차를 이용할 때는 주산 기차역(祝山火車站) 또는 자오핑 기차역(沼平火車站)에서 하차하여 택시를 탄다. 펀치후(奮起湖)에서는 택시로 30분 걸린다. / 자이 기차역(嘉義火車站)에서 자이 객운(嘉義客運) 버스 또는 일반 버스를 타고 극정 초등학교(隙頂國小) 하차. / 고속철도 자이역(高鐵嘉義站)에서 타이완 호행(台灣好行) 버스(10:00, 11:40)를 타고 극정 초등학교(隙頂國小) 하차.

타이난
台南

타이완에서 가장 역사 깊은 유적 도시

타이난은 과거 타이완의 수도였던 도시로, 타이완 발전의 초석이 된 역사의 고장이다. 16세기 이전에는 평지 원주민인 평포족 平埔族의 땅이었고, 16세기 초 중국의 푸젠 성福建省에서 건너온 한족들에 의해 타이완의 근대사가 시작된 후, 17세기에는 네덜란드인들이 들어와 식민 정책의 본거지로 삼았던 곳이다. 명나라 정성공鄭成功이 네덜란드인들을 물리치고 난 후 200여 년 동안 타이난은 타이완의 중심 도시로 번영을 누렸다. 이러한 역사적 배경으로 인해 공자묘, 적감루, 안핑 고보 등 유적지가 특히 많으며 타이완에서 옛 건물이 가장 많이 모여 있는 지역으로, 특히 하이안루海安路와 선농제神農街 등의 거리에는 옛 정취가 물씬 풍긴다. 그 밖에 바닷가를 따라 자리한 염전과 관쯔링 온천까지 있어 풍부한 자연을 경험할 수 있다.

information 행정 구역 台南市 국번 06 홈페이지 www.tainan.gov.tw

가는 방법

비행기

타이베이 쑹산 공항에서 타이난 공항까지 40분 소요된다.

고속철도

타이베이에서 타이난으로 가는 가장 좋은 교통편은 고속철도이다. 06:30부터 22:00까지 약 60여 편이 운행한다. 그러나 고속철도 타이난 역이 시내와 멀어 하차 후 셔틀버스를 타고 40분 정도 더 들어가야 한다. 타이베이 역에서 타이난까지 1시간 40분 소요되며, 요금은 NT$1,480이다.

일반 기차

타이베이 기차역에서 자강호自强號 열차를 타면 타이난까지 약 4시간 소요되며 요금은 NT$738이고, 거광호莒光號 열차를 이용하면 타이난까지 약 5시간 20분 소요되며 요금은 NT$569이다.

버스

타이베이 서부 버스 터미널 B동台北西站B棟에서 국광 객운 1837번 버스를 타면 타이난까지 약 4시간 30분 소요되며, 요금은 NT$360이다.

시내 교통

타이난은 남부 지역의 중심 도시이지만 대중교통은 불편한 편이다. 대중교통을 이용하려는 여행자는 타이완 호행台灣好行 버스를 이용하면 타이난 명소를 구석구석 다닐 수 있다. 타이난의 일반 버스 요금은 NT$18, 택시 기본 요금은 NT$80이다.

Travel Tip

타이완 호행 台灣好行

타이난을 여행할 때 최고의 교통수단은 타이완 호행台灣好行 버스이다. 88번 안핑安平 노선과 99번 타이장台江 노선을 이용하면 타이난의 역사, 인문, 해양 생태의 아름다움을 느낄 수 있다.

전화 타이난 시청 관광 안내 06- 390-1175, 가오슝 운수 06-221-9177
홈페이지 노선 검색 www.taiwantrip.com.tw
요금 구간당 NT$18, 99번 연장 노선(염전 생태 문화 마을, 치구 소금산) 이용 시에는 한 구간 요금 추가
티켓 구입처 타이난 기차역 앞 부성객운(府城客運)에서 구입하거나, 버스 탑승 후 기사에게 직접 구입.

★ 88번 안핑安平 노선

운행 시간 휴일 08:30~19:00, 평일 09:00~18:00, 배차 간격 1시간
요금 NT$18, 1일권 NT$100
추천 코스(1일 고적 투어) 타이난 역(台南火車站) → 옌핑 군왕사(延平郡王祠) → 공자묘(孔廟) → 적감루(赤崁樓) → 억재금성(億載金城) → 안핑 고보(安平古堡) → 덕기 양행/안핑 수옥(德記洋行/安平樹屋) → 관석 전망대(觀夕平台)

★ 99번 타이장台江 노선

운행 시간 평일 08:45~15:45, 배차 간격 1시간, 휴일 08:45~17:15, 배차 간격 30분
요금 NT$18, 1일권 NT$100
추천 코스(1일 소금산 생태 투어) 타이난 역(台南火車站) → 오원(吳園) → 루얼먼 천후궁(鹿耳門天后宮) → 루얼먼 성모묘(鹿耳門聖母廟) → 치구 소금산(七股鹽山) → 타이완 소금 박물관(台灣鹽博物館) → 쓰차오 생태 문화 단지(四草生態文化園區)

자난다전다파이수이다오
嘉南大圳大排水道
푸안루 府安路
옌수이시 鹽水溪
안핑 安平
덕기 양행 德記洋行
안핑 수옥 安平樹屋
동기 안핑 두화
同記安平豆花
역사 수경 공원
歷史水景公園
임영태흥 과일 절임
林永泰興蜜餞
안핑 고보
安平古堡
안핑 천후궁
安平天后宮
안핑 옛 거리
安平老街
안핑 검사정
安平劍獅埕
아두네 가게
阿度的店
안핑루 安平路
진가 굴튀김말이
陳家蚵捲
저우핑루 洲平路
안베이루 安北路
안핑 선착장
安平港渡船碼頭
윈허루 運河路
임묵랑 공원
林默娘公園
스핑루 世平路
스핑이제 世平一街
퉁핑루 同平路
다핑루 大平路
위빈루 漁濱路
안강루 安港路
관석 전망대
觀夕平台
타이난 운하
台南運河
허웨이루 5
우셴우제 五賢五街
민취안루 4단 民權路四段
화핑루 華平路
안핑루 安平路
핑안 중학교
平安國中
칭핑루 慶平路
웨이얏 그랜드 호텔
台南維悅酒店
평안 초등학교
平安國小
핑안 구 사무소
平安區公所
핑안 구
平安區
핑퉁루 平通路
안이루 安億路
광저우루 光洲路
용화루 2단 永華路二段
융화루 2단 永華路二段
위핑루 育平路
억재 초등학교
億載國小
진핑루 郡平路
궈핑루 國平路
억재금성
億載金城
푸핑루 府平路
중산 소프트볼 경기장
中山慢速壘球場
자제 초등
慈濟國
젠캉루 3단 健康路三段
신강루 新港路
위광루 漁光路
쿤선후
鯤鯓湖
신강루 新港路
신웨루 新樂路

타이난
대항 초등학교
大港國小
호시다 코스트코(타이난점)
好市多 Costco(台南店)
화위안 야시장
花園夜市
기가 우육탕
旗哥牛肉湯
연평 중학교
延平國中
문현 중학교
文賢國中
타이난 무성 야시장
台南武聖夜市
타이난 2중학교
台南二中
베이 구
北區
입인 초등학교
立人國小
대관음정
大觀音亭
카페 태고
太古
선농제 神農街
적감루 赤嵌樓
타이난 대천후궁
台南大天后宮
사전무묘 祀典武廟
타이난 역
台南火車站
천단
天壇
금성 중학교
金城國中
중시 구
中西區
탕덕장 기념 공원
湯德章紀念公園
타이난 시정부 광장
台南市政府廣場
도소월 度小月
타이완 문학관
台灣文學館
중경사 重慶寺
타이난 공자묘
台南孔廟
좁은 문 커피 窄門咖啡
까르푸
家樂福
건흥 중학교
建興國中
타이 랜디스 호텔
台南大億麗緻酒店
타이난 여중
台南女中
수평온 공원
水萍塭公園
국립 타이난 대학
國立台南大學
오비묘
五妃廟
가제 여중
家齊女中
타이난 고등 상업 학교
台南高商
신흥 초등학교
新興國小
대성 중학교
大成國中
타이난 시립 체육관
台南市立體育場
구이쯔산
桂子山
타이난 시립 체육 공원
台南市立體育公園
신흥 중학교
新興國中
일신 초등학교
日新國小
푸안루 府安路
구수이시 鹽水溪
중화베이루 中華北路
다강루 大港路
베이안루 北安路
허웨이루 2단 和緯路二段
허웨이루 4단 和緯路四段
리셴루 立賢路
우성루 武聖路
린안루 臨安路
궁위안베이루 公園北路
궁위안난루 公園南路
청궁루 成功路
민성루 2단 民生路二段
민성루 1단 民生路一段
민취안루 1단 民權路一段
민쭈루 民族路
하이안루 海安路
중정루 中正路
칭녠루 青年路
민취안루 民權路
카이산루 開山路
융화루 1단 永華路一段
시먼루 1단 西門路一段
중이루 忠義路
다퉁루 1단 大同路一段
다퉁루 2단 大同路二段
난먼루 南門路
젠캉루 2단 健康路二段
젠캉루 1단 健康路一段
수이자오서루 水交社路
신싱루 新興路
다청루 2단 大成路二段
다청루 1단 大成路一段
다린루 大林路
궈민루 國民路
시후제 西湖街
4단 民權路四段
182
17
17甲
20

타이난 하루 코스

타이난 공자묘 台南孔子廟 —도보 15분→ 적감루 赤崁樓 —버스 40분→ 안핑 고보 安平古堡 —도보 5분→ 덕기 양행 德記洋行 —도보 3분→ 안핑 수옥 安平樹屋 —버스 40분→ 하이안루 海安路 —도보 3분→ 선눙제 神農街

타이난 시내

MAPECODE 17509

적감루 赤嵌樓 츠칸러우

네덜란드 통치의 흔적

적감루는 1653년 네덜란드인들이 타이완을 점령하고 행정 센터로 사용하기 위해 쌓은 요새였다. 300년 이상의 역사를 지닌 적감루는 타이난 현지인들이 제일 먼저 소개하는 타이난의 명소이다. 1662년 정청공鄭成功이 이끄는 반청 세력이 네덜란드를 몰아내고 이곳을 사령부로 사용하다가 1684년 청에 정복당한 후 버려졌다. 시간이 흘러 19세기 지진으로 파괴되었다가 재건하면서 적감루로 개축하였다.

이곳에는 문창각文昌閣과 해신묘海神廟 두 건물이 있는데 문창각 2층에는 시험의 신이 모셔져 있어 수많은 학생들이 좋은 성적을 받게 해 달라고 찾아와 참배를 한다. 또한 기념품 가게에서는 시험에 행운을 가져다 주는 물건을 많이 판매하는데 그중에서 '북두칠성의 첫째 별 연필魁星筆 쿠이싱비'이 가장 인기가 높다.

일제 강점기에 여러 차례 중건되었으나 지금도 17세기 네덜란드인이 쌓은 성벽 일부가 남아 있다. 건물 앞에는 거북 등 위에 세워진 커다란 비석 9개가 나란히 있는데, 청나라 건륭제 때 일어난 반란을 진압한 기념으로 세워 두려고 중국에서 가져온 비석들이라고 한다. 원래는 총 10개였으나 중국에서 배에 실어 가져오던 중 하나를 실은 배가 안개와 같이 스르르 사라져 버렸다는 이야기가 전해진다.

台南市 中西區 民族路 2段 212號 ☎06-220-5647 08:30~21:30 NT$50 타이난 기차역(台南火車站)에서 88번이나 99번 호행 버스를 타고 적감루(赤嵌樓) 하차. / 타이난 기차역에서 도보 15분.

MAPECODE 17510

타이난 공자묘
台南孔廟 타이난 쿵먀오

타이완 교육의 중심인 공자를 모신 사당

철학자이자 학자였던 공자는 기원전 515년 중국 산둥 성山東省의 취푸曲阜에서 태어났다. 그러나 공자의 직계 종손은 타이완으로 망명해 왔고 80대 종손이 2006년 타이완의 신베이 시에서 태어났다. 1655년 창건된 타이난의 공자묘는 타이완에서 첫 번째 공자묘이며 이것은 곧 타이완의 첫 번째 학교를 의미한다. 타이완에서 공자의 존재는 매우 의미가 커 공자 탄신일인 9월 28일은 스승의 날로 제정되어 있고 공휴일이다. 타이완은 자녀의 교육을 아주 중시하며 그만큼 교육 수준 또한 매우 높다. 그런 타이완 교육의 중심에 공자가 있다.

타이난의 공자묘는 5백여 년의 깊은 역사를 지녔지만 매우 조용하고 소박한 모습이다. 아주 커다란 나무들이 숲을 이루고 있으며 그 사이를 오가는 작고 귀여운 청설모를 발견할 수 있다. 여행 중 들러 조용히 산책하면서 사색하기에 좋은 곳이다. 타이난 공자묘를 둘러보고 길 건너편에 있는 푸중제府中街를 구경한 후 난먼루南門路의 입구에 있는 카페 '좁은 문 커피窄門咖啡' 2층에서 공자묘를 내려다보며 차를 마시는 것도 좋다.

台南市 中西區 南門路 2號 ☎ 06-221-4647 08:30~17:30 NT$ 50 타이난 기차역(台南火車站)에서 17, 18, 88번 안핑 노선 버스를 타고 공자묘 하차.

사랑을 찾아 주는

타이난의 사원 여행

타이난은 사원의 수가 천 개를 넘는다 하여 '천묘지성千廟之城'이라고 불릴 만큼 사원이 많은 도시이다. 그 사원들 중에 사랑에 관한 문제에 도움을 주는 유명한 사원들이 있다. 바로 사랑의 신 '월하노인'이 있는 사원들인데 재미있게도 사원마다 사랑의 문제를 해결해 주는 방식이 조금씩 다르다.

MAPECODE 17511

타이난대천후궁 台南大天后宮 타이난 다톈허우궁

300년 이상의 역사를 지닌 대천후궁은 타이완 민간 신앙의 대표인 마조媽祖 여신을 모시고 있는 사원이다. 매일 향불이 끊이지 않을 정도로 많은 사람들이 찾는 타이난 대표 사원으로 마조 여신 이외에도 사랑의 신 '월하노인'을 모시고 있다. 대천후궁에 있는 월하노인은 타이난에서 가장 역사가 깊다. 이곳에 있는 월하노인은 이미 서로 사랑하고 있는 남녀의 애정을 더 돈독하게 해 주고 결혼에 이르게 해 준다고 믿어 연애 중인 커플들이 즐겨 찾는 곳이다. 안으로 들어가면 한쪽에는 많은 사람들이 월하노인한테 감사의 마음을 전하는 카드를 붙여 놓았다.

예전에는 월하노인 앞에 연지 가루가 놓여 있었다. 타이완어로 남녀의 인연을 뜻하는 '연분緣分'과 '연지 가루緣粉'의 발음이 비슷해 월하노인 앞에 놓인 가루를 미혼 여성이 귀 뒤에 바르면 좋은 인연을 만날 수 있다고 믿었다. 그러나 지금은 사원에서 이 가루를 제공하지 않아 참배객들이 연지 가루를 직접 구매해 가지고 와서 월하노인에게 바치고 있다. 최근 타이난 대천후궁 사이트에서는 시간이 없어 이곳에 갈 수 없는 연인들을 위해 온라인 참배를 할 수 있도록 하고 있다.

台南市 永福路 2段 227巷 18號 ☎ 06-2211178, 06-222719 www.tainanmazu.org.tw
05:30~21:00 타이난 기차역(台南火車站)에서 3, 5번 버스를 타고 적감루(赤崁樓) 하차.

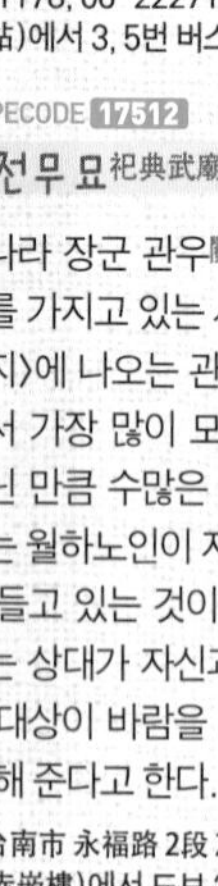

MAPECODE 17512

사전무묘 祀典武廟 쓰뎬우먀오

촉나라 장군 관우關羽를 모시는 사전무묘는 300년 이상의 역사를 가지고 있는 사원이다. 이곳에서 모시고 있는 관우는 〈삼국지〉에 나오는 관우와 같은 인물로, 타이완을 포함한 중화권에서 가장 많이 모시는 무신武神이다. 이 사원은 오랜 역사를 지닌 만큼 수많은 역사 유물들을 가지고 있다. 사전무묘 안쪽에는 월하노인이 자리 잡고 있는데, 이곳의 월하노인은 지팡이를 들고 있는 것이 특색이다. 지팡이를 든 월하노인은 짝사랑하는 상대가 자신과 사랑에 빠질 수 있도록 도와 주며 좋아하는 대상이 바람을 피우는 것도 막아 주어 평생 서로 사랑하도록 해 준다고 한다.

台南市 永福路 2段 229號 ☎ 06-220-2390 06:00~21:00 적감루(赤嵌樓)에서 도보 2분.

MAPECODE 17513

대관음정 大觀音亭 다관인팅

1678년 명나라 때 세워졌으며, 타이난에서 처음으로 관음보살을 모신 사원이다. 주신인 관음 옆에 미혼남녀의 인연을 관장하는 월하노인을 모시고 있는데 이곳의 월하노인은 큰 입을 지닌 달변가로 허리춤에 '백년해로, 이성합혼百年偕老, 二姓合婚'이라고 적힌 띠를 매고 있다. 외로운 솔로들이 사랑하는 사람을 만나고 싶으면 월하노인 앞에서 인연을 청하고, 월하노인이 허락하면(반달 모양의 나무 패 2개를 던져 각각 앞면과 뒷면으로 나오면 허락을 한다는 의미이다.) 월하노인의 몸에 두르고 있는 띠에서 붉은색 실을 하나 뽑아 보관한다. 어느 날 붉은색 실이 사라진다면 그로부터 며칠 내에 만나는 이성이 자기의 짝이 될 수 있다고 한다.

台南市 北區 成功路 86號 ☎ 06-228-6720 07:00~21:00 타이난 기차역(台南火車站)에서 도보 10분

MAPECODE 17514

중경사 重慶寺 충칭쓰

청나라 강희 60년에 건설된 중경사는 관음보살을 주신으로 모시고 있는 불교 사원이다. 중경사 안에는 오래전부터 식초 항아리가 소중하게 모셔지고 있는데 그 안에 있는 식초는 연인 사이와 부부 금슬이 좋아지는 신기한 효과가 있다 하여 유명하다. 청나라 때부터 전해 내려온 식초 항아리는 일제 강점기 말에 공습의 피해로 폭파되어 타이난의 많은 노총각과 노처녀들이 사랑에 대한 이야기를 호소할 곳이 없어졌다. 광복 이후 중경사에서는 이를 안타깝게 여겨 다시 식초 항아리를 만들어 놓았는데 원래 있던 자리였던 불사 앞에 놓지 않고 왼쪽 월하노인 앞에 놓았더니 그때부터 더 영험한 효과를 보인다고 한다. 중경사에 있는 월하노인은 특별히 떠나간 연인의 마음을 붙잡는 곳으로 유명하며 사랑의 문제를 빠른 속도로 해결해 주기 때문에 '속보사速報司'라는 별칭이 있을 정도이다.

台南市 中西區 中正路 5巷 2號 ☎ 06-223-2628 07:00~21:00 타이난 공자묘(台南孔廟)에서 도보 3분.

★톡톡★ 타이완 이야기

사랑의 신 월하노인

월하노인月下老人은 당나라 때부터 전해 오는 전설의 인물이다. 부부의 인연을 맺어주는 노인으로 중국어에서는 '중매쟁이'라는 뜻으로도 쓰인다. 약칭 '월노月老'라고도 한다. 월하노인의 붉은 실은 죽음으로도 끊을 수가 없다고 전해진다.

MAPECODE **17515**

타이완 문학관
台灣文學館 타이완 원쉐관

타이완에서 첫 번째로 손꼽는 문학 박물관

타이완 문학은 초기 원주민, 네덜란드, 명나라 정성공, 일제 강점기, 중화민국 타이완 정부 시대를 거치면서 발전해 왔다. 이 소중한 문학 자산들을 최신 시스템으로 수집, 보존, 연구하기 위해 타이완 문학관이 탄생하였다. 이곳은 타이완에서도 손꼽히는 문학 박물관으로 문학 자료의 전시, 교육 등을 통해서 문학이 대중과 더 가까워지도록 노력하고 문학의 발전을 이끌어 나가는 것을 목적으로 하고 있다.

현재의 문학 박물관은 1916년에 지어진 백 년이 넘는 건물로, 시간이 흐르면서 외부는 물론 내부도 많이 훼손되자 1997년부터 복원 사업을 시작해 2003년에 완성하여 박물관으로 사용하게 되었다. 안으로 들어가 관람하다 보면 오래된 건물이 주는 고즈넉한 분위기를 느낄 수 있으며 박물관 내에는 잠시 쉬어 가기 좋은 카페도 있다.

台南市 中西區 中正路 1號 ☎ 06-221-7201 www.nmtl.gov.tw 09:00~18:00 (매주 월요일 휴무) 타이난 기차역(台南火車站)에서 도보로 15분. / 타이난 기차역 길 건너편 버스 정류장에서 1南, 2, 6, 7번 버스를 타고 타이완 문학관(台灣文學館) 하차.

MAPECODE 17516

하이안루 海安路

빈티지한 느낌의 예술 거리

하이안루海安路는 건물과 거리에서 빈티지한 스타일이 느껴지는 신기한 지역이다. 원래 이름은 '오조항 운하五條港運河'로 과거에는 사람들의 왕래가 왕성했던 상업 구역이었으나 운하가 있던 자리는 도로로 메워지고 과거 해안을 드나들던 상선은 역사 속으로 사라져 사람들에게 잊혀진 거리였다. 그러나 2004년 하이안루를 예술 거리로 만드는 프로젝트가 시작되었고 예술가들은 이 거리를 특별하게 바꾸어 놓았다. 보기 흉했던 건물들은 세상의 관심을 끄는 건물이 되었다. 하이안루 거리의 건물 중에는 동네 어르신이 그려져 있는 것도 있는데, 그 어르신은 이 거리를 찾아오는 사람들과 함께 얘기도 나누고 사진도 찍어 준다. 찾아오는 사람이 없어 적막하기만 했던 거리가 다시 기지개를 펴고 일어서고 있다. 지금도 하이안루의 변화는 현재 진행형이다.

台南市 中西區 海安路 타이난 기차역(台南火車站)에서 14, 8, 5번 버스를 타고 시먼루(西門路) 하차, 도보 5분.

MAPECODE 17517

선눙제 神農街

낭만을 느끼다

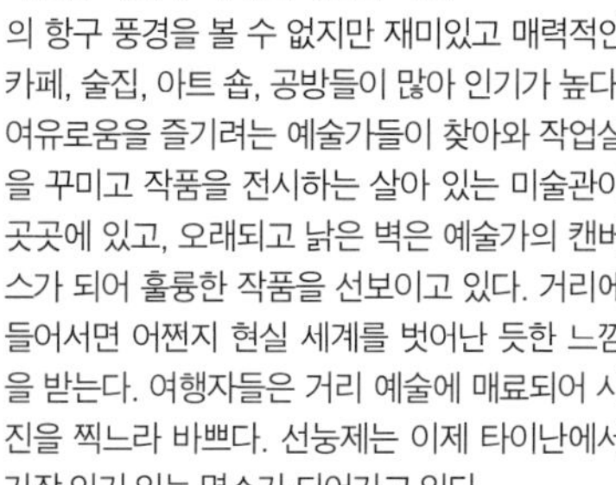

선눙제는 청나라 때 형성된 거리로 옛 정취를 제대로 가지고 있는 거리 중 하나이다. 오조항五條港 상권의 중앙에 위치한 선눙제는 일찍부터 번화했던 거리이다. 지금은 예전에 배가 드나들던 시절의 항구 풍경을 볼 수 없지만 재미있고 매력적인 카페, 술집, 아트 숍, 공방들이 많아 인기가 높다. 여유로움을 즐기려는 예술가들이 찾아와 작업실을 꾸미고 작품을 전시하는 살아 있는 미술관이 곳곳에 있고, 오래되고 낡은 벽은 예술가의 캔버스가 되어 훌륭한 작품을 선보이고 있다. 거리에 들어서면 어쩐지 현실 세계를 벗어난 듯한 느낌을 받는다. 여행자들은 거리 예술에 매료되어 사진을 찍느라 바쁘다. 선눙제는 이제 타이난에서 가장 인기 있는 명소가 되어가고 있다.

台南市 玉井區 神農街 타이난 기차역(台南火車站)에서 14, 8, 5번 버스를 타고 시먼루(西門路) 하차, 도보 7분.

선눙제

화위안 야시장 花園夜市 화위안 예스

늦은 밤 야식의 매력

타이난 야시장을 경험하고 싶다면 허웨이루和緯路 끝에 있는 타이난 음식의 보고, 화위안 야시장에 가 보자. 이곳에서 타이난의 밤을 제대로 맛볼 수 있다. 타이완 관광청이 선정한 10대 야시장 중에서도 최우수 야시장으로 뽑힌 이곳은 매주 목, 토, 일요일에만 문을 연다. 상점마다 높이 솟은 깃발이 하늘 가득 장식하고 있어서 어렵지 않게 원하는 상점을 찾을 수 있다. 전통 스테이크, 탕에 넣고 끓인 루웨이加熱滷味 자러 루웨이, 간장 소스에 졸인 루웨이冰鎮滷味 빙전 루웨이, 미니 샤부샤부, 짭짤한 닭고기 졸임鹹水雞 셴수이지, 싱싱한 과일, 스파게티 및 전통 면 요리 등 각종 음식이 넘치는 타이완 제1의 야시장이다.

타이난의 야시장은 다른 지역과는 다르게 요일에 따라 이동을 하며 곳곳에서 열린다. 화위안 야시장은 목, 토, 일요일에만 문을 열고 비가 오거나 날씨가 안 좋으면 영업을 안해 허탕을 칠 수도 있다. 타이난의 야시장이 언제 어디에서 열리는지 궁금하다면 타이난 관광 안내소나 호텔 프런트에 문의하면 된다.

台南市 中西區 海安路 목 · 토~일 17:00~24:00(월~수 · 금 휴무) 타이난 시내에서 7번 버스를 타고 류자리시루(六甲里西路) 하차. / 타이난 기차역(台南火車站)에서 14, 8, 5번 버스를 타고 시먼루(西門路) 하차.

안핑 지역

MAPECODE 17519

안핑 고보 安平古堡 안핑 구바오

타이완에 지은 첫 번째 성

네덜란드가 1627년에 타이완을 점령하고 나서 안핑安平 지역에 많은 건축물을 세웠다. 그 중 타이완에 지은 첫 번째 성 '열란차성熱蘭遮城'이 지금의 안핑 고보이다. 현재 남아 있는 안핑 고보의 건물들은 대부분 일제 강점기에 건축된 서양식 건물로, 타이난은 물론 타이완의 역사를 이해할 수 있는 문화 유적이다.

안핑 고보 정면에 위치한 열란차성 박물관熱蘭遮城博物館 안으로 들어가면 현지에서 발굴한 유물과 사료가 전시되어 있고 안핑 지역 문화의 발전상을 짧은 시간 안에 살펴볼 수 있는 영상이 준비되어 있다. 그 외에도 열란차성, 덕기 양행德記洋行, 동흥 양행東興洋行 등 옛 건축물의 축소 모형이 전시되어 있다. 전망대에 오르면 안핑 지역 전경을 내려다볼 수 있다. 과거에는 시원하게 탁 트인 바다까지 볼 수 있었지만 지금은 바다가 매립되어 멀리 보일 뿐이다.

台南市 安平區 國勝路 82號 ☎ 06-226-7348 08:30~17:30 NT$ 50 타이난 기차역(台南火車站)에서 88번이나 99번 호행 버스를 타고 안핑 고보(安平古堡) 하차. 1시간 소요.

MAPECODE 17520

안핑 옛 거리 安平老街 안핑 라오제

타이완에서 첫 번째로 만들어진 거리

안핑에서 여러 유적지를 둘러보고 먹을 곳을 찾을 때쯤 발견할 수 있는 곳이 안핑 옛 거리이다. 안핑 옛 거리는 옌핑제延平街에 있으며 이곳은 1624년 네덜란드가 타이난을 점령하고 행정부를 안핑에 두면서 처음으로 조성한 거리이다. 그래서 '타이완의 첫 번째 거리'라고도 부른다. 아직도 당시의 거리를 그대로 유지하고 있어 타이난의 문화와 역사를 고스란히 느끼게 해 준다. 길 양쪽으로 상점들이 줄을 지어 있고 옛날식 잡화점을 구경할 수 있다. 가장 유명한 간식인 새우 과자蝦餅 샤빙은 새우로 만든 과자로 우리나라의 새우깡과 맛이 비슷하다. 그 밖에 과일 설탕 절임, 검은콩 두부黑豆花 헤이더우화 및 새우 롤蝦捲 샤쥐안 등 안핑의 전통 간식을 이곳에서 맛볼 수 있다.

台南市 安平區 國勝路上 타이난 기차역(台南火車站)에서 2번 버스를 타고 안핑 고보(安平古堡) 하차. 1시간 소요.

MAPECODE 17521

안핑 검사정 安平劍獅埕 안핑 젠스청

검을 입에 물고 있는 사자 조각

초기의 안핑은 삼면이 바다였고 바다 연안의 땅은 대부분 모래로 이루어져, 집을 짓고 살 땅이 절대적으로 부족한 상황이었다. 중국 대륙에서 이민 온 사람들은 좋은 땅이 없으니 아무 데나 자리를 잡고 살게 되었는데 이런 상황이 걱정이 된 사람들은 나쁜 운을 막기 위해 사자의 얼굴이나 태극도 등 나쁜 운을 피하는 장식을 하게 되었다. 그 중에서도 특히 검을 입에 물고 있는 사자인 '검사劍獅'를 안핑 지역 집집마다 문 위에 조각을 새겨 넣었다. 명나라 정성공 때부터 청나라, 일제 강점기에 이르기까지 이어 온 검사劍獅 풍습은 안핑 지역만의 매우 특이한 풍습이 되었다. 안핑 검사정은 이러한 민간 신앙 풍습을 보존하고 알리기 위한 목적으로 만들어진 곳이다. 이곳에는 안핑 지역의 문화 공연을 하는 무대, 맛있는 단짜이미엔擔仔麵을 먹을 수 있는 식당, 타이완에서 재배한 커피를 파는 카페 등이 있으며 안핑 지역의 다양한 특산품도 판매하고 있다.

台南市 安平區 延平街 35號 ☎ 06-228-3037, 정원 카페 06-2296512 www.slion.com.tw 평일 10:30~18:30, 휴일 10:30~19:30 안핑 고보(安平古堡) 정류장에서 도보 5분.

MAPECODE 17522

안핑 천후궁 安平天后宮 안핑 텐허우궁

안핑의 역사와 함께 했던 사원

1661년 명나라의 정성공은 타이난을 점령하고 있던 네덜란드인을 몰아낸 후 1668년 안핑 바닷가에 사원을 짓고, 중국 푸젠 성福建省에서부터 모셔 온 3기의 마조媽祖 신상을 사원에 모시게 되었다. 원래의 사원은 지금의 안핑 서문 초등학교安平西門國小 자리에 있었고 이름은 '천비궁天妃宮'이었다. 1895년 일본 군인들이 청나라 군인들을 천

비궁으로 몰아 포위하고 60여 명을 모두 죽인 후 천비궁 뒤쪽에 묻었다. 당시의 안핑 주민들은 죽은 군인들의 영혼이 떠돌까 봐 이곳을 두려워해 기피하게 되었고 결국 사원은 폐기되었다. 사원에 있던 마조 신상은 여기저기 다른 사원에 모시다가 1966년 지금의 자리에 안핑 천후궁을 세워 세 신상을 모셔 오게 되었다. 안핑 천후궁은 우여곡절이 많았던 사원으로 타이완의 관문이었던 안핑이 겪은 아픈 역사를 잘 설명해 주고 있다.

台南市 安平區 安平區 國勝路 33號 ☎ 06-223-8695 06:30~21:30 타이난 기차역(台南火車站)에서 2번 버스를 타고 안핑 고보(安平古堡) 하차, 도보 7분.

MAPECODE 17523

덕기 양행 德記洋行 더지 양항

영국의 무역상이 만든 건축물

안핑 고보 길을 따라 걸으면 영국의 무역상이 만든 건축물 덕기 양행이 나온다. 1867년에 건설된 안핑 5대 양행 가운데 하나로 유일하게 현재까지 남아 있는 건물이다. 그 당시에는 영국에서 들여온 수입품과 타이완의 수출품이 이곳을 거쳐 갔다고 한다. 현재는 '타이완 개척 역사 자료 밀랍관台灣開拓史料蠟像館'으로서 타이완의 1900년대 초기의 생활 모습을 밀랍 인형으로 만들어 전시하고, 해설사들이 관람자들에게 자세히 설명해 주고 있다. 전시장을 관람하면서 복도나 천장을 살펴보면 당시의 건축 미학을 이해할 수 있다.

덕기 양행

🏠 台南市 安平區 古堡街 108號 ☎ 06-391-3901 ✔ 08:00~18:00 Ⓦ NT$ 50 🚌 타이난 기차역(台南火車站) 맞은편에서 88번 또는 99번 호행 버스를 타고 덕기 양행(德記洋行) 하차.

MAPECODE 17524

안핑 수옥 安平樹屋 안핑 수우

▶ 나무가 집에 사는 듯 기이한 풍경

덕기 양행德記洋行 뒤쪽에 안핑 수옥이 있다. 서구 열강의 침략 시기에 덕기 양행의 창고로 사용되다가 일제 강점기에는 대일본 염업 주식회사大日本鹽業株式會社의 사무실과 창고로 사용되었다.

제2차 세계 대전 이후 일본이 타이완을 떠나고 안핑의 소금 산업이 몰락하자 이 집은 버려져 돌보는 사람이 없게 되었다. 그렇게 시간이 흐르는 동안 적지 않은 용수나무榕樹가 건물 안팎에 자라나는 기이한 상황이 연출되었다. 나무와 집이 뒤엉킨 풍경은 마치 귀신이 살고 있는 듯한 분위기로 변해 현지인들도 집 안으로 들어가기를 꺼려 했고 아무도 돌보지 않는 이 집에서 나무는 더욱 기세를 펼치며 지붕을 뚫고 건물을 뒤덮고 무럭무럭 자라났다. 주민들은 이를 두고 '집안에 나무가 살고, 나무 안에 집이 있다屋中有樹, 樹中有屋'라고 표현하기도 한다.

현지 대학의 건축팀은 안핑 수옥이 가옥 생태 및 건축사적인 가치가 있음을 인정하고 예술 구역으로 지정해 일반인들이 내부를 살펴볼 수 있도록 길을 만들어 공개했다. 지금도 안핑 수옥의 용수나무는 집과 함께 숨 쉬며 살아 있다.

🏠 台南市 安平區 古堡街 108號 ☎ 06-391-3901 ✔ 08:30~17:30 Ⓦ NT$ 50 🚌 타이난 기차역(台南火車站) 맞은편에서 88번 호행 버스를 타고 안핑 수옥(安平樹屋) 하차. 덕기 양행 (德記洋行) 뒤쪽에 있다.

MAPECODE 17525

억재금성 億載金城 이짜이진청

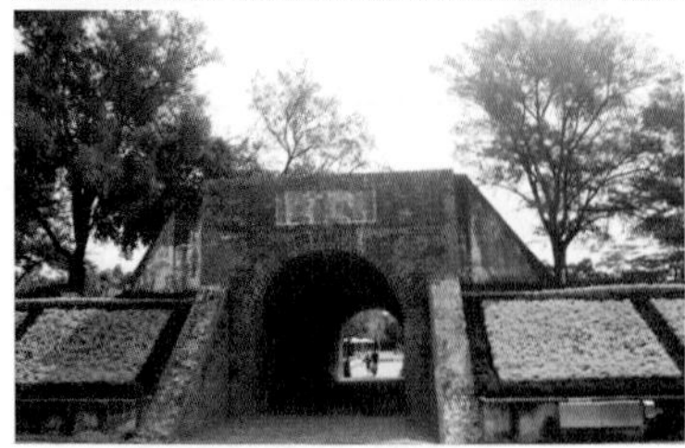

타이완 해안선을 방어했던 요새

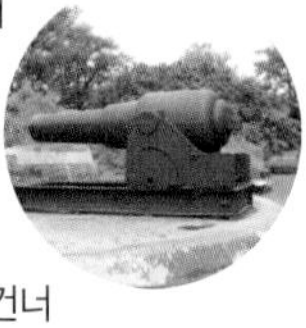

바닷가 광저우루光州路에 위치한 억재금성은 '안핑 대포대安平大砲台 안핑 다파오타이'라고도 불린다. 1875년에 심보정沈葆楨은 청나라의 명령을 받고 타이완으로 건너왔다. 그는 타이완을 지키기 위해 억재금성을 건립하고 포대도 설치했다. 1884년 청불 전쟁과 1895년 청일 전쟁 때 타이난에서도 전쟁이 일어나자 억재금성은 강력한 위력을 발휘하여 침략하려던 적군들을 모두 물리쳤다. 높은 벽과 해자를 지닌 정방형의 이 건축물은 타이완 최초의 서양식 요새이며 역사적 의미가 깊은 영해 요새다. 현재 성곽의 위쪽으로 올라가면 영국제 암스트롱 대포를 볼 수 있다.

台南市 安平區 光州路 3號 ☎ 06-295-1504 08:30~17:30 NT$50 타이난 기차역(台南火車站)에서 14, 88, 15번 버스를 타고 안핑 고보(安平古堡) 하차.

MAPECODE 17526

관석 전망대 觀夕平台 관시 핑타이

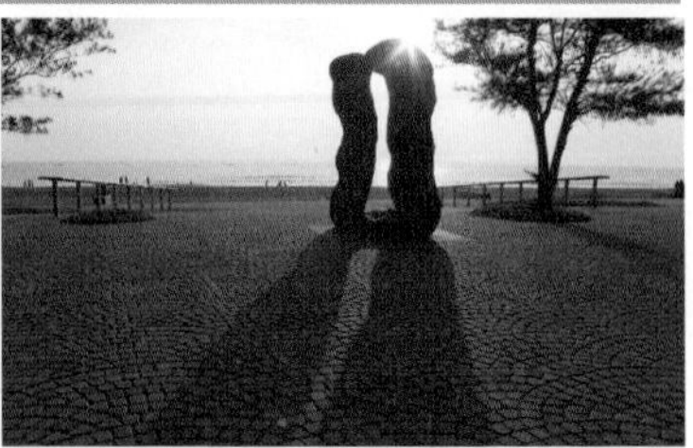

푸른 바다를 볼 수 있는 곳

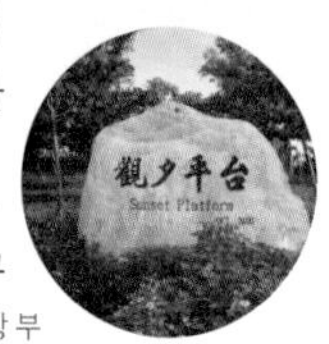

안핑 고보를 다 둘러보고 난 후에도 시간 여유가 있다면 바다를 볼 수 있는 관석 전망대觀夕平台를 추천한다. 항구 주위의 환항 보도環港步道 환강 부다오는 바닷가를 따라 걷는 산책로로 설계되었다. 환항 보도에서 관석 전망대로 걸어가면서 바다, 모래, 숲을 연결해 안핑 바닷가 여행의 마침표를 찍게 하고 있다. 타이난 전 구역과의 교통 시스템이 정비되면서 안핑의 새로운 명소 중 하나로 자리 잡고 있다. 이곳은 흰색의 백 년 등대와 바람을 막아 주는 방풍림, 눈앞에 펼쳐진 푸른 바다가 함께 어우러져 아름다운 자연의 색을 보여 주고 있다. 특히 일출과 석양이 연출하는 매혹적인 색은 오래도록 남을 것이다.

台南市 安平區 安北路 88번 호행 버스의 종점인 관석 전망대(觀夕平台) 하차. 활어 저운 센터(活魚儲運中心) 맞은편.

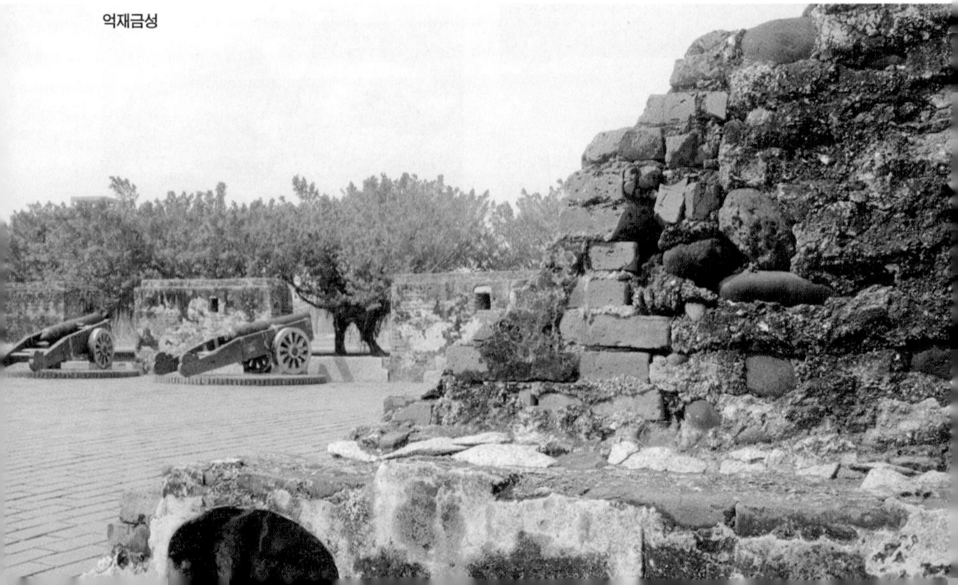

억재금성

MAPECODE 17527

흑면비로 생태 전시관
黑面琵鷺生態展示館 헤이미엔피루 성타이 잔스관

희귀 조류 저어새를 만나 보자

이곳에서 보호하고 있는 흑면비로黑面琵鷺는 전 세계적으로 2,400여 마리만 남은 멸종위기종 저어새다. 동아시아에서만 서식하는 종으로, 타이완에서는 타이난 지역이 번식지이다. 흑면비로는 얼굴에 검은색 가면을 쓴 것 같은 생김새와 먹이를 찾는 특별한 습성 때문에 지어진 이름이다. 우리나라에서도 저어새를 천연기념물로 지정하고 번식지를 보존하고 있다. 타이완 남부는 많은 희귀 조류가 한 계절을 지내고 가는 지역으로 저어새 이외에도 희귀한 조류의 모습을 볼 수 있다. 흑면비로 생태 전시관은 저어새의 번식지 근처에 자리하고 있으며 건축물은 물 위에 떠 있는 듯한 모습이다. 전시관 내부는 전시실과 생태 영상실, 전망대로 이루어져 있으며, 전시 내용은 저어새를 위주로 저어새의 역사 및 습지 생태 등을 주제로 삼고 있다.

台南市 七股區 海埔 47號 ☎ 06-788-1180(교환 204) tesri.tesri.gov.tw/blackfaced 09:00~16:30(월요일 휴무) 타이완 호행 버스(台灣好行) 99번을 타고 상냐오루(賞鳥路) 하차.

MAPECODE 17528

치구 소금산 七股鹽山 치구 옌산

옛 염전의 매력을 느낄 수 있는 곳

타이난의 날씨와 바다라는 최고 지리 환경이 만나 염업鹽業 발전의 역사를 만들어 냈다. 치구七股 지역에서는 넓은 바다와 눈처럼 하얀 소금 외에도 풍부한 습지 생태를 감상할 수 있다.
치구 소금산은 소금을 말리는 장소로, 면적 1km^{2}에 약 6층 건물 높이의 산이 우뚝 솟아 있어 장관을 이룬다. 현재 소금산을 중심으로 소금 문화 공원이 형성되어 있고 공원 내에 '타이완 소금 박물관台灣鹽博物館'이 있다. 건물 외관은 멀리서 보면 마치 2개의 백색 피라미드가 염전 안에 우뚝 솟아 있는 것처럼 보인다. 4층 건물의 박물관은 정교하게 꾸며 놓아 1940~1950년대의 염전 시대로 돌아간 듯한 느낌이 들게 하고, 오디오와 옛 사진, 생동감 있는 디자인을 통해 타이완의 염업의 문화와 발전사를 전시하고 있다.
또한 박물관 안에는 각종 염업 문화 상품과 소금 커피를 판매하고 있다.

台南市 鹽埕里 66號 ☎ 06-780-0511 여름(3~10월) 09:00~18:00, 겨울(11~2월) 08:30~17:30 cigu.tybio.com.tw/index.aspx 호행 버스 99번을 타고 치구 소금산(七股鹽山) 하차.

타이완 소금 박물관(台灣鹽博物館)

台南市 七股區 鹽埕里 69號 ☎ 06-780-0698 www.tnshio.com 09:00~18:00 NT$ 150 호행 버스 99번을 타고 타이완 소금 박물관(台灣鹽博物館) 하차.

관쯔링 온천

MAPECODE 17529

마사거우 해수욕장
馬沙溝 海水浴場 마사거우 하이수이위창

에코 투어 코스

마사거우 해수욕장에는 모래사장이 넓게 펼쳐져 있으며 모래가 매우 미세하며 부드럽다. 바비큐 구역, 캠핑 구역, 물놀이 구역, 조류 감상 구역, 수상 오토바이와 바다 관람 제방, 수영장 등의 시설을 갖추고 있어 가족 단위의 현지인들이 많이 찾아오는 휴양지이다. 해수욕장의 북쪽에는 백로 보호 지역으로 지정된 곳이 있다. 이곳에서는 백로 이외에도 갈매기, 바다 물새 등 야생 조류들을 관찰할 수 있다.

복잡한 시내를 벗어나 마사거우에 간다면, 하루 동안 여유를 두고 천천히 마사거우 지역을 돌아보는 일정을 추천한다. 이 지역은 전형적인 어촌으로 저녁 노을이 하늘을 가득 채우고 어선이 바다에 떠 있는 모습은 잊지 못할 장면이다.

台南市 將軍區 平沙里 140號 ☎ 06-7931155, 06-793-1177 www.mashagou.com.tw 4월~10월 평일 10 : 00~18:00, 주말 09:00~18:00 / 11월~3월 평일 10:00~16:00, 주말 09:00~16:00 99번 호행 버스를 타고 마사거우 해수욕장(馬沙溝海水浴場) 하차.

MAPECODE 17530

관쯔링 온천 關子嶺溫泉 관쯔링 원취안

머드 온천을 즐겨 보자

관쯔링 온천은 타이완의 4대 온천(베이터우北投, 양밍산陽明山, 쓰중시四重溪, 관쯔링關子嶺) 중 하나이며 세계적으로 보기 드문 머드 온천으로 유명하다. 관쯔링 온천 지역 산책로를 따라 걸으면 좌우로 많은 온천 호텔을 볼 수 있는데 대부분 개인탕과 대중탕을 모두 가지고 있어 여행 중에 잠시 들러 머드팩을 경험하며 쉬어 가기 좋다. 온천수에 들어가기 전에 얼굴과 온몸에 진흙을 바르며 마사지를 할 수 있다. 온천수는 광물질을 포함한 염류탄산천鹽類炭酸泉으로 온천 후 피부가 부드러워지고 윤기가 나는 것을 느낄 수 있다.

관쯔링에는 온천 외에도 관쯔링 공원이라 불리는 홍엽 공원紅葉公園에 아름다운 산책로가 있다. 봄부터 여름 사이에는 나비가 춤추는 모습을 볼 수 있고 가을에는 단풍나무들이 숲을 이루는 모습이 장관이다. 온천욕과 삼림욕을 함께 할 수 있는 힐링 여행 코스이다. 또한 온천 지역에서 그리 멀지 않은 곳에 타이완의 가장 유명한 커피 생산지가 있어 이곳에서 생산되는 커피를 마시며 여유를 즐길 수 있다.

台南市 白河區 關嶺里 東北方 枕頭山頂 신잉 기차역(新營火車站) 앞에서 난랴오-관쯔링(南寮-關子嶺)행 신잉 객운(新營客運) 버스를 타고 관쯔링(關子嶺) 하차.

Eating

도소월 度小月 두샤오웨

MAPECODE 17531

타이완을 좀 안다 싶은 사람들은 도소월에서 식사를 즐긴다. 타이베이에도 도소월이 여러 곳 있다. 그런데 그 원조 식당이 타이난의 중정루中正路에 있으니 타이난에 왔다면 놓칠 수 없는 곳이 바로 이곳 도소월이다. 청나라 때인 1894년 이곳에서 문을 열고 장사를 시작해 120년이 다 되어가는 긴 세월만큼이나 깊은 맛을 볼 수 있는 맛집이다. 타이난의 한 가난한 어부가 고기가 잡히지 않는 시기에 뭔가 돈을 벌기 위해 궁리하다가 만든 국수가 단짜이미엔擔仔麵의 시작이며 이것이 도소월을 유명하게 만들었다. 단짜이미엔의 인기가 날로 높아져 이 부부는 고기잡이를 그만두고 국수 전문점으로 전업했다고 한다. 단짜이미엔은 국수 위에 돼지고기를 잘게 썰어 양념을 한 고명을 얹는 것이 특징이다. 이 고명은 밥에 올려 비벼 먹기도 한다. 타이완 문학관을 나와 중정루中正路에서 유아이제友愛街 쪽으로 돌아서면 바로 보인다.

台南市 中西區 中正路 101號 ☎ 06-220-0858 11:00~21:30 국수 NT$50~ 타이난 기차역(台南火車站)에서 중산루(中山路)를 따라 직진하다가 교차로에서 중정루(中正路) 방향으로 도보 15분.

좁은 문 커피

MAPECODE 17532

窄門咖啡 자이먼 카페이

타이난 공자묘 밖으로 나와 난먼루南門路를 따라 가다 보면 재미있는 출입구로 유명한 카페가 있다. 두 개의 건물 사이로 난 좁은 길로 들어가야 비로소 2층의 카페에 도달할 수 있다. 몸집이 큰 사람은 한 명도 드나들기 어려운 좁은 길을 통과해야 한다. 맞은편에 누군가 먼저 들어오는 사람이 있다면 서로 양보하고 배려하는 마음을 느낄 수 있어 훈훈한 길이다. 2층으로 올라가 카페 문을 열면 한 번 더 놀라는데 60년대의 영화에서나 볼 것 같은 낭만 가득한 카페 분위기 때문이다. 그래서 입구의 좁은 길은 현재에서 과거로 넘어가기 위한 통과 의례 같다. 카페의 창가에 앉아 5백 년의 시간을 품은 공자묘도 내려다볼 수 있다. 굉장히 특색 있는 카페에서의 차 한 잔은 오래도록 잊을 수 없는 추억이 된다.

台南市 中西區 南門路 67號 2樓 ☎ 06-211-0508 수~금 11:00~20:30, 토~화 10:30~22:00 타이난 기차역(台南火車站)에서 17, 18, 88번 버스를 타고 타이난 공자묘(台南孔廟) 하차. 공자묘 맞은편으로 도보 2분.

동기 안핑 두화 MAPECODE 17533

同記安平豆花 퉁지 안핑 더우화

부드럽고 달콤한 간식이 그립다면 안핑 최고의 맛집 동기 안핑 두화同記安平豆花를 추천한다. 두화豆花란 부드러운 두부를 이르는 말로, 타이완 사람들은 두부 종류를 좋아해서 콩으로 만든 수많은 종류의 두화가 있다. 최근 들어서 대부분의 타이완 사람들은 두화를 마트에서 사서 먹는다. 그렇지만 마트에서 파는 두화는 콩가루로 만들어 이미 원재료가 가진 고유의 맛과 향을 잃은 것이다. 동기 안핑 두화는 옛날 방식을 고집하여 방부제를 넣지 않고 엄선한 유기농 콩 등 좋은 재료로 만들어 건강에도 좋을 뿐 아니라 맛도 최고이다. 두화는 따뜻하게 먹을 수 있고 얼음을 넣어 차갑게 먹을 수도 있어, 취향에 따라 주문하면 된다.

台南市 安平區 安北路 141-6號 ☎ 06-3915385 www.tongji.com.tw 09:00~23:00 NT$30~ 타이난 기차역(台南火車站) 맞은편에서 88번 호행 버스를 타고 안핑 수옥(安平樹屋) 하차.

카페 태고 太古 타이구

선눙제神農街에서 시원한 맥주를 마시고 싶다면 카페 태고 1호점을 권한다. 이 카페에서는 1950~1970년대의 다양한 가구를 만나 볼 수 있어 시간을 넘나드는 빈티지한 분위기에 젖어 맥주 한잔의 여유를 즐길 수 있는 곳이다.

선눙제 거리 끝을 지나 건너편 모퉁이는 멋들어진 분위기로 변신한 카페 태고 2호점이 있다. 이 거리의 건물들은 청나라 때부터 일제 강점기에 걸쳐

지어진 것으로 고색창연한 분위기를 준다. 카페 문을 열고 들어가면 복고풍 가구가 손님을 맞는다. 카페 1층에는 정면에 큰 창문이 있어 창가에 앉아 창밖으로 오가는 사람들을 구경하는 것도 즐겁다. 2층은 야경을 즐기기에 좋다. 커피, 허브티, 샌드위치, 케이크, 와플 등의 메뉴가 준비되어 있어 차와 간단한 식사를 할 수 있다.

1호점 MAPECODE 17534

台南市 玉井區 神農街 94號 ☎ 06-221-1053 월~목 18:00~02:00, 금~토 16:00~02:00, 일 16:00~24:00 NT$100~ 타이난 기차역(台南火車站)에서 14, 8, 5번 버스를 타고 시먼루(西門路) 하차, 도보 7분.

2호점 MAPECODE 17535

台南市 玉井區 神農街 101號 ☎ 06-221-7800 월~목 13:00~21:00, 금 13:00~22:00, 토 12:00~21:00, 일 12:00~22:00 NT$100~ 타이난 기차역(台南火車站)에서 14, 8, 5번 버스를 타고 시먼루(西門路) 하차, 도보 7분. 1호점과 대각선으로 마주 보고 있다.

임영태흥 과일 절임

MAPECODE 17536

林永泰興蜜餞 린융타이싱 미젠

타이난 안핑의 옌핑제延平街는 300년 전 타이완에서 제일 먼저 생긴 거리이다. 오랜 역사의 옌핑제延平街에서도 제1의 가게는 바로 절인 과일을 파는 임영태흥 과일 절임林永泰興蜜餞이다. 이 가게의 실제 역사는 130년이 넘었고 타이난 시정부가 선정한 '우수 백 년 가게'로 인정받은 곳이다. 이곳의 주 판매 상품은 설탕, 꿀, 감초가루를 넣어 절인 과일 절임이다. 가격은 한 봉지에 NT$50이고 수많은 종류의 과일 절임을 고르는 손님들의 손길이 바쁘다. 가게를 찾을 때 길을 가다가 상점 앞에 줄을 길게 선 곳이 있다면 바로 그곳이라고 할 만큼 인기가 높다. 오래도록 인기를 누리는 비결은 100년이 넘게 전해 오는 숙련된 기술과 좋은 재료의 선택이라고 한다.

台南市 安平區 延平街 84號 ☎ 06-225-9041 목~월 11:30~20:00(화 · 수 휴무) NT$100~ 타이난 기차역(台南火車站)에서 88, 99번 호행 버스나 2번 일반 버스를 타고 안핑 고보(安平古堡) 하차. 1시간 소요. 안핑 옛 거리에 있다.

진가 굴튀김말이

MAPECODE 17537

陳家蚵捲 천자 커줘안

진가 굴튀김말이 식당은 안핑루安平路와 구바오제古堡街 교차 지점에 위치하고 있다. 이곳은 안핑이 자랑하는 굴 요리 전문점으로, 방금 만든 신선한 음식만을 제공한다고 한다. 음식점에 들어서기도 전에 기다리는 사람들이 많아 놀라게 된다. 타이완에서 굴 요리는 어디서든 볼 수 있고 맛도 좋다. 그러나 우리나라처럼 날것으로는 먹지 않고 튀기거나 삶아 먹는다. 이곳은 3대째 맛이 계승되고 있는 굴튀김말이 전문점으로, 싱싱한 굴로 속을 꽉 채우고 고소하고 바삭바삭한 튀김옷을 입혀 그 맛이 일품이다. 가게 맞은편에서는 매일 10명의 아주머니들이 쉴 새 없이 굴을 까고 손질을 하고 즉석에서 굴 요리를 만들고 있다. 타이난에서 매우 사랑받는 음식 중 하나이다.

台南市 安平區 安平路 786號 ☎ 06-222-9661 10:00~21:00 NT$50~ 타이난 기차역(台南火車站)에서 2번 버스를 타고 안핑(安平) 하차. 1시간 소요.

Sleeping

타이 랜디스 호텔

MAPECODE 17538

Tayih Landis Hotel Tainan
台南大億麗緻酒店 타이난 다이 리즈 주뎬

지상 22층, 지하 5층 건물에 315개의 객실을 갖춘 타이난 최고의 5성급 호텔이다. 휴식은 물론 비즈니스를 위한 회의 시설을 갖추고 있으며 레스토랑과 부대시설 등 타이난 최고의 호텔 서비스를 자랑한다. 타이난의 중심가인 시먼루西門路와 융화루永華路 입구에 위치하고 있어 공자묘와 적감루 등 관광 명소를 즐기기에 편리하다.

台南市 中西區 西門路 1段 660號 ☎ 06-213-5555 tainan.landishotelsresorts.com NT$8,200~ 타이난 기차역(台南火車站)에서 도보 20분.

웨이얏 그랜드 호텔

MAPECODE 17539

Wei-Yat Grand Hotel
台南維悅酒店 타이난 웨이웨 주뎬

타이난 웨이얏 그랜드 호텔은 타이난 운하가 내려다보이는 아름다운 곳에 위치하고 있다. 또한 시내 중심가와 안핑의 중간 지점에 있어 타이난의 유적지를 고루 돌아보기에 좋은 위치에 있다. 비즈니스 센터, 헬스 클럽 등의 시설 외에 180명을 수용할 수 있는 국제 회의장과 시청각 시설을 완비한 크고 작은 회의실을 갖추고 있다. 호텔 내부는 타이난의 문화를 느낄 수 있는 독특한 분위기로 설계되었다. 비즈니스나 여행을 위한 최고의 호텔이다. 타이난 공항이나 기차역에서 30분 이내로 도착할 수 있다.

台南市 安平區 慶平路 539號 ☎ 06-295-0888 www.weiyat-hotel.com.tw NT$6,200~ 타이난 기차역(台南火車站)에서 99번 호행 버스 또는 2번 버스를 타고 왕웨차오(望月橋) 하차. 25분 소요.

퀴나 플라자 호텔

MAPECODE 17540

Queena Plaza Hotel
桂田酒店 구이톈 주뎬

퀴나 플라자 호텔은 225개의 객실을 갖추고 있으며 야외 수영장, 스파, 수영장, 헬스 클럽 등 품위 있는 휴식 시설을 자랑한다. 가장 큰 특징은 다른 호텔과는 비교가 안 되는 7천 평의 아름다운 정원을 가지고 있어 마치 발리에 온 듯한 착각을 일으키게 한다는 점이다.

台南市 永康區 永安 1街 99號 ☎ 06-243-8999 www.queenaplaza.com NT$5,800~ 융캉(永康)역에서 도보 10분.

레이케이 핫 스프링 리조트

MAPECODE 17541

Reikei Hot Spring Resort
儷景溫泉會館 리징 원취안 후이관

레이케이 핫 스프링 리조트는 타이난 시 바이허 구白河區에 위치한 관쯔링 온천 지역에 있다. 관쯔링 온천수는 머드 온천으로 유명하며 온천 후 피부가 부드러워지고 윤기가 있어 천연 화장품이라 불리기도 한다. 모든 객실에는 머드 온천이 설치되어 있으며 공용 스파에서는 친구나 가족과 함께 담소를 나누며 온천을 즐길 수 있다. 6층 전망 레스토랑에서는 해발 1,241m의 다둥산大凍山의 경치를 보며 맛있는 요리를 즐길 수 있다.

台南市 白河區 關嶺里 關子嶺 61-5號 ☎ 06-6822-588 www.reikei.com.tw NT$3,575~ 신잉 기차역(新營火車站) 앞 버스 정류장에서 난랴오-관쯔링(南寮-關子嶺)행 신잉 객운(新營客運) 버스를 타고 관쯔링 정류장 하차.

타이난 운하

가오슝
高雄

여행자들의 마음을 사로잡는 항구 도시

가오슝은 타이완 서남부에 위치하고 있는 타이완 제2의 도시이며 국제적으로는 해상 교통의 요충지다. 시내 중심가에는 85 스카이 타워와 50층의 세계 무역 센터 등 수많은 마천루들이 하늘을 향해 솟아 있다. 시내를 가로지르며 유유히 흐르는 아이허愛河에서는 유람선을 타고 배 위에서 야경을 즐길 수 있으며, 렌츠탄蓮池潭, 시쯔완西子灣, 치진旗津, 전아이 부두真愛碼頭, 풍차 공원風車公園, 보얼 예술 특구駁二藝術特區에서는 항구 도시에서만 볼 수 있는 낭만을 만끽할 수 있다. 또한 위런 부두漁人碼頭에는 각 나라 요리를 맛볼 수 있는 테마 레스토랑과 매일 밤 라이브 공연을 하는 카페 거리가 있다. 가오슝은 항구 도시의 특색을 살려 2년마다 한 번씩 제17호 부두에 전 세계 예술가들을 초대해 〈국제 콘테이너 예술제〉를 열고 있다.

information 행정 구역 高雄市 국번 76 홈페이지 www.kcg.gov.tw

가오숑
서우산 국가 자연 공원
壽山國家自然公園
해군 쭤잉 골프장
海軍左營高爾夫球場
쭤잉 구
左營區
MRT 쭤잉 역
左營站
렌츠탄
蓮池潭
춘추각 春秋閣
용호탑 龍虎塔
구이산
龜山
MRT 성타이위안취 역
捷運生態園區站
쭤잉 左營
탄디산
潭底山
루이펑 야시장
瑞豐夜市
MRT 쥐단 역
捷運巨蛋站
스산
獅山
미술 공원
美術公園
서우산 국가 자연 공원
壽山國家自然公園
MRT 아오쯔디 역
捷運凹子底站
싼민 구
三民區
서우산
壽山
구산 구
鼓山區
MRT 허우이 역
捷運後驛站
가오숑 장경 기념 병원
高雄長庚紀念醫院
가오숑 항 高雄港
류허 야시장
六合夜市
MRT 메이리다오 역
捷運美麗島站
MRT 신이궈샤오 역
捷運信義國小站
MRT 우콰이춰 역
捷運五塊厝站
가오숑 저스트 슬립 호텔
捷絲旅
평산 구
鳳山區
난화 야시장
南華夜市
MRT 시이후이 역
捷運市議會站
MRT 중앙궁위안 역
捷運中央公園站
MRT 원화중신 역
捷運文化中心站
MRT 평산시 역
捷運鳳山西站
시쯔완
西子灣
MRT 옌청푸 역
捷運鹽埕埔站
MRT 시쯔완 역
捷運西子灣站
링야 구
苓雅區
MRT 지지관 역
捷運技擊館站
MRT 평산 역
捷運鳳山站
광화 관광 야시장
光華觀光夜市
아이허
愛河
성시 광랑
城市光廊
첸진 구
前金區
위런 부두
漁人碼頭
전아이 부두
眞愛碼頭
MRT 싼둬상취안 역
捷運三多商圈站
치허우 산
旗后山
치진 旗津
85 스카이 타워
高雄85大樓觀景台
MRT 스자 역
捷運獅甲站
강산
崗山
첸전 구
前鎮區
MRT 카이쉬안 역
捷運凱旋站
치진 구
旗津區
가오숑 해양 탐색관
高雄海洋探索館
풍차 공원
風車公園
MRT 첸전가오중 역
捷運前鎮高中站
가오숑 국제 공항
高雄國際航空站
MRT 차오야 역
捷運草衙站
MRT 가오숑궈지지창 역
捷運高雄國際機場站
MRT 샤오강 역
捷運小港站

중화헝루 中華橫路
리싱루 力行路
중화제 中華街
228 화평 공원
二二八和平公園
서우산 동물원
壽山動物園
서우산 초등학교
壽山國中
아이허 경관 친수 공원
愛河景觀親水公園
곽 고기 쭝쯔 郭肉粽
렌하이루 蓮海路
완서우루 萬壽路
허시루 河西路
허둥루 河東路
추이헝다오 翠亨道
싱궈루 興國路
대반 숯불구이 샌드위치
大胖碳烤三明治
노채슬목 어죽
老蔡虱目魚粥
동분왕 冬粉王
다궁루 大公路
시쯔완
西子灣
아진 절자면
阿進切仔麵
다런루 大仁路
신웨제 新樂街
마르스 睦工場
영화 도서관
電影圖書館
옌청 구
鹽埕區
MRT 옌청푸 역
捷運鹽埕埔站
화달 밀크티
樺達奶茶
당산제 登山街
린하이얼루 臨海二路
해지빙
海之冰
MRT 시쯔완 역
捷運西子灣站
린하이신루 臨海新路
공위안얼루 公園二路
비신제 必信街
다거우 영국 영사관
打狗英國領事館
위런 부두
漁人碼頭
보얼 예술 특구
駁二藝術特區
노동자 박물관
勞工博物館
평라이 루 蓬萊路
치허우 등대
旗後燈塔
치진 선착장
旗津輪渡站
치허우 산
旗后山
치허우 천후궁
旗後 天后宮
치진 해산물 거리
旗津海鮮街
치허우 포대
旗後砲台
가오슝 항
高雄港
국립 가오슝 해양 과기 대학
치진 캠퍼스
國立高雄海洋科技大學
旗津校區
치진 해수욕장
旗津海水浴場
치진싼루 旗津三路
중저우싼루 中洲三路
다화얼루 大華二路
다화싼루 大華三路
베이이루 北一路
치진 해안 공원
旗津海岸公園
풍차 공원
風車公園
가오슝 해양 탐색관
高雄海洋探索館

가오슝 항 · 치진
가오슝 역
高雄火車站
MRT 가오슝처잔 역
捷運高雄車站
가오슝 중학교
高雄中學
시립 개선 초등학교
市立凱旋國小
도명 중학교
道明中學
MRT 메이리다오 역
捷運美麗島站
류허 야시장
六合夜市
난화 야시장
南華夜市
MRT 신이궈샤오 역
捷運信義國小站
MRT 원화중신 역
捷運文化中心站
MRT 시이후이 역
捷運市議會站
첸진 구
前金區
MRT 중앙궁위안 역
捷運中央公園站
중앙 공원
中央公園
성시 광랑
城市光廊
강교 여관
康橋商旅
가오슝 고등 상업 학교
高雄高商
국립 가오슝 사범 대학
허핑 캠퍼스
國立高雄師範大學
和平校區
가오슝 시 문화 센터
高雄市文化中心
광화 관광 야시장
光華觀光夜市
가오슝 시정부
쓰웨이 행정 센터
高雄市政府
四維行政中心
그랜드 하이라이 호텔
漢來大飯店
영아 중학교
苓雅國中
한쉬안 인터내셔널 호텔
寒軒國際大飯店
MRT 싼둬상취안 역
捷運三多商圈站
애군 초등학교
愛群國小
가오슝 대원백
高雄大遠百
85 스카이 타워
高雄85大樓觀景台
85 스카이 타워 호텔
君鴻國際酒店
광화 중학교
光華國中
중정 공업 학교
中正高工
성광 수안 공원
星光水岸公園
민권 초등학교
民權國小
MRT 스자 역
捷運獅甲站
이케아
IKEA 宜家家居
첸진 구
前金區
대가오슝 금찬 관광 야시장
大高雄金鑽觀光夜市
렌허 蓮河

비행기

한국→가오슝

현재 인천 국제 공항에서 가오슝 국제 공항까지 가는 직항편은 에바 항공과 아시아나 항공, 만다린 항공이 있고, 부산에서 출발하는 직항편은 에어 부산이 있다. 그 밖에 경유 항공편으로는 타이베이를 경유하는 중화 항공, 마카오를 경유하는 에어 마카오, 나리타를 경유하는 일본 항공, 홍콩을 경유하는 케세이퍼시픽, 호치민을 경유하는 베트남 항공 등이 있다.

타이베이→가오슝

타이베이 쑹산 공항松山機場에서 가오슝 국제 공항까지 비행기로 1시간 소요된다. 타이완 고속철도가 개통된 후로 항공편이 줄어 매일 운항하지는 않으므로 미리 비행 스케줄을 확인해 보는 것이 좋다.

가오슝 국제 공항

가오슝 국제 공항은 샤오강 공항小港機場이라고도 부른다. 국내선과 국제선을 겸용하는 공항으로 타이베이, 화롄, 진먼, 마궁 등으로 연결되는 타이완 국내선도 있지만 해외 항공사의 국제선이 경유하는 곳으로도 이용된다. 가오슝 국제 공항은 MRT 역과 바로 연결되어 있어 10~20분이면 시내에 닿을 수 있기 때문에, 도심으로의 접근성이 매우 편리한 공항으로 손꼽힌다.

주소 高雄市 小港區 中山四路 二號 전화 국내선 07-805 7630, 국제선 07-8057631 홈페이지 www.kia.gov.tw

공항에서 시내 가기

공항에서 도심으로 향하는 교통편은 택시, 버스, MRT가 있는데, 그중에 MRT를 추천한다. 가오슝 국제 공항에 내려 MRT 레드 라인紅線의 R4 가오슝궈지지창高雄國際機場 역에서 전철을 타면 10분 만에 번화가인 싼다상취안三多商圈 역에 도착한다. 비용 또한 NT$25으로 저렴하다.

고속철도

가오슝으로 가는 가장 빠르고 편리한 교통편이다. 타이베이 기차역에서 고속철도 쭤잉 역高鐵左營站까지 약 1시간 30분~2시간이 소요되며 요금은 NT$1,630이다. 06:30~22:00까지 매일 50~70편이 운행된다. 여행사를 통해 표를 구매하거나 인터넷으로 구매하면 주중 할인 혜택을 받을 수 있다.

전화 02-4066-3000(서비스 시간 06:00~24:00) 홈페이지 www.thsrc.com.tw

일반 기차

타이베이 기차역에서 자강호自强號 열차를 타면 가오슝까지 약 5시간이 소요되며 요금은 NT$843이다. 거광호莒光號 열차로는 약 6시간 소요되며, 요금은 NT$650이다. 매일 05:30~23:30 사이에 약 30편 운행한다.

전화 가오슝 기차역(高雄火車站) 07-237-1507, 타이완 철도 고객 서비스 전화 0800-765-888(24시간) 홈페이지 www.railway.gov.tw

시외버스

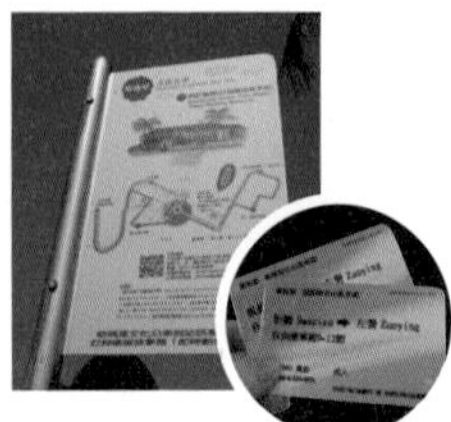

타이베이 서부 버스 터미널 B동台北西站B棟에서 국광객운國光客運 버스가 1시간 간격으로 운행된다. 총 소요 시간은 약 5시간이며, 요금은 NT$530이다.

국광 객운 07-235-2616 / www.kingbus.com.tw
가오슝 객운 07-746-2141 / www.ksbus.com.tw

MRT

가오슝의 MRT는 타이베이 MRT 이용 방법과 동일하며 한국의 지하철과도 시스템이 같아서 처음이라도 이용에 별 어려움이 없다. 또한 가오슝 MRT는 설계 단계에서부터 명소와 잘 연결되도록 고려해 역을 만들었기 때문에 MRT 노선만 잘 이용하면 시내 여행에는 아무런 문제가 없다. 노선도와 역 이름은 중국어를 모르는 외국인도 쉽게 알아볼 수 있도록 배려하고 있다.

가오슝 MRT는 레드 라인紅線과 오렌지 라인橘線 두 개의 노선이 있는데 레드 라인은 R, 오렌지 라인은 O로 표기하고 역마다 순서에 따라 숫자로 되어 있어 편리하다. 남북 방향으로 만들어진 레드 라인은 R3 샤오강小港 역에서 R24 난강산南岡山 역까지 약 47분 소요되며 동서 방향으로 만들어진 오렌지 라인은 O1 시쯔완西子灣 역에서 O15 다랴오大寮 역까지 약 25분 소요된다.

전화 07-793-8888 시간 06:00~23:00 홈페이지 www.krtco.com.tw 요금 기본 NT$20~60

버스

가오슝 사람들은 대부분 오토바이를 이용해서 다니기 때문에 대중교통은 이용객의 수가 적어 혼잡하지 않아 좋다.

전화 07-749-8688 시간 08:00~12:00, 13:30~17:30 홈페이지 www.khbus.gov.tw

택시

가오슝은 대중교통이 발달되어 있어 택시를 이용할 일이 다른 지역에 비해 상대적으로 적은 편이다. 택시 기본 요금은 NT$85(1.5km)이고 250m당 NT$5가 추가된다. 야간에는 20% 할증 요금을 내야 한다. 콜택시나 택시 트렁크를 이용할 때는 추가 요금 NT$10이 부과되며 음력 설 연휴 5일간은 NT$50를 더 내야 한다. 가오슝 근교로 여행을 할 경우에는 미터 요금보다는 시간으로 가격을 정하고 가는 것이 좋다.

Travel Tip

원데이 트래블러 카드(One-Day Traveler Card)

하루 종일 가오슝 시내만을 여행하는 일정이라면 원데이 트래블러 카드를 이용하면 경제적이다. 이 카드로 가오슝 내의 MRT, 시내버스, 페리를 하루 동안 무제한 이용할 수 있다.

가오슝 2일 코스

롄츠탄 蓮池潭 → 버스 + 도보 1시간 10분 → **다거우 영국 영사관** 打狗英國領事館 → 도보 15분 → **시쯔완** 西子灣**의 석양** → MRT 20분 → **MRT 메이리다오** 美麗島 **역** → 도보 5분 → **류허 야시장** 六合夜市 → MRT + 도보 20분 → **아이허** 愛河 **야경**

보얼 예술 특구 駁二藝術特區 → 도보5분 → **노동자 박물관** 勞工博物館 → 버스 10분 → **영화 도서관** 電影圖書館 → 버스 +페리 40분 → **치허우 천후궁** 旗後天后宮 → 도보 10분 → **치허우 등대** 旗後燈塔 → 도보 10분 → **치진 해수욕장** 旗津海水浴場 → 페리 +도보 40분 → **위런 부두** 漁人碼頭

가오슝 MRT 노선도

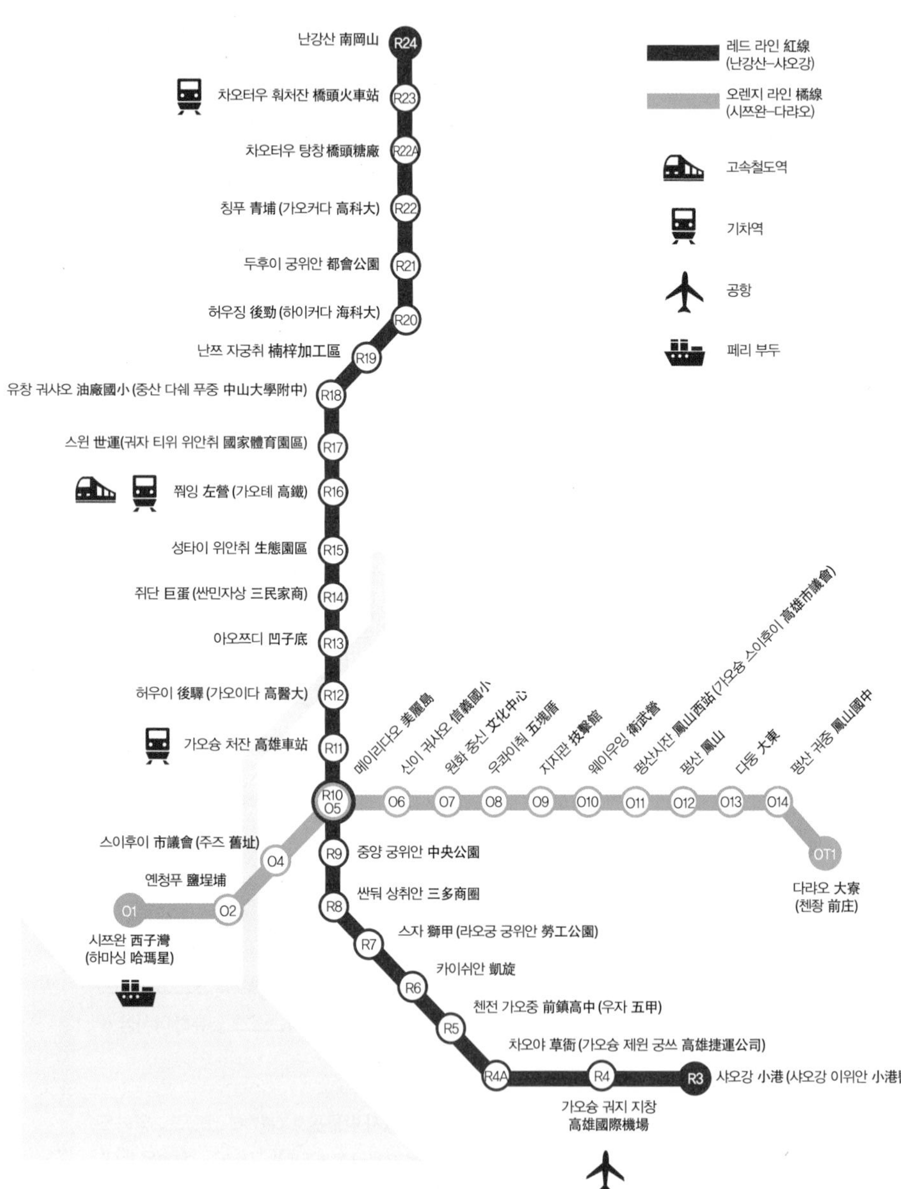

난강산 南岡山 R24
차오터우 훠처잔 橋頭火車站 R23
차오터우 탕창 橋頭糖廠 R22A
칭푸 青埔 (가오커다 高科大) R22
두후이 궁위안 都會公園 R21
허우징 後勁 (하이커다 海科大) R20
난쯔 자궁취 楠梓加工區 R19
유창 궈샤오 油廠國小 (중산 다쉐 푸중 中山大學附中) R18
스윈 世運(궈자 티위 위안취 國家體育園區) R17
쭤잉 左營 (가오톄 高鐵) R16
성타이 위안취 生態園區 R15
쥐단 巨蛋 (싼민자상 三民家商) R14
아오쯔디 凹子底 R13
허우이 後驛 (가오이다 高醫大) R12
가오슝 처잔 高雄車站 R11
R10 O5
메이리다오 美麗島
신이 궈샤오 信義國小 O6
원화 중신 文化中心 O7
우콰이춰 五塊厝 O8
지지관 技擊館 O9
웨이우잉 衛武營 O10
펑산시잔 鳳山西站 (가오슝 스이후이 高雄市議會) O11
펑산 鳳山 O12
다둥 大東 O13
펑산 궈중 鳳山國中 O14
OT1 다랴오 大寮 (첸장 前庄)
스이후이 市議會 (주즈 舊址) O4
옌청푸 鹽埕埔 O2
O1 시쯔완 西子灣 (하마싱 哈瑪星)
R9 중양 궁위안 中央公園
R8 싼둬 상취안 三多商圈
R7 스자 獅甲 (라오궁 궁위안 勞工公園)
R6 카이쉬안 凱旋
R5 첸전 가오중 前鎮高中 (우자 五甲)
R4A 차오야 草衙 (가오슝 제윈 궁쓰 高雄捷運公司)
R4 가오슝 궈지 지창 高雄國際機場
R3 샤오강 小港 (샤오강 이위안 小港醫
레드 라인 紅線 (난강산–샤오강)
오렌지 라인 橘線 (시쯔완–다랴오)
고속철도역
기차역
공항
페리 부두

가오슝항

MAPECODE 17542

85 스카이 타워
高雄85大樓觀景台 가오슝 85 다러우 관징타이

▶ 가오슝의 랜드마크

가오슝에서 가장 먼저 가 봐야 할 곳은 가오슝을 한눈에 내려다볼 수 있는 85 스카이 타워이다. 가오슝의 랜드마크로, 타이베이에 있는 101 빌딩이 부럽지 않은, 가슴이 뻥 뚫리는 시원한 뷰를 자랑한다. 85 스카이 타워의 전망대는 전국 최고 높이에 있으며 세계에서 3번째로 빠른 엘리베이터가 있다. 엘리베이터를 타고 올라가면 120m 지점을 지나면서 자동으로 내부 조명이 꺼지고 하늘의 별을 감상할 수 있도록 되어 있어서, 마치 우주 공간으로 들어가는 듯한 환상적인 기분을 느낄 수 있다. 최고층의 전망대에서는 멀리 보이는 바다와 시내의 황홀한 야경을 한껏 만끽할 수 있다. 특히 연인과 함께 가오슝을 방문하는 여행자들에게 필수 여행지로 추천한다.

高雄市 苓雅區 自強3路 1號 74樓 ☎ 07-566-8818 www.85observatory.com/index.php 09:00~22:00 전망대 입장료 NT$250 MRT R8 싼둬상취안(三多商圈) 역에서 신광루(新光路) 방향으로 직진하여 도보 5분.

★톡톡★ 타이완 이야기

아름다운 지하철역 – MRT 메이리다오美麗島 역

가오슝의 MRT는 각 역마다 국제적인 건축 디자이너들의 작품으로 아름답게 꾸며져 있어 색다른 공공 예술 공간으로 각광을 받고 있다. 그중 R10 · O5 메이리다오美麗島 역에 있는 '빛의 돔The Dome of Light'이라는 작품은 세계적으로 유명한 이탈리아의 예술가 나르키수르 쿠아글리아타Narcissus Quagliata가 유럽의 데릭스Derix 공방에서 4년 반의 시간을 들여 완성했을 만큼 공을 들인 작품이다. 약 6천여 개의 화려한 스테인드글라스로 장식된 16개의 돔에 인간의 탄생, 성장, 영광, 재생의 윤회 과정을 표현한, 세계에서 가장 큰 유리로 된 공공 예술 작품이다. 이 작품이 있는 메이리다오 역은 미국의 부츠 앤 올BootsnAll에서 선정한 '세계에서 가장 아름다운 지하철역' 2위를 차지하기도 했다. 가오슝을 여행 중이라면 잠시 메이리다오 역에 내려 세계적인 예술 작품을 감상해 보자.

高雄市 新興區 ☎ 07-793-8888 MRT R10 · O5 메이리다오(美麗島) 역

MAPECODE **17543**

성시 광랑 城市光廊 청스광랑

도심 빌딩 숲 속의 예술 거리

시민들의 휴식처 중앙 공원中央公園 옆을 지나는 길인 성시 광랑城市光廊은 도심 속 예술 거리이다. 성시 광랑 길 위로 예술가들이 만든 작품들이 늘어서 있고 그 사이사이에 자리한 노천카페에서는 차를 마시며 친구들과 시원한 밤을 즐기기에 좋다. 밤이 되면 오색찬란한 불빛들로 화려해지며 밤마다 펼쳐지는 거리 공연은 사람들의 발길을 붙잡는다. 성시 광랑 아래에 있는 MRT 중앙궁위안中央公園 역은 가오슝의 자랑 중 하나다. 지하철을 타기 위해서는 지하 2층으로 내려가야 하는데 에스컬레이터를 타고 내려가면서 진짜 폭포를 볼 수 있다. 지하철 내부 디자인은 중앙 공원의 이미지를 고스란히 살리고 있다.

🏠 高雄市 前金區 五福路 🚇 MRT R9 중앙궁위안(中央公園) 역 1번 출구.

MAPECODE **17544**

아이허 愛河

아름다운 사랑이 흐르는 곳

가오슝 하면 타이완 8경에 뽑힌 '아이허愛河'를 빼 놓을 수 없다. 총 길이가 12km인 아이허는 가오슝 시민들이 가장 아끼는 대표적인 휴식 공간이다. 아이허의 무지갯빛 수면 위로 매일 오후 4시부터 밤 11시까지 사랑의 유람선이 운행한다. 강물을 가르며 유람선을 타고 아름다운 도시의 야경에 젖어 볼 수 있다. 아이허 물길을 따라 설립된 아이허 강변 공원愛河河濱公園에서는 매일 흥겨운 거리 공연이 펼쳐진다. 강변을 따라 걷다가 카페 거리에서 차 한잔의 여유를 부려 보아도 좋다. 아이허 야경은 원소절의 등불 축제나 단오절의 드래곤 보트 축제의 주요 무대가 되기도 한다. 아이허에서 펼쳐지는 등불 축제는 가오슝에서 가장 중요한 연중 행사이다.

🏠 高雄市 鹽埕區 同盟路, 河東路, 河西路 🚇 MRT O4 스이후이(市議會) 역 2번 출구에서 좌측으로 나와 도보 10분.

아이허

아이허 유람하기

★ 수륙 관광차水陸觀光車

타이완에서는 오직 가오슝에서만 타 볼 수 있는 수륙 관광차는 제2차 세계 대전 중 미군이 군인들과 보급품을 강 건너로 재빨리 운송하여 전쟁을 효율적으로 하기 위한 목적으로 개발되었다. 지금은 차체를 개조해 관광용으로 사용하고 있다. 수륙 관광차는 육지에서는 버스로, 물에서는 배로 변하는 신기한 차다. 오리처럼 바다와 육지를 자유롭게 오간다고 해서 귀여운 오리 모양으로 만들어졌으며 애칭으로 '오리배'라고 부른다. 현재 가오슝에는 모두 2대의 수륙 관광차가 운행 중이며 육지에 있을 때는 가오슝의 도심을 유람하고 물 위에서는 가오슝 항구의 풍경을 유람할 수 있다. 배를 타고 육지에서 다니다가 미끄러지듯이 물 위로 진입하여 유유히 떠가는 느낌은 이색적인 경험이다.

高雄市 左營區 翠華路 1435號 www.dpwship.com.tw/love-boat.html 엠베서더 호텔 앞 승선 월~목요일 15:00~22:00, 금요일 15:00~22:30, 주말 09:00~22:30 평일 NT$150

〈렌트〉

예약 전화 번호 07-749-8668(교환 8613) 08:00, 09:00, 10:00, 11:00(4회) 평일 NT$5,600, 휴일 NT$7,000

★ 태양 에너지로 움직이는 사랑의 유람선愛之船

해안을 따라 산책하는 것도 좋지만 유람선을 타고 강가 풍경을 감상하는 것도 좋다. 가오슝은 도시 계획으로 친환경 정책을 강력하게 추진하고 있으며 지국 기술진이 개발한 저소음 친환경 태양 에너지선을 운영하고 있다. 조용한 솔라 에너지선 위에 앉아 강을 유람하다 보면 아이허의 아름다움을 선물받을 뿐만이 아니라 친환경 관광으로 착한 여행을 하게 된다.

07-746-1888 평일 15:00~22:00, 주말 09:00~22:00 일반 NT$50 MRT O4 스이후이(市議會) 역 하차, 허둥루(河東路) 앰베서더 호텔 앞 선착장에서 승선.

운행 노선 전아이 부두(真愛碼頭)~칠현교(七賢橋)

MAPECODE 17545

전아이 부두
眞愛碼頭 전아이 마터우

▶ 진정한 사랑이 이루어질 것 같은 부둣가

강과 바다가 만나는 곳에 위치한 전아이 부두眞愛碼頭의 원래 이름은 12호 부두12號碼頭였다. 가오슝 시의 도시 발전 계획에 의해 다양한 활동을 할 수 있는 레저 공간으로 조성되었다. 그 후 드라마, 영화의 배경으로 나오면서 웨딩 촬영지로도 각광을 받게 되었다. 부둣가에 정박되어 있는 거대한 범선과 강 맞은편에서 우아함을 뽐내는 가오슝 도심의 고층 빌딩들, 그 아래를 흘러 가는 아이허가 만들어 내는 풍경이 아이허 강변 중에서도 가장 인기 있는 뷰포인트이다.

저녁이 되면 신선한 바람이 불어와 부두 주변의 강변 산책로에서 자전거를 타거나 산책을 하기 좋다.

高雄市鹽埕區公園二路11號 ☎ 07-521-2463 MRT R9 중양궁위안(中央公園) 역 1번에서 紅20번 버스를 타고 전아이마터우(真愛碼頭) 정류장 하차.

MAPECODE 17546

영화 도서관 電影圖書館 뎬잉 투수관

▶ 영화 마니아에게 추천하고 싶은 특별한 곳

영화를 사랑하는 사람들에게 추천하고 싶은 영화 도서관이 가오슝에 있다. 가오슝 시민들에게 영화 관련 잡지와 단행본, DVD 등을 빌려 주고 있는 영화 테마 도서관으로, 관광객도 여권만 보여 주면 박물관 내의 책, 영화, 컴퓨터 등을 무료로 사용할 수 있다. 내부로 들어가 보면 1층에는 리안李安 감독 등 타이완 남부 출신 영화인들에 대한 자료, 타이완 영화의 역사, 가오슝의

옛 극장에 관한 자료가 전시되어 있다. 2층은 영화를 무료로 대여해 개인적으로 감상해 볼 수 있는 시청각실이 있고 3층 대형 영화관에서는 매일 오후 2시 '오늘의 영화'를 상영하는데 한국 영화를 상영할 때도 있다.

1층에는 영화 관련 책들이 자유롭게 볼 수 있도록 놓여 있고 영화 관련 기념품 가게와 차 한잔을 즐길 수 있는 카페가 있다. 건물 바로 앞 강변의 야외 극장에서는 주말마다 영화를 상영한다. 영화 마니아라면 놓치면 안 될 특별한 곳으로, 전아이 부두 근처에 있다. 영화에 따라 관람료를 받는다.

高雄市 鹽埕區 河西路 10號 ☎ 07-551-1211 kfa.kcg.gov.tw 13:30~21:30(매주 월요일 휴무) MRT O2 옌청푸(鹽埕埔) 역 2번 출구로 나와 아이허 방향으로 도보 10분.

MAPECODE 17547

가오슝 시립 역사 박물관
高雄市立歷史博物館 가오슝 스리 리스 보우관

▶ 가오슝의 역사를 볼 수 있는 박물관

가오슝의 변천사와 발전사를 볼 수 있는 역사 박물관으로, 옛 가오슝의 사진과 역사적 가치가 있는 유물들을 전시하고 있다. 기간별로 특별 전시도 하고 있는데 가오슝 지역 주민의 문화를 다루기도 하고 가오슝 교통의 역사를 특집으로 전시하는 등 일본식 옛 건물을 잘 활용하고 있는 성공적인 사례로 손꼽히고 있다. 역사 박물관은 원래 가오슝의 시청 건물로 사용되었는데 지금은 시

지정 고적으로 분류되어 관리되고 있다. 시간이 많이 흐른 건물이지만 보존 상태가 매우 좋은 건축물 중 하나이다.

高雄市 鹽埕區 中正4路 272號 ☎ 07-531-2560 khm.org.tw/home01.aspx?ID=1 09:00~17:00 (매주 월요일 휴무) MRT O2 옌청푸(鹽埕埔) 역 2번 출구에서 중정쓰루(中正4路) 쪽으로 도보 10분.

MAPECODE 17548

보얼 예술 특구
駁二藝術特區 보얼 이수 터취

항구 도시가 주는 낭만 예술 공간

현존하는 가오슝 항 2호 부두 일대의 부두 창고는 모두 일제 강점기 때 건축된 것이다. 오래된 옛 창고를 개조해 설립한 보얼 예술 특구駁二藝術特區는 포스트 모더니즘의 색채가 짙은 예술 문화 공간이다. 창의적인 공방 안에는 예술 단체들이 예술 창작을 실생활에 접목시키기 위해 노력하고 있으며, 월광 극장月光劇場에서는 다양한 공연이 펼쳐지고 있다.

예술 특구가 들어서기 전의 가오슝 항 2호 부두 일대는 기차 운행이 멈추면서 주변 시설이 황폐해지고, 결국 인근에 살던 사람들도 하나둘 떠나면서 매우 스산한 풍경이었다고 한다. 그러나 이곳을 예술의 거리로 특화시켜 예술가들을 불러들이면서 작가들의 작업실과 예술 전시 공간이 들

어섰고, 독특한 조형물을 곳곳에 설치하면서 어두웠던 환경이 180도 바뀌어 가오슝에서 가장 드라마틱한 변화를 겪은 곳이 되었다. 생활과 예술의 경계를 뛰어넘는 개성 넘치는 거리를 걸으면서 만나는 풍경들은 낯선 즐거움이면서도 항구 도시 가오슝만이 줄 수 있는 특별함이다.

高雄市 鹽埕區 大勇路 1號 ☎ 07-521-4899 pier-2.khcc.gov.tw/home01.aspx?ID=1 화~목 10:00~18:00, 금~일 · 공휴일 10:00~20:00 MRT O2 옌청푸(鹽埕埔) 역 1번 출구에서 우회전해서 다융루(大勇路) 방향으로 도보 5분.

노동자 박물관
勞工博物館 라오궁 보우관

수고한 사람들의 땀을 기억하는 박물관

노동자 박물관은 보얼 예술 특구 안에 있는 타이완 설탕 회사 C4 창고에 있다. 전국에서 유일하게

노동자가 테마인 박물관으로, 타이완 노동 문화의 가치 보존에 주력하고 있다. 이름 없는 수많은 노동자들의 땀이 가오슝 공업을 일으켰음을 기억하고 세상의 노동자들과 함께 공유하는 장이라 할 수 있다. 노동자 박물관 바로 뒤편에는 '더 월The Wall' 공연장이 있고 건물 옆으로는 더 이상 기차가 다니지 않는 철길을 따라 나무들과 함께 나란히 달리는 자전거 도로가 있다.

高雄市 中正四路 261號 ☎ 07-216-0509 museum_new.kcg.gov.tw/index.php 09:00~17:00 (매주 월요일 휴무) MRT O2 옌청푸(鹽埕埔)역 1번 출구에서 우회전, 보얼 예술 특구 옆.

MAPECODE 17549

위런 부두 漁人碼頭 위런 마터우

레스토랑과 펍이 있는 바나나 부두

타이완의 초기 바나나 수출은 대부분 가오슝 항을 통해 이루어졌다. 그중에서도 위런 부두는 바나나 물류가 가장 많이 드나드는 곳으로, 부두 창고는 주로 바나나로 가득 차 있었다. 그래서 사람들이 위런 부두의 창고들을 바나나 창고라고 부르고 위런 부두를 '바나나 부두香蕉碼頭 샹자오 마터우'라고 불렀다. 그러나 시대가 바뀌어 바나나 수출이 끊기자 창고들은 버려져 방치되었고 점점 폐허가 되어 주변에 접근하기조차 무서운 곳이 되었다.

그러다 가오슝 시가 야심찬 도시 개발 프로그램을 실시하여 바나나 창고를 새로운 공간으로 탄생시켰다. 이제 위런 부두와 그 주변은 레스토랑과 펍, 카페로 조성되어 저녁 무렵이면 바닷가에서 노을을 바라보며 라이브 공연을 보고 맥주 한 잔을 즐길 수 있게 되었다. 바나나 창고들은 아름다운 항구 풍경을 가까이에서 볼 수 있다는 장점으로 여행자들에게 큰 인기를 얻고 있다. 여름철에는 수상 레저 서비스도 제공하고 있다.

高雄市 鼓山區 蓬萊路 17號 ☎ 0800255995 MRT O1 시쯔완(西子灣) 역 2번 출구에서 도보 10분.

MAPECODE 17550

다거우 영국 영사관 打狗英國領事館 다거우 잉궈 링스관

가오슝 항만의 멋진 풍경을 담을 수 있는 곳

시쯔완의 언덕 위에 있는 영국 영사관은 1865년 영국인이 타이완에 건설한 최초의 서양식 건물로, 영국 정부가 1867년부터 임대해 타이완에서 철수할 때까지 쓰던 곳이다. 건물 내에는 이 지역 역사를 알리는 전시관과 기념품 및 특산품을 파는 가게가 있으며 당시 죄수들을 수감했던 감옥도 남아 있다. 건물 안에서 밖을 내려다보면 시쯔완의 바다 풍경을 감상할 수 있으며 가오슝 항의 멋진 풍경을 사진에 담을 수 있다. 건물 뒤로 가면 카페테리아가 있는 정원이 나오는데 이곳에서는 영국식 식사를 하거나 차를 마실 수 있다.

高雄市 鼓山區 蓮海路 20號 ☎ 07-525-0100 britishconsulate.khcc.gov.tw/home01.aspx?ID=1 평일 09:00~19:00, 주말 09:00~21:00 (매월 셋째 주 월요일 휴무) 입장료 NT$99, 애프터눈 티 NT$750 MRT O1 시쯔완(西子灣) 역 1번 출구 앞에서 橘1, 99번

버스를 타고 시쯔완(西子灣) 하차. 국립 중산 대학교(國立中山大學校) 정문 오른쪽 산 정상에 있다.

MAPECODE 17551

시쯔완 西子灣

아름다운 금빛 석양과 홍당무 밭

시쯔완에는 재미있는 특별함이 두 가지가 있는데 그중 하나는 금빛 석양이고 나머지 하나는 일명 '홍당무밭'이다.

석양이 세상을 금빛으로 물들이는 낭만적인 풍경을 보기 위해 많은 사람들이 시쯔완 제방으로 몰려온다. 좋은 자리를 잡으려고 서두르는 사람들은 일찍부터 와서 기다리기도 한다. 특히 연인들이 선호하는 데이트 코스라서 이곳을 '연인들의 제방'이라고도 부른다. 또한 석양을 앞에 두고 속삭이는 연인들의 뒷모습을 바라보면 마치 두 개씩 짝을 지어 심어 놓은 홍당무처럼 보인다고 해서 '홍당무밭'이라고 부른다. 이렇듯 시쯔완에서는 사랑이 그린 금빛 석양과 아름다운 연인들이 있는 바다 풍경을 볼 수 있다.

高雄市 鼓山區 蓮海路 MRT O1 시쯔완(西子灣) 역 1번 출구에서 橘1, 99번 버스를 타고 시쯔완(西子灣) 하차. 국립 중산 대학교(國立中山大學校) 옆문.

Travel Tip

자전거의 천국 가오슝

여행의 트렌드가 바뀌고 있다. 짧은 시간에 무조건 많은 곳을 돌아다니기보다는 한 곳에 머물면서 온전히 그 풍경에 집중하는 여행이 선호되고 있다. 가오슝에서는 한가롭게 여행지를 만끽하는 자전거 여행을 추천한다. 가오슝은 259km의 자전거 전용 도로가 있으며 지하철을 따라 설치된 자전거 무인 임대소에서 공공 자전거를 저렴한 가격에 빌릴 수 있다. 햇살이 밝게 비치는 낮의 풍경과 아름다운 조명이 반짝이는 야경도 좋다. 특히 강을 따라 여행하는 아이허愛河 강변 자전거 길을 추천한다. 길을 따라가다 보면 카페가 있고 명소가 나오며 간식을 사 먹을 수 있어 여행의 낭만을 느끼기에 딱 좋은 코스이다.

★ 아이허 연안 자전거 길에서 자전거 임대하는 곳

유인 임대소 ☎ 07-521-6772 월~금 16:30~21:30, 휴일 09:00~21:30 전아이 부두(真愛碼頭)

무인 임대소 MRT O4 스이후이(市議會) 역 하차.

치진

MAPECODE 17552

치진 해산물 거리

旗津海鮮街 치진 하이셴제

저렴한 가격으로 즐기는 신선한 해산물

치진旗津은 가오슝 서쪽 근해에 있는 섬으로, 가오슝에서 가장 일찍 개발된 구역일 뿐 아니라, 가오슝 항구의 발원지이기도 하다. 휴일만 되면 많은 관광객들이 배를 타고 치진에 건너온다. 치진은 사면이 바다로 둘러싸여 있어 신선한 해산물이 풍부하다. 특히 치진 페리 선착장 앞에는 해산물을 파는 상점 수십 개가 줄지어 서 있다. 당일 근해에서 잡아 올린 해산물을 팔고 있어 신선한 해산물 요리를 맘껏 맛볼 수 있다. 치진 페리 선착장 앞의 먀오첸루廟前路와 해수욕장 앞의 해산물 판매점은 사람들로 늘 북적인다.

高雄市 旗津區 廟前路 MRT O1 시쯔완(西子灣) 역 1번 출구로 나와 구산 페리 선착장(鼓山渡輪站)에 도착, 배를 타고 치진(旗津) 섬으로 간다(탑승 시간 10분). 치진(旗津)에 도착하여 천후궁을 지나 바다로 가는 길 양쪽이 모두 치진 해산물 거리이다.

MAPECODE 17553

치허우 천후궁

旗後 天后宮 치허우 톈허우궁

삼백 년이 넘는 역사를 자랑하는 천후궁

치진 페리 선착장에서 도착하여 바닷가로 향하다 보면 제일 먼저 눈에 들어오는 치진의 명소가 천후궁이다. 삼백 년이 넘는 역사를 자랑하는 치허우 천후궁은 가오슝 시에서 가장 오래된 도교 사원이다. 전해지는 이야기에 의하면 중국의 푸젠성福建省에 살던 한 어부가 태풍을 피해 치허우旗後에 왔는데 이곳이 마음에 들어 고향 사람들을 데리고 와서 정착하였다고 한다. 고향에서 건너올 때 마조媽祖 여신의 신상을 가져와서 1673년(강희 12년)에 사원을 짓고 신상을 모신 곳이 천후궁이다.

高雄市 旗津區 廟前路 93號 ☎ 07-571-2115 24시간 치진 페리 선착장에서 바다로 가는 방향으로 도보 3분.

치진旗津으로 가는 배 타기

치진旗津까지는 항만 터널을 이용해 자동차로 이동 가능하기 때문에 택시를 타면 20분 정도 걸린다. 그러나 항구 도시 가오슝을 만끽하려면 구산 페리 선착장鼓山渡輪站에서 배를 타고 치진으로 가는 것이 더 빠르고 좋다. 배를 타면 약 10분만에 치진에 도착한다. 배가 물살을 가르고 가는 동안 배 위에서 불어오는 바람을 맞으며 반짝이는 가오슝 항구를 감상하는 것도 이색적인 여행이 될 수 있다.

高雄市 鼓山區 濱海1路 109號 ☎ 07-551-4316 MRT O1 시쯔완(西子灣) 역 1번 출구로 나오면 구산 페리 선착장(鼓山渡輪站) 도착. 05:00~02:00 NT$15

운행 노선 구산(鼓山)-치진(旗津)

MAPECODE 17554

치허우 등대 旗後燈塔 치허우 덩타

▶ 신혼부부들의 단골 웨딩 촬영지

광서 9년(1883년) 다거우打狗 항구(가오슝 항구의 옛 이름)에 드나드는 상선들의 수가 빈번해지자 영국인 설계사가 치허우산 위에 서양식 스타일의 사각형 구조를 기반으로 한 붉은색 벽돌 등대를 건축했다. 그 후 1916년 일제 강점기에 일본인들이 바로크풍 팔각형으로 구조를 변경하고 등대를 지금의 흰색으로 바꾸었다. 치허우 등대는 백 년 이상 가오슝 항구를 오가는 수많은 배의 안전을 책임지는 역할을 해 왔다. 치허우 산꼭대기에 우뚝 솟은 치호우 등대에 오르면 시원하게 펼쳐진 가오슝 항의 아름다운 전경을 감상할 수 있다. 최근 치허우 등대는 웨딩 촬영지로 인기를 끌고 있다.

🏠 高雄市 旗津區 旗下巷 34號 ⏲ 4~9월 09:00~18:00, 10~3월 09:00~17:00 (월요일 휴무) 🚌 치진 페리 선착장에서 35번 버스를 타고 치허우 등대 하차.

MAPECODE 17555

치허우 포대 旗後砲台 치허우 파오타이

▶ 중국식 군대의 야영지 건축물

치허우 포대가 있는 치허우산은 다거우打狗 항구(가오슝 항구의 옛 이름)를 지키는 최적의 장소였다. 일찍이 청나라 강희 연간에 이곳에 총 6문의 중국식 대포를 배치하였다. 청나라 말기인 동치 2년(1863년), 다거우 항구의 개항으로 말미암아 이 지역의 군사적 중요성은 더욱 커졌다. 포대는 치허우산 외에도 항구 북쪽 해변에 하나 더 있다.

치허우 포대의 가장 큰 특색은 중국식 군대의 야영지 건축 양식이다. 중국식 '八'자형 문과 '八'자형 담이 있으며 문 위에는 '威震天南(용맹이 남부 지방을 뒤흔들다)'이라는 글자가 쓰여 있으며, 양쪽 기둥 벽에는 '囍'라는 글자가 새겨져 있다. 모서리 곳곳에 있는 박쥐 문양과 중국 전통 건축 양식을 사용한 벽면과 계단 등은 건축 예술로의 가치를 인정받고 있다.

🏠 高雄市 旗津區 旗下巷 底左轉 ⏲ 24시간 🚌 치진 페리 선착장에서 나와 퉁산제(通山街)에서 우회전하여 도보 10분.

MAPECODE 17556

치진 해수욕장 旗津海水浴場 치진 하이수이위창

▶ 고운 모래와 푸른 해변

고운 모래와 푸른 해변이 펼쳐져 있고, 근처에 해안 공원이 조성되어 있는 해수욕장이다. 안전한 인명 구조 설비가 갖춰져 있어 여름에 물놀이로 더위를 식히고 수영 등 수상 스포츠를 즐기기에 더없이 좋은 곳이다. 이 해수욕장에는 바다 조망 산책로, 야생 지역, 자연 생태 지역 등 다양한 휴식 공간이 마련되어 있다. 시야가 넓어 언제든지 바다 위의 선박과 웅장한 치허우산旗後山을 조망할 수 있다.

🏠 高雄市 旗津區 廟前路 1號 ☎ 07-571-0811 ⏲ (6~9월) 평일 09:30~18:30, 주말 09:00~18:30, (10~5월) 09:30~18:00 🚌 치진 페리 선착장에서 천후궁을 지나 해산물 거리를 통과하면 도착. 도보 10분.

MAPECODE 17557

치진 해안 공원
旗津海岸公園 치진 하이안 궁위안

아시아 최대 규모의 패각 전시관이 있는 곳

치진 해안 공원은 해수욕장, 바다 전망 산책로, 자연 생태 지역, 야생 지역 등 치진 지역의 특성을 고려하여 만들었다. 공원의 개방 이후 주변의 해산물 식당은 가오숑 관광 명소가 되었으며 공원 내 레저 공간은 다채로운 관광 및 휴식 기능을 제공하고 있다.

흰색, 남색, 하늘색의 삼색을 사용하여 바다, 하늘과 자연스런 조화를 이루고 있는 관광 안내 센터 건물 2층에는 패각 전시관貝殼展示館이 있는데 아시아 최대 규모이며 총 2천여 종이 전시되어 있다. 이곳 전망대에서는 넓게 펼쳐진 바다 경관을 한눈에 감상할 수 있다.

高雄市 旗津區 旗津3路 990號 09:00~17:00 치진 페리 선착장에서 바다 방향으로 도보 10분.

MAPECODE 17558

풍차 공원 風車公園 펑처 궁위안

자연을 사랑하는 풍차가 있는 곳

치진 풍차 공원은 환경과 관광을 목적으로 만든 풍력 발전소 겸 공원이다. 공원의 총 면적은 15만 평으로, 3개의 날개를 가진 7대의 풍차가 서 있다. 풍차 공원에 부는 치진의 거센 바람을 이용하여 풍차가 전력을 만들어 낸다. 풍차에서 만들어진 전력은 풍차 공원의 조명에 사용되고 있는데, 야간에 약 4시간 정도 공원 전체를 비출 수 있을 정도이다.

공원 내에는 수백 그루의 교목이 있으며 잔디밭은 사람들이 야외에서 식사를 하고 연을 날릴 수 있는 공간이 되고 있다. 대형 풍차 앞에는 바다 전망대와 광장이 설치되어 예술 문화 공연을 펼치는 장으로 활용되고 있다. 자전거를 타고 치진을 여행한다면 치진의 중간쯤에 위치한 풍차 공원에서 휴식을 취하면 좋다.

高雄市 旗津區 旗津2路 치진 페리 선착장의 여행 안내 센터 앞에서 紅9번 버스를 타고 풍차 공원(風車公園) 하차.

MAPECODE 17559

가오숑 해양 탐색관
高雄海洋探索館 가오숑 하이양 탄쒀관

해양 문화를 잘 이해할 수 있는 곳

가오숑 해양 탐색관은 치진 항구의 바깥쪽 방파제에 위치하며 외관상으로는 배 모양을 한 건축물로 타이완 해양의 자유와 개방을 상징한다. 전시관 안에는 가오숑의 각종 해양 문물과 생물을 전시하고 있다. 건물은 총 2층으로 되어 있으며 1층에는 3D 영상실과 다기능 회의실이, 2층에는 노천카페, 공연장, 그리고 가오숑을 한눈에 내다보며 휴식을 취할 수 있는 전망대가 있다.

이곳은 해양 문화를 가장 잘 이해할 수 있는 박물관이자 해양 미학의 극치를 감상할 수 있는 전당이다. 이곳에 오면 바다와 더욱 가까워지는 경험을 하게 된다.

高雄市 旗津區 南汕里 北汕巷 50-61號 07-571-6688 www.mome.org.tw 화~일 09:00~17:00(월요일, 추석, 설날 휴무) NT$50 치진 페리 선착장의 여행 안내 센터 앞에서 紅9번 버스를 타고 해양 탐색관(海洋探索館) 하차.

쭤잉

MAPECODE 17560

렌츠탄 蓮池潭

신비로운 호수의 매력

렌츠탄은 구이산龜山과 반핑산半屏山 사이에 위치하고 있는 아름다운 호수다. 한여름이 되면 연꽃이 만개하여 그 향기가 멀리 퍼져 나가 렌츠탄이라는 이름을 얻게 되었다고 한다. 연꽃 향기가 천지를 가득 메우는 렌츠탄의 밤은 물안개 사이로 풍경이 드러났다 숨었다 하는 신비로움을 연출한다. 또한 렌츠탄에는 무신武神인 관우關羽에게 헌납된 한 쌍의 우아한 춘추각春秋閣이 있는데 이 춘추각 앞에는 용을 탄 관음보살상이 있다. 그 밖에도 현천상제玄天上帝를 모신 북극정北極亭, 구이산 공원龜山公園과 공자묘孔廟 등 볼거리가 많아 렌츠탄에는 수려한 풍경 속에서 산책하려는 사람들의 발길이 끊이지 않는다.

高雄市 左營區 蓮潭路 ☎ 렌츠탄 여행 안내 센터 07-588-2497 MRT R16 쭤잉(左營) 역에서 紅51, 301번 버스를 타고 렌츠탄(蓮池潭) 하차.

용호탑 龍虎塔 룽후타

좋은 운을 얻기 위해 찾는 곳

용호탑龍虎塔은 쭤잉左營 지역에 있으며 용과 호랑이 상을 특색으로 하는 보탑 건물이다. 용호탑은 1976년에 만들어졌는데 용의 목이 입구이고 호랑이 입이 출구이다. 용의 목으로 들어가서 호랑이의 입으로 나오는 것은 악운을 행운으로 바꾸는 것을 상징한다. 민간 속담에 의하면 용의 배로 들어가서 호랑이 입으로 나오면 크게 길하고 액을 피한다고 한다. 그래서 많은 사람들이 좋은 기운을 얻기 위해 이곳을 찾는다. 단, 출구와 입구를 잘못 선택하면 의미가 달라지므로 잘 확인하고 들어가야 한다. 탑 안에는 중국 전설 속에 나오는 24명의 효자와 악인과 선인들의 말로를 보여 주고 지옥과 천당의 광경을 묘사한 그림들이 있다.

高雄市 左營區 翠華路 1435號 ☎ 07-588-2497 08:00~17:00 MRT R16 쭤잉(左營) 역에서 紅51, 301번 버스를 타고 렌츠탄(蓮池潭) 하차.

춘추각 春秋閣 춘추거

용을 탄 자비의 신이 있는 곳

춘추각은 무신武神인 관우關羽에게 헌납하고자 지어진 한 쌍의 누각으로, 1951년에 완성되었다. 이 춘추각 앞에는 용을 타고 있는 관음보살의 상이 있다. 전설에 의하면 용을 탄 관음보살이 구름 위로 나타나서 신도들에게 두 누각 사이에 이 사건을 재현하는 성상을 만들라고 지시하여 지금의 용을 탄 관음상이 만들어졌다고 한다.

高雄市 左營區 蓮潭路 36號 ☎ 롄츠탄 여행 안내 센터 07-588-2497 05:00~22:00 MRT R16 쭤잉(左營) 역에서에서 紅51, 301번 버스를 타고 롄츠탄(蓮池潭) 하차.

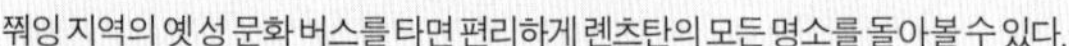

Travel Tip

쭤잉 지역의 옛 성 문화 버스 舊城文化公車

쭤잉 지역의 옛 성 문화 버스를 타면 편리하게 롄츠탄의 모든 명소를 돌아볼 수 있다.

주말 · 공휴일 10:00~18:00 / 배차 간격 30분 1일 자유 이용권 NT$50 MRT R16 쭤잉(左營) 역 2번 출구

롄츠탄 생태 노선(蓮池潭生態路線) **저우짜이 습지 공원(洲仔濕地公園) → 공자묘(孔廟)(※주말에는 이곳에서 오리배를 탈 수 있음) → 숭성사(崇聖祠, 춘추각과 용호탑이 있는 곳)**

추억의 군인촌 노선(戀戀眷村路線) **군인촌 문화관(眷村文化館) → 쭤잉 옛 성 유적(左營舊城遺址) → 명덕신촌(明德新村)**

옛 성 회고 노선(舊城懷舊路線) **숭성사(崇聖祠) → 옛 성 동문(舊城東門) → 옛 성 남문(舊城南門) → 쭤잉 옛 성 유적(左營舊城遺址) → 옛 성 북문(舊城北門)**

가오슝근교

MAPECODE **17561**

차오터우 설탕 공장
橋頭糖廠 차오터우 탕창

예술가들이 되살려 놓은 이색적인 공간

차오터우 설탕 공장은 1901년에 만들어져 전성기를 누렸지만 지금은 공장으로의 기능은 멈추었고 1991년 9월 고적으로 지정되어 관광 명소로 운영되고 있다. 설탕 공장 안은 크게 공장 구역과 직원 기숙사 구역으로 구분되어 있다.

차오터우 설탕 공장은 생산은 멈춘 지 오래되었지만 사탕수수를 짜 내던 공장의 옛 풍경을 그대로 보여 주고 있다. 공장 내의 붉은 벽돌 급수탑은 간단한 구조로 다양한 모양을 연출하는 벽돌 건축의 결정체라고 할 수 있다. 공장 옆에 있는 화이트 하우스는 예술가들의 작품을 전시하는 공간 갤러리로 변신했다. 설치 미술 작품과 화이트 하우스가 어울려 연출하는 풍경이 매우 이색적이라 이곳은 웨딩 촬영 장소로도 유명하다. 공장 밖 뜰에는 백 년이 넘은 나무들이 지나간 역사를 말해 주고 있으며 설탕 공장의 이미지를 살려 다양한 종류의 사탕을 만들어 판매하는 카페가 있다.

🏠高雄市 橋頭區 橋南里 糖廠路24號 ☎07-611-9299 #5 ⓘ www.tscleisure.com.tw ⊙09:00~16:30 🚌 MRT R22A 차오터우탕창(橋頭糖廠) 역 2번 출구로 나가면 바로 있다.

MAPECODE 17562

칭런 부두 情人碼頭 칭런 마터우

연인들의 부둣가

가오슝 부두의 이름은 모두 사랑을 테마로 한다. '연인들의 부두'라는 뜻의 칭런 부두는 사랑하는 사람과 같이 나누고 싶은 평화로운 풍경의 부두이다. 칭런 부두가 있는 싱다 항구興達港는 타이완에서 숭어잡이로 가장 중요한 항구이며 숭어로 만든 가공 식품들도 매우 유명하다. 싱다 항구에서는 싱싱한 해산물 요리를 먹을 수 있고, 칭런 부두로 나와 시원한 바람을 맞으며 산책하고 노천 카페에 앉아 아름다운 바다 풍경을 감상하기 좋은 곳이다.

🏠高雄市 茄萣區 順漁路 100號 ☎07-698-7124 🚌다후 기차역(大湖火車站)에서 가오슝 객운(高雄客運) 8039번 펑산-체딩(鳳山-茄萣)행 버스를 타고 싱다 항구(興達港) 하차.

MAPECODE 17563

불광산사 & 부처 기념관
佛光山寺 & 佛陀紀念館 포광산쓰&포퉈 지녠관

부처님의 치아 사리가 모셔져 있는 곳

가오슝 불광산사佛光山寺는 부처님의 치아 사리가 봉안되어 있어 불교 성지로 유명한 세계적인 사찰이다. 사찰 입구에 발이 닿기도 전에 높이 108m의 거대한 불광 대불佛光大佛을 만나게 되는데 그 높이에 놀라지 않을 수 없다. 사찰 안으로 들어가면 다시 한 번 면적에 놀라게 되는데 사원, 집회장, 정원 등을 거느린 대형 불교 문화 공간으로 커다란 산 전체가 모두 하나의 사찰 구역이다. 수천 명의 스님들이 조용하게 식사를 하는 모습은 불자가 아니더라도 보는 이로 하여금 겸손하게 해 주는 곳이다. 방문하기 가장 좋은 시기는 음력 정월 보름날과 음력 4월 8일 욕불 법회浴佛法會가 열리는 날이다.

이곳에서 수행하는 한국인 스님도 계실 만큼 외국에서 온 불교인들도 많은 국제적인 사찰이다.

불광산사

사찰 내 식당에서는 불광산사를 찾는 일반 관람객들을 위해 백여 가지의 다양한 채식 요리를 개발해 선보이고 있다. 사찰이 주는 평안함과 사찰 음식으로 심신의 건강을 충전할 수 있다.
9년에 걸친 공사를 마치고 선보인 부처 기념관은 면적이 100여ha에 이르는 대규모 기념관이다. 성불 대도成佛大道를 따라 안으로 걸어가면 높이 50m의 불상이 찾아온 이들을 반갑게 맞아 준다.

高雄市 大樹區 統嶺里 統嶺路 1號 ☎ 07-656-3033 www.fgsbmc.org.tw 월 · 수~금 09:00~19:00, 휴일 09:00~20:00 (화요일 휴무) 가오슝 기차역(高雄火車站)에서 가오슝 객운(高雄客運) 버스를 타고 포광산(佛光山) 하차. / 고속철도 쭤잉 역(高鐵左營站)에서 의대 객운(義大客運) 버스를 타고 포광산(佛光山) 하차. / MRT O13 다둥(大東) 역에서 다수(大樹) 지역 휴일 관광 버스(假日觀光公車)를 타고 포광산(佛光山) 하차. 약 1시간 소요.

MAPECODE 17564

이다 월드 E-DA WORLD
義大世界 이다 스제

남부 지역 최고 규모의 테마파크와 쇼핑몰

이다 월드는 가오슝의 관인산觀音山 풍경구 안에 있으며 면적이 90ha에 달하는 대형 테마파크다. 시설로는 크라운 프라자 호텔, E-DA 스카이락 호텔을 비롯한 E-DA 테마파크, E-DA 아웃렛 몰 등이 있다. E-DA 테마파크는 그리스풍의 건축 설계로 되어 있으며 크게 아크로폴리스, 산토리니, 트로이 성 등 세 가지 구역으로 나뉜다. 쇼핑 구역에는 명품 매장과 백화점, 아웃렛 쇼핑몰이 있어 매우 만족스러운 쇼핑을 즐길 수 있다. 또한 쇼핑 구역 내에 있는 대관람차는 타이완에서 가장 높은 80m 높이로, 한 바퀴 도는 데 약 18분 걸리며 가오슝의 전경을 감상할 수 있다.

高雄市 大樹區 學城路 1段 10號 ☎ 07-656-8080 www.edathemepark.com.tw/Website/index.aspx 평일 11:00~22:00, 휴일 10:00~22:00 / 관람차 12:00~22:00 성인 NT$200, 3~13살 어린이 NT$160, 65세 이상 노인 NT$100 고속철도 쭤잉 역(高鐵左營站)에서 의대 객운(義大客運) 버스를 타고 이다 월드(義大世界) 하차.(버스 운행 시간 06:50~23:30, 배차 간격 평일 25~30분, 휴일 15~25분, 총 소요 시간 20분, 기타 지역 출발은 홈페이지 참고) ※의대 객운(義大客運) 07-657-7258, www.edabus.com.tw

MAPECODE 17565

메이눙 하카 문물관
美濃客家文物館 메이눙 커자 원우관

가오슝 하카족 문화를 체험할 수 있는 곳

메이눙美濃은 하카Hakka 客家 문화를 보존하고 있는 지역으로 유명하다. 메이눙 하카 문물관에서는 실물, 모형, 영상 등의 방식으로 메이눙 이민사, 복식, 전통 음식, 희곡 등의 하카 문화를 자세히 소개하고 있다. 아울러 이곳은

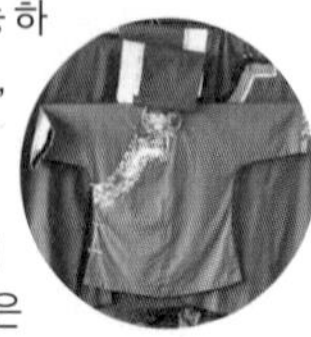

하카족의 풍물을 관람하고 종이 우산을 직접 만들어 보는 체험 프로그램을 준비하고 있다. 문물관 근처에 위치한 중정 호수中正湖에는 많은 야생 조류들이 서식하고 있어, 현지인들이 낚시를 하는 모습도 볼 수 있다. 이곳은 메이눙 지역 사람들이 순박한 자연 생활과 휴식을 즐기는 곳이기도 하다.

高雄市 美濃區 民族路 49之3號 ☎ 07-681-8338 meeinonghakka.kcg.gov.tw/index.asp 09:00~17:00 (월요일, 설 연휴 첫날. 둘째 날 휴무) NT$60 가오숑 기차역(高雄火車站) 옆 정류장에서 가오숑 객운(高雄客運) 버스를 타고 메이눙(美濃) 하차 후 도보 20분.

MAPECODE 17566

중리허 기념관
鍾理和紀念館 중리허 지녠관

타이완 문학과 인문 역사가 충만한 곳

중리허鍾理和는 생전에 수많은 문학 작품을 완성한 작가로, 기념관이 세워진 곳은 그가 말년을 보내며 저술 활동을 했던 메이눙산 산기슭이다. 관내의 정원을 걸으면 길가에 세워진 타이완 문학 작가들의 돌비석을 관람할 수 있다. 또한 타이완 지역 문학 작가들의 자료를 전시하고 있어 문학과 인문 역사가 충만한 곳이다.

高雄縣 美濃鎮 廣林里 朝元 95號 ☎ 07-682-2228 chungliher.blogspot.tw 09:00~17:00(월요일 휴무) 가오숑 기차역 옆 정류장에서 가오숑 객운(高雄客運) 버스를 타고 메이눙(美濃) 하차 후 택시 이용.

★톡톡★ 타이완 이야기

메이눙 지역의 하카 문화

가오숑 동북쪽에 위치한 메이눙美濃 지역은 주민의 90% 이상이 하카족Hakka 客家族이다. 메이눙의 마을 풍경은 하카인들의 심성을 반영하듯 매우 소박하고 검소하다. 농업이 주된 산업이지만 솜씨가 좋아 정교하고 아름다운 수공예품이 유명한데, 곡물을 갈아서 만든 차와 메이눙의 흙으로 빚은 도자기, 그리고 아름다운 그림이 그려진 종이 우산이 대표적이다. 하카의 전통 음식은 중국 요리와 비슷하지만 맛은 좀 더 담백하고 채소를 재료로 한 요리가 많으며, 그중에서도 돼지 족발이 가장 유명하다. 전통 복식으로는 남삼藍衫이 있는데 천을 천연 안료인 푸른색으로 짙게 물들인 것이다. 메이눙의 상징이라고도 할 수 있는 종이 우산은 원래 하카의 전통에서는 남자 아이의 성년식이나 여자 아이의 출가 시에 축복의 의미로 선물하는 물건이었다고 한다.

맛있는 먹거리가 가득한

가오슝의 야시장

야시장에서는 타이완의 독특한 음식 문화를 맛볼 수 있으며 타이완이 음식 천국이라는 것을 실감나게 해 준다. 야시장에서는 사람들이 한 손에는 닭튀김을 쥐고, 다른 한 손에는 버블티를 들고 야시장을 구경하는 광경을 심심찮게 목격할 수 있다. 가격이 저렴하면서도 맛은 최고인 점이 타이완 야시장의 매력이다. 각양각색의 신기하고 희귀한 물건들, 빙둘러 앉아 금붕어 낚시에 여념 없는 사람들의 모습은 보기만 해도 즐겁다. 여행자라면 반드시 들러야 하는 필수 여행 코스 가오슝의 야시장을 소개한다.

MAPECODE 17567

류허 야시장 六合夜市 류허 예스

가오슝을 여행하며 바쁘게 하루를 보낸 후 허기가 느껴지면 명성이 자자한 류허 야시장을 찾아가자. 이곳은 수많은 상점들이 다양한 종류의 요리로 유혹한다. 입맛이 유난히 까다로운 사람일지라도 만족할 만한 맛을 찾을 수 있다. 처음 온 사람도 쉽게 음식을 사 먹을 수 있도록 먹거리 구역이 잘 갖춰져 있고 보행자 전용 도로로 되어 있어 마음 놓고 구경할 수 있다. 맛있는 간식을 사 먹을 수 있을 뿐 아니라 거리에서는 공연이 펼쳐져 눈과 귀까지 흥겹게 해 준다. 전국 야시장 선발 대회에서 가장 매력적인 야시장으로 뽑힌 류허 야시장은 먹거리, 마실 거리, 즐길 거리로 가득 차 있다.

高雄市 新興區 六合2路 ☎ 07-287-2223 18:00~24:00 MRT R10 · O5 메이리다오(美麗島) 역 11번 출구.

MAPECODE 17568

루이펑 야시장瑞豊夜市 루이펑 예스

류허 야시장이 타지에서 온 관광객을 위한 야시장이라면 루이펑 야시장은 가오슝 시민들을 위한 야시장이라고 할 수 있다. 이곳은 낮에는 일반 거리같이 보이지만 밤에는 야시장으로 변모하여 맛있는 먹거리와 볼거리를 제공하고 있다. 지하철이 개통된 이후 루이펑 야시장 주변에 많은 가게들이 들어서면서 더욱 규모가 커지고 특색 있는 야시장이 되었다. 그래서 최근 루이펑 야시장의 지명도가 점점 상승 기류를 타고 있다. 날마다 타이완 TV와 신문에서 루이펑 야시장에 숨어 있는 산해진미를 소개할 정도로 음식 종류가 많다. 여기에서 뭘 먹을까 하고 고민하게 되는 행복한 야시장이다.

高雄市 鼓山區 裕誠路 1128號 18:00~24:00(월 · 수 휴무) MRT R14 쥐단(巨蛋) 역 1번 출구.

MAPECODE 17569

난화 야시장南華夜市 난화 예스

가오슝 우체국高雄市郵政總局 옆에 있는 난화 야시장은 옛날에는 '신흥 시장新興市場'이라고 불리던 곳으로 가오슝에서 유명한 야시장이다. 전통 방식으로 만든 찰떡米糕, 갈비탕排骨湯, 새우죽海產粥, 화지죽花枝粥, 동항고기 쭝쯔東港肉粿, 팔보빙八寶冰, 애옥빙愛玉冰 등이 유명하다.

高雄市 新興區 南華路 38號 ☎ 07-261-6731 10:00~22:00 MRT R10 · O5 메이리다오(美麗島) 역 하차.

MAPECODE 17570

광화 관광 야시장光華觀光夜市 광화 관광 예스

광화 관광 야시장光華觀光夜市에는 백여 개의 음식 노점과 식당이 싼둬루三多路부터 광화얼루光華2路를 따라 길 양쪽에 늘어서 있으며, 30~40년 된 아주 오래된 식당들도 많다. 밤늦게까지 영업을 하고 교통이 편리하여 늦은 밤 시간을 즐기려는 사람들이 즐겨 찾는 곳이다.

高雄市 苓雅區 光華2路 ☎ 07-725-7055 17:00~01:00 가오슝 시내에서 26, 70, 83, 100번 버스를 타고 광화루 입구(光華路口) 하차.

해지빙 海之冰 하이즈빙 MAPECODE 17571

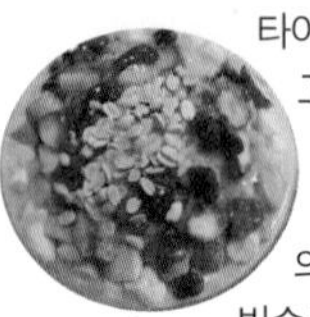

타이완을 여행하고 난 후 다시 먹고 싶은 것이 무엇이냐고 물어보면 대부분의 사람들이 첫 번째로 빙수를 꼽는다. 타이베이의 빙수가 맛있다면 가오슝의 빙수는 더 맛있다. 그리고 이곳의 빙수는 재미까지 가득 담겼다. 빙수를 그냥 보기만 한다면 저렇게 많은 양의 빙수를 어떻게 먹느냐고 있을 수 없는 일이라고 생각할지도 모른다. 그러나 20명이 먹어야 할 거대 빙수는 눈앞에서 순식간에 사라지고 만다. 그만큼 맛이 좋다. 이곳을 다녀간 사람들은 가게 곳곳에 흔적을 남기고 가는데 얼마나 많은 사람들이 다녀갔는지 이야기가 벽에 빼곡하게 쓰여 있어 빙수를 먹으며 메시지를 읽어 보는 재미도 있다.

高雄市 鼓山區 濱海一路 76號 ☎ 07-551-3773 11:00~23:00 3인분 NT$180 MRT O1 시쯔완(西子灣) 역에서 도보 5분.

대반 숯불구이 샌드위치 MAPECODE 17572

大胖碳烤三明治 다팡 탄카오 산밍즈

가오슝 현지인들이 추천하는 가장 싸고 맛있는 간식인 대반 샌드위치는 빵을 숯불에 구워 바삭함이 자랑이다. 이 가게의 샌드위치 빵은 굽기가 무섭게 팔려 나간다. 구운 빵에 속을 알차게 채워 포장해 주는데 가격은 불과 NT$20이다. 한국 돈으로 천 원이 안 되는 가격으로 즐겁게 한 끼 식사를 할 수 있는 곳이다. 참고로 아침 식사 시간과 저녁 식사 시간에만 영업을 하니 때를 잘 맞춰서 가자.

高雄市 鹽埕區 大公路 78號 ☎ 07-561-0262 07:00~10:50, 18:00~23:00(휴무 없음) NT$20~ MRT O2 옌청푸(鹽埕埔) 역 1번 출구에서 도보 8분.

곽 고기 쭝쯔 MAPECODE 17573

郭肉粽 궈 러우쭝

타이완에서 단오날 가정에서 만들어 먹는 주먹밥 쭝쯔粽子는 지역마다 다른 맛을 가지고 있다. 이곳의 쭝쯔는 역사가 매우 깊어 가오슝에서도 가장 맛있는 곳으로 통한다. 취향에 따라 골라먹을 수 있는데 대표적인 메뉴는 고기 쭝쯔肉粽 러우쭝이다. 1인당 1개만 먹어도 배가 부르니 일단 하나만 주문해서 먹어 보고 모자라면 추가로 주문하는 것이 좋다.

타이완 전통 음식은 사람의 입맛에 따라 호불호가 심하게 갈린다. 조금씩 맛을 보고 잘 맞으면 과감하게 도전해 보자.

高雄市 鹽埕區 北斗街19號 ☎ 07-551-2747 www.kuo520.com 07:00 ~23:00 쭝쯔 1개 NT$30 MRT O2 옌청푸(鹽埕埔) 역 1번 출구에서 도보 15분.

동분왕 冬粉王 둥펀왕

MAPECODE 17574

이곳에서 추천할 만한 국은 돼지고기탕豬肉湯 주러우탕이다. 돼지고기탕은 약간 달달하면서 담백한 맛이 특징이며 고기가 듬뿍 들어가 있어 국수와 함께 먹으면 두 가지 요리 만으로도 만족할 만한 식사를 할 수 있다. 탕에 들어가는 국수인 둥펀冬粉은 타이완 사람들이 즐기는 전통 먹거리 중 하나로 당면과 비슷하다.

밑반찬의 종류로는 오징어, 돼지 창자, 닭 날개, 닭 껍질, 닭 목, 오리 알, 돼지 심장, 돼지 혀, 돼지 간 등을 정갈하게 요리한 음식들이 있다. 다양한 탕에 곁들여 먹어도 맛있다.

高雄市 鹽埕區 七賢3路166號 ☎ 07-551-4349 09:00~20:00 NT$100 MRT O2 옌청푸(鹽埕埔) 역 1번 출구에서 도보 8분.

노채슬목 어죽

老蔡虱目魚粥 라오차이스무 위저우

MAPECODE 17575

아주 이른 아침에 식사를 하고 싶다면 아침 6시부터 영업을 시작하는 노채슬목 어죽老蔡虱目魚粥에 가 볼 것을 추천한다. 가오숑에서 가장 일찍 영업을 시작하는 50년 전통의 어죽집으로, 일찍 일어나는 부지런한 손님들을 위해 하루도 쉬지 않고 영업하고 있다. 아침의 상쾌한 공기와 함께 따뜻한 어죽을 먹는다면 하루의 시작이 든든해진다.

高雄市 鹽埕區 瀨南街 201號 ☎ 07-551-9689 06:00~14:00 NT$50~ MRT O2 옌청푸(鹽埕埔) 역 1번 출구에서 도보 8분.

화달 밀크티

樺達奶茶 화다 나이차

MAPECODE 17576

1982년 창업해서 약 30년의 전통을 가지고 있는 찻집으로, 약간 출출 할 때 이곳에서 타피오카가 들어간 밀크티를 마신다면 좋은 간식이 된다. 가장 인기가 있는 메뉴는 밀크티로 홍차와 고소한 우유의 절묘한 조화가 일품이다. 창업자가 타이완의 각종 차에 대한 박학다식하여 입맛 까다로운 손님들에게도 감동을 주는 상급의 찻잎만을 엄선하여 사용한다.

전통적인 밀크티 외에도 매실 녹차, 녹차 밀크티, 보이차, 우롱차로 만든 밀크티, 계수나무꽃 우롱차 등 일반 음료 가게에서 보기 드문 특별한 고급 차를 맛볼 수 있는 좋은 기회이다.

高雄市 鹽埕區 新樂街 99號 ☎ 07-551-2151 09:00~22:00 밀크티 NT$50~ MRT O2 옌청푸(鹽埕埔) 역 1번 출구에서 도보10분.

아진 절자면

MAPECODE 17577

阿進切仔麵 아진 체짜이몐

가오슝 사람들이 즐겨 먹는 음식을 맛보고 싶다면 점심은 가오슝의 옌청 구鹽埕區에서 먹어 보길 추천한다. 아진 절자면은 옌청 구에서 60여 년간 영업을 해온 맛집 중의 하나로 매일 오전 9시부터 영업을 시작하며 보통 저녁 8시까지 영업을 하는데 줄을 서야만 먹을 수 있다. 이곳의 절자면은 국물이 매우 맛있으며 면발이 매우 가늘고 쫄깃해 식감이 좋다.

高雄市 鹽埕區 瀨南街 148號 ☎ 07-521-1028 09:00~20:00 NT$40~ MRT O2 옌청푸(鹽埕埔) 역 1번 출구에서 도보 3분.

마르스 MARS 睦工場 무궁창

MAPECODE 17578

옌청푸鹽埕埔 역 3번 출구 바로 앞에 위치한 커피숍이다. 외관은 평범해 보이지만 안에 들어가면 천년의 숲 아리산에서 가져온 나무들로 인테리어가 되어 있고 벽에는 예술가들의 작품으로 멋을 냈다. 카페 안 분위기는 아주 조용하고 차분하다. 사람들이 소곤소곤 이야기를 나누는 안정감 있는 분위기에서 차를 마시다 보면 나무 소재가 주는 좋은 향과 느낌이 고스란히 느껴지는 특별한 카페이다. 메뉴로는 커피 종류 이외에 가벼운 먹거리로 케이크, 와플, 고기 파이, 그리고 수입 맥주를 판매하고 있다. 보얼 예술 특구駁二藝文特區 다음 코스로 잠시 쉬어 가기 좋은 카페이다.

高雄市 鹽埕區 大勇路 80號 ☎ 077-531-0520 10:00~22:00 NT$110~ MRT O2 옌청푸(鹽埕埔) 역 3번 출구 앞.

Sleeping

가오슝 저스트 슬립 호텔

MAPECODE 17579

Kaohsiung Just Sleep Hotel
捷絲旅 제쓰뤼

가오슝 명소인 육합 야시장과 아름다운 지하철 메이리다오 역에 위치한 호텔로 최근 오픈해 깨끗하고 세련된 분위기로 고객 만족도가 높다. 조식은 맛집으로 소문난 2층 레스토랑에서 먹을 수 있고, 1층 카페는 최고의 차와 디저트를 맛볼 수 있다. 매일 뽀송뽀송한 옷을 입을 수 있도록 세탁실이 무료라는 점도 여행자를 행복하게 해주는 호텔이다.

高雄市 新興區 中山一路 280號(高雄站前館) ☎ 07-973-3588 www.justsleep.com.tw 스탠다드 룸 NT$9,000~ MRT R11 메이리다오(美麗島站) 역 10번 출구에서 도보 2분.

그랜드 하이라이 호텔 MAPECODE 17580

Grand Hi-Lai Hotel
漢來大飯店 한라이 다판뎬

1995년에 오픈한 그랜드 하이라이 호텔은 가오숑 중심부에 위치한 호텔로, 153m의 높이를 자랑한다. 호텔 내부의 네오 클래식 스타일은 예술적인 감각이 돋보이며, 가오숑 국제 항구가 내려다 보이는 아름다운 야경은 호텔에 머무는 관광객들에게 깊은 감동을 선사한다.

高雄市 前金區 成功1路 266號 ☎ 07-216-1766 www.grand-hilai.com.tw 슈피리어 시티 뷰 NT$8,800~ MRT R9 중양궁위안(中央公園) 역 2번 출구에서 신톈루(新田路)를 지나 우푸산루(五福三路)를 경유해서 도보 14분. / MRT R9 중양궁위안(中央公園) 역 1번 출구에서 한신 백화점(漢神百貨) 셔틀버스를 타고 한신 백화점 하차.

한쉬안 인터내셔널 호텔 MAPECODE 17581

Han-Hsien International Hotel
寒軒國際大飯店 한쉬안 궈지 다판뎬

한쉬안 인터내셔널 호텔은 5성급 국제 관광 호텔로 42층 건물이다. 건물 외관에서 빛이 나는 건축 설계가 매우 독특하며, 객실 이외에 레스토랑과 연회실 등이 운영되고 있다. 가오숑 시청 맞은편에 위치하고 있고 15분이면 가오숑 국제 공항까지 갈 수 있어 교통이 편리하다는 장점이 있다.

高雄市 苓雅區 四維 3路 33號 ☎ 07-332-2000 www.han-hsien.com.tw 엘레강스 섹션 버짓 NT$6,000~ MRT R8 싼둬상취안(三多商圈) 역 7번 출구에서 쓰웨이쓰루(四維四路)를 경유하여 도보16분.

가오숑 앰배서더 호텔 MAPECODE 17582

The Ambassador Hotel Kaohsiung
高雄國賓大飯店 가오숑 궈빈 다판뎬

가오숑 앰배서더 호텔은 가오숑 아이허愛河에 위치한 호텔로, 50여 년의 전통과 아름다운 외관을 자랑하는 호텔이다. 2010년 11월 타이완 관광 호텔 협회에서 5성 호텔 마크를 받았고, 2011년 타이완 관광 호텔 협회에서 가장 서비스가 좋은 호텔에게 주는 '5성 관광 호텔 상'을 수상했다.

高雄市 前金區 民生2路 202號 ☎ 07-211-5211 www.ambassadorhotel.com.tw 스탠다드 룸 NT$6,000~ MRT R11 메이리다오(美麗島) 역 3번 출구에서 중산이루(中山一路)를 지나 다퉁이루(大同一路)를 경유해 도보 15분.

85 스카이 타워 호텔 MAPECODE 17583

85 Sky Tower Hotel
君鴻國際酒店 쥔훙 궈지 주뎬

85 스카이 타워 호텔은 가오숑을 한눈에 내려다보는 전망대로도 유명한 호텔이다. 이 호텔은 이름에서도 알 수 있듯이 85층으로 건축되었고 1997년 완성되었다. 완공 당시에는 타이완에서 가장 높은 건물이었고 세계에서 8번째로 높은 건물이었다. 현재는 타이베이 101 빌딩에 밀려 타이완에서 2번째로 높은 건물이 되었다. 가오숑 국제 공항과 국제 상업 항구, 항공 교통 센터와 가까운 곳에 위치하고 있다.

高雄市 自強3路 1號 37~85樓 ☎ 07-566-8000 www.85sky-tower.com 슈피리어 룸 NT$8,000~ MRT R8 싼둬상취안(三多商圈) 역 2번 출구에서 싼둬쓰루(三多四路)를 경유해서 도보10분.

헝춘
恒春

영화 <하이자오 7번지>로 더욱 유명해진 마을

헝춘은 타이완의 최남단에 있는 핑둥 현屏東縣에서도 아래쪽에 위치한 지역이며 남쪽으로는 휴양지 컨딩이 있다. 헝춘은 타이완에 현존하는 유일한 성곽 도시로, 고색창연한 성곽을 만날 수 있다. 성곽 안 마을은 그리 크지 않은 규모라 걸어 다니며 모든 곳을 돌아볼 수 있다. 헝춘은 '늘 봄'이라는 뜻으로, 이름처럼 늘 따뜻하고 햇살이 풍부한 지역이다. 조용하고 한적했던 헝춘은 이 마을을 배경으로 제작된 영화 〈하이자오 7번지〉가 개봉된 후 여행객이 모여드는 곳이 되었다. 헝춘 옛 거리恒春中山老街에서 식사를 하고, 컨딩보다 숙박비가 저렴한 이곳에서 숙박을 하는 것도 좋다. 그 밖의 명소로는 헝춘 고성恒春古城, 헝춘생태 농장恒春生態農場 등이 있다.

information 행정 구역 **屏東縣 恒春鎮** 국번 08 홈페이지 www.hengchuen.gov.tw

헝춘

컨딩 홀리데이 호텔 墾丁假期渡假飯店
녹파랑 리조트 綠波廊渡假旅店
85도씨 카페 케이크 85度C咖啡蛋糕
푸싱루 復興路
시먼루 西門路
중정루 中正路
헝춘 고성 서문 恆春古城西門
헝춘 옛 거리 恆春老街
홍해 식당 鴻海飯店
향촌 동분압 鄉村冬粉鴨
신싱루 新興路
중산루 中山路
사오난루 曉南路
둥먼루 東門路
옥진춘병점 玉珍春餅店
트래블 아파트먼츠 旅行公寓
헝춘 우체국 恆春郵局
사계 해양 식당 四季海鮮餐廳
푸더루 福德路
아자의 집 阿嘉的家
헝춘 기독교 병원 恆春基督教醫院
광푸루 光復路
광밍루 光明路
옛 거리 스테이크 老街牛排
헝춘 버스 터미널 恆春轉運站
원화루 文化路
난먼루 南門路
요거트 카페 新優格咖啡簡餐
헝춘진 농업회 恆春鎮農會
헝춘 고성 남문 恆春古城南門
남문 병원 南門醫院
헝베이루 恆北路
베이먼루 北門路
베이먼루 17항 北門路17巷
헝춘 초등학교 恆春國小
동풍 민박 東風民宿
동잔 육인 별장 東棧六人別墅
텐원루 天文路
헝춘진 사무소 恆春鎮公所
노녹두산 盧綠豆蒜
헝춘 고성 동문 恆春古城南門東門
헝춘 지정 사무소 恆春地政事務所
헝춘 중학교 恆春國中
헝난루 4항 恆南路4巷
200

비행기

타이베이 쑹산 공항松山機場에서 헝춘의 우리팅 공항五里亭機場까지 비행기로 1시간 소요된다. 겨울에는 바람으로 인해 자주 결항되며 여름에는 유니 항공立榮航空이 매주 1회 운행하고 있다.

고속철도 + 타이완 호행 버스

고속철도를 이용할 경우 타이베이 기차역에서 출발하여 가오숑의 고속철도 쭤잉 역高鐵左營站에서 내려 2번 출구 앞에서 타이완 호행台灣好行 버스의 컨딩 쾌선墾丁快線(10:00~15:30)을 탄다. 헝춘까지 약 1시간 30분 소요되며, 요금은 NT$ 380이다.

일반 기차 + 컨딩 고속버스

일반 기차를 이용할 경우 타이베이 기차역에서 출발하여 가오숑 기차역高雄火車站에 내려 역 앞 버스 터미널에서 컨딩 고속버스를 타고 헝춘으로 간다. 컨딩 고속버스墾丁例車 컨딩 례처는 국광 객운國光客運, 가오숑 객운高雄客運, 핑둥 객운屏東客運, 중남 객운中南客運 등 4개의 버스 회사가 공동으로 24시간 운행하고 가오숑을 출발하여 핑둥까지 가는 익스프레스 버스Express Bus이다. 약 2시간 소요되며 요금은 NT$ 320이다.

헝춘 한나절 코스

헝춘 고성 恒春古城 주변 산책 —도보 3분→ 헝춘 옛 거리 恒春老街 —도보 5분→ 영화 〈하이자오 7번지〉 촬영지

MAPECODE 17584

헝춘 고성 恒春古城 헝춘 구청

타이완에서 현존하는 유일한 성곽 도시

헝춘은 타이완의 남부 끝에 위치한 핑둥 현屏東縣에서도 가장 아래쪽에 위치한 마을이다. 청나라 때 심보정沈葆楨이라는 관리가 이 지역에 성벽을 쌓도록 조정에 주청해 광서 원년(1875년)에 시작하여 4년에 걸쳐 완공했다. 성벽은 천재지변과 전쟁으로 대부분 파손되어 없어지고 동문, 북문, 서문, 남문 4개의 성문만 온전히 남아 있다. 현재 2급 고적으로 지정되었으며 타이완에서 보기 드물게 보존되어 있는 성곽으로 평가받고 있다.

이 지역의 원래 이름은 원주민 파이완족排灣族의 말로 랑차오瑯嶠라 불리었는데, 관리 심보정沈葆楨이 기후가 온난하고 사람 살기에 좋아 사계절이 봄 같다는 의미로 지명을 헝춘恒春으로 고쳐 불러 지금에 이르렀다. 100년이 지난 오늘날에도 성문의 모습이 그대로 보존되어 있어 마을에 들어서면 과거로 돌아간 듯한 특별한 느낌을 받게 된다.

屏東縣 恒春鎮 ☎ 08-888-1782 헝춘 버스 터미널에서 도보 5분.

MAPECODE 17585

헝춘 옛 거리 恒春老街 헝춘 라오제

작은 마을 속 시장

성곽으로 빙 둘러싸인 아주 작은 마을 헝춘은 특별할 것이 별로 없는 평범한 일상을 보여 주고 있다. 아주 오래전부터 지금의 모습이었을 것 같은 헝춘은 마을 주민보다 이곳을 여행하는 사람들의 숫자가 더 많다. 낮에는 조용하지만 밤이 되면 헝춘 옛 거리는 제법 시장답게 채소 가게, 잡화점, 식당들이 분주해진다. 헝춘은 도보 여행으로 가능한 곳이라 산책하다 출출해질 때 이곳에 들러 간식을 사 먹기 좋다.

屏東縣 恒春鎮 中山路 及福德路 交會路段 헝춘 버스 터미널에서 중산루(中山路) 방향으로 도보 5분.

헝춘 고성

헝춘 옛 거리

영화 속으로 들어가 보자

영화 〈하이자오 7번지〉 촬영지

헝춘이라는 곳이 세상에 널리 알려지게 된 계기는 영화 〈하이자오 7번지海角7號〉 때문이다. 〈하이자오 7번지〉는 개봉 당시 타이완 금마장 시상식에서 5개 부분을 수상하는 등 인기가 높았던 로맨스 영화로 한국에서도 상영되었다.

이 영화는 컨딩에 있는 샤토 비치 리조트夏都沙灘酒店을 중심으로 헝춘 지역 전체를 배경으로 하고 있다. 영화 속 주인공은 타이베이에서 밴드를 했지만 실패하고 고향인 헝춘으로 돌아온다. 우체부였던 아버지가 다리를 다치자 대신 우체부를 하면서 헝춘 지역 곳곳에 편지를 배달하게 된다. 하이자오 7번지라는 주소로 배달된 편지의 주인을 찾아 주려고 노력하는 주인공을 통해 관객은 헝춘의 곳곳을 보게 되고 과거와 현재의 헝춘을 만나게 된다. 한편 낙후된 헝춘을 부흥시키려는 콘서트가 기획되고 지역 주민들을 구성원으로 밴드를 만들면서 헝춘 지역 주민들의 소박하면서도 마음 따뜻한 이야기가 전개된다. 좌절을 겪는 사람들에게 희망의 메시지를 주는 내용의 영화이다.

이 영화가 큰 인기를 끌면서 많은 사람들이 헝춘 지역을 사랑하게 되었다. 영화 개봉 이후 많은 사람들이 헝춘으로 몰려 오고 있지만 촬영 당시와 달라진 것은 없다. 단지 곳곳에 촬영지 안내 표시 정도가 있을 뿐이다. 기대가 컸다면 기대에 비해 너무 초라하다고 느낄지도 모를 만큼 옛 모습을 그대로 가지고 있다. 시간이 있다면 헝춘 지역에 오기 전에 꼭 〈하이자오 7번지〉를 보고 오기를 권한다. 헝춘은 영화만큼 행복이 충전되는 여행지이다.

MAPECODE 17586

헝춘 우체국恒春郵局

주인공은 아버지 대신 우체부 일을 하는데, 그가 근무한 우체국이 헝춘 우체국이다.

屏東縣 恒春鎮 恒西路 1巷 32號 ☎ 08-889-8053 www.post.gov.tw/post 월~금 08:30~17:30, 토 09:00~12:00 (일요일 휴무) 헝춘 버스 터미널에서 도보 5분.

MAPECODE 17587

아자의 집阿嘉的家

평범한 타이완 살림집이다. 주인공 아자阿嘉는 이 집에서 생활하고 작곡을 하며 토모코와 사랑을 나눈다. 헝춘의 표지판은 모두 이 영화 촬영지를 소개하는 표지판으로 되어 있어 찾기 쉽다.

屏東縣 恒春鎮 光明路 90號 ☎ 08-889-2585 09:00~18:00 헝춘 버스 터미널에서 도보 3분.

옥진춘병점

MAPECODE 17588

玉珍春餅店 위전춘빙디엔

헝춘 옛 거리恒春老街에서 타이완 현지인들의 사랑을 듬뿍 받고 있는 맛집이다. 그냥 지나칠 수 없는 달콤함을 맛볼 수 있는 곳으로, 모르고 왔던 여행객일지라도 자연스레 고소한 향기에 발길을 멈추게 된다. 사장님이 직접 손으로 만드는 에그롤은 롤링이 뛰어나고 신선한 계란, 고급 밀가루, 버터 등 최고의 원료만 고집하여 맛을 본 사람들의 엄지손가락을 번쩍 들게 만들 만큼 맛이 좋다. 매일 신선한 맛을 유지하기 위해 일정량만 만들어 팔고 있어 늦은 시간에 가면 행복한 맛을 놓칠 수도 있으니 헝춘에 도착하자마자 구입해 맛을 보자. 최근에는 기본 에그롤 이외에 양파, 마, 김, 흑설탕, 녹차, 치즈, 커피 맛이 추가되어 총 8가지의 신선하고 바삭한 식감의 에그롤을 즐길 수 있다.

屛東縣 恒春鎭 中山路 80號(恆春老街) ☎ 08-889-2272 ⓘ www.siang.com.tw/product07.htm ⊙ 08:00~21:00(연중무휴) Ⓦ NT$100~ 🚌 헝춘 버스 터미널에서 도보 약 3분. 헝춘 옛 거리(恆春老街)에 있다.

요거트 카페

MAPECODE 17589

Yogurt Cafe 新優格咖啡簡餐 신유거 카페이 젠찬

헝춘에서는 성곽 마을이 주는 분위기와 작은 마을에서 느낄 수 있는 재미에 푹 빠져서 마을을 다니다가, 문득 얼마나 걸었는지 깨닫게 되면 피곤이 몰려온다. 쉴 곳이 필요할 즈음 이 카페를 만난다면 그 여행자는 행운아라는 생각을 해야 한다. 편안한 음악과 함께 제대로 된 커피와 음료를 마실 수 있기 때문이다.

屛東縣 恒春鎭 南門路 46號 ☎ 08-888-0715 ⊙ 09:00~22:00 Ⓦ 음료 NT$180~ 🚌 헝춘 버스 터미널에서 도보 3분. 헝춘 고성 왼편에 있다.

옛 거리 스테이크

MAPECODE 17590

老街牛排 라오제 뉴파이

헝춘 옛 거리恒春中山老街는 여행하다가 출출해지면 식사를 해결할 수 있는 시장이다. 타이완 현지인이나 타이완에 익숙한 사람이라면 무엇을 먹어도 좋지만 평범한 한국인 여행자가 먹을 만한 음식을 찾기란 쉽지 않을 수 있다. 헝춘 옛 거리를 한 바퀴 둘러보고 도대체 무엇을 먹어야 할지 망설여진다면 그럴 때 딱 좋은 식당을 추천한다. 헝춘 옛 거리 입구에 있는 옛 거리 스테이크 전문점이다. 화려하고 비싼 레스토랑은 아니지만 저렴하면서도 맛있고 푸짐한 스테이크를 먹을

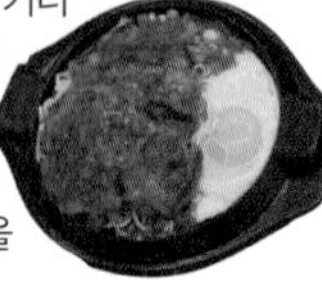

수 있다. 스테이크 고기로는 닭고기, 돼지고기, 소고기가 있다.

屏東縣 恒春鎮 中山路 48號1樓 08-889-9680 11:00~21:00 헝춘 버스 터미널에서 도보 3분. 헝춘 옛 거리 입구에서 오른쪽에 있다.

트래블 아파트먼츠

MAPECODE 17591

Travel Apartments 旅行公寓 뤼싱 궁위

헝춘은 그리 넓지 않아 도보 여행에 적합한 지역이다. 가오슝에서 호행好行 버스를 타고 헝춘에 내리면 맞은편에 '여행 아파트'라고 한국어로 쓰여진 게스트하우스가 있다. 한국인이 운영하는 곳은 아니지만 한국인으로서는 어쩐지 끌리는 곳이다. 헝춘의 매력이라면 숙박비가 저렴하다는 것도 한 몫을 한다. 시간 여유가 있다면 이 곳 게스트하우스에서 2~3일 머물면서 헝춘을 제대로 즐기고 오는 것도 좋다.

屏東縣 恒春鎮 中正路 67號 0977-332-150 www.facebook.com/travel.apartment 예약 11:00~22:00 4인 1실 NT$1,600 호행(好行) 버스 하차하는 곳에 있다.

헝춘 생태 농장 & 호텔

MAPECODE 17592

恒春生態農場 헝춘 성타이 눙창

헝춘 근교에 위치한 헝춘 생태 농장은 해발 75~150m이며 48ha의 넓이로 대단한 규모를 자랑한다. 모양이 신기한 돌 공원과 삼림욕을 할 수 있는 산책로, 정자, 호수 등이 있어 농장을 다 돌아보려면 하루로는 부족하다. 유기농을 기반으로 한 농작물과 곤충 체험, 다양한 종류의 나비를 관찰할 수 있으며 양과 말 목장 등을 체험할 수 있어, 특히 아이들이 좋아하는 자연 학습 공간이다. 농장 안에 숙박 시설도 운영하고 있는데 어린이를 위한 테마 룸도 준비되어 있다.

屏東縣 恒春鎮 山腳里 山腳路 28號之5 08-889-2633 www.ecofarm.com.tw 24시간 농장 입장료 주간 NT$200, 야간 NT$150 / 숙박료 NT$ 4,798~ 헝춘 버스 터미널(恒春轉運站)에서 9117번 버스를 타고 헝춘 공상(恒春工商) 하차. 약 1시간 소요.(택시로는 20분 소요.)

트래블 아파트먼츠

컨딩
墾丁

타이완의 숨겨진 보물 땅 끝 마을

컨딩은 타이완의 가장 남쪽인 헝춘 반도에 위치해 있으며 바다와 산을 아우르는 대규모 컨딩 국가 공원으로 유명하다. 컨딩의 날씨는 따뜻한 열대 기후로 사계절 모두 각종 해상 스포츠를 즐길 수 있으며 산호초와 열대 우림을 볼 수 있어 일 년 내내 관광객이 끊이지 않는 휴양지이다.

컨딩의 대표적인 명소는 컨딩 국가 공원, 아시아에서 가장 긴 해저 터널이 있는 국립 해양 생물 박물관國立海洋生物博物館, 타이완 최남단 등대가 위치한 어롼비 공원鵝鑾鼻公園, 배 돛 모양을 한 선범석船帆石, 해수욕의 천국이라 불리는 난완南灣 등이 있다. 그 밖에도 해마다 봄이 되면 컨딩의 바닷가에서는 록 페스티벌이 열리는데 타이완의 인기 가수뿐 아니라 해외 유명 뮤지션들이 참가하여 컨딩의 밤을 더욱 아름답게 해 준다.

information 행정 구역 屏東縣 국번 08 홈페이지 www.pthg.gov.tw

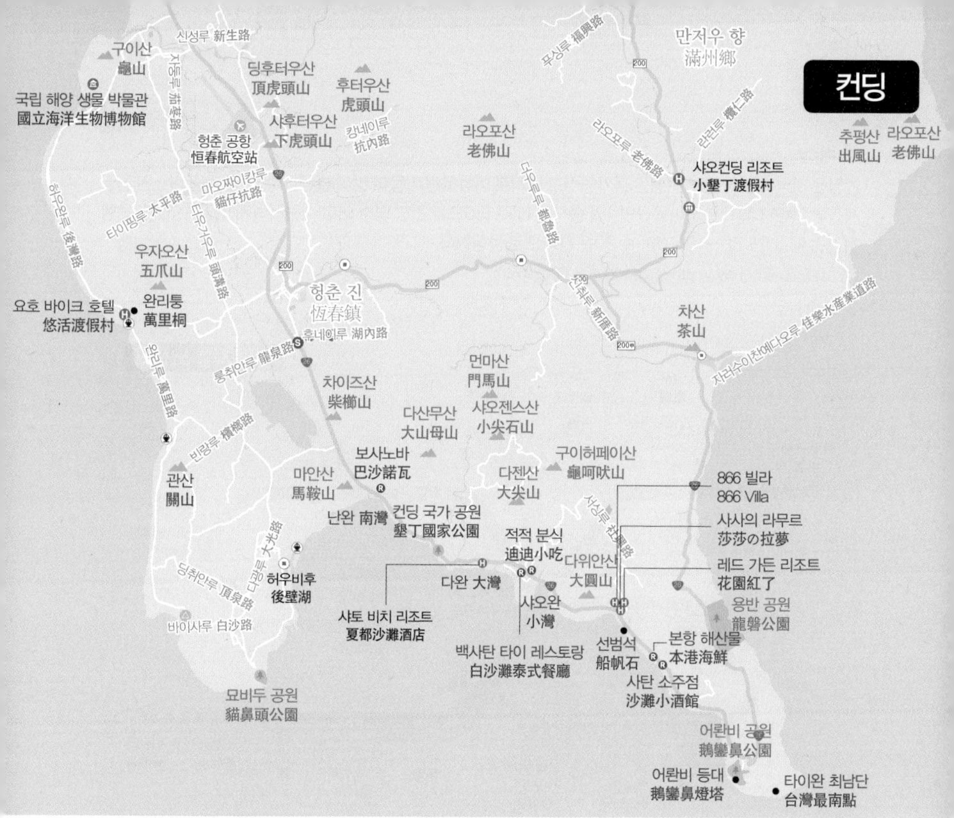

컨딩
신성루 新生路
구이산 龜山
국립 해양 생물 박물관 國立海洋生物博物館
딩후터우산 頂虎頭山
후터우산 虎頭山
샤후터우산 下虎頭山
캉네이루 抗內路
헝춘 공항 恒春航空站
푸싱루 福興路
만저우 향 滿州鄉
라오포산 老佛山
라오포루 老佛路
관런루 欖仁路
샤오컨딩 리조트 小墾丁渡假村
추펑산 出風山
라오포산 老佛山
허우완루 後灣路
타이핑루 太平路
마오짜이캉루 貓仔坑路
두루루 都魯路
우자오산 五爪山
요호 바이크 호텔 悠活渡假村
완리퉁 萬里桐
헝춘 진 恆春鎮
후네이루 湖內路
신취루 新厝路
차산 茶山
자러수이찬예다오루 佳樂水產業道路
룽취안루 龍泉路
완리루 萬里路
차이즈산 柴檞山
먼마산 門馬山
다산무산 大山母山
샤오젠스산 小尖石山
빈랑루 檳榔路
보사노바 巴沙諾瓦
관산 關山
마안산 馬鞍山
다젠산 大尖山
구이허페이산 龜呵吠山
866 빌라 866 Villa
사사의 라무르 莎莎の拉夢
레드 가든 리조트 花園紅了
난완 南灣
컨딩 국가 공원 墾丁國家公園
다광루 大光路
적적 분식 迪迪小吃
다위안산 大圓山
사산루
딩취안루 頂泉路
허우비후 後壁湖
다완 大灣
샤오완 小灣
샤토 비치 리조트 夏都沙灘酒店
바이사루 白沙路
용반 공원 龍磐公園
본항 해산물 本港海鮮
선범석 船帆石
백사탄 타이 레스토랑 白沙灘泰式餐廳
사탄 소주점 沙灘小酒館
묘비두 공원 貓鼻頭公園
어롼비 공원 鵝鑾鼻公園
어롼비 등대 鵝鑾鼻燈塔
타이완 최남단 台灣最南點

가는 방법

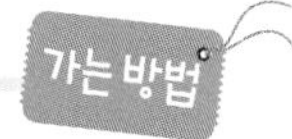

고속철도 + 타이완 호행 버스

고속철도를 이용할 경우 타이베이 기차역에서 출발하여 가오슝의 고속철도 쭤잉 역高鐵左營站에서 내려 2번 출구 앞에서 타이완 호행台灣好行 버스의 컨딩 쾌선墾丁快線을 탄다. 컨딩까지는 약 2시간 소요되며 편도 요금은 NT$413, 왕복 요금은 NT$650, 배차 간격은 30분이다.

고속철도 쭤잉 역 출발 시간 08:00~19:00 컨딩 출발 시간 08:00~19:00
홈페이지 www.taiwantrip.com.tw/Besttour/Info/?id=14

일반 기차 + 컨딩 고속버스

일반 기차를 이용할 경우 타이베이 기차역에서 출발하여 가오슝 기차역高雄火車站에 내려 역 앞 버스 터미널에서 컨딩 고속버스墾丁例車 컨딩 례처를 탄다. 컨딩 고속버스는 국광 객운國光客運, 가오슝 객운高雄客運, 핑둥 객운屏東客運, 중남 객운中南客運 등 4개의 버스 회사가 공동으로 24시간 운행하고 가오슝을 출발하여 핑둥까지 가는 익스프레스 버스Express Bus이다. 컨딩까지는 약 2시간 30분 소요되며 요금은 NT$364이다.

택시

가오슝에서 택시를 타면 컨딩까지 1시간 소요되며, 요금은 NT$2,000이다.

버스

컨딩은 지역이 넓어 도보 여행은 불가능하고 택시로 이동하면 비용이 많이 발생한다. 컨딩 관광 버스인 컨딩 셔틀墾丁街車 컨딩 제처를 이용하면 1일 승차권 NT$150으로 컨딩 명소 어디나 편리하게 다닐 수 있다. 운행 시간은 매일 09:30~18:00이며, 30분 간격으로 운행한다.

컨딩 셔틀 홈페이지 www.ptbus.com.tw/03/0302a.htm

택시

컨딩 지역은 명소마다 거리가 멀어 타기 전에 미리 가격을 정하고 탑승해야 한다. 택시 투어는 하루 8시간 기준으로 NT$2,500이다. 호텔에서 투어 택시나 투어 미니버스를 예약해 준다.

오토바이, 자전거 대여

컨딩에서는 전기 자전거나 전기 오토바이를 빌려서 여행하면 편리하다. 하루 8시간 기준으로 비용이 NT$300 정도다. 단, 타이완 오토바이 면허증이 없는 외국인은 일반 오토바이는 빌릴 수 없고, 크기가 조금 작은 전기 오토바이만 가능하다.

문의 전화 09-1754-5663

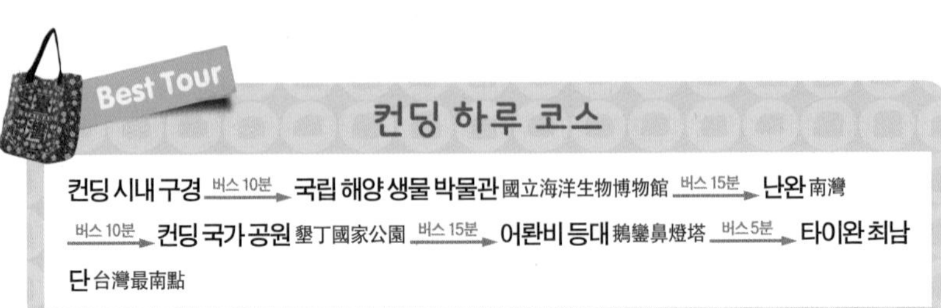
Best Tour

컨딩 하루 코스

컨딩 시내 구경 —버스 10분→ 국립 해양 생물 박물관 國立海洋生物博物館 —버스 15분→ 난완 南灣 —버스 10분→ 컨딩 국가 공원 墾丁國家公園 —버스 15분→ 어롼비 등대 鵝鑾鼻燈塔 —버스 5분→ 타이완 최남단 台灣最南點

MAPECODE 17593

국립 해양 생물 박물관
國立海洋生物博物館 궈리 하이양 셩우 보우관

아시아 대표 해양 박물관

국립 해양 생물 박물관은 컨딩 국가 공원 내에 위치하고 있으며, 건물 뒤편에는 타이완 해협과 맞닿은 절벽이 있고 앞으로는 바다가 있다. 국립 해양 생물 박물관은 아시아에서 가장 긴 해저 터널과 전 세계적으로 희귀한 흰 돌고래로 유명하다. 3개의 구역으로 나누어지는데 타이완 수역관, 산호 왕국관, 세계 수역관이 있다. 이곳에 발을 들여놓는 순간, 호기심과 상상 속에서만 존재하던 바닷속 세계가 펼쳐진다. 바다로 둘러싸인 타이완의 아름다운 산과 바다, 그리고 바닷속 세계를 모두 들여다볼 수 있다. 그 밖에도 타이완 물 박물관, 산호초 왕국, 디지털 수족관, 고래 광장과 대규모 야외 수영장 등 신기하고 즐거운 볼거리와 즐길 거리가 가득하다. 최근 해양 박물관에서는 밤에도 관람 가능한 '해양 박물관에서의 하룻밤'이라는 프로그램을 운영하고 있다. 오후 3시부터 다음 날 11시까지 진행되는데 전문 가이드의 박물관 소개를 시작으로 해양 생물 이야기, 먹이 주기 체험, 직접 만져 보기 등의 활동을 하고 해저 터널이 있는 공간에서 해양 생물들과 함께 숙박을 한다. 해양 생물에 대해 궁금증을 모두 해소할 수 있는 멋진 밤을 보낼 수 있다.

屛東縣 車城鄕 後灣村 後灣路 2號 ☎ 08-882-5678 www.nmmba.gov.tw 7~8월 (평일) 09:00~18:00 (주말) 08:00~18:00 / 9~6월 09:00~17:30 입장권 NT$450, 해양 박물관에서의 하룻밤 1인 NT$2,380 가오슝 기차역(高雄火車站) 맞은편 버스 터미널이나 헝춘에서 가오슝 객운(高雄客運) 버스를 타고 해양 생물 박물관(海生館) 하차.

MAPECODE 17594

완리퉁 萬里桐

바닷속 세상으로

컨딩은 삼면이 바다로 둘러싸여 있는데, 같은 바다이지만 방향에 따라 다른 느낌을 준다. 탁 트인 드넓은 바다 위로 펼쳐진 하늘과 구름은 이곳이 천상의 세계가 아닌가 하는 상상을 하게 한다. 그런 컨딩에서도 특히 완리퉁은 바닷속 경치가 아름답다. 우리가 상상하는 물 위의 풍경 아래로 상상이 불가능한 세계가 펼쳐지는 곳이다. 형형색

★톡톡★ 타이완 이야기

드라마 〈컨딩 날씨 맑음 我在墾丁*天气晴〉

2007년 12월 15일 방송이 시작되어 총 20회 방영된 타이완 드라마이다. 주요 출연 배우는 타이완에서 유명한 롼징톈阮經天, 장쥔닝張鈞甯 등으로, 드라마 제목처럼 사람의 마음을 맑게 해 주는 드라마이다. 타이완에서 가장 선호하는 꿈의 휴양지가 컨딩이다. 도시 생활에 지친 사람들은 컨딩의 아름다운 풍경을 보기 위해 찾아온다. 그러나 컨딩에서 태어나 생활해 나가야 하는 청춘들에게는 낙후된 시골 생활이 힘겹기만 하다. 이 드라마의 전체 내용은 컨딩을 사랑하는 청춘들이 고향을 지키기 위해 겪는 갈등을 통해 사랑과 우정을 보여 준다. 드라마 내내 배경으로 나오는 푸른 바다와 맑은 날씨는 고민하는 청춘들에게 희망의 메시지를 준다.

색의 산호초와 그 사이를 유유히 헤엄치는 물고기, 바다 백합, 불가사리 등이 어우러진 바닷속 풍경이 신비하고 아름답다. 이곳에는 곧 해저 공원이 지어질 예정이라고 한다.
완리퉁의 해변은 모래나 자갈이 아닌 산호로 이루어져 있다. 해변의 투명한 바닷물에서는 사계절 언제든지 수영이 가능한데 그중에서도 가장 많은 사람들이 찾아오는 시기는 새해를 맞이하는 시즌이다. 타이완 사람들은 맑고 투명하면서도 신비한 해저 세계를 만끽할 수 있는 완리퉁에서 한 해의 첫날을 시작한다.

屛東縣 恒春鎭 萬里路 컨딩 셔틀(墾丁街車)을 타고 완리퉁(萬里桐) 하차.

MAPECODE 17595

관산 關山

푸른 바다와 초록빛 초원을 두루 만끽하다

관광객들은 주로 바다를 보기 위해 컨딩에 오지만 관산에서는 넓은 푸른 초원 위에 말들이 한가로이 풀을 뜯는 풍경을 만날 수 있다. 푸른 바다와 초록빛 초원을 두루 만끽할 수 있어 즐거운 곳이다. 또한 관산에서는 석양이 만들어 내는 황금빛 바다를 내려다볼 수 있는데 타이완 남부의 8경 중 하나로 손꼽힌다.

屛東縣 恒春鎭 水泉里 樹林路 헝춘 버스 터미널(恒春轉運站)에서 출발하는 타이완 투어 버스 컨딩 여유선(墾丁旅遊線)을 타고 갈 수 있다. 1일 1회 운행(13:30).

MAPECODE 17596

난완 南灣

해양 스포츠를 즐기기에 최적의 장소

컨딩은 삼면이 바다로 둘러싸여 있어 싱그러운 열대 경관과 풍부한 해산물로 유명하며, 누구나 오고 싶어하는 휴양지이다. 컨딩은 바다에 인접한 육지가 많다 보니 작고 큰 해수욕장도 많다. 그중에서도 가장 많은 사람들이 찾아오는 해수욕장이 난완이다. 난완은 코발트색의 바다와 고운 모래밭을 가지고 있어 수영, 서핑, 다이빙, 보트와 요트, 기타 수상 스포츠를 즐기기에 더없이 좋다. 사계절 모두 여름과 같은 날씨라서 일 년 내내 물놀이를 할 수 있으며, 스킨스쿠버, 서핑 등 각종 해양 스포츠를 즐기기에 난완의 해수욕장은 최적의 장소이다.

屛東縣 恆春鎭 南灣里南灣路 ☎ 08-889-2894 컨딩 셔틀(墾丁街車)을 타고 난완(南灣) 하차.

MAPECODE 17597

컨딩 국가 공원
墾丁國家公園 컨딩 궈자 궁위안

열대 지방의 아름다운 자연 경관이 매력적인

컨딩 국가 공원은 타이완의 첫 번째로 손꼽히는 국가 공원으로, 1982년에 문을 열었다. 바다 면적이 15206.09ha, 육지 면적이 18083.50ha, 합쳐서 33,289.59ha이나 되는 드넓은 지역에 걸쳐 펼쳐져 있다. 타이완에서는 유일하게 바다와 육지를 동시에 포함하고 있는 국가 공원이다.

아열대 식물이 무성한 삼림 공원에서는 바닷속에서나 볼 수 있는 조개류, 해조류를 발견할 수 있다. 눈앞에 펼쳐진 숲을 봐서는 도저히 상상할 수 없지만 아주 오래전 이곳은 해저 지역이었다. 백만 년 전부터 시작된 지각 운동의 영향으로 컨딩 지역의 바다 지면이 융기해 육지가 되어 이곳에서 산호초를 볼 수 있게 된 것이다. 이 지역은 지금도 멈추지 않고 지각 운동을 하고 있다. 이러한 지각 변동은 해안 침식, 깎아지른 절벽 등 천혜의 자연 풍경을 만들었고 융기하여 지상으로 높이 올라 온 땅 위로는 고목들이 빼곡히 들어서 밀림을 이루고 있다. 등산로나 산책로를 벗어나면 길을 잃거나 뱀이나 벌레 등의 습격을 받을 수 있으니 주의해야 한다.
또한 컨딩 해안 지역은 북쪽에서 겨울을 보내려고 찾아온 철새 도래지로 유명하다. 또한 세계적으로 보기 힘든 산호초 군락이 펼쳐져 있는 독특한 지형을 가지고 있어 다양한 자연 경관이 매력적인 곳이다.

屏東縣 恒春鎮 墾丁路 596號 ☎ 08-886-1321 www.ktnp.gov.tw 08:00~17:00 주중 NT$100, 주말 NT$150 컨딩 셔틀(墾丁街車)을 타고 컨딩 국가 공원(墾丁國家公園) 하차.

MAPECODE 17598

다완 大灣

영화 촬영지로 유명해진 해변

컨딩에 내리면 걸어서 바로 갈 수 있는 해변으로 교통도 편리하고 영화 〈하이자오 7번지〉 촬영지로도 유명한 곳이다. 영화에서 보여 준 컨딩의 아름다움은 이곳을 더욱 유명하게 만들어 컨딩의 해변 중에서 사람들이 가장 많이 찾아오는 곳이다. 현재는 샤토 비치 리조트Chateau Beach Resort 夏都沙灘酒店에서 다완 해변 관리를 하고 있어 호텔을 통해야 출입을 할 수 있다.

屏東縣 恒春鎮 墾丁路 451號 컨딩 셔틀(墾丁街車)을 타고 베이컨딩(北墾丁) 하차. 샤토 비치 리조트(夏都沙灘酒店) 맞은편에 있다.

MAPECODE 17599

샤오완 小灣

하얀 모래가 특별한 바닷가

가오슝의 고속철도 쭤잉 역高鐵左營站 앞에서 타이완 호행台灣好行 버스의 컨딩 쾌선墾丁快線를 타고 컨딩에 내리면 걸어서 바로 갈 수 있는 해변이다. 교통도 편리하지만 하얀 모래가 특별해서 인기 있는 바닷가이다. 낮에는 해양 스포츠를 즐기고 밤이 찾아오면 시저 파크 호텔Caesar Park Hotel 凱薩飯店에서 밤마다 남국의 열정으로 가득한 라이브 공연이 열린다. 샤오완 밤 바다 풍경과 함께 라이브 공연의 흥겨움을 만끽할 수 있는 곳이다.

屏東縣 恒春鎮 墾丁路 6號 컨딩(墾丁) 하차 후 어롼비(鵝鑾鼻) 방향으로 걸어가면 시저 파크 호텔(凱薩飯店) 맞은편에 있다.

컨딩 국가 공원

MAPECODE 17600

선범석 船帆石 촨판스

배의 돛 모양 바위

드넓은 푸른 바다를 따라 타이완의 최남단 땅끝 마을로 향하다 보면 엉뚱하게 생긴 돌 하나가 불쑥 튀어나와 있는 것을 발견하게 된다. 이 기암괴석은 융기 작용으로 인해 수면 위로 올라온 것으로, 융기 후에 바다의 바람과 물의 풍화 작용에 의해 지금의 모양이 만들어진 약 50m 크기의 산호초이다. 컨딩에서 어롼비鵝鑾鼻 가는 길에서 볼 수 있는데 멀리서 보면 마치 곧 출항하는 배의 돛 모양을 하고 있다. 그래서 '배의 돛'이라는 뜻으로 선범석船帆石라고 불린다.

屏東縣 恒春鎮 船帆路 600號 ☎ 0921-758-222 컨딩 셔틀(墾丁街車)을 타고 선범석(船帆石) 하차. ※어롼비(鵝鑾鼻) 가는 길에 선범석(船帆石)을 지나가는데 미리 선범석에서 내린다고 기사에게 말해 두어야 한다.

MAPECODE 17601

어롼비 등대 鵝鑾鼻燈塔 어롼비 덩타

동아시아의 빛

어롼비 등대는 타이완 최남단에 위치한 등대이다. 19세기에 세계 열강들의 배가 어롼비 인근 바다를 지나갈 때 바닷길이 어두워 암초에 부딪쳐 많은 배들이 침몰했다. 이에 열강들의 강력한 요구로 1883년 세계에서 유일하게 전쟁과 연관된 등대가 지금의 자리에 완성되었다. 그러나 갑오전쟁에서 청나라가 패하여 타이완을 떠나게 되자 등대를 폭파시켰다. 이후 타이완을 점령한 일본이 1898년 다시 등대를 만들었지만 제2차 세계 대전 때 미군의 폭격에 의해 다시 부서져 버렸다. 제2차 세계 대전 후 타이완 정부에서 지금의 흰색 등대를 만들었다. 모양은 둥글고 스틸 소재로 건축되었으며, 높이는 21.1m이다. 바다에서 빛을 볼 수 있는 거리가 27.2km로 '동아시아의 빛'이라 불리고 있다. 어롼비 등대는 어롼비 공원鵝鑾鼻公園 안에 위치해 있다.

등대가 있는 어롼비 공원은 타이완 남쪽 땅끝에 자리한 아름다운 공원으로, 줄지은 야자나무들이 이국적인 풍경을 자아낸다. 어롼비의 풍경은 하얀 등대에서 절정을 이루는데, 푸른 바다와 하얀 등대의 조합이 무척이나 인상적이다.

屏東縣 恒春鎮台 26線 ☎ 08-885-1111 4~10월 09:00~18:00, 11~3월 09:00~17:00 (매주 월요일 휴무) NT$40 컨딩 셔틀(墾丁街車)을 타고 어롼비(鵝鑾鼻) 하차. / 헝춘(恒春)에서 어롼비(鵝鑾鼻)행 일반 버스를 타고 간다.

MAPECODE 17602

타이완 최남단 台灣最南點 타이완 쭈이난뎬

타이완 남쪽 땅끝 표지석

타이완 지도를 보면서 가장 남쪽 지점은 어디일까 궁금했다면 그곳은 바로 어롼비 등대鵝鑾鼻燈塔 근처에 있는 타이완 최남단의 표지석이다. 이곳에 도착해 사방을 둘러보면 왼쪽으로는 손에 닿을 듯 출렁이는 푸른 태평양이 펼쳐져 있고 오른쪽으로는 초록색 숲이 장관을 이룬다. 타이완 일주를 생각했다면 이곳은 남쪽 땅끝이라는 표지석으로 매우 의미 있는 장소가 된다.

컨딩 셔틀(墾丁街車)을 타고 어롼비(鵝鑾鼻) 하차, 어롼비 등대 앞에서 좌회전해서 도보 10분.

Eating

보사노바 巴沙諾瓦 바사눠와 MAPECODE 17603

컨딩에서도 해양 스포츠를 즐기기 가장 좋은 난완南灣의 바다가 바로 보이는 식당 보사노바는 내부가 온통 열정적인 분위기가 물씬 나는 오렌지색이다. 남국 해변의 낭만을 꿈꾸며 찾아온 여행자들의 마음을 사로잡는 분위기는 벌써 10여 년째 컨딩의 밤을 책임지고 있다. 식사로는 간단하게 먹을 수 있는 해산물 카레가 인기이며 밤이 되면 파도 소리와 함께 칵테일 또는 와인을 먹으려고 찾아오는 사람들로 가득하다.

屛東縣 恒春鎮 南灣路 220號 ☎ 08-889-7137 월·수~금 11:30~16:00, 17:30~22:00 (화요일 휴무) NT$230 컨딩 셔틀(墾丁街車)을 타고 난완(南灣) 하차.

적적 분식 MAPECODE 17604

迪迪小吃 디디 샤오츠

붉은색 벽에 노란색 간판을 한 건물의 초록색 문을 열고 들어가면, 남태평양의 가정식 요리를 맛볼 수 있는 식당인 적적 분식이 있다. 이곳의 음식은 남태평양 브루나이에서 먹는 가정식 요리라고 하는데 그릇에 담겨 나온 음식의 모양이 흐트러짐 없이 완벽하고 그 맛에 반하게 된다. 남태평양의 음악과 입에서 살살 녹는 음식의 맛은 컨딩을 다시 찾는 이유가 된다.

屛東縣 恒春鎮 墾丁路 文化巷 26號 ☎ 08-886-1835 월·수~금 17:30~22:00, 토~일 12:00~15:00,

17:30~22:00 (화요일 휴무) NT$200 고속철도 쭤잉 역(高鐵左營站) 앞에서 타이완 호행(台灣好行) 버스의 컨딩 쾌선(墾丁快線)을 타고 컨딩(墾丁) 하차, 원화 항구(文化巷)에서 우회전.

백사탄 타이 레스토랑 MAPECODE 17605

白沙灘泰式餐廳 바이사탄 타이스 찬팅

컨딩에 도착해 시내 주변을 걷다 보면 매우 눈에 띄는 식당을 발견하게 되는데 그곳이 바로 태국 요리 전문점인 백사탄 타이 레스토랑이다. 지나치기엔 외관이 너무 멋있어 자연스레 발길이 가는 곳이기도 하다. 식당 내부는 주인이 태국에서 직접 가져온 소품들로 가득해 마치 태국 어디쯤에 온 듯한 착각이 든다. 사계절 내내 더운 컨딩과 태국은 기후 면에서 비슷한 점이 많아 태국 음식을 먹으며 타이완과 태국을 함께 느낄 수 있다. 식사 시간에는 손님들이 줄지어 찾아오기 때문에 밖에서 기다렸다 먹어야 하는 컨딩의 맛집이다.

屛東縣 恒春鎮 墾丁路 58號 ☎ 08-886-1689 www.white-sandy.com.tw 11:00~15:30, 17:00~22:00 NT$200~ 고속철도 쭤잉 역(高鐵左營站) 앞에서 타이완 호행(台灣好行) 버스의 컨딩 쾌선(墾丁快線)을 타고 컨딩(墾丁)에서 하차 후 도보 5분.

본항 해산물

본항 해산물

MAPECODE 17606

本港海鮮 번강하이센

컨딩의 식당은 컨딩을 찾아오는 사람들의 마음을 닮아있다. 바다가 있는 자연의 품에서 휴식을 찾으려는 사람들은 컨딩에서 음식만 먹는 것이 아니라 남국의 낭만이 깃든 분위기를 원하고 있기 때문이다. 그래서 컨딩에는 타이완의 어떤 지역에서도 보기 힘든 남국풍의 요리들을 맛 볼 수 있다. 그중에서도 이곳은 여주인의 독특한 요리 방법와 엄격한 재료 선정으로 제철에 맞는 신선한 컨딩 바다에서 잡은 싱싱한 해산물로 만든 요리를 부담 없는 가격에 실컷 맛볼 수 있는 맛집이다.

屛東縣 恆春鎮 鵝鑾里 船帆路 226號 ☎ 08-885-1230 월 · 수~금 10:00~20:00, 토~일 10:00~21:00 (화요일 휴무) NT$100~ 컨딩셔틀(墾丁街車)을 타고 어롼비(鵝鑾鼻)역 하차.

사탄 소주점

MAPECODE 17607

沙灘小酒館 사탄 샤오주뎬

사탄 소주점은 샹자오완香蕉灣 입구에 위치한 작은 음식점이다. 컨딩에 오면 많은 사람들이 이곳을 찾아오는데 그 이유는 가게 주인의 스토리 때문이다. 해마다 새로운 음식을 수집하기 위해 유럽을 돌아다니며 20여 년간 찍은 여행 사진과 그곳에서 구입해 온 물건들이 이곳만의 독특한 매력이 되고 있기 때문이다. 크레페, 수프, 커리 치킨 등 메뉴는 평범해 보이지만 맛은 절대 평범하지 않다. 특히 독일 요리가 맛있으며, 분위기도 좋지만 요리에 세심하게 신경을 쓰고 있어 여자들이 선호하는 맛집이다.

屛東縣 恒春鎮 鵝鑾里 船帆路 230號 ☎ 0919-237-280 10:30~21:00 NT$180~ 컨딩 셔틀(墾丁街車)을 타고 어롼비(鵝鑾鼻) 하차. 샹자오완(香蕉灣) 방향으로 도보 5분.

사탄 소주점

Sleeping

요호 바이크 호텔

MAPECODE 17608

YOHO Bike Hotel 悠活單車旅館 유훠 단처 뤼관

세계적으로 유명한 타이완 자전거 회사 자이언트와 요호YOHO 리조트가 함께 완리퉁萬里桐 지역에 만든 호텔로, 아시아에서 첫 번째로 만들어진 자전거 호텔이다. 자전거 호텔은 말 그대로 자전거를 사랑하는 사람들 즉, 자전거 마니아를 위한 호텔이다. 호텔에 도착해 안내 데스크에서 체크인을 할 때 자전거에서 내리지 않아도 수속이 가능하며, 자전거를 타고 룸까지 들어가 방에 세워 놓고 자전거와 한 방에서 숙박한다. 여기에는 자전거 스파 시설이 있어 자전거를 점검한 후 수리를 해 주고 있다. 자전거로 여행하는 사람들이 호텔에서 편안한 휴식을 취하는 데 전혀 불편함이 없도록 갖춰져 있다. 호텔 입구 주변에서 리안李安 감독의 사진을 발견할 수 있는데, 리안 감독의 영화 〈파이 이야기〉를 컨딩에서 촬영할 때 영화 관계자들이 이 호텔에서 묵었다.

屛東縣 恒春鎮 萬里路 27-8號 ☎ 08-886-9999#2 www.yohobikehotel.com.tw 슈피리어 룸 NT$1,200~ 헝춘 버스 터미널(恒春轉運站)에서 컨딩 셔틀(墾丁街車) 오렌지 라인(橘線) 버스를 타고 종점 요호 바이크 호텔 하차. 1시간 50분 소요.(택시 이용 시 15분)

866 빌라 866 Villa

MAPECODE 17609

컨딩의 아름다운 풍경과 여유로움은 숙소의 개념을 바꿔 놓았다. 866 빌라는 객실 한 개를 빌리는 것이 아니라 한 채의 집을 빌려 휴식을 취할 수 있는 숙소다. 숙소 바로 앞이 유명한 명소라 굳이 멀리 떠나지 않아도 좋다. 지중해풍의 시원한 인테리어가 컨딩 여행을 더욱 오래 기억하게 해 준다.

屛東縣 恒春鎮 船帆路 866號 ☎ 0975-870-758, 08-885-1679 www.866villa.com 독채 NT$23,800 헝춘 버스 터미널(恒春轉運站)에서 컨딩 셔틀(墾丁街車) 오렌지 라인(橘線)을 타고 선범석(船帆石) 하차. 소요 시간 35분. (택시 이용 시 8분.)

사사의 라무르

MAPECODE 17610

SASAのL'AMOUR 莎莎の拉夢 구사사더 라멍

두 자매가 운영하는 숙소이다. 객실 내 인테리어는 자매가 직접 그리고 만들어 꾸민 것으로, 아기자기함이 돋보인다. 컨딩 숙소는 대부분 유럽의 분위기를 재현하고 있지만 이곳은 두 자매의 밝은 미소와 깔끔함으로 승부를 하고 있다.

屛東縣 恒春鎮 船帆路 840號 ☎ 08-885-1718 www.ssnlm.com 더블 룸 NT$1,900~ 헝춘 버스 터미널(恒春轉運站)에서 컨딩 셔틀(墾丁街車) 오렌지 라인(橘線)을 타고 선범석(船帆石) 하차. 35분 소요.(택시 이용 시 8분)

레드 가든 리조트

MAPECODE 17611

Red Garden Resort 花園紅了 화위안 훙러

줄리아 로버츠가 출연한 영화 〈먹고 사랑하고 기도하라〉의 이미지를 재현한 숙소로 타인으로부터 방해받지 않고 온전히 휴식할 수 있도록 준비된 곳이다. 객실에서 바다 소리를 들을 수 있으며 밤에는 달빛을 느낄 수 있는 낭만적인 공간이다.

屛東縣 恒春鎮 船帆路 846巷18號 ☎ 08-8851001, 08-8851011 www.redgarden.idv.tw 더블 룸 NT$1,200~ 헝춘 버스 터미널(恒春轉運站)에서 컨딩 셔틀(墾丁街車) 오렌지 라인(橘線) 버스를 타고 선범석(船帆石) 하차. 35분 소요.(택시 이용 시 8분)

타이완 동부

아름다운 자연과 원주민 문화가 있는 곳

타이완 고유의 원주민 문화를 만나보고 싶다면 타이완 동쪽을 따라 가는 동부 여행을 권한다. 동부 지역은 중앙 산맥과 높은 산들로 인해 다른 타이완 지역과 고립되어 있어 인구가 적고 공해도 없으며 천연 그대로의 아름다운 자연이 잘 보존되어 있다. 그러나 타이완을 여행하려는 한국인들에게는 익숙하지 않은 낯선 지역으로, 여행 정보가 턱없이 부족해 선뜻 나서기는 망설여지는 게 사실이다.

해안선을 따라 화롄花蓮과 타이둥台東을 잇는 화동 해안 도로花東海岸公路를 여행하게 되면 박력 넘치도록 깎아지른 대리석 계곡과 수심 5,000m의 태평양 바

다가 시간마다 색을 바꾸는 절경을 만날 수 있다. 북두칠성이 잘 보이는 바닷가에서 자전거 하이킹을 하다가, 마을에 들러 천천히 돌아보기도 하고, 해가 지면 들뜬 야시장 분위기 때문에 잠 못 이루기도 할 것이다. 과일의 천국 타이둥에서는 인정만큼이나 달콤한 과일을 맛보고, 맑은 온천수로 유명한 즈번 온천에서는 몸과 마음을 따뜻하게 해 주는 온천욕으로 여행의 피로를 씻어 낼 수 있을 것이다.

타이완 동부를 여행하다 보면 어느새 아름다운 자연 환경과 원주민의 다채로운 문화, 편안한 사람들의 인정에 푹 빠지게 되어 꼭 다시 가고 싶은 곳으로 오래도록 기억하게 된다. 타이완 동부 지역으로 여행을 할 때 반드시 챙겨가야 할 것은 마음의 여유이다. 그리고 동부 지역을 여행한 후에 얻게 되는 것도 역시 마음의 여유가 가져다주는 행복이다.

이란
宜蘭

산, 평야, 온천, 바다 풍경을 두루 만끽하다

이란은 타이완의 동북쪽에 위치한 지역으로, 비옥한 란양 평야 蘭陽平野를 중심으로 농업이 발전되었고 맑은 날씨보다 비가 오는 날이 많은 편이다. 이란은 산으로 겹겹이 둘러싸여 있어 다른 지역에 비해 발전이 늦어졌지만 최근 타이베이와 이란을 잇는 고속도로가 개통되면서 점점 많은 사람들이 이란을 찾아와 활기찬 도시로 변모하고 있다.

이란에서는 폭포, 산림, 호수가 잘 어우러진 높고 깊은 타이핑산 太平山의 아름다운 경관을 감상할 수 있으며 뤄둥羅東 지역에서는 드넓게 펼쳐진 평야에서 물결치는 농작물을 볼 수 있다. 또한 온천 지역으로 자오시礁溪가 있으며 동쪽으로는 푸른 태평양이 펼쳐져 있어, 산과 들판, 온천과 바다 풍경을 두루 만끽할 수 있다.

information 행정 구역 宜蘭縣 국번 03 홈페이지 www.ilancity.gov.tw

이란

기차

타이베이 기차역台北火車站에서 화롄花蓮 행 자강호自强號 열차를 타고 이란 기차역宜蘭火車站에서 하차한다. 약 1시간 30분 소요되며 요금은 NT$ 218이다.

버스

이란은 기차보다는 버스를 이용하는 편이 더욱 빠르고 쉽게 갈 수 있다. 최근 북이 고속도로北宜高速公路가 개통되어 타이베이에서 이란의 어느 곳이든 약 1시간이면 도착할 수 있게 되었다. 직통 버스와 경유 버스가 있으니 타기 전에 확인하자.

타이베이 버스 터미널 台北轉運站	• 1916번 : 이란宜蘭 버스 터미널로 가는 직통 버스. 약 70분 소요, 요금은 NT$129. • 1915번 : 자오시礁溪, 이란宜蘭, 뤄둥羅東을 경유하는 버스. 자오시까지는 약 50~60분 소요, 요금은 NT$ 104. • 1917번 : 뤄둥羅東 버스 터미널로 가는 직통 버스. 약 70분 소요, 요금은 NT$135. 이란까지는 약 70분 소요, 요금은 NT$ 129. 홈페이지 카발란 객운(葛瑪蘭客運) 버스 시간표 www.kamalan.com.tw/run_5.php
타이베이 시정부 터미널 台北市府轉運站	• 1517번 : 이란행 수도 객운首都客運 버스로, 약 1시간 40분 소요, 요금은 NT$120.

이란 시내버스는 매일 06：00~21：00, 30~40분 간격으로 운행하며 요금은 NT$15이다. 이란 택시의 기본 요금은 NT$120이다.

Best Tour

이란 하루 코스

지미 테마 공원 幾米主題公園 —버스 40분→ **국립 전통 예술 센터** 國立傳統藝術中心 —버스 30분→ **난양 박물관** 蘭陽博物館

MAPECODE 17701

지미 테마 공원
幾米主題公園 지미 주티 궁위안

지미의 동화를 모티프로 한 공원

타이완의 대표 동화 작가이자 일러스트 작가인 지미幾米의 작품을 주제로 한 공원으로, 2013년 6월에 이란 기차역 근처에 문을 열었다. 이 공원은 그의 수많은 작품 중에서 〈왼쪽으로 가는 여자 오른쪽으로 가는 남자向左走, 向右走〉, 〈별이 빛나는 밤星空〉 두 작품을 모티프로 한 여행을 보여 주고 있다. 두 작품은 모두 한국에 책과 영화로 소개된 바 있으며, 우리나라뿐 아니라 전 세계에서도 호평을 받고 있다. 단순한 그림과 스토리이지만 큰 울림을 주는 그의 작품은 지금도 영화, 연극, 뮤지컬의 소재가 되고 있다. 그의 동화 속에 나오는 일러스트는 다양한 종류의 팬시 제품으로 만들어져 이란 기차역에서 판매하고 있다.

宜蘭縣 宜蘭市 和睦里 光復路 1號 ☎ 03-931-2152 이란 기차역(宜蘭火車站)에서 도보 5분.

MAPECODE 17702

이란 설치 기념관
宜蘭設治記念館 이란 서즈 지녠관

고택에서의 차 한 잔

이란 설치 기념관宜蘭設治紀念館은 1906년에 지어진 건물로 이란 지역의 가장 높은 관리였던 이란청장이 머물던 관저였다. 일본과 서양의 건축 양식이 혼합된 형태이며, 부지가 약 800평으로 작지 않은 규모이다. 정원에 있는 백 년 넘은 노송이 건물의 역사를 말해 주고 있다. 이곳에는 여러 채의 가옥이 있는데 2001년부터 이 공간들을 활용해 이란 문학관宜蘭文學館과 갤러리, 음식점, 찻집으로 운영하고 있다.

宜蘭市 舊城南 路力行 3巷 3號 ☎ 03-932-6664 memorial.e-land.gov.tw 09:00~17:00(월요일, 매월 말일 휴무) NT$30 이란 기차역(宜蘭火車站)에서 도보 12분.

MAPECODE 17703

타이완 희극관
台灣戲劇館 타이완 시쥐관

타이완 전통 희극에 대한 모든 것

타이완 희극관台灣戲劇館은 타이완에서 첫 번째로 지어진 공립 지방 희극 박물관이며 문건회文建會(우리나라로 치면 문화체육관광부)에서 주관해서 만든 지방 문화관 중 하나이다. 이란은 타이완을 대표하는 전통극 '가자희歌仔戲'의 발상지이다. 그래서 이곳은 처음에 가자희의 특색을 알리기 위한 박물관으로 설립되어 명칭도 '가자희 자료관歌仔戲資料館'이었다. 하지만 나중에는 인형극까지 전시 범위를 확대하면서, '타이완 희극관'으로 이름을 바꾸었다.
제1전시관은 북관 희곡 문물전北管戲曲文物展, 제2전시관은 리이무李宜穆 선생의 나무 인형 예술전木偶藝術展, 제3전람관은 가자희 사료 문물전歌仔戲史料文物展으로 이루어져 있으며 그 밖에 시청각 도서관과 동영상실이 있다.

宜蘭縣 宜蘭市 復興路 二段 101號 ☎ 03-932 2440 #520, #530 09:00~12:00, 13:00~17:00 (월요일, 매월 말일 휴무) 이란 기차역(宜蘭火車站)에서 푸싱루(復興路) 방향으로 도보 20분.

MAPECODE 17704

아전 제과 공장
亞典菓子工場 야덴 궈쯔 궁창

고소한 빵 공장 체험

이란에서 맛있는 빵을 물어보면 대부분 커다란 나사 모양의 나이테 케이크年輪蛋糕 녠룬 단가오를 추천한다. 나이테 케이크를 만드는 아전 과자 공장을 방문하면 유리 칸막이 안에서 맛있는 케이크와 카스텔라를 만드는 과정을 볼 수 있다. 또한 제빵에 관심이 있는 사람들은 DIY 신청을 통해 빵 만들기를 체험해 볼 수도 있다. DIY 비용은 1인당 NT$150으로 현장에서의 신청은 불가능하며 사전 예약이 필수이다.
방금 만들어져 나오는 다양한 제품을 구입할 수 있고 그 자리에서 먹을 수 있는 카페도 마련되어 있다. 이란으로 가는 길목에 위치한 이 제과 공장은 고소한 빵맛으로 많은 사람들의 발길을 모으고 있다.

宜蘭市 梅洲二路 122號 ☎ 03-928-6777 www.rden.com.tw 09:30~18:00 이란 기차역(宜蘭火車站)에서 택시로 30분.

★톡톡★ 타이완 이야기

이란의 원시림, 타이핑산太平山

산 전체가 거대한 원시림인 타이핑산은 타이완의 3대 삼림 지대 중 하나이다. 해발이 높은 까닭에 타이핑산 일대는 일 년 내내 서늘한 고산 기후를 보인다. 타이핑산 내에는 고산 호수 추이펑후翠峰湖가 있고 목재 운반용 산림 철도의 흔적이 남아 있으며 인택 온천仁澤溫泉이 묵은 피로를 풀어 준다. 나무가 울창한 숲을 이룬 삼림은 고도가 높아 안개가 자주 끼며, 붉게 물들이며 솟아 오르는 일출이 장관이다.

MAPECODE 17705

전산 마을 왕룽피
枕山村望龍埤 전산춘 왕룽피

▶ 드라마 〈다음 역은 행복〉의 촬영지

왕룽피 지역은 야생화가 가득 핀 꽃 마을로 주변 경관이 고스란히 맑은 호수에 비치는 작고 아름다운 마을이다. 타이완 드라마 〈꽃보다 남자〉의 우젠하오吳建豪가 출연한 드라마 〈다음 역은 행복下一站, 幸福〉의 배경이 되어 더욱 유명해졌다. 이곳에는 분위기 좋은 카페와 화덕으로 구워 내는 피자 가게와 식당이 있으며 금귤이 특산품인 지역이다.

⌂ 宜蘭縣 員山鄉 坡城路 18-6號 🚍 이란 기차역(宜蘭火車站)에서 택시로 30분.

MAPECODE 17706

금차 카발란 위스키 양조장
金車葛瑪蘭威士忌酒廠 진처 거마란 웨이스지 주창

▶ 세계가 인정한 위스키를 만드는 양조장

위스키 하면 많은 사람들이 스코틀랜드를 먼저 떠올리겠지만 이란의 위안산員山 지역에도 우수한 품질의 위스키를 만드는 '금차 카발란 위스키 양조장'이 있다. 세계 위스키 대회에서 수차례 대상을 수상해 품질의 우수성을 인정받았고 세계적으로 널리 알려지게 되었다. 이곳의 위스키는 타이완의 중앙 산맥과 설산 산맥의 청정한 물을 사용하여 스코틀랜드인 양조 전문가가 만들고 있다. 양조장은 1996년 설립되어 짧은 역사를 가지고 있지만 품질만은 세계에 명성을 떨치고 있다. 위스키 전시장 옆 건물에는 타이완 유명 커피 브랜드 '미스터 브라운 커피Mr. Brown 伯朗咖啡'를 무료로 시음할 수 있는 전시장도 같이 마련되어 있다.

⌂ 宜蘭縣 員山鄉 員山路 2段 326號 ☎ 03-9229-000 # 1105 ⓘ www.kavalanwhisky.com ✔ 평일 09:00~18:00, 주말 09:00~19:00 🚍 이란 기차역(宜蘭火車站)에서 택시로 30분.

MAPECODE 17707

뤄둥 임업 문화 단지
羅東林業文化園區 뤄둥 린예 원화 위안취

▶ 도시 속 시크릿 가든

뤄둥羅東은 1982년 타이핑산太平山의 벌목업이 종료될 때까지 타이완에서 중요한 노송나무 집산지였다. 그래서 타이핑산太平山의 임업은 뤄둥의 발전과 뗄 수 없는 밀접한 관계를 가지고 있다. 지금의 뤄둥 임업 문화 단지가 자리한 곳은 이란 지역의 임업 역사에서 매우 중요한 역할을 했던 곳으로 뤄둥 사람들에게는 임업의 추억을 담고 있는 장소이다. 그래서 산림청은 임업 문화를 보존하고 새로운 생명을 부여하기 위해 2004년부터 이곳을 정비하여 2009년 6월에 정식 오픈을 했다. 이제 도시 속 '시크릿 가든'이라 불리게 된 이곳은 전체 면적이 20ha에 이르며 내부에는 목재를 날랐던 목재 운반용 산림 철로 위에 증기 기관차가 전시되어 있고 나무 관련 일을 처리하던 관리 사무실과 연못, 숲의 철도, 나무 길 등의 시설이 있다.

⌂ 宜蘭縣 羅東鎮 中正北路 118號 ☎ 03-954-5114 ✔ 08:00~17:00(설 연휴 첫날, 둘째 날 휴무) 🚍 뤄둥 기차역(羅東火車站)에서 도보 15분.

MAPECODE 17708

뤄둥 야시장 羅東夜市 뤄둥 예스

이란에서 가장 번화한 지역

뤄둥에 야시장이 생기면서 주변 상권이 점점 발전하여 이란에서 가장 크고 번화한 지역이 되었다. 뤄둥 야시장에 오면 타이완의 특색 있는 음식을 맛볼 수 있을 뿐 아니라 옷, 신발 등 잡화도 저렴하게 살 수 있다. 이란 인근 지역뿐 아니라 전국적으로 인기 있는 야시장으로, 이곳에서 한 끼 식사를 하기 위해 전국 각지에서 찾아오기 때문에 항상 많은 사람으로 북적인다. 특히 밤이 되면 더욱 활기를 띤다. 이곳에서 파는 음식 중에 이란 파전 宜蘭蔥餅 이란 충빙, 오리 혀 요리鴨賞 야상, 짭짤한 루웨이鹹滷 셴루 등이 유명하며, 가장 인기 있는 식당은 '육갱번肉羹番 러우겅판'이라는 곳이다. 이 식당에는 고기말이 튀김炸肉捲 자러우쥐안, 고기 완자탕 肉羹 러우겅 등의 메뉴가 있는데, 총통이 국빈과 함께 하는 식사에도 나올 정도로 유명하다. 최근 북이 고속도로北宜高速公路가 개통되면서 더욱 많은 사람들이 뤄둥 야시장을 찾고 있어 인근에 호텔 등의 숙소가 점점 많아지는 추세다.

宜蘭縣 羅東鎮 民生路, 民權路, 公園路, 興東路 ☎ 03-925-1000 18:00 ~24:00 뤄둥 기차역(羅東火車站)에서 도보 3분.

MAPECODE 17709

국립 전통 예술 센터 國立傳統藝術中心 궈리 촨퉁 이수 중신

대규모 예술 센터

국립 전통 예술 센터는 규모가 큰 문화 단지로, 내부에는 사원, 야외 공연 무대, 전시관과 희극관 등의 시설이 있다. 전시관展示館에는 문화, 예술 및 역사적 가치를 지닌 전통 공예품이 소장되어 있어 타이완 공예의 아름다움을 엿볼 수 있다. 희극관戲劇館은 예술 센터 중심부의 건물들 사이에 위치한 극장으로, 400명의 관중을 수용할 수 있으며 일류 극단을 초청하여 공연을 올리고 있다. 국립 전통 예술 센터를 제대로 돌아보려면 우선 입구에 들어서면 처음으로 만나게 되는 중앙 홀 안내 데스크에 들려서 정보를 얻는 것이 좋다.

느긋한 여행이라면 국립 전통 예술 센터에 있는 부둣가에서 자전거를 대여하거나 수상 버스를 타고 강변을 돌아보는 것도 좋다. 수상 버스는 친수공원親水公園까지 운행된다. 국립 전통 예술 센터는 관람 시설뿐만 아니라 떠나기 아쉬운 관람객을 위한 숙박 시설도 마련되어 있다.

宜蘭縣 五結鄉 季新村 5濱路 2段 201號 ☎ 03-950-7711 www.ncfta.gov.tw 09:00~18:00 / 전시관 월 12:00~18:00, 화~금 09:00~18:00 / 도서관 월 12:30~17:00, 화~금 09:00~17:00 / 수상 버스 09:00~17:00 NT$150 뤄둥 기차역(羅東火車站)에서 261, 241번 버스를 타고 국립 전통 예술 센터 하차. 택시를 탈 경우에는 약 15분 소요.

국립 전통 예술 센터

MAPECODE 17710

둥산허 친수 공원

冬山河親水公園 둥산허 친수이 궁위안

도심 속 공원 산책

이란 시내를 가로질러 흐르는 둥산허冬山河 주변의 친수 공원親水公園이 새롭게 정비되어, 물과 녹지를 결합시킨 강변 공원으로 선보이고 있다. 푸르른 잔디 위로는 산책 나온 사람들이 한가롭게 걸어다니고 강 위로는 요트를 연습하는 학생들을 항상 볼 수 있다. 단오절에는 이란 지역 사람들이 모두 참여하는 드래곤 보트龍船 대회를 이곳에서 개최한다.

宜蘭縣 五結鄉 協和路 20-36號 ☎ 03-950-2097 www.goilan.com.tw/dsriver 여름 07:00~20:00, 겨울 08:00~20:00 모터보트 이용료 NT$50(기본) 뤄둥 기차역 후문(羅東後火車站)에서 241, 261번 버스를 타고 둥산허 친수 공원(冬山河親水公園) 하차, 20분 소요.

MAPECODE 17711

난양 박물관 蘭陽博物館 란양 보우관

마치 땅에서 솟아오른 듯 보이는 박물관

난양 박물관이 있는 위치는 청나라 때 오석항烏石港이라는 항구가 있었던 곳이다. 당시에는 항구가 물자를 실어 나르는 배들로 가득했으며 이곳을 통해 이란 주민들이 물자를 공급받고 외부로부터 문화를 받아들이는 물류와 문화 교류의 중심 역할을 했다. 그러나 19세기 말 커다란 홍수가 이란의 지형을 바꾸었고 오석항도 이 때문에 항구 바닥에 토사가 쌓여 쇠퇴의 길을 겪게 되었다. 배들이 드나들지 않게 된 항구는 그 후 물고기, 새, 곤충, 그리고 짐승들의 놀이터가 되었다. 이곳의 생태를 보존하면서 이란의 인문과 역사를 계승하고 새로운 이란 문화의 이정표를 시작하는 난양 박

난양 박물관

물관이 세워졌다.

건축가 야오런시姚仁喜는 이란의 동북쪽 바닷가에서 볼 수 있는 절벽에서 모티프를 따서 거대한 바위를 연상하는 건축물을 완성했다. 멀리서 보면 마치 큰 바위가 물 위에 있는 듯 보이지만 가까이 가면 건축물이 마치 땅에서 솟아오른 듯 보여 건물이 자연과 호흡하는 느낌이다. 내부 전시 공간은 총 총 4층으로 이루어져 있는데, 서전序展, 산의 층山之層, 평원의 층平原層, 바다의 층海之層, 시광 회랑時光廊으로 구분되며 이란의 지리 환경과 역사를 소개하고 있다.

宜蘭縣 頭城鎮 青雲路 3段 750號 ☎ 03-977-9700 www.lym.gov.tw 09:00~17:00(수요일, 설 연휴 첫날. 둘째 날 휴관) NT$100 자오시 기차역(礁溪火車站)에서 터우청(頭城) 또는 난팡아오루셴(南方澳路線) 방향의 국광 객운(國光客運) 버스를 타고 터우청(頭城) 하차 후 도보 10분. / 자오시(礁溪) 정류장에서 131번 이란 경호행(宜蘭勁好行) 버스로 약 15분 소요. / 터우청 기차역(頭城火車站)에서 도보 20분, 또는 택시로 3분(기본 요금 NT$120), 또는 터우청 현 무료 셔틀버스(頭城鎮免費接駁巴士) 이용.

Eating

채근향 면죽집

MAPECODE 17712

菜根香麵粥舖 차이건샹 미엔저우푸

이란 현지인들이 즐겨 먹는 음식을 먹어 보고 싶다고 하면 누구나 채근향 면죽집을 추천한다. 이 식당에 들어가면 제일 먼저 눈에 들어오는 것이 길게 줄지어 있는 반찬 그릇들이다. 그 종류가 무려 60가지가 넘는다. 반찬의 수가 다른 곳과 비교할 수 없을 만큼 많다는 것 외에도 이란에서만 먹을 수 있는 음식들이라는 것이 특징이다. 이란에서 가장 맛있다는 음식은 모두 여기에 있다고 해도 과언이 아니다. 그에 비해 음식 가격은 아주 저렴해서 늘 손님들로 넘쳐나는 이란 최고의 맛집이다.

宜蘭縣 羅東鎮 天津路 22號 ☎ 03-956-6780 11:00~14:00, 17:00~20:30 (월요일 휴무) 죽 NT$100~ 뤄둥 기차역 후문(羅東後火車站)에서 도보로 약 15분.

Sleeping

수평선 위 상상의 섬

MAPECODE 17713

浮線發想之島 푸셴파샹즈다오

여행 중 뜻밖의 멋진 건물에서 숙박할 수 있다면 성공적인 여행이라고 해도 과언이 아니다. 이란에는 한 건축가가 자신의 꿈을 실현시켜 지은 펜션이 있다. 바로 물 위에 떠 있는 상상의 섬이다. 실내 공간은 25평 크기에 방 2개가 있고 베란다와 실외 수영장이 있다. 룸에는 37~42인치의 TV가 있으며 아침, 점심, 저녁, 차까지 모두 숙박비에 포함되어 있고 주스, 수제 쿠키, 과일 등의 간식은 무제한 먹을 수 있다. 또한 섬을 연상시키는 이 숙소에서는 낚시도 즐길 수 있다.

宜蘭縣 五結鄉 五結路1段 376巷 2號 ☎ 039-501580 www.neverland.com.tw 투룸 독채 NT$3,000~ 뤄둥 기차역 후문(羅東後火車站)에서 1791번 버스를 타고 다중차오(大眾橋) 하차.

자오시
礁溪

몸과 마음을 따뜻하게 해 주는 온천 도시

온천 관광 특구 자오시는 타이완 동북부 지역의 소도시이다. 자오시에는 특별한 온천수와 깔끔한 시설의 온천 호텔이 있어 많은 관광객이 몰려든다. 타이완에서는 흔히 볼 수 없는 탄산수소 나트륨천으로 수온이 55도의 저온이다. 수질이 맑고 깨끗하며 목욕을 하다가 눈이나 입에 들어가도 문제가 없는 음용이 가능한 온천수이다. 온천 시설은 자오시 기차역 주변 중산루中山路, 자오시루礁溪路, 더양루德陽路 쪽으로 즐비하게 들어서 있는데 대부분 최신식 시설과 다양한 테라피 스파 등을 갖추고 있어 온천 도시라는 명칭에 손색이 없다. 또한 자오시 온천수로 경작한 채소나 쌀, 화초 등의 특산품도 유명하며 이러한 식재료로 만든 맛깔스러운 음식들은 온천 미식으로 각광받고 있다.

information 행정 구역 宜蘭縣 礁溪鄉 국번 03 홈페이지 jiaosi.e-land.gov.tw

가는 방법

기차

타이베이 기차역台北火車站에서 화롄花蓮행 자강호自强號 열차를 타고 자오시 기차역礁溪火車站에 하차한다. 약 1시간 30분 소요되며 요금은 NT$218이다.

버스

타이베이 버스 터미널台北轉運站에서 카발란 객운葛瑪蘭客運 1915번 버스를 타고 카발란 객운 자오시 터미널에 하차한다. 약 50~60분 소요되며 비용은 NT$ 104이다.

홈페이지 카발란 객운(葛瑪蘭客運) 버스 시간표 www.kamalan.com.tw/run_5.php

시내 교통

자오시 시내는 그리 크지 않아 대부분 도보로 이동이 가능하다. 버스 요금은 NT$15이며 택시 기본요금은 NT$120이다.

MAPECODE 17714

탕웨이거우 온천 공원

湯圍溝溫泉公園 탕웨이거우 원취안 궁위안

여행의 멋을 느끼게 해 주는 곳

자오시 기차역에서 내리면 기대 이상으로 번화한 거리를 만나게 된다. 거리 곳곳에는 각종 음식점과 온천 호텔이 줄을 이어 있다. 런아이루仁愛路를 걸어가다 보면 특별히 사람들이 많이 모여 있는 곳이 있는데 바로 그곳이 탕웨이거우 온천 공원湯圍溝溫泉公園이다. 온천 공원에는 누구나 무료로 온천물에 발을 담글 수 있도록 해 놓았고, 다른 한쪽에서는 돈을 내고 닥터피시 체험을 할 수도 있다. 닥터피시는 피부 질환과 신경통, 근육통에 효과가 있다고 하는데, 따뜻한 온천물에서 유유히 돌아다니는 작고 귀여운 물고기들이 발과 발 사이를 돌아다니며 간지럽히는 기분은 이곳에서만 경험할 수 있는 즐거움이다.

공원 안쪽에서는 밤마다 파티 분위기가 연출된다. 대단한 춤꾼들이 밤새 현란한 춤판을 벌이는 광경은 여행지의 멋을 더해 준다. 공원 근처에는 편하게 즐길 수 있는 음식점들이 있고 조용히 사색할 수 있는 카페도 있다.

宜蘭縣 礁溪鄉 德陽路 99-11號 ☎ 03-987-4882 일~목 06:30~22:00, 금~토 06:30~23:00 자오시 기차역(礁溪火車站)에서 원취안루(溫泉路)를 따라 도보 5분 소요.

★톡톡★ 타이완 이야기

자오시 온천의 특징

자오시 온천은 탄산수소나트륨천으로 깨끗하고 냄새가 안 난다. pH는 7 정도이며 온도는 약 55도로, 씻은 후에는 피부가 부드럽고 끈적이지 않는다. 온천수에는 나트륨, 마그네슘, 칼슘, 칼륨, 탄산 등이 풍부하며 몸에 물을 적시거나 목욕을 하면 몸에 좋다. 그래서 자오시 온천을 최고의 온천수라고 한다. 오랫동안 사용하면 미백 효과가 있고 혈액 순환이 좋아질 뿐 아니라 여드름 흉터도 개선되기 때문에 미인탕이라고도 부른다.

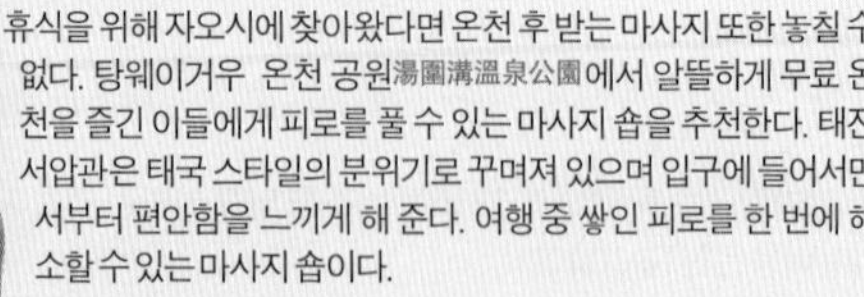

여행의 피로를 씻어 내는 마사지

Travel Tip

★ 태잔 서압관 泰棧舒壓館 타이잔 수야관

휴식을 위해 자오시에 찾아왔다면 온천 후 받는 마사지 또한 놓칠 수 없다. 탕웨이거우 온천 공원湯圍溝溫泉公園에서 알뜰하게 무료 온천을 즐긴 이들에게 피로를 풀 수 있는 마사지 숍을 추천한다. 태잔 서압관은 태국 스타일의 분위기로 꾸며져 있으며 입구에 들어서면서부터 편안함을 느끼게 해 준다. 여행 중 쌓인 피로를 한 번에 해소할 수 있는 마사지 숍이다.

宜蘭縣 礁溪鄉 礁溪路 5段 45號 ☎ 03-988-2885 11:00~다음날 02:00 www.039882885.com 자오시 기차역(礁溪火車站)에서 온천 공원을 지나 도보 7분.

Eating

가씨 총유병

MAPECODE 17715

柯氏蔥油餅 커스 충유빙

자오시를 포함한 이란宜蘭 지역의 비옥한 란양 평야蘭陽平野에서 가장 유명한 농작물은 파다. 타이완 전국 야시장에 가면 어디서나 '이란 총병宜蘭蔥餅 이란 충빙'이라는 간식을 볼 수 있는데 그 원조가 바로 이란 지역의 총유병이다. 파를 아주 곱게 다져 반죽에 넣고 호떡 모양으로 빚은 다음 기름을 두르고 부쳐 내는 음식이다. 온천수로 길러 낸 이란의 파는 맵지 않고 상큼한 맛으로 부침 요리의 느끼함을 없애 준다.

宜蘭縣 礁溪鄉 4段 128巷 ☎ 097-215-8603 평일 09:00~18:30, 주말 09:00~18:00 (준비된 재료가 떨어질 때까지) 계란이 들어간 총유병 NT$30, 계란이 안 들어간 총유병 NT$25 자오시 기차역(礁溪火車站)에서 도보 14분, 자오시 초등학교(礁溪國小) 앞에 있다.

오기 땅콩 롤 아이스크림

MAPECODE 17716

吳記花生捲冰淇淋 우지 화성쥐안 빙치린

타이완에서만 볼 수 있는 특별한 아이스크림이 바로 땅콩 롤 아이스크림花生捲冰淇淋이다. 땅콩 롤 아이스크림은 아이스크림 두 스쿱에 커다란 땅콩 강정을 대패로 밀어 만든 땅콩 가루를 듬뿍 뿌려 밀전병으로 싸 먹는 것으로, 맛이 고소하고 시원해서 한 번 맛보면 다시 찾게 된다. 자오시 초등학교 앞에는 총유병과 땅콩 롤 아이스크림 등 여러 가지 음식을 파는 맛집들이 즐비하므로 들러서 자오시의 맛을 느껴 보자.

宜蘭縣 礁溪鄉 4段 128巷 ☎ 0919-214-781 10:30~18:00(준비된 재료가 떨어질 때까지) NT$ 35 자오시 기차역(礁溪火車站)에서 도보 14분, 자오시 초등학교(礁溪國小) 앞에 있다.

혁순헌 奕順軒 이순쉬안

MAPECODE 17717

우설병牛舌餅 뉴서빙은 과자 모양이 소의 혀와 같다고 해서 붙여진 이름으로 이란 지역의 우설병이 가장 유명하다. 루강鹿港 지역에도 모양이 같은 우설병이 있지만, 이란의 우설병은 루강 우설병에 비해 두께가 매우 얇은 것이 특징으로 식감이 바삭해 인기가 좋다. 이란에 왔다면 누구나 구입하는 특산품이다.

宜蘭縣 礁溪鄉 礁溪路 5段 96號 ☎ 03-987-6336 10:00~22:30 www.pon.com.tw 4개 NT$140 자오시 기차역(礁溪火車站)에서 직진 후 자오시루(礁溪路) 3단(段)에서 좌회전하여 도보 3분.

Sleeping

관샹 센추리 호텔

Guan Xiang Century
冠翔世紀溫泉會館 관샹 스지 원취안 후이관

MAPECODE 17718

관샹 센추리 호텔은 80개의 온천 객실에 58도의 온천수를 공급하고 있어 숙소 안에서 편안하게 온천을 즐기며 휴식할 수 있다. 객실 밖에는 400평의 온천 부대시설을 갖추고 있으며 다양한 테라피 스파 시설을 이용할 수 있고 넓은 레스토랑에서는 자오시의 독특한 음식들이 제공되고 있다. 그 밖에 회의를 할 수 있는 대형 룸과 비즈니스 센터 등을 갖추고 있어 자오시 온천 지역에서 제일 인기 있는 온천 호텔이다.

宜蘭縣 礁溪鄉 仁愛路 66巷 6號 ☎ 03-987-5599 www.hotspring-hotel.com.tw NT$6,600~ 자오시 기차역(礁溪火車站)에서 직진 후 런아이루(仁愛路)에서 좌회전하면 호텔 건물이 보인다. 도보 10분.

화렌
花蓮

원주민이 만드는 다채로운 색과 리듬이 있는 곳

화렌 북쪽으로는 쑤아오蘇澳로 가는 고속도로가 있고, 서쪽에는 타이중台中에서 시작해 타이루거太魯閣 협곡을 통과하는 중횡 도로中橫公路가 있으며, 동쪽으로는 동부 해안 국립 관광지가 있어 동부 관광의 요충지다. 특히 타이루거 협곡으로 갈 때 반드시 지나야 하는 베이스캠프 같은 곳이어서 많은 관광객들이 찾는 도시이다. 인구는 약 11만 명으로 적은 편이지만 타이완에서 가장 큰 면적의 현이다. 화렌에는 거의 8천여 명에 달하는 원주민이 살고 있는데 대부분이 아미족阿美族으로, 원주민들의 다채로운 춤과 노래 공연이 유명하다. 길이 20km, 높이 3,000m에 이르는 대리석 협곡과 당장이라도 물개가 올라올 듯한 태평양이 반기는 해안선을 따라 자전거를 타고 여행하기 좋은 지역이다.

information 행정 구역 花蓮縣 국번 03 홈페이지 www.hl.gov.tw

화렌

화롄 현 체육 고등학교 花蓮縣立體育實驗高中
치싱탄 七星潭
화롄 고등 공업 학교 花蓮高工
파크뷰 호텔 花蓮美侖大飯店
명롄 초등학교 明廉國小
자제 대학 慈濟大學
황징가 일식 돼지갈비 荒井家日式豬排
화롄 향성 호텔 花蓮香城大飯店
몽전 신상 전원 민박 夢田信箱田園民宿
화롄 역 花蓮火車站
메이룬산 美崙山
화롄 한품 호텔 花蓮翰品酒店
메이룬산 공원 美崙山公園
기독교 문낙회 병원 基督教門諾會醫院
쯔창 야시장 自強夜市
낭만 화원 浪漫花園
화롄 고등 농업 학교 花蓮高農
찰단 총유병 炸蛋蔥油餅
송위엔비에관 松園別館
메이룬 해변 공원 美崙海濱公園
굿데이 이탈리안 레스토랑 GOODDAY義大利坊
메이룬시 美崙溪
화롄 여중 花蓮女中
회목거 민박 檜木居民宿
티라미스 케이크 提拉米蘇精緻蛋糕
궁정제 만두 公正街包子店
중화루 中華路
정안루 미식관 鼎晏樓美食館
묘구 홍차 廟口紅茶
의창 초등학교 宜昌國小
덕안 화롄 공원 德安運動公園
지안 역 吉安火車站
남빈 공원 南濱公園
아미 문화촌 阿美文化村

가는 방법

비행기

타이베이 쑹산 공항松山機場에서 비행기를 타고 화롄 공항花蓮航空站까지 35분 소요되며 요금은 약 NT$4,000이다. 공항에서 화롄 여객 버스나 택시를 타고 시내까지 약 20분 걸린다.

홈페이지 쑹산 공항 www.tsa.gov.tw, 화롄 공항 www.hulairport.gov.tw

기차

타이베이 기차역台北火車站에서 자강호自強號 열차를 타고 화롄 기차역花蓮火車站까지 약 2시간 소요되며, 요금은 NT$440이다. 거광호莒光號 열차를 탈 경우는 약 3시간 소요되며 요금은 NT$340이다. 승차권은 3일 전부터 판매하며 화롄으로 가는 기차는 인기 노선이라 매진되는 경우가 많으니 미리 왕복 승차권을 구매하는 것이 좋다.

홈페이지 타이완 철도 www.railway.gov.tw

택시

화롄 시내 택시 기본 요금은 NT$100이며 택시 문의 전화는 8000-46046, 3846-0000이다.

자동차 렌트

화롄에서 타이루거까지 여행을 할 때 자동차 렌트를 원한다면 홈페이지(www.car-plus.com.tw)에서 차종과 가격을 살펴본 후, 전화(0800-222-568)로 예약할 수 있다.

오토바이 렌트

공항과 기차역 맞은편에서 렌트할 수 있다. 문의 전화는 03-835-4888이며 전화하기 전에 홈페이지(www.ponyrent.com.tw)를 참고하자. 타이완에는 어느 지역이든 오토바이 렌트 숍이 많다. 하지만 아주 능숙한 사람이 아니라면 한국인이 타이완에서 오토바이를 이용하는 것은 추천하지 않는다. 특히 타이루거를 통과하는 협곡의 길은 매우 위험하다는 것을 기억하자.

Best Tour

화롄 하루 코스

치싱탄 七星潭 —버스 50분→ 아미 문화촌 阿美文化村 —버스 40분→ 중화루 中華路 맛집 순례

MAPECODE 17719

중화루 中華路

일 년 내내 여행자들로 들썩이는 흥겨운 거리

화롄 시내에는 중화루中華路를 중심으로 약 백여 개의 맛집들이 즐비하게 늘어서 있다. 화롄은 타이완 최고의 절경인 타이루거 협곡을 가기 위해 수많은 사람들이 들르는 곳이다. 타이완 현지인들은 화롄 시내에 숙소를 정하고 이곳에서 식사를 해결하거나 화롄의 특산품을 구매하는 반면, 한국 여행자들은 대부분 타이베이에서 이른 아침 출발하여 곧바로 타이루거로 가서 구경을 한 후에 화롄 시내를 거치지 않고 타이베이로 돌아가기 때문에 화롄 시내가 주는 즐거움을 놓치기 쉽다. 타이루거 여행을 계획한다면 화롄 시내에 숙소를 정하고 1박 2일의 일정으로 여유를 즐기면서 중화루에서 맛집 순례를 해 보자.

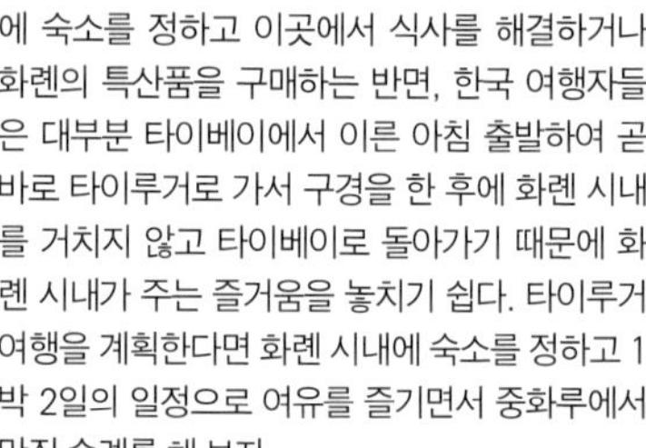

花蓮市 中華路 화롄 기차역(花蓮火車站)에서 도보 30분 / 화롄 기차역에서 택시 9분.

아미 문화촌

MAPECODE 17720

아미 문화촌
阿美文化村 아메이 원화춘

아름다운 원주민과 함께 춤을 추는 시간

화렌 지역에는 아미족Ami 阿美族 아메이쭈, 아타얄족Atayal 泰雅族 타이야쭈, 타로코족Taroco 太魯閣族 타이루거쭈과 브눈족bunun 布農族부눙쭈 등 원주민의 거주지가 지금도 존재한다. 거의 8,000명에 달하는 원주민이 살고 있는데 가장 많은 수는 아미족이다. 아미족은 동쪽 평야 지대에 뿌리를 내리고 지금도 고유의 문화를 지키며 모계 사회를 유지하고 있다. 오래전부터 내려온 풍습에 의하면 아미족은 축제 기간 동안에 쉬지 않고 열정적으로 춤추고 노래를 한다. 그래서인지 특별히 춤과 노래가 뛰어나 타이완의 가수와 배우들 중에 아미족이 많다. 아미 문화촌에서 그들의 흥겨운 전통 춤과 결혼식 공연을 볼 수 있다. 공연은 하루에 두 번 17:30, 19:20에 펼쳐진다. 주변의 식당과 상점에서는 아미족 음식을 맛볼 수 있으며 아미족 전통 상품들을 구경하고 구매할 수 있다.

花蓮縣 吉安鄉 仁安村 海濱93-1號 ☎ 03-842-2734 17:00~20:30 / 공연 17:30, 19:20 (음력 12월 30일 밤 휴무) NT$200(현금만 가능) 화렌 기차역(花蓮火車站)에서 택시로 15분.

MAPECODE 17721

치싱탄 七星潭

별이 쏟아질 것 같은 북두칠성의 바다

밤이 되면 빛나는 북두칠성이 가장 잘 보이고 별들이 쏟아질 듯하다고 해서 '7개의 별이 있는 연못'이라는 뜻의 치싱탄七星潭이라고 불린다. 치싱탄에 대한 아무런 정보 없이 낮에 간다면 너무도 평범한 바다 풍경에 실망할 수도 있다. 그러나 바닷가로 가까이 가면 바닥에 깔린 특별한 돌을 발견하고는 깜짝 놀라게 될 것이다. 회색돌 표면에 누군가 직선으로 그림을 그려 놓은 듯한 석화암石畵岩이 해안가에 깔려 있기 때문이다. 또한 시간에 따라 물색이 바뀌는 태평양 바다를 볼 수 있다. 이곳은 타이완에서 아름다운 자전거 하이킹 코스로도 유명한데 당장이라도 고래가 튀어나올 것 같은 바다 옆을 자전거를 타고 달리는 기분은 잊을 수 없는 추억이 된다.

花蓮縣 新成鄉 七星潭 화렌 기차역(花蓮火車站)에서 치싱탄 가는 버스 탑승(화렌-치싱탄 출발 시간 07:10, 09:30, 11:20, 15:30, 치싱탄-화렌 출발 시간 08:10, 10:20, 12:10, 17:10) / 화렌 기차역에서 택시로 15분 정도 소요.

Sleeping

파크뷰 호텔

MAPECODE 17722

Parkview Hotel Hualien
花蓮美侖大飯店 화롄 메이룬 다판뎬

1993년에 오픈한 파크뷰 호텔은 화롄에서 제일 좋은 5성급 호텔이다. 호텔 내 시설만 이용해도 화롄 여행을 했다고 생각할 정도로 규모가 매우 크며 다양한 서비스를 제공하고 있다. 화롄의 바다나 산 어느 쪽이든 모두 편리하게 갈 수 있는 교통의 요충지에 위치해 있다. 자전거 회사 자이언트와 제휴되어 있어 언제든지 자전거를 빌려 타고 주변을 돌아볼 수 있으며 호텔 앞에 펼쳐진 숲은 산책하기 좋고 어린이와 동행한 가족이라면 호텔에서 마련한 놀이 시설을 이용하는 것도 좋다. 실내 수영장과 스파 시설, 레스토랑과 카페 등 완벽한 호텔 시설을 갖추고 있다.

花蓮市 美崙區 林園1-1號 ☎03-822-2111 www.parkview-hotel.com 슈피리어 트윈 룸 NT$3,300~ 화롄 기차역(花蓮火車站)에서 택시로 20분.

회목거 민박

MAPECODE 17723

檜木居民宿 구이무쥐 민쑤

복잡한 화롄 시내에서 벗어나 낭만 가득한 숙소를 원한다면 아름다운 전원 한가운데 위치한 회목거 민박을 추천한다. 건물의 모든 소재를 나무로 만들어서 객실 내에서 부드러운 나무 향기를 느낄 수 있다. 대규모 호텔은 아니지만 레스토랑과 스파 시설까지 완벽하게 갖춘 곳으로 숙소에서 묵는 동안에 건강을 회복할 수 있도록 배려하고 있다. 미리 예약을 하면 화롄 시내나 기차역으로 차량을 보내 준다.

花蓮縣 吉安鄉 慈惠一街 58號 ☎ 03-854-6006, 0953-282-396 www.cypresshouse.com.tw NT$ 3,200~ 화롄 기차역(花蓮火車站)에서 택시로 20분.

타이루거
太魯閣

해발 3,000m의 대리석 대협곡

타이루거 국가 공원은 화롄花蓮에서 약 25km 떨어진 곳에 위치하며 중앙 산맥에서 태평양으로 흐르는 격류가 만들어 낸 아름다운 대리석 대협곡으로 유명하다. 해발 고도 2,000m 이상의 험준한 산들로 둘러싸인 대리석 협곡은 타이완에서 가장 경이로운 자연의 산물이다. 근처의 슈구롼시秀姑巒溪는 타이완 동부의 가장 큰 계곡으로 약 20군데의 급류가 있는 인기 래프팅 장소이다. 협곡을 따라 산 정상에 오르면 톈샹天祥에 이르는데 이곳은 환상적인 계곡에 물이 흐르고 사방이 산으로 둘러싸여 있어 마치 천국에 와 있는 듯하다. 타이루거에는 아미족, 아타얄족, 타로코족, 브눈족 등의 원주민들이 살고 있는데, 7~8월에 정기적으로 원주민 연합 풍년제를 열어 관광객의 관심을 끌고 있다.

information 행정 구역 花蓮縣 국번 03 홈페이지 www.taroko.gov.tw

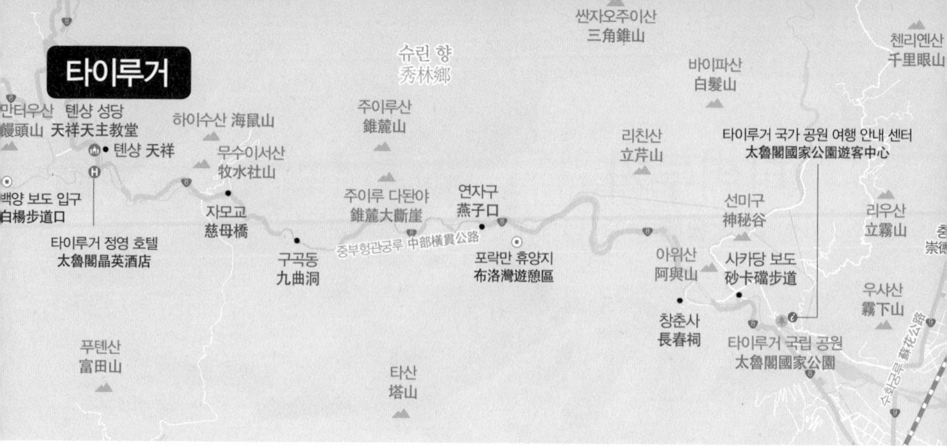

버스

화롄 기차역花蓮火車站에서 화롄 객운花蓮客運, 풍원 객운豐原客運 등 타이루거행 버스를 탄다. 버스는 1일 30편 정도 운행하며 타이루거 공원 입구까지는 약 50분이 소요되고, 요금은 NT$86이다. 타이루거 국가 공원 여행 안내 센터太魯閣國家公園遊客中心까지는 1시간 소요되며 요금은 NT$92이다. 센터를 지나 톈샹까지 가는 버스는 1일 8편 운행하며 1시간 40분 소요되고, 요금은 NT$172이다. 버스 시간은 계절마다 차이가 있으므로 홈페이지에서 버스 시간표를 미리 확인하자.

홈페이지 타이완 투어 버스 www.taiwantourbus.com.tw

화롄 1일 투어 버스

화롄 지역의 관광 회사에서 운영하는 버스로 일반 관광객도 이용 가능하다. 타이루거 명소 중심으로 다양하게 운행한다. 선택하기 전에 코스를 확인하고 탑승하는 것이 좋다. 요금과 시간이 코스에 따라 조금씩 다르다. 운행 시간은 대략 07:00~17:00이며 요금은 NT$700~1,000이다.

택시

화롄 공항이나 화롄 기차역 앞에는 언제나 택시들이 기다리고 있다. 일일 투어를 하고자 할 경우 흥정을 해야 하는데 1일 투어 기본 요금은 4시간에 NT$2,000, 8시간에 NT$4,000이다.
톈샹까지의 투어 시간은 대략 4시간이면 된다. 그러나 사카당 보도 등 찬찬히 타이루거를 둘러보려면 넉넉하게 시간을 가지는 것이 좋다. 택시는 4인 요금이므로 일행이 있다면 시간에 쫓기지 않는 택시 투어를 추천한다.

타이루거 하루 코스

타이루거 국가 공원 여행 안내 센터 →(도보 5분) 사카당 보도 砂卡礑步道 →(도보 10분) 장춘사 長春祠 →(버스 20분) 연자구 燕子口 →(도보 5분) 구곡동 九曲洞 →(도보 20분) 자모교 慈母橋 →(버스 30분) 톈샹 天祥

MAPECODE 17724

사카당 보도 砂卡礑步道 사카당 부다오

자연이 들려주는 전원 교향곡

예전 이름은 '신비곡 보도神秘谷步道'였는데 2001년부터 아타얄족Atayal 泰雅族의 지명이었던 'Sagadan(어금니라는 뜻)'을 따서 사카당砂卡礑으로 부르게 되었다. 이 보도는 사카당시砂卡礑溪 계곡을 따라 북쪽으로 올라가는 길로, 절벽을 깎아 만들어진 것이다. 눈앞으로 펼쳐지는 대리석 무늬의 변화는 마치 예술가의 벽화를 보는 듯 아름다워 감탄이 절로 나온다. 보도 입구에서부터 경관 전망대景觀大平台까지는 1.1km로 1시간 20분이 소요되고 오간옥五間屋까지는 1.5km로 1시간 50분, 삼간옥三間屋까지는 4.5km로 총 2시간 50분의 시간이 걸린다. 세 지점까지 가는 길은 그늘이 많아 매우 시원하다. 길을 걷다가 눈을 들어 올려다보면 아름다운 협곡이 보이고, 내려다보면 흐르는 옥빛 맑은 물과 빛나는 돌이 있으며, 새소리와 시원한 바람을 만나고 운이 좋다면 타이완 원숭이의 특이한 소리도 들을 수 있다.

🏠花蓮縣 砂卡礑步道 ☎03-862-1100(교환 321) 🚌화롄 기차역에서 화롄 객운(花蓮客運) 또는 풍원 객운(豐原客運) 버스를 타고 타이루거 국가 공원 여행 안내 센터(太魯閣國家公園遊客中心) 하차. 1일 30편 운행, 1시간 소요.

MAPECODE 17725

장춘사 長春祠 창춘츠

한 폭의 산수화를 보는 듯 아름다운 곳

장춘사는 타이루거의 주요 도로인 중횡 도로中橫公路를 건설하는 과정에서 죽은 225명의 영혼을 위로하고자 당나라 건축 양식으로 지은 사원이다. 타이루거 지역은 지질이 약해서 기계를 사용하지 않고 삽과 곡괭이만으로 길을 놓다 보니 사고가 일어나기 쉬웠다. 퇴역 군인과 죄수가 동원되어 3년 남짓되는 공사 기간 동안 225여 명이 사망하고 700여 명이 부상을 당해야 했던 안타까운 역사를 품고 있다.

장춘사長春祠는 우시구霧溪谷 계곡 옆 물살이 센 곳에 위치하여 커다란 낙석이 잘 떨어지는데, 이러한 지형적인 특성으로 인해 1970년, 1987년 두 번이나 무너지고 훼손되었다. 지금의 장춘사는 1996년에 다시 복원하여 새롭게 지어진 것이다. 장춘사 옆에 있는 폭포에서는 많은 양의 물이 쏟아져 내려와 멀리서 보면 한 폭의 산수화를 보는 듯 아름답다. 장춘사 뒤편 계단을 따라 올라가는 길을 사람들은 천당 보도天堂步道라고 부른다.

🏠花蓮縣 中橫公路 🚌화롄 객운(花蓮客運) 버스 또는 화롄 호행 셔틀버스(花蓮好行接駁車)를 타고 장춘사(長春祠) 하차. 타이루거 입구에서 5분.

MAPECODE 17726

연자구 燕子口 옌쯔커우

협곡 사이로 날아다니는 제비

타이루거 협곡을 따라 중횡 도로中橫公路를 걷다보면 연자구에 도착하게 된다. 이 길은 서쪽으로 자모교慈母橋까지 이어진다. 타이루거에서 가장 아름다운 경관을 자랑하는 구간이 연자구에서 자모교까지이다. 연자구 근처에 오게 되면 갑자기 계곡의 폭이 좁아지면서 거대한 협곡이 형성된다. 물이 흐르는 양쪽 벽은 모두 대리석으로 되어 있으며 곳곳에 크고 작은 구멍이 많은데 거센 물살에 의한 침식 작용으로 생겨난 것이다. 제비들이 하나둘 찾아와 이 구멍에 집을 마련하고 드나드는 풍경은 보기 드문 매우 특별한 경관이다. 그래서 이곳의 지명도 '제비 구멍'이라는 뜻의 연자구燕子口라 불리게 되었다.

花蓮縣 中橫公路上 🚌 화롄 객운(花蓮客運) 버스를 타고 톈샹(天祥) 가는 길에 옌쯔커우(燕子口站)에서 하차. 타이루거 입구에서 버스로 30분.

MAPECODE 17727

구곡동 九曲洞 주취둥

자연이 만든 지질학 교실

타이루거 협곡은 산 자체가 모두 대리석으로 이루어져 있다. 대리석은 매우 강한 암석이므로 절리면이 발달되지 않는다. 그렇기 때문에 매우 높고 큰 절벽을 지탱할 수 있는 것이다. 이렇게 단단한 대리석을 사람이 직접 깎아 만든 동굴이 구곡동이다. 구곡동은 사람과 차가 지나갈 수 있는 터널인데, 터널 안에서 위쪽으로 빛을 비추어 보면 사람의 손으로 직접 바위를 쪼고 깎은 흔적을 찾을 수 있어 험난한 작업 과정을 짐작해 볼 수 있다. 또한 굽이굽이 구부러진 지형을 따라 길을 만들어야 해서 이 길을 '구곡동九曲洞'이라고 부른다. 길이는 총 1,220m로 중횡 도로中橫公路에서 가장 긴 터널이며 구곡동을 걷다 보면 다양한 돌을 보게 되어 '자연이 만든 지질학 교실'이라는 별칭도 가지고 있다.

花蓮縣 中橫公路上 ☎ 부뤄완 관리소(布洛灣管理站) 03-8612-528 🚌 화롄 객운(花蓮客運) 버스를 타고 톈샹(天祥) 가는 길에 구곡동(九曲洞)에서 하차. 타이루거 입구에서 버스로 1시간.

MAPECODE 17728

자모교 慈母橋 츠무차오

대리석으로 만든 한 쌍의 사자가 있는 다리

자모교는 대리석으로 만든 난간이 가장 큰 특징이며 뤼수이綠水에서 1km 떨어진 곳에 위치해 있다. 타이루거를 흐르는 리우시立霧溪의 물줄기가 갑자기 90도로 방향을 바꾸는 지점이며 라오시시荖西溪와 리우시立霧溪의 물이 합쳐지는 곳에 있다. 자모교에서 동쪽 방향으로 보면 타이루거 협곡이 보이고 서쪽으로는 폭이 갑자기 넓어진 계곡을 감상할 수 있다. 지금의 자모교는 1980년 태풍으로 소실된 것을 1995년에 다시 준공한 것이다. 새로 만들어진 자모교 역시 흰색 대리석 난간과 빨간색이 아름다운 대조를 이루고 있으며 다리의 시작과 끝 부분에 대리석으로 만든 한 쌍의 사자상이 있다.

花蓮縣 中橫公路上 ☎ 톈샹 관리소(天祥管理站)03-8069-1466 🚌 화롄 객운(花蓮客運) 버스를 타고 톈샹(天祥) 가는 길에 자모교(慈母橋)에서 하차

MAPECODE 17729

텐샹 天祥

▶ 타이루거 정상에 있는 하늘 마을

텐샹은 중횡 도로中橫公路의 동쪽, 타이루거 협곡에서 19km 떨어진 곳에 있다. 명소인 문천상 기념 공원文天祥紀念公園, 상덕사祥德寺, 천봉탑天峰塔 이외에 식당, 호텔, 버스 정류장, 우체국, 주차장 등 편의 시설이 밀집되어 있다. 텐샹에 타이루거 국가 공원 관리처太魯閣國家公園管理處 사무실이 있어 자세한 여행 안내를 받을 수 있으며 서쪽으로는 정영 호텔晶英飯店 징잉 판뎬이 있다. 정영 호텔은 국가 공원 안에 있는 유일한 대형 호텔로 스파 시설 및 연회실, 레스토랑 등 최고급 서비스가 준비되어 있다. 또한 텐샹 유스호스텔天祥青年活動中心 텐샹 칭녠 훠둥 중신, 텐샹 성당天祥天主教堂 텐샹 텐주자오탕 등 최하 NT$200로 이용할 수 있는 깨끗하면서도 저렴한 숙박 시설도 있다.

🏠 花蓮縣 中橫公路上 ☎ 텐샹 관리소(天祥管理站) 03-8069-1466 🚌 화롄 기차역(花蓮火車站)에서 화롄 객운(花蓮客運) 또는 국광 객운(國光客運) 버스를 타고 텐샹(天祥) 하차. 약 1시간 30분 소요되며 버스 요금은 NT$172. (※화롄 기차역 맞은편 버스 정류장 출발 시간 06:30, 08:40, 10:50, 13:50)

Sleeping

텐샹 성당

MAPECODE 17730

天祥天主教堂 텐샹 텐주자오탕

타이루거의 최정상 텐샹天祥에서도 가장 위쪽에 위치한 작은 성당이다. 타이완은 과거 네덜란드 통치 시절 기독교를 받아들였기 때문에 타이완 깊숙이 들어가면 뜻밖의 교회나 성당을 만나게 된다. 텐샹 성당에서는 민박을 운영하는데 소박한 민박 주인이 따뜻하게 반겨 주고 가격이 아주 저렴해서 많은 사람들이 찾는 숙소이다. 특히 외국에 소개가 되어 외국인들이 많이 찾아오는 곳으로 이곳에서 하룻밤 지내게 되면 어느 나라에서 왔든지 상관없이 함께 어울리게 되는 즐거움이 있다.

🏠 花蓮縣 秀林鄉 天祥路33號 ☎ 03-869-1122 Ⓦ 1인 NT$400~ 🚌 화롄 기차역에서 화롄 객운(花蓮客運) 또는 국광 객운(國光客運) 버스를 타고 텐샹(天祥) 하차.

타이둥
台東

아름다운 자연과 편안한 사람들의 인정이 넘치는 곳

타이둥은 동부 지역 교통의 중심지로, 뤼다오綠島와 란위다오蘭嶼島 등 섬으로 가는 길목이고 남쪽으로는 즈번 온천知本溫泉으로 연결된다. 네덜란드가 타이난에 근거를 두고 타이완을 지배할 당시에는 타이둥이 매우 중요한 역할을 했으며, 1661년 정성공이 네덜란드 세력을 축출하면서 타이둥의 자치를 인정하고 간접 통치를 실시하기도 했다. 그러나 수도가 타이베이로 옮겨 가면서 타이둥은 타이완의 중심부에서 가장 먼 도시가 되었고 지리적으로도 높고 큰 산맥에 가로막혀 현재 타이완에서 개발이 가장 더딘 지역 중 하나이다. 타이둥에는 아미족Ami 阿美族을 비롯한 원주민들이 살고 있다. 176km의 푸른 해안선과 협곡, 산을 끼고 있어 자원이 풍부한 곳이기도 하다.

information 행정 구역 台東縣 국번 089 홈페이지 www.taitung.gov.tw

가는 방법

비행기

타이베이 쑹산 공항松山機場을 출발하여 타이둥 공항台東航空站까지 50분 소요되며, 요금은 NT$5,000이다. 그 밖에 타이중台中, 란위다오蘭嶼島, 뤼다오綠島에서 매일 타이둥으로 가는 비행기편이 있다.

기차

타이베이 기차역台北火車站에서 자강호自强號 열차를 타고 타이둥 기차역台東火車站까지 2시간 30분 소요되며 요금은 NT$786이다. 거광호莒光號 열차를 타면 약 7시간 소요되며, 요금은 NT$606이다.

버스

화롄 기차역花蓮火車站 앞 버스 터미널에서 출발하여 해안을 따라가는 해선海線 버스(1일 1회 운행)는 약 4시간 소요되며 요금은 NT$514이다. 산길을 달리는 산선山線 버스(1일 3회 운행)는 약 4시간 20분 소요되며 요금은 NT$525이다.

시내 교통

시내버스

타이둥은 도시 규모가 작고 평지이며 도로가 바둑판 모양으로 되어 있고 걸어 다니기 좋은 곳이다. 차를 타야 한다면 배차 간격이 긴 시내버스를 기다리기보다는 택시를 타거나 호텔에서 빌려 주는 자전거를 이용해 여행을 하는 것이 좋다. 버스 요금은 NT$15이다.

타이둥 호행 셔틀버스(台東好行接駁車)

타이완 사람들은 대부분 대중교통 대신 오토바이를 이용하기 때문에, 타이베이를 제외한 거의 모든 지역은 대중교통으로는 여행하기 힘들다. 타이둥에서 대중교통을 이용하여 여행하고 싶다면 타이둥 호행 셔틀버스를 활용하자. 타이둥 기차역에서 나오면 오른쪽에 호행 버스 정류장이 있다. 버스 운행 시간표와 노선을 알고 싶으면 타이둥 기차역 안내 센터나 옛 타이둥 기차역台東舊火車站 근처 관광 안내 센터로 가면 된다. 버스는 매일 08:00~18:00(주말 ~19:00)에 운행하며 요금은 NT$23~89이다.

홈페이지 타이완 호행 www.taiwantrip.com.tw

타이둥 하루 코스

타이둥 옛 기차역 台東 舊火車站 → 도보 3분 → **철화촌** 鐵花村 → 버스 40분 → **국립 선사 문화 박물관** 國立史前文化博物館 → 버스 30분 → **타이둥 설탕 공장** 台東糖廠 → 택시 30분 → **해변 공원** 海濱公園

MAPECODE 17731

옛 타이둥 기차역

台東舊火車站 타이둥 주훠처잔

철도 예술 마을

타이둥의 옛 기차역은 원래 타이완 철도 타이둥선台東線의 종점이었는데 2001년 5월에 타이둥 신역台東新站이 생기면서 기차역으로서의 역할은 끝이 났다. 그 후 이곳은 기차 공원으로 조성되어 '철도 예술 마을'로 불리고 있다. 예술가들의 설치 미술이 전시되어 있으며 산책 나온 연인들과 가족들을 볼 수 있다. 기차역에는 금방이라도 출발할 것 같은 기차가 서 있다. 그러나 기차 주변에서 사진을 찍는 몇몇 사람들이 오고 갈 뿐 기차역의 분주함은 지워지고 조용하고 편안한 풍경을 만들어 내는 타이둥의 아름다운 명소가 되었다.

台東縣 台東市 鐵花路 371號 ☎ 089-334-999 정동 객운 해선 버스 터미널(鼎東客運海線台東總站)에서 도보 3분.

MAPECODE 17732

철화촌

鐵花村 톄화춘

라이브 공연이 열리는 테마 마을

음악과 예술을 좋아하는 타이둥 사람들이 모여서 만든 예술 마을이다. 원래 철도국 창고였던 낡고 오래된 건물을 예술가들이 리모델링해서 아름다운 예술 공간으로 새롭게 탄생시켰다.

휴일이 되면 푸른 잔디가 펼쳐진 야외에서는 주말 벼룩시장이 열려 타이둥의 특산품과 손으로

철화촌

만든 악기, 타이둥 원주민 가수의 CD, 액세서리, 장식품 등을 살 수 있다. 실내 공연장에서는 매주 목요일부터 토요일까지 밤 8~10시, 일요일 오후 4~6시 라이브 음악 공연이 열린다. 천천히 여행을 즐기고 싶은 사람들이 음료 한 잔을 시키고 라이브 공연을 들으면서 타이둥 특유의 편안한 자연과 음악을 즐길 수 있다.

이곳은 낮과 밤의 풍경이 매우 다르기 때문에 타이둥에서의 일정에 여유가 있다면 낮과 밤 모두 가 보라고 권하고 싶다. 낮에는 옛 기차역 주변부터 이곳 철화촌까지 산책하며 타이둥의 푸른 하늘과 풍경 사진을 찍기 좋고, 밤에는 작은 파티가 열리는 것처럼 음악 공연이 열리는 곳에서 사람들과 어울리기 좋다.

台東縣 新生路 135巷 26號 ☎ 089-343-393 www.tiehua.com.tw 14:30~22:00(월~화 휴무) 타이둥 공항(台東航空站) 또는 타이둥 기차역(台東火車站)에서 정동 객운(鼎東客運) 버스를 타고 타이둥 현청(台東縣政府)이나 타이둥 시내 종점(台東市區終點) 하차.

MAPECODE 17733

국립 선사 문화 박물관
國立史前文化博物館 궈리 스첸 원화 보우관

타이완 역사의 서막을 보여 주는 박물관

국립 선사 문화 박물관에서는 타이완의 선사 시대 문물과 원주민 문화를 주제로 전시하고 있다. 선사 시대 유적 이외에도 남도 문화와 발전사를 더불어 소개하고 있다. 박물관은 본관과 베이난 문화 공원卑南文化公園으로 나뉜다. 박물관 건축은 미국 현대주의 건축가 Michael Graves와 타이완 건축가 선쭈하이沈祖海의 공동 작업으로 완성되었다. 박물관 건물로 들어가기 전에 만나는 태양 광장에 있는 아주 큰 청동 해시계는 선사 문화를 잘 보여 주고 있다.

박물관 내부는 타이완 자연사, 타이완 남도 민족 문화관, 타이완 선사 역사관, 타이완 역사의 시작 전시관, 타이완 역사 이전의 인간 생활사관, 타이완 역사 이전의 토기, 타이완 선사 해양 문화관, 타이완 자연사 전시관 등으로 이루어져 있어 지질, 생물, 인간의 변천사를 자세히 소개해 준다.

台東縣 博物館路 1號 ☎ 089-381-166 www.nmp.gov.tw 09:00~17:00(월요일 휴무) NT$80 타이둥 기차역(台東火車站)에서 도보 25분, 택시로는 9분 소요.

MAPECODE 17734

타이둥 설탕 공장
台東糖廠 타이둥 탕창

예술촌으로 변신한 설탕 공장

타이둥은 타이완에서 발전이 가장 늦은 편이었으나 일제 식민지 시대(1895~1945년)에는 제당업이 크게 발달하였던 지역이다. 1916년에 세워진 타이둥 설탕 공장은 시간이 흐르면서 술 공장, 파인애플 통조림 공장, 생수 공장 등 다른 공장으로 계속 바뀌었다. 그러다가 1999년 9월 정부의 지원를 받아 타이둥 지역 예술인의 공간으로 변신했다. 입구에 들어서면 타이둥 정부가 지정한 역사 건축물이 보이고 야외 공간에는 이전의 설탕 공장을 기억하게 하는 조형물들이 있으며 타이둥 탕창 원주민 수공품 생활관台東糖廠 卡塔文化工作室 안으로 들어가면 26개의 공방이 있다. 과거의 설탕 공장이 예술인의 작업장 겸 전시장으로 완벽하게 탈바꿈한 것이다.

台東市 中興路 2段 191號 ☎ 타이둥 탕창 원주민 수공품 생활관(台東糖廠 卡塔文化工作室) 089-228-107 www.atabeads.com 09:00~17:30 타이둥 기차역(台東火車站)에서 택시로 15분.

MAPECODE 17735

해변 공원 海濱公園 하이빈 궁위안

타이둥의 해변 이미지를 가장 잘 볼 수 있는 곳

타이둥 해변 공원은 타이둥의 해변을 가장 잘 볼 수 있는 위치에 있다. 그러나 오래전 이곳은 쓰레기를 모아 두거나 공동묘지로 사용되던 지역으로, 타이둥에서 가장 보이고 싶지 않은 곳이었다. 타이둥 시에서 공원 설립을 계획하고 부단한 노력을 기울인 결과 지금은 타이둥을 빛내는 명소로 자리 잡았다. 이곳에는 끝없이 펼쳐진 푸른 초원 위에 아름다운 공공 예술 작품이 타이둥의 맑고 푸른 하늘과 어울려 멋진 장면을 연출한다. 해변 공원에는 해안을 따라 달리는 5km의 자전거 길이 있다. 이 길은 특별히 바닥을 침목으로 만들었으며 주변에 꽃과 열대 나무를 심어 마치 열대의 섬에 온 듯한 착각을 준다. 자전거를 타고 한 바퀴 돌아보는 데 30~40분이면 충분하다.

台東縣 台東市 大同路 ☎ 089-325-301 타이둥 기차역(台東火車站)에서 택시로 22분.

타이둥 설탕 공장

타이둥 근교

MAPECODE 17736

즈번 온천 知本溫泉 즈번 원취안

온천과 함께 베이난 문화까지 체험할 수 있는 곳

타이둥 현 베이난 향卑南鄉에 위치한 즈번 온천은 사방이 확 트여 있으며 타이완 동부의 절경이라 불릴 만큼 산수가 빼어나 국내외 관광객들이 끊이지 않는 온천 휴양지이다. 탄산수소나트륨천으로 산도는 pH7~8, 온도는 60~100℃, 온천욕과 식용으로 모두 이용 가능한 온천수다. 즈번에는 온천 외에도 협곡, 폭포, 삼림 공원 등 일상의 스트레스를 해소할 수 있는 풍부한 자연 경관과 다양한 관광 시설이 있다. 이 지역의 온천은 크게 안쪽과 바깥쪽으로 나뉘어 있는데, 안쪽 온천 구역은 5성급 관광 호텔이 모여 있어 고급 온천 서비스를 누릴 수 있다. 바깥쪽 온천 구역에는 타이완 현지 원주민의 마을이 있다. 즈번 온천에서는 온천욕과 함께 타이완의 특색 있는 원주민 프유마족Puyuma 卑南族 베이난쭈의 먹거리와 석가두, 파인애플, 낙신화 차 등을 즐길 수 있다. 즈번 온천 입구에 위치한 기념품 가게에서는 타이둥의 특산품을 모두 구경할 수 있으니 이곳도 빠뜨리지 말자.

台東縣 卑南鄉 타이둥 기차역(台東火車站)에서 즈번(知本)행 거광호(莒光號) 열차를 타고 즈번 기차역(知本火車站) 하차. 소요 시간 15분. / 타이둥 정치루(正氣路) 뒤편에 있는 정동 객운 산선 버스 터미널(鼎東客運山線台東總站)에서 버스를 타고 즈번 온천(知本溫泉) 하차, 30분 소요.

MAPECODE 17737

밀레니엄 서광 기념 공원 千禧曙光紀念園區 첸시 수광 지녠 위안취

태양이 떠오르는 곳

밀레니엄 서광 기념 공원은 타이마리 기차역太麻里火車站 앞에 위치해 있다. 타이마리太麻里란 지명은 원래 파이완족Paiwan 排灣族 언어로 '태양이 떠오르는 곳'이라는 의미이다. 2000년 1월 1일, 뉴밀레니엄의 첫 번째 태양이 비추는 역사적인 순간을 기념해서 축제를 벌였다. 그때 영국, 미국을 비롯하여 25개국이 이곳의 행사를 생방송으로 소개했다. 이후에 이곳의 이름을 밀레니엄 서광 기념 공원으로 정하고, 해마다 이곳에서 새해맞이 행사를 하고 있다. 새해가 아니더라도 타이둥에서 멋진 일출을 보고 싶다면 이 공원을 추천한다.

太麻里火車站前 曙光大道 跨越台 9線的海邊 ☎ 089-781-301 tour.taitung.gov.tw/zh-tw/Home/Index 타이마리 기차역(太麻里火車站)에서 도보 10분.

MAPECODE 17738

브눈 마을 레저 농장 布農部落休閒農場 부눙 부뤄 슈셴 눙창

타이둥의 순수함과 따뜻함을 느낄 수 있는 곳

브눈 마을布農部落은 타이둥 현 옌핑 향延平鄉에 있으며 1997년에 브눈 생태 체험 농장으로 문을 열었다. 브눈족Bunun 布農族 부눙쭈의 문화와 자연

을 느낄 수 있는 호수 공원, 원주민 문화 체험장, 농특산품 전시장, 예술 창작 갤러리, 카페, 레스토랑, 숙박 시설 등 총 면적이 27ha에 이르는 대규모 시설을 갖추고 있다.

브눈족은 예술을 매우 사랑하는 부족으로, 특히 목공예와 직조 기술이 뛰어나다. 마을 곳곳의 조형물과 의자, 장식들 모두 이곳에 거주하는 브눈족 예술가들의 솜씨로, 마치 숲 속 조각 공원에 온 느낌을 받는다. 여행을 통한 힐링을 원한다면 농장 안에서 숙박하는 것을 추천한다. 타이둥 사람들의 순수함과 따뜻함을 느낄 수 있다.

台東縣 延平鄉 桃源村 11鄰 91號 ☎ 089-56-1211 www.bunun.org.tw 07:00~22:00 루예 기차역(鹿野火車站)에서 택시로 15분. / 타이둥 기차역에서 츠상(池上)행 정동 객운(鼎東客運) 버스를 타고 쓰웨이(四維) 하차.(1시간에 1회 운행, 40분 소요) / 타이둥 기차역에서 부눙부뤄 · 타오위안궈중(布農部落 · 桃源國中)행 정동 객운(鼎東客運) 버스 탑승.(1일 4회 운행) ※ 정동 객운 문의 전화 089-33-0023

MAPECODE 17739

청궁 어항 成功漁港 청궁 위강

청새치가 떼 지어 수면 위로 올라오는 항구

청궁 어항는 동해안에서 가장 중요하고 가장 큰 항구이다. 항구 뒤쪽으로 산이 있고 앞쪽으로는 바다가 있어 그 자체로도 매우 아름다운 풍경을 자랑한다. 항구 앞바다는 한류와 난류가 만나는 지점으로 해산물이 풍부한데, 물고기의 종류와 수확량이 가장 많은 때는 매년 3월~6월이다.

청궁 어항에 간다면 만선이 항구로 들어오는 저녁 무렵이 가장 좋다. 부둣가에서는 배에서 내린 해산물을 사고파는 모습을 볼 수 있다. 청궁 어항이 가장 인기 있는 시기는 동북 계절풍이 불어 청새치가 몰려오는 10월이다. 청새치가 떼를 지어 수면 위로 올라오면 어민들이 창을 던져 고기를 잡는 이 지역만의 특별한 광경이 펼쳐진다. 이때가 되면 청궁 어항은 청새치회나 탕을 맛보기 위해 전국에서 사람들이 몰려든다.

台東縣 成功鎮 港邊路 19號 ☎ 089-851-152 타이둥 버스 터미널에서 화롄(花蓮) 가는 정동 객운(鼎東客運), 대기 객운(台汽客運) 버스를 타고 청궁 시장(成功市場) 하차. 2시간 소요. ※ 정동 객운 089-328396

MAPECODE 17740

싼셴타이 三仙台

세 신선이 놀다 간 아름다운 섬

타이둥 청궁 진成功鎮 동북 방향으로 가면 싼셴타이가 나온다. 작은 섬이지만 이제는 다리가 연결되어 차로 갈 수 있게 되었다. 고대 중국 신화에 나오는 여덟 명의 신선 중 여동빈呂洞賓, 이철괴李鐵拐, 하선고何仙姑 세 명의 신선이 놀다 간 곳이라는 전설이 있어 이곳을 싼셴타이三仙台라고 부른다. 섬의 풍경을 즐기면서 일주를 할 수 있는 길이 있는데 천천히 걸으면 2시간이 걸린다. 자연 생태계가 잘 보존되어 있으며 희귀한 나무들을 볼 수 있다. 또한 산호초가 섬을 둘러싸고 있는데 이곳의 산호초는 풍화 작용과 파도에 의한 침식으로 매우 특이한 경관을 연출하고 있다.

台東縣 成功鎮 三仙里 基翬路 74號 ☎ 089-854097 24시간 옛 타이둥 기차역(台東舊火車站) 앞에서 장빈(長濱), 징푸(靜浦), 화롄(花蓮) 방향으로 가는 정동 객운 해선(鼎東客運海線) 또는 국광 객운(國光客運) 버스를 타고 싼셴타이(三仙台) 하차. 5시간 소요.

타이둥의 축제

★ 원추리꽃 축제金針花季

진전산金針山의 원래 이름은 타이마리산太麻里山이었다. 그러나 이 지역에 매년 늦여름 8~9월에 피는 원추리꽃이 너무도 아름다워 '원추리꽃金針花 진전화이 피는 산'이라는 뜻으로 진전산金針山이라고 부르게 되었다. 원추리꽃이 자라기에 적합한 조건은 지리적으로 위치가 높고 온도는 낮고 습도는 높은 지역이다. 타이마리太麻里에 원추리꽃이 피고 바람이 불면 노란색 꽃 물결이 출렁여 보는 이들로 하여금 감탄을 자아내게 한다. 이 꽃은 식용으로도 쓰이는데, 갈비탕에 넣어 끓이면 갈비탕의 맛을 시원하게 해 준다. 그래서 원추리꽃은 타이완 동부 지역의 3대 특산품 중 하나이다. 진전산에 봄이 오면 1~3월에 벚꽃이 피고 4~6월에는 백합이 물결치며 7~10월에는 원추리꽃이 피어나 사계절 모두 꽃을 볼 수 있다. 아름다운 풍경을 찾는 사람들이 많아 인근에만 민박이 30여 곳이 넘는다.

台東縣 太麻里市街 ☎ 089-781~301 매년 8~9월 타이마리 기차역(太麻里火車站)에서 하차.

★ 타이둥 열기구 페스티벌台東熱氣球嘉年華

타이둥 정부는 관광 산업을 발전시키기 위해 '하늘·바다·땅 프로젝트'를 시작했다. 2011년 그 사업의 하나로 타이완 열기구 페스티벌을 가오타이 비행장高台飛行場에서 개최했다. 인도, 태국, 미국, 뉴질랜드, 캐나다, 스위스, 두바이 8개 나라의 14개 열기구가 참여했다. 행사 기간 동안에는 세계 각국 열기구 단체와의 회의, 음악회, 열기구 쇼, 열기구 타는 체험 등이 열렸다. 축제는 두 달간 이어졌고 35만 명이 이 행사에 참여했다. 이 페스티벌 덕분에 타이둥이 전 세계에 알려졌고 그 후 관광객 수가 뚜렷하게 증가하고 조용하던 타이둥 시내가 축제 기간에 밀려드는 차량으로 북새통을 이루었다. 타이둥 정부는 성공적인 축제 이후 해마다 가오타이 비행장高台飛行場에서 열기구 축제를 열고 있다. 타이둥현 루예鹿野에 있는 가오타이 비행장은 약 150m의 낙하 고도를 가진 비행장으로 활공장과 착륙장이 갖추어져 있으며 전문가뿐만 아니라 초보자도 활공이 가능하다. 거칠 것 없이 탁 트인 초록의 평원 위에 편의시설들이 잘 갖추어져 있어 열기구 축제 이외에도 레포츠 마니아들의 발길이 끊이지 않는다.

台東縣延平鄉昇平路191號 ☎ 089-561-211 www.lyee.gov.tw 08:00~17:00(※열기구 축제 기간 6~8월) 루예 기차역(鹿野火車站) 앞에서 타이완 호행(台灣好行) 종곡루예선(縱谷鹿野線) 버스를 타고 루예 가오타이(鹿野高台)하차.

칠라 소옥

MAPECODE 17741

Cheela 小屋 칠라 샤오우

작은 크기의 카페 칠라에는 품위 있는 남자들이 있다. 타이베이에서도 만나기 힘들 것 같은 멋쟁이 세 명이 카페를 운영하고 있다. 전직 대학 강사, 은행 직원, 방송인으로 활동하던 청년들이 모여 고향인 타이둥으로 와서 처음에는 타이둥 두란산台東都蘭山 정상에서 빵을 주제로 한 민박을 시작했다. 그런데 산 정상이라 수원 공급이 고르지 못해 아쉬움을 뒤로 하고 타이둥 시내로 내려와 카페를 열게 되었다고 한다. 카페 이름 '칠라Cheela'는 민박을 운영했던 산에서 자주 보던 새 이름이다. 이곳의 빵은 고정된 메뉴가 없고 두란산의 이웃들이 보내 주는 망고, 고추, 파 등 각종 재료로 그때 그때 연구해서 만든다. 그래서 이곳의 빵은 세상 어디에서도 맛볼 수 없는 유일한 맛인 셈이다. 가격은 NT$30~35 정도이다. 빵뿐 아니라 커피 맛도 최고이며 일하는 직원들의 매너도 최상인 카페이다.

台東縣 台東市 新生路 395-1號 ☎089-325-096 14:00~24:00(수요일 휴무) NT$30~35 타이둥 기차역(台東火車站)에서 8116, 8172번 버스를 타고 옛 현의회(舊縣議會) 하차. 70분 소요.

Sleeping

호텔 로열 즈번 스파

MAPECODE 17742

Hotel Royal Chihpen Spa

台東知本老爺大酒店 타이둥 즈번 라오예 다주뎬

호텔 로열 즈번 스파는 타이둥 즈번 온천 풍경구 내에 있는 최고급 온천 호텔이다. 호텔 인테리어는 이 지역 원주민 문화를 적극 반영하고 있어 호텔을 이용하는 손님들이 온천을 이용하면서 자연스레 즈번 문화를 느낄 수 있도록 배려하고 있다. 183개의 객실과 회의실, 전문적인 스파 시설을 갖춘 국제 수준의 호텔로, 즈번에서는 유일한 5성급 호텔이다. 이 호텔의 온천수는 탄산수소나트륨천으로 관절과 위장병 치료에 탁월한 효과가 있다. 호텔 객실 안에서도 창밖으로 펼쳐진 즈번의 아름다운 풍경을 감상할 수 있고 객실마다 온천욕을 할 수 있도록 준비되어 있다. 호텔 레스토랑에서는 온천 후 즐길 수 있는 요리도 정성껏 마련하고 있다. 호텔을 지나 위쪽으로 올라가면 인근에 협곡과 폭포가 있어 산책 후에 온천욕을 즐기는 것도 좋다.

台東縣 卑南鄉 溫泉村 龍泉路 23號 ☎089-510-666 www.hotelroyal.com.tw/chihpen NT$7,000~ 즈번 기차역(知本火車站)에서 8129, 8131번 버스를 타고 청각사(淸覺寺) 하차, 2시간 소요. / 즈번 기차역에서 택시로 15분 소요.

타이완의 섬

태고의 신비가 흐르는 섬들

타이완의 섬에는 언어, 문화, 건축, 요리 등에 있어 본토에서는 절대 느낄 수 없는 생경하고 원초적인 풍경들이 꼭꼭 숨겨져 있다. 그곳에 가면 그림 같은 푸른 바다 위의 하얀 등대와 아름다운 돌담길, 인정이 넘치는 웃음소리, 시시각각 변하는 자연이 만든 비경을 만나고, 아주 특별한 음식도 맛볼 수 있다. 이러한 순수함과 태고의 신비가 흐르는 타이완의 섬이야말로 여행자들이 간절하게 만나고 싶어하는 보석 같은 여행지이다. 그러나 안타깝게도 국내에는 타이완 섬에 대한 정보가 부족해 여행자들이 선뜻 나서지 못했다. 그래서 이 책에서는 타이완의 섬들이 주는 여행의 낭만을 만끽할 수 있도록 충분한 정보를

담았다.

타이완의 섬 중에서 대표적인 마쭈, 진먼, 펑후, 란위, 뤼다오 5개의 섬 지역을 소개한다. 최근 영화, 드라마, CF 촬영지로 관심을 끌고 있는 마쭈다오, 과거에는 중국과의 전쟁터로 외부의 출입이 통제되었던 곳이지만 총성이 멈춘 지금은 너무나 평화로운 길을 만날 수 있는 진먼다오, 해양 스포츠로 세계인의 사랑을 받고 있는 펑후다오, 아름다운 배 타타라가 푸른 바다 위에 떠 있는 그림 같은 란위다오, 해저 온천이 있는 신비의 뤼다오 등 타이완의 섬으로 가서 멋진 추억을 남겨 보자.

참고로 타이완 섬 여행을 할 때는 시간을 넉넉히 잡아야 한다. 갑작스러운 기상 변화로 섬에서 발이 묶이는 경우를 고려해야 하기 때문이다.

마쭈다오
馬祖島

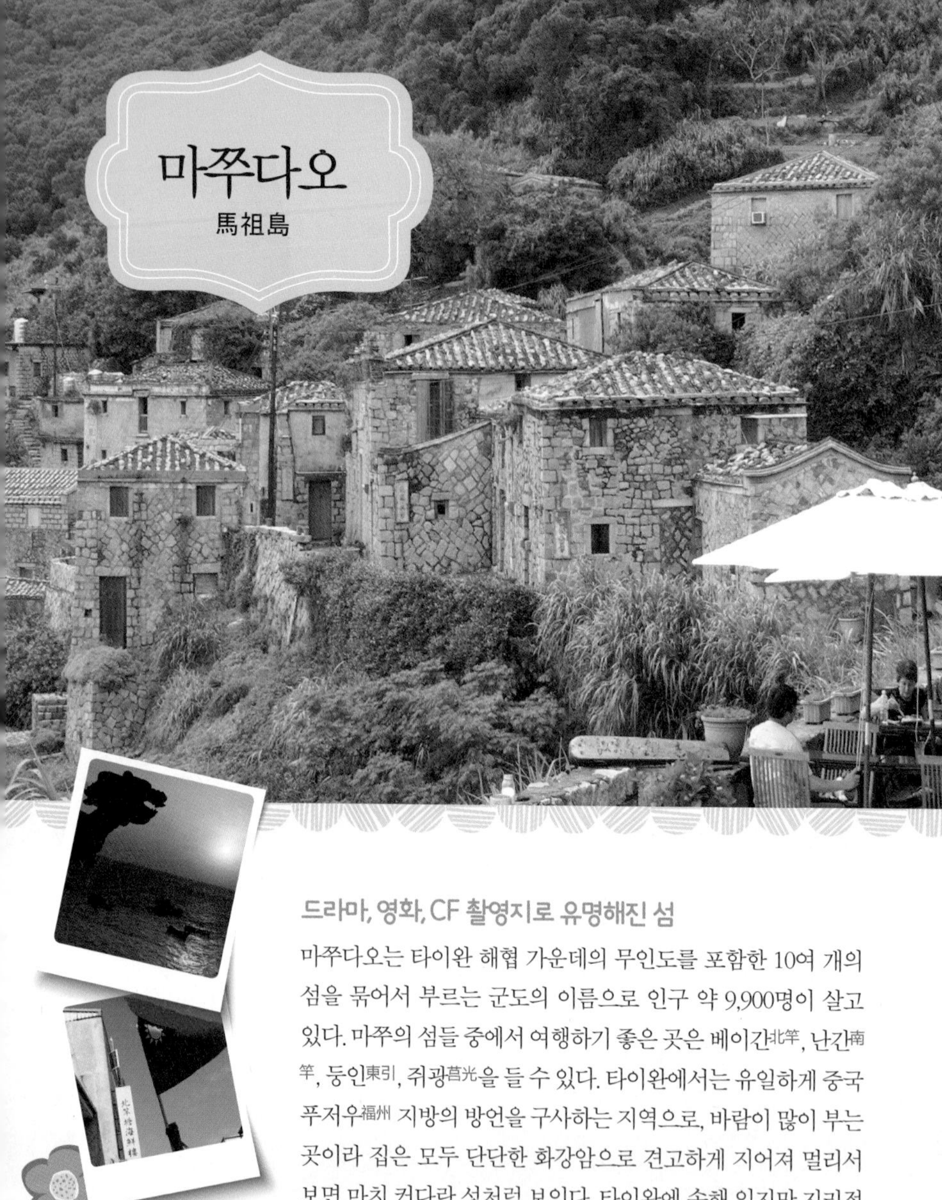

드라마, 영화, CF 촬영지로 유명해진 섬

마쭈다오는 타이완 해협 가운데의 무인도를 포함한 10여 개의 섬을 묶어서 부르는 군도의 이름으로 인구 약 9,900명이 살고 있다. 마쭈의 섬들 중에서 여행하기 좋은 곳은 베이간北竿, 난간南竿, 둥인東引, 쥐광莒光을 들 수 있다. 타이완에서는 유일하게 중국 푸저우福州 지방의 방언을 구사하는 지역으로, 바람이 많이 부는 곳이라 집은 모두 단단한 화강암으로 견고하게 지어져 멀리서 보면 마치 커다란 성처럼 보인다. 타이완에 속해 있지만 지리적 위치는 중국과 더 가깝기 때문에 진먼다오와 함께 매우 중요한 최전방 군사 지역이었다. 지금은 전쟁의 흔적들보다는 아름다운 풍경으로 인해 드라마, 영화, CF 촬영지로 더 유명해지고 있으며 타이완의 새로운 관광지로 급부상하고 있다.

information 행정 구역 連江縣 南竿鄉, 北竿鄉, 東引鄉, 莒光鄉 국번 083
홈페이지 www.matsu-nsa.gov.tw / www.matsu.idv.tw

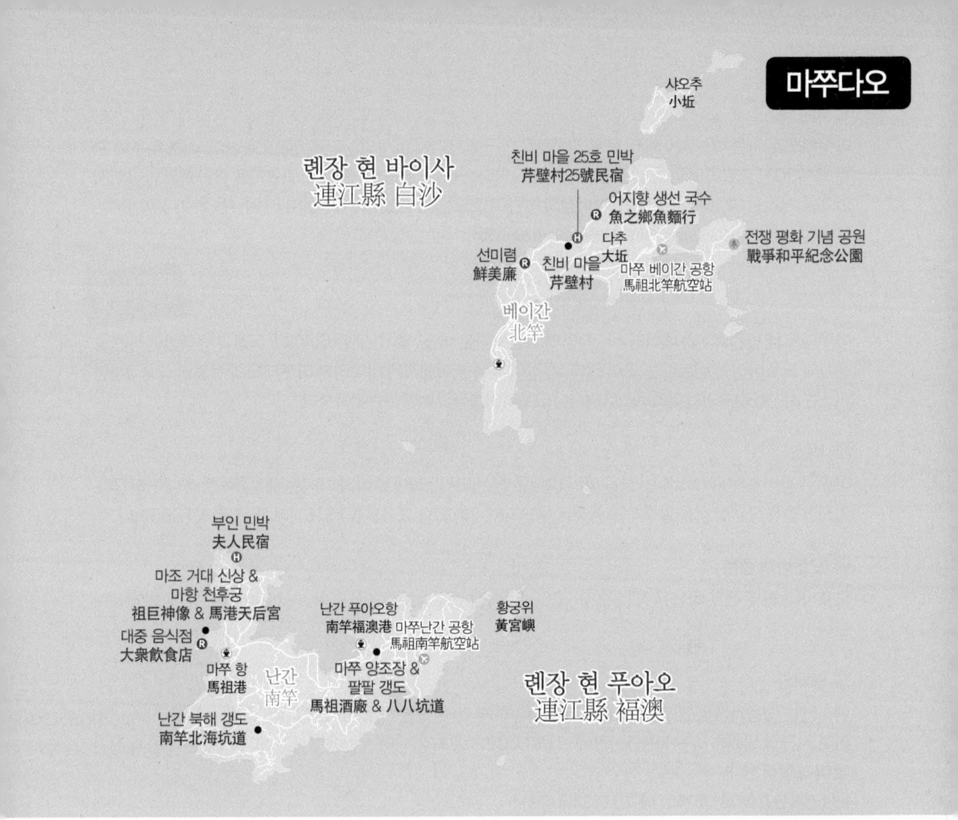

샤오추
小坵
롄장 현 바이사
連江縣 白沙
친비 마을 25호 민박
芹壁村25號民宿
어지향 생선 국수
魚之鄉魚麵行
다추
大坵
전쟁 평화 기념 공원
戰爭和平紀念公園
선미렴
鮮美廉
친비 마을
芹壁村
마쭈 베이간 공항
馬祖北竿航空站
베이간
北竿
부인 민박
夫人民宿
마조 거대 신상 &
마항 천후궁
祖巨神像 & 馬港天后宮
대중 음식점
大衆飮食店
마쭈 항
馬祖港
난간
南竿
난간 푸아오항
南竿福澳港
마쭈난간 공항
馬祖南竿航空站
황궁위
黃宮嶼
마쭈 양조장 &
팔팔 갱도
馬祖酒廠 & 八八坑道
롄장 현 푸아오
連江縣 福澳
난간 북해 갱도
南竿北海坑道

가는 방법

비행기

타이완에서 마쭈다오에 가려면 타이베이에 있는 쑹산 공항松山機場을 이용한다. 마쭈다오에서 비행장이 있는 섬은 난간南竿과 베이간北竿이다. 쑹산 공항에서 출발하여 난간南竿으로 가는 비행기는 하루 왕복 6회, 베이간北竿에는 왕복 3회 운행되며 모두 유니 항공立榮航空 비행기다. 편도 요금은 약 NT$2,000이며 비행 시간은 40분 정도이다. 날씨에 따라 갑자기 운항을 못하는 경우도 있으니 마쭈에 가려고 한다면 시간과 마음의 여유를 가지고 출발해야 한다.

참고로 타이중에서는 난간南竿으로 운행하는 비행 노선이 1일 1회 있다. 편도 요금 NT$2,336이며, 비행 시간 65분이다.

- 유니 항공 立榮航空
  홈페이지 www.uniair.com.tw 난간 공항 예약 전화 07-791-1000 베이간 공항 예약 전화 02-2501-1999
- 난간 공항 南竿航空站
  주소 連江縣南竿鄉20941復興村 220號 전화 083-626-505(08:30~17:30)
- 베이간 공항 北竿航空站
  주소 連江縣北竿鄉21041塘岐村 261-2號 전화 0836-56606#105(08:00~17:00) / 0836-55657(17:00~08:00)
- 쑹산 공항 松山機場
  홈페이지 www.tsa.gov.tw/tsa/ko/home.aspx 전화 02-8770-3456

배

마쭈다오로 가는 배는 타이베이 북부 지룽基隆 항구에서 타서 마쭈의 난간南竿에 도착한다. 배는 하루에 한 번 오후 10시 출발하여 다음 날 오전 8시에 도착한다. 편도 요금은 NT$800~1,200로 항공료의 반값이지만 이동 시간은 약 10시간으로 10배 이상의 시간이 소요된다. 배표는 7일 전에 미리 예약을 하는 것이 좋다.

예약 전화 타이베이 02-2424-6868 / 마쭈 083-626-655

섬 내 교통

마쭈다오 내 난간南竿과 베이간北竿 지역의 교통수단은 버스, 택시, 오토바이이다. 공항과 선착장에서는 승용차와 오토바이를 렌트하는 곳이 많다. 시간이 넉넉한 여행자가 아니라면 마쭈다오의 유일한 대중교통인 버스는 시간을 맞추기가 어려우므로 택시나 오토바이를 타고 여행하는 것이 좋다.

버스

마쭈 관광버스馬祖觀光公車는 산을 따라 다니는 산선山線과 해안을 따라 다니는 해선海線으로 나누어진다. 일정한 정류장 없이 섬을 일주하는 형태로 운영되며, 1회 탑승 요금은 NT$15이며 1일권은 NT$50이다.

오토바이 렌트

오토바이 하루 렌트 비용은 NT$500~600, 반나절 렌트 비용은 NT$300~400이며 주유 후 반납해야 한다.

렌터카

렌터카는 승용차부터 27인승 승합차까지 다양하게 있다. 보통 하루 8시간 NT$8,000, 반일 NT$4,000이며 시간당 빌리는 경우에는 1시간에 NT$1,000으로 최소 대여 시간은 3시간이다. 가격은 차종과 시간에 따라 달라진다.

문의 전화 난간 0836-25755 / 베이간 0933-143711

페리

난간南竿에서 다른 섬 베이간北竿, 둥인東引, 쥐광莒光으로 갈 때는 페리를 타고 이동한다. 마쭈는 봄에는 안개가 끼고 겨울에는 강풍이 부는 등 기후 변화가 심해 출발에 앞서 페리 회사에 먼저 확인해야 한다.

페리 운행 시간 06:30~17:30

구간별 정보 난간(南竿)~베이간(北竿) NT$140 | 난간(南竿)~둥인(東引) NT$285
난간(南竿)~쥐광(莒光) NT$140 | 둥인(東莒)~시쥐(西莒) NT$ 20

문의 전화 연강 항업 공사(連江航業公司) 08-362-2395 | 대화 항운 공사(大和航運公司) 0836-22130
푸아오 부두 서비스 센터(福澳碼頭服務台) 0836-26760

베이간 사무소 北竿鄉公所

상세한 베이간 여행 정보를 얻고 싶다면 여행자 안내 센터가 있는 베이간 사무소에 들러 보자.

連江縣(馬祖) 北竿鄉 塘岐村 258號 ☎0836-55218

마쭈다오 하루 코스

마쭈 양조장馬祖酒廠**과 팔팔 갱도**八八坑道 —택시 10분→ **마조 거대 신상**媽祖巨神像 —도보 5분→ **마항 천후궁**馬港天后宮 —택시 10분→ **난간 선착장** —페리를 타고 베이간으로 이동, 12분→ **친비 마을**芹壁村

MAPECODE 17801

마조 거대 신상 & 마항 천후궁
馬祖巨神像&馬港天后宮 마쭈 쥐선샹&마강 톈허우궁

세계에서 가장 큰 마조媽祖 여신상

표류하던 효녀 마조媽祖의 시체가 난간 섬南竿島에 떠밀려 왔는데 도저히 옮길 수 없어 바로 그 자리에 마조를 모신 천후궁天后宮을 지었다고 전해진다. 그래서 아직도 난간의 천후궁의 밑에는 마조의 관이 있으며 천후궁 맞은편에는 높이 29.6m의 마조 신상이 세워져 있다. 마쭈다오 안에는 마조를 모신 천후궁이 여기 말고도 세 군데 나 더 있다.

連江縣 南竿鄉 209 馬祖村4-1號 ☎08-362-2948 24시간 난간 공항(南竿航空站)이나 난간 선착장에서 택시로 20분 소요.

MAPECODE 17802

난간 북해 갱도
南竿北海坑道 난간 베이하이 컹다오

전쟁의 흔적이 남은 시원한 뱃놀이터

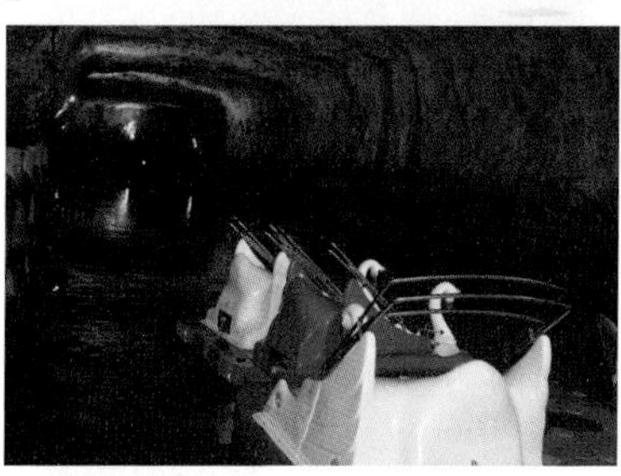

난간 북해 갱도는 세계적으로도 보기 드문 전쟁 유적지로, 마주에서 가장 추천할 만한 곳이다. 외관은 매우 평범하지만 입구로 들어서자마자 눈앞에 펼쳐지는 풍경은 상상을 초월하는 다른 세상이다. 어떻게 이런 공사를 할 수 있었는지 인간의 위대함을 새삼 느끼게 해 준다. 갱도의 전체 구조는 우물 정(井)자 형태로 만들어졌다. 높이 18m, 넓이 10m, 총 길이는 700m이며 수심은 가장 깊은 곳은 8m, 낮은 곳은 4m이다. 120대의 배를 정박할 수 있어 '지하 부두'라고 부르기도 했다고 한다. 배를 타고 물길을 따라 한 바퀴 돌아보는 시간은 30분이 걸리며 만조 시에는 파도가 크게 밀려와 이때는 피하는 것이 좋다. 미스터리한 분위기의 군사 시설 북해 갱도南竿的北海坑道 여행은 마쭈에서의 특별한 경험이 될 것이다.

馬祖 連江縣 南竿鄉 仁愛村 ☎08-362-5630 www.nankan.gov.tw/view.htm 08:30~11:30, 13:40~17:00 (화요일 휴무) 배 요금 NT$350 난간(南竿) 선착장에서 중양다다오(中央大導) 방향으로 직진하여 런아이춘(仁愛村) 부근.

★톡톡★ 타이완 이야기

신이 된 마조 이야기

마조媽祖는 어부였던 아버지가 뱃길에서 돌아올 때마다 물가에서 항상 등을 들고 기다렸다. 그러던 어느 날 거친 풍랑에 배가 부서져 아버지가 돌아오지 못하게 되자 마조는 아버지를 구하러 바다로 뛰어들었지만, 이미 아버지는 죽은 후였다. 마조는 아버지의 시신을 등에 업고 바다에서 나오려 했지만 지쳐서 그녀도 목숨을 잃게 되었다. 그녀의 나이는 16세였다. 이 이야기를 들은 관음보살이 감동하여 마조를 신으로 삼고 바다에서 길을 잃은 사람들을 위해 무사 안녕을 기원하는 등을 밝히도록 하였다고 한다. 그때 마조가 아버지의 시신을 업고 표류하다가 도착한 곳이 이곳 난간南竿이어서 이 지역을 마쭈다오馬祖島로 부르게 되었다고 한다.

MAPECODE 17803

마쭈 양조장 & 팔팔 갱도
馬祖酒廠&八八坑道 마주 주창&바바 컹다오

마쭈의 고량주 맛을 찾아서

마쭈 양조장馬祖酒廠 근처에 있는 팔팔 갱도八八坑道는 원래 군인들이 전쟁 시 군사 목적으로 사용하려고 만든 공간이었으나 지금은 술을 숙성시키기 위해 술을 담은 단지들을 보관하는 저장고로 활용되고 있다. 이러한 모습은 마쭈와 진먼에서만 볼 수 있는 특별한 풍경이다. 이곳에서 만들어진 고량주의 이름도 '팔팔 갱도八八坑道'라고 붙였다. 팔팔 갱도 고량주는 마쭈의 특산품으로 알코올 도수는 53도이며 600ml 한 병에 약 NT$1,200이다.

팔팔 갱도八八坑道는 하루에 4회 개방되며 안으로 들어가 돌아보는 시간은 약 40분 정도 소요된다. 10인 이상 단체로 예약할 경우에는 따로 시간을 협의한 후 개방해 준다.

馬祖 連江縣 南竿鄉 復興村 208號 ☎ 0836-22211 www.matsuwine.com.tw **마쭈 양조장 & 팔팔 갱도** 08:40~11:30, 13:40~17:00 난간 공항(南竿航空站)에서 택시로 20분 소요.

MAPECODE 17804

친비 마을 芹壁村 친비춘

영화 〈화양〉 촬영지

친비 마을芹壁村은 마쭈馬祖에서 유일하게 온전한 상태로 잘 보전된 마을이다. 최근 몇 년간 타이완 드라마 〈장난스런 키스〉, 영화 〈화양花漾〉, CF 등의 촬영지로 매스컴을 타면서 여행객들이 급증하고 있다. 성수기인 여름에는 미리 예약하지 않으면 빈 방을 찾기가 어렵다. 친비 마을은 베이간北竿 서북쪽 중국 대륙과 마주보고 있는 위치에 있어 맑은 날에는 바다 건너로 중국 대륙이 보일 정도다.

원래 이 마을의 주민들은 어업으로 인한 수입이 많아 여유 있는 생활을 했으나 1970년 이후 어획량이 급감하면서 주민들이 떠나가고 텅 빈 마을이 되어 버렸다. 하지만 그래서 오히려 가옥 상태를 원래대로 잘 보존할 수 있었다고 한다.

친비 마을의 아름다운 경관이 알려지면서 롄장현連江縣은 많은 돈을 투자해 오래된 가옥에 대한 대대적인 보수 작업을 시작해 2000년에 완벽하게 정비된 마을로 다시 태어났다. 지금은 마을 전체가 민박, 레스토랑, 카페로 운영되고 있다. '친비芹壁'라는 마을 이름은 거북이라는 뜻의 푸젠 방

★톡톡★ 타이완 이야기

친비 마을에 있는 개구리의 유래

친비 천후궁芹壁天后宮의 뒤편에 있는 작은 사찰 철갑원사묘鐵甲元帥廟에서는 철갑장군鐵甲元帥이라고 하는 개구리를 모시고 있다. 청나라 말기에 해적들이 마쭈다오에 와서 노략질을 하면서 많은 재산과 인명에 피해를 주어 두려움에 떨고 있을 때 철갑장군이 개구리로 변신해 친비 마을을 지켜 주어 피해를 입지 않았다고 한다. 그래서 그때부터 친비 지역 주민들이 이곳에 사당을 지어 철갑장군을 모시고 있다.

천비 마을

언 '친쯔芹仔'에서 유래되었는데 이는 거북 섬을 내려다보는 언덕에 위치해 있기 때문에 붙여진 것이라고 한다.

連江縣 北竿 芹壁村 베이간 공항과 선착장에서 택시로 15분 소요.

MAPECODE 17805

전쟁 평화 기념 공원
戰爭和平紀念公園 잔정 허핑 지녠 궁위안

전쟁을 기억해야 하는 이유

베이간北竿 북쪽에는 전쟁 평화 기념 공원戰爭和平紀念公園이 있고 그 안에는 전쟁 주제 전시관이 있다. 계엄령 시기에는 다워산大沃山 전체가 군사용으로 사용되었기 때문에 공원이 매우 넓은 부지에 걸쳐 조성되어 있는데 민간인의 가옥은 전혀 없는 것이 특징이다. 전쟁 주제 전시관에서는 전쟁 당시의 사진 자료들과 군사용품이 전시되어 있다. 여기에서 볼 수 있는 모든 자료들은 군사용 목적으로 사용되던 자료들이다. 군인들이 입었던 복장과 전쟁을 위해 쓰였던 무기들을 보면서 긴장감 넘치는 당시의 상황을 상상해 볼 수 있다. 또한 지구상에서 전쟁이 다시는 일어나면 안 되겠다는 경각심을 일깨워 주는 곳이기도 하다.

馬祖 連江縣 北竿鄉 戰爭和平紀念公園 主題館 ☎ 08-362-5631 08:30~12:30, 13:30~17:00 베이간 공항에서 택시로 20분 소요.

★톡톡★ 타이완 이야기

마쭈다오의 이름 표기

마쭈다오馬祖島는 원래 마조媽祖 신의 이름과 똑같은 한자로 표기했었다. 하지만 타이완 총통 장제스는 중요한 군사 기지인 마쭈다오의 이름이 너무 여성스럽다고 여겨 좀 더 용맹한 이미지로 바꾸기 위해 '媽'에서 '女(계집 녀)'를 빼고 '馬'로 바꾸었다. 그 후 오늘날까지 마쭈다오의 표기는 '媽祖'가 아닌 '馬祖'를 사용한다.

대중 음식점

MAPECODE 17806

大衆飮食店 다중 인스뎬

노주 면선老酒麵線 라오주 미엔셴은 해산물이 듬뿍 담긴 국수와 함께 술이 한 잔 나오는 요리로 술을 국수에 부어서 먹어야 제맛이다. 이곳에서 먹는 볶음밥은 마쭈 특유 양념인 홍조紅糟 술을 만들고 남은 재료로 만든 붉은색 양념로 만들어 붉은색을 띤다. 이것 역시 마쭈에만 있는 특별한 음식이다. 디저트로는 고구마로 만든 별 모양의 황금 고구마 만두黃金地瓜餃가 있는데 여름철에는 차갑게 겨울철에는 따뜻하게 해서 먹는다. 배가 잔뜩 불러도 식후에 나온 빙수는 입을 개운하게 해 주어 꼭 먹어 봐야 한다.

連江縣(馬祖) 南竿鄉 馬祖村 80號 ☎ 083-622-185 11:00~14:00, 17:00~20:00 노주 면선(老酒麵線) NT$90 난간(南竿) 공항 및 선착장에서 중앙다다오(中央大道) 방향으로 직진해서 마쭈춘(馬祖村)에 도착하면 야시장이 나오는데 길 오른편 중간쯤에 있다. 택시로 20분.

선미렴 鮮美廉 셴메이롄

MAPECODE 17807

이곳은 200년이 넘도록 한 곳에서 빵을 직접 만들어 팔고 있는 빵집이다. 마쭈의 빵 계광병繼光餅 계속 빛을 내는 빵은 빵만 담백하게 먹어도 되고 반을 잘라 속을 넣어 먹기도 한다. 밀가루로 만드는 단순한 빵인데 담백하면서도 쫄깃하고 멋진 맛을 어떻게 내는지 먹을수록 궁금해진다. 맛의 전통은 먹는 사람들이 만들어 준다는 것을 알게 해 주는 맛집이다.

馬祖 連江縣 北竿鄉 塘岐村 中山路 192號 ☎ 083-655-416, 0933-059-962 06:00~22:00 (당일 만든 빵이 모두 팔리면 문을 닫는다.) 베이글 1개 NT$10~20 베이간(北竿) 공항에서 나와 맞은편 탕치 마을(塘岐村)로 들어오면 세븐일레븐을 지나 왼쪽에 있음. 도보 10분.

어지향 생선 국수

MAPECODE 17808

魚之鄉魚麵行 위즈샹 위미엔항

이곳에서는 생선으로 만든 국수를 파는데, 면발의 결이 얇고 고운 것이 특징이며 바닷바람으로 말려 간이 밴 듯 짭짤해 더 맛이 있다. 특별히 국수를 좋아하는 사람이라면 생선 국수漁麵 위미엔의 맛이 오래도록 기억에 남을 것이다. 식사를 하고 골목을 구경하다 보면 바닷가에서 국수 말리는 풍경을 볼 수 있다. 이 음식점이 운영하는 국수 공장이다. 이 음식점은 요리한 국수와 함께 국수 공장에서 만든 면도 판매하고 있다.

連江縣(馬祖) 北竿鄉 塘岐村 149號 ☎ 083-655-545, 0928-812-876 08:00~20:00 생선 국수(漁麵) NT$100 베이간(北竿) 공항 하차 후 맞은편 상탕치 마을(塘岐村)로 들어오면 오른쪽에 있음. 도보 10분.

Sleeping

부인 민박

MAPECODE 17809

夫人民宿 푸런 민쑤

난간南竿 부두에서 다소 먼 거리에 위치해 있지만 난간의 명소를 나타내는 지도에 크게 표시되어 있을 만큼 매우 유명한 곳이라 늘 사람들로 북적인다. 아름다운 숲 속 꽃길을 걸어 들어가면 나오는 이곳은 낭만이 가득한 곳이다. 숙소 마당에 있는 카페에서 바라보는 바다 풍경은 같은 바다라도 특별한 느낌을 주는 매력이 있다. 주인이 추천하는 커피는 놓치면 후회할 맛이다. 민박과 카페를 같이 운영하는데 숙소는 예약하지 않으면 빈방이 없다. 민박 주인의 소박하고 착한 미소와 친절함이 마쭈에 찾아온 여행자들을 편안하게 해주기 때문에 인기가 높은 숙소이다.

連江縣 南竿鄉 四維(夫人)村 40-1號 ☎ 0836-25138, 0932-260514 www.furen.com.tw 1인 NT$700~, 8인 NT$4,000 난간(南竿) 공항이나 선착장에서 택시로 30분.

친비 마을 25호 민박

MAPECODE 17810

芹壁村25號民宿 친비춘 얼스우하오 민쑤

마쭈다오에서 가장 아름다운 친비 마을芹壁村에 있는 민박이다. 영화와 드라마에 나오는 단골 촬영지로, 친비 마을에서도 건물과 바다 풍경의 어울림이 가장 아름다워 최고의 인기를 누리고 있는 곳이다. 이 민박은 카페도 운영하고 있고 무료 인터넷을 무제한 사용할 수 있을 뿐 아니라 룸의 내부 시설은 섬이라고는 생각할 수 없을 정도로 깔끔하고 럭셔리하다. 이른 아침 친비 마을의 집들 사이를 산책해도 즐겁고, 바다 위의 거북 섬을 바라보며 마시는 차 한 잔의 여유와 저녁 무렵 석양에 자신을 물들이는 경험 등 잊을 수 없는 멋진 여행을 만들어 주는 곳이다.

連江縣 北竿 芹壁村 25號 ☎ 0836-55628 www.chinbe.com.tw NT$1,500~ 베이간(北竿) 공항이나 선착장에서 택시로 15분, 또는 도착 시간을 미리 알려주면 민박에서 비용을 받고 차를 보내 준다.

★톡톡★ 타이완 이야기

자신의 악운을 태워 없애는 소탑절 燒塔節

마쭈다오의 난간南竿 섬 톄반 마을鐵板村에는 소탑절燒塔節이라는 백 년이 넘도록 전해 내려오는 마을 축제가 있다. 한 해 동안 있었던 나쁜 일들을 태워 없애는 소탑燒塔이라는 이 전통 풍습은 마쭈 지역뿐 아니라 중국 푸젠 성 동부 일대에도 있었던 중추절 풍습이었지만, 지금은 이곳 톄반 마을에만 남아 있다. 옛날에는 버려진 관의 목판이나 문짝 등의 목재는 아무 때나 땔감으로 쓸 수 없었다. 이런 목재들은 모아 두었다가 중추절에 한꺼번에 태움으로써 복을 빌고 악운을 몰아내는 데 사용했다. 한때는 중국과의 적대 관계 때문에 축제의 큰 불이 중국을 자극하는 오해의 소지가 있어 축제를 열지 않다가 지금은 부활하여 매년 열린다. 톄반 옛 거리鐵板老街 톄반 라오제 입구에서부터 가장 행렬이 시작되고 친비 천후궁芹壁天后宮에 도착하면 축제가 시작된다. 밤이 되면 친비 천후궁 바로 아래에 위치한 바닷가에서 소탑 의식을 한 후 밤을 새워 공연을 펼친다. 최근에는 탑을 태울 때 각자 없애고 싶은 마음속의 두려움이나 스트레스 등을 카드에 적어서 함께 불에 태우는 새로운 풍습도 도입되고 있다.

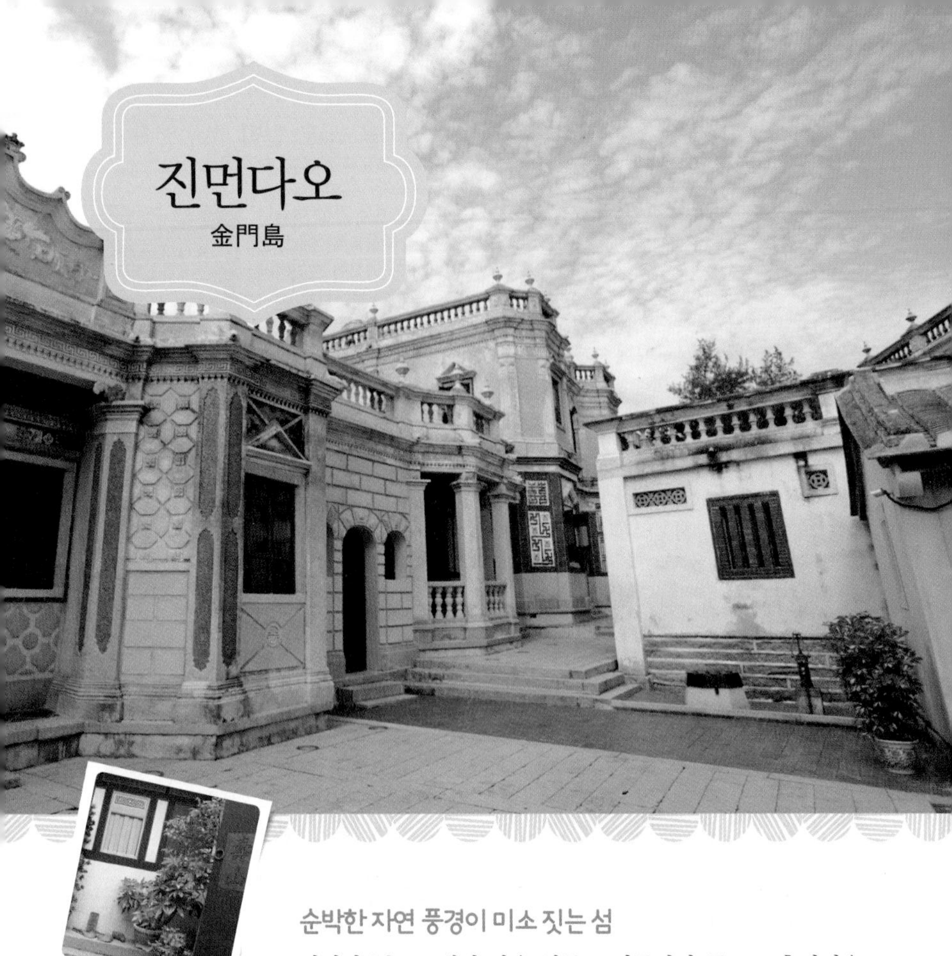

진먼다오
金門島

순박한 자연 풍경이 미소 짓는 섬

진먼다오는 15개의 작은 섬들로 이루어진 군도로 총면적은 150,46km²이다. 진먼의 기후는 아열대 해양성이지만 연평균 기온은 20.9도로 시원하고 연평균 강수량은 1,049.4mm로 맑은 날이 많다. 진먼다오의 꾸미지 않은 순수한 자연과 화려한 푸젠성 스타일의 옛 가옥들, 그리고 바람과 운을 비는 풍습인 풍사야風獅爺는 진먼을 찾는 여행자들에게 한없이 정겨운 분위기를 보여 준다. 이 지역에서 나는 수수로 만든 고량주는 타이완 최고의 맛을 자랑한다. 진먼다오는 중국과 가까워 과거에는 최전방 방어 요새 지역이었지만 전쟁이 멈춘 지금은 철새들의 군락지로 사진가들이 찾아오고 도시에서 여행 온 사람들이 자전거를 타고 순박한 자연 풍경들을 돌아보는 여행지로 사랑받고 있다.

information 행정 구역 金門縣 국번 082 홈페이지 www.kinmen.gov.tw

차오위
草嶼
왕아파 굴전
王阿婆蚵仔煎
진먼 산허우 민속 문화촌
金門山后民俗文化村
진먼 현
金門縣
진사 진
金沙鎮
타이우산
太武山
진먼다오
金門島
진닝 향
金寧鄉
금합이강도
金合利鋼刀
진먼 우가장
金門牛家莊
진금복호
陳金福號
진먼 공항
金門航空站
진후 진
金湖鎮
례위
烈嶼
례위 향
烈嶼鄉
구양공 어머니 절효방
邱良功母節孝坊
거광루
莒光樓
수조가두
水調歌頭
진청 진
金城鎮
진먼 양조장
金門酒廠
자이산 터널
翟山坑道

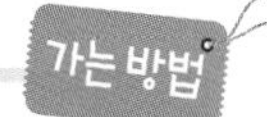

비행기

타이베이台北, 가오슝高雄, 타이중台中, 타이난台南, 자이嘉義, 펑후澎湖, 마궁馬公 공항에서 진먼 공항金門航空站으로 오는 정기 항공편이 운행되고 있다. 시간은 약 50~60분이 소요되며 원동 항공遠東航空, FAT Airline, 유니 항공立榮航空, Uni Air, 부흥 항공復興航空, Trans Asia Airways, 만다린 항공華信航空, Mandarin Airlines에서 운행하고 있다. 타이베이 쑹산 공항이나 가오슝에서 진먼까지는 요금이 NT$2,000이며 1시간 소요된다. 타이중에서 진먼까지는 요금 NT$1,900이며 50분 소요된다.

- 진먼 공항
  주소 金門縣 金湖鎮 尚義航空站2號 전화 082-322-381 홈페이지 www.kma.gov.tw
- 진먼다오로 운행하는 항공사
  유니 항공 www.uniair.com.tw
  만다린 항공 www.mandarin-airlines.com
  원동 항공 www.fat.com.tw

배

가오슝 선착장을 출발하여 진먼다오의 랴오뤄料羅 부두까지 운행하는 진먼 고속 여객선金門快輪이 있다. 8~10시간 소요되며 요금은 NT$900 내외로 저렴한 편이지만 주 1회만 운행한다. 또한 정기적으로 운행하지 않으니 이용하려면 미리 시간을 알아보아야 한다. 예약은 필수이며 신분증을 지참해야 탑승 가능하다. 그 밖에도 진먼과 례위烈嶼를 오가는 배편이 있고, 중국과 타이완의 삼통 정책에 따라 진먼에서 중국의 샤먼廈門과 취안저우泉州를 오가는 배편이 있다.

가오슝 선착장 07-332-3788

버스

진먼다오 내에는 29개의 노선이 있으며 진먼 버스 관리처가 있어 편리하게 이용할 수 있다. 버스 요금은 NT$12이다.

진먼 버스 관리처 www.kcbfa.gov.tw(버스 노선 및 시간표 안내)

택시

진먼의 택시 기본 요금은 NT$60이다. 진먼 전체를 한 번에 돌아보려면 하루 NT$3,000, 반나절 NT$1,500의 요금이 드는데, 이를 이용하는 것도 좋다. 택시 기사로부터 명소나 맛집을 소개받는 등 친절한 안내를 받을 수 있기 때문이다.

문의 전화 0911304560

오토바이 렌트

요금 1일 NT$1,600 영업 시간 08:00~17:30 전화 082-335-333

진먼다오 하루 코스

진먼 양조장 金門酒廠 버스 20분 → **자이산 터널** 翟山坑道 버스 30분 → **금합이강도** 金合利鋼刀 버스 40분 → **진먼 산허우 민속 문화촌** 金門山后民俗文化村

MAPECODE 17811

거광루 莒光樓 쥐광러우

용맹한 군인들의 기념관

타이완 우표나 관광 엽서에 많이 나오는 명소이다. 진먼에서 1950년 823포전을 시작으로 포격전이 계속되었는데 당시 전쟁에 참여했던 용맹한 군인들을 기념하기 위해 1952년에 만들어진 건물이다. 건물 안에는 전쟁의 상황을 알 수 있는 설명들이 있고 그 당시 전쟁에 사용되었던 무기와 물건들이 전시되어 있다.

金門縣 金城鎮 賢城路 1號 ☎ 08-232-5632 08:00~22:00 진먼 공항에서 3번 버스를 타고 거광루(莒光樓) 하차.

MAPECODE 17812

구양공 어머니 절효방 邱良功母節孝坊 추량궁무 제샤오팡

아름다운 1급 고적

구양공의 어머니 허씨는 남편인 진위 장군 구지인邱志仁이 전쟁에 나가 죽게 되어 과부가 되었다. 당시 구양공이 태어난 지 한 달도 안 된 상황이었다. 갑자기 남편이 죽어 살림이 어려웠지만 아들을 훌륭하게 키웠다. 아들이 장성하여 1808년에 중국 저장 성浙江省의 제도(지금의 도지사)로 임명되었다. 아들 구양공이 반란을 제압해 큰 공을 세우자 황제는 친필 현판을 보내고 어머니 허씨를 기념하는 문을 세우도록 했다. 지나가는 사람들이 멀리서도 알아보고 귀감이 되도록 크고 화려하게 만든 것이 이 절효방이다. 구양공 어머니 절효방은 타이완과 중국의 푸젠 지역에서 가장 아름다운 1급 고적 절효방으로 손꼽힌다.

🏠 金門縣 金城鎮 東西里 莒光路觀音亭旁 ☎ 08-231-8823 🚌진먼 공항에서 3번 버스를 타고 진청(金城) 하차.

MAPECODE 17813

자이산 터널
翟山坑道 자이산 컹다오

▶ 해병대의 상륙 작전을 위해 만든 비밀 요새

자이산 터널은 해병대의 상륙 작전을 위해 만들어 놓은 군사 시설이자 비밀 요새이다. 중국과의 전쟁을 목적으로 1963년에 바다 옆에 있는 산에 터널을 파고 이 안으로 물이 들어오도록 만들어 배를 숨겨 놓았다고 한다. 터널의 총 길이는 357m로, 터널 안에 부두 시설도 갖추고 있을 만큼 규모가 매우 크다. 지금은 국방부가 아닌 진먼 국가 공원에서 관리하고 있으며 1998년 일반인에게 공개되었다. 전쟁 시에 만들어진 군사 시설이지만 지금은 매우 특색 있는 관광 명소가 되어 인기를 끌고 있다.

🏠 金門縣 金城鎮 翟山坑道 ☎ 082-313-241 ✔ 08:30~17:00 🚌진청(金城) 버스 터미널에서 6번 버스를 타고 구강(古崗) 또는 구강후(古崗湖) 하차.

MAPECODE 17814

타이우산 太武山

▶ 진먼 전체를 한눈에 볼 수 있는 진먼 국가 공원

진먼의 중심에 위치한 타이우산太武山은 서쪽으로는 진청金城, 동쪽으로는 산와이山外로 나누어진다. 산의 높이가 253m로, 진먼에서 가장 높아 산 정상에 올라가면 진먼 전체를 한눈에 볼 수 있다. 진먼 국가 공원이 있는 정상까지는 30분이 소요된다. 진먼은 국공 내전 기간부터 1978년까지 중국과의 군사 대립 상황에서 국민당 정부의 최전선이었으며 타이우산이 진먼의 요새 역할을 했다. 타이우산의 지질은 매우 단단한 화강암이 주를 이루어 산속에 큰 규모의 굴을 파서 군사 시설을 마련하였고 지금도 이곳에는 타이완의 군인들이 주둔하여 진먼을 지키고 있다.

🏠 金門縣 金湖鎮 玉章路 ☎ 082-324-174 🚌 산와이(山外) 정류장에서 27번, B1번 진청(金城)행 버스를 타고 타이우산(太武山) 하차.

★톡톡★ 타이완 이야기

전쟁의 섬

역사를 거슬러 올라가면, 진먼은 청나라 초기에 정성공鄭成功이 '반청복명反清復明'이라는 기치 아래 청나라에 저항하던 기지였으며, 1949년 국민당 정부가 중국 본토에서 물러났을 당시에는 대륙과의 전투를 준비하기 위해 군정軍政을 실시하는 등 중국 대륙과 타이완 사이의 최전선 대립지역이었기에 끊이지 않는 격렬한 전투를 치러내야 했다. 그래서 이 섬은 '전쟁의 섬Battlefield Island'이라고 불리면서 독특한 전쟁의 분위기를 가지게 되었다.

MAPECODE 17815

진먼 산허우 민속 문화촌

金門山后民俗文化村 진먼 산허우 민쑤 원화춘

▶ 전형적인 중국식 건축물이 있는 마을

진먼 산허우 민속 문화촌에는 중국 민난閩南 양식의 전통 가옥이 18채가 있다. 청나라 때 왕국진王國珍이라는 진먼 사람이 일본으로 건너가 장사를 하여 큰 부자가 되었다. 그 사업을 아들 왕경상王敬祥이 물려받게 되었는데 이들 부자는 고향의 발전을 바라며 친척들이 살 집 18채를 25년에 걸쳐 이곳에 지었다. 집은 전형적인 중국식 건축물로 장식이 매우 아름다우며 집 뒤로는 초록의 산이 있고 집 앞으로는 푸른 바다가 보인다. 현재도 진먼 민속 문화촌의 가옥에는 모두 사람들이 살고 있다.

진먼 민속 문화촌에는 진먼에서 유명한 맛집인 왕아파王阿婆가 있다. 300년 전통의 굴국수를 파는 곳으로, 진먼의 굴 양식 노하우로 길러지는 굴은 크기는 작지만 신선하고 쫄깃하여 진먼에서만 맛볼 수 있는 특별한 음식이다.

金門縣 金沙鎮 山后民俗文化村 ☎ 082-355-347 08:00~17:00 사메이(沙美)에서 31번 버스를 타고 산허우(山后) 하차. / 산와이(山外)에서 25번 버스를 타고 산허우(山后) 하차.

왕아파 굴전

MAPECODE 17816

王阿婆蚵仔煎 왕아포 커짜이젠

진먼의 굴은 크기는 작지만 쫄깃한 식감과 고소한 맛이 특징이다. 진먼 지역 어디서든 굴국수를 먹을 수 있지만 특히 진먼 산허우 민속 문화촌에서 파는 굴전과 굴국수가 일품이다.

金門縣 山后民俗村 64號 ☎ 082-352-388 08:00~17:00 사메이(沙美)에서 31번 버스를 타고 산허우(山后) 하차. / 산와이(山外)에서 25번 버스를 타고 산허우(山后) 하차.

Sleeping

수조가두

MAPECODE 17817

水調歌頭 수이댜오거터우

〈수조가두水調歌頭〉는 송나라의 유명한 시인 소동파의 시 제목이자, 가수 덩리쥔鄧麗君의 노래 제목이기도 하다. 노래 가사를 보면 옥으로 만든 집이 나오는데 이는 달에 있다는 전설상의 궁전을 뜻한다. 수조가두 민박은 이 아름다운 이름이 무색하지 않을 만큼 특별한 곳이다. 청나라 건륭제 때 지어진 전통 민난閩南 양식의 건물로, 건물 자체가 200년의 역사를 지닌 고적이다. 진먼 국가 공원 전통 건축 보존 위원회에서 6년간의 복원 작업을 마치고 하룻밤 머물면서 진먼의 전통 문화를 체험하는 공간으로 일반인에게 오픈했다. 방이 많지 않으므로 예약을 하고 가는 것이 좋다.

金門縣 金城鎮 前水頭40, 41號 ☎ 08-232-2389, 093-251-7669 www.familyinn.idv.tw NT$1,400~2,200, 1인 NT$1,200 진먼 상이 공항(尚義航空站)에서 택시로 약 30분.

Travel Tip

진먼에서 꼭 사야 할 특산품

진먼 고량주

진먼 고량주金門高粱酒 진먼 가오량주는 한국에서도 볼 수 있는 유명 브랜드로, 고량주 중에서도 가장 인기 있는 브랜드다. 고량주는 수수로 발효시켜 만드는 술인데, 진먼 지역의 지질이 대부분 화강암으로 이루어져 논농사를 짓기에 적합하지 않고 일교차가 심하며 맑은 날이 많은 기후 때문에 수수 재배지가 많다. 공장은 멀리서도 알아볼 수 있을 만큼 거대한 크기의 진먼 고량주 병이 서 있는 곳이어서 금방 찾아낼 수 있다. 공장 안으로 들어가면 고량주의 자료에 대한 영상을 볼 수도 있고 만드는 과정이 전시되어 있으며 방금 만들어진 따끈한 고량주를 무료로 시음도 가능하다. 또한 술을 빚고 남은 누룩으로 만든 여러 가지 화장품을 체험해 볼 수 있다.

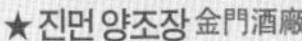
★ 진먼 양조장 金門酒廠

金門縣 金城鎮 金門城 68號 ☎ 082-326-064
www.kkl.com.tw/tc/home.aspx 08:00~17:30
진청(金城)에서 6번 버스를 타고 주진청(舊金城) 하차.

진먼 공당

과거에 진먼 공당金門貢糖 진먼 궁탕은 중국 황제에게 바쳤던 진상품이었다. 땅콩과 엿으로 만드는데 보기에는 평범하지만 진먼에서 재배한 땅콩은 알이 작고 밀도가 높아 맛이 특별히 고소하다. 또한 이 공당은 먹을 때 입안에 붙지 않는 것이 특징이다. 최근에는 진먼 공당의 인기에 힘입어 마늘, 깨, 녹차, 김, 커피 재료로 만든 공당을 선보이고 있다.

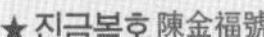
★ 진금복호 陳金福號

金門縣 金城鎮 伯玉路 一段 90號 ☎ 886-8232-1414
www.km321414.com.tw 08:30~18:30
진먼 상이 공항(尚義航空站)에서 택시로 약 30분.

진먼 소고기 육포

진먼 고량주 양조장에서 술을 만들고 나오는 재료로 소의 먹이를 주기 때문에 진먼의 소고기를 '고량우高粱牛'라고 부른다. 다른 지역의 소고기보다 육질이 부드럽고 좋아 진먼 소고기 육포金門牛肉乾는 그 쫄깃함이 잊을 수 없는 맛으로 기억된다.

★ 진먼 우가장 金門牛家莊

金門縣 金城鎮 民族路 318弄 5號 ☎ 08-232-0099
11:00~14:30, 17:30~21:30
진먼 상이 공항(尚義航空站)에서 택시로 약 30분.

금합이강도

진먼은 1958년 8월 23일부터 10월 5일까지 '진먼 포격전' 또는 '823 포전'이라고 불리는 전쟁을 치렀다. 이 기간에 중국군은 진먼 지역으로 48만 발에 이르는 포탄을 쏘았다. 이후에도 1978년까지 20년간 중국군의 포격이 계속되어 100만 발 정도가 진먼에 쏟아져 내렸다고 한다. 그래서 산처럼 쌓인 포탄 조각으로 칼을 만들어 팔기 시작했는데 포탄으로 만든 칼은 강도가 높아 우수한 품질을 자랑한다. 금합이강도는 꼭 구입해야 할 진먼의 특산품이 되었다.

★ 금합이강도 金合利鋼刀

金門縣 金寧鄉 伯玉路 一段 236號 ☎ 082-323-999
09:00~18:00 maestrowu.8898.tw
진먼 상이 공항(尚義航空站)에서 택시로 약 30분.

펑후다오
澎湖島

수많은 철새들의 날개짓으로 장관을 이루는 섬

타이완의 남서쪽 바다에 위치한 펑후는 약 60여 개의 섬을 포함하는 군도다. 현무암 바위와 산호초, 침식되고 융기된 신비한 암석들, 드넓은 해변과 철새들의 날개짓이 만드는 아름다운 자연 경관을 볼 수 있다. 매년 4~6월이 되면 화려한 불꽃 축제가 펼쳐지며 가을과 겨울에는 해산물 축제가 열린다. 또한 펑후는 요트와 윈드서핑의 명소로도 유명하며 사계절 내내 아름다운 자연을 즐길 수 있어 타이완 사람들에게 가장 사랑받는 섬이다.

펑후에 갈 때 먼저 도착하는 곳이 마궁馬公이다. 펑후에서 면적이 가장 큰 섬으로 유일하게 도시가 형성되어 있는 지역이다. 펑후다오 여행의 중심 역할을 하고 있는 마궁은 항공편으로 쉽게 연결되며 페리를 타면 인근 섬으로의 이동도 편리하다.

information 행정 구역 澎湖縣 국번 06 홈페이지 www.penghu-nsa.gov.tw

가는 방법

비행기

펑후다오로 가는 교통편은 배와 비행기가 있다. 그중 가장 편리하고 많이 이용되는 교통편은 비행기이다. 타이베이台北, 가오슝高雄, 타이중台中, 타이난台南, 자이嘉義 공항에서 출발해서 펑후 마궁 공항馬公航空站에 도착하는 비행기는 하루에 30여 편이 될 만큼 많다.

- 타이베이 쑹산 공항→펑후 마궁 공항 : 요금 NT$4,000, 소요 시간 약 1시간
- 가오슝→펑후 마궁 공항 : 요금 NT$3,000, 소요 시간 약 30분
- 타이중→펑후 마궁 공항 : 요금 NT$3,000, 소요 시간 약 40분
- 타이난→펑후 마궁 공항 : 요금 NT$3,100, 소요 시간 약 30분
- 펑후다오로 운행하는 항공사
  유니 항공(立榮航空, Uni Air) 02-2508-6999, www.uniair.com.tw
  만다린 항공(華信航空, Mandarin Airlines) 412-8008, www.mandarin-airlines.com
  덕안 항공(德安航空, Daily Air) 07-8014711, www.dailyair.com.tw
  원동 항공(遠東航空, FAT Airline) 02-8770-7999, www.fat.com.tw

배

해상 교통은 가오슝高雄이나 자이嘉義에서 출발하는 배를 이용한다. 배편은 겨울철이나 날씨가 안 좋을 때는 휴항할 수도 있으므로 시간, 요금, 운항 여부는 사전에 꼭 확인하도록 하자.

• 가오슝→평후

승선지 가오슝 신빈 부두(新濱碼頭) 요금 NT$860~3,060 소요 시간 약 4시간 30분(야간 6시간) 전화 가오슝(高雄) 7561-5313 / 평후(澎湖) 06-926-4087, 06-926-3031

• 자이→평후

승선지 자이 부다이 항구 부두(布袋港碼頭) 요금 NT$1,950 소요 시간 약 80분 홈페이지 만천성(滿天星) 항운 www.aaaaa.com.tw 전화 **만천성(滿天星) 항운** 자이 포대항 5347-0948, 마궁 6926-9721 / **금일지성(今一之星) 항운** 자이 포대항 5347-6210, 마궁 6926-0666

• 평후 →주변 작은 섬

마궁(馬公) ↔ 북해 작은 섬(北海離島) 마궁에서 차를 타고 바이사 향(白沙鄉) 츠첸 마을(赤崁村), 허우랴오 마을(後寮村), 치터우 마을(岐頭村) 부두에 가면, 주변 작은 섬인 지베이(吉貝), 냐오위(鳥嶼), 위안베이(員貝), 그리고 무인도에 가는 정기선과 부정기 유람선을 탈 수 있다. 단, 무인도에는 정박 시설이 없고 자연 보호 구역이라서 상륙할 수는 없고 배 위에서만 감상해야 한다.

마궁(馬公) ↔ 남해 제도(南海諸島), 치메이(七美) 매일 마궁(馬公)에서 왕안(望安)과 치메이(七美)로 운행하는 정기 교통선이 있고 비정기 유람선을 이용해도 된다. 왕안(望安)에서는 다시 장쥔위(將軍嶼), 둥위핑(東嶼坪), 시위핑(西嶼坪), 화위(花嶼) 등 작은 섬으로 출발하는 정기 선편이 있다. 마오위(貓嶼)에서 새를 구경하고 싶다면 선편을 따로 예약해야 한다. 마궁(馬公)에서 왕안(望安)까지 배로 이동 시간은 약 30~70분 소요되며 왕안(望安)에는 숙박 시설이 많다.

마궁(馬公) ↔ 퉁판(桶盤), 후징(虎井) 마궁(馬公)에서 퉁판(桶盤)과 후징(虎井)으로 가는 방법은 마궁(馬公) 유람선 부두에 있는 정기 교통선과 비정기 유람선을 이용할 수 있다. 소요 시간은 15~20분이며 퉁판(桶盤)과 후징(虎井) 섬은 숙박할 곳이 없으니 돌아가는 배 시간을 꼭 확인해야 한다.

섬 내 교통

평후다오에는 대중교통이 없어 여행을 하려면 차나 오토바이를 렌트해서 다녀야 한다. 기사를 포함한 차량을 렌트할 경우 비용은 6시간에 NT$2,500, 하루 코스는 NT$ 3,500이다. 차량 및 오토바이 렌트를 이용할 경우에는 반드시 탑승 이전에 이용 시간과 가격을 약속해 두어야 한다. 평후다오 일주 관광은 마궁馬公에서 유람선을 이용하는 것이 좋다.

평후다오 하루 코스

왕안 섬 화자이 마을 望安島花宅聚落 —정기 교통선 or 부정기 유람선 50분 소요→ **치메이 섬 쌍심석호** 七美島雙心石滬 —정기 교통선 60분 소요→ **퉁판 섬 황석 공원** 桶盤嶼黃石公園

왕안 섬 화자이 마을

퉁판 섬 황석 공원

MAPECODE 17818

마궁 섬 국도지성
馬公島菊島之星 마궁다오 쥐다오즈싱

수상한 배 한 척

마궁馬公 부두 부근에는 배가 많이 정박되어 있는데 그 배들 중에서 움직이지 않고 늘 같은 곳에 있는 수상한 배가 한 척 있다. 그 배의 외양은 일반 배와 같지만 내용은 완전히 다르다. 흥미롭게도 배 안에 수산 시장이 있기 때문이다. 평후 수협이 어민들의 생계를 위해서 고안한 수산 시장인데 어민들은 자신들이 잡은 물고기를 이곳에서 직접 판매해 소비자는 싱싱하고 저렴한 생선들을 구입할 수 있고 어민들은 중간 상인 없이 판매해서 고수입을 올릴 수 있다. 평후에 온다면 꼭 한번 이곳에 들러 구경도 하고 바로 그 자리에서 싱싱한 해산물도 먹어 보자. 싱싱한 해산물 이외에 산호와 관련된 것들도 구입할 수 있다.

澎湖縣 馬公市 漁隆路 50號 ☎ 6926-6269 www.penghu-fisher.org.tw 08:30~23:30 평후 마궁 공항(馬公航空站)에서 택시로 약 20분 소요.

MAPECODE 17819

지베이 섬 吉貝嶼 지베이위

수상 스포츠 마니아들이 사랑하는 곳

지베이吉貝의 원래 이름은 자베이嘉貝로 둘 모두 '아름다운 조개'라는 뜻이다. 그만큼 아름다운 이곳의 백사장은 수상 스포츠를 즐기는 마니아들이 아끼는 명소이다. 타이완 드라마 〈해돈만 연인海豚灣戀人〉 촬영을 하고 난 후에 더욱 유명해져 평후에서 꼭 가야 하는 관광 명소가 되었다. 드라마에서는 배 위에 집을 지은 선옥船屋이 매우 인상적이었는데 드라마 촬영을 위해 만든 세트였기 때문에 아쉽게도 지금은 남아 있지 않다. 지베이吉貝는 원래 여름철에 주로 수상 스포츠를 즐기러 찾아오는 사람들이 많았지만 이제는 사계절 모두 많은 사람들이 찾아와 해변을 산책하며 드라마를 추억하고 일광욕을 즐긴다.

澎湖縣 吉貝嶼 마궁에서 차를 타고 바이사향 츠첸 마을(白沙鄉赤崁村), 허우랴오 마을(後寮村)과 치터우 마을(岐頭村) 부두로 가서 지베이(吉貝)로 가는 정기 선편이나 비정기 유람선을 이용한다.

★톡톡★ 타이완 이야기

평후 해상 불꽃 축제 花火祭

2003년부터 시작한 평후 불꽃 축제는 매년 초여름 4월~6월에 걸쳐 열린다. 이 기간 동안 평후에서 시원한 밤이 되면 각종 해산물을 배부르게 먹고 관음정觀音亭 해변까지 천천히 가는 행렬들을 볼 수 있다. 왜냐하면 관음정觀音亭 해변이 평후 불꽃 축제를 관람하기 가장 좋은 장소이기 때문이다. 이곳은 또한 도시에서 열리는 불꽃 축제와는 비교할 수 없이 여유롭게 축제를 즐길 수 있다는 장점이 있다. 일행들과 오붓하게 여유를 만끽할 수 있고 심지어 잔디에 누워 감상할 수도 있다. 축제가 시작되면 가요 공연도 펼쳐져 낭만적인 음악과 함께 밤 하늘에 펼쳐지는 불꽃이 조용했던 평후의 밤을 화려하게 물들인다. 평후 섬에서 파도 소리를 들으며 밤하늘을 수놓는 불꽃을 보게 된다면 오래도록 남는 멋진 순간이 될 것이다.

馬公市 觀音亭西 瀛虹橋 海堤 ☎ 6927-4400 www.penghu.gov.tw 4월 1일~6월 30일 평후 마궁 공항(馬公航空站)에서 택시로 약 25분 소요.

MAPECODE 17820

통판 섬 황석 공원
桶盤嶼黃石公園 퉁판위 황스 궁위안

현무암 돌기둥이 병풍처럼 펼쳐진 섬

펑후의 퉁판 섬通盤嶼에 오게 되면 한결같이 세상에 이렇게 아름답고 웅장한 경치가 존재하는 줄은 미처 몰랐다고 감탄을 멈추지 못하게 된다. 사람들을 깜짝 놀라게 하는 황석 공원에는 섬을 병풍처럼 두른 현무암 돌기둥이 있다. 이것은 470만 년 전에 용암이 굳은 현무암에 풍화와 침식 작용이 일어나 만들어진 3백 개가 넘는 현무암 돌기둥이다. 평균 높이가 약 20m인 돌기둥들이 동쪽, 남쪽, 서쪽을 둘러싸고 있고 돌기둥의 맨 윗부분은 공 모양이 형성되어 자연의 신비감을 더해 준다. 현무암 돌기둥이 펼치는 장관을 보려면 퉁판 섬부두에서 하차 후 10분 정도 산책하듯 걸어가면 된다. 부두와 가까운 거리에 위치해 있어 절경을 구경하러 가는 교통편은 매우 쉬운 편이다.

澎湖桶盤嶼 마궁(馬公) 유람선 부두에 있는 정기 교통선과 비정기 유람선을 이용할 수 있다. 소요 시간은 15~20분이다. 퉁판 섬에는 숙박할 곳이 없으니 돌아가는 배 시간을 꼭 확인해 두자.

MAPECODE 17821

왕안 섬 화자이 마을
望安島花宅聚落 왕안다오 화자이쥐뤄

참 아름다운 마을

펑후에는 화자이花宅라는 아름다운 이름을 가진 마을이 있다. 화자이 마을은 왕안望安 섬의 위쪽에 위치하고 있는데 멀리서 왕안의 전체 지형을 보면 마치 연못에 꽃이 피어 있는 듯 보이는데 바로 그 꽃의 위치에 마을을 만들어 마을 이름이 화자이가 되었다고 한다. 펑후 지역의 집들은 대부분 현무암을 이용해 짓는데 이곳은 인근에서 쉽게 찾을 수 있는 재료들을 사용했다는 특징이 있다. 주로 사용한 재료는 노화된 산호가 돌처럼 굳어진 것들로 저마다 나름의 무늬가 있다. 그래서 화자이 마을의 집들은 같은 모양이 없으며 한 채 한 채가 개성 있는 예술 작품으로 보인다. 펑후의 마을 중 가장 독특하고 아름다운 마을로 많은 사람들이 사진을 찍기 위해 찾아오는 명소이다.

★톡톡★ 타이완 이야기

석호 어업의 고장, 펑후

석호石滬란 바다의 조차 등 자연을 이용해 물고기를 잡는 방식이다. 어민들은 조간대(만조 때의 해안선과 간조 때의 해안선 사이의 부분)에 돌로 제방을 쌓고 제방 안에 각종 해조류를 놓아 두어 물고기들이 들어와 먹이를 먹도록 유인한다. 또한 물고기들이 회유하는 특성을 이용해 석호의 끝부분을 곡선 모양으로 만들어 물고기들이 제방을 빠져나가지 못하게 하여 물고기를 잡는다. 석호 입구에는 한 사람이 들어갈 수 있는 홈을 만들어 석호의 주인이 누워서 관찰할 수 있는데 물고기 떼가 석호 내의 수역으로 들어오는 것을 기다리고 있다가 즉시 그물로 출입구를 막고 물에 들어가 잡는다. 이러한 석호 어업은 타이완 펑후와 태평양 지역의 소수 산호초 군도에만 보존되어 있는데 그중에서도 펑후 지역은 석호가 가장 발달한 지역으로 약 558개의 석호가 각 섬에 흩어져 존재하고 있다. 펑후는 '순호巡滬 체험 축제'를 개최해 석호의 생태, 고기 잡는 법 등을 소개하며 펑후의 석호 해양 문화를 계속적으로 발전시키기 위해 꾸준히 노력하고 있다.

☎06-991-1487 4월 1일~10월 31일 09:00~16:30(매주 수요일 휴관) www.penghu-nsa.gov.tw/Edu

澎湖縣 望安鄉 花宅 매일 마궁(馬公)-왕안(望安)을 운행하는 정기 교통선이 있고 비정기 유람선을 이용해도 된다. 왕안(望安)의 선착장(潭門漁港)에서 화자이 마을까지는 도보 30분. / 왕안 공항(望安航空站)에서 도보 8분.

Tip 왕안(望安)에서는 다시 장쥔 섬(將軍嶼), 둥위핑(東嶼坪), 시위핑(西嶼坪), 화위(花嶼) 등 작은 섬으로 출발하는 정기 선편이 있다. 마궁(馬公)에서 왕안까지 배로 이동하는 시간은 약 30~70분 소요되며 왕안에는 숙박 시설이 많다.

MAPECODE 17822

치메이 섬 쌍심석호
七美島雙心石滬 치메이다오 솽신스후

매우 로맨틱한 섬

평후 하면 타이완 사람들은 매우 로맨틱한 섬이라고 떠올린다. 그 이유는 치메이 섬七美島에 있는 매우 특별한 하트 모양의 '쌍심석호' 때문이다. 원래 쌍심석호雙心石滬는 어민이 밀물과 썰물을 이용해 물고기를 잡으려고 만들어 놓은 함정이었다. 예전의 펑후다오에서는 이렇게 자연을 이용한 방법으로 물고기를 잡는 광경을 흔히 볼 수 있었는데 지금은 어업 기술이 발달하면서 보기 힘든 광경이 되었다.

어느 날 치메이 섬의 한 어민이 무심코 만든 석호石滬가 우연히 하트가 두 개 붙어 있는 모양이 되었다. 그때 이곳에 온 여행자들이 그 모양을 보고 매우 행복해 하며 인상적으로 받아들이면서 쌍심석호는 그대로 보존되어 여행자들을 여전히 즐겁게 하고 있다. 그래서 이제는 석호 원래의 기능보다는 관광 자원의 역할을 하게 되었고 수영장으로도 사용하면서 펑후만의 특색이 되었다. 치메이 섬에서 일출을 보면 더욱 로맨틱해지는 분위기 덕분에 연인들이 많이 찾는 명소이다.

澎湖縣 七美鄉 東湖村 매일 마궁(馬公)과 치메이(七美)를 왕복 운행하는 정기 교통선이 있고 비정기 유람선을 이용해도 된다. 치메이 선착장(七美漁港)에서 택시로 15분 소요. / 치메이 공항(七美航空站)에서 택시로 10분 소요.

원리헌 흑설탕 케이크
MAPECODE 17823

源利軒黑糖糕老店 위안리쉬안 헤이탕가오 라오뎬

평후에는 유명한 초콜릿 색 케이크가 있는데, 재료가 초콜릿이 아니라 흑설탕과 밀가루로만 만든 케이크다. 평후의 흑설탕 케이크는 색소나 향신료를 전혀 넣지 않고 만들어 오래 보관할 수 없지만 항상 신선하고 맛이 좋은 상태로 먹을 수 있다는 장점이 있다. 대부분 아침 일찍부터 만들기 시작해 포장한 후 그 자리에서 바로 판매하는데 저녁 무렵이 되면 모두 팔려 못 사는 경우가 많으므로 이 케이크를 먹어 보고 싶다면 오전 중에 구입하는 것이 좋다.

澎湖縣 馬公市 仁愛路 42號 06-927-6478, 06-927-3768 08:00~22:00 www.blackcake.com.tw 마궁 공항(馬公航空站)에서 택시로 20분.

역가 선인장 아이스크림 MAPECODE 17824

易家仙人掌冰 이자 셴런장빙

펑후澎湖 곳곳에서는 선인장 스무디를 파는 가게를 볼 수 있는데 사용되는 선인장은 먹을 수 있는 식용 선인장이다. 기록에 의하면 펑후의 선인장은 네덜란드인이 1645년에 들여온 것이라고 한다. 지금은 완전히 토착화하여 열매가 사과같이 붉어 '펑후의 붉은 사과'라는 별칭을 얻고 있다. 이 열매의 즙을 이용해 아이스크림이나 과일 스무디를 만드는데 약간 시면서도 달콤한 맛이 나 새로운 맛을 찾는 사람들이 특히 좋아하는 여름 간식이다.

澎湖縣 白沙鄉 通梁村 191-2號 ☎ 06-993-2297, 092-295-0674 08:30~18:00 마궁에서 배를 타고 바이사(白沙)로 간다.

마궁 해립방 MAPECODE 17825

馬公海立方 마궁 하이리팡

바다 위에서 맛있는 해산물을 맛볼 수 있는 곳이 선상 식당인 마궁 해립방이다. 쾌속정을 타고 가서 선상 식당으로 옮겨 타면 그 자리에서 잡은 굴이나 조개 등을 먹을 수 있다. 이곳은 바다가 차려 놓은 대형 해산물 뷔페인 셈이다.

☎ 886-6926-8158 09:00, 12:00, 17:00(배에서 식사를 하는 것이므로 출발 10분 전에 배에 탑승해야 한다.) 1인 NT$500 마궁 공항(馬公航空站)에서 차량으로 마궁 남해 여객 중심(南海遊客中心)으로 간다. 20분 소요. 그 후 쾌속선을 타고 바다로 나가 마궁 해립방(馬公海立方) 선상 식당에 도착.

Sleeping

해지숙 海之宿 하이즈쑤 MAPECODE 17826

'바다에서의 하룻밤'이라는 이름처럼 내부가 모두 바다 분위기로 장식되어 있다. 총 5층의 비교적 큰 규모의 숙박 시설로 내부 장식은 펑후 현지의 재료를 이용했으며 각 방마다 고래, 풍차, 국화 등의 이미지를 사용하여 휴가를 즐기러 온 고객들을 만족시키기 위해 최선을 다했다.

澎湖縣 馬公市 中央路20號 ☎ 0916-006106 9265777.bizph.com/hiliver.htm NT$2,000~3,400 마궁 항구(馬公港)에서 택시로 15분.

사풍 여관 傻風旅店 사펑 뤼뎬 MAPECODE 17827

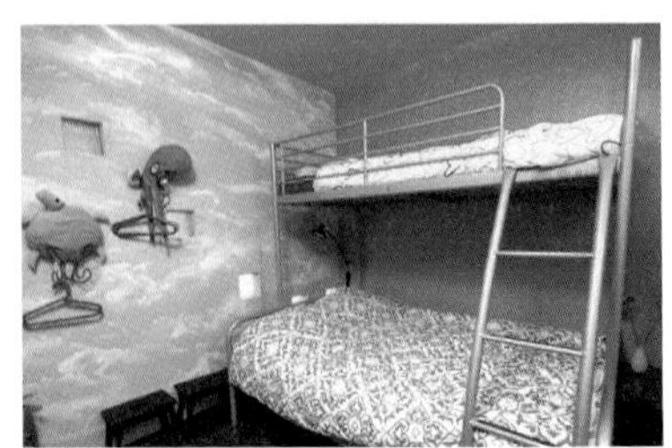

마궁馬公에서 숙소를 추천하라고 하면 현지인들은 교통이 편리하고 내부 시설이 세련된 사풍 여관을 알려 준다. 섬이라고 하면 숙박 시설이 미흡하지 않을까 걱정하게 되는데 헤어 드라이어, 세면 도구, 에어컨, 냉장고, 인터넷, TV 등 모든 시설에 불편이 없는 쾌적한 시설을 자랑하는 곳이다.

澎湖縣 馬公市 文化路12之2 ☎ 06-921-5423, 098-515-0423, 092-129-1678 shafeng.emmm.tw NT$2,000~3,200(1인 추가 NT$600) 마궁 항구(馬公港)에서 택시로 10분.

란위다오
蘭嶼島

아름다운 배 타타라가 있는 섬

란위는 타이둥에서 남동쪽으로 약 90km 떨어진 곳에 위치한 섬이다. 기암 절벽과 산호초로 이루어진 란위의 해변에는 군함암부터 큐피드의 활, 용머리 바위까지 다양한 형상의 바위를 볼 수 있다. 스쿠버다이빙이나 낚시하는 사람들에게 란위는 천국의 섬이라 불리는데 그 이유는 섬을 지나가는 일본 해류의 영향으로 많은 물고기가 살기 때문이다. 란위에는 현재 원주민 야미족 Yami 雅美族이 약 4천여 명 정도 살고 있다. 주로 수렵과 어업으로 살아가는 이들은 '타타라'라고 하는 아름다운 배를 직접 만들면서 아직도 그들만의 전통을 지키고 있다. 더운 기후와 태풍의 위협을 피하기 위해 만들어진 반지하 집과 날치잡이 축제는 지구상 어디에서도 볼 수 없는 이곳만의 특징이다.

information 행정 구역 台東縣 蘭嶼鄉 국번 089 홈페이지 lanyu.taitung.gov.tw

비행기

타이둥台東의 펑녠 공항豐年機場에서 란위 공항蘭嶼航空站으로 매일 왕복 6회 덕안 항공德安航空이 운항하고 있다. 전체 좌석이 19인인 작은 비행기로, 편도 요금은 약 NT$1,345이며 일부 시간대에는 운항하지 않을 수도 있으니 사전에 꼭 확인해야 한다.

- 란위 공항蘭嶼航空站

  주소 台東縣 蘭嶼鄉 紅頭村 漁人151號 전화 089-732-220 공항 운영 시간 07:00~ 마지막 비행기 시간까지 홈페이지 www.tta.gov.tw

배

- 타이둥의 푸강 선착장富岡碼頭에서 배를 타고 란위로 간다. 타이둥과 란위다오와의 거리는 76km로, 배를 타고 약 4시간 소요된다. 정기선은 없고 임시 운항편만 있다. 비정기적으로 컨딩墾丁, 타이둥台東, 뤼다오綠島에서도 란위로 가는 배편이 있는데 주로 여행사가 단체 여행이 있을 때만 운영을 한다. 여행사에서 단체 여행객을 모집한 후 남는 자리를 일반인에게 개방하는 것이기 때문에 자리를 원할 때는 반드시 전화로 문의해야 한다.

  전화 녹도지성(綠島之星) 089-280226, 항성 페리(恆星輪) 089-281477, 금성 페리(金星客輪) 089-281477
- 여름 방학 기간에는 컨딩墾丁 허우비후後壁湖에서 란위까지 매일 운항한다. 매일 07:30, 13:30, 2회 운항을 하는데 손님이 없을 경우 오후에는 운항하지 않으므로 출발 상황을 사전에 문의해 보는 것이 좋다.
- 금성 페리金星客輪에서는 컨딩의 허우비후後壁湖—란위蘭嶼—뤼다오綠島 세 군데를 운항하는 여행 상품을 팔고 있다. 단, 겨울에는 파도가 세지므로 멀미약을 먹는 것이 좋다. 설 연휴 기간에는 현지인들의 교통수단이 되므로 파도가 높더라도 매일 운항한다. 원주민은 배 가격이 무료이며 일반인은 편도 NT$1,000이다. 단, 란위에서는 배표를 파는 곳이 없으므로 출발하는 곳에서 미리 표를 구입해야 한다. 구매한 송금 영수증을 가지고 있어야 란위에서 출발하는 배를 탈 수 있다.

순환 버스環島公車

순환 버스環島公車가 매일 4회 운행된다. 버스를 타고 섬 전체를 도는 시간은 2시간이 소요되며 버스 요금은 NT$125이다.

렌트

오토바이를 빌려 섬을 돌 경우 1일 비용은 NT$500이다. (2일 이상 렌트할 경우는 추가 1일마다 NT$400) 오토바이를 이용할 때 꼭 알아 두어야 할 점은 섬 안에 예유 마을椰油村 한 곳에만 주유소가 있다는 것과 영업 시간이 18:00까지라는 점이다. 그리고 섬을 한 바퀴 도는 데 대략적인 주유 비용은 NT$60이면 충분하다.
그 밖에 공항 근처에는 자전거를 빌려 주는 곳도 있는데 대여 비용은 현장에서 흥정해야 한다. 자동차를 렌트하는 비용은 NT$3,000이다.

Best Tour

란위다오 하루 코스

군함암 軍艦岩 → (순환 버스 약 15분 소요) → **대천지** 大天池 → (순환 버스 약 30분 소요) → **소천지** 小天池 → (순환 버스 약 20분 소요) → **예인 옛 마을** 野銀舊部落 → (순환 버스 약 20분 소요) → **둥칭완** 東清灣 → (순환 버스 약 30분 소요) → **홍두암** 紅頭岩

MAPECODE 17828

란위 문물관 蘭嶼文物館 란위 원우관

란위 문화를 한눈에 살펴볼 수 있는 곳

란위에 사는 원주민들을 통해 란위의 문화를 이해할 수 있는데, 그들은 자연에 순응하며 욕심내지 않고 싸움보다는 대화로 문제를 해결하며 살아온 착한 사람들이다. 세상 밖 사람들에게는 이러한 란위 사람들과 생활이 호기심의 대상이 되고 있다. 그래서 외부인들이 무턱대고 원주민들의 생활을 사진이나 동영상으로 담으려 한다면 이곳의 원주민들은 불쾌해한다. 란위의 문화를 잘 알고 싶다면 먼저 란위 문물관에 가기를 권한다. 2002년에 만들어졌고 위치는 란위 주민 센터 부근에 있다. 2층 규모로 란위의 전통 문물, 수공예품, 복식에 관한 자료들과 생활용품, 아름다운 배 등을 전시하고 있다. 란위 문물관에서 소장하고 있는 자료들은 풍부하고 다양해서 란위의 원주민에 대해 충분히 이해할 수 있다.

台東縣 蘭嶼鄉 紅頭村 漁人 147號 ☎ 089-73-2073
www.lanan.org.tw 월~금 08:00~17:00, 토~일 08:30~16:30 란위 공항(蘭嶼航空站)에서 도보 10분.

란위 환도 명소
蘭嶼環島景點 란위 환다오 징뎬

편리한 란위 환도 여행

란위 섬을 제대로 돌아보려면 란위 순환 버스環島公車를 이용하는 게 가장 편리하다. 매일 4회 운행하고 있으며 버스를 타고 섬 전체를 도는 시간은 2시간이 소요된다. 보다 자유로운 여행을 원한다면 자동차와 오토바이를 빌릴 수 있으며 만약 걷기를 좋아하는 여행자라면 부지런히 걸어서 섬 전체를 하루 안에 다 둘러볼 수도 있다.

MAPECODE 17829

군함암 軍艦岩 쥔젠옌

바다 위의 바위섬 구경

군함암은 란위蘭嶼 부근에 위치한 작은 무인도인데 온통 바위로 되어 있어 섬 안으로 접근하기는 어렵다. 모양이 군함처럼 생겨서 군함암이라고 부른다. 제2차 세계 대전 때 미군과 일본군이 란위 부근에서 해전을 벌이던 중 미군 폭격기가 군함암을 일본 군함으로 착각해서 폭탄을 투척했을 정도로 군함과 비슷하게 생겼다. 파도가 조용한 여름밤에 군함암 근처에 가면 깨끗한 바닷물 아래로 오고가는 많은 물고기를 눈으로 볼 수 있다. 란위 섬에는 군함암 이외에도 많은 바위들이 있다. 다른 사람들이 붙인 바위 이름 말고 떠오르는 모양이 있다면 나만의 이름을 하나 만들어 놓고 오는 것도 란위 섬 여행의 재미라고 할 수 있다.

MAPECODE 17830

대천지 大天池 다톈츠

란위蘭嶼 동남쪽에 위치하고 있으며, 야미족雅美族 말로 '두 와와(du wawa)'라고 발음되는데 '높은 산의 바다' 또는 '귀신이 출몰하는 바다'라는 의미라고 한다. 왜냐하면 대천지는 화산암火山岩 분화구 맨 위 높은 곳에 천지天池, 즉 신비한 하늘 연못을 가지고 있기 때문이다. 호수 안에도 나무들이 있지만 그 주위에는 열대 우림이 잘 보존되어 있어 각종 곤충과 새들의 보금자리로 자연 생태 과학관이라고 해도 과언이 아니다. 대천지를 향해 오르다 보면 특별한 표시 가족각흔家族刻痕을 볼 수 있는데 이곳에 살았던 원주민 야미족의 가족마다 고유 기호를 가지고 소유권을 표기했던 문화로 특이한 산림 관리 제도의 흔적이다.

MAPECODE 17831

소천지 小天池 샤오톈츠

란위다오의 신성한 구역

소천지小天池로 향하는 길은 단 하나의 길 밖에 없다. 소천지 역시 화산구인데 전통적으로는 아무나 들어갈 수 없는 야미족의 특별 금지 구역이다. 이들은 특별한 날 이곳에 와서 참억새 풀로 몸을 닦는 의식을 하는데 나쁜 귀신이나 액운을 쫓는 의미라고 한다. 소천지까지 가려면 그리 먼 거리는 아니지만 반드시 현지 가이드의 인솔이 있어야만 접근 가능한 지역이다.

★톡톡★ 타이완 이야기

야미족Yami 雅美族 문화

타이완의 많은 여행지에서 원주민 문화라는 것은 이미 관광 상품으로 포장되거나 일부 정해진 장소에서만 볼 수 있다. 그러나 란위다오의 원주민 문화는 수백 년 동안 내려온 전통을 따르는 생활 그 자체에서 그대로 느낄 수 있다. 야미족은 농사도 짓지만, 생업은 고기잡이이기 때문에 남자들은 물고기를 잡기 위해 아랫도리만 간단히 가린 살바 옷을 입으며 배의 양옆에 수작업으로 매우 화려하게 그림을 그린 타타라 Tatara라는 카누를 탄다. 그리고 여름의 뜨거운 지열과 태풍을 피하기 위해 반쯤 지하로 들어간 집에서 생활을 하고 있는 마을이 지금도 두 군데 남아 있다.

MAPECODE 17832

예인 옛 마을 野銀舊部落 예인 주부뤄

야미족의 전통 생활 방식이 살아 있는 마을

란위에서 유일하게 전통 가옥이 집중적으로 모여 있는 마을이다. 이 마을의 특징은 지하 배수구 시설이 잘 되어 있다는 것과 태풍의 피해를 막기 위해 반지하 형태를 하고 있다는 점이다. 이러한 가옥 구조는 한여름의 더위를 피하게 해 준다고 한다. 나이 드신 분들은 여전히 야미족의 신앙과 전통 생활 방식을 지키며 이 마을에서 생활하고 있다. 그래서 야미족의 문화를 박물관이 아닌 실제 모습 그대로 생생하게 살펴볼 수 있는 마을이기는 하지만 마을에 들어가려면 반드시 현지인과 함께 가야 한다. 그렇지 않으면 불필요한 오해를 살 수도 있다.

MAPECODE 17833

둥칭완 東清灣

타이완에서 첫 번째 서광이 비추는 곳

둥칭완東清灣은 란위의 동쪽에 위치하고 있다. 남쪽으로는 예인 옛 마을, 다젠산大尖山, 그리고 백사장이 있고, 북쪽으로는 칭런둥情人洞과 나이터우산奶頭山이 있다. 둥칭완은 어린이들이 해양 지식을 배우기 좋은 장소일 뿐 아니라 특별히 스쿠버 다이빙을 즐기는 사람들에게 많은 사랑을 받고 있다. 또한 둥칭완은 타이완에서 해가 가장 먼저 뜨는 곳이어서 멋진 일출의 순간을 찍기 위해 사진 작가들이 찾아오는 곳이다.

예인 옛 마을

MAPECODE 17834

홍두암 紅頭岩 홍터우옌

붉은 석양에 아름답게 물드는 바위

홍두암紅頭岩은 란위의 옛 이름이기도 하다. 타이둥 쪽에서 란위를 보면 바위가 사람의 옆모습과 닮았는데 석양이 비출 때 바위 전체가 붉게 물들어 그 모습이 마치 붉은색 머리처럼 보였기 때문이라고 한다. 또한 원주민들은 이 바위를 'Ji-yakmeiso'라고 부르는데 그 의미는 마치 어떤 사람이 바다 위에 엎드려 있는 듯 보인다는 뜻이라고 한다.

★톡톡★ 타이완 이야기

야미족의 날치잡이 축제 飛魚季

매년 3월이 되면 란위 섬에서 날치가 많이 잡히는 계절이 찾아온다. 이때를 맞춰 날치잡이 축제가 열리는데 이 기간이 란위 섬을 찾는 외부 사람들이 가장 많은 시즌이다. 란위에 살고 있는 원주민 야미족에게도 한 해 중에서 가장 중요한 시기이다. 야미족 사람들에게 날치는 하늘이 베푸는 은혜라고 생각해 날치의 해부, 요리, 말리는 과정을 모두 예를 갖추는 의식으로 거행하고 있다. 날치는 야미족의 생활 속에서 매우 중요한 역할을 하기 때문에 날치잡이 축제는 1년 중 가장 중요한 삶의 의식이다.

날치 잡는 기간 : 3~6월

미아미 아침 식당

MAPECODE 17835

美亞美早餐店 메이야메이 짜오찬뎬

이 식당에서 가장 유명한 메뉴는 베이컨과 달걀이 들어간 토스트이다. 대부분 서양식 메뉴이지만 란위 전통식 아침 식사도 준비되어 있어 현지인들이 아침 식사를 하기 위해 즐겨 찾는 곳이기도 하다. 그래서 이곳에 가면 현지인들과 자연스레 아침 식사를 할 수 있다. 란위는 교통이 편리하지 않아서 간혹 재료가 떨어져서 원하는 메뉴를 먹지 못할 수도 있으니 꼭 먹고 싶은 메뉴가 있다면 미리 전화 예약을 하고 가는 것이 좋다.

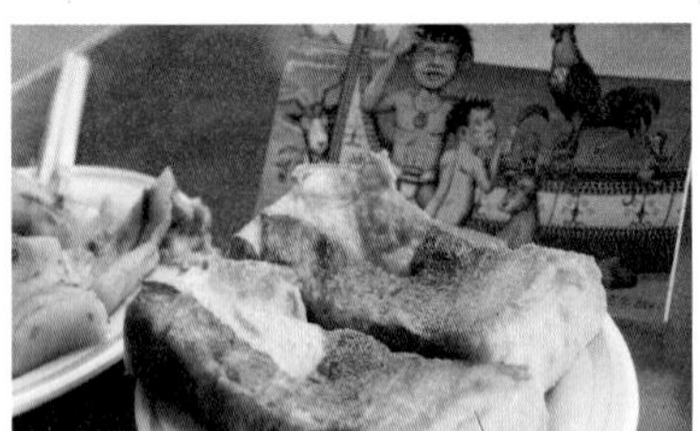

台東縣 蘭嶼鄉 東清村 68號 ☎089-73-2949, 0928-912-355 05:30~11:30 NT$90~150 카이위안 항구(開元港)에서 오토바이 또는 택시로 30분.

무아불좌 無餓不坐 우어부쭤 MAPECODE 17836

이 식당에는 재미있는 이야기가 있는데 란위에 여행을 왔던 한 여자가 란위 주민인 타오족達悟族 청년과 사랑에 빠져 이곳에 머물러 살게 되었다고 한다. 두 사람은 언덕 위에 여행자들을 위한 레스토랑과 커피 숍을 운영하고 있다. 주로 연인들이 찾아오는 낭만적인 곳으로 이 집의 날치 정식과 특선 요리, 그리고 주인이 직접 만든 칵테일은 최고이다. 예약은 필수이며 란위에서 가장 추천하고 싶은 곳이다. (봄부터 가을까지 영업)

台東縣 蘭嶼鄉 漁人77號 ☎ 089-73-1623, 0933-840-350 10:00~13:00, 18:00~20:30 / PUB 평일 20:30~23:00 epicureanpub.myweb.hinet.net 단품 요리 NT$120~150, 날치 정식 NT$599 카이위안 항구(開元港)에서 오토바이 또는 택시로 13분.

문문 토란 아이스크림 MAPECODE 17837

雯雯芋仔冰 원원 위짜이빙

문문雯雯 렌터카 가게 옆에서 토란 아이스크림을 파는데 란위에 오면 놓치면 안 되는 맛 중 하나이다. 왜냐하면 아이스크림에 들어가는 토란이 란위에서 재배되는 것으로 맛이 특별하기 때문이다. 다른 지역에서 나는 토란보다 맛이 풍부하기

로 유명하다. 그래서 이곳의 수제 토란 아이스크림은 하나를 먹고 나면 계속 먹고 싶어지고, 그 맛이 잊혀지지 않는다.

台東縣 蘭嶼鄉 紅頭村20號 ☎ 089-73-2586 09:00~21:00 토란 아이스크림(芋仔冰) NT$25 카이위안 항구(開元港)에서 도보 15분.

여인어 女人魚 뉘런위 MAPECODE 17838

중국어로 '미인어美人魚'라고 하면 인어 공주를 뜻하는 말이다. 그렇다면 '여인어女人魚'는 무슨 뜻일까? 이 숙소를 운영하는 주인이 미인어를 패러디해서 '여자 사람 인어'라는 의미로 재미있게 만들어 붙인 이름이다. 창문만 열면 아름다운 경치가 눈앞에 펼쳐져 섬 여행의 낭만을 만끽할 수 있는 곳으로, 란위의 아름다운 풍경을 제대로 느껴 볼 수 있는 위치에 있다. 겉으로 보기에는 단순한 민박집으로 보이지만 민박 주인의 전문적인 가이드와 란위 지역에 대한 자세한 설명을 들을 수 있다. 소박하고 안전한 란위 여행을 즐길 수 있을 뿐만 아니라 민박 주인의 따뜻한 정을 제대로 느낄 수 있는 숙소이다.

台東縣 蘭嶼鄉 漁人27號 ☎ 089-73-1671, 0937-956-416 www.mulita.com.tw NT$550~880 카이위안 항구(開元港)에서 택시로 10분.

뤼다오
綠島

해상의 파라다이스

뤼다오는 타이둥台東에서 약 33km 떨어진 거리에 있으며 면적 16.2㎢, 인구 약 3,000명의 비교적 작은 섬이다. 화산 폭발로 생긴 섬이며 오랫동안 풍화 침식 작용으로 신비로운 해안 경치를 이루고 있다. 깨끗한 바다와 어울리는 초원과 보기 드문 해저 온천이 있으며 바닷속 풍경도 아름다워 스쿠버 다이빙을 하러 오는 사람도 많다. 뤼다오에는 정치범을 수용하던 형무소 자리에 인권 기념 공원이 만들어졌고, 감옥으로 이용되었던 녹주 산장은 일반인에게 공개되어 감옥 생활을 생생하게 살펴볼 수 있다. 타이완 현지인들에게 해상의 파라다이스라고 불리며 사랑을 받고 있는 뤼다오 여행은 약 20km의 환도 관광 도로를 따라가면 아주 쉽게 섬 전체를 돌아볼 수 있다.

information 행정 구역 台東縣 綠島鄉 蘭嶼鄉　국번 089　홈페이지 www.lyudao.gov.tw

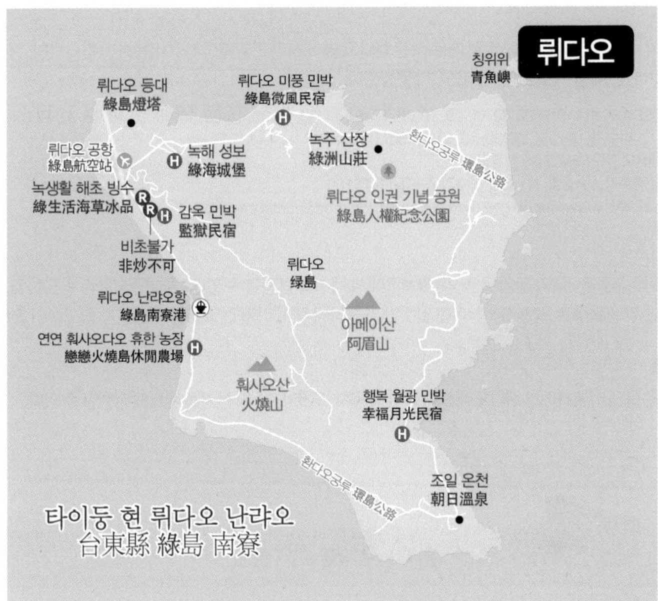

비행기

타이둥 공항台東航空站에서 덕안 항공德安航空을 이용해 뤼다오 공항綠島航空站으로 간다. 날씨에 따라 운항을 못하는 경우도 있으니 출발 전에 확인해야 한다. 왕복 3회 운행하며 비행기 탑승 후 소요 시간은 15분이다. 항공료는 약 NT$2,000이다.

- 뤼다오 공항

주소 台東縣 綠島鄉 南寮村 231號 전화 089-671-194 홈페이지 www.tta.gov.tw/green/index.asp

배

타이둥台東의 푸강 선착장富岡碼頭에서 배를 타고 뤼다오로 간다. 매일 1~2회 운항, 소요 시간은 약 50분, 요금은 약 NT$400이다. 배 운항 시간을 확인하거나 예약을 하려면 뤼다오 정부에서 추천하는 이지 보트EZ Boat 홈페이지(www.ezboat.com.tw)에 들어가 검색해 보자. 날씨에 따라 운항이 어려울 수도 있으니 예약 후 당일에 출발이 가능한지 반드시 확인하고 선착장으로 가는 것이 좋다.

문의 전화 금성 페리(金星客輪) 089-281-477, 녹도지성(綠島之星) 089-280-226, 개선분사비선(凱旋噴射飛船) 089-281-047

뤼다오는 해안을 따라 섬을 한 바퀴 돌아볼 수 있는 도로가 잘 만들어져 있어 버스, 택시, 오토바이, 자전거 등의 다양한 교통수단을 이용해 쉽게 돌아볼 수 있다.

버스

뤼다오의 버스는 다른 섬들에 비해 매우 잘 운행되고 있어 시간표를 확인하고 이용하면 편리하다. 쉬는 날 없이 성수기에는 매일 11회, 비수기에는 8회 운행된다.

출발 시간표 성수기(4~9월) 08:30, 09:20, 10:00, 10:40, 11:30, 13:30, 14:20, 15:00, 15:40, 16:20, 17:00
비수기(10~3월) 08:30, 10:40, 13:30, 15:30
출발지 난랴오 항구(南寮漁港) 정류장
버스 요금 비수기(10~3월) NT$50, 성수기(4~9월) NT$100
버스 노선표 확인 www.lyudao.gov.tw/main.php?mod=bus&content=index2

택시

뤼다오 공항綠島航空站과 난랴오 항구南寮漁港에서 택시를 탑승할 수 있다. 뤼다오를 한 바퀴 도는 도로의 전체 길이는 약 20km로, 보통 3시간이면 일주가 가능하니 택시 타기 전 요금을 결정할 때 참고하면 좋다.

렌트

섬을 자유롭게 여행하려면 뤼다오에 도착해서 승용차, 오토바이, 자전거를 렌트해 여행할 수 있다.

뤼다오 하루 코스

뤼다오 등대 綠島燈塔 —택시 또는 순환 버스 10분 소요→ **녹주 산장** 綠洲山莊 —택시 또는 순환 버스 20분 소요→ **조일 온천** 朝日溫泉

MAPECODE 17839

뤼다오 등대 綠島燈塔 뤼다오 덩타

초록 섬 위의 하얀 등대

뤼다오서북쪽 비두각鼻頭角 부근 중랴오춘中寮村에는 아름답기로 유명한 뤼다오 등대가 있다. 초록의 섬 뤼다오에서 제일 먼저 눈에 들어오는 이 등대는 뤼다오의 대표적인 상징물이다. 푸른 바다와 하얀 등대, 그리고 초록의 섬은 마치 한 폭의 그림같이 아름다운 풍경을 연출한다. 그러나 이 멋진 등대가 지어지게 된 배경에는 슬픈 이야기가 있다. 1937년 12월 당시 세계에서 가장 큰 유람선인 프레지던트 후버President Hoover가 일본에서 마닐라까지 가는 도중 태풍을 만나 방향을 잃고 헤매다가 마침내 뤼다오 근처에서 침몰하여 배 안에 타고 있던 사람들이 모두 죽게 되었다. 이 사건 이후 미국 적십자회가 뤼다오 인근 해역에서 운항하는 배들의 안전을 위해 모금 운동을 벌여 뤼다오 등대를 기증했다. 그러나 제2차 세계대전 때 공습으로 파괴되었고 타이완 국민 정부가 들어선 1948년에 오늘날의 등대가 다시 세워지게 되었다. 등대의 높이는 약 33.3m이고 등대 정상에서는 뤼다오 전체를 한눈에 내려다볼 수 있다.

台東縣 綠島鄉 中寮村 緊鄰 綠島西北岬的 鼻頭角 ☎ 089-672-540 09:00~17:00(4월~10월 18:00까지 연장) / 월요일 휴무 공항에서 도보로 약 10분.

조일 온천

MAPECODE 17840

조일 온천
朝日溫泉 자오르 원취안

세계적으로 보기 드문 해수 온천

조일 온천은 욱일 온천旭日溫泉이라고도 부르는데 그 이유는 온천이 동쪽을 바라보는 위치에 있어 일출을 감상하기 가장 좋은 위치에 있기 때문이다. 조일 온천의 온천수는 해안가의 암석 틈에서 솟아오른 것으로 유황나트륨 성분의 유황천이며 온도는 53~93도를 유지한다. 무엇보다 조일 온천의 가장 큰 특징은 해저 온천이라고 할 수 있는데, 전 세계에 이탈리아 북쪽 지방과 일본 규슈, 그리고 뤼다오 단 세 군데밖에 없다. 또한 바닷가에서 노천 형태로 온천을 즐길 수 있는데 시원한 바람이 부는 여름밤에 온천을 하면 파도 소리를 들으며 밤하늘을 수놓는 별들을 볼 수있다.

台東縣 綠島鄉 公館村 溫泉路 167號 ☎ 089-671-133 5~9월 05:00~02:00, 10~4월 06:00~24:00 NT$200(준비물 : 수영복과 수영모) 공항에서 뤼다오 순환 버스를 타고 조일 온천(朝日溫泉) 하차, 40분 소요.

MAPECODE 17841

녹주 산장
綠洲山莊 뤼저우 산좡

란위의 감옥 내부가 공개되어 관람할 수 있는 곳

녹주 산장綠洲山莊은 국방부 소속으로 주로 군인들을 수용했던 감옥이었다. 그러나 타이완 국회에서 녹주 산장을 인권과 관련된 기념 공간으로 만들자는 결의가 이루어짐에 따라 현재는 이곳에 인권 기념 공원이 조성되었으며 녹주 산장은 일반인에게도 공개되어 타이완의 감옥 생활을 살펴볼 수 있도록 되어 있다.

台東縣 綠島鄉 公館村 將軍巖 20號 ☎ 089-671-095 08:00~17:00 난랴오위강(南寮漁港) 정류장에서 출발하는 뤼다오 순환 버스를 타고 뤼저우산좡(綠洲山莊) 정류장 하차, 20분 소요.

녹생활 해초 빙수 MAPECODE 17842

綠生活海草冰品 뤼성훠 하이차오 빙핀

뤼다오에서 제일 먼저 해초 빙수를 만들어 판매하기 시작한 원조 빙수집이다. 해초 빙수 안에는 주로 해초 두부, 해초 젤리가 들어가 부드럽고 쫄깃하며 담백한 바다의 맛이 좋다. 그 밖의 재료로 토란과 고구마 우유가 첨가된다. 여름날 뤼다오의 더위와 해초 빙수는 궁합이 잘 맞는다.

台東縣 綠島鄉 南寮村 150號 ☎ 089-671-129 10:10~22:30 해초 빙수(海草冰) NT$60 난랴오 항구(南寮漁港)에서 출발하는 뤼다오 순환 버스를 타고 난랴오 마을(南寮村) 하차, 15분 소요.

비초불가 MAPECODE 17843

非炒不可 페이차오부커

섬 여행을 즐기려는 사람들은 제일 먼저 싱싱한 해산물을 실컷 먹는 상상을 한다. 그렇다면 이곳 '비초불가'가 제격이다. 뤼다오 인근에서 잡은 신선한 해산물을 모두 먹어 볼 수 있는 식당이기 때문이다. 물론 철마다 잡히는 종류가 다르므로 본인이 먹고 싶은 메뉴보다는 잡히는 것이 무엇인지 먼저 물어보고 주인과 상의해서 주문하는 것이 좋다.

台東縣 綠島鄉 南寮村 126-1號 ☎ 0988-384323 09:30~14:30, 17:00~21:30 www.facebook.com/crazyfried 샐러드 NT$180~250, 해산물 NT$900~1,500 난랴오 항구(南寮漁港)에서 뤼다오 순환 버스를 타고 난랴오 마을(南寮村) 하차, 15분 소요.

Sleeping

감옥 민박 監獄民宿 젠위 민쑤 MAPECODE 17844

감옥 민박은 문화와 예술을 사랑하는 사람들이 모여 함께 만들었다. 민박 건물 입구는 감옥을 연상하는 디자인이지만 세련된 이미지로 변신해 호기심을 더해 준다. 내부 디자인은 주로 산호초 돌로 만들어 독특함이 있으며 모든 면에서 창의성과 정성이 담겨 있다. 감옥 민박은 일반적인 민박 시설과 다른 개성으로 숙박에 대한 고정관념을 깨뜨리고 있다.

台東縣 綠島鄉 南寮村57號 ☎ 886-933-982-282 blue.ludao-minsu.tw NT$3,000 난랴오 항구(南寮漁港)에서 출발하는 뤼다오 순환 버스를 타고 위강루(漁港路) 하차, 10분 소요. 뤼다오에 딱 한 군데 있는 주유소를 지나면 바로 보인다.

녹해 성보 MAPECODE 17845

綠海城堡 뤼하이 청바오

녹해 성보는 '녹색 바다 위의 성'이라는 의미를 가진 지중해 스타일의 민박집이다. 타이완에서 민박이라고 부르는 숙소는 여행자를 위해 특별히 건물을 지어 운영하는 숙박 시설로, 휴양지에서만 볼 수 있는 개성 넘치는 펜션이라고 이해하면 된다. 녹해 성보의 객실은 매우 로맨틱하며 공동 공간도 센스가 돋보인다. 또한 근처에 번화한 거리 난랴오제南寮街가 있어 필요한 물품을 구입하기 편리하다.

台東縣 綠島鄉 中寮村 52-1號 ☎ 089-671023, 0919-923861 ilovego.ludao.tw/index.html 2인실 NT$2,200~, 4인실 NT$3,200~ 뤼다오 공항(綠島航空站)에서 도보로 10분.

테마 여행

시네마 여행

타이완 요리 메뉴판

타이완 찻집 탐방

타이완 야시장

타이완 온천 즐기기

타이베이 나이트라이프

타이완의 축제 속으로

영화 · 드라마 속 타이완

시네마 여행

타이완의 영화와 드라마가 낯선 이들도 많겠지만, 알고 보면 한국에서 상영되어 인기를 끌었던 영화도 많고 한국판으로 제작된 타이완 드라마도 있다. 영화 · 드라마 속 촬영지를 테마로 하는 타이완 여행은 색다른 느낌으로 다가온다.

영화 그 시절, 우리가 좋아했던 소녀
那些年, 我們一起追的女孩

타이완의 로맨스 영화 〈그 시절, 우리가 좋아했던 소녀〉는 한국에서는 2012년 8월 개봉했다. 평범한 17세의 남자 주인공 커징텅柯景騰이 학교의 여신이자 모범생인 선자이沈佳宜를 대신해 선생님에게 혼나면서 영화가 시작한다. 커징텅에게는 한 무리의 친구들이 있는데 평소에는 같이 어울려 놀지만 모두가 좋아하는 한 소녀, 선자이때문에 중학교 때부터 고등학교를 지나 대학 때까지 멈추지 않고 사랑의 쟁탈전을 벌인다. 한없이 아름답고 설레며 풋풋했던 10대 청춘의 시간을 잘 표현한 로맨스 영화로, 누구나에게 있었던 그때 그 시절을 추억하게 한다.

개봉: 2011년
연출: 주바다오(九把刀)
배우: 커전둥(柯震東), 천옌시(陳妍希)

영화 속 그곳!

시먼 영화 거리 西門電影街 시먼 뎬잉제

영화의 배경이 된 시먼 영화 거리西門電影街 시먼 뎬잉제에 들어서면 영화 거리임을 보여 주듯 멀티플렉스 영화관들이 거대한 입간판을 세우고 다양한 영화들을 홍보하고 있다. 이 거리에 있는 영화 테마 공원電影主題公園 뎬잉 주티궁위안 한쪽 벽면에는 멋진 그래피티가 그려져 있다.
이곳 외에 영화의 주요 촬영지는 남자 주인공과 여자 주인공이 함께 다닌 정성 고등학교精誠中學, 학교 친구들이 수업이 끝나고 자주 갔던 분식집 아장 육원阿璋肉圓, 그리고 남자 주인공이 갔던 미광 이발소美光理髮所 등이 있는데, 대부분 장화彰化 지역에 있다.
주인공들이 성장해 본격적으로 사랑을 이루는 대학 시절은 타이베이가 주 배경이 된다. 국립 타이완 과학 대학, 국립 타이베이 교육 대학, 그리고 시먼 영화 거리와 영화 테마 공원이 주요 촬영지이다.

台北市 武昌街 二段 電影街 타이베이 MRT 시먼(西門) 역 6번 출구에서 도보 10분.

드라마 장난스런 키스 惡作劇之吻

방영: 2005.09.25~2006.02.12
연출: 쥐유닝(瞿友宁)
배우: 정위안창(鄭元暢), 린이천(林依晨), 왕둥청(汪東城), 쉬웨이닝(許瑋甯)

타이완 드라마 〈장난스런 키스惡作劇之吻〉는 일본의 만화가 다다 가오루多田 かおる가 집필한 순정 만화 〈이타즈라나 KISSイタズラな Kiss〉를 원작으로 한 트렌디 드라마이다. 엉뚱하지만 사랑스러운 샹친湘琴과 IQ 200의 까칠한 천재 즈수直樹의 알콩달콩한 사랑 이야기를 그리고 있다. 2007년 〈장난스런 키스 2惡作劇之吻2〉가 제작 방송되는 등 타이완은 물론 세계적으로 인기몰이를 한 드라마이다. 〈장난스런 키스〉는 〈꽃보다 남자流星花園〉 이후에 한국인들이 가장 많이 본 타이완 드라마이다. 그 인기에 힘입어 2010년 국내에서도 김현중이 주인공으로 출연한 드라마 〈장난스런 키스〉가 제작되어 MBC에서 방송된 바 있다.

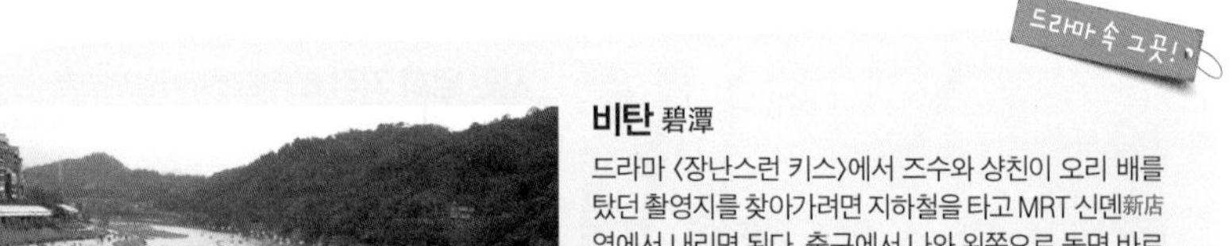

비탄 碧潭

드라마 〈장난스런 키스〉에서 즈수와 샹친이 오리 배를 탔던 촬영지를 찾아가려면 지하철을 타고 MRT 신뎬新店역에서 내리면 된다. 출구에서 나와 왼쪽으로 돌면 바로 비탄 풍경구碧潭風景區가 나온다. 비탄에 도착하면 강물 위로 오리 배가 두둥실 떠 있고, 1박 2일로도 부족할 정도로 아름다운 볼거리가 펼쳐져 있다.

절벽에 외로이 앉아 있는 멋스러운 정자에서의 한가로운 시간도 좋고, 비탄 풍경구를 따라 자전거 길을 달려도 좋다. 5월 단오에 이곳에 오면 드래곤 보트 경기가 열리는 단오축제도 볼 수 있다. 아름드리 수목이 가득한 취츠 자연 생태 공원屈尺自然生態園區에서 자연의 아름다움도 확인해 보자. 맑은 물에서는 타이완에만 서식하는 물고기도 놀고 있다. 천천히 물가를 걸으며 자연을 가슴으로 담아 올 수 있는 비탄은 타이완에서 아름다운 경치로 손꼽는 8대 풍경 중 하나이다.

新北市新店區 타이베이 MRT 신뎬(新店) 역 하차 후 왼쪽으로 돌면 바로 비탄 풍경구가 나온다. 도보 3분

영화 여친남친 Girlfriend, Boyfriend, 女朋友男朋友

개봉: 2012년
감독: 양야저(楊雅喆)
배우: 구이룬메이(桂綸鎂), 장샤오취안(張孝全), 펑샤오위에(鳳小岳)

영화의 배경으로 등장하는 곳은 타이완의 한 고등학교이다. 세 주인공 메이바오와 리암 그리고 아론은 같은 마을에서 어린 시절부터 함께한 친구들이다. 메이바오 역의 구이룬메이桂綸鎂는 발랄하고 터프한 10대 소녀부터 마음속 상처를 간직한 20대 여인까지, 다채로운 연기를 선보인다. 그중에서도 가장 빛나는 장면은 그녀가 삭발하는 장면이다. 아론이 교관에게 머리 한가운데 머리카락을 밀리고 다른 곳도 듬성듬성 깎이자, 메이바오는 "밀어 버려!"라고 말한다. 아론이 '교관에게 지는 것 같다'며 거절하자 그녀는 "그저 머리일 뿐"이라며 자신의 머리를 밀어 버린 후 아론의 머리를 직접 빡빡 밀어 준다. 이들이 우정을 나누던 어린 시절도 흘러가고, 어느덧 세 사람에겐 우정 이상의 미묘한 연애 감정이 생겨난다. "서른이 되어도 우리가 여전히 싱글이라면 그땐 결혼하는 거야."라는 그들의 약속을 시작으로, 사랑과 우정, 한 여자와 두 남자 사이를 오가는 위험한 열정과 달콤한 유혹이 펼쳐진다. 서로를 향해 엇갈리는 사랑의 화살은 시간이 흘러도 멈추지 못하고 긴 인연이 된다. 모두가 한 번은 겪었을 청춘 시절의 사랑과 아픔의 이야기가 영화 〈여친남친〉에서 찬란하게 빛나고 있다. 구이룬메이는 이 영화로 제49회 대만 금마장영화제, 2012년 아시아태평양영화제에서 여우주연상을 받아 아시아를 대표하는 타이완 최고의 여배우로 자리매김했다. 〈여친남친〉은 2012년 부산국제영화제 상영작 예매가 시작되자마자, 최단 시간인 단 7초 만에 매진된 작품이다.

영화 속 그곳!

국립 중정 기념관 (타이완 민주 기념관)

國立中正紀念堂 궈리 중정 지녠관

〈여친남친〉 세 명의 주인공들이 대학 생활 중에 다시 만나는 곳이 바로 국립 중정 기념당이다. 타이완 초대 총통 장개석蔣介石을 기리기 위해 1980년에 지어졌다. 국립중정기념당 내부 전시실에는 장개석 총통이 생전에 사용했던 물품과 사진 등 그의 생애를 짐작할 수 있는 유품들이 전시되어 있고 외부에는 자유 광장을 중심으로 정자, 연못이 있다. 우아한 정문 양측에는 국립 극장과 콘서트홀 건물이 있다.

台北市 中正區 中山南路 21號 ☎ 02-2343-1100~3 www.cksmh.gov.tw 09:00~18:00 MRT 중정지녠탕(中正紀念堂) 역 5번 출구.

드라마 온에어

방영: 2008.03.05~2008.05.15
연출: 신우철
배우: 김하늘, 박용하, 이범수, 송윤아, 이형철

온에어는 우리나라 SBS에서 방송한 드라마로, 일부 장면을 타이완에서 촬영했다. PD와 작가, 연기자, 매니저 등 방송계 사람들의 삶과 사랑 이야기를 다루며 2008년 큰 인기몰이를 했던 드라마이다. 〈온에어〉 촬영지로 주펀九份이 소개되면서부터 한국 사람들이 선호하는 관광지로 사랑을 받게 되었다. 주인공들이 주펀의 계단을 오르내리던 장면과 분위기 있는 찻집에서 차를 마시던 장면들이 시청자들을 매료시켜 이곳은 이제 타이베이에 가면 반드시 다녀가야 하는 필수 코스가 되었다. 타이완의 동북부에 위치한 주펀은 산비탈에 자리를 잡고 바다를 바라보며 지룽산基隆山과 마주하고 있다. 이곳의 건축물들은 타이완의 옛 모습을 그대로 간직하고 있어 한번 다녀온 사람들은 꼭 다시 가고 싶은 곳이라고 말하곤 한다.

드라마 속 그곳!

주펀 九份

옛날 아홉 집밖에 없던 산골 마을이어서, 누군가 멀리 장에 가서 물건을 사 오면 항상 아홉 집이 고루 나눴다고 해서 마을 이름이 '주펀九份'이 되었다고 한다. 청나라 때는 금광으로 유명해지면서 많은 사람들이 몰려들어 화려한 번영을 누렸지만, 훗날 금광이 몰락하자 이곳도 잊혀진 곳이 되었다고 한다.
이곳에서 촬영된 영화 〈비정성시非情城市〉가 국제적으로 유명해지면서 이 잊혀진 마을에 사람들의 발길이 다시 이어지기 시작했다. 이곳에는 일본 애니메이션 〈센과 치히로의 행방불명〉의 모티브가 되었다는 찻집 아매 차루阿妹茶樓 아메이 차러우도 있다. 이곳에서 차를 마시며 바라보는 바다 풍경은 주펀만의 멋이며 맛이 된다.

저녁 무렵이 되면 주펀에는 또 다른 세상이 펼쳐지는데 돌계단과 함께 길게 어우러진 홍등들이 하나둘 켜지면서 타이완의 야경 중 가장 아름다운 풍경이 찾아온다.

타이베이 기차역(台北火車站)에서 기차를 타고 루이팡 기차역(瑞芳火車站)에 내리면 역 광장에서 길을 건너 주펀(九份) · 진과스(金瓜石) 방면 버스를 탄다. 기차는 등급에 따라 30분, 50분 소요. / 타이베이 MRT 중샤오푸싱(忠孝復興) 역 1번 출구로 나와 주펀(九份) · 진과스(金瓜石)라고 쓰여 있는 버스 정류장에서 버스를 탄다. 버스는 20~30분 간격으로 오며 주펀까지는 1시간 정도 걸린다. 타이베이에서 주펀에 가려고 한다면 이곳에서 버스로 가는 방법이 한 번에 갈 수 있어서 기차보다 편리하다.

드라마 꽃보다 남자
流星花園

타이완에서 2001년 제작된 〈유성화원流星花園〉은 한국에서는 2002년 〈꽃보다 남자〉로 번역되어 MBC에서 방송되었다. 타이완에서 제작된 드라마로는 처음으로 큰 관심을 모았고 '꽃미남'이라는 말이 이 드라마에서 시작되었다. 타이완 드라만 〈꽃보다 남자〉의 인기에 힘입어 2009년에는 한국에서도 이민호, 구혜선 주연의 〈꽃보다 남자〉가 제작, 방송되었으며, 일본은 물론 중국에서도 같은 제목의 드라마가 제작되었다.

이 드라마의 원작은 일본 만화가 카미오 요코神尾 葉子의 〈꽃보다 남자花より男子〉이다. 이야기는 4대 가문의 우수한 후손들을 양성하기 위해 창립된 명문 학교인 영덕 학원英德學院에서 시작된다. 감히 대적할 상대가 없었던 4대 가문의 후손 F4 앞에 산차이杉菜라는 평범한 여학생이 등장하면서 F4에게 변화가 찾아온다. 남자 주인공 다오밍쓰道明寺는 자신의 괴롭힘에 당당하게 맞서는 산차이에게 사랑을 느끼지만 결국 이 둘은 빈부의 격차로 인해 어려움을 겪게 된다.

방영: 2001.04.12 ~ 2001.08.16
연출: 궈완화(郭婉華)
배우: 옌청쉬(言承旭), 쉬시위안(徐熙媛), 저우위민(周渝民), 주샤오톈(朱孝天), 우젠하오(吳建豪)

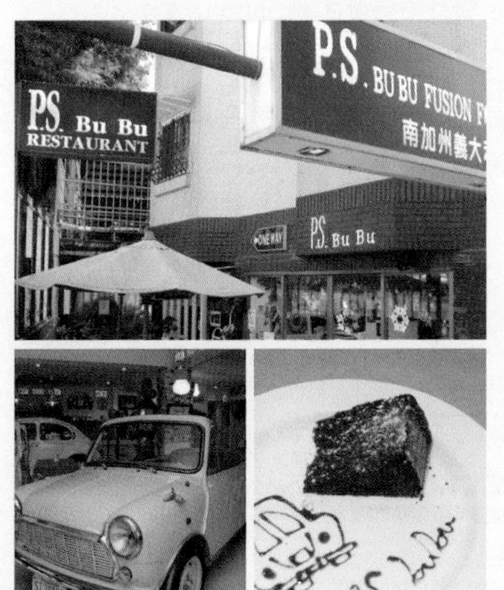

피에스 부부 레스토랑 P.S. BUBU RESTAURANT

이 드라마가 촬영된 지도 벌써 10여 년이 지났으니 드라마의 촬영지를 찾는다는 것은 쉽지 않다. 그렇지만 많은 시간이 흘렀음에도 불구하고 드라마 속 장면 그대로를 유지하고 있는 카페가 있다. 타이베이의 톈무天母에 위치한 피에스 부부 레스토랑이 그곳이다. 오리지널 미니쿠퍼 자동차를 개조해서 만든 테이블, 빈티지한 번호판과 자동차 소품으로 인테리어를 꾸민 자동차 카페이다. 드라마 〈꽃보다 남자〉의 주인공 다오밍쓰와 산차이가 애틋한 데이트를 했던 곳이다. 세월이 많이 흘렀지만 지금도 드라마 속 그 자리는 예약을 해야 앉을 수 있을 정도로 인기이다. 이 카페 안에는 남자 주인공을 맡았던 배우 옌청쉬言承旭의 사인도 있고 드라마에서 주인공들이 먹었던 아이스크림 메뉴도 먹을 수 있어 상상 속의 드라마가 현실로 다가오는 곳이다.

🏠 台北市 士林區 中山北路 七段 140巷 1號 1樓 ☎ 02-2876-0698 🚌 타이베이 MRT 스파이(石牌) 역에서 紅19 버스로 환승하여 톈무 광장(天母廣場) 하차, 중산베이루(中山北路) 7단(段) 방향으로 도보 10분.

영화 말할 수 없는 비밀
不能說的秘密

영화 〈말할 수 없는 비밀〉은 중화권 최고의 인기 가수이자 만능 엔터테이너인 저우제룬周杰倫이 각본, 감독, 주연까지 맡은 감독 데뷔작이다. 국내에는 이미 장이모張藝謀 감독의 〈황후화〉와 〈이니셜 D〉에 출연하며 얼굴을 알린 바 있는 그는 아시아권에서 폭발적인 인기를 누리고 있으며, 아시아 최고의 뮤지션이기도 하다. R&B, 랩, 힙합, 그리고 감미로운 발라드까지 폭넓고도 차별화된 음악 스타일로 사랑 받고 있는 그가 뮤지션, 배우에 이어 감독의 세계에 들어선 작품이다.

〈말할 수 없는 비밀〉이 국내 개봉했을 때 타이완 영화로는 최초로 1만여 명의 네티즌들의 극찬을 받으며, 네이버 전체 영화 평점 1위를 하기도 했다. 또한 네티즌들이 직접 만든 500여 건의 뮤직 비디오와 각종 UCC 동영상, 빗발치는 OST 출시 문의 등 폭발적인 반응은 타이완 영화로는 이례적인 일이었다. 실제로 이 영화 속 피아노곡을 사랑의 세레나데로 연주하고자 하는 네티즌들의 검색 열풍으로 〈말할 수 없는 비밀〉 OST 악보가 등록되어 있다. 이 영화는 멜로, 판타지, 반전, 아름다운 피아노 선율이 적절히 혼합된 최고의 영화로 기억되고 있다.

영화 속 그곳!

담강 고등학교 淡江中學 단장 중쉐

영화 〈말할 수 없는 비밀〉의 주요 촬영지였던 학교가 단수이淡水에 있는 담강 고등학교이다. 이 학교는 감독 겸 주연 배우인 저우제룬周杰倫의 모교이다. 그가 14살에 겪었던 첫사랑 경험을 소재로 만든 영화에 가장 적합한 촬영지가 아닌가 싶다. 저우제룬은 첫사랑의 기억을 토대로 로맨틱하고도 낭만 가득한 판타지 멜로 영화를 만들어 냈고, 이 영화를 통해 성공적으로 감독에 데뷔하였다. 이 영화가 개봉된 이후 저우제룬이 학창 시절을 보냈고 영화 속의 주요 배경이 되었던 담강 고등학교를 찾는 사람이 얼마나 많아졌던지, 교실 앞에는 '수업 중입니다. 들어오지 마세요.'라고 쓰여 있다. 만약 평일에 방문하게 된다면 공부하는 학생들에게 방해되지 않도록 조용히 구경하도록 하자.

台北縣 淡水鎮 真理街 26號 ☎ 02-2620-3850 www.tksh.ntpc.edu.tw 타이베이에서 지하철을 타고 MRT 단수이(淡水) 역 하차, 중산루(中山路) 방향으로 도보 15분.

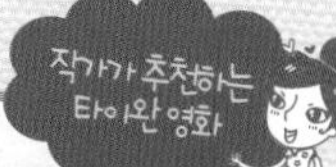

★공포분자

恐怖分子, The Terroriser, 1986

감독: 양더창(楊德昌)
배우: 먀오첸런(繆騫人), 진스제(金士傑), 리리췬(李立群)

★연연풍진

戀戀風塵, Dust in the Wind, 1986

감독: 허우샤오셴(侯孝贤)
배우: 신수펀(辛树芬), 리톈루(李天禄), 왕징원(王晶文)

★음식남녀

飲食男女, 1994,
Eat, Drink, Man, Woman

감독: 리안(李安)
배우: 랑슝(郎雄), 양구이메이(杨贵媚), 우첸롄(吴倩莲)

★동년왕사

童年往事, 1985

감독: 허우샤오셴(侯孝贤)
배우: 유안순(游安顺), 톈펑(田丰), 메이팡(梅芳)

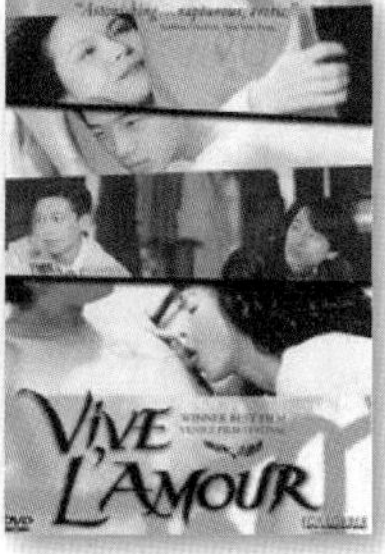

★애정만세

愛情萬歲, Vive L'Amour, 1994

감독: 차이밍량(蔡明亮)
배우: 양구이메이(杨贵媚), 리캉성(李康生), 천자오룽(陈昭荣)

★쿵후 선생

推手, Pushing Hands, 1992

감독: 리안(李安)
배우: 랑슝(郎雄), 왕라이(王莱)

★결혼 피로연

喜宴, The Wedding Banquet, 1993

감독: 리안(李安)
배우: 자오원쉬안(赵文瑄), 진쑤메이(金素梅), 미첼 릭텐스타인(Mitchell Lichtenstein)

★소녀소어

少女小漁, Siao Yu, 1995

감독: 장아이자(张艾嘉)
배우: 퉈쭝화(庹宗华), 류뤄잉(刘若英)

식당에서 콕 찍어 주문하는

타이완 요리 메뉴판

타이완 여행에서 맛있는 음식을 맛보지 못하고 돌아온다면 타이완의 90%는 놓친 것이라 해도 과언이 아니다. 중화 요리부터 색다른 이국 요리까지 타이완은 세계적으로 인정하는 음식 천국이다. 그러나 대부분의 타이완 식당들이 아쉽게도 사진 메뉴판을 갖추고 있지 않아 주문하기 곤란한 경우가 많다. 이곳에 소개하는 음식들의 사진과 이름을 참고해 타이완 음식을 콕 찍어 주문해 보자.

뉴러우미엔
牛肉麵

뉴러우미엔牛肉麵 쇠고기 국수은 훙사오紅燒(쇠고기를 볶아서 넣은 것)와 칭둔淸燉(쇠고기를 깔끔하게 고아서 넣은 것)의 두 가지 맛이 있다. 뉴러우미엔에 들어가는 고기는 갈빗살 부위로 살과 근육이 절반씩 섞인 좋은 고기를 사용한다. 탕 안에 들어가는 국수는 식감이 좋은 쫄깃한 상태가 중요하다.

루러우판
滷肉飯

루러우판滷肉飯 양념 돼지고기 덮밥은 잘게 다진 신선한 돼지고기에 소스를 곁들여 함께 삶아 만든다. 삶을 때 솥에서는 진한 고기 향기가 난다. 고기를 다 익히고 나면 갓 지은 쌀밥 위에 올려 먹는다. 한 입을 먹으면 입안에 향긋하고 달콤한 맛이 가득 차면서 입에 착 달라붙는 느낌이 좋고, 한 번 먹으면 그 맛을 잊지 못한다.

차오미펀炒米粉 볶음국수은 경사스러운 날 손님을 청해 베푸는 잔치나 명절에만 만드는 요리였다. 미펀米粉은 면발이 가는 쌀국수를 말하는데, 신주新竹에서 생산되는 미펀이 가장 맛있기로 유명하다. 그 이유는 미펀 건조의 최적 조건이라 할 수 있는 햇볕과 바람의 3 : 7 비율로 면을 말렸기 때문이다. 이 미펀을 가늘게 썬 고기, 말린 새우, 표고버섯, 채소와 함께 볶으면 차오미펀炒米粉이 된다.

차오미펀
炒米粉

쓰선탕
四神湯

타이완 사람들은 약보다는 음식을 이용한 보양을 즐긴다. 그중 하나가 바로 쓰선탕四神湯 사신탕으로, 참마, 복령(한약재의 일종), 연밥, 가시연밥 등 네 종류의 재료를 넣어 약한 불에 장시간 고아 만든다. 사람의 위와 장을 보호하고 건강하게 하는 아주 좋은 음식 중 하나로, 맛이 달콤한 것이 특징이다.

홍쉰미가오
紅蟳米糕

홍쉰미가오紅蟳米糕 꽃게찰밥에서 '홍쉰紅蟳'은 알을 밴 암게이며 '미가오米糕'는 쌀로 만든 케이크나 찹쌀밥을 가리킨다. 알이 꽉 찬 신선한 암게를 찜통에 넣고 10여 분간 찌면 모양과 향기, 맛을 고루 갖춘 홍쉰미가오가 완성된다. 홍쉰미가오는 음식의 향이 매우 좋으며, 타이완에서 결혼식 음식으로 사랑 받는 요리이다.

단짜이미엔擔仔麵 일종의 새우탕면은 작은 그릇에 담긴 국수로, 일반적인 국수를 먹듯 한 번에 입속 가득히 넣고 삼켜서는 안 된다. 약간 노르스름한 빛을 띠는 면을 천천히 음미하듯 먹으면 탄력 있는 면발과 매끄러운 맛에 반한다. 신선한 새우 껍질과 새우 머리로 우려낸 국물 맛은 깔끔하고 달콤하다.

단짜이미엔
擔仔麵

포탸오창
佛跳牆

포탸오창佛跳牆 불도장은 '부처님이 담장을 넘는다.'라는 뜻으로, 요리가 너무 향기로워 부처님조차도 참지 못하고 담장을 몰래 넘어와 먹게 만든다는 의미로 붙여진 이름이라고 한다. 만드는 방법이 엄격하고 수십 가지 재료를 함께 달이기 때문에 향기가 진하며 부드럽고 맛도 좋다. 갖가지 재료의 맛을 항아리 하나에 담아내기 때문에, 온 가족이 함께 모인다는 의미를 가지기도 한다.

평리쿠과지鳳梨苦瓜雞 파인애플 여주 닭백숙는 타이완식 탕 요리다. 절인 파인애플과 여주에 토종닭을 함께 넣어 푹 익히면 토종닭 전문 음식점에서 파는 원조 평리쿠과지가 된다. 이 탕 요리의 특징은 닭고기의 살이 단단하고 맛이 달콤하다는 데 있다. 파인애플의 달콤한 향과 맛에 닭고기, 여주 등의 재료가 함께 어우러져 좋은 맛을 낸다.

평리쿠과지
鳳梨苦瓜雞

후자오빙
胡椒餅

후자오빙胡椒餅 후추빵은 파를 듬뿍 넣고 독자적인 소스로 절여 만든 돼지고기를 소로 사용한다. 모양은 구운 빵이나 호떡 종류와 비슷하다. 숯불로 구운 뒤 막 꺼낸 후자오빙의 외피는 누르스름한 색깔로 바삭바삭한데, 숯불과 참깨의 향을 진하게 지니고 있다. 입에 넣으면 약간 맵지만 자극적이지는 않다.

마포더우푸
麻婆豆腐

마포더우푸麻婆豆腐 마파두부는 중국 쓰촨四川 요리 중 하나로 매운 맛이 특징이다. 우리에게도 익숙한 맛이라 부담 없이 즐길 수 있는 요리이다. 두부는 따뜻하지만 신선하고, 부드러우면서도 부서지지 않고 모양을 유지하며 다진 고기의 풍미를 더하는 것이 매우 중요하다. 매운맛을 좋아하는 한국 사람들에게는 꼭 추천하고 싶은 요리이다.

관차이반棺材板 크림 스튜 토스트은 타이난에서 만들어 낸 간식이다. 감자와 당근, 새우, 고기 편 등의 재료를 함께 삶아 진하고 걸쭉한 탕처럼 만들어 준비하고, 튀긴 토스트를 식혀 속을 파내어 네모난 상자 모양으로 만든다. 파낸 토스트에 미리 삶아 준비한 재료를 넣고 토스트로 뚜껑을 덮어 완성한다. 바삭한 빵의 식감과 부드러운 소가 한데 어우러져 고소한 맛을 낸다.

관차이반
棺材板

싼써단
三色蛋

싼써단三色蛋 삼색 새알은 노란색과 흰색, 검은색의 재료가 어우러져 색감이 아름답고 영양가가 높다. 연노랑색 계란에 검은색 피단皮蛋(오리알이나 계란을 가공한 식품으로, 송화단松花蛋이라 불리기도 한다.)을 곁들인 뒤, 다시 소금에 절인 흰색 오리알을 더해 쪄서 만든다. 노인이나 어린이들이 먹기에 적합하다.

샹젠바이다이위香煎白帶魚 갈치구이는 갈치를 토막으로 잘라 소금을 엷게 발라 약간 절인 다음, 프라이팬에 약간의 기름을 두르고 구워 내는 요리이다. 우리가 먹는 갈치구이와 비슷하며 고기의 육질이 기름지며 부드럽다.

샹젠바이다이위
香煎白帶魚

칭정스반
清蒸石斑

칭정스반清蒸石斑 우럭바리찜은 소스나 조미료를 넣지 않고 깔끔하게 찌는 조리 방법을 이용해 만든다. 우럭바리의 육질은 아주 기름지며 탄성이 있는데 이런 조리 방식을 사용하면 우럭바리의 본래 맛을 온전하게 유지할 수 있다. 먹어 보면 달콤하면서도 짭짤한 맛이 있어 느끼하지 않아 한 번 맛보면 잊기 어려운 맛을 갖고 있다.

싼베이지三杯雞 양념 닭찜는 닭고기를 질그릇에 넣고 쌀로 빚은 술과 소스, 그리고 향기가 진한 바질와 고추 등을 가미한 후 약한 불로 천천히 삶아 닭고기에 즙이 스며들게 한다. 짭짤하면서도 달콤하고 약간의 매운 맛도 있어 술안주로 먹거나 밥과 곁들여 먹기에도 좋다.

메이간커우러우梅乾扣肉는 소금에 절여 말린 갓과 돼지 삼겹살을 같이 조리해 달콤한 맛을 낸다. 새콤하고 짭짤한 갓은 요리에 향을 더할 뿐 아니라 삼겹살의 기름기를 흡수해 느끼한 맛을 줄인다. 짭짤한 삼겹살의 살코기와 비계는 고소해서 밥반찬으로 그만이다.

지러우판鷄肉飯 닭고기 덮밥은 일반적으로 닭고기를 얇게 저민 편 형태와 가늘게 썬 실 형태의 두 종류로 나뉜다. 이 중에서 특히 가늘게 썬 형태의 닭고기로 만든 지러우판을 가장 흔히 볼 수 있다. 연하고 부드럽기가 적당한 얇은 닭고기 조각이나 가늘게 썬 닭고기를 백반 위에 가득 얹은 다음, 닭고기를 찌고 난 뒤 남은 닭 기름을 그 위에 바른다.

샹구쥐치파이구탕香菇枸杞排骨湯 버섯 구기자 갈비탕은 기력 보충에 좋은 음식으로 어린이와 노인들이 먹기에 적합하다. 표고버섯와 구기자를 물에 담가 깨끗하게 씻어 준비한 뒤 튀긴 갈비와 함께 솥에 넣고, 여기에 가늘게 채썬 생강과 소금 등 약간의 조미료를 넣어 여러 시간 삶으면 된다. 탕의 국물이 깔끔하고 달콤하다.

우시파이구無錫排骨 우시 지방의 양념 돼지갈비는 엷은 막을 가진 갈비뼈를 골라 소스와 묵은 술, 회향풀 등을 넣고 천천히 삶다가, 마지막에 설탕으로 달인 달콤한 소스를 더한다. 양념 갈비와 비슷하다고 할 수 있다. 육질이 연하면서도 씹는 맛을 잃지 않은 갈비를 맛볼 수 있다.

궁바오지딩宮保雞丁 매운 닭볶음은 정사각형으로 자른 닭고기와 땅콩을 주재료로 한다. 먼저 자른 닭고기를 기름에 튀겨 육즙의 손실을 최소화한다. 여기에 말린 고추와 마늘의 푸른 대를 넣어 함께 볶아 맛을 낸다. 은근하게 매운맛을 지니고 있고, 튀긴 닭고기의 바삭하면서도 부드러운 식감을 자랑한다.

거리쓰꽈蛤蜊絲瓜는 속이 가득 찬 동죽조개와 연한 수세미외가 완벽한 맛의 조화를 이룬다. 연하고 즙이 많은 수세미외의 신선하고 달콤한 맛과 동죽조개의 진한 바다 맛을 느낄 수 있다. 동죽조개의 국물이 수세미외에 배어들어 그 맛이 더 달콤하다. 느끼하지 않아 밥에 비벼 먹으면 좋다.

커자客家는 광둥어로 하카Hakka라 불리는 한족의 일파로, 타이완에도 다수가 살고 있는데 이들의 음식은 인기가 많다. 커자샤오차오客家小炒 하카식 볶음는 가장 전형적인 하카족 요리 중 하나로 돼지 삼겹살과 말린 두부, 오징어 등 주요 재료를 길게 썬 다음 소스와 술, 풋마늘대, 고추 등의 보조 재료를 넣어 함께 볶아 만든다.

차 향기가 있는 여행

타이완 찻집 탐방

타이완은 '차의 왕국'이라는 별칭으로 불릴 정도로 세계적으로 유명한 반발효차의 산지이다. 150년 전부터 타이완의 우롱차는 세계적으로 유명했으며 타이완 특산품인 백호우롱차는 영국 여왕으로부터 '동방의 미인차'라는 칭호를 얻기도 했다. 타이완 여행을 할 때 찻집은 물론이고, 아름다운 풍경과 차를 동시에 접할 수 있는 차 재배 마을을 찾아가 보는 것도 특별한 여행이 된다.

타이완의 차

타이완은 지형과 기후가 차나무 생장에 적합하고 전 지역이 해발 고도가 높아 좋은 차를 생산하기에 적합하다. 타이완의 차는 발효도에 따라 크게 비발효차, 반발효차, 완전 발효차로 나눠진다. 대표적인 차를 소개하자면 타이완에서 가장 유명한 백호우롱차白毫烏龍茶를 비롯하여 녹차綠茶, 철관음차鐵觀音茶, 포종차包種茶, 고산차高山茶, 홍차紅茶가 있다. 차를 재배하는 지역은 무수히 많은데, 타이베이만 해도 마오쿵貓空의 무자木柵 지역에서 넓은 차밭을 만날 수 있고, 타이베이 근교로 나가면 주펀九份, 핑린坪林, 싼샤三峽, 베이푸北埔 등지에 차 농장이 있다. 좀 더 멀리 내려가면 난터우南投의 우롱차 농장, 위츠향魚池鄉의 홍차 농장, 아리산阿里山의 고산차 농장, 그리고 화롄花蓮과 가오슝高雄 등 그 수를 헤아릴 수 없을 만큼 많은 곳에서 차를 재배하고 있다.

가 볼 만한 찻집

회류 回留 후이류

타이베이에서 유명 음식점이 다 모여 있는 융캉제永康街 거리는 음식점뿐만 아니라 분위기 좋은 전통 찻집이 많아 현지의 차 마니아들이 추천하는 곳이다. 이곳은 조용한 주택가 안에 위치해 있어 음식점이 많아도 어수선하지 않고 편안한 인상을 받는다. 그중에서 회류 찻집은 '다시 돌아와 머물다.'라는 뜻의 이름처럼 아늑하고 예뻐서 저절로 발길이 가는 곳이다. 이곳에서는 제대로 된 타이완 고산차의 맛을 느껴 볼 수 있다. 해발 1,000m 이상의 차 농장에서 만든 우롱차를 고산차라고 하는데, 고산 지역에서는 아침저녁으로 구름과 안개가 지나간 후 비치는 강한 자외선 때문에 떫은맛이 약해지고 강한 단맛을 낸다. 진한 차향을 느낄 수 있으며 여러 번 우려 먹어도 부드러운 맛을 낸다. 보통의 찻집은 차만 파는데 회류 찻집에

서는 도예가인 주인의 작품을 감상하고 구입할 수도 있다. 차를 마시고 나와 큰길보다는 작은 골목길을 따라가 보면 찻집뿐 아니라 차관을 파는 곳, 차에 관한 고서적을 파는 곳 등 뜻밖의 재미를 주는 작은 상점들이 곳곳에 숨어 있다. 보물찾기를 하듯 걷는 아기자기한 골목길이 재미있는 곳이 융캉제이다.

台北市 大安區 永康街 31巷 9號 ☎ 02-2392-6707 huiliu.info/index.php 11:00~21:30 타이베이 MRT 둥먼(東門) 역에서 도보 5분.

아매 차루 阿妹茶樓 아메이 차러우

주펀의 수많은 찻집 중에서 가장 유명한 아매 차루는 백호우롱차白毫烏龍茶 바이하오우룽차가 유명하며, 겉은 바삭하며 속은 차향이 나는 찻잎 케이크를 맛볼 수 있다. 반발효차인 백호우롱차는 세계적으로 타이완에서만 생산되며 철관음차鐵觀音茶 톄관인보다 맛이 깊다. 부진자라는 차 벌레가 갉아 먹고 나서 새로 자라는 차나무 가운데 가장 어린잎만을 골라 제조되며 '동방미인차'라고도 불린다. 차에서 숙성된 과일이나 꿀 향이 나며 부드럽고 진한 맛이 특징이다. 일본 애니메이션 〈센과 치히로의 행방불명〉의 모티브가 되었다는 아매 차루는 차를 마시며 창밖으로 바다 풍경을 내려다볼 수 있어 차의 맛을 더욱 좋게 해 준다. 또한 이곳의 낮과 밤의 풍경은 매우 다른데 저녁 무렵이 되면 홍등들이 하나둘 켜지면서 주펀만의 색다른 멋이 펼쳐진다. 수치루豎崎路 거리의 돌계단을 따라 켜진 홍등들은 타이완의 야경 중에서도 가장 아름다운 풍경으로 잊지 못할 추억이 된다.

新北市 瑞芳區 九份 崇文里 市下巷 20號 ☎ 02-2496-0833 www.amei-teahouse.com.tw 일~목 08:30~24:00, 금 08:30~01:00, 토 08:30~02:00 타이베이 MRT 중샤오푸싱(忠孝復興) 1번 출구로 나와 주펀(九份) · 진과스(金瓜石)라고 쓰여 있는 버스 정류장에서 버스 탑승(20~30분 간격, 1시간 소요), 주펀(九份) 하차 후 수치루(豎崎路) 방향으로 도보 10분.

주펀 차방 九份茶坊 주펀 차팡

비는 여행할 때 참으로 반갑지 않은 손님인데 차를 마실 때만큼은 그 맛을 더 좋게 하기 때문에, 주펀九份을 가려고 나설 때마다 '이번에도 비가 와 주려나?' 하고 기대하게 된다. 주펀의 찻집 중에서 가장 오래된 역사를 가진 주펀 차방은 비가 내릴 때 찾아가면 딱 좋은 곳이다. 오랜 역사만큼이나 시간을 머금은 찻주전자는 붉은 숯불이 끓여 준다. 차와 함께 나오는, 녹차로 만든 수제 쿠키는 차의 맛을 거스르지 않으며 입안에서 녹는다. 차를 마시며 둘러보는 찻집의 분위기는 전통이 주는 품격을 보여 준다. 타이완에는 '좋은 찻잎은 숨을 쉰다.'라는 말이 있다. 그만큼 차를 마시는 것은 다른 음료를 마시는 것과는 다른 운치가 있다. 주펀 차방에서 차 한 잔을 마시는 순간은 시끄럽고 들뜬 분위기를 벗어나 차분히 주변의 사람과 사물을 느낄 수 있는 섬세한 감성을 선물로 준다.

新北市 瑞芳區 基山街 142號 ☎ 02-2496-9056 www.jioufen-teahouse.com.tw
10:30~ 21:00 타이베이 MRT 중샤오푸싱(忠孝復興) 1번 출구로 나와 주펀(九份) · 진과스(金瓜石)라고 쓰여 있는 버스 정류장에서 버스 탑승(20~30분 간격, 1시간 소요), 주펀(九份) 하차 후 지산제(基山街) 방향으로 도보 10분 .

e-2000

와인의 고장에 가면 자신이 태어난 해에 만들어진 와인을 마셔 볼 수 있는 것처럼 타이완에서는 자신이 태어난 해에 만들어진 차를 맛볼 수 있다. 타이완에는 맛에서부터 지나간 시간의 깊은 향미를 느낄 수 있는 노차老茶 라오차, 즉 오래된 차가 있기 때문이다. 차를 오래 두면 마실 수 없다고 생각하여 버리기 마련인데, 차를 잘 보관하여 오래된 차의 깊고 오묘한 맛을 살리는 기술을 터득하게 되었다고 한다. 노차는 통풍이 잘되는 그늘에서 건조 조건을 잘 맞춰 오래오래 묵히면서도 원래의 맛을 살리는 고난도의 기술을 요구하는 차이다. 특히 주의할 점은 오래 보관하는 과정에서 인공적인 조건은 철저히 배제하고 자연스러운 환경에서 만들어야 한다고 한다. 노차는 해마다 온도와 습도 등의 조건이 달라지기 때문에 차마다 사람처럼 다른 성격을 가지고 있다고 한다. 또한 첫 번째 우려냈을 때와 두 번째 우려냈을 때의 맛이 다른데 우려낼수록 깊은 맛이 난다. 노차만의 특별한 맛이라고 하면 과일 향처럼 미묘하게 신맛이 난다. 또한 오래 보관할수록 카페인이 적어져 많이 마셔도 부담이 적다는 특징이 있다. 노차를 파는 찻집 〈e-2000〉은 영업 시간을 정해 놓지 않고 주로 오후에 문을 연다. 타이완의 노차를 마셔 보고 싶거나 구입하고 싶다면 미리 연락을 해 보고 가는 것이 좋다.

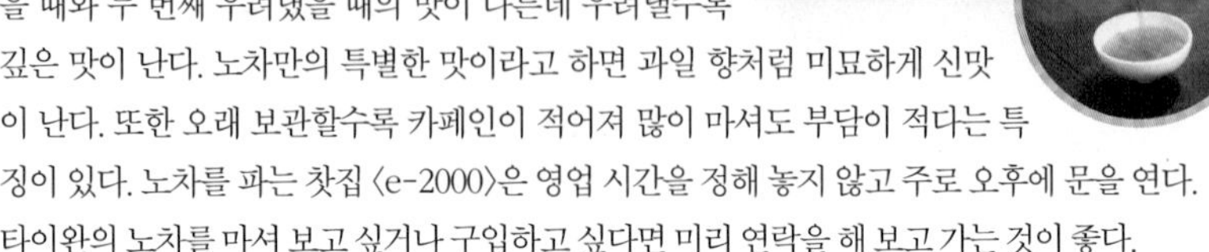

台北市 大安區 永康街 54號 ☎0936-078-595 타이베이 MRT 둥먼(東門) 역에서 도보 10분.

39호 베이푸 뇌차
三十九號北埔擂茶 싼스주하오 베이푸 레이차

신주新竹의 베이푸北埔 지역에 가면 기존과는 다른 매우 특별한 차의 세계를 경험할 수 있다. 생소하기만 한 이 차의 이름은 뇌차擂茶 레이차이다. 이 찻집은 원래 1997년 도자기를 만드는 부부 공예가의 도자기 전시장으로 시작했다. 1998년에 부부 공예가는 하카족이 마시던 차를 만들어 팔 생각을 했고 타이완에서 처음으로 지금의 '39호 베이푸 뇌차' 찻집에서 판매를 시작했다. 원래 베이푸 지역의 하카족이 마시던 뇌차는 짠맛이 강했는데 더 대중적인 맛으로 개선하고, 손님이 직접 만드는 D.I.Y. 방식도 고안해 냈다. D.I.Y. 뇌차가 전국에 소문이 나면서 이 차를 체험하기 위해 베이푸를 찾는 사람들이 급증했다. 뇌차는 품질 좋은 20여 종의 곡물 중에 5가지를 절구에 빻아서 가루로 만들고 여기에 녹차 가루를 섞어 마시는 차이다. 혼자보다는 여럿이 어울려 직접 재료를 가루로 만들고 차를 만드는 과정이 재미있고, 그 자리에서 빻아 만든 곡물 가루는 고소하고 영양이 풍부해 날로 인기를 더하고 있다. 차를 마실 때는 다식으로 모찌와 매실 절임이 나온다. 이제 베이푸의 명물이 된 D.I.Y. 뇌차는 이곳 외에도 많은 곳에서 팔고 있다.

新竹縣 北埔鄉 廟前街 39號 ☎ 03-580-3157 www.39tea.com.tw 평일 09:00~18:00, 주말 08: 30~19:00 신주(新竹) 역에서 주둥(竹東)행 신주 여객 버스를 타고 주둥(竹東)에 도착한 후 베이푸(北埔)행 버스로 환승해서 베이푸(北埔) 하차.

차 구입하기

차는 타이완의 대표적인 쇼핑 아이템이다. 종류도 워낙 다양하고 편의점에서도 차를 팔기 때문에 무척 손쉽게 구입할 수 있지만, 그 때문에 오히려 어떤 차를 구입해야 할지 더 막막해지기도 한다. 차가 익숙하지 않은 사람이라면 마트나 편의점에서 적당한 가격대의 티백을 구입해서 차와 친해지는 것도 좋다. 재스민이나 우롱차 티백은 차를 즐기지 않는 사람도 무난히 마시기 좋다. 만일 좀 더 제대로 된 차를 구입하고 싶다면 차 전문점에서 잎차를 구입하는 쪽을 추천한다. 전문점에서는 엄선된 찻잎을 취급하며 가격도 합리적이어서 믿고 살 수 있다. 모든 차를 시음할 수 있으니 직접 마셔 보고 자신의 입맛에 맞는 차를 구입하면 된다. 참고로, 우리에게 가장 익숙한 우롱차는 발효도 15~70%의 차를 말하는 것으로 타이완에서 생산되는 동방미인차가 가장 유명하다. 찻잎을 고를 때는 부스러기나 줄기가 들어 있지 않은 것으로 고르도록 한다.

차 전문점

천인 명차 天仁茗茶 톈런 밍차

타이완에서 지점이 많은 프랜차이즈 전문점으로 여행 중에 쉽게 만날 수 있다. 다양한 잎차와 티백 차는 물론이고 차와 함께 먹기 좋은 다과도 판매한다. 부담 없이 시음을 할 수 있고 소량으로 구매할 수도 있다.

台北市 忠孝東路 4段 107號 ☎ 02-2711-8868 www.tenren.com.tw 09:00~22:00

심원 沁園 친위안

융캉제에 위치한 심원은 차에 관련된 모든 것을 판매한다. 차를 고르기 전에 차를 직접 시음해 볼 수 있고, 소량의 포장도 가능하며 티백 차도 다양하게 구비되어 있다.

台北市 大安區 永康街 10-1號 1樓 ☎ 02-2321-8975 www.sinyuan.com.tw 11:00~21:00

임화태 차행 林華泰茶行 린화타이 차항

1883년에 설립된, 타이완에서 가장 오래된 차 전문점이다. 솝을 가득 채운 엄청난 규모의 차를 볼 수 있으며 도소매 모두 가능하고 600g부터 판매한다. 최고의 차를 타

이베이에서 가장 저렴한 가격에 구입할 수 있는 곳이다.

台北市 大同區 重慶北路 2段 193號 ☎ 02-2557-3506, 02-2557-9604 linhuatai.okgo.tw 07:30~21:00

명천당 차장 茗泉堂茶莊 밍취안탕 차좡

9종류의 맛 좋은 차를 팔고 있으며 100g부터 구입 가능하다. 특별히 이곳은 저렴한 가격부터 최고급까지 다양한 다기를 팔고 있는 것이 큰 특징이다.

台北市 中山北路 二段 65巷 9號 ☎ 02-2391-4047 09:00~20:00

화창 차장 和昌茶莊 허창 차좡

타이완 차 콘테스트의 심사위원이기도 한 차의 달인이 운영하는 상점이다. 차를 구입하기 전에 시음을 할 수 있고 차 선택 방법까지 친절하게 알려준다. 이곳에서 추천하는 최고의 차는 리산우롱차梨山烏龍茶이다.

台北市 大安區 化南路 1段 190巷 46號 ☎ 02-2771-3652 10:00~21:00

싸고 맛있는 먹거리 총집합!

타이완 야시장

타이완을 여행 중이라면 야시장은 반드시 들러야 하는 필수 여행 코스이다. 야시장에 들어서는 순간 타이완이 음식 천국이라는 것을 실감하게 되기 때문이다. 가격은 저렴하면서 맛은 최고인 다양한 먹을거리가 타이완 야시장의 가장 큰 매력이다. 각양각색의 신기하고 맛있는 음식들을 맛보고 싶은 여행자라면 타이완의 야시장을 추천한다.

타이베이 스린 야시장 士林夜市 스린 예스

스린 야시장은 현지인은 물론 여행자들에게도 널리 알려진 전국 제1의 야시장으로 밤이 깊어갈수록 늘어가는 사람들로 북새통을 이룬다. 음식 천국인 스린 야시장에는 낯선 외국 음식을 즐기는 미식가는 물론이고 어느 나라 그 누구의 입맛도 모두 다 만족시켜 줄 수 있는 맛있는 먹을거리로 가득하다.

台北市 士林區 基河路 101號 ☎ 02-2881-5557 www.tcma.taipei.gov.tw 15:00~01:00 타이베이 MRT 젠탄(劍潭) 역 1번 출구에서 도보 5분.(※ 스린 야시장은 MRT 스린(士林) 역이 아니고 MRT 젠탄(劍潭) 역에서 내려야 한다.)

타이베이 사대 야시장 師大夜市 스다 예스

보통 야시장은 밤에만 문을 여는데 사대 야시장은 대학가 주변에 위치해 있어 낮에 가도 언제든 맛있는 음식을 먹을 수 있다. 물론 밤이 되면 더 많은 상점들과 사람들로 북적인다. 사대 야시장은 규모가 아주 크지는 않지만 주머니 가벼운 학생들과 알뜰한 직장인들이 단골로 찾아와 항상 활기가 넘친다. 주말에는 거리 콘서트가 열리고 미술을 전공하는 대학생들의 아트 프리마켓도 열려 입도 눈도 귀도 모두 즐거운 곳이다.

台北市 師大路 평일 11:00~22:00, 주말 11:00~24:00 타이베이 MRT 타이뎬다러우(台電大樓) 역 3번 출구에서 도보 3분.

타이베이 화시제 야시장 華西街夜市 화시제 예스

화시제 야시장은 다른 야시장과는 달리 보양식을 많이 파는 곳으로 유명하며 약재, 예술품, 잡화, 먹거리 등을 위주로 판매한다. 타이베이의 대표 관광지인 용산사龍山寺 룽산쓰 바로 왼쪽에 위치해 있어 용산사를 찾는 관광객들이 자연스레 화시제 야시장을 들러 가기 때문에 늘 많은 사람들로 북적인다. 단체 관광객의 필수 투어 코스이기도 해서 한국인에게도 많이 알려져 있는 야시장이다.

台北市 華西街, 桂林路 16:00~24:00 타이베이 MRT 룽산쓰(龍山寺) 역에서 도보 5분.

타이베이 닝샤 야시장 寧夏夜市 닝샤 예스

과거에는 작은 규모의 조용한 야시장이었는데 최근 들어 맛집을 소개하는 방송에 자주 보도되면서 매우 활기찬 모습으로 바뀌었다. 비교적 작은 규모의 시장이지만 로컬 입맛의 음식을 먹어 보고, 현지인의 생활 모습을 생생하게 느껴 볼 수 있는 곳이다.

台北市 大同區 寧夏路, 南京西路와 民生西路 사이 17:00~01:00 타이베이 MRT 중산(中山) 역 또는 솽롄(雙連) 역 1번 출구에서 도보 10분.

타이베이 라오허제 관광 야시장 饒河街觀光夜市 라오허제 관광 예스

타이완 최초의 관광 야시장인 라오허제 관광 야시장은 갖가지 먹을거리와 함께 일상 잡화도 판매하고, 민속기에 공연과 토산품 전시도 열고 있다. 옛날에는 물이 깊어 배가 드나들던 큰 상권이었으나 지금은 도시 계획의 일환으로 관광 야시장으로 변신했다. 이곳은 음식만 있는 것이 아니라 의류에서부터 장신구, 생활용품, 간식에 이르기까지 다양한 종류의 상품을 판매하고 있는 것이 특징이다.

台北市 八德路 4段과 松河街 사이의 饒河街 ☎ 02-2763-5733 16:00~24:00 타이베이 MRT 허우산피(後山埤) 역 1번 출구에서 도보 15분.

타이베이 징메이 야시장 景美夜市 징메이 예스

현지인처럼 편한 복장으로 와도 될 만큼 편안한 동네 이미지의 야시장이다. 먹거리 천국 타이완의 야시장답게 이곳 역시 다양한 길거리 음식이 유혹한다. 골목골목 자리 잡은 가게에서 내뿜는 뜨거운 김이 거리 가득 전해져 그야말로 시장과 그 시장에서 살아가는 서민들의 삶의 열기가 고스란히 느껴지는 곳이다. 징메이 야시장은 다른 시장과는 달리 아침 시장을 열기 때문에, 이른 아침에도 식사를 할 수 있다.

台北市 文山區 景美街 18:00~24:00 타이베이 MRT 징메이(景美) 역 1번 출구에서 도보 5분.

지룽

묘구 야시장
廟口夜市 먀오커우 예스

먀오커우 야시장은 지룽基隆뿐 아니라 타이완 북부 지역 제일의 야시장으로 손꼽히는 곳이다. 야시장의 중심 골목은 도교 사원인 전제궁奠濟宮 뎬지궁을 중심으로 펼쳐져 있다. 과일, 해산물, 닭 요리, 고구마 튀김, 타이완식 스낵, 샌드위치, 약밥油飯 유판, 게살 수프螃蟹羹 팡세겅, 빙수泡泡冰 파오파오빙 등 맛있는 먹을거리가 넘쳐서 무엇을 먹을지 망설여진다. 항구 근처에 위치한 만큼 갓 잡아 올린 신선한 해산물을 파는 포장마차들이 줄을 이어 있다.

基隆市 仁愛區 仁三路, 愛四路 24시간 지룽 기차역(基隆火車站)에서 중얼루(忠二路) 방향으로 도보 10분.

타이중

펑자 야시장 逢甲夜市 펑자 예스

타이중에 있는 펑자 야시장은 1963년 펑자 대학逢甲大學이 이곳으로 옮겨 오면서 2만 명의 학생 인구가 유입되어 형성된 시장이다. 대학교의 담과 맞닿아 있고 교문 앞쪽으로 넓게 형성된 야시장이라 다른 곳의 야시장보다 젊은 층의 손님이 많아 학생들이 좋아할 음식들이 많고 저렴한 것이 특징이며 영업 시간도 길다. 특히 기발한 아이디어로 만든 간식들이 다른 지역에까지 유행을 일으켜 더욱 유명하다.

台中市 西屯區 文華路 04-2451-5940 16:00~02:00 타이중 시내에서 27, 35, 135, 22, 25, 37, 45, 46번 버스를 타고 펑자 대학교(逢甲大學) 하차, 펑자 대학교 앞.

야시장 풍경

여행의 마무리는 야시장에서 발 마사지로!

야시장은 말 그대로 밤에 열리는 시장이므로 대부분 여행 중 마지막 코스로 간다. 야시장에서 맛있는 음식을 한껏 먹었다면 하루 종일 수고한 발의 피로를 풀기 위해 마사지로 마무리하는 것은 어떨까? 발의 피로를 푸는 것은 물론이고, 발에 붙은 거친 각질도 보드랍고 매끈하게 만들어 주는 마사지사들의 솜씨에 놀라게 된다. 야시장에서 받은 30분의 발마사지는 다음 날 아침 가벼운 발걸음으로 즐거운 여행을 이어 갈 수 있게 해 준다.

타이난 화위안 야시장 花園夜市 화위안 예스

타이완 관광청이 주관한 타이완 10대 야시장 선발에서 영예의 최우수 야시장으로 뽑힌 타이난 화위안 야시장은 매주 목, 토, 일요일에만 문을 연다. 이곳은 상점마다 높이 솟은 깃발이 달려 있어 어렵지 않게 원하는 상점을 찾을 수 있다. 전통 스테이크, 탕에 넣고 끓인 루웨이加熱滷味 자러 루웨이, 간장 소스에 졸인 루웨이冰鎮滷味 빙전 루웨이, 미니 샤부샤부, 짭잘한 닭고기 졸임鹹水雞 셴수이지, 싱싱한 과일, 스파게티 및 전통 국수 요리 등 각종 음식이 넘쳐 나는 전국 제1의 야시장이다.

台南市 北區 海安路 三段 목, 토, 일18:00~24:00 타이난 시내에서 7번 버스를 타고 류자리시루(六甲里西路) 하차. / 타이난 기차역(台南火車站)에서 5, 8, 14번 버스를 타고 시먼루(西門路) 하차.

가오슝 류허 야시장 六合夜市 류허 예스

가오슝을 여행하며 바쁘게 하루를 보낸 후 허기가 느껴지기 시작하면 누구나 명성이 자자한 류허 야시장六合夜市으로 온다. 노점상마다 간단한 길거리 음식부터 해산물, 튀김 등 다양한 음식을 선보인다. 가오슝의 3대 야시장 중 하나이자, 전국 야시장 선발 대회에서 가장 매력적인 야시장으로도 선발된 류허 야시장은 먹을거리, 마실 거리, 놀 거리가 가득하다.

高雄市 新興區 六合2路 ☎ 07-287-2223 18:00~24:00 가오슝 MRT R10/O5 메이리다오(美麗島) 역 11번 출구.

야시장 추천 먹거리 BEST 8

★ 루웨이 魯味

야시장에서 식재료들을 엄청나게 쌓아 놓은 상점들을 보게 되는데 이곳에서 파는 음식이 루웨이魯味이다. 오뎅, 고기, 면, 채소 등 여러 재료 중에 먹고 싶은 재료들을 골라 바구니에 담아서 점원에게 주면 선택한 재료의 가격을 계산해 준다. 값을 치르면 점원이 "라(매운 맛)? 부라(안 매운맛)?" 하고 어떤 맛을 원하는지 물어본다. 결정을 하면 재료를 국물에 넣고 살짝 데쳐 담아 준다.

★ 타이완식 소시지 台式香腸 타이스 샹창

마늘 맛이나 매운맛 소스를 발라 먹는 타이완식 소시지는 야시장에서 자주 볼 수 있는 음식이다. 주로 돼지 앞다리 고기와 지방질 고기를 완벽한 비율로 혼합해 고기소를 만든다. 식감이 좋고 탄력이 풍부하며, 육즙이 향기로운 것이 특징이다. 지역마다 속에 들어가는 재료가 달라 그 종류가 천 가지가 넘는다.

★ 닭튀김 鷄排 지파이

막 튀겨 낸 닭튀김에 후추 양념을 뿌려 포장해 주는데 그 크기가 매우 크다. 치킨을 좋아한다고 욕심내 2인분을 산다면 다 먹을 수 없다. 1인분의 양이 손바닥 2개를 합쳐 놓은 만큼 크기 때문이다. 가격은 몹시 착한 NT$50 정도. 특별히 아이들과 같이 타이베이를 여행 중이라면 야시장의 명물 닭튀김을 지나치지 말고 꼭 먹어 보자.

★ 버블티 珍珠奶茶 전주나이차

최근 한국에서 새로운 음료로 큰 인기를 끌고 있는 버블티의 원조는 타이완이다. 부드럽고 진한 밀크티에 타피오카를 더한 것인데 이 알맹이는 고구마 가루로 만든다. 크고 작은 사이즈를 고를 수 있고 차갑게 혹은 뜨겁게 해서 마실 수 있다. 음료를 좋아하는 타이완 사람들이라 음료수의 크기, 당도, 얼음의 양 등 주문하는 사람의 기호에 맞게 다양한 선택을 할 수 있다.

★ 커짜이젠 蚵仔煎

뭐니 뭐니 해도 야시장의 대표 음식 중 일등은 굴 부침인 커짜이젠이다. 어느 야시장이나 다 커짜이젠을 팔지만 스린 야시장士林夜市에 가면 커짜이젠을 파는 상점이 유독 많다. 만드는 과정을 보면 녹말 물에 신선한 굴을 넣어 기름에 부치고 마지막에 계란을 넣어 익힌다. 야채와 달콤한 간장 소스를 곁들여 먹는 음식이다. 즉석에서 능숙한 솜씨로 만들어 주는 커짜이젠과 시원한 맥주를 같이 먹으면 더위는 어디에 갔는지 금세 잊게 된다.

★ 샤오룽바오 小籠包

샤오룽바오는 다진 고기를 얇은 만두피로 싸서 찜통에 찐 딤섬이다. 샤오롱바오는 한 입에 쏙쏙 들어가도록 만든 작은 크기로 속이 꽉 차 있으며, 입안에 가득 감기는 육즙과 곱게 마무리된 얇고 탄력 있는 만두피로 유명하다. 쪄 낸 샤오룽바오는 껍질이 반투명하고 육즙이 풍부한 것이 특징이다. 30g의 샤오룽바오 속에 돼지고기와 육즙이 가득해 생각만 해도 침이 고이는 만두이다.

★ 빙수 冰品 빙핀

생과일이 가득 담긴 눈꽃 빙수는 여행을 한층 즐겁게 해준다. 많은 종류의 빙수가 있는데 얼음을 갈아 만든 빙수 위에 원하는 재료를 선택하면 된다. 망고와 딸기 등 신선한 과일을 사용하기 때문에 천연 과일의 달콤하고 상큼한 맛을 느낄 수 있다. 얼음 안에 부드러운 유제품이 함께 녹아 있어 고소하기도 하다.

★ 크레페 可麗餠 커리빙

크레페도 야시장에서 흔하게 볼 수 있는 먹거리이다. 달콤한 속 재료와 시럽을 잔뜩 넣어 남녀노소 모두 좋아하는 간식이다. 타이완의 크레페는 크기가 엄청나게 크고 안에 넣는 재료 또한 종류가 다양하다. 고기나 채소류를 넣을 수도 있고, 아이스크림 종류를 첨가할 수도 있다. 아주 빠른 손놀림으로 순식간에 크레페를 만드는 과정을 보는 재미도 있다.

진정한 힐링 여행

타이완 온천 즐기기

환태평양 조산대에 위치한 섬나라 타이완은 지열 자원이 풍부해 온천 수질이 다양하며 온천 주변의 풍경도 아름다워 온천 애호가들의 사랑을 한 몸에 받고 있다. 타이완에는 냉천, 열천, 탁천, 해저 온천 등 약 120여 곳의 온천이 있는데 온천 지대가 대부분 깊은 산속에 위치해 있어 아름다운 자연 풍경도 더불어 즐길 수 있다.

온천탕의 종류

개인탕

개인탕은 프라이버시를 중요시하는 분들을 위해 설계된 공간이다. 보통 2인까지 입욕이 가능하고 프라이버시가 매우 잘 지켜지는 공간이지만 단점은 개인탕의 숫자가 적어 보통 1회 30분으로 입욕 시간을 제한하고 있으며, 좁은 공간으로 인해 통풍 상태가 좋지 않다. 특히 고혈압 환자는 피하는 것이 좋다.

가족탕

가족탕은 소형 욕조와 샤워 시설, 침실 등을 갖춘 독립형 휴식 공간이다. 독립된 공간에서 온천을 즐기며 자유롭게 휴식을 취할 수 있도록 설계되어 있다. 크기에 따라 2인용과 가족용으로 나뉘며, 현재 타이완 현지인들에게 가장 인기 있는 온천욕 방식이다.

남탕과 여탕

보통의 온천 방식이다. 남녀 입실을 구분하여 전라로 온천욕을 즐긴다. 옷의 속박으로부터 자유로워져서 근육의 피로를 더욱 빨리 풀 수 있고 혈액 순환에도 훨씬 효과적이다. 특히 냉탕과 온탕을 번갈아 가며 몸을 담그면 날아갈 듯한 상쾌함과 편안함을 느낄 수 있다.

노천 대중탕

노천 대중탕은 타이완 전국 온천 지역에서 흔히 볼 수 있으며 가격 면에서 부담이 가장 적은 온천 방식이다. 일반 온천 지역이나 큰 온천 호텔의 경우 대부분 노천 대중탕을 구비하고 있다. 남녀가 수영복을 입고 함께 입욕을 하며, 일반적인 대중탕 외에도 수중 마사지 등과 같은 시설을 구비하여 많은 사람이 애용한다. 나체욕이 거북하거나 자연과 함께 온천욕을 즐기고 싶은 이들에게 권한다.

❶ 탕에 들어가기 전에 몸을 데워 준다. 온천수로 발쪽부터 시작해서 머리쪽까지 천천히 적신다.
❷ 물의 온도는 38~42도가 가장 알맞다.
❸ 온천탕 안에서 30분을 넘기지 말자. 가급적이면 탕 속에서 15분 정도 있다가 밖으로 나와 5분 쉬는 것이 좋다.
❹ 온천욕 이전이나 이후 충분한 물을 마셔 수분을 보충해야 한다.
❺ 온천욕 후에 샤워를 하면 온천수에 포함된 좋은 성분들까지 씻겨져 나간다. 찝찝하다면 비누나 바디 샴푸 등을 사용하지 않고 물로만 씻어 마무리한다.
❻ 온천욕은 신진대사를 자극하는 효과가 있다. 온천욕 후에는 적당한 휴식을 취해야 신진대사가 더 원활해진다.

타이완 각지의 유명 온천

베이터우 온천 北投溫泉

타이완 최초로 개발된 온천 마을로 유황석에 극소량 함유된 방사성 물질이 약리 효과가 뛰어나다.

위치 : 타이베이 시 베이터우 구(台北市北投區)
수질 : 탄산유황천
수온 : 55~58도

우라이 온천 烏來溫泉

아타얄족Atayal 泰雅族의 독특한 먹거리를 맛볼 수 있으며 고급 시설을 갖춘 온천 호텔이 집중되어 있다.

위치 : 신베이 시 우라이 구(新北市烏來區)
수질 : 탄산수소나트륨천
수온 : 80도

타이안 온천 泰安溫泉

원시 산림으로 둘러싸인 온천으로 온천 수질이 좋고, 가격도 크게 비싸지 않다.

위치 : 먀오리 현 타이안 향(苗栗縣泰安鄉)
수질 : 약알칼리성 탄산천
수온 : 40~60도

구관 온천 谷關溫泉

타이완 중부의 온천 관광 메카로, 피로 회복과 혈액 순환에 큰 효과가 있다.

위치 : 타이중 시 허핑 구(台中市和平區)
수질 : 알칼리성 탄산천
수온 : 48~60도

루산 온천 廬山溫泉

해발 400여m의 고지대에 위치해 있으며 관절염과 신경통 질환에 탁월한 효과가 있다.

위치 : 난터우 현 런아이 향(南投縣仁愛鄉)
수질 : 약알칼리성 탄산천
수온 : 45~48도

관쯔링 온천 關子嶺溫泉

타이완에서 유일한 머드 온천으로 다량의 미세 진흙과 미네랄 및 광물질이 함유되어 있다.

위치 : 타이난 시 바이허 구(台南市白河區)
수질 : 알칼리성 탄산천
수온 : 75도

바오라이 온천 寶來溫泉

주변 경관이 웅장하며 근육의 피로 회복과 피부 미용에 탁월한 효능이 있다.

위치 : 가오슝 시 류구이 구(高雄市六龜區)
수질 : 알칼리성 탄산천
수온 : 60도

부라오 온천 不老溫泉

유황 냄새가 전혀 나지 않으며 피부 질환이 있는 사람들에게 특별히 효과가 있다.

위치 : 가오슝 시 류구이 구(高雄市六龜區)
수질 : 약알칼리성 탄산천
수온 : 45~48도

장화 현
彰化縣
윈린 현
雲林縣
자이 시
嘉義市
타이난 시
台南市
가오슝 시
高雄市
핑둥 현
屏東縣

양밍산 온천 陽明山溫泉

타이베이 시내에 있으며 국립 공원 안에 위치해 있어 푸른 삼림 속에서 유황 온천을 즐길 수 있다.

위치 : 타이베이 양밍산(陽明山) 국립 공원
수질 : 산성 유황천
수온 : 60~70도

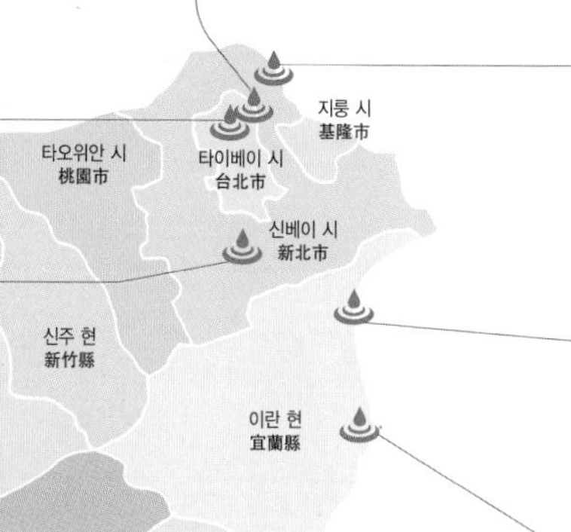

화롄 현
花蓮縣

진산 온천 金山溫泉

철분 온천, 유황천, 탄산천 등 종류가 다양하며 타이완 유일의 해저 온천수가 특징이다.

위치 : 신베이 시 진산 구(新北市金山區)
수질 : 중성 탄산천
수온 : 45~50도

자오시 온천 礁溪溫泉

피부에 좋은 미인탕으로 유명하다. 온천수를 이용해 재배한 먹거리도 맛있다.

위치 : 이란 현 자오시 향(宜蘭縣礁溪鄉)
수질 : 약알칼리성 탄산수소나트륨천
수온 : 50~60도

쑤아오 냉천 蘇澳冷泉

보기 드문 냉천으로, 처음 입수 시 약간 차게 느껴지지만 조금 지나면 몸 전체에서 열이 발산된다.

위치 : 이란 현 쑤아오 진(宜蘭縣蘇澳鎮)
수질 : 약알칼리성 탄산천
수온 : 22도

즈번 온천 知本溫泉

경치가 뛰어난 온천 휴양지로 온천 호텔이 밀집해 있으며 원주민의 독특한 문화도 체험할 수 있다.

위치 : 타이둥 현 베이난 향(台東縣卑男鄉)
수질 : 탄산수소나트륨천
수온 : 45~56도

쓰충시 온천 四重溪溫泉

피부 미용과 혈액 순환에 좋으며 관절염이나 피부염, 신경통 등에 탁월한 효능을 자랑한다.

위치 : 핑둥 현 처청 향(屏東縣車城鄉)
수질 : 약알칼리성 탄산천
수온 : 50~61도

조일 온천 朝日溫泉

세계 3대 해저 온천으로 바다를 바라보며 온천욕을 즐길 수 있고 일출도 볼 수 있는 곳이다.

위치 : 타이둥 현 뤼다오(台東縣綠島)
수질 : 유황천
수온 : 53~93도

밤을 잊은 All Night

타이베이 나이트라이프

타이완은 연중 평균 기온이 22도로 더운 기후에 속하기 때문에 한낮보다는 해가 지는 시간부터 사람들이 거리로 쏟아져 나온다. 타이완의 밤을 사랑하는 열혈 여행자들에게 추천하고 싶은 핫한 곳들을 소개한다. 한껏 멋을 부린 최고의 멋진 남자들과 여자들이 모이며 잘 찾아보면 연예인들도 볼 수 있다. 치안이 안정되어 그다지 위험하지 않으니 안심하고 즐겨 보자.

궁관 더 월 The Wall Live House

타이베이에서 개성 넘치는 록 공연을 보려고 한다면 전통의 라이브 하우스 '더 월'을 가장 먼저 추천한다. 순수한 패기와 열정으로 뜨거운 이곳은 타이완 음악의 중심을 경험할 수 있는 곳이다. 최신 음향 시설을 갖추고 있으며, 실력 있는 밴드의 공연으로 열기가 넘치는 자타 공인 젊음의 광장이다. 여행하는 목적과 방법은 여러 가지가 있다. 음악 마니아라면 음악 안에서 여행하고 그 안에서 즐거움을 찾는 것도 의미 있는 일이다. 가장 타이완스러운 록 공연을 보고 싶다면 언더그라운드 록 카페 '더 월'로 달려 가자.

台北市 羅斯福路 4段 200號 ☎ 02-2930-0162 thewall.tw 수 20:00~24:00, 목~토 19:00~03:00, 일 19:00~24:00 타이베이 MRT 궁관(公館) 역 1번 출구에서 도보 10분.

궁관 해변의 카프카
海邊的卡夫卡 하이볜더 카푸카

무라카미 하루키의 장편 소설 〈해변의 카프카〉를 연상케 하는 카페이다. 삶의 의미와 가치에 대해 이야기했던 작가의 차분함이 그대로 전해지는 곳이다. 타이베이에서 분위기 좋은 라이브 카페를 찾는다면 '해변의 카프카'를 추천한다. 2층으로 올라가는 계단부터 여행자를 설레게 한다. 문을 열고 들어가면 책과 CD로 가득 찬 벽면이 매우 인상적이다. 평일에는 조용히 혼자 와서 커피를 마시며 책을 읽고 음악도 듣고, 무선 인터넷이 가능해서 컴퓨터 작업을 하면서 마치 현지인처럼 타이베이의 일상을 즐길 수 있는 곳이다. 평일에는 예술 영화를 상영하고 문학 · 공연 · 문화 · 예술 활동을 하기도 한다. 라이브 공연 시간과 요금은 공연마다 다르니 확인하고 가는 것이 좋다.

台北市 羅斯福路 3段 244巷 2號 2F ☎ 02-2364-1996 kafkabythe.blogspot.com 평일 13:00~22:00, 주말 12:00~22:00 (마지막 주 목요일 휴무) 타이베이 MRT 궁관(公館) 역에서 타이파워 빌딩(台電大樓) 방향으로 도보 10분.

공관 올디 구디 Oldie Goodie

타이완에서 밤에 갈 만한 곳이 야시장만 있는 것은 아니다. 타이베이 역시 밤이 되면 나이트클럽과 바, 라이브 카페의 반짝이는 네온사인이 여행자들을 유혹한다. 타이베이 여행 중에 관광지만 보면서 걸어 다니면 스다루師大路 입구에 있는 뤄쓰푸루羅斯福路 3단段에서 매일 밤 무슨 일이 생기는지 전혀 알 수 없을 것이다. 라이브를 즐기고 밤을 좋아하는 사람들에게는 낮보다 더 행복한 곳이 클럽 '올디 구디'이다. 이곳에는 매일 밤 라이브 공연이 있고 밤을 불태우는 열정적인 사람들이 모여들어 북적인다. 라이브 공연도 즐겁지만 멋쟁이 외국인도 많아 분위기가 한층 더 업그레이드되는 즐거운 곳이다.

台北市 羅斯福路 3段 171號 2樓 ☎ 02-2369-3686 일~목 20:00~01:00, 금~토 20:00~02:00 타이베이 MRT 타이뎬다러우(台電大樓) 역 3번 출구 바로 앞 건물 2층.

공관 블루 노트 Blue Note

1974년 오픈한 '블루 노트'는 타이베이에서 가장 오래된 재즈 바이다. 오랜 역사만큼 마니아층이 두텁고 공연 수준 또한 매우 높다. 타이베이에서 재즈를 사랑하는 사람들이 추천해 마지않는 이곳의 라이브 공연은 목요일부터 일요일까지만 오후 9시 40분부터 자정까지 공연이 있다. 그러나 특별한 경우에는 다른 날에도 공연이 열리기도 하니 가기 전에 반드시 확인해 보고 가는 것이 좋다. '블루 노트'는 특이하게도 전혀 재즈 바가 있을 것 같지 않은 평범한 건물 4층에 있다. 혹시 주소를 보고 찾아 간다면 건물 앞에서 정말 여기에 재즈 바가 있을까 의심스러워 헤맬 수도 있다.

台北市 羅斯福路 3段 171號 4樓 ☎ 02-2362-2333 20:00~00:30 NT$350 타이베이 MRT 타이뎬다러우(台電大樓) 역 3번 출구에서 도보 5분.

궁관 하안류언 河岸留言 허안류옌

언더그라운드 가수의 데뷔 등용문으로 유명한 이곳은 유명한 로커부터 신인 밴드까지 일 년 내내 공연이 끊이지 않는 라이브 하우스이다. '강변에 남긴 말'이라는 뜻을 가진 '하안류언'은 타이베이에만 시먼 홍루西門紅樓, MRT 타이덴다러우台電大樓 역 근처, 단수이淡水 등 3곳의 공연장에서 활발하게 라이브 공연을 이끌고 있다. 최근 들어 신인 아티스트의 발굴과 육성에 더욱 매진하고 있는 이곳은 악기 연주 수업도 하고 음반 제작도 직접 하고 있다.

台北市 羅斯福路 3段 244巷 2號 B1 ☎ 02-2368-7310 19:00~00:30 www.riverside.com.tw 타이베이 MRT 궁관(公館) 역에서 타이파워 빌딩(台電大樓) 방향으로 도보 10분.

둥취 레거시 타이베이 Legacy Taipei

화산華山 문화 창의 단지는 원래 술 만드는 공장이었는데 지금은 문화 공간으로 개조하여 대형 전람회, 음악 공연 등이 이루어지고 있다. 2년에 한 번씩 열리는 록 페스티벌, 심플라이프 공연 등이 성공하면서 최근 들어 타이베이 시의 중요한 문화 공연 장소의 하나로 주목받고 있다. 공연 시간과 입장료는 공연에 따라 다르니 미리 확인하고 가자.

台北市 中正區 八德路 一段 一號 華山1914創意文化園區 / 中5A館 ☎ 02-2395-6660 www.legacy.com.tw 타이베이 MRT 중샤오신성(忠孝新生) 역 1번 출구에서 도보 10분.

둥취 옴니 OMNI

화려하고 핫한 타이베이의 밤은 바로 이곳 '옴니'가 책임진다. 클럽 내에는 'Galleria', 'Cercle', 그리고 'the LOFT' 등 3개의 홀이 있는데, 각각 분위기나 연령대가 조금씩 다르다. 밤 12시 이후가 되면 바텐더들이 실력을 발휘하는 불쇼도 볼 수 있다. 수요일에는 여자는 모두 무료 입장이다. 단, 무료 입장을 하려면 사람들이 너무 몰려 사전에 미리 예약해야 입장할 수 있다.

台北市 忠孝東路 4段 201號 5樓 ☎ 02-2772-1000 www.omni-taipei.com 22:30~04:30 (수, 금, 토요일만 영업) ※ 만 20세 이상 여권 소지자에 한해 입장 가능 타이베이 MRT 중샤오둔화(忠孝敦化) 역 2번 출구에서 도보 1분.

더 특별하게 타이완 즐기기

타이완의 축제 속으로

타이완 여행을 준비하고 있다면 타이완 스타일의 독특한 축제를 챙겨 보자. 화려한 새해맞이 불꽃 축제부터 복을 기원하는 천등 날리기, 단오절의 신나는 드래곤 보트 시합, 협곡으로 달리는 자전거 축제 등 다양한 것을 경험할 수 있다. 1년 12달 전국에서 축제가 끊이지 않는 타이완에서 축제의 즐거움을 함께하는 것도 색다른 여행 경험이 된다.

타이완 축제 정보 www.eventaiwan.tw

타이완 등불 축제

장소: 타이완 전역
시기: 매년 음력 정월 대보름부터 약 10일간
홈페이지: taiwanlantern.taiwan.net.tw

타이완의 '작은 설'이라고도 불리는 정월 대보름에 1년 중 가장 성대한 축제인 등불 축제가 열린다. 타이완의 등불 축제는 세계적으로 유명해 전 세계의 관광객들이 멋진 등불을 보기 위해 타이완을 찾아온다. 타이베이台北와 가오슝高雄에서는 타이완에서 가장 큰 규모의 등불 축제가 열리며 '핑시平溪 천등 축제'는 놓쳐서는 안 되는 축제이다. 등불 축제는 매년 음력 정월 대보름부터 약 10일간 타이완 전역에서 다양하고 특색 있는 행사로 펼쳐지며 등불을 하늘에 날려 보내며 복을 기원한다.

마조 순례

마조媽祖 여신은 17세기 중국의 민난閩南 지방에서 타이완으로 온 사람들로부터 전해져 지금까지 타이완의 대표적인 민간 신앙으로 이어지고 있다. 타이완 전역에는 870개가 넘는 마조 여신을 모시는 사당이 있으며, 매년 음력 3월에는 마조 탄생을 기리는 행사가 열린다.

매년 마조 여신을 기리기 위해 도보 성지 순례를 하며, 이 행렬이 지나는 마을마다 주민들은 과일을 올리고 절을 하거나 폭죽을 터뜨리고 향을 피우며 대대적인 환영 행사를 거행하는데, 제물 의식과 함께 친구, 친지, 순례객들에게 베푸는 연회가 열리면서 마을 전체에 북과 징소리가 울려 퍼진다.

장소: 타이완 전역
시기: 매년 음력 3월
홈페이지: www.dajiamazu.org.tw

드래곤 보트 축제

장소: 타이완 전역
시기: 매년 음력 5월 5일

단오는 설, 추석과 더불어 타이완의 3대 명절 중 하나이다. 매년 음력 5월 5일 단오가 다가오면 전국 곳곳에서는 드래곤 보트 경주端午龍舟賽 준비로 분주해진다. 타이완 전역에서 큰 규모의 드래곤 보트 경주가 펼쳐져 장관을 이루고 최근에는 세계 각지에서 초청된 외국 팀도 타이완에서 실력을 뽐내고 있어 더욱 신나는 축제가 되고 있다. 또한 단오에는 각 가정마다 찹쌀로 '쫑쯔粽子'라는 주먹밥을 만드는 풍속이 있다. 쫑쯔는 타이완 단오에서 빠질 수 없는 전통 음식이며 지역마다 다양한 맛을 자랑한다.

귀신의 달 축제

장소: 지룽/이란
시기: 매년 음력 7월

타이완의 음력 7월은 '귀신의 달鬼月'로 귀신을 위한 축제인 중원제中元祭가 열린다. 민간 신앙에 따르면 이 기간은 저승의 문이 열리면서 귀신들이 이승에 내려와 한 달 동안 즐거운 시간을 갖는다고 한다. 민간에서는 이 기간에 액운과 재난으로부터 가족을 보호하고 성공과 평안을 구하는 다양한 제사 의식이 행해진다. 대부분 집집마다 음식, 과일, 꽃 등을 준비하여 문 앞에서 제를 올린다. 음력 7월 15일 중원이 되면 축제가 절정에 달하는데, 등불을 물에 띄워 보내는 '방수등放水登' 의식을 여는 지룽基隆의 중원제가 가장 유명하다. 이란宜蘭의 터우청頭城에서는 음식을 차리고 귀신과 격투를 벌이는 '창고搶孤' 행사가 열기도 한다.

장소: 타이완 전역
시기: 매년 12월 31일~1월 1일
홈페이지: taiwan.net.tw

새해맞이 불꽃 축제

타이완 전국의 각 도시, 현에서 일제히 카운트다운을 세며 새해를 맞이하는 축제로 화려한 공연을 선보인다. 그중에서도 타이베이 101 빌딩의 찬란한 불꽃이 주는 아름다움은 모든 이들의 감탄을 자아낸다. 만약 도시에서 벗어나 새해를 맞고 싶다면 르웨탄日月潭에서 신년을 맞는 것도 좋다. 찬란한 불꽃이 터지며 호숫가에 비치는 아름다운 경관을 볼 수 있다. 혹은 아리산阿里山에서 일출 음악회에 참여하는 것도 타이완에서의 특별한 새해맞이가 된다. 아름다운 선율이 흐르는 음악 속에서 운해 위에 떠오른 해를 맞이하는 새해는 좋은 기운을 받기에 충분하다. 그밖에 둥베이자오東北角의 푸룽福隆 해변에서 신년 일출을 맞이하며 새해 소원을 비는 것도 의미 있는 새해의 시작이 된다.

타이완 자전거 축제

자전거 여행 명소로 거듭나고 있는 타이완은 세계적인 자전거 제조업체와 함께 한국, 일본, 미주, 유럽 및 동남아시아 지역 총 500명의 자전거 여행 애호가들을 초청하여 해마다 자전거 일주 이벤트를 펼친다. 타이완의 환상적인 자전거 여행 서비스와 타이완 전역의 아름다운 경치, 그리고 맛있는 음식을 체험할 수 있는 좋은 기회가 된다.

장소: 화롄, 이란, 타이둥
시기: 매년 11월
참고 홈페이지: taiwanbike.tw

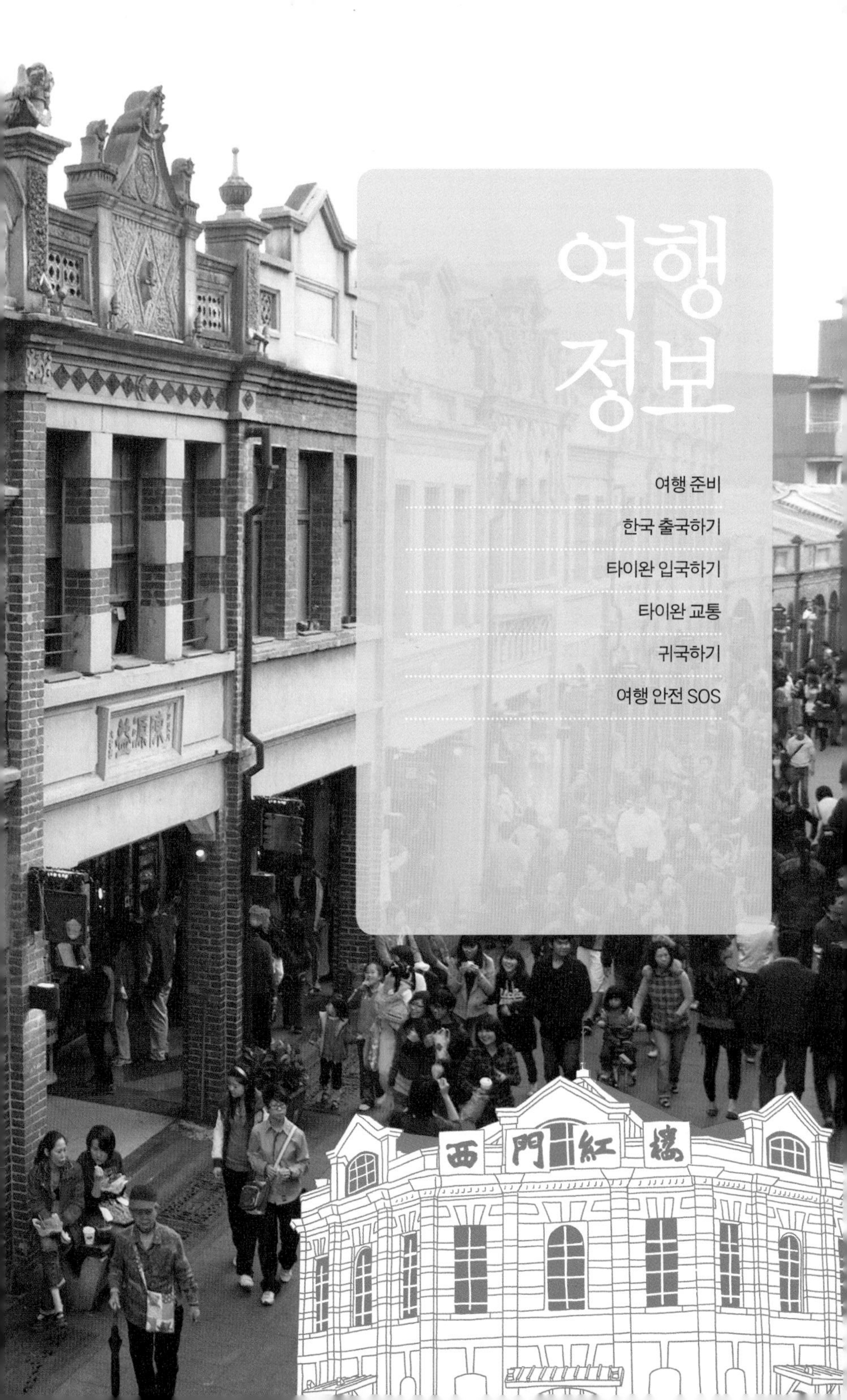

여행 정보

여행 준비

여권 만들기

외국을 여행하고자 하는 국민들에게 정부가 여행자의 국적과 신분 등을 증명하고 상대국에게 자국민의 편리 도모와 보호를 의뢰하는 증명서로, 유효 기간이 10년인 복수 여권과 1년인 단수 여권이 있다. 단, 만 18세 미만과 병역 미필자는 5년 이하로 그 유효 기간이 제한되어 있다. 개인 정보를 담은 전자 칩이 내장된 전자 여권이 2008년 8월부터 발급되었는데, 전자 여권은 대리 신청이 불가하고 본인이 직접 신청해야 한다. 여권 신청일로부터 4일 이내에 발급이 가능하며, 서울의 경우 구청에서, 지방은 시청과 도청에서 발급받을 수 있다.

외교부 여권 안내 홈페이지 www.passport.go.kr

발급 절차

신청서 작성 → 접수 → 신원 조사 확인, 경찰청 외사과, 결과 회보 → 여권 서류 심사 → 여권 제작 → 여권 교부

여권 발급에 필요한 서류 (일반 여권 발급 시)

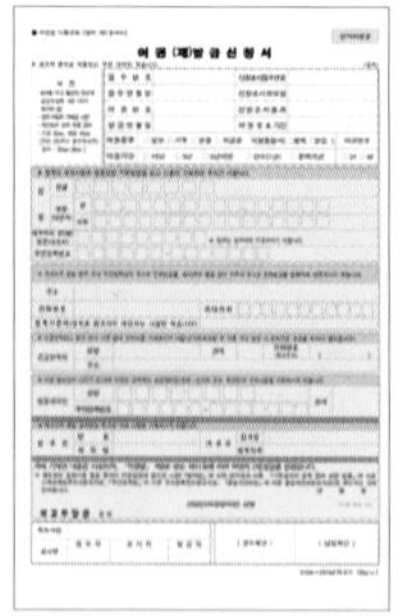

일반인

여권 발급 신청서, 여권용 사진 1매 (6개월 이내 촬영한 여권용 사진, 전자 여권이 아닌 경우에는 2매), 신분증(주민등록증 또는 운전면허증), 병역 관계 서류(병역 의무자에 한함).

미성년자

여권 발급 신청서, 여권용 사진 1매, 부 또는 모의 여권 발급 동의서 및 인감 증명서(부 또는 모가 직접 신청할 경우는 생략), 동의인의 신분증 사본, 기본 증명서 및 가족 관계 증명서.

비자 받기

무비자 입국

대한민국 국민이 타이완에 90일 이내로 머물 경우 무비자 체류가 가능하다. 단, 대한민국 여권을 소지하고, 여권의 유효 기간이 반드시 6개월 이상 남아 있어야 하며, 왕복 항공권이 있어야 한다.

비자가 필요한 경우

외국인들은 관광, 사업, 가족 방문, 유학, 연수, 치료의 목적이나 그 밖의 합법적인 활동의 목적으로 타이완에서 장기 체류하기 원할 경우 주재 대표부 영사과를 통해 비자를 발급받을 수 있다.

비자 종류

타이완 비자는 신청인의 입국 목적과 신분에 따라 구분된다.

체류 비자(VISITOR VISA)
단기 비자에 속하며 체류 기간이 180일 이내일 경우

거류 비자(RESIDENT VISA)
장기 비자에 속하며 체류 기간이 180일 이상일 경우

외교 비자(DIPLOMATIC VISA)

예우 비자(COURTESY VISA)

비자 관련 문의처

주한 타이베이 대표부 영사과
전화 02-399-2769~2770 / **팩스** 02-730-1294

주한 타이베이 대표부 부산 사무처
전화 051-463-7965 / **팩스** 051-463-6981

중화민국 외교부 영사 사무국 홈페이지
www.boca.gov.tw

항공권 구입

타이완-한국 직항편

현재 한국과 타이완을 직항으로 오가는 항공사는 대한항공, 아시아나항공, 에바항공, 중화항공, 캐세이퍼시픽항공, 타이항공, 티웨이항공, 이스타항공, 부흥항공, 에어부산 등이 있다. 한국 출발 공항은 인천 국제 공항, 김포 국제 공항, 부산 국제 공항 등이고, 타이완 도착 공항은 타오위안 국제 공항桃園國際機場과 쑹산 공항松山機場, 가오슝 국제 공항高雄國際機場 등이니 출발지와 도착지를 고려하여 항공편을 선택한다. 한국에서 타이완까지는 약 2시간 30분이면 도착한다.

대한항공 1588-2001, www.koreanair.co.kr
아시아나항공 1588-8000, www.flyasiana.com
티웨이항공 1688-8686, www.twayair.com
이스타항공 1544-0080, www.eastarjet.com
중화항공 02-753-1513, www.china-airlines.com
에바항공 02-756-0015, www.evaair.co.kr
에어부산 1666-3060, www.airbusan.com
에바항공 www.evaair.com/ko-kr/index.html
타이항공 02-3707-0114, www.thaiair.co.kr
만다린항공 886-2-412-8008, www.mandarin-airlines.com
스쿠트항공 www.flyscoot.com

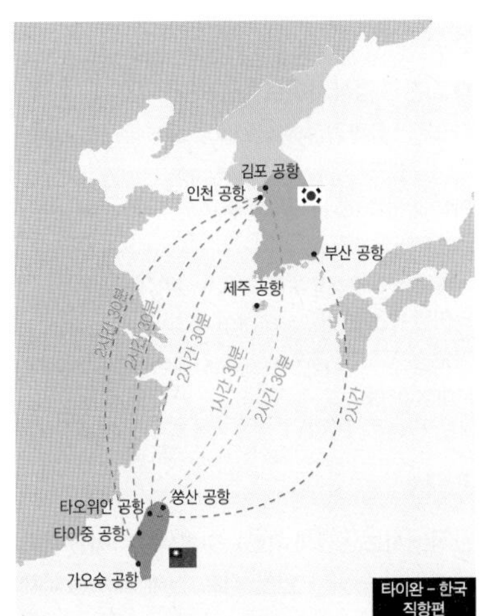

알뜰 구입 요령

항공권 구입은 충분한 여유를 가지고 예약해야 좋은 조건에 구매할 수 있다. 특히 성수기에 여행을 가고자 한다면 늦어도 2~3개월 전에는 예약을 해야 한다. 항공권 예약은 여행사를 통하는 방법과 인터넷을 이용해 직접 예약하는 방법이 있는데, 10명 이상 단체 여행을 가는 경우에는 여행사를 통하는 편이 혜택이 많아서 유리하다. 그러나 개인이라면 인터넷의 항공권 전문 판매 사이트를 검색하여 가장 저가를 제시하는 항공권을 구매하는 방법이 가장 저렴하다. 여행사에서는 항공권과 숙박을 함께 묶은 에어텔 상품을 특가로 판매하기도 하니, 같은 항공사, 같은 숙소라면 따로따로 구입할 때의 가격과 비교해 보고 선택하는 것도 알뜰 구매 방법이 된다.

항공권 전문 판매 사이트

와이페이모어 www.whypaymore.co.kr
인터파크 tour.interpark.com
탑항공 toptravel.co.kr
온라인투어 www.onlinetour.co.kr

숙소 예약

타이베이는 여행객에 비해 항상 숙소가 부족한 편이라서, 여행을 마음먹었다면 서둘러 숙소를 예약해야 한다. 호텔 예약은 여러 호텔의 정보가 모여 있는 호텔 예약 사이트를 이용할 수도 있고 호텔 홈페이지에 가서 직접 예약할 수도 있다. 타이베이 같은 대도시에는 고급 호텔, 부티크 호텔, 이코노미 호텔, 게스트하우스 등 다양한 등급의 숙소가 있으니 예산에 맞게 선택하되, 같은 등급의 숙소라면 위치나 교통편이 좋은 곳으로 고르는 것이 요령이다. 가격대만 따진다면 게스트하우스가 가장 저렴하지만, 저렴한 만큼 불편한 점도 분명 존재하니 다녀온 사람들의 후기를 꼼꼼히 찾아보고 결정하는 것이 좋다. 또한 여러 사람들이 함께 이용하는 곳인 만큼 고가의 물건을 게스트하우스에 두고 다니면 곤란하다는 점을 잊지 말자.

● 숙소 예약 사이트

호텔스닷컴 kr.hotels.com
아고다 www.agoda.co.kr
익스피디아 www.expedia.co.kr
온라인투어 www.onlinetour.co.kr

일정 짜기

여행 일정을 짤 때 가장 중요한 것은 항공편이다. 어느 항공편을 이용하느냐에 따라 현지에서 활용할 수 있는 여행 시간이 달라진다. 한국의 출발 공항과 타이완 도착 공항, 타이완에 도착하는 시간과 떠나는 시간을 고려해 일정을 짜야 한다.

또한 숙소 위치도 일정에 큰 영향을 미치는 요소이다. 숙소를 먼저 정한 후에 숙소를 중심으로 해서 여행 일정을 짜야 한정된 여행 시간을 효율적으로 활용할 수 있기 때문이다. 그러나 가고 싶은 곳이 많다면 거꾸로 여행지에서 가까운 곳으로 숙소를 예약하는 것이 좋다. 숙소가 정해졌다면 전체 일정은 교통 연결을 알아보고 동선을 고려해서 짜도록 한다.

타이완은 더운 나라이기 때문에 특히 여름에는 낮에 거리를 돌아다니기 어렵다. 따라서 정오를 중심으로 오후 3시까지는 미술관이나 박물관 또는 쇼핑센터와 같은 실내로 일정을 짜는 것이 좋다. 아니면 오전에 일찍 여행을 하다가 태양이 너무 뜨거운 시간에는 숙소에 돌아와 쉬면서 에너지를 충전하고, 오후 늦게 해가 기울면 다시 일정을 시작하는 것도 좋은 방법이다.

월요일은 고궁 박물원國立故宮博物院을 제외한 모든 미술관과 박물관이 휴관이니 일정을 짤 때 주의해야 한다. 만약 주말에 타이베이에 있다면 주말에만 문을 여는 옥시장을 일정에 넣으면 좋다.

서적이나 음반 등을 구매할 계획이라면 타이완의 유명 서점인 성품 서점誠品書店을 일정에 넣자. 여권을 챙겨 가면 외국인 할인을 받을 수 있다. 만약 세계 여러 나라의 책이나 음반을 보다 저렴하게 구입하고 싶다면 20~30개의 중고 서점이 모여 있는 타이완 대학과 사범 대학을 코스에 넣는 것도 알뜰 구매를 할 수 있는 방법이다.

여행 정보 수집하기

타이완 여행 정보를 얻을 수 있는 가장 기본적인 방법은 〈인조이 타이완〉과 같은 가이드북이다. 책을 훑어보면서 여행의 큰 그림을 그리고, 추가로 필요한 정보는 인터넷 등을 통해 수집해 보자. 타이완 관광 정보를 제공하는 다양한 사이트가 있는데, 특히 타이완 관광청 사이트에서는 공신력 있는 자료를 제공하고 있어 참고할 만하다. 그 밖에 최근 타이완에 다녀온 여행자들의 블로그를 통해 생생한 여행기를 읽어 보는 것도 많은 도움이 된다.

● 여행 정보 사이트

타이완 관광청 www.putongtaiwan.or.kr/
타이베이 관광 웹사이트 www.travel.taipei/ko
타이완 관광 연맹 www.travelking.com.tw
타이완 숙소 검색 사이트 taipeitravel.mmweb.tw
타이완 여행의 모든 것 okgo.tw

● 교통편 검색 사이트

타오위안 국제 공항 www.taoyuan-airport.com
타이완 철도국 www.railway.gov.tw/tw
타이베이 지하철 공사 www.metro.taipei/Default.aspx
고속철도 www.thsrc.com.tw/en/?lc=en
타이완 유스트래블 youthtravel.tw
가오슝 지하철 공사 www.krtco.com.tw/en/index.aspx

환전

한국에서는 공항과 외환은행에서만 타이완 화폐를 환전할 수 있다. 인천, 김포, 김해, 제주 등 국제

ATM 기기

공항에서는 모든 은행에서 타이완 돈으로 환전 가능하지만, 공항의 은행들보다는 집 근처의 외환은행에서 환전하는 편이 비교적 조건이 좋다.

여행 후에 남은 타이완 지폐는 환전 영수증을 가지고 처음 환전했던 은행에 가면 다시 한국 돈으로 바꿀 수 있다. 단, 타이완 동전은 한국에서 환전이 안 되니 타이완에서 전부 사용하고 오도록 하자. 타이완 공항 면세점에서 물건을 살 때 남은 동전을 내고, 나머지 부족한 액수를 카드로 계산하면 타이완 동전을 남기지 않을 수 있는 깔끔한 방법이다.

만약 장기 여행이나 유학 등으로 비교적 큰 액수의 돈을 환전해야 할 경우는, 한꺼번에 환전해서 현금으로 소지하는 것보다 씨티은행을 이용하는 방법을 추천한다. 한국에서 씨티은행 통장을 개설하고 타이베이 씨티은행에서 국제 현금 카드로 찾는 방법이다.

신용 카드의 경우, 호텔과 백화점 및 대형 음식점에서는 사용이 가능하나 작은 상점이나 야시장 등에서는 대부분 신용카드가 통용되지 않는다. 따라서 여행 경비를 준비할 때는 반드시 현금을 환전해 가고, 신용 카드는 숙박비 등의 지불 용도나 비상용으로만 생각하는 것이 좋다.

타이완에서 ATM을 이용하려면 본인의 카드가 해외에서 이용 가능한지 미리 은행이나 카드사에 문의해 보고 여행을 떠나는 것이 가장 확실하다. 만일 타이완의 은행 및 편의점 ATM 기계에 붙어 있는 VISA, MASTER, PLUS, CLRRUS 등의 로고와 자신의 카드가 같다면 사용 가능하다는 뜻이며, 신용 카드의 현금 서비스는 물론이고 직불 카드도 타이완 전국에서 사용 가능하다.

여행자 보험 가입하기

해외여행자의 보험은 선택이 아니라 필수! 개별 여행일 경우 반드시 여행자 보험을 들도록 하자. 여행자 보험의 보상 범위는 교통사고, 상해, 질병, 배상자 책임, 휴대품 손해(도난), 항공기 납치 등이며 2일부터 최대 1년까지 가입이 가능하다.

여행 가방 꾸리기

타이완 여행에 꼭 준비할 것

우산 쨍한 날씨에도 언제 비가 올지 모른다.

벌레 물릴 때 바르는 약, 기타 상비약 타이완은 약값이 비싼 편이다.

선크림 4계절 모두 챙겨 가도록 하자.

얇은 점퍼 곳곳에 에어컨 시설이 잘 되어 있어 한여름이라도 감기에 걸릴 수 있다.

어댑터나 변압기 60Hz/110V용. 호텔 숙박 시에는 프런트에서 빌릴 수 있다.

비행기에서 허용하는 짐 무게와 짐 싸기 요령

공항에서 수화물로 부치는 짐은 대부분 20kg(항공사 및 좌석의 등급에 따라 다소 다를 수 있으니 미리 확인하자.)이며 초과 시에는 별도의 비용을 지불해야 한다. 기내 반입은 7kg(가로 45cm, 높이 56cm, 깊이 25cm)을 초과할 수 없다.

겨울에 여행을 가는 경우 타이완의 기온은 한국에 비해 10도 이상 높기 때문에 공항에 도착하자마자 겉옷을 벗어야 한다는 점을 고려해야 한다. 가벼운 비닐 가방을 손에 닿는 곳에 준비해 타이완 도착 후 부피가 큰 겉옷을 담아 이동하는 것이 좋다. 호텔에 투숙할 경우에는 세면도구가 필요하지 않지만 민박일 경우 필요할 수도 있다.

가방을 꾸릴 때는 꼭 필요한 최소한의 짐을 가져가는 것이 좋다. 챙겨야 할 짐이 많으면 여행이 괴로워진다는 점을 명심하자. 타이완은 편의점이 곳곳에 많아 간단한 물품은 쉽게 구매 가능하니 현지에서 사서 쓰는 것도 한 방법이다. 만약 화장품을 구매해야 한다면 우리나라에도 있는 왓슨스Watsons 매장을 이용하면 된다.

액체·젤류의 항공기 내 휴대 반입 제한 조치

모든 국제선 항공편(통과·환승 포함)은 액체·젤류의 항공기 내 휴대 반입 제한 조치를 실시하고 있다. 따라서 화장품이나 헤어젤, 치약 등은 모두 부치는 짐에 넣든지, 휴대 반입이 허용되는 용량만큼만 작은 용기에 담아서 휴대해야 한다.

기내로 휴대 반입되는 조건

- 용기 1개당 100ml 이하여야 함. (잔여량에 관계없이 용기 사이즈를 기준으로 함.)
- 모든 용기를 1리터 규격의 투명한 지퍼백(약 20cmX20cm) 하나에 넣은 상태로 지퍼가 잠겨 있어야 하며, 완전히 잠겨 있지 않으면 반입 불가.
- 승객 1인당 투명한 지퍼백 1개만 소지할 수 있음.
- 보안 검색대에서 X-ray 검색을 실시.

예외 품목

- 항공 여행 중에 승객이 사용할 분량의 의약품
- 유아 승객을 동반한 경우 항공 여행 중에 사용할 분량의 유아용 음식(우유, 음료수 등)은 반입 가능하다.
- 출국 당일 면세점에서 구입한 제품을 밀봉된 상태로 영수증과 함께 휴대할 경우. 단, 도착 시까지 개봉하지 않아야 한다.

tip 액체·젤류를 무심코 휴대했다면

지퍼백의 경우 공항 내 편의점이나 약국 등에서 구입할 수 있고, 용기가 커서 문제라면 공항 내 약국에서 작은 물약통을 사서 나누어 담을 수도 있으니 당황하지 않아도 된다. 용량이 너무 많아서 나누어 담아도 안 될 때는, 다시 항공사 카운터로 돌아가서 위탁 수하물로 부치는 방법도 있다. 하지만 탑승 시간이 얼마 남지 않은 경우에는 그냥 버리고 가는 경우도 발생한다. 아까운 화장품이나 헤어젤을 버리는 사태가 생기지 않도록 짐을 챙길 때나 부칠 때 꼭 체크하자.

주요 준비물 체크 리스트

분류	항목	준비물 내용	체크
필수	여권	여권의 유효 기간이 6개월 이상 남았는지 확인하자.	★★★
	항공권(E 티켓)	항공권에 기재된 본인의 영문 이름이 여권상의 이름과 같은지 반드시 확인해야 한다.	★★★
	여권 복사본, 여권 사진	여권 분실에 대비해 여권 복사본과 여권 사진을 준비하고, 메일로도 보내 놓자.	★★★
	현금	타이완 화폐로 환전한다. 돈은 분산해서 넣는 것이 좋다.	★★★
	국제 학생증	국제 학생증이 있으면 국립 고궁 박물원이나 예류 지질 공원 등에서 입장료 할인을 받을 수 있으니 챙겨 두자.	★☆☆
	신용 카드	만약을 대비해 신용 카드나 체크 카드를 준비하고 잘 챙겼는지 확인하자.	★★★
	가이드북	〈인조이 타이완〉 가이드북은 필수!	★★★
	여행자 보험	만약을 대비해 여행자 보험에 가입하고, 증서를 잘 챙겼나 확인하자.	★★★
	필기 도구	여행 중 필기 도구는 필수! 수첩과 볼펜을 꼭 챙기자.	★★★
의류	외투	날씨가 더운 타이완이지만 겨울에는 생각보다 추우니 외투를 준비한다. 여름에도 실내는 냉방이 강해서 춥다. 얇은 긴팔 점퍼나 카디건을 준비하자.	★★☆
	상하의	여행할 날수와 계절에 맞춰서 적당히 준비한다. 가급적이면 부피가 크지 않고 다림질 등의 관리가 필요 없는 옷으로 준비한다.	★★★
	속옷, 양말	여행할 날수에 맞춰서 적당히 준비한다. 장기 여행이라면 간단히 세탁해서 입어도 된다.	★★★
	모자	여름이라면 필수! 비 오는 날도 좋다!	★★☆
	선글라스	선글라스도 필수다! 챙겼는지 확인하자.	★★☆
	신발	운동화 1켤레, 샌들 1켤레면 충분하다. 많이 걸어야 하므로 굽이 있는 구두는 피하는 것이 좋다.	★★★
	기타 액세서리	멋쟁이라면 옷에 맞춰서 준비하자.	☆☆☆

위생	세면용품	칫솔, 치약, 비누, 샴푸, 샤워용품 등. 호텔에 투숙할 경우에는 기본적인 세면용품이 제공되므로 준비하지 않아도 된다. 여행 기간이 길지 않다면 작은 샘플 용기에 담아 가는 것도 요령이다.	★★★
	화장품	로션 등의 기초 화장품은 용기가 크므로, 여행 기간이 길지 않다면 작은 샘플 용기에 담아 가는 것이 좋다.	★★★
	선크림	자외선 차단 지수가 30 이상인 것으로 준비하자.	★★★
	약	두통약, 설사약, 소화제, 벌레 물릴 때 바르는 약 등.	★★☆
	여성용품	여성이라면 필수!	★★☆
	휴지/물티슈	휴대용 휴지와 물티슈, 야외 활동이 많은 여행에서는 물티슈가 자주 필요하다.	★★☆
	렌즈/세척액	렌즈를 착용하는 분에게는 필수!	★★★
	손수건/수건	가지고 다닐 수 있는 손수건과 세안할 때 쓸 수건도 준비.	★★★
기계	카메라	취향에 맞는 카메라(디카, 필카, 로모, 폴라로이드 등) 준비.	★★★
	삼각대	야경을 찍을 계획이라면 삼각대가 필요할 수도 있다.	☆☆☆
	카메라용품	배터리나 메모리 카드는 넉넉한지 확인하자.	★★★
	어댑터 또는 변압기	타이완의 전압은 110V이고, 전류는 60Hz이다. 한국에서 가져간 충전기나 전자 제품을 사용하려면 간단히 변환되는 어댑터나 변압기가 필요하다.	★★☆
	휴대전화	이제 휴대전화는 단순히 통화를 위한 용도가 아니라 알람 시계, MP3, 계산기, 내비게이션 등의 다양한 용도로 쓰이는 여행 필수품이다. 충전기나 여벌 배터리도 절대 빠뜨리지 말자.	★★★
소품	우산/양산	타이완은 수시로 비가 오니, 우산을 늘 챙기자. 양산 겸용으로 준비하면 햇빛을 차단하는 데도 유용하다.	★★★
	가방	캐리어나 배낭 이외에도, 관광할 때 들고 다닐 작은 가방 준비하기.	★★☆
	주머니	간단하게 가방에서 짐을 분리해서 담을 주머니도 챙기자.	★★☆
	비닐봉지	빨랫거리나 속옷 등을 담을 비닐봉지도 챙기자.	★★★
	보안용품	숙소가 도미토리라면 가방을 잠가 둘 자물쇠 등이 필요하다.	★☆☆
	기념품	타이완에서 만난 친구들에게 줄 간단한 기념품도 준비하면 좋다.	☆☆☆
	스탬프 수첩	스탬프 투어를 계획하지 않더라도 곳곳에서 스탬프를 만날 기회가 많다. 예쁜 수첩 하나를 준비해서 스탬프를 모으면 멋진 기념이 된다.	★☆☆

한국 출국하기

공항 도착

인천 국제 공항

타이완으로 향하는 비행기를 타려면 인천 국제 공항, 김포 공항 또는 김해 국제 공항을 이용해야 한다. 서울에서 인천 공항으로 이동할 때는 공항 버스나 공항 고속 전철을 이용하거나, 자가용을 이용할 수 있다. 공항 버스는 서울역을 기준으로 할 때 인천 공항까지 약 1시간이 소요되지만 서울 시내의 교통 사정이 좋은 편이 아니므로 교통 체증 시간에 출발할 경우에는 미리 서두르도록 하자. 공항 버스 노선도 및 시간은 www.airportlimousine.co.kr에서 미리 확인할 수 있으며, 버스 노선별로 적용되는 할인 쿠폰도 다운받을 수 있다. 또한 공항 고속 전철은 김포 공항이나 서울역, 홍대 입구 등 시내 전철역에서 공항 고속 전철을 이용할 수 있으며, 김포 공항에서 인천 공항까지는 30분 정도 소요된다.

탑승권 발급

출발 2시간 전에 공항에 도착하여 해당 항공 카운터에 가서 탑승권을 발급받도록 하자. 인천 국제공항은 2018년 1월 18일부터 제2 여객 터미널이 신설되어 제1청사는 아시아나 항공와 제주 항공을 비롯한 저비용 항공사와 외항사(델타 항공, KLM, 에어프랑스 제외)가 이용하고, 제2청사는 대한 항공, 델타 항공, KLM, 에어프랑스 항공사 등이 이용을 한다. 아시아나 항공의 경우 제1청사 L, M에서, 대한 항공의 경우 제2청사 3층에서 탑승권을 발급받을 수 있다.칼과 가위 같은 날카로운 물건이나 스프레이, 라이터, 가스 등의 인화성 물질, 그리고 일정 용량 이상의 액체 및 젤류는 기내에 반입이 안 되니 이때 부치는 짐에 모두 넣도록 하자.

출국장

인천 공항 제1청사는 3층에 4개의 출국장이 있고, 제2청사는 3층에 2개의 출국장이 있다. 출국장은 어느 곳으로 들어가도 무방하며, 출국할 여행객만 입장이 가능하다. 입장할 때 항공권과 여권, 그리고 기내 반입 수하물을 확인한다. 또한 출국장에 들어가자마자 양옆으로 세관 신고를 하는 곳이 있는데, 사용하고 있는 고가의 물건을 외국에 들고 나가는 경우 미리 이곳에서 세관 신고를 해야 입국 시 고가 물건에 대한 불이익을 받지 않는다.

보안 검사

여권과 탑승권을 제외한 모든 소지품은 검색대를 통과해야 하는데, 기내에 반입이 안 되는 소지품이 발견되면 모두 압수되므로 주의해야 한다.

출국 심사

검색대 바로 뒤쪽에 출국 심사대가 있다. 항공권과 여권을 보여 주면 여권에 도장을 찍어 준다. 2006년 8월부터 출국 신고서가 폐지되었으므로 출국 심사관에게 제출할 서류는 따로 없다.

tip 자동 출입국 심사 서비스

2008년 6월부터 시행하고 있다. 출입국할 때 항상 긴 줄을 서서 수속을 밟아야 하는 번거로움을 없애기 위해 시행하고 있는 제도로, 심사관의 대면 심사를 대신하여 자동 출입국 심사대에서 여권과 지문을 스캔하고, 안면 인식을 한 후 출입국 심사를 마친다. 주민등록이 된 7세 이상의 대한민국 국민이면(14세 미만 아동은 법정대리인 동의 필요) 모두 가능하고, 18세 이상 국민은 사전 등록 절차 없이 이용할 수 있다.

면세점 쇼핑

해외 여행을 계획하면 여행 경비 외에 가장 큰 예산을 차지하는 부분이 바로 면세점 쇼핑이다. 평소 갖고 싶었던 아이템들을 저렴하게 구입할 수 있는 기회이니 가격을 따져 보고, 할인 쿠폰을 챙겨 가며 알뜰하게 이용해 보자.

출국 심사를 통과하면 공항 면세점이 있는데 입국할 때에는 공항 면세점을 이용할 수 없으므로 출국 전 이용하도록 한다. 시내 면세점에서 미리 물건을 구입한 경우에는 면세점 인도장에서 물건을 찾을 수 있다.

주의할 점은, 출국 시 내국인 구매 한도는 1인당 미화 $3,000(국내 상품 구입 제외)지만 입국 시에는 면세점 구입 상품(수입품, 국내 상품)을 포함하여 해외에서 구입하여 가져오는 상품 총액이 1인당 미화 $600를 초과하면 세관에 신고 후 세금을 납부해야 한다는 점이다. 따라서 면세점에서 구입했다고 해서 모두 면세가 되는 것은 아니라는 점을 명심하고, 금액을 초과하면 세관 신고를 반드시 해야 한다.

➋ 시내 면세점

의류나 잡화 등 쇼핑 시간이 오래 걸리는 품목을 산다면 시내 면세점을 이용하는 것이 좋다. 대신 사고자 하는 상품이 명품이라면 출국하기 2~3일 전에는 쇼핑을 끝내야 한다. 상품을 구입하면 물건 대신 교환권을 주는데 출국 날 꼭 챙겨서 간다. 출국 심사 후에 면세품 인도장에서 교환권과 여권을 함께 보여 주면 상품을 찾을 수 있다.

➋ 인터넷 면세점

할인 쿠폰을 많이 주기 때문에 저렴한 가격에 구매할 수 있는 곳으로, 출국 전날까지도 쇼핑이 가능하기 때문에 매력적이다. 대신 입점해 있는 브랜드는 시내 면세점이나 공항 면세점에 비해 적은 편이다. 주문을 하면 휴대전화 문자로 교환 번호가 오는데, 인도장에서 여권과 함께 제시하면 면세품을 찾을 수 있다.

신라 인터넷 면세점 www.shilladfs.com
롯데 인터넷 면세점 www.lottedfs.com
동화 인터넷 면세점 www.dutyfree24.com

➋ 공항 면세점

출국 심사를 마치고 나가면 곧바로 만날 수 있는 공항 면세점은 비행기가 뜨기 전까지 쇼핑을 즐길 수 있는 큰 쇼핑센터이다. 시내 면세점이나 인터넷 면세점에서 미처 사지 못한 상품들을 구매하기 좋은 곳이지만, 의외로 지름신이 오기 쉬운 곳이니 주의해서 쇼핑을 하자.

➋ 기내 면세점

비행기 안에서 책자 안 물품을 구매할 수 있는 소규모 면세점이다. 상품이 한정되어 있지만 항공사가 개별적으로 판매하는 상품이 있고 저렴한 편이다. 자신이 앉은 위치 비상등을 누르면 승무원이 다가오는데, 그때 구매 의사를 밝히면 된다. 결제는 신용 카드, 현금 모두 가능하다.

비행기 탑승

정해진 게이트에서 출국 30분 전에 탑승이 가능하다. 항공 탑승권에 보면 'Boarding Time' 밑에 시간이 적혀 있다. 이 시간이 탑승 시간이므로 늦지 않도록 주의하자.

타이완 입국하기

도착

타오위안 공항

쑹산 공항

비행기는 이륙한 지 약 2시간 30분 후에 타이완에 도착하게 된다. 타이베이에는 2개의 공항이 있어서 인천, 부산, 제주발 비행기는 모두 타오위안 국제 공항桃園國際機場으로, 김포발 비행기는 모두 쑹산 공항松山機場으로 도착한다. 타이완 남부의 가오슝으로 입국할 경우에는 샤오강 공항小港機場을 이용하게 된다.

타이베이 타오위안 국제 공항 桃園國際機場
주소 桃園縣 大園鄉 航站南路 9號
전화 제1터미널 03-273-5081
제2터미널 03-273-5086
긴급 전화 03-273-3550
홈페이지 www.taoyuan-airport.com

타이베이 쑹산 공항 松山機場
주소 臺北市 松山區 敦化北路 340之 9號
전화 국제선 07-805-7630
국내선 007-805-7631
24시간 긴급 전화 02-8770-3456
홈페이지 www.tsa.gov.tw/tsa/ko/home.aspx

가오슝 샤오강 공항 小港機場
주소 高雄市 中山4路 2號
전화 07-805-7630
홈페이지 www.kia.gov.tw

입국 심사

입국 심사

타이완 입국 신고서는 기내에서 미리 나누어 준다. 입국 심사대 앞에도 입국 신고서를 작성하는 장소가 있지만 빠른 입국 수속을 위해서는 기내에서 작성해 두는 것이 좋다. 입국 신고서에는 입국 항공기 편명, 출발지, 출국 편명, 도착지, 성명(한자), 성별, 성명, 생년월일, 국적, 여권 번호, 비자 종류, 비자 번호, 직업, 주소, 체류지 주소, 방문 목적, 서명을 영문으로 작성하면 된다.

비행기에서 내려 '入境(입국)'이라고 쓰인 표시를 따라 가면 입국 심사대가 나온다. 외국인과 중화민국 국민의 입국 심사대가 나뉘어 있으니, 외국인 표시에 줄을 서야 한다. 입국 신고서와 여권을 제시하면 입국 도장을 찍은 후에 여권을 돌려준다. 출국할 때는 출국 신고서가 필요 없고 여권과 탑승권만 제시하면 된다.

tip 입국 거부 대상

- 여권 유효 기간이 6개월 이상 남아 있지 않은 경우
- 왕복 항공권이나 다음 목적지를 향하는 항공권이 없을 경우
- 과거 타이완에서 정해진 기한을 넘겨 체류한 기록이 있을 경우
- 상세한 정보는 타이완 외교부 영사 사무국 웹사이트 참고 www.boca.gov.tw

입국 신고서

1 8 0 0 7 1 7 8 0 1
入國登記表
ARRIVAL CARD

❶ 姓 Family Name　　護照號碼 Passport No. ❸
❷ 名 Given Name
❹ 出生日期 Date of Birth 年 Year 月 Month 日 Day　　國籍 Nationality ❺
❻ 性別 Sex 男 Male 女 Female　　航班/船名 Flight / Vessel No. ❼　　職業 Occupation ❽
❾ 簽證種類 Visa Type 外交 Diplomatic 禮遇 Courtesy 居留 Resident 停留 Visitor 免簽證 Visa-Exempt 落地 Landing 其他 Others
❿ 入出境證/簽證號碼 Entry Permit / Visa No.
⓫ 居住地 Home Address
⓬ 來臺住址 Residential Address in Taiwan
⓭ 旅行目的 Purpose of Visit 1.商務 Business 2.觀光 Sightseeing 3.探親 Visit Relative 4.會議 Conference 5.求學 Study 6.展覽 Exhibition 7.醫療 Medical Care 8.其他 Others　　公務用欄 Official Use Only
⓮ 旅客簽名 Signature

WELCOME TO ROC (TAIWAN)
歡迎光臨台灣

❶ 성(한자)
❷ 이름(한자)
❸ 여권 번호
❹ 생년월일
❺ 국적
❻ 성별
❼ 편명
❽ 직업
❾ 비자 종류
❿ 비자 번호
⓫ 주소
⓬ 타이완 내 체류 주소
⓭ 입국 목적
⓮ 서명

짐 찾기

위탁 수하물로 부친 짐이 있다면, 입국 심사대 통과 후 수하물이 나오는 컨베이어 벨트를 찾아가자. 자신이 타고 온 항공편을 전광판에서 확인하면 번호가 나온다. 그 번호 앞에서 기다렸다가 자신의 짐을 찾으면 된다.

세관 검사

짐을 찾은 후 세관 검사대를 통과한다. 소지한 현금이 US$10,000인 경우에는 레드라인에 가서 신고하고, 신고할 것이 없으면 그린라인으로 통과하면 된다.

입국장

입국장에는 타이완 관광 안내소, 로밍 서비스 신청 부스, 호텔 예약, 환전소 등이 있으며 시내로 이동할 수 있는 리무진 버스 정류장과 택시 정류장이 연결되어 있다.

tip 공항을 떠나기 전에 할 일

유스트래블 카드 신청하기

타이완 입국 후, 공항의 관광 안내소(Tourist Service Center)에서 여행객에게 각종 할인 혜택을 주는 유스트래블 카드를 만들 수 있다. 발급 비용은 없으며, 준비물은 여권만 있으면 된다. 단, 15~30세의 여행자에게만 발급 가능하다. 유스트래블 카드 사용 방법을 설명해 주는 책자 〈Let's be friends Taiwan〉과 함께 가방에 부착하기 쉬운 유스트래블 카드를 준다.

타이완 유스트래블 홈페이지 www.youthtravel.tw

스마트폰 유심 칩 구입하기

공항 내의 중화전신 부스에서 스마트폰 유심 칩을 구입할 수 있다. 3일짜리 유심 칩 가격은 NT$250. 유심 칩을 구입하면 직원이 친절하게 사용을 도와준다. 데이터 요금 폭탄을 방지하고 아주 유용하게 데이터를 이용할 수 있는 방법이다.

타오위안 공항 중화전신

쑹산 공항 중화전신

타이완 교통

국내선 항공편

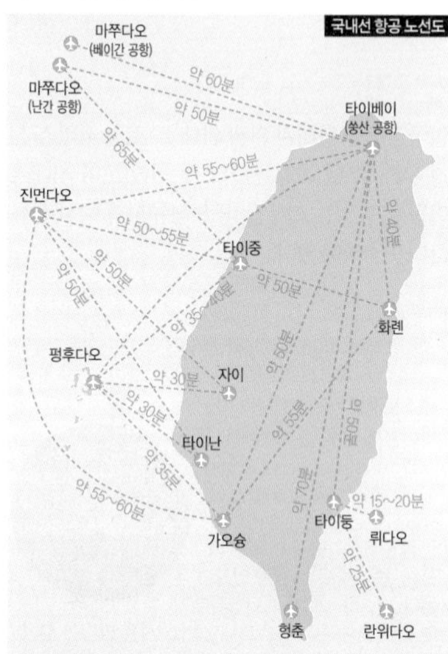

비행기를 이용해 타이완 내 다른 도시나 섬으로 이동할 경우 거의 모든 지역이 1시간 안팎이면 도착한다. 타이완 국내 항로를 운영하는 항공사는 유니항공立榮航空, UniAir, 부흥항공復興航空, TransAsia Airways, 화신항공華信航空 Mandarin Airlines, 원동항공遠東航空, Far Eastern Air Transport, 덕안항공德安航空, Daily Air 등 5개로 NT$1,500~2,000 정도면 국내선 이용이 가능하다. 타이베이의 경우는 대부분의 국내선 항공편이 쑹산 공항에서 출발하므로, 한국에서 타이베이를 경유하여 곧바로 다른 도시로 이동하려면 김포-쑹산 노선을 이용하는 것이 환승하기에 편리하다. 공항에는 출발 1시간 전에 도착해야 하며 비행기 탑승 시에는 반드시 여권을 가지고 있어야 한다.

유니항공 www.uniair.com.tw, 02-2518-5166
화신항공 www.mandarin-airlines.com, 02-271-7130
원동항공 www.fat.com.tw, 02-8770-7999
덕안항공 www.dailyair.com.tw, 07-801-4711

고속철도

타이완 고속철도

타이완 고속철도 THSR高鐵은 우리나라의 KTX와 같은 고속 열차로 타이베이에서 가오슝까지 4시간 걸리던 이동 시간을 90분으로 대폭 단축시켰다. 타이베이와 가오슝을 하루 안에 왕복하는 것도 무리가 없어진 셈이다. 타이베이에서 출발하는 첫차는 06:30, 막차는 23:00이며 타이난까지의 기본 요금은 NT$1,350이다. 현재 타이완 서부의 정차역은 타이베이, 반차오板橋, 타오위안桃園, 신주新竹, 타이중台中, 자이嘉義, 타이난台南, 쭤잉左營으로 총 8개 역이 개설되어 있다. 최고 시속 300km에 달하는 THSR은 빠른 속도로 타이완 서부를 왕복하며 식사와 쇼핑 등의 서비스를 제공한다. 하차 후에도 긴밀한 교통망을 구축해 버스 등의 대중교통 수단을 선택하여 환승할 수 있고 시내 왕복 무료 셔틀버스도 완비되어 있다. 또한 타오위안 THSR 카운터에서 중화항공, 에바항공, 유니항공 체크인 접수를 제공하고 있어서, 직접 타오위안 THSR에 설치된 각 항공사 카운터에서 좌석 등록, 항공권 수령, 짐 보내기 등 수속을 할 수 있다.

타이완 고속철도 www.thsrc.com.tw
4066-3000

철도 노선도

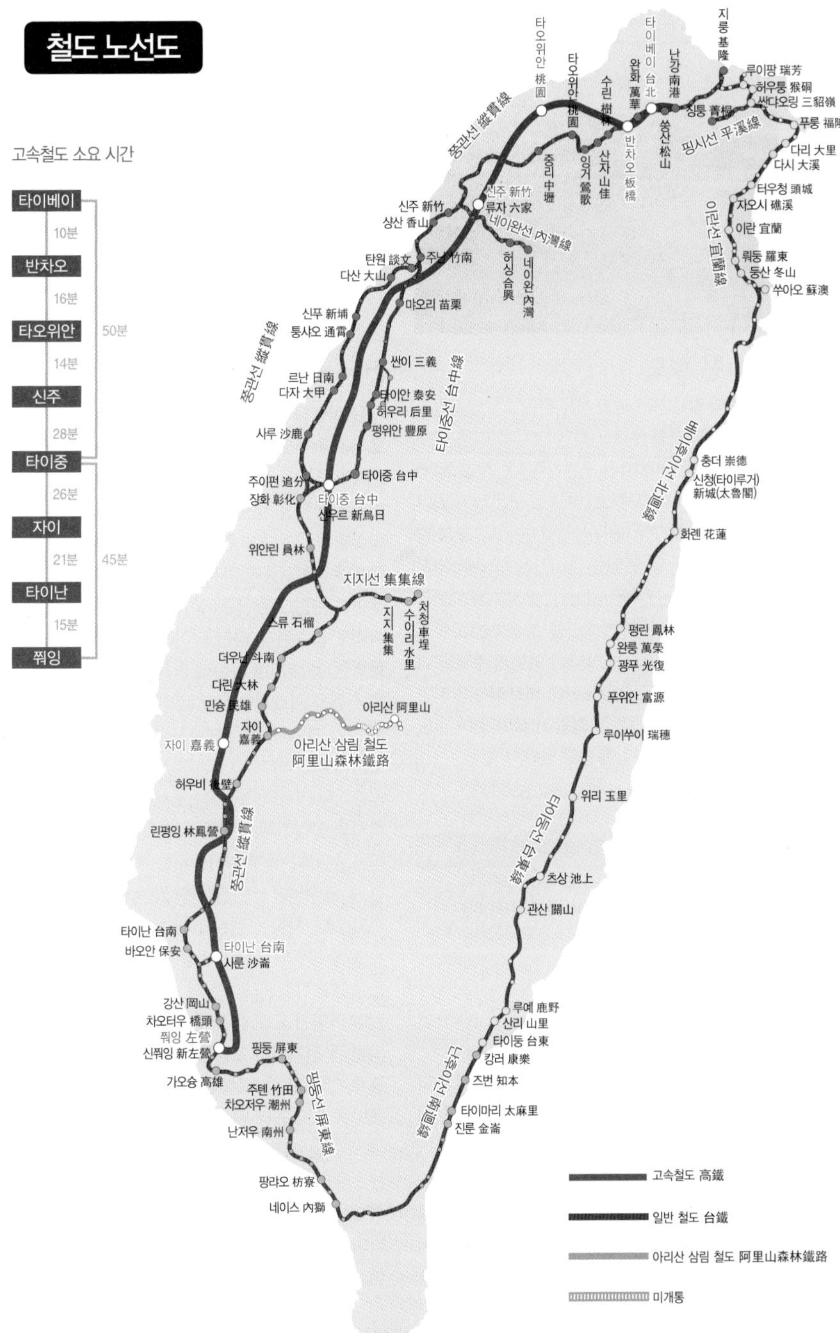

고속철도 소요 시간
타이베이
10분
반차오
16분
타오위안
50분
14분
신주
28분
타이중
26분
자이
21분
45분
타이난
15분
쭤잉
타오위안 桃園
타오위안 桃園
중리 中壢
수린 樹林
잉거 鶯歌
산자 山佳
완화 萬華
타이베이 台北
반차오 板橋
난강 南港
쑹산 松山
지룽 基隆
루이팡 瑞芳
허우퉁 猴硐
싼다오링 三貂嶺
칭퉁 菁桐
핑시선 平溪線
푸룽 福隆
다리 大里
다시 大溪
터우청 頭城
자오시 礁溪
이란 宜蘭
이란선 宜蘭線
뤄둥 羅東
둥산 冬山
쑤아오 蘇澳
종관선 縱貫線
신주 新竹
류자 六家
신주 新竹
샹산 香山
네이완선 內灣線
허싱 合興
네이완 內灣
탄원 談文
주난 竹南
다산 大山
먀오리 苗栗
신푸 新埔
퉁샤오 通霄
싼이 三義
르난 日南
다자 大甲
타이안 泰安
허우리 后里
펑위안 豐原
타이중선 台中線
사루 沙鹿
주이펀 追分
타이중 台中
장화 彰化
타이중 台中
신우르 新烏日
위안린 員林
지지선 集集線
지지 集集
수이리 水里
처청 車埕
스류 石榴
더우난 斗南
다린 大林
민슝 民雄
아리산 阿里山
자이 嘉義
자이 嘉義
아리산 삼림 철도
阿里山森林鐵路
허우비 後壁
린펑잉 林鳳營
종관선 縱貫線
타이난 台南
타이난 台南
바오안 保安
사룬 沙崙
강산 岡山
차오터우 橋頭
쭤잉 左營
신쭤잉 新左營
가오슝 高雄
핑둥 屏東
주톈 竹田
차오저우 潮州
핑둥선 屏東線
난저우 南州
팡랴오 枋寮
네이스 內獅
베이후이선 北迴線
충더 崇德
신청(타이루거)
新城(太魯閣)
화롄 花蓮
펑린 鳳林
완룽 萬榮
광푸 光復
푸위안 富源
루이쑤이 瑞穗
위리 玉里
타이둥선 台東線
츠상 池上
관산 關山
루예 鹿野
산리 山里
타이둥 台東
캉러 康樂
즈번 知本
타이마리 太麻里
진룬 金崙
난후이선 南迴線
고속철도 高鐵
일반 철도 台鐵
아리산 삼림 철도 阿里山森林鐵路
미개통

타이완 철도

타이완 철도

타이완의 철도망은 각 도시를 긴밀하게 연결하고 있어서 여행자들은 편리하게 열차를 이용할 수 있다. 열차 등급에 따라 구간차區間車, 부흥호復興號, 거광호莒光號, 자강호自強號로 구분되어 있어 여행객들이 취향에 따라 선택할 수 있다. 또한 길가의 풍경을 즐길 수 있는 아리산선阿里山線, 지지선集集線, 핑시선平溪線, 네이완선內灣線 등 노선의 소형 열차도 있다. 빠른 속도를 추구하는 고속철도와 달리 소형 열차는 색다른 여행의 추억을 남길 수 있다. 비록 고속철도만큼 빠르지는 않지만 가격이 저렴하고 독특한 정감이 살아 있어 철도 여행 애호가들의 사랑을 받고 있다.

타이완 철로 관리국 www.railway.gov.tw

tip 조인트 패스

외국 관광객들을 위하여 철도와 고속철도를 함께 이용할 수 있는 조인트 패스Joint Pass, 雙鐵周遊券를 판매한다. 티켓 하나로 유효 기간 내에 횟수를 불문하고 지정 열차를 마음껏 탑승할 수 있다.

고속버스

타이베이 고속버스 터미널台北轉運站에는 전국 각지로 향하는 고속버스 노선이 운영되고 있다. 지방 여행을 갈 때 기차를 이용하면 도착 후 지역 버스로 환승해야 하는 경우가 많은데 고속버스는 환승 없이 한 번에 갈 수도 있으니, 목적지의 기차역과 버스 도착지 위치를 비교해 보고 기차와 버스 중에서 선택하여 이용하면 좋다. 예를 들어 르웨탄日月潭이나 허환산合歡山, 아리산阿里山 등은 기차보다 직행 고속버스가 더 편리하다. 그러나 주말에는 도로가 막혀 제시간에 도착하기 힘들 수도 있으니, 버스를 이용할 경우에는 시간 여유를 가지고 출발하는 것이 좋다.

타이베이 고속버스 터미널
주소 台北市 大同區 10351 市民大道 一段 209號
홈페이지 www.taipeibus.com.tw

타이베이 실시간 교통 정보 its.taipei.gov.tw

렌터카

자유 여행을 좋아하는 여행자들은 렌터카를 선호하는 경우도 많다. 하지만 아직 타이완에서는 렌터카를 이용하는 여행이 보편적이지 않다. 타이완은 국제 운전면허증이 인정되지 않고 반드시 타이완의 운전면허증이 있어야 하기 때문이다. 국제 운전면허증만 가지고 운전하다가 적발되면 무면허 운전으로 간주되어 큰 벌금을 내야 하고 차량도 압수된다. 다만 타이완의 거류증(외국인 등록증)을 소지한 사람에 한해서 별도로 운전면허 시험을 치르지 않고도 타이완 면허증을 발급해 주기 때문에, 장기 체류자라면 렌터카 여행에 도전해 볼 만하다.

공항이나 기차역, 또는 큰 도시마다 있는 렌터카 회사의 영업소에서 각종 차량의 렌트 서비스를 받을 수 있다. 일부 회사에서는 A 지역에서 렌트한 후, B 지역에서 반환할 수 있는 서비스를 제공하고 있다. 차량을 렌트할 때는 렌트 요금의 보험료 포함 여부와 개인이 비용 부담해야 하는 부분 등을 꼼꼼히 확인해야 한다.

만약 타이완 도로 상황에 익숙하지 않은 여행자라면, 운전기사가 포함된 렌터카 방식을 고려해 볼 수 있다. 또한 호텔에서도 렌터카 서비스를 제공받을 수 있는데 공항 마중 서비스만을 원하거나 또는 몇 시간 동안만 렌터카를 원하는 경우에는 호텔의 렌터카 서비스도 편리하고 경제적인 여행 방법이 될 수 있다.

타이완에서의 차량은 일률적으로 우측 운행이며, 운전자는 물론이고 탑승 승객도 반드시 안전

벨트를 매어야 한다. 타이완의 교통 신호 체계가 한국과 다르고 길거리에 오토바이가 아주 많기 때문에 타이완에서 처음 운전해 보는 사람에게는 위험 부담이 있다. 만약 타이완에서 렌터카로 여행을 할 계획이면, 먼저 타이완의 운전 규칙을 숙지하고 합법적인 운전면허증을 취득한 후 여행을 해야 안전하다. 외국인의 타이완 운전면허증 취득에 관해서는 아래 사이트를 참조하거나 전화로 문의하면 된다.

타이베이 감리소 台北市區監理所
전화 2763-0155 #201, 203, 204
홈페이지 tpcmv.thb.gov.tw

투어 버스

국광 버스

국광 버스國光客運는 타이완에서 가장 많은 버스 노선을 운행하는 버스 회사이다. 국광 버스에서는 일종의 자유 이용권인 킹 패스KING PASS를 판매하고 있는데, 킹 패스를 구입하면 유효 기한 내에는 횟수와 거리의 제한 없이 국광 버스를 타고 타이완 각지의 관광지로 갈 수 있다. 킹 패스는 3일권(NT$799)과 5일권(NT$1,199)이 있으며 국광 버스 홈페이지에서 예매 가능하다.

국광 버스 www.kkholiday.com.tw

타이완 호행

타이완 호행Taiwan Tourist Shuttle, 台灣好行은 타이완 관광청에서 대중교통이 불편한 지역을 대상으로 운행하는 관광지 셔틀버스로, 기차역에서부터 타이완 전국 주요 관광지로 운행한다. 신베이 시新

北市, 이란宜蘭, 타오위안桃園, 신주新竹, 먀오리苗栗, 장화彰化, 난터우南投, 자이嘉義, 컨딩墾丁, 화롄花蓮, 타이둥台東 등지에서 운행 중이며, 버스 배차 간격은 평균 30분~1시간이다. 패키지 탑승권은 NT$180~1,800으로 유효 기간 내에 횟수 제한 없이 타이완 각 지역 노선을 이용할 수 있어 매우 경제적이다. 타이완 호행 홈페이지에서는 한국어, 영어, 중국어, 일본어 등 4개 언어를 지원하며, 정류장을 찾아가는 방법, 이용 요금, 시간, 노선, 티켓 구매처 등을 자세히 소개하고 있으니 미리 필요한 내용을 확인하고 가면 유용하게 이용할 수 있다.

타이완 호행 www.taiwantrip.com.tw

타이완 투어 버스

타이완 투어 버스Taiwan Tour Bus, 台灣觀巴는 관광청에서 운영하는 투어 버스로, 버스는 물론이고 숙박, 식사 등이 포함된 패키지 여행 상품을 취급하고 있다. 타이완 각지에 30개 노선을 운영하고 있는데, 개별적으로 이동이 어려운 여행자들에게 매우 유용한 상품으로 반일, 1일 상품이 있다. 모든 노선은 100% 예약제로 운용되며 요금에는 가이드, 입장료, 보험, 점심 등이 포함되어 있다. 간혹 식사와 입장료가 포함되어 있지 않은 상품도 있으므로 사전에 꼼꼼히 살펴보자.

타이완 투어 버스
24시간 무료 전화(중·영·일어) 0800-011765
홈페이지 www.taiwantourbus.com.tw

귀국하기

타이완 출국

공항 도착

공항까지의 교통편과 소요 시간을 미리 체크하고 2시간 전에는 공항에 도착하도록 한다. 출퇴근 시간이나 휴일에는 공항까지 소요 시간이 더 걸린다는 점도 고려해 두자. 타오위안 공항의 경우 2개의 터미널이 있어서 항공사별로 터미널이 다르니 어느 터미널인지 반드시 확인해야 한다. 대부분의 한국행 비행기는 제1터미널을 이용하지만, 에바항공은 제2터미널이니 주의해야 한다.

탑승권 발급

항공사별 체크인 카운터를 찾아서 여권과 항공권(또는 e-티켓)을 제시한 후 짐을 부친다. 탑승권과 수화물 인환증을 받고, 탑승 시각과 게이트 위치를 확인한다.

세금 환급(Tax Refund)

구입한 물품 중에 세금을 돌려받을 품목이 있는 경우에는 공항 내의 세관 카운터에 가서 영수증, 환급 명세서, 여권을 구입 물품과 함께 제시하고 세금 환급을 받는다.

보안 검사

기내용 가방이나 휴대용 소지품을 꺼내어 X선 검사기를 통과한다.

출국 심사

보안 검사 통과 후 출국 심사대로 가서 여권과 탑승권을 제시하고 출국 심사를 받는다. 이때 모자나 선글라스는 벗어야 한다.

면세점 이용

한국의 은행에서는 타이완 지폐만 환전해 주고 동전은 환전해 주지 않으니, 타이완에서 사용하고 남은 동전이 있다면 면세점에서 모두 사용하자. 타이완 돈이 남았을 때는 한국에 돌아와 처음 환전했던 은행을 이용하면 수수료가 적다. 단, 환전했을 때의 영수증이 있어야 한다.

비행기 탑승

탑승은 보통 30분 전부터 시작되므로 마감 전까지 늦지 않게 탑승구에 도착하자. 간혹 탑승구가 변경되는 경우가 있으니 탑승구 직원에게 확인을 하고 대기하는 것이 좋다.

한국 입국

입국 심사

한국 공항에 도착하면 입국 심사대로 이동한다. 입국 심사대에 줄을 설 때에는 한국인과 외국인 심사대가 다르니 한국인 줄에 서서 대기하면 된다. 자기 순서가 되면 여권만 제출하면 된다.

➲ 짐 찾기

입국 심사를 마친 후 아래층으로 내려오면 수하물 수취대가 여러 개 있다. 자신의 항공편명과 일치하는 곳으로 가서 짐을 찾도록 하자. 이때 자신의 짐이 맞는지 꼭 확인을 해야 하며 수하물에 붙어 있는 표시의 일련번호와 자신이 가지고 있는 수하물 영수증의 일련번호가 일치하는지 확인하도록 하자.

➲ 세관 검사

기내에서 미리 작성해 둔 세관 신고서를 제출한다. 세관 신고를 할 관광객은 자진 신고가 표시되어 있는 곳으로 가도록 하자. 만약 자진 신고하지 않고 면세 이상의 물건을 가지고 세관 검사장을 나가다 세관 심사관에게 발각되는 경우에는 추가 세금을 내야 한다.

➲ 입국장

세관 검사가 끝나면 입국장으로 나오게 된다. 입국장은 인천 공항은 총 4개로 나뉘어져 있고 부산 김해 공항은 한 군데밖에 없다. 마중 나올 사람이 있다면 출발하기 전에 미리 항공편명을 알려 주면 상대방이 쉽게 입국장을 외부에서 확인할 수 있다.

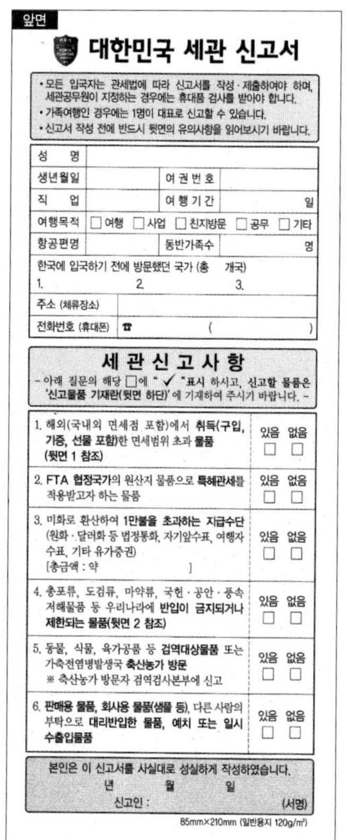

앞면

대한민국 세관 신고서

- 모든 입국자는 관세법에 따라 신고서를 작성·제출하여야 하며, 세관공무원이 지정하는 경우에는 휴대품 검사를 받아야 합니다.
- 가족여행인 경우에는 1명이 대표로 신고할 수 있습니다.
- 신고서 작성 전에 반드시 뒷면의 유의사항을 읽어보시기 바랍니다.

성 명			
생년월일		여 권 번 호	
직 업		여 행 기 간	일
여행목적	☐ 여행 ☐ 사업 ☐ 친지방문 ☐ 공무 ☐ 기타		
항공편명		동반가족수	명
한국에 입국하기 전에 방문했던 국가 (총 개국) 1. 2. 3.			
주소 (체류장소)			
전화번호 (휴대폰)	☎ ( )		

세 관 신 고 사 항

- 아래 질문의 해당 ☐에 " ✓ "표시 하시고, 신고할 물품은 '신고물품 기재란(뒷면 하단)'에 기재하여 주시기 바랍니다. -

1. 해외(국내외 면세점 포함)에서 **취득(구입, 기증, 선물 포함)**한 면세범위 초과 **물품** **(뒷면 1 참조)**	있음 ☐ 없음 ☐
2. FTA **협정국가**의 원산지 물품으로 **특혜관세**를 적용받고자 하는 물품	있음 ☐ 없음 ☐
3. 미화로 환산하여 **1만불을 초과하는 지급수단** (원화·달러화 등 법정통화, 자기앞수표, 여행자수표, 기타 유가증권) [총금액 : 약]	있음 ☐ 없음 ☐
4. 총포류, 도검류, 마약류, 국헌·공안·풍속 저해물품 등 우리나라에 **반입이 금지되거나 제한되는 물품(뒷면 2 참조)**	있음 ☐ 없음 ☐
5. 동물, 식물, 육가공품 등 **검역대상물품** 또는 가축전염병발생국 **축산농가 방문** ※ 축산농가 방문자 검역검사본부에 신고	있음 ☐ 없음 ☐
6. **판매용 물품, 회사용 물품(샘플 등)**, 다른 사람의 부탁으로 **대리반입한 물품, 예치 또는 일시 수출입물품**	있음 ☐ 없음 ☐

본인은 이 신고서를 사실대로 성실하게 작성하였습니다.
년 월 일
신고인 : (서명)

85mm×210mm (일반용지 120g/㎡)

뒷면

1. 휴대품 면세범위

▶ 주류·향수·담배

구 분	주 류	향 수	담 배
일 반 여행자	1병 (1ℓ이하로서 US$400이하)	60mℓ	200개비
승무원	–	–	200개비

* 만19세 미만자는 주류 및 담배 면세 없음

▶ 기타 물품

일 반 여행자	US$400이하 (자가사용, 선물용, 신변용품 등에 한함) * 단, 농림축산물, 한약재 등은 10만원 이하이며, 품목별 수량 또는 중량에 제한이 있음
승무원	US$100이하(품목당 1개 또는 1셋트에 한함)

2. 반입이 금지되거나 제한되는 물품

- 총포(모의총포)·도검 등 무기류, 실탄 및 화약류, 방사성물질, 감청설비 등
- 메스암페타민·아편·헤로인·대마 등 마약류 및 오·남용 의약품
- 국헌·공안·풍속을 저해하거나 정부의 기밀누설이나 첩보에 사용되는 물품
- 위조(가짜)상품 등 지식재산권 침해물품, 위조지폐 및 위·변조된 유가증권
- 웅담, 사향, 녹용, 악어 가죽 등 멸종위기에 처한 야생동식물 및 관련 제품

3. 검역대상물품

- 살아있는 동물(애완견 등) 및 수산동물(물고기 등), 고기, 육포, 소세지, 햄, 치즈 등 육가공품
- 흙, 망고, 호두, 장뇌삼, 송이, 오렌지, 체리 등 생과일, 견과류 및 채소류

[신고물품 기재란]

▶ 주류·향수·담배 (면세범위 초과되는 경우 전체 반입량 기재)

주 류	( )병, 총( )ℓ, 금액( )US$		
담 배	( )갑(20개비 기준)	향 수	( )mℓ

▶ 기타 물품

품 명	수(중)량	가격 (US$)

※ 유의사항

- **성명**은 여권의 **한글** 또는 **영문명**으로 기재 바랍니다.
- 신고대상물품을 신고하지 않거나 허위신고 또는 대리반입할 경우 관세법에 따라 **5년 이하의 징역** 또는 **유치, 가산세 부과(납부세액의 30%), 통고처분 및 해당물품 몰수 등** 불이익을 받게 됩니다.
- FTA**협정**등에 따라 일정요건을 갖춘 물품은 **특혜 관세를 적용** 받을 수 있으며, 다만 **사후에 특혜관세를 신청**하고자 하는 경우에는 **일반 수입신고가 필요**합니다.
- 기타 궁금한 사항은 세관공무원 또는 ☎ 1577-8577로 문의하시기 바랍니다.

여행 안전 SOS

긴급 연락 전화

교통부 관광국 02-2349-1500, 0800-011765
교통부 관광국 안내 센터 02-2717-3737
타이베이 경찰국 외사과 서비스센터 02-2331-3561
주 타이베이 한국 대표부 02-2758-8320
경찰 신고 110

사고 대처 요령

➋ 여권을 잃어버렸을 때

먼저 가까운 경찰서로 가서 분실증명확인서(Police Report)를 받는다. 해당 국가 주재 한국 대사관에 가서 사진, 여권번호와 발행 년/월/일을 제시한 뒤 여권 분실증명서, 입국증명서를 작성해 여행증명서를 발급받는다.

➋ 여행자 수표(T/C)를 잃어버렸을 때

가까운 경찰서로 가서 분실 신고서(Police Report)를 작성하고 가까운 여행자 수표 발급 은행으로 가서 분실 신고를 한다. 은행에서 주는 서류에 수표 번호를 적으면 잃어버린 금액을 현금으로 준다. 여행자 수표를 사자마자 수표의 일련번호를 수첩에 적어 두도록 하자.

➋ 신용 카드를 잃어버렸을 때

신용 카드를 잃어버렸을 때는 반드시 발행 은행에 전화해 분실 신고를 해야 한다. 사고에 대비해서 카드 번호와 유효 기간을 꼭 기억해 두어야 한다.

응급 조치 가능한 병원

병원		주소	전화
타이완 대학 병원 台大醫院		台北市 中山南路 7號	02-2312-3456
대안 병원 台安醫院		台北市 松山區 八德路 2段 424號	02-2771-8151
맥케이 기념 병원 馬偕紀念醫院院馬偕紀念醫院		台北市 中山區 中山北路 2段 92號	02-2543-3535
국태 종합 병원 國泰綜合醫院		台北市 仁愛路 4段 280號	02-2708-2121
수전 병원 秀傳醫院		台北市 光復南路 116巷 1號	02-2771-7172
타이베이 영민 총병원 台北榮民總醫院		台北市 北投區 石牌路 2段 201號	02-2871-2121
타이베이 시립 연합 병원 台北市立聯合醫院	런아이 지점 仁愛院區	台北市 大安區 仁愛路 四段 10號	02-2709-3600
	중싱 지점 中興院區	台北市 大同區 鄭州路 145號	02-2552-3234
	허핑 지점 和平院區	台北市 中正區 中華路二段 33號	02-2388-9595
	부녀 어린이 지점 婦幼院區	台北市 中正區 福州街 12號	02-2391-6470
	양밍 지점 陽明院區	台北市 士林區 雨聲街 105號	02-2835-3456
	중샤오 지점 忠孝院區	台北市 南港區 同德路 87號	02-2786-1288
	쑹더 지점 松德院區	台北市 信義區 松德路 309號	02-2726-3141
	린썬 지점 林森中醫院區	台北市 中山區 林森北路 530號	02-2591-6681
	한의 진료 센터 林森中醫院區	台北市 萬華區 昆明街 100號	02-2388-7088
	쿤밍 지점 昆明院區	台北市 萬華區 昆明街 100號	02-2370-3739

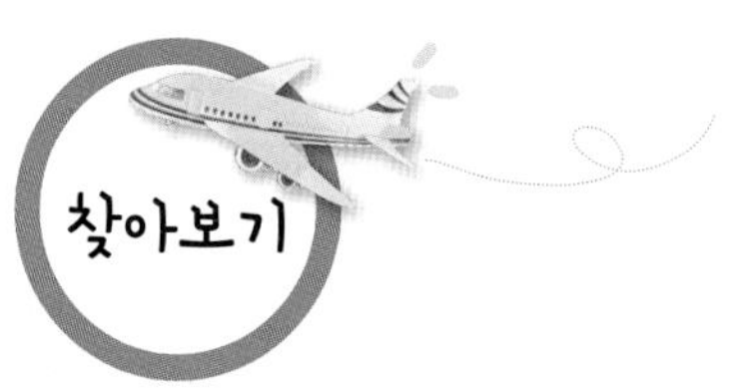

관광지

EATING

SLEEPING